U0173897

普通高等教育"十一五"国家级规划教材

热能与动力机械基础

第3版

主　编　王中铮
参　编　（按姓氏笔画排序）
李惟毅　赵　军　高文志
陶正良　惠世恩
主　审　徐通模　刘书亮

机 械 工 业 出 版 社

本书是能源与动力工程专业的专业基础课教材，其目的是使该类专业的学生对热能利用原理与基本系统和主要装置，动力机械与动力系统的工作原理、组成、结构和性能有一整体和基本的认识，同时对新能源和可再生能源的利用有所了解。全书共九章，内容包括导论、锅炉结构及原理、涡轮机及喷气发动机、热力发电与核电、内燃动力系统与装置、制冷与空调、新能源与可再生能源利用（含太阳能、风能、生物质能、地热能、水能、氢能与燃料电池）、换热与蓄热装置、热能与动力系统辅助机械等。

本书是在第2版的基础上，着重在内容更新、加强与工程实际联系等方面进行了修改和补充，以适应培养新一代人才的需要。全书内容具有突出基础、知识面宽而新、体系完整、结构严谨、联系实际的特点，是有关热能与动力机械基础方面内容较为全面、系统的教材。它不仅适合于作为能源与动力工程专业的教材，而且可作为相关专业（如化学工程与工艺、建筑环境与能源应用工程、车辆工程等）的参考教材；对于从事能源利用、动力、化工及暖通等方面工作的科技人员也是一本很好的科技读本。

图书在版编目（CIP）数据

热能与动力机械基础/王中铮主编．—3版．—北京：机械工业出版社，2016.8（2024.9重印）

普通高等教育“十一五”国家级规划教材

ISBN 978-7-111-54489-0

Ⅰ.①热…　Ⅱ.①王…　Ⅲ.①热能-高等学校-教材②动力机械-高等学校-教材　Ⅳ.①TK11②TK05

中国版本图书馆CIP数据核字（2016）第181266号

机械工业出版社（北京市百万庄大街22号　邮政编码100037）
策划编辑：蔡开颖　责任编辑：蔡开颖　张丹丹
责任校对：刘怡丹　封面设计：张　静
责任印制：刘　媛
涿州市般润文化传播有限公司印刷
2024年9月第3版第6次印刷
184mm×260mm・22.75印张・1插页・558千字
标准书号：ISBN 978-7-111-54489-0
定价：59.80元

电话服务	网络服务
客服电话：010-88361066	机　工　官　网：www.cmpbook.com
010-88379833	机　工　官　博：weibo.com/cmp1952
010-68326294	金　书　网：www.golden-book.com
封底无防伪标均为盗版	机工教育服务网：www.cmpedu.com

第 3 版前言

本书作为我国高校动力工程类专业教学指导委员会的“九五”规划教材及普通高等教育“十一五”国家级规划教材使用至今已有近 15 年的历程。近年来，在大数据、云计算、能源互联网等一系列新型科学技术的推动下，在循环经济、低碳经济发展模式的战略方针指导下，各个领域都有了很大的发展和进步。在这样的新形势下，教育部提出高等院校要培养创新型人才、卓越工程师等目标，因而对教材的编写有了更高的要求。本书作为专业基础课教材，本次修订除了保持上一版的原有基本宗旨和基本内容外，将积极反映新的与本专业紧密相关的科学技术内容，加强与工程实际联系及实践教学。

概括起来，本次修订着重从以下几方面进行：

1）每章开始加一导读内容，引出该章主题和核心内容、提出问题等。

2）更新各章内容，删除陈旧和不常用的内容。

3）加强与实际联系，补充必要的工程内容。

4）更改陈旧数据、指标。

5）改进图形与曲线的表示（双色），并附有部分二维码扫描动画，提高视觉效果。

6）安排实践教学的探索。

本书由天津大学王中铮教授主编。各章编写分工为：绪言、第一章及第八章中蓄热装置，王中铮；第二章及第八章中热交换器，西安交通大学惠世恩；第三章，上海理工大学陶正良；第四章，天津大学李惟毅；第五、九章，天津大学高文志；第六、七章，天津大学赵军。此外，与本书配套的多媒体课件由天津大学高文志教授负责制作。全书由曾任西安交通大学校长及教育部能源动力类专业教学指导委员会主任委员、西安交通大学徐通模教授和曾任全国高等学校动力工程类专业教学指导委员会副主任委员、天津大学刘书亮教授主审。

本书之所以有机会再版，是因为多年来得到广大教师和学生、社会其他方面读者、机械工业出版社及天津大学的大力支持，同时本书被天津大学列为 2015 年度校级精品教材建设项目，在此一并深表谢意！

本书虽然已是第 3 版，但由于水平所限，很可能在内容的选材、组织、阐述等方面仍有许多不足之处，恳切期望广大读者指正，非常欢迎通过电子邮件进行沟通：wangz _ z@aliyun. com。

编　者

第 2 版前言

本书为教育部审批通过的我国普通高等教育“十一五”国家级规划教材，适用于热能与动力工程专业作为专业基础课教材，也可供相关专业作为参考教材。本书的第1版作为我国高校动力工程类专业教学指导委员会的“九五”规划教材，自2000年出版至今已有七年多。通过在高校的多次教学实践及相关人员的使用，我们认识到了本书的适宜和不足之处。同时，这几年科学技术和我国国民经济迅猛发展，对人才培养提出了新的要求。作为一本专业基础课教材，应适应新的形势，与时俱进，进行修改和补充。本次作为普通高等教育“十一五”国家级规划教材，其基本宗旨同第1版，在此基础上更新和补充了内容，使知识面进一步扩大，并加强联系工程实际和反映新的技术进展。

本次修订主要体现在以下几方面：

1）从社会的可持续发展这一战略目标出发，引入循环经济概念，使之与能源的有效合理利用相结合。

2）补充了有关热能与动力装置的组成、工作条件等总体概述的内容。

3）修改和补充了锅炉、涡轮机、内燃机、热力发电、制冷与空调的结构、原理与系统方面的内容。

4）为突出核能发电在我国的发展，在补充内容的基础上将原相关章名改为“热力发电与核电”。

5）根据我国的能源政策，加强了太阳能、风能等可再生能源的阐述，增加了氢能、生物质能等内容，并将章名改为“新能源与可再生能源利用”。

6）增加储能内容，使本书在内容上包含能量的发生、传递、储存、转换与利用整套装置，并设立“换热与蓄热装置”一章。

7）为加强系统性和突出主题，调整了全书的排序和部分章节名。

本书由天津大学王中铮教授主编。原参加第1版编写的刘宁教授因工作变动，其本人要求不再参加本次编写，改由高文志教授担任。各章编写分工为：绪言、第一章及第八章中蓄热装置，王中铮；第二章及第八章中热交换器，西安交通大学惠世恩；第三章，上海理工大学陶正良；第四章，天津大学李惟毅；第五、九章，天津大学高文志；第六、七章，天津大学赵军。本书另有一与此配套的多媒体课件，由天津大学高文志教授制作。全书由曾任教育部能源动力类专业教学指导委员会主任委员、西安交通大学徐通模教授和曾任全国高等学校动力工程类专业教学指导委员会副主任委员、天津大学刘书亮教授主审。

为适应新的形势和各校的不同情况，本次修订后的字数有所增加，以便各校根据自己的教学安排选用全部或部分内容。我们非常感谢教师们在使用本书第 1 版中所付出的辛勤劳动和努力，感谢他们和广大读者对第 1 版所提出的意见和建议。本次虽经修订，一定还会有缺点，甚至错误，衷心期望读者给予指正和建议。

编　者

第 1 版前言

本书为全国高等学校动力工程类专业教学指导委员会审订通过的“九五”规划教材。

为适应21世纪培养人才的需要和满足加强基础、拓宽知识面的要求，全国高等学校动力工程类专业教学指导委员会在研讨了热能与动力工程类专业教学计划的基础上，要求编写一本《热能与动力机械基础》，作为该类专业的技术基础课教材（必修）。本书旨在使热能与动力工程类专业的本科生对热能利用原理与基本系统和主要设备、动力机械与动力系统的工作原理、组成、结构和性能有一总体和基本的认识，为继续深入学习某一专业方面的知识和适应毕业后工作的需要奠定基础。为此，在本书内容的组织和编写中，在拓宽知识面的同时，注意加强基础和系统性，以构成一个完整的科学体系；并且适当联系实际和科学技术的新进展，以开阔视野和启发创新。

本书由天津大学王中铮教授主编。各章编写分工为：绪论及第一章，王中铮；第二、八章，天津大学刘宁；第三章，上海理工大学陶正良；第四章，西安交通大学惠世恩；第五章，天津大学李惟毅；第六、七章，天津大学赵军。全书由西安交通大学徐通模教授主审。

鉴于本书系编者为适应热能与动力工程类专业的需要而编写的一本新教材，内容涉及面很广，而作为一本技术基础课教材应突出这一大类专业面的共性和各专业面基础性的内容，既要有一定的深度，又要避免过分专业化，此外又受到字数的限制，使编写有相当大的难度。所以，本书只能作为编者在教学改革基础上编写新教材的一次尝试，加之编者水平有限和时间仓促，书中不可避免地会有不少缺点和错误，竭诚欢迎广大读者批评指正。

编　者

目录

绪 言

能源是人类社会赖以生存与发展的重要物质基础，是推动国民经济发展的强大动力。任何一个国家或地区的经济发展和社会进步都与能源资源的利用密切相关。就我国情况而论，20 世纪 90 年代初以来，随着经济的增长，我国的能源消费总量基本呈线性模式增长。“十一五”期间我国 GDP（Gross Domestic Product，国内生产总值）从“十五”末 2005 年的 182 321亿元增加到 2010 年的 397 983 亿元，为 2005 年的 2.18 倍。相应地，能源消费总量从 2005 年的23.6 亿 t 标准煤增加到 2010 年的32.5 亿 t 标准煤，为 2005 年的 1.38 倍。而到 2014 年，全年能源消费总量已达到约 42.6 亿 t 标准煤。能源消费水平在一定程度上反映了一个国家的工业发达程度，也间接反映了人民生活水平的高低。工业国家的总人口约占世界人口的1/3，却用去世界能源消费总量的 80%。如以 1993 年为例，设全球人均能耗为 1，则美国的人均能耗为 5.33，欧洲为 2.26，我国人均为 0.42，非洲人均为 0.20。再以 2005 年为例，我国人均一次能源消费仅为 1.18t 油当量，约为世界平均水平的 3/4、日本的 1/4、美国的 1/7。随着我国经济的发展和人民生活水平的提高，到 2012 年我国的人均能耗达 2.6t 标准煤/年，已经赶上了世界平均水平。因此，每个国家都极其重视能源问题。在我国，国务院把能源作为关系经济发展、国家安全和民族根本利益的重大战略问题来部署。

自然界存在多种多样的能源，如煤炭、石油、天然气、油页岩、木材、水力以及太阳能、核燃料、地热能、潮汐能等。这些能源资源可以直接或通过转换间接地被利用，为生产和生活服务。必须指出，就现有的能量转换与利用技术而言，能源资源中除水力、潮汐能、风能等少数能源外，基本上都是直接地以热能的形式利用或间接地将热能转换成其他的能量形式进行多种方式的利用。如煤炭、石油一类矿物燃料的能源资源，可以通过燃烧将化学能转变成热能直接加以利用，或通过热力发动机转换成机械能，或再通过发电机转换成电能；核燃料（核能）的利用，可以通过核分裂或核聚变产生热能而直接加以利用，或再通过转换，进行核发电、磁流体发电或核聚变发电；太阳能的利用之一是光能转换成热能，用于洗浴、供暖、制冷等，或再转换成机械能进行太阳能热发电等；地热能，则可直接将地热水（或地热蒸汽）的热能用于供热，或直接、间接地用于地热发电等；海洋热能的利用，可通过热能→机械能→电能的转换，实现海水温差发电。如果把能源的利用从一次能源扩展到二次能源，诸如煤气、焦炭、汽油、酒精、沼气等，它们中的绝大多数也都是以热能的能量形

式被直接或间接地利用。据统计，经过“热”这个环节而被利用的能量，在我国占90%以上，世界各国平均达85%以上。所以，上述情况充分表明热能是能源利用的最基本和最主要的能量形式，在能源利用中占有主导地位。

在热能的利用中，往往是以动力的方式输出能量来利用的。如煤通过燃烧将物质的化学能转变成热能，然后将锅炉中的水加热成蒸汽，高温、高压的蒸汽推动汽轮机，以蒸汽动力的方式带动发电机；又如，汽油在内燃机中点燃，从而以内燃动力的方式拖动汽车；其他如水能、潮汐能、风能等能源也都是以动力的方式输出能量来利用的。人类的生存和社会的发展离不开动力，动力的发展和进步也同样标志着社会与科学技术的发展和进步。人类早期利用的动力是风力，在5000多年前人类就开始使用帆船。此后又掌握了用畜力和简单的水力从事生产活动。11世纪，荷兰人使用了风车泵水和碾谷。18世纪，蒸汽机的产生促进了第一次工业革命。19世纪，内燃机的崛起打破了蒸汽机动力的统治地位，并导致了汽车的产生和发展。19世纪末，蒸汽轮机的出现使火力发电得到了很快的发展，进而促进了工业生产的大发展。20世纪以来，随着科学技术的进步，多种多样的汽油机、柴油机、汽轮机、燃气轮机、喷气发动机、火箭发动机等新型动力机械相继出现，多种新型高效的动力循环及新能源（太阳能、地热能、风能、潮汐能等）动力装置应运而生。尤其是动力技术和其他技术的进步，使人类探测和登上其他星球成为可能，这将为人类的生存和社会发展展开新的一页。无数事实表明，能源-动力工业是其他工业的先行者，当今的时代是一个与能源-动力的应用和发展息息相关的时代。

我国国土面积辽阔，蕴藏着丰富的能源资源，世界各国拥有的能量资源我国都有。我国煤炭资源（探明储量）和水力资源均居世界第1位，石油资源占世界第11位，天然气资源占世界第14位。至2000年年底，我国已探明的能源总量为8320亿t标准煤，其中原煤占87.4%，原油占2.8%，天然气占0.3%，水能占9.5%。我国在能源及动力装置的生产和利用上也有了快速发展，2005年一次能源生产总量达到21.6亿t标准煤，2010年达到29.7亿t标准煤，一次能源生产总量连续五年位居世界第1位。煤炭产量已多年位居世界第1位，2005年达到23.5亿t。2005年石油产量达到1.8亿t，天然气产量达493亿m^3。而到2010年，煤炭产量为32.4亿t，石油为2亿t，天然气为948亿m^3。2013年，全国的年发电量达4.8万亿kW·h，居世界第1位；装机容量达10.6亿kW，居世界第2位。火电单机容量从1978年的5万kW和10万kW级，发展到目前主力为30万kW和60万kW级锅炉-汽轮机-发电机机组，百万kW超临界、超超临界汽轮发电机组及核电机组正在成为新一代主力机组。在内燃机方面，2011年我国内燃机产量超过7700万台，各类内燃机产品还有相当数量产品以单机或随配套主机出口到国际市场，一些大型龙头企业的工艺和装备水平已被公认为属于国际一流水平。新能源与可再生能源方面发展迅速。到2013年年底，小水电的总装机容量达5512万kW以上。在太阳能利用上，全国累计并网运行光伏发电装机容量1942万kW，其中光伏电站1632万kW，分布式光伏310万kW，全年累计发电量90亿kW·h。而太阳能热水器产业已形成较为完整的产业化体系。我国地热资源丰富，利用广泛，到2015年，预计全国地热能利用总量相当于6880万t标准煤。我国风电发展迅速，到2013年，累计装机容量91 412.89MW，居世界第1位。风电已经成为我国具有国际竞争力的优势产业之一，部分风电机组制造企业已经进入全球十强。核电从无到有，预计到2015年，我国核电装机容量可达4000万kW。在核电技术上，技术成熟、国产化率高、造价低，且有丰富的运行经验，已向国外出口。目前，生物质能利用技术主要有固化、气化、液化和沼气技术。我国是世界上利用沼气最多的国家，相关技术也一直处于国际领先水平。根据我国《可再生能源中长期发展规划》确定的发展目标，到2020年，生物质装机容量达到3000万kW，生物液体燃料达到1000万t，沼气年利用量达到400亿m^3，生物固体成形燃料达到5000万t。

在了解我国资源比较丰富和能源动力技术进步的同时，也应该看到不足和与先进国家相比存在的差距。我国的资源总量居世界第三位，但是人均资源占有量是世界第53位，仅为世界人均占有量的一半。化石类能源探明储量约7500亿t标准煤，但我国人均拥有量远低于世界平均水平。煤炭、石油、天然气人均剩余可采储量分别只有世界平均水平的58.6%、7.69%和7.05%。在能源消耗量上，前已提及我国也仅处于世界平均水平。在我国，能源动力技术上的落后导致能源效率低下，从总的能源利用看，按现行汇率计算，我国单位GDP能源消耗比世界平均水平高2.2倍左右，比美国、欧盟、日本和印度分别高2.4倍、4.6倍、8倍和0.3倍。目前我国已经成为世界上消费煤炭、钢铁、铜最多的国家，也是美国之后的第二大石油和电力消费国。能源问题直接关系到我国的发展，关系到我国的长治久安。面对我国目前能源供需矛盾尖锐，结构不合理；能源利用效率低；一次能源消费以煤为主，化石能源的大量消费造成严重的环境污染等问题，为保障我国国民经济的迅猛发展和建设资源节约型社会长远目标的实现，《国家中长期科学和技术发展规划纲要（2006—2020年）》做出了全面部署，为人们描绘出一幅能源科技发展的“路线图”，并将“能源”确定为未来15年“亟待科技提供支撑”的第一个重点领域。与此相适应，中央制定了《能源中长期发展规划纲要（2004—2020年）》《可再生能源中长期发展规划》《节能中长期专项规划》等有关能源发展的规划，确定了能源发展的方向、布局和目标。此外，中央还制定了《中国制造2025》规划，提出了加快制造业转型升级、提质增效的重大战略任务和重大政策举措。这一切显示了我们的前景是美好的，任务是艰巨的，有待于我们共同努力。

能源问题已成为全民关注的问题，作为能源动力类的能源与动力工程专业的学生和工作人员必然更会关切。本书主要阐述能源（热能）利用的原理与基本系统和主要设备，动力机械与动力系统的工作原理、组成、结构和性能，概述新能源与可再生能源利用的基本知识，作者期望能为读者从事相关工作和深入学习构筑一个专业基础知识的平台。

第一章 导论

“能源”这个术语几乎已成为人人皆知的普通名词了，但是你真正对它了解多少呢？由此延伸的一些问题，诸如，能源有多少种？如何转变成可用的能量？能源利用的设备有很多，如汽车中常用的汽油机、柴油机，火力发电使用的锅炉、汽轮机，航空使用的燃气轮机和喷气发动机，调节温湿度的空调/制冷装置等，它们都是如何工作的？在它们工作过程中都发生了什么？是否有一些共同的规律？如何使用它们为人类服务？这些问题都会吸引我们做进一步的科学探索。本章将围绕能源（热能）及其有效利用这一中心，主要针对有关能源与动力装置阐述一些共同性的内容：能源、能量利用的概念，能源利用与经济的关联度，能量转换与利用的基本定律，如何评估能源的有效利用，热能与动力装置的工作条件及基本要求，热能利用中的环境问题。在学习这些内容的基础上，就能引入学习后续各章具有代表性的几种热能与动力装置的具体内容。因此，将本章定名为“导论”。

第一节 能源（热能）及其利用

一、能源及其分类

所谓能源，就是可以直接或经过转换而获得某种能量的自然资源。能源按其形成和来源不同大致可分为三大类。第一类是来自太阳的能量，除了直接的太阳辐射能之外，煤炭、石油、天然气以及生物质能、水能、风能、海洋能等都是间接地来自太阳能。第二类是来自地球本身的能量，其中包含以热能形式储藏于地球内部的地热能（如地下热水、地下蒸汽、干热岩等）以及地球上铀、钍等核燃料所具有的能量（即原子能）。第三类是月球和太阳等天体对地球引力作用所产生的能量，如潮汐能就是以月球引力为主所产生的一种能量。

因能源的不同，能源的消耗、能量的转换、储存或利用也可能有所不同。对能源还有其他几种分类方法。最常用的一种是按是否经过转换来分，凡自然界现已存在的、并可直接取得而不改变其基本形态的能源，称为一次能源，如煤炭、石油、天然气、水能、生物质能、地热能、风能、太阳能等。由一次能源经过加工或转换而成为另一种形态的能源产品，称为二次能源，如电力、蒸汽、焦炭、煤气、氢气、各种石油制品等。此外，在生产过程中排出的余能、余热，如高温烟气、可燃废气、排放的乏汽和有压流体，也属于二次能源。一次能源还可按它们是否能够无穷无尽地利用而分为两类，一类是可再生能源，即可以不断再生并有规律地得到补充的能源，如水能、太阳能、生物质能、风能、海洋能等，它们是取之不尽、用之不竭的；另一类是非再生能源，因为这是经过亿万年形成的、短期内无法再生的，如煤炭、石油、天然气、核燃料等。随着大规模的利用，非再生能源的储量日益减少，总有一天会枯竭。

当今人类使用最多的能源是煤炭、石油、天然气和水能，因为这些能源的利用技术比较成熟且已被大规模利用，故称为常规能源。而对于尚未大规模利用、正在积极研究开发的能源，称为新能源。结合我国的国情，常将太阳能、地热能、生物质能、风能、海洋能、核能、氢能等列为新能源（图 1-1）。

图 1-1 多种新能源

能源还可以按其性质分为燃料能源和非燃料能源。凡须经过燃烧或反应才能被利用的，称为燃料能源，有矿物燃料、生物燃料（柴草、沼气等）、化工燃料（丙烷、甲醇、乙醇等）、核燃料四种。非燃料能源则有水能、风能、潮汐能、地热能、海洋能和太阳能等。

二、能量的形式

运动是物质存在的基本形式，而运动必然要伴随着能量的消耗或转换，所以整个世界或宇宙的存在是与能量及其使用紧密相关的。

人类很早就从风力、太阳的照射、水的流动认识到能的存在和作用，现代的科学技术和各种工业过程更反映出能的功用。简言之，所谓能量，就是产生某种效果或变化的一种能力，它是为能源所拥有的。而且，产生某种效果或变化的过程必然要伴随着能量的消耗和转

化。例如，煤燃烧发生热，在这一过程中，可燃物质的化学能以热能的形式释放。

能量的类型有多种，一般把它分为六种形式：

(1) 机械能　它包括物质的动能、势能及弹性能等。机械能常以功的形式来实现，并且能方便而有效地转换为其他形式的能。

(2) 热能　它是与构成物质的原子和分子的运动（振动）有关的一种能量。它的宏观表现是温度的高低。热能是一种基本的能量形式，所有其他能量形式都能完全转换为热能。

(3) 电能　它是和电子的流动和积累有关的一种能。电能可以静电场能或感应电场能的形式来储存。电能的传递形式就是电流。电能也能方便而有效地转换为其他形式的能。

(4) 辐射能　因为它是物体以电磁波形式发射的能量，故也称为电磁能。这种能量仅以传递如光速变迁能量的形式存在。辐射能常依电磁波的波长分为几种电磁射线，通常可分为γ射线、X射线，热辐射、微波和毫米波及无线电波。其中，热辐射是一种由原子振动而产生的电磁能，包含紫外线、可见（光）射线和红外线，因它们的辐射强度与物质的温度有关，而且常常会产生热效应，故称为热辐射。

(5) 化学能　这是一种仅以储存能的形式存在的能量，当不同物质的原子和（或）分子相结合时释放出来。例如，燃料燃烧就是物质间发生放热的化学反应，使化学能转换成热能。所以，按照化学热力学的定义，化学能就是物质或物系在化学反应过程中以热能形式释放的热力学能。

(6) 核能　核能（原子能）又是一种仅以储存能形式存在的能量形式。它是蕴藏在原子核内部的能量，又称核内能，在粒子相互作用或原子核中的粒子相互作用，即发生原子核反应时释放出来。原子核反应通常有放射性衰变、核裂变和核聚变三种类型，其中核裂变和核聚变反应可释放大量能量，有广阔的应用前景。

三、热能的发生

热能的发生可通过两种途径：一种是直接产生，如地热能和海洋热能；另一种是通过转换产生。归纳起来，由能量形式的转换而产生热能的方法有以下几种：

(1) 化学能的转换　通过燃料中可燃质的发热化学反应即燃烧反应，使它们的化学能转换成热能释放出来。通过燃烧反应，矿物燃料里的可燃元素碳、氢和硫分别转化为二氧化碳、水蒸气和二氧化硫。

(2) 电能的转换　根据焦耳效应，因电路中电阻的存在，电流流过时必产生热。当然，在绝大多数电路里，这种热效应的产生意味着部分电能转换成不可利用的热能的损失。但实际应用中，为满足工业过程或生活的需要，有时要将电能转换成热能，如用电炉炼钢。

(3) 辐射能的转换　这主要是指能使被照射的物体产生热效应的热辐射。

(4) 核能的转换　这主要是指在核裂变和核聚变反应中，大量的核能释放转换成热能。目前已可利用的是核裂变反应。

(5) 机械能的转换　这一典型过程就是摩擦，通常由此产生的热能都不能被利用，故一般都希望减少摩擦耗能。

四、热能的储存、传递与转换

在实际应用中，为适应负荷的变化和调节，能量需要储存，热能是可以储存的能量形式之一。热能的储存有三种基本方式：

（1）显热储存 显热储存是指利用升高固体或液体的温度来蓄热。

（2）潜热储存 当物体发生相变时会吸收或释放大量的热，实际应用中通常是利用材料从固体到液体的相变蓄热。

（3）热化学法储存 其特点是利用化学反应或浓度差或化学结构变化，将热能转换为化学能。

热能也是可以输送和传递的。热能常依靠携带能量的物质通过管道实现远距离输送。为了满足实际应用的工作物质和温度水平的要求，热能可以利用热交换器这种热传递装置进行不同工作物质和温度水平之间的热传递。

人类利用的各种形式的能量基本上都是由一次能源经过一次或多次转换而来的。例如，太阳照射使植物内叶绿素发生光合作用，将太阳辐射能转换储存于生物质中，而成为植物所具有的生物质能。又如，燃料在锅炉中燃烧，并把燃料的化学能转换成蒸汽的热能，再通过汽轮发电机组，完成热能转换为汽轮机的机械能，并继而通过发电机转换为电能输出。表1-1显示了各种能源的能量转换方式。对于热能，通过一次转换可成为三种能量形式：

1）机械能，如推动内燃机、汽轮机。

2）电能，如热电发电。

3）化学能，如吸热反应。

表 1-1 各种能源的能量转换方式

能源种类	转换方式	转换装置
水能，风能 潮汐能，波浪能	机械能→机械能 机械能→电能	水车，风车，水轮机 水力发电、风力发电装置
太阳能	光能→热能 光能→热能→机械能 光能→热能→机械能→电能 光能→热能→电能 光能→电能	太阳能取暖，热水器 太阳能热机 热力发电装置 热电及热电子发电 太阳电池，光化学电池
煤、石油等化石燃料 氢、乙醇等二次燃料	化学能→热能 化学能→热能→机械能 化学能→热能→机械能→电能 化学能→热能→电能	燃烧装置、锅炉 各种热力发动机 锅炉-涡轮机-发电机组 磁流体发电，热电发电，燃料电池
地热能	热能→机械能→电能	蒸汽轮机-发电机组
核能	核裂变→热能→机械能→电能 核裂变→热能→电能	核发电装置 磁流体发电，热电发电，热电子发电

五、热能的利用

热能，不论是直接利用或转换为其他能量形式后的利用，在各生产部门和民用事业中均占有极大的比重。下面列出热能在一些主要工农业方面的应用：

1）电力工业，如燃烧煤、天然气、油等火力发电及使用核燃料的核发电等。

2）钢铁工业，如平炉、转炉、电炉炼钢，轧钢加热炉、高炉炼铁等。

3）有色金属工业，如铝、铜等各种有色金属的冶炼。

4）化学工业，如酸、碱、合成氨等生产过程。

5）石油工业，如油的开采、炼制、输送等。

6）建材工业，如水泥、陶瓷等行业中各种窑炉的大量耗热。

7）机械工业，如各种设备制造过程中所需要的铸造、锻压、焊接等。

8）轻纺工业，如造纸、制糖、化纤、印染等过程中需要消耗大量蒸汽。

9）交通运输，如汽车、火车、船舶、飞机等的动力拖动。

10）航天领域，如宇宙飞船、航天飞机等火箭的推进。

11）农业及水产养殖业，如电力灌溉、温室培植、鱼池加温等。

12）生活需要，如供暖、空调、烹饪等。

现代化社会是大量消耗能源的社会，有关热能利用方面需要关注两大问题。

1）提高能源利用率。目前世界各国基本上都是以石油、煤炭、天然气等非再生的燃料能源为主要能源，这种燃料能源的储量有限，提高能源利用率或节能问题就极为重要。因为它们的利用方式主要是热能或由热能转换成为机械能或电能，提高能源利用率也就意味着提高热能利用率及热能在动力等装置中转换为其他形式能量的效率问题。

2）减少环境污染。燃料能源的使用，将因含有害物质的废气、废料等排放而对环境造成严重污染，危害人类健康，破坏自然界的生态平衡。尤其是随着工业的不断发展，这一问题日益严重，目前在考虑社会的可持续发展时，已把它列为首要关注的问题。

第二节 能源利用与循环经济、低碳经济

一、我国能源利用所面临的挑战

从改革开放以来，我国经济保持长期较快的发展。但重视发展速度、轻视发展质量的粗放式发展方式和“按需定供”的能源供应模式，导致了国内能源消费规模急剧增长，不加节制的开发强度急速扩大。我国是一个能源资源的大国，但是一个人均拥有量的小国；我国又是一个能源生产和消费的大国，但却是一个利用效率不高的“小国”。我国总体能源利用率只有33%左右，单位GDP能耗是世界平均水平的1.9倍、发达国家的3~4倍，约67%的能源在工业生产中被直接排放。我国正处在工业化和城镇化的发展阶段，需要大量的能源为支撑。在这种形势下，合理有效地开发和利用能源面临着严峻的挑战。

1. 总量需求的巨大压力

从世界各国发展的历史规律来看，随着工业化和经济的发展，能耗的迅速增长是必然的结果。我国已是全球第一大煤炭消费国和第二大石油、电力消费国。煤炭占全国能源生产和消费总量的比重高达2/3左右，但开发和利用的总体效率还比较低。当前煤炭产量已逼近开发上限，除新疆外，煤炭产量继续增加的潜力有限。以2013年我国能源消耗总量37.1亿t标准煤为基准，到2050年，我国的能源消耗总量起码要控制在65亿t标准煤以内。

2. 能源安全问题日趋突出

巨大且增长迅速的能源消费，使得我国的能源对外依存度迅速上升。自1993年成为石油进口国至今，我国已经成为煤炭、石油、天然气和铀资源全品种的净进口国，总体对外依

存度超过10%，其中石油对外依存度近60%，天然气超过30%。

3. 生态环境日益恶化

高强度能源开发造成生态环境严重破坏。长期高强度的煤炭资源开采严重影响矿区及周边地区的土地资源、水资源和生态环境，我国煤矿采空区累计已超过100万公顷（$1hm^2=10^4m^2$，公顷的国际通用符号为ha）。现有煤矸石占地近2万公顷，每年排放有害气体超过20万t。环境污染中严重污染物质主要是SO_2、NO_x、PM2.5～10、Hg和CO_2，这些污染物的80%是由于化石能源的应用，尤其是煤的直接燃烧所引起的。目前我国有30%～40%的地区（尤其是西南地区）出现酸雨现象。近年来，雾霾问题更成为举国之痛，已影响到我国25个省份，受影响人口达6亿。到2015年，我国化石能源的利用比例还可能高达92%以上（图1-2）。可喜的是，据《中华人民共和国2015年国民经济和社会发展统计公报》指出，2015年我国煤炭消费占能源消费总量为64.0%，水电、风电、核电、天然气等清洁能源占17.9%，这表明我国在能源合理利用上取得了一定的成果，为环境改善提供了支撑。

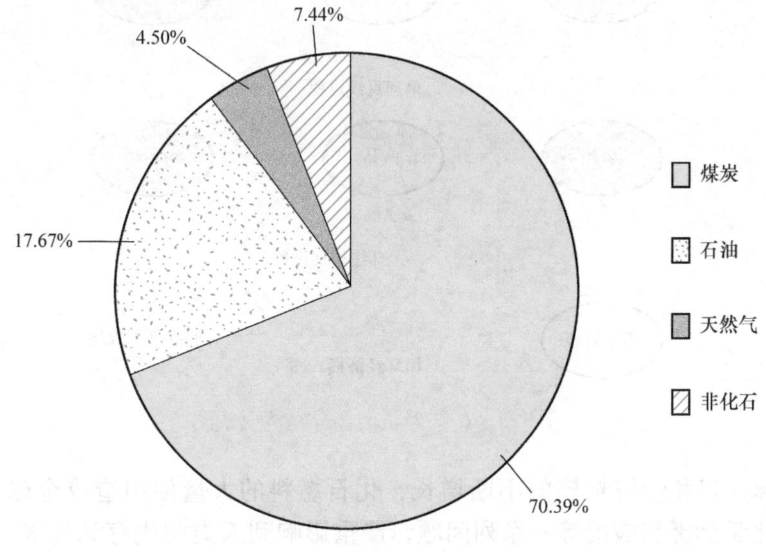

图1-2 2015年我国能源利用比例（预测）

4. 温室气体减排压力空前严峻

据国际能源署测算，中国2010年二氧化碳排放就已接近75亿t，超过世界总量的20%，人均排放超过5t，高于世界平均水平。目前我国温室气体排放已居世界第2位，未来随着我国能源消费量的不断增加，温室气体的排放量还会继续增加。

一个国家的经济发展，需要包含能源在内的多种资源作为支撑。总体来看，我们在资源的开发和利用上都是粗放式的，这不仅造成浪费，还会带来更严重的后果。为此，我们在经济发展上应该遵循循环经济和低碳经济的模式，以保持社会的可持续发展。

二、循环经济与低碳经济的含义

在社会的生产与发展中，人们常习惯于通过把各种资源持续不断地变为废物来实现经济

的数量型增长。这种简单的传统经济模式就是由“资源—产品—污染排放”所构成的物质单向流动的线性经济，其特征是“高开采、低利用、高排放”。在经济高速发展的现代化社会，这种传统经济模式的长期实施必然将引发全球资源枯竭、环境恶化，带来人类生存和社会发展的种种问题。

为了克服这种传统经济模式的弊病，人们提出了施行循环经济。根据《中华人民共和国循环经济促进法》所确定的定义，循环经济是指在生产、流通和消费等过程中进行的减量化、再利用、资源化活动的总称。其中减量化是指在生产、流通和消费等过程中减少资源消耗和废物产生；再利用是指将废物直接作为产品或者经修复、翻新、再制造后继续作为产品使用，或者将废物的全部或者部分作为其他产品的部件予以使用；资源化是指将废物直接作为原料进行利用或者对废物进行再利用。可见，从经济活动的物质流来看，循环经济就是使物质流在经济过程中的单向流动转变为循环流动，如图1-3所示。

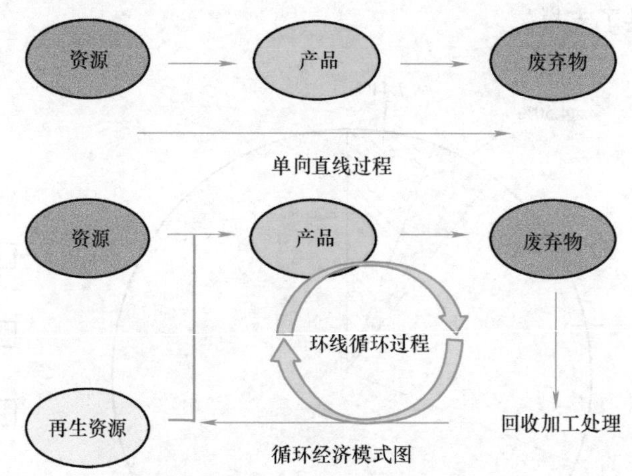

图1-3　传统经济与循环经济模式图

随着全球人口和经济规模的不断增长，化石燃料的大量使用造成全球气候变暖，产生烟雾、光化学烟雾和酸雨等一系列问题，严重影响到人类的生存和发展。在此背景下，低碳经济等一些相应的新概念油然而生。低碳经济是一种以低能耗、低污染、低排放为基础的经济模式，其实质是能源高效利用、清洁能源开发和追求绿色GDP。发展低碳经济是从能源利用的角度出发，要求在生产环节消耗更少的碳能源，多使用清洁的替代能源，以维持生产的能量供应，形成低碳的经济结构；在消费环节减少直接或间接的化石能源消耗，代之以太阳能、风能、水能等清洁能源的消耗，形成低碳的消费模式，进而实现全过程的低碳目标。循环经济的实质是减少资源消耗和减轻环境恶化。发展循环经济是从资源利用的角度出发，要求在生产环节实现资源减量化，并对生产过程中形成的废弃物实现再利用；在消费环节实现产品废弃物的回收和再利用，进而实现全过程的低耗、低排目标。总的来说，发展低碳经济与循环经济所寻求的最终目标都是实现社会的可持续发展。从循环经济在世界各国的实践来看，循环经济与低碳经济根本的不同是所对应的经济发展阶段不同。换言之，循环经济是适应工业化和城市化全过程的经济发展模式，而低碳经济是新世纪新阶段应对气候变化而催生的经济发展模式。因此也可以这样认为，低碳经济是循环经济理念在能源领域的延伸，循环经济是发展低碳经济的基础。为了更好地将两者从理论和实践上取得统一，已有学者提出发展循环经济的低碳模式和低碳循环经济等观点。如何在正确认识两者区别与联系的基础上结合我国国情，推进循环经济和低碳经济的共同发展，对于我国“两型社会”（资源节约型、环境友好型社会）的建设具有重要意义。

三、循环经济模式与低碳经济施行现状

目前世界各国发展循环经济可归纳为四个阶段和四种模式。

（1）单一企业内部的循环经济模式　它是指一个企业按照清洁生产的要求，采用新的设计和技术，将单位产品的各项消耗和污染物的排放量限定在先进标准许可的范围内。

（2）区域生态工业园区模式　它是指工业园区按照生态产业链组合在一起，通过企业和产业间的废物交换、循环利用和清洁生产，减少或杜绝废弃物的排放。如丹麦的卡伦堡生态工业园区是最典型的代表。该园区以发电厂、炼油厂、制药厂和石膏板厂四个厂为中心，通过贸易的方式把其他企业的废弃物或副产品作为本企业的生产原料，建立工业横生和代谢生态链关系，最终实现园区的污染“零排放”。

（3）城市层面上的循环经济发展模式　它是指在一个城市建立废弃物的回收再利用体系，实现消费过程中和消费过程后物质与能量的循环，如德国的回收再利用体系。

（4）全社会的循环经济模式　它是指把整个社会建成循环型社会，如日本的循环型社会模式。

我国十分重视发展循环经济，2002 年 5 月，国家环保总局将贵阳确认为全国首个建设循环经济生态试点城市，还得到了联合国环境规划署、欧盟和德国在项目和经费上的支持。2006 年国家发改委等六部委正式启动了曹妃甸工业区、天津经济技术开发区等 13 个国家循环经济试点园区的工作。通过试点，总结凝练出包括区域、园区和企业 3 个层面的 60 个循环经济典型模式（在能源利用上都体现了低碳）案例。其中，河北曹妃甸建立了全新规划、多产业密切关联的临港重化工园区循环经济发展模式。以现代港口物流、钢铁、石化、装备制造四大产业为主导，形成了具有特色的临港循环型产业体系，构建了包括“精品钢生产 - 建材生产 - 填海造地”“热电生产 - 海水淡化 - 化工生产”在内的多条循环经济产业链。将 2010 年与 2009 年相比，总产值提高 263.5%，能源产出率提高 122%，土地产出率提高 16%。我国在“十一五”期内通过发展循环经济取得了初步成效，如 2010 年与 2005 年相比，在能源产出率、水资源产出率及工业固体废物综合利用量上分别提高了 24%、59% 及 110.1%。2009 年 1 月我国开始施行《循环经济促进法》，2013 年 1 月，国务院印发了《循环经济发展战略及近期行动计划》，提出构建循环型工业体系、循环型农业体系、循环型服务业体系和推进社会层面循环经济发展。2015 年 4 月又印发了《2015 年循环经济推进计划》，从加快构建循环型产业体系、大力推进园区和区域循环发展、推动社会层面循环经济发展、推行绿色生活方式等方面，为扎实推进 2015 年循环经济工作提出了具体实施措施。

四、能源的合理有效利用原则

结合我国国情，人均能源资源不足、能源利用率低下、污染严重等问题，必须引起我们

重视。为保障我国国民经济的稳定、持续发展，建立起“两型社会”，必须发展与推行循环经济，在能源利用上要遵循低碳经济。在此观念指导下，作者认为对于能源的合理、有效利用应遵循以下原则：

1）最小外部损失原则。如减少能源开采、储存、输送等这些环节中的浪费，减少废渣、废气（汽）、废液、各中间物或产品带走的能量损失。

2）高能源利用效率原则。如及时更新设备，采用新技术。

3）最佳推动力原则。使过程在最佳热力势差（如温度差、压力差、化学位差等）推动下完成。如按能量品位用能，能量的梯级利用。

4）回收利用原则。进行废渣、废气（汽）、废液的回收利用，使废变宝。

5）综合利用原则。将能源资源的单一利用转向与其他工业相结合的综合利用。

6）节约优先，适度消费原则。资源总是有限的，提倡节约优先，适度消费，如适当调整空调设定温度。

7）积极开发与利用可再生能源和清洁能源原则。减少不可再生能源和易污染能源的消耗和污染。

第三节　能量转换与利用的基本定律

一、热力循环

要使热能连续不断地转变为机械能，工质（如水蒸气、燃气等）从初始状态起，必须经历包含做功过程的一系列连续过程，并回到原状态。例如，蒸汽动力装置，水在锅炉中吸热变成高温高压的蒸汽，再进入汽轮机膨胀做功，排汽在冷凝器中凝结为水，经水泵加压送回锅炉，重新吸热变成蒸汽，如此周而复始、循环不已。所谓热力循环，就是工质从某一热力状态起，经过一系列的状态变化后，又回到原来初始状态的热力过程。当以状态参数坐标图表示这一系列热力过程时，循环成为一条封闭曲线，如图 1-4 所示的压力 - 比体积图。

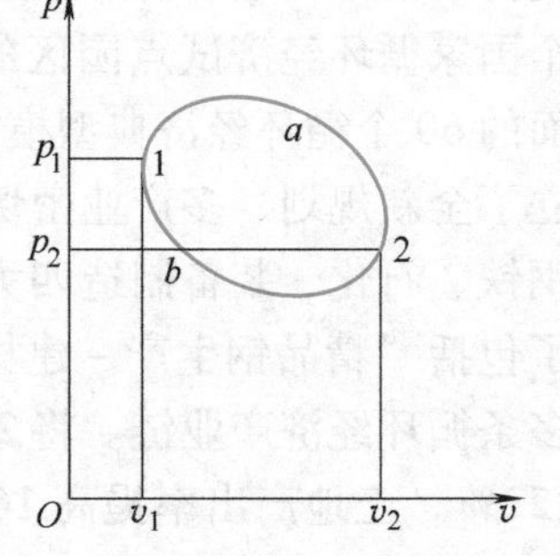

图 1-4　循环在 p-v 图上的表示

循环有正循环和逆循环之分。如图 1-4 所示，当循环按顺时针 $1a2b1$ 的方向时，沿 $1a2$ 过程所做的功（即膨胀功 w_{1a2}，相当于曲线 $1a2$ 下面积 $1a2v_2v_11$）要大于沿 $2b1$ 过程所消耗的功（即压缩功 w_{2b1}，相当于曲线 $2b1$ 下面积 $2b1v_1v_22$），故该循环的总功或称为循环净功大于零，即 $(|w_{1a2}| - |w_{2b1}|) > 0$，意味着这是属于对外做功的一类热力系统的循环，常称热机循环或正循环，如实现火力发电的循环。反之，当循环按逆时针方向即 $1b2a1$ 进行时，膨胀功 w_{1b2} 的值小于压缩功 w_{2a1} 的值，循环净功 $(|w_{1b2}| - |w_{2a1}|) < 0$，意味着这是属于消耗外功的一类热力系统的循环，称为逆循环，压缩式制冷机所进行的制冷循环就属于这一类。当然，工程上实际的热力循环要比图 1-1 所示的情况复杂，有多种形式（如单一工质的水蒸气热力发电循环，双工质的水蒸气 - 燃气热力发电循环），但从其进行的总方向或总结果来看可分属这两种或为这两者的复合。

二、热力学第一定律

人们从长期无数的实践经验中总结得出了存在于各种自然现象中的一条最普遍、最基本的规律：能量守恒与转换定律。它表明各种能量可以相互转换，但它们的总量保持不变。热力学第一定律就是能量转换与守恒定律在伴有热效应的物理及化学等过程中的应用。它广泛地适用于热能和其他能量形式之间的转换，如热能和机械能、热能和化学能、热能和电磁能等的转换，在转换过程中其总量是守恒的。

下面以一简单的具有代表性的例子说明热能向机械能的转换。图 1-5 表示一个热力系，其中包含质量为 m 的工质（如气体）的气缸。如从外界向该热力系加热 Q，工质受热而膨胀，体积增大，推动活塞，并使活塞及与之相连的重块向右移动，对外界做功。由于工质状态的改变，其本身具有的能量也可能有所改变，假设工质的能量增加了 $\Delta E = (E_2 - E_1)$。根据能量守恒与转换定律，工质能量的增量 ΔE 必等于工质从外界吸收的热量 Q 和工质的膨胀做功 W 之差，即

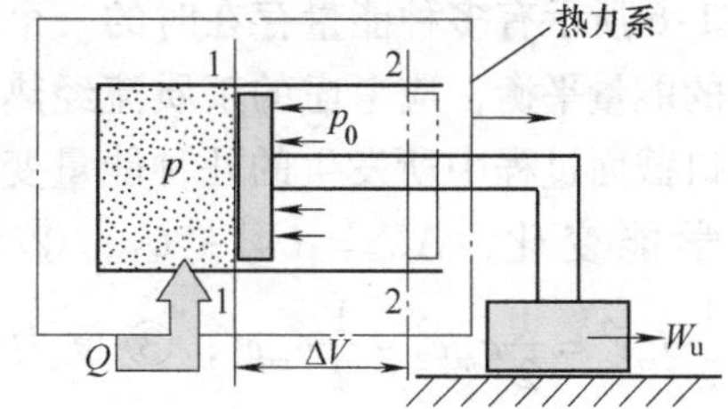

图 1-5　气体受热膨胀做功

$$\Delta E = Q - W$$

或

$$Q = \Delta E + W \tag{1-1}$$

式（1-1）就是热力学第一定律的数学表达式。

对于图 1-5 所示的情况，由于工质无明显的流动，工质的能量变化可以认为只是工质的热力学能变化 ΔU，而忽略其宏观的动能和位能变化。这样，式（1-1）可以表达为

$$Q = \Delta U + W \tag{1-2}$$

对于微小变化过程，则有

$$\delta Q = \mathrm{d}U + \delta W \tag{1-3}$$

如工质为单位质量，则上式为

$$\delta q = \mathrm{d}u + \delta w \tag{1-4}$$

对于图 1-5 所示的热力系，因无工质的流入或流出，故称为闭口系。由图可见，该闭口系处于大气环境包围之中，大气环境具有恒定的压力 p_0，工质受热膨胀时，除了推动重物移动外，还要克服大气压力 p_0。所以，工质的膨胀功 W 大部分用于推动重块，对外界做出有用功 W_u。少量的膨胀功用于克服大气压力所做的功为大气压力 p_0 与体积变化 ΔV 的乘积，即 $p_0\Delta V$，因为它不用于推动重块，故称为无用功。它们的关系可以表达为

$$W_u = W - p_0\Delta V \tag{1-5}$$

当工质的膨胀为可逆过程时，则

$$W_u = m\int_1^2 p\mathrm{d}v - p_0\Delta V \tag{1-6}$$

工程上遇到的热力设备常常是不但与外界有能量的传递和转换，而且还有质量交换，即有工质的流进和流出。如在热力发电的生产过程中，作为热力循环工质的蒸汽必须流过锅炉、汽轮机、冷凝器等热力设备。下面将工程应用的热力设备中能量转换情况概念性地表示于图 1-6，并讨论其能量转换与守恒的问题。

除起动、停机或有负荷变化时外，实际热力设备中所进行的过程一般都在稳定状态下进行，即对于工质而言，它在设备中各空间点的热力状态和流量都不随时间而变，这样的系统称为稳定流动系统。设工质的流量（质量流量）为 q_m，热力系进、出口截面处流速分别为 c_1、c_2，分析图 1-6 所示有多种能量存在时的一个综合性热力系的能量平衡，应考虑的工质流经热力系入口及出口截面过程中所发生的几种能量变化有：①热力学能变化，$\Delta U = U_2 - U_1$；②动能变化，$\Delta \frac{1}{2}q_m c^2 = \frac{1}{2}q_m c_2^2 - \frac{1}{2}q_m c_1^2$；③重力位能变化，$\Delta q_m gz = q_m gz_2 - q_m gz_1$；④工质流过热力系进、出口截面时，必须克服截面右边阻力而做流动功，故总的流动功为 $\Delta pV = p_2 V_2 - p_1 V_1$；⑤外界加入的热量 Q；⑥热力系对外界做出的有用功 W_u，对于流动系常称轴功，以 W_s 表示。显然，工质对外所做的功应为轴功和流动功两者之和，即 $W_s + \Delta pV$。

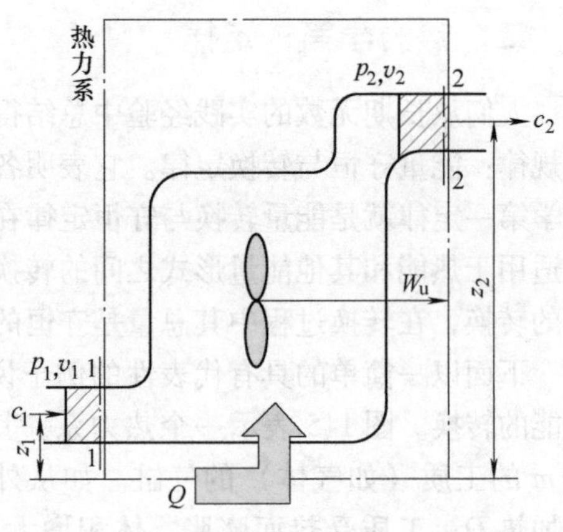

图 1-6 稳定流动热力系

热力系储存能量的变化 ΔE 应为

$$\Delta E = \Delta U + \frac{1}{2}\Delta q_m c^2 + \Delta q_m gz$$

将上述关系式代入式（1-1），则得

$$Q = \Delta U + \frac{q_m}{2}\Delta c^2 + q_m g\Delta z + W_s + \Delta pV$$

按焓的定义式 $H = U + pV$，则上式可表示为

$$Q = \Delta H + \frac{q_m}{2}\Delta c^2 + q_m g\Delta z + W_s \tag{1-7}$$

对于微小的过程，则

$$\delta Q = dH + \frac{q_m}{2}dc^2 + q_m g dz + \delta W_s \tag{1-8}$$

如工质为单位质量，则上式成为

$$\delta q = dh + \frac{1}{2}dc^2 + g dz + \delta w_s \tag{1-9}$$

式（1-7）~式（1-9）即为热力学第一定律应用于工质在稳定流动时的数学表达式。

三、热力学第二定律

热力学第一定律表明，能量传递和转换时，其数量是守恒的。但它并未表明能量转换的过程是否一定能发生，是否需要附加的条件。

由经验可知，在能量转换过程中，许多情况下能量间的转换可以自发地进行，如温度不同的两物体接触时，热量总是自动地由高温物体传给低温物体；机械能可自动地转换为热能，如摩擦消耗的机械功自动变成热。但是，要这些过程反向进行就不能自发地产生，必须要有附加的条件，或者说必须要付出一定的代价，过程才能进行。例如，制冷就是将热量由低温物体传给高温物体的过程，它的完成是因为消耗了压缩功，否则不可能进行。可见，对于能量传递和转换过程的全面描述，除了要用热力学第一定律说明过程的进行必须遵守能量守恒外，还必须要论证过程进行的方向性，即要应用热力学第二定律。

热力学第二定律与热力学第一定律一样，是由长期无数的经验总结出来的，是经过实践检验的规律。热力学第二定律的实质就是指出一切自发过程都是不可逆过程，它们无须外加条件就能自动地进行。对于一个非自发过程，则它的实现一定要以另一个自发过程的进行来推动。例如，热力发动机就是实现了热能变为机械能这一非自发过程，但为了完成这一过程并保证其延续性，必须有一部分热量由温度较高物体传向温度较低物体这一自发过程，如内燃机工作时，内燃发动机要向外界排气，将热量散给大气。

由工程热力学可知，关于热力学第二定律，也可以用熵增原理来表达，即实际过程不论其是自发的或非自发的过程，最后的结果总是使（孤立的）热力系的熵向增加的方向进行。用数学的形式表达为

$$\Delta S_s \geqslant 0 \tag{1-10}$$

现以热能转变为机械能的过程为例，说明表达热力学第二定律的熵增原理。为了研究的方便，可将所研究的对象——热力系隔离开来，使该热力系包含与能量转换有关的全部物质，而与外界无能量转换或传递关系，即成为一个孤立的热力系。在该孤立热力系内，工质由高温热源吸收热量 q_1，将其中一部分转变为单位质量的功 w，其剩余部分即排给低温热源的热量 q_2，从而完成一个如图 1-7 所示的循环 123′41。由热力学可知，实际过程都是不可逆的。为把问题简化，仅假设膨胀过程为不可逆绝热膨胀过程 2—3，则循环 12341 成为不可逆循环。

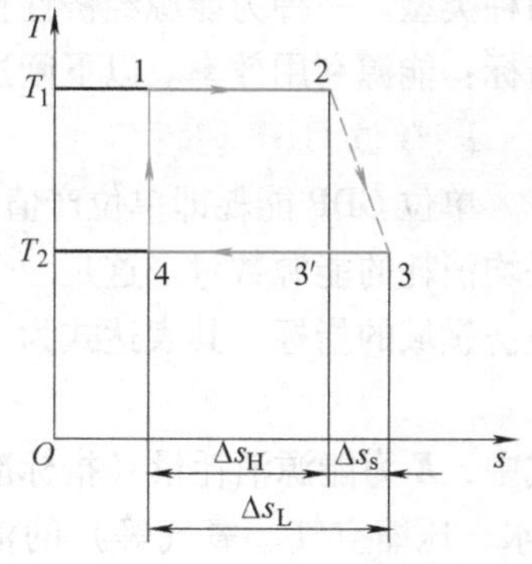

图 1-7 孤立热力系内的不可逆循环

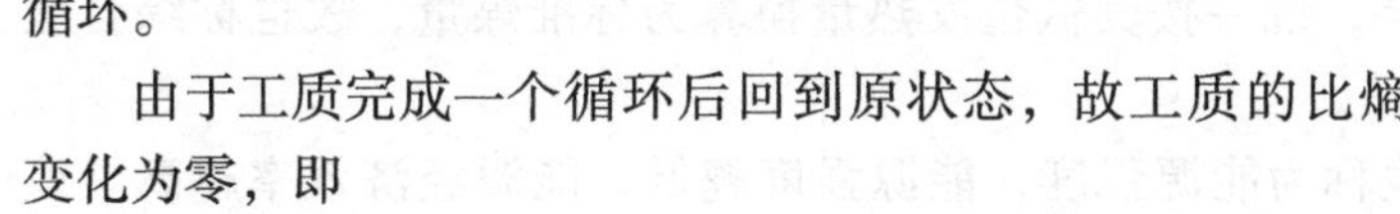

由于工质完成一个循环后回到原状态，故工质的比熵变化为零，即

$$\Delta s_w = 0$$

高温热源在温度 T_1 时放热，则其整个 1—2 放热过程的比熵变化量为

$$\Delta s_H = -\int_1^2 \frac{\delta q_1}{T_1}$$

低温热源在温度 T_2 时吸热，则其整个 3—4 吸热过程的比熵变化量为

$$\Delta s_L = \int_3^4 \frac{\delta q_2}{T_2}$$

这样，该孤立热力系总的比熵变化量为这三者之和，即

$$\Delta s_s = \Delta s_w + \Delta s_H + \Delta s_L = 0 + \left(-\int_1^2 \frac{\delta q_1}{T_1}\right) + \int_3^4 \frac{\delta q_2}{T_2}$$

由图 1-7 可见，由于该孤立热力系内进行的是一个不可逆循环，显然存在着

$$\int_3^4 \frac{\delta q_2}{T_2} > \int_1^2 \frac{\delta q_1}{T_1}$$

所以

$$\Delta s_s > 0$$

因为实际的过程和循环都是不可逆的，所以在孤立热力系中热能转变为机械能的结果，其熵必然是增加的。一个极端的情况是假设循环为可逆，如体现在图1-7中过程2—3改为2—3′。可见，此时$\Delta s_H = \Delta s_L$，即孤立热力系的熵不变，$\Delta s_s = 0$。这也就论证了孤立热力系内进行的过程，只能使熵增加或熵不变（因实际过程都是不可逆的，故实际上不可能不变），而绝对不可能减少。

第四节　能源有效利用的评估

能源是极其重要的战略资源，及时而又准确地评估能源有效利用的程度是十分必要的。这将有助于分析和改进能源利用中存在的问题，降低能耗，提高能源利用的效率。本节将阐述能源有效利用的评估指标及如何合理评估能源有效利用的问题。

一、能源有效利用的常用评估指标

关于能源有效利用程度的评估，从不同角度评估会有不同的评估指标，现把它们归纳为两种类型。一种为能源经济性指标：单位产值能耗和单位产品能耗；另一种为能源技术效率指标：能源利用效率。以下阐述的是其中用得较多的几个具有代表性的指标。

1. 单位GDP能耗

单位GDP能耗即单位产值能耗，是指某一年或某一个时期，实现单位国民经济产值所平均消耗的能源数量。这是一个反映能源消耗量与国民经济产值相对关系的指标，属于宏观经济领域的指标，其表达式为

$$r = E/M \tag{1-11}$$

式中，E为能源消耗量（指标准煤），它包含一次能源的消耗，还包含二次能源及耗能工质（水、压缩空气、氧气等）的消耗，统一按其低位发热量换算为标准煤量，故也称综合能耗；M为同期国民经济生产总值。

单位GDP能耗（标准煤）也称为能源强度，能源强度越低，能源经济效率越高。该指标可用于国家，也可用于省或市等，单位为t/万元，由此可以来对比分析能源利用状况。如根据统计局数据，2005年全国单位GDP能耗为1.22t/万元。各省市中，上海为0.88t/万元，浙江为0.90t/万元，而宁夏则为4.14 t/万元，这反映了我国东西部地区工业水平等因素所造成的差异。又如，我国在“十一五”规划纲要中提出2010年单位GDP能耗比“十五”末降低20%的约束性指标，但实际是单位GDP能耗同比下降了19.1%，基本实现了规划设定的目标。在2014年，通过节能提高能效、调整产业结构、发展可再生能源等措施，单位GDP能耗下降4.8%，超额完成4%的年度计划目标，取得“十二五”以来最好的成绩。

单位GDP能耗用于国际比较时要进行外汇汇率折算，并以万t/亿美元为单位。单位GDP能耗是一国发展阶段、经济结构、能源结构和设备技术及管理水平等多种因素造成的能耗水平和经济产出间的比例关系。以2001年为例，我国单位GDP能耗为11.64万t/亿美元，印度为9.36万t/亿美元，美国为3.19万t/亿美元，日本为1.77万t/亿美元。我国单位GDP能耗之所以高，是由于能源结构不合理（以煤为主）以及设备和管理落后等，同时也反映了我国在节能方面有很大的潜力。根据国务院的《“十二五”节能减排综合性工作方

案》，“十二五”节能目标为：到2015年，全国万元GDP能耗下降到0.869t标准煤（按2005年价格计算），比2010年的1.034t标准煤下降16%，比2005年的1.276t标准煤下降32%。“十二五”期间，实现节约能源6.7亿t标准煤。

在此要提及的是，一味地追求GDP的增长将会严重影响到资源与环境问题，所以人们提出了要以绿色GDP来衡量经济的发展。简单地讲，就是从现行统计的GDP中，扣除由于环境污染、自然资源退化、教育低下、人口数量失控、管理不善等因素引起的经济损失成本，从而得出真实的国民财富总量，可以把它称为可持续发展国内生产总值。由于实际计算等操作上的困难，目前还处于研究试行阶段。但从长远看，这是必然的趋势。

2. 单位产品能耗

单位产品能耗是指每单位产品产量所消耗的能量，属于微观经济领域的指标。它又分为单耗和综合能耗两种，可用一个式子来表达

$$C = E_p/A \tag{1-12}$$

式中，A为产品产量；E_p为产品能耗。

当E_p是指某种能的消耗量时，C为单耗，如生产1kW·h电的煤耗。如果E_p是指生产某种产品过程中所消耗的各种一次能源、二次能源的总消耗量，则C为综合能耗。综合能耗包含了直接能耗和间接能耗两部分。前者指生产该产品时直接消耗的能量，后者指该产品所用的各种原材料在被生产出来时所消耗的能量，这两者之和也称为全能耗。

3. 能源利用效率

目前在涉及能源技术效率指标方面，由于针对的对象和范围不同，而常用不同的术语来表达能源利用效率的含义。但不论何种，它们都表示了能量被有效利用的程度（百分数），故在此统一赋予“能源利用效率”的名称。它为被有效利用的能量（或获得的能量）与消耗的能量（或投入的能量）之比，以百分数（%）来表示。它被用来考察用能的完善程度，其定义式为

$$\eta = E_e/E_c \tag{1-13}$$

式中，η为能源利用效率；E_e为有效利用的能量；E_c为消耗的能量。

能源利用效率可以分别针对一台设备、一个工序、一个车间、一个部门甚至全国来计算，相应的技术名词很多，下列为用于三种不同对象时的具有代表性的技术名词：

（1）能源效率　能源效率是指在利用能源资源的各项活动（从开采到终端利用）中，所得到的起作用的能源量与实际消费的能源量之比。它常用于考察一个国家或一个地区的能源利用水平。目前，国际上用于比较分析的能源效率是指能源开采（生产）效率、中间环节效率和终端利用效率的乘积，其可比性强又比较正确。我国常用中间环节效率和终端利用效率的乘积来表示能源效率，而把这三者效率的乘积称为能源系统效率。如我国据此计算得到的能源效率，从1980—2000年，由26%提高到33%，但仍比中东欧国家的平均效率低1~8个百分点。

（2）能源（或能量）利用率　能源利用率是指为终端用户提供的有效能量与所消费的能源量之比。在评定一个工序、一个企业、一个部门或一个地区的能源利用水平时，常采用能源利用率。如对于企业的能源利用率，定义为

$$企业能源利用率 = \frac{企业终端有效能量}{企业总综合能耗量} \tag{1-14}$$

也可定义为

$$企业能源利用率 = \frac{单位产量理论能耗量}{单位产量综合能耗} \tag{1-15}$$

(3) 设备(或装置)效率 设备(或装置)效率是指对某台设备(或某套装置),向它所提供的能量被有效利用的程度。对于设备,如锅炉的热效率、汽轮机的绝对有效效率及内燃机的有效热效率等;对于装置,如汽轮发电机组的绝对电效率、制冷装置的制冷系数等,均属于此。

二、㶲及㶲效率

1. 㶲

在上述三个评估指标中所用到的能量只是能量的数量,而未涉及能量的质量。对于能量可以被利用的程度而言,不仅应考虑能量的数量多少,而且应考虑能量的质量如何(即能量的品位高低)。例如,将热能和机械能相比,由热力学第二定律知,热能不能全部转变为机械能,其中必须有部分热能传给另一较低温度的物体,而机械能却能全部转换为热能。可见,机械能比热能的质量高。这说明,不同形态的能量,品位不同。此外,对于同一能量形式,因处在不同的状态,能的品位也不同。例如,相同数量的热能,温度不同,可以转变为功的多少也不同。相对于同一环境温度,温度高的热能转变为机械能的数量要大于温度低的热能。所以,温度高的热能的质量要比温度低的热能高。显然,与环境温度相同的热能,因不可能再有做功能力,其品位最低。经验表明,机械能是一切形态能量中品位最高的一种,而且是应用极为广泛的能量,所以通常以机械能为标准,用转变为机械能的程度来衡量其他形态能量品位的高低。为了在评判能量的合理利用时能同时考虑到能量的数量和品位,近几十年来学术界引入了一个与做功能力密切相关的参数"㶲",并逐渐付之于实际应用。

所谓㶲,是指处于某一状态的热力系,可逆地变化到与周围环境状态相平衡时,可以转化为有用功(即最大有用功)的能量。此值即为该热力系的㶲,或可更直观地称为有效能,以符号 EX 表示,单位为 J。对单位质量工质而言,它的㶲称为比㶲,以 ex 表示,单位为 J/kg。

设今有图 1-6 所示的一个稳定流动热力系,W_{max} 为该热力系由某一起始状态可逆地变化到环境状态 0 时对外做出的最大功,则利用热力学第一、二定律可导得最大功,即㶲为

$$EX = W_{max} = (H - T_0S) - (H_0 - T_0S_0) \tag{1-16}$$

式中,H、S 分别为热力系在某起始状态时的焓和熵;H_0、S_0 分别为热力系在环境状态 T_0 时的焓和熵。

则比㶲为

$$ex = (h - T_0s) - (h_0 - T_0s_0) \tag{1-17}$$

由热力学第二定律可知,任何热源当其温度为 T 时所传出的热量 Q 中能转换为功的最大值,应是在温度范围 T 及 T_0 内卡诺循环的做功量,即

$$W_{max} = Q\left(1 - \frac{T_0}{T}\right)$$

根据前述关于㶲的概念,热量中这部分能转换为功的最大可用部分也可称之为㶲。由于这是

单指热量而言，为区别于式（1-16）所定义的㶲，则可称其为热㶲，以 EX_Q 表示，即

$$EX_Q = Q\left(1 - \frac{T_0}{T}\right) \tag{1-18}$$

对比式（1-16）与式（1-18）可见，热㶲是由热量 Q 热源放热时的温度所决定的；而工质㶲只取决于热力状态，故可认为是一个状态参数，但两者都表示能的可用性。

燃料燃烧是在热能利用与动力机械装置中常遇到的过程。由于燃料燃烧过程中放出的热能，以及因燃烧引起反应物体积的变化都可以通过一定的方式转换成机械能，所以根据㶲的普遍定义中关于“最大有用功”的概念，对于燃料的㶲也可做出定义。燃料㶲可以表达为：燃料与氧气可逆地进行燃烧反应和变化后，与周围环境达到平衡时，所能提供的最大有用功。所以，也可称为燃料的化学㶲或燃料的化学有效能。计算燃料的化学㶲时通常取环境压力 $p_0=101\text{kPa}$、环境温度 $T_0=298.15\text{K}$（即25℃）的饱和湿空气为环境空气，整个计算过程比较复杂。理论证明，燃料的化学㶲可近似地取为燃料的高发热值，即

$$E_f \approx Q_H \tag{1-19}$$

2. 㶲效率

由于实际过程都是不可逆的，则必存在着有效能的损失，这一损失也可从㶲的概念来表达。

下面仍利用图1-6所示的稳定流动热力系，假设工质由状态1不可逆地变到状态2，在此状态变化过程中，它只与环境之间传递热量，无其他热源，并忽略工质的动能与位能，则

$$H_1 + Q = H_2 + W_{12} \tag{1-20}$$

由热力学第二定律知，对于可逆过程，工质的熵变化是由于与环境换热所引起的，而今为不可逆过程，则必存在

$$(S_2 - S_1) > \int_1^2 \frac{\delta Q}{T_0}$$

或可写成

$$(S_2 - S_1) - \int_1^2 \frac{\delta Q}{T_0} = \Delta S_s$$

将此式代入式（1-20），则不可逆过程中的功为

$$W_{12} = (H_1 - H_2) - T_0(S_1 - S_2) - T_0\Delta S_s$$

再将式（1-16）代入上式，则

$$W_{12} = EX_1 - EX_2 - T_0\Delta S_s \tag{1-21}$$

如工质状态变化为可逆的，则因 $\Delta S_s=0$，可得最大功为

$$W_{12,\max} = EX_1 - EX_2 \tag{1-22}$$

可见，由于过程的不可逆性，功的损失为

$$\Delta W_L = T_0\Delta S_s \tag{1-23}$$

式（1-23）表明，功的损失与熵的增量成正比，比例常数就是环境温度 T_0。由式（1-22）可见，如果过程可逆，可以利用的能量为工质进出热力系的㶲值之差。由于过程不可逆，使可以利用的㶲值减少，其量相当于 $T_0\Delta S_s$，这就是㶲损失 EX_L，有

$$EX_L = W_{\max} - W \tag{1-24}$$

可以广义地定义㶲损失：对于某一个系统或设备，投入或耗费的㶲EX_i 与被有效利用或

收益的㶲EX_g之差，即为该系统或设备的㶲损失EX_L，可表示为

$$EX_L = EX_i - EX_g \tag{1-25}$$

而被有效利用的㶲与投入的㶲之比，则为该系统或设备的㶲效率η_{ex}，也称为有效能效率，即

$$\eta_{ex} = \frac{EX_g}{EX_i} \tag{1-26}$$

从㶲的概念来理解，㶲效率实际上就是获得的有效能量与所供给的最大做功能量之比，所以它是同时从能的数量与质量来衡量热力系统或设备完善程度的尺度。有些学者也把㶲效率称为热力学第二定律效率，而前述的能源利用效率则称为热力学第一定律效率。

在装置中产生㶲损失的原因可归纳为三种：①副产品和废料带走的㶲，如锅炉的排烟。②由于散热，如热交换器中通过对流和辐射，从热交换器外表面向环境散热造成的㶲损失。③因装置内部发生的不可逆过程所造成的损失，如不可逆的化学反应、温差传热等。

由于热能利用和动力机械装置中所发生的做功、传热、燃烧、化学反应等过程都是不可逆的，而且有时还同时存在着这三种情况，所以㶲效率必小于1。

因用途不同而有多种热能利用和动力设备与装置，所以在符合㶲（即有效能）定义的原则下，不同种类的设备和装置的㶲效率（即有效能效率）的具体表达式也不同。即使对于同一种设备或装置，由于人们可以从不同的角度去理解“收益”和“投入”，致使㶲效率的表达式也会不同。下面列出几种常用设备和装置的㶲效率（即有效能效率）表达式。

（1）热力发动机　设进入和离开热力发动机的工质的㶲分别为EX_1、EX_2，产生的功为W_{12}，则

$$\eta_{ex} = \frac{W_{12}}{EX_1 - EX_2}$$

热力发动机中的能量损耗主要由气体摩擦所引起，其㶲效率的高低主要反映这一损失的影响。

（2）压气机　对压气机而言，输入的㶲是压气机所消耗的功W_i，收益则为工质㶲的增加，即

$$\eta_{ex} = \frac{EX_2 - EX_1}{W_i}$$

与热力发动机中的情况类似，其能量损耗主要也由气体摩擦所引起。

（3）间壁式热交换器　以热流体进、出热交换器的有效能差为投入，以冷流体进、出热交换器的㶲差为收益，则

$$\eta_{ex} = \frac{EX_c'' - EX_c'}{EX_h' - EX_h''}$$

如果热交换器无散热损失，即冷流体吸热量等于热流体放热量，热交换器的热效率为100%。但热量由热流体传给冷流体，其品位却降低了，利用㶲的定义式（1-16）不难证明㶲效率必小于100%。这表明温差传热将造成㶲的损失。

（4）锅炉　如以高温烟气对水蒸气的加热作为㶲的投入，并设烟气在某一平均温度T_m下放热，则投入的㶲为$Q(1-T_0/T_m)$，锅炉的㶲效率为

$$\eta_{ex} = \frac{EX_2 - EX_1}{Q(1 - T_0/T_m)}$$

由于在此认为㶲的投入是从烟气对水蒸气的加热来计算的，故其㶲效率主要也反映在温差传热造成的㶲损失上。

也可以把锅炉消耗燃料的㶲EX_f理解为输入锅炉的㶲，则

$$\eta_{ex} = \frac{EX_2 - EX_1}{EX_f}$$

锅炉的这一㶲效率同时反映了温差传热、燃烧过程和排烟等不可逆过程造成的㶲损失的影响。

（5）动力循环　设动力循环工质的平均加热温度为T_m、加热量为Q、输出功为W、大气环境温度为T_0，则

$$\eta_{ex} = \frac{W}{Q(1 - T_0/T_m)}$$

例1-1　设汽轮机的进汽参数为3.5MPa、435℃，背压为0.0087MPa，排汽干度为93.5%，求其㶲效率。

解　由水蒸气的焓熵图及㶲熵图分别查得水蒸气在进口状态时的比焓和比㶲为（设环境温度为20℃）

$$h_1 = 3302\text{kJ/kg},\quad ex_1 = 1265\text{kJ/kg}$$

在排汽状态时为

$$h_2 = 2423\text{kJ/kg},\quad ex_2 = 165\text{kJ/kg}$$

则其㶲效率为

$$\eta_{ex} = \frac{W_{12}}{ex_1 - ex_2} = \frac{h_1 - h_2}{ex_1 - ex_2} = \frac{3302 - 2423}{1265 - 165} = 79.9\%$$

例1-2　有一台水-水热交换器，热水平均温度为300℃，冷水平均温度为100℃，散热损失为热水放热量的5%，试求该热交换器的能源利用效率和㶲效率（取环境温度为0℃）。

解　设热水放热量为Q_h，冷水吸热量为Q_c，则$Q_c = Q_h - 5\% Q_h = 0.95Q_h$，故热交换器的能源利用效率，即热交换器的热效率为

$$\eta = \frac{Q_c}{Q_h} = 0.95$$

热水输出的㶲为

$$\Delta EX_h = Q_h\left(1 - \frac{T_0}{T_h}\right)$$

冷水得到的㶲为

$$\Delta EX_c = Q_c\left(1 - \frac{T_0}{T_c}\right)$$

故㶲效率为

$$\eta_{ex} = \frac{\Delta EX_c}{\Delta EX_h} = \frac{Q_c(1 - T_0/T_c)}{Q_h(1 - T_0/T_h)} = 0.95\frac{(1 - 273/373)}{(1 - 273/573)} \approx 48.6\%$$

可见，因温差传热，使㶲效率降低。而且，如果传热量不变，则冷热流体间温差越大，则㶲效率越低。

三、总能系统及其评价

总能系统概念的提出，是为了更合理地综合用能。多种形式的总能系统正在蓬勃发展，它的内容比较广泛，也尚未有一致公认的定义，大体上可以概括为以下的概念：所谓总能系统，是指某系统所需的能量几乎都由该系统中所设置的唯一的能源供给，按照能量品位的高低进行梯级利用，总的安排好功、热（冷）与物料热力学能等各种能量之间的配合关系与转换使用，以取得更有利的能源利用的总效果。

总能系统的应用实例较多，形式多样，归纳起来有以下几方面。

1. 联合循环

它是把以输出功为目的的不同热机循环按照梯级利用的概念联合在一起，如燃气－蒸汽联合循环，能达到约50%的热效率，要比单一循环所达到的热效率高。

2. 不同能量联供

利用一个经过完善组合的系统，使一种能源根据用户的需要转换成不同形式的能量。由于这样的系统同时考虑到能量的形式及能量的品位，也考虑到不同季节对负荷需求的差别，所以可达到较高的能源利用率及机组利用率。例如，热电联产，由汽轮发电机组同时供给用电和用汽（或用热），减少了冷凝器中的热损失，使热效率提高到80%左右。此外，热电冷联产、煤气热电三联产等，均属于这类联产联供形式。

3. 余热利用

工业企业有大量余热资源，根据企业的具体状况，考虑到按品位高低进行组合的原则，因地制宜地合理利用，则将会显著地提高能源利用率。目前已用的系统有余热发电、余热供暖、余热助燃等，由于将原来遗弃的热量加以利用，节能效果当然是不言而喻的。

4. 先热利用

很多热用户需要的温度并不高，远低于燃料燃烧可以达到的温度，而又缺乏与热用户需要的温度相配的热源。在这种情况下，可以按照温度对口、梯级利用的原则，在为热用户供热的同时，合理地利用较高温度区域的热能。由于高温热能的品位高，更宜用于做功，故在条件许可的情况下，可采用高温燃气轮机等先热利用方案。

5. 能源工厂（能源大系统）

这是把总能系统的概念扩大到包含若干个不同的生产领域，甚至还可以扩大到一个区域或一个城市，其目的是提高整个范围内的能源利用效率。例如，坑口能源联合体，使煤炭产地既产电，又产热（冷），还产各种化工原料，可称之为多联产，在这样的系统中，除按品位梯级利用外，还存在着如何很好地相互配合与利用的问题。

总能系统的思想是建立在合理用能的基础上的，但用能的合理不一定就等于有最好的经济效果，因为要同时考虑到设备的投资、不同种类能量的价格不同等多种因素。所以，如何合理地对总能系统进行评价是一个比较复杂的问题，目前尚无定论。

如果仅从用能角度去评价总能系统，评价的方法有两种。一种方法是基于热力学第一定律的概念，不分能量的品位，只从输入能量的总量中有多少能量被利用去进行评价，相应的评价指标是能源利用效率（也常称为总能利用系数、总能利用效率、热效率等），即式(1-13)。这一指标只有在较窄范围内有效，对应用于含有不同品位能量的系统，则失去其价值。另一种方法是基于热力学第二定律，同时考虑能量的数量与品位，即以㶲效率为评价指标。此外，为了进一步从经济角度考虑用能情况，在㶲效率概念的基础上，还产生了一个广义㶲效率，称为经济㶲效率 $\eta_{ex,e}$，可用下式表达为

$$\eta_{ex,e}=\frac{W+RQ}{BQ_{net}} \tag{1-27}$$

式中，W 为做出的功；Q 为供热量；R 为供热售价与供电（功）售价之比；B 为燃料消耗量；Q_{net} 为燃料低位发热量。

由式（1-27）可见，经济㶲效率主要从经济角度用价格的差别来区别热与功的品位。所以，它在一定程度上模拟了热力学中从㶲来区别热与功的品位，而又联系实际的收益，从售能收入方面来评价热与功，有可能更易为人们所接受。

经济㶲效率考虑了热与功的售价比，但没有考虑不同燃料的价格不同，这在比较使用不同价格的燃料的装置时是不够恰当的。为此，在经济㶲效率的基础上，再考虑燃料价格的影响，它可表达为

$$\eta_{ex,g}=\frac{W+RQ}{BQ_{net}}\frac{Z_w}{Z_F} \tag{1-28}$$

式中，Z_w/Z_F 为单位能量的功与单位燃料的价格比。

$\eta_{ex,g}$实际上是热力装置售热与售电总收入与投入燃料成本之比，通常大于1。它比较简单、概括地反映了装置在投运后在能量转换上的经济增值情况，故称为增值系数或经济㶲系数。

四、能源利用评估方法展望

上述一些有关能源有效利用的评估方法和指标的应用还是有局限性和不够完善的。特别是近年来一种新型的综合性能源系统——多联产的集成系统的出现，如何更科学、合理地评估能源有效利用问题已成为需要探讨的课题。以往的多联产系统基本上是以一种能源为主导的多联产，新的多联产系统是多种能源转换技术的有机耦合和集成，故称其为多联产集成系统，以示区别（详阅第四章第四节）。这种系统打破了行业界限（如煤基甲醇-电多联产系统），实现了系统资源消耗少、能量转化效率高、污染排放物少的综合目标。为评估这种系统的能源有效利用，一种新的分析法——能值（Emergy）分析法已经被提出。能值分析是以能值为基准，把所研究的系统中不同种类的、不可比较的能量以及非能量形式的物质流、资金流等所有流股换算成同一标准的能值来进行数据处理和系统分析。有关这方面的工作，读者可参考有关文献。

第五节 热能与动力装置的组成和工作条件及基本要求

一、热能与动力装置的组成

总的来说，热能与动力装置可包含以下几部分：

（1）发生装置　在专用的设备内，应用某种技术使热能产生的装置。如由燃料燃烧产生热的多种形式的炉子（锅炉、工业窑炉等）；由电能转换成热能的电炉；由核能释放转换成热能的核反应堆等就是热发生装置中的主体设备。通常以热效率等来表示它们的热性能，

如锅炉热效率。

（2）储能装置 通过某种方法使热能得以储存的装置。其主体设备有蒸汽蓄热器、储气罐等。以热效率及其他相关指标来表示它们的性能。

（3）传递装置 这是仅使热能传递而不发生能量形式转换的装置。其主体设备就是多种形式的热交换器，通常以传热系数和压力降作为热性能指标。

（4）转换装置 各种形式的热力发动机，它们是运用最为广泛的、将热能转变成便于做功的机械能的转换装置中的主体设备，它们的热性能指标因发动机种类不同等因素而异（参阅下节）。

（5）辅助设备 在上述装置中还有必不可少的用于输送流体的泵与风机等辅助设备及控制阀等部件。

二、热能与动力设备的工作条件

热能与动力设备的工作条件因应用场合不同而多种多样，可归纳为以下几种状况：

（1）温度 由于设备中工作流体的温度可能极高或极低，使设备在很高或很低温度的恶劣条件下工作。如锅炉炉膛内火焰中心温度高达1500～1600℃；在汽油机中，燃料燃烧时气缸内瞬时温度高达1900～2500℃；又如，在制冷装置中，制冷剂温度可低达－120℃以下。

（2）压力 工作流体的压力可能极高，如100万kW的超临界火力发电机组，其中水蒸气的超临界压力高达27.26MPa，温度为600℃。工作流体的压力也可能低于大气压，如汽轮机排入冷凝器的水蒸气压力达到0.0025MPa。

（3）速度 动力机械的运动部件常处于高速运转状态，每分钟转速达几千转，甚至高达万转。工作流体的流速也很高，如汽轮机喷管出口的蒸汽流速可达300m/s以上。

（4）负荷 由于外界负荷的急剧变化，使工作流体的温度、压力、流量发生剧烈变动，从而使设备遭受到温度、压力、流速变动的冲击。

（5）振动 由于负荷变化的冲击、设备部件的高速运动和动态不平衡等多种因素使部件或机体处于振动状态，并遭受到由此产生的附加作用力。

（6）腐蚀 由于工作流体（如地热水）的腐蚀性或设备零部件的材料、制造、安装中的缺陷，使设备零部件遭受到腐蚀，以致造成破坏性的恶果。

三、热能与动力设备的基本要求

许多热能与动力设备常在高温、高压、高速、负荷剧烈变动等恶劣条件下工作，它们不仅因承担负载而受到力的作用，也常受到因温度作用造成的热变形而产生附加热应力作用，还可能因机组不平衡造成的振动而产生附加振动应力，可见，它们的受力强度大且十分复杂。此外，受高温和负荷的波动作用的设备零部件还可能发生热疲劳和材料的蠕变，或因腐蚀使设备零部件受到损害，这些将会使它们的机械强度显著降低。热能与动力设备能否安全可靠运行，不仅影响到人身安全，而且直接关系到国计民生。如因火力发电机组事故而造成大面积停电，将带来巨大经济损失。所以，为了使热能与动力设备能在满足负荷的条件下安全可靠地运行，必须要有一定的技术要求。虽然各种热能与动力设备因工作原理、结构、适用范围等多种因素的不同，使其有各自的技术要求，但根据它们可能所处的上述工作条件及为保证设备运行的安全可靠，可概括出下列具有共同性的基本要求：

1）满足额定负载并有一定安全余量，以保障在突然超载情况下仍能正常运行。

2）设备的性能指标值（如锅炉的热效率、汽轮机的相对内效率、汽轮发电机组的热耗率、内燃机的比油耗）应在合理范围内。

3）设备的可靠性指标值（如使用寿命）应达到要求。

4）设备材料应具有良好的耐温（高温防蠕变，低温防脆化）、耐压、耐冲击和耐腐蚀性能。

5）承压设备（如锅炉、热交换器）必须进行耐压试验，负压设备（如溴化锂制冷容器）必须进行密封性试验，要求达到国家标准。

6）高速运转的设备部件（如内燃机的曲柄连杆机构、汽轮机转子）必须通过动平衡试验。

7）设备必须进行定期检修（如锅炉的定期大修），以确保安全可靠和良好的性能。

第六节　动力机械与动力传动

动力机械是指将某种能直接转换为机械能并拖动其他机械进行工作的机械，所以又称原动机或发动机。动力机械是在完成动力的产生、传递和输出的动力系统中最主要的设备。动力系统可以按发生能量转换的媒介物——工质的不同而分为蒸汽动力、燃气动力及水动力和风动力四大系统。动力系统中除动力机械外，还包括阀、管道、传动设备等部件。例如，图 1-8 所示为汽轮机 - 发电机的动力系统，这是一个广义定义的蒸汽动力系统（汽轮机 - 发电机动力系统）。它包含汽轮机（即原动机）、联轴器、发电机、冷凝器及阀门、连接管道等。在该系统中，连续地完成热能转换为机械能并进而转换为电能的过程，最终以电能向外界输出。

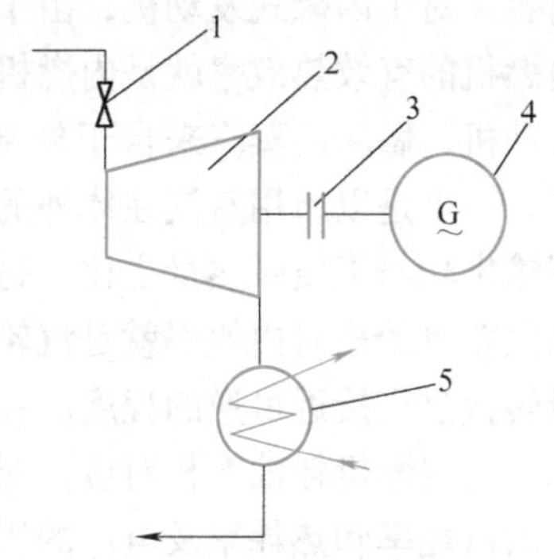

图 1-8　汽轮发电机组的动力系统
1—主汽阀　2—汽轮机　3—联轴器
4—发电机　5—冷凝器

一、动力机械的分类

动力机械的类型有多种，常见的有两种分类方法，一种为按做功的物质分，有蒸汽动力机（如汽轮机、蒸汽机）、燃气动力机（如汽油机、柴油机、煤气机、燃气轮机、喷气发动机等）、水动力机（如水轮机）和风动力机（如风力机）四类；另一种为按加热方式分，有内燃动力机（如柴油机、汽油机、煤气机、喷气发动机等）、外燃动力机（如汽轮机、蒸汽机等）及水和风动力机（无加热，如水轮机）。

广而言之，动力机械除原动机外还有另一类机械，它们是用某种机械驱动发电机、液压泵或空气压缩机，将自然界的能源转换成电能、液体或气体的压力能，再将这种形式的能量转换为机械能的机械，如电动机（也有称此为原动机）等。由于它们的动力输出是通过两次能量转换，故常称二次动力机；而原动机的动力输出是通过能量的一次直接转换，则也称一次动力机。通常，动力机械指原动机。

各种动力机械根据它们本身的工作原理、结构特点或用途等，还有不同的分类方法，如

汽轮机按其热力特性不同分为凝汽式、背压式、抽汽式等多种汽轮机；内燃机按所用燃料不同分为汽油机、柴油机、煤气机等。

各类动力机械因其工作原理和结构不同而有其各自的适用场合，如汽轮机主要用于热力发电，也用于工矿企业中直接拖动工作机械（如压缩机），还用于船舶推进动力装置；又如内燃机大量用于车辆、机车和船舶，也用于带动工作机械和发电。

二、动力机械的性能

动力机械的类型虽然很多，但都可依据热力学第一定律来分析它们的能量转换过程。不过在具体分析时，通常将它们分为闭口系（或静止系）和开口系（或流动系）来处理。因为对于往复式发动机（如内燃机），工质仅缓慢地流入与流出发动机，工质膨胀功中少量用于推动大气做功，大部分成为有用功输出［参见式（1-5）］，故理论循环分析时按闭口系来处理，可采用式（1-2）（参阅本书第五章）；而对于旋转式发动机（如汽轮机），工质在较高的流速下流入和流出发动机，工质膨胀功中少量用于流动功，大部分成为有用功（轴功）输出，故按稳定流动系来处理，可采用式（1-7）（参阅本书第三章）。

动力机械作为一种进行能量转换和输出动力的工作机械，从能量转换和动力传递角度要求，它们应具有良好的性能指标值和运行特性。不同种类的动力机械，由于其工作原理和应用场合的不同，有不同的能量转换的性能指标和各自的运行特性，但也有一些共同的概念或内容。对于内燃式发动机，由于加热过程在机体内进行，故常以消耗的燃料热量为基准，如内燃机的有效热效率就是内燃机轴端输出功与所耗燃料热量之比。对于像汽轮机这类外燃式发动机，做功的蒸汽来自于外部的锅炉，为了表明能量转换的完善程度，就可以有两个基准。一个是以所用蒸汽在体外的吸热量为基准，如汽轮机装置的绝对有效效率就是汽轮机轴端输出功与工质吸热量之比；另一个则是以汽轮机本体理想做功量（即理想焓降）为基准，如汽轮机的相对内效率就是汽轮机中蒸汽的实际焓降与理想焓降之比，以此来说明机体内能量转换过程接近可逆的程度。在经济性方面，内燃机常用有效热效率、有效耗油率等性能指标。与内燃机耗油率相对应，对于汽轮发电机组，因系“外燃式”，故相应的性能指标是机组的汽耗率和热耗率及电厂的煤耗率（对整个燃煤电厂而言）。在运行特性方面，对于内燃机，由于常常在转速变动情况下工作（发电机组除外），所以需要描述转矩、功率、耗油率等性能参数随转速变化的关系，称之为内燃机的速度特性。对于外燃式发动机，与此相对应的是工业汽轮机，因为工业汽轮机的工作转速也会因负荷变化而改变，所以也有相应的描绘变转速汽轮机的功率、转矩与转速之间的关系曲线，当然在具体表达方式上与内燃机的速度特性曲线图有所不同。在用于发电时，它们的负荷特性都是在转速不变的情况下进行讨论的。对于内燃机，用耗油率、耗油量、排气温度与负荷之间的关系来描述；而对于汽轮机，则以汽轮机组的功率（即负荷）与蒸汽消耗量、汽耗率之间的关系来描述。

动力机械常常在负荷变动情况下运行，而运行的效率大都同负荷有关。一般，在高负荷区运行的效率高、经济性好；在低负荷区运行的效率低、经济性差。当然，在何种负荷值下运行时机组具有最好的经济性，则取决于机组的具体设计条件。在工程设计中确定动力机组的参数、容量和台数时，应考虑到今后运行时，使动力机组在合理的工况区，即所谓经济工况区运行，从而使之在满足负荷的条件下具有良好的经济性。

三、动力传动

发动机产生的动力需要通过某种机构传递给工作机械，这种传递叫动力传动。按工作机械的不同或动力分配方式的不同，有多种动力传动的方式。动力传动可分直接动力传动和间接动力传动两大类。直接动力传动就是工作机械直接与原动机连接（如用联轴器来连接动力机械与工作机械）。这种传动方式的动力损失少，结构简单，但由于工作机械与原动机的直接刚性连接而不能满足下列要求：变速离合、改变转矩、改变转向、长距离的能量传递、差动传动、转动变成直线运动等，所以工程上用得最广的还是间接动力传动。

间接动力传动可以分为机械传动、流体动力传动及电力或磁力传动三类。机械传动是通过某种机械机构，利用机械原理把动力传递给工作机械的。机械传动的应用最广，包括摩擦传动（如带传动）、啮合传动（如齿轮传动）及推压传动（如杠杆传动）三种。流体动力传动是利用一个液压或气动系统，接收并控制原动机传来的功率，产生液体或气体压力，经过传递而推动工作机械做功。流体动力传动有液压传动（如汽车的液压动力转向系统）、液力传动（如装载机中的液力传动）及气压传动（如全气控震压造型机的气动系统）。流体动力传动系统一般包含的部件较多，如液压系统包含油箱，液压循环的管道，将原动机的机械能转变为液体压力能的泵，改变流动方向、压力和流量的阀门，把液体压力能转变成机械能的液压马达（由此液压马达拖动工作机械）等。电力或磁力传动包含电力拖动、电磁离合或制动传动，如用导线传送电流至电动机，再由电动机产生的动力来拖动工作机械。工程应用上往往是多种动力传动方式的组合，以便最有效和方便地将动力传递给工作机械。例如，汽轮机驱动发电机产生电能，发出的电通过导线传到各处，再由电驱动电动机，电动机产生的动力通过齿轮、传动带或其他机械装置传给工作机械。电动机的动力也可先传到液压传动系统，然后再传给工作机械。

第七节 热能与动力技术和环境

热能利用和动力技术应用的日益广泛和发展，对全球经济的发展、科学技术的进步和人民生活水平的提高起到了重大的作用。但是能源的开采、输送、转换和利用都直接或间接地改变着地球上的物质平衡、能量平衡和生态平衡。从能源的开采到转换成各种形式的能量利用的过程中，伴随着光、热、燃烧、化学反应、声、排放等多种物理与化学过程，对环境及生态系统会产生各种不良影响，危及人类生活和生命及各种动植物的生存，即形成所谓环境污染。能源与环境问题已日益受到全球社会的重点关注，在能源利用中（热能与动力技术占主体），应从以往主要考虑能量的发生和使用（消费）转变为以能量的消费结果和环境效益来审查或评定能源利用的设计或使用结果的合理性，为全球社会达到可持续发展的目标而努力。

一、环境污染的主要方面

因热能利用与动力技术的应用所造成的环境污染，有以下几个主要方面。

1. 热污染

在所有热能利用和动力技术应用中都不可避免地伴随着能量损失，而这些损失最终都以处于某种温度下的热能的形式传给环境，使环境温度升高，由此进一步造成对环境的危害，称为热污染。典型的实例是以河水、湖水或海水为冷源的热力发电厂。一个100万kW的热电厂，约有6.7×10^9kJ/h的冷却水的热量排放到自然水源中去，这些热量可以使排放区域附近的水域温度升高几度，从而使水中的含氧量降低，影响水生物的生存。进一步从全球来看，据估算，如果当今的平均温度升高3℃，就可以融化两极冰雪，海平面将大幅度升高，很多沿海城市会被淹没。如果世界能耗以5%的年增长率计算，那么再过100年左右就会使地球表面温度升高1℃。地球表面温度的升高使地球上冰雪覆盖区域缩小，从而使地球表面总反射率下降，更多的太阳能被地球表面吸收，这又将使地球表面温度升高，更多的冰雪融化，引发了一种"连锁"反应，结果将可能造成河水泛滥、农田甚至城市被淹没，其后果不堪设想。

2. 空气污染

以燃料为能源的各种车辆、供热设备、热力发电厂、工业加工用炉等的废气、废料向环境的排放及废物在大气中的燃烧所造成的对大气的污染，称为空气污染。污染空气的物质有二氧化碳、氮氧化物、硫化物、碳氢化合物、一氧化碳、石油挥发物、炭烟、灰烬、铅、金属氧化物和各种煤烟等。其中，前几种的量大、分布面广，在此对它们做扼要的阐述。

（1）二氧化碳　它对太阳辐射几乎是透明的，但对地球辐射的吸收力很强，因为二氧化碳的吸收光谱恰好在地球辐射的主要波长区段内。这样，大气中二氧化碳在吸收地面的一部分红外辐射以后，二氧化碳本身又重新辐射，一部分辐射能回到地面，另一部分则传给更上层的二氧化碳。二氧化碳含量越高，就会有更多的热量被阻留在低层大气中，并使地球表面温度升高，从而造成"温室效应"，使地球上的平均气温上升。

（2）氮氧化物　任何矿物燃料在高温下燃烧时均可能产生NO和NO_2，总称为氮氧化物NO_x。生成NO_x的数量随火焰温度的升高和烟气在高温区滞留时间的增加而增加。NO_x气体对臭氧层十分敏感，浓度很低的NO_x就会影响臭氧层的自然平衡，使臭氧层的臭氧浓度降低，从而对大气辐射中的紫外光的吸收能力减弱，即造成地面紫外辐射强度增大。据估计，臭氧的体积分数降低1.0%，地面紫外辐射强度增大2.0%，就可导致皮肤癌患者增加百分之几。此外，汽车排出的碳氢化合物和一氧化氮在太阳光的作用下发生化学反应，产生由臭氧、氧化氮、甲醛、乙醛及其他氧化剂组成的光化学烟雾，能使大气能见度降低，直接影响交通安全。烟雾中的化学成分还刺激人眼和黏膜部位，会使人头痛、呕吐、发生呼吸障碍，使植物枯死，特别严重时会导致人的死亡。

（3）硫化物　SO_2、SO_3和H_2S都是有毒气体。过量的SO_2可导致人体呼吸道疾病，使植物枯黄甚至死亡。H_2S对呼吸道的刺激则更甚。SO_3的存在会使烟气露点显著提高，排入大气会形成酸雨或酸雾，对环境造成严重危害。硫化物主要来自煤炭的燃烧，锅炉排烟中SO_2的含量由煤的硫含量决定。煤的硫含量依煤质不同而异，一般质量分数为0.2%～7.0%。目前全世界每年耗煤约40亿t，排入大气的硫化物总量十分可观，硫化物的危害又很大，加之我国是以耗煤为主的国家，所以在我国的城市大气污染中，硫化物成为最主要的危害物质，必须引起高度重视。此外，在地热流体中常含有较多的H_2S气体，故在开发利用地热资源时应采取防治措施。

（4）微细颗粒　由于汽车尾气的排放、建筑工地和道路交通产生的扬尘、工业生产的废气排放等因素，微细颗粒在有雾条件下可形成雾霾天气，其中以直径为2.5μm以下的颗粒易被人体吸入而对人体的健康有极大影响。我国已将空气中 PM2.5（Particulate Matter 2.5，直径小于2.5μm 的颗粒物）的含量作为空气质量的控制指标之一。

3. 噪声污染

锅炉、发动机、空压机等设备在运行时，由于机械振动、进排气中气流的高速流动和扩张（或收缩）、燃料油的喷射雾化、燃烧过程中的压力脉动和传播、气体的高速喷射等，都会形成噪声。噪声对人的心理、生理、听力、工作和睡眠都会造成不利的影响，长期在90dB 以上噪声环境中工作和生活，人的健康水平就会下降，并易促成或诱发多种疾病。此外，噪声还易引起生产事故的发生。通常 30 ~ 40dB 是较理想的安静环境，超过 50dB 就会影响睡眠和休息，70dB 以上会干扰谈话，影响工作效率。所以，国家不仅对环境污染物的排放量制定了限制的标准，而且对噪声的限值也做了规定。

4. 放射性污染

对于核燃料等放射性物质，如使用和管理不当会造成射线的泄漏。当环境中的放射性剂量达到一定值时，对生命的威胁极大。目前，放射性污染主要来自于核电站及燃煤电站的排烟。鉴于核燃料的强烈放射性，核电站中对核燃料的运输、储存与使用采取了一系列安全措施，使其对环境的污染大为减少。当今人类在放射性物质利用上已获益匪浅，在防治其污染上也卓有成效，但这并不说明其污染的危险性已不存在。因为一旦发生放射性污染，其后果将不堪设想，所以必须引起高度重视。

5. 其他污染

除上述污染外，还有其他多种污染，如热电厂的粉尘（包括炭黑和飞灰）和灰渣，汽、水、油输送过程中的跑冒滴漏，油船运输事故造成漏油使大面积水域受到污染等。

二、环境污染的防治

对于热能与动力技术和环境问题应认识到两点：①污染是必然存在的，如热污染、空气污染等都是不可避免的；②污染是可以治理和减少的，通过采取一定的措施，可以将污染控制在某一个容许的范围内。防治环境污染的措施因运行系统和设备及污染源等不同而有很多，归纳起来大体上有以下几方面：

1）改善动力机械和热能利用的各种设备的结构，并研制新型高效装置，以提高装置及整个运行系统的能源利用率，使之在满足同样要求的情况下，节省燃料消耗量，从而减少热污染与大气污染。

2）采用高效、低污染的新型动力循环。如煤气化燃气 - 蒸汽联合循环，可将劣质煤经脱硫、除尘，净化成“清洁燃料”，供联合循环发电用，使 SO_2 及 NO_x 的排放量显著减少。

3）采用代用燃料与代用工质，并禁用某些工质。如以天然气代替煤气，以沼气、甲醇代替汽油，以 R134a 代替制冷用含氯工质 R12，禁用氟利昂（从 2010 年 1 月 1 日起我国禁用）。

4）开发利用新能源，如太阳能、风能、生物质能等。

5）研制性能优良的技术部件，如新型的燃烧器、高效的脱硫除尘器、密封的隔声罩等。

6）建立“噪声综合控制区”和进行“环境噪声达标区”的建设。

7）综合治理环境。对一个城市或地区的废气、废水、废液、废料的排放和处理有统一的规划和安排，在可能的条件下使之达到最好的环境效果。

8）从可持续发展的战略目标出发，发展循环经济与低碳经济，将热能利用与动力技术的应用和工业生产的全过程、不同企业之间能源资源的互惠利用等统一考虑，推行环境无害化技术和清洁生产。

环境问题虽然随着科技和生产的发展而日益突出，但在可持续发展的这一新的策略指导下，环境污染一定会得到控制和改善，人类的生活质量将会逐步提高。

思考题和习题

1-1 试述能源的含义及分类。

1-2 热能如何发生？热能具有哪些特征？

1-3 何谓循环经济与低碳经济？在热能的利用中应如何体现？

1-4 热力学第一定律的实质是什么？举一些实例加以阐述。

1-5 设气体在某过程中吸入60kJ的热量，同时其热力学能增加100kJ，试确定该过程是膨胀过程还是压缩过程，并计算其做功量。

1-6 今对某种气体加热500kJ，使其由状态1沿途径A变化至状态2（图1-9），同时对外做功200kJ。如外界对该气体做功90kJ，迫使它从状态2沿途径B返回至状态1，该气体在返回过程中是吸热还是放热？其量为多少？

1-7 设气体以$c_1=3\mathrm{m/s}$的速度通过7.62cm直径的管路进入一台动力机，进口处比焓为2500kJ/kg，比热力学能为2300kJ/kg，压力为$p_1=689\mathrm{kPa}$，而在动力机出口处的比焓为1395kJ/kg。如该过程为绝热过程，并忽略气体的动能和重力位能的变化，试求该动力机轴端输出的功率（设气体的摩尔质量为32kg/mol，进口温度为800℃）。

1-8 已知某台蒸汽锅炉的燃油量为250t/h，炉子燃油喷嘴的出口压力为$304\times10^4\mathrm{Pa}$，油箱中油压为$9.8\times10^4\mathrm{Pa}$，油的密度为$850\mathrm{kg/m^3}$（设油的密度不受压力影响）。问应使用多大功率的油泵才能满足该锅炉的需要（设油泵效率为0.9）。

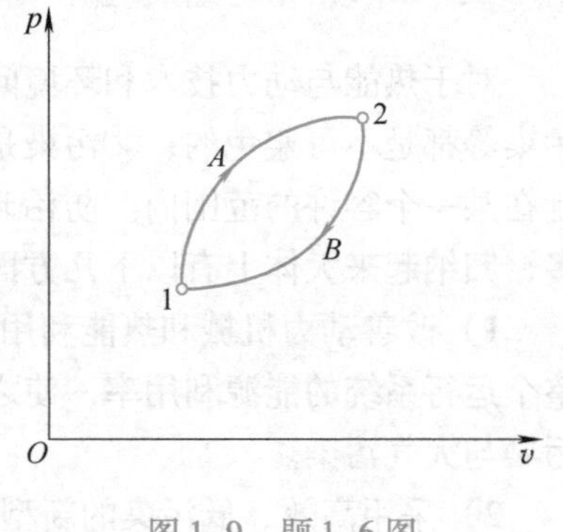

图1-9 题1-6图

1-9 热力学第二定律与热力学第一定律有什么不同？试举实例说明热力学第二定律。

1-10 设有1kg某种工质在1800℃的高温热源与20℃的低温热源间进行热力循环。在循环中，工质由高温热源吸取热量150kJ。今将此高温热源、低温热源和工质划定为一个孤立系，试分别计算下列三种情况下该孤立系的熵变量：

1）所进行的热力循环为可逆。

2）该循环因膨胀过程中存在着不可逆因素而使做功量减少3kJ。

3）工质在吸热过程中存在125℃的温差。

1-11 将温度为80℃的2kg水和温度为20℃的5kg水在一个绝热容器中相混合，问该混合过程是不是一个可逆过程。

1-12 试述㶲和㶲效率的物理含义。

1-13 设某制冷循环，其蒸发温度为-15℃，冷凝温度为25℃，制冷量为1500W，所耗功率为940W，求该循环的㶲效率。

1-14 你认为应如何运用能源有效利用评估指标来分析能源的利用状况？

1-15 试归纳并比较汽轮机和内燃机的性能指标。

1-16 热能利用和动力技术的应用对环境会造成哪些污染？试结合某种设备（如锅炉、汽油机等）阐述如何减轻污染。

1-17 为防治大气污染，我国有些城市定期公布空气质量周报，分项列出污染物的空气污染指数及空气质量级别，试了解和阐述有关这方面的内容。

参考文献

[1] 汤学忠．热能转换与利用［M］．2 版．北京：冶金工业出版社，2002.
[2] 刘桂玉，刘咸定，钱立伦，等．工程热力学［M］．北京：高等教育出版社，1989.
[3] 李成勋．中国经济发展战略发展观与战略［M］．北京：社会科学文献出版社，2005.
[4] 徐玖平，李斌．发展循环经济的低碳综合集成模式［J］．中国人口、资源与环境，2010，3（10）：1－8.
[5] 王灵梅，等．多联产系统的能值评估［J］．动力工程，2006，26（2）：278-282.
[6] 斯蒂芬森．人类使用的动力［M］．文世棋，王中铮，等译．北京：机械工业出版社，1988.

第二章 锅炉结构及原理

在能源与动力工程以及其他许多工业的生产系统中（如石油化学工业、制药工业等），常包含必不可少的热发生（产生蒸汽或热水）装置。这些热装置基本可分为两类：一类是伴随有燃烧反应的、以产生蒸汽或热水为目的的热发生装置，即锅炉，又称蒸汽（或热水）发生器；另一类是在热转换装置中并不伴随有燃烧反应，而是利用系统的余热或废热产生蒸汽或热水的热发生装置（如燃气-蒸汽联合循环的余热锅炉、化工过程中的废热锅炉），称为余热锅炉或废热锅炉。

锅炉是一种将燃料燃烧，使其中的化学能转变为热能，并将此热能传递给水（也可能是其他工质），使工质变为具有一定压力和温度的蒸汽或热水的设备。在这样一个复杂的能量转化、热量传递过程中，燃料具有哪些性质？如何组织燃料燃烧？燃料燃烧放出的热量如何传递给工质？工质加热、汽化、蒸发、过热的过程是如何实现的？在实现燃烧、传热的过程中工质的流动传热安全如何保证？这些都是锅炉原理的论述中首先要讨论的问题，由于燃料种类的不同或所需要的蒸汽或热水的温度、压力不同，而有不同类型的锅炉。本章通过对燃料及燃烧设备，锅炉结构及受热面布置，传热流动与水循环特性的诠释，使学生理解和掌握锅炉的基本结构、工作原理和计算方法等内容。

第一节 概　　述

锅炉是使燃料燃烧并将水加热产生蒸汽或热水的热力设备，是由能从燃料获得足够热能的设备，即“炉子”，以及盛装水及蒸汽的耐压容器，并具有能吸收足够热量的受热面，即“锅”所组成的。锅炉的形式很多，图2-1所示为具有中等容量和参数的火力发电厂锅炉示意图，下面以这台锅炉为例说明锅炉的构造和工作原理。

一、锅炉的基本构造

锅炉由一系列设备组成，这些设备可分为锅炉本体和辅助设备两大类。锅炉本体的主要部件有炉膛、燃烧设备、锅筒、水冷壁、过热器、省煤器、空气预热器和炉墙构架。辅助设备有燃料供给、煤粉制备、送引风、水处理及给水、除尘除灰和自动控制等装置。

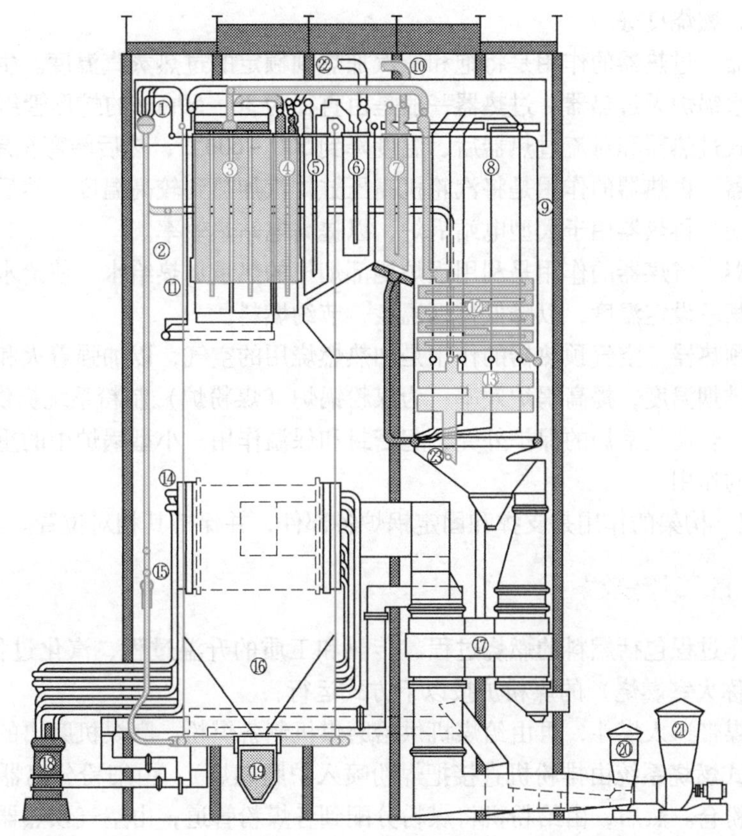

图 2-1 2008t/h 火力发电厂锅炉示意图

1—锅筒 2—下降管 3—分隔屏过热器 4—后屏过热器 5—屏式再热器 6—末级再热器
7—末级过热器 8—悬吊管 9—包覆管 10—过热蒸汽出口 11—墙式辐射再热器
12—低温过热器 13—省煤器 14—燃烧器 15—循环泵 16—水冷壁
17—空气预热器 18—磨煤机 19—除渣机 20、21—一、二次风机
22—再热蒸汽出口 23—给水泵

现代大型自然循环高压锅炉所具有的主要部件及其作用如下：

（1）炉膛 炉膛的作用是保证燃料燃尽并使出口烟气冷却到对流受热面能安全工作。锅炉的炉膛由直径 50～76mm 的钢管弯制的水冷壁与锅筒、集箱和炉墙构架所组成。在其炉膛的四角或四墙上布置有煤粉喷燃器，制粉系统制备的煤粉由空气携带经煤粉喷燃器送入炉膛进行燃烧，产生高温火焰，炉子四壁的水冷壁充分吸收炉内高温烟气辐射的热量，使火焰中心处高达 1500～1600℃的烟气在到达炉膛出口处降低到 1000～1200℃。

（2）锅筒 锅筒是自然循环锅炉各受热面的集散容器，它将锅炉各受热面连接在一起并和水冷壁、下降管等组成水循环回路。锅筒内储存汽水，可适应负荷变化，内部设有汽水分离装置等以保证汽水品质。直流锅炉无锅筒。

（3）水冷壁 水冷壁是锅炉的主要辐射受热面。由进口集箱分配到各水冷壁管的水，通过吸收炉膛辐射传来的热量而形成汽水混合物上升回到锅筒中。水冷壁的另一作用是保护炉墙。而将后水冷壁管拉宽节距的部分称为防渣管，用以防止过热器结渣。

（4）燃烧设备 燃烧设备的作用是将燃料和燃烧所需空气送入炉膛并组织燃料燃烧。使

燃料着火稳定，燃烧良好。

（5）过热器 过热器的作用是将饱和蒸汽加热到额定的过热蒸汽温度。生产饱和蒸汽的蒸汽锅炉和热水锅炉无过热器。过热器一般是由直径为30~50mm的蛇形管组成，烟气从炉膛出口流过屏式过热器和对流过热器后，温度降到500~600℃，然后转弯至尾部受热面。

（6）再热器 再热器的作用是将汽轮机高压缸排汽加热到较高温度，然后再送到汽轮机中压缸膨胀做功。再热器用于大型电站锅炉，以提高电站热效率。

（7）省煤器 省煤器的作用是利用锅炉尾部烟气的热量加热给水，使给水进入锅筒之前被预先加热到某一设定温度，以降低排烟温度，节约燃料。

（8）空气预热器 空气预热器的作用是加热燃烧用的空气，以加强着火和燃烧；吸收烟气余热，降低排烟温度，提高锅炉效率；为煤粉锅炉（煤粉炉）制粉系统提供干燥剂。

（9）炉墙 炉墙是锅炉的保护外壳，起密封和保温作用。小型锅炉中的重型炉墙也可起支撑锅炉部件的作用。

（10）构架 构架的作用是支撑和固定锅炉各部件，并保持其相对位置。

二、锅炉的工作过程

锅炉的工作过程包括燃料的燃烧过程、传热和工质的升温过程、汽化过程、过热过程。悬浮燃烧（也称火室燃烧）的煤粉炉按以下方式运行：

原煤经输煤带送入煤斗，再由给煤机供给磨煤机制备煤粉。磨煤机磨出的煤粉经粗粉分离器后（直吹式燃烧系统由排粉机直接把煤粉喷入炉膛燃烧），由细粉分离器分离，分离出的煤粉送至煤粉仓。然后，由给粉机将煤粉分配到各煤粉管道，由空气预热器出来的热空气或细粉分离器出来的乏气携带煤粉进入各燃烧器喷口喷入炉膛燃烧，燃烧所需空气的另一部分从空气预热器直接通到二次风喷口喷入炉膛。煤粉在炉膛中燃烧并放出大量热量。燃烧后的热烟气在炉内一边向水冷壁放热一边上升，经过过热器、省煤器、空气预热器使烟气温度降到140~170℃，由除尘器除去烟气中的飞灰，最后被引风机抽出送入烟囱排往大气。燃烧产生的灰渣由炉膛下部的出渣口落入渣池排出。

锅炉受热面中的工质——水是很纯净的，经过化学处理，除去硬度和氧的水由给水泵送来。在热电厂中，水进入锅炉之前已在汽机车间受到低压加热器、高压加热器的加热，使给水加热到150~175℃（中压锅炉）或215~240℃（高压锅炉），由给水管道将给水送至省煤器，在其中被加热到某一温度后，给水进入锅筒，然后沿下降管下行至水冷壁进口集箱分配给各水冷壁管。水在水冷壁管内吸收炉膛的辐射热量而部分地蒸发成蒸汽形成汽水混合物上升回到锅筒中，经过汽水分离器，蒸汽由锅筒上部的主蒸汽管道流向过热器。在低温过热器、高温过热器内，饱和蒸汽继续吸热成为一定温度的过热蒸汽，然后送往汽轮发电机组。

层状燃烧（也称火床燃烧）的锅炉与悬浮燃烧的锅炉运行中的具体差别是燃烧方式不同，层燃锅炉不需要制备煤粉，但必须有炉排，燃料是放在炉排上燃烧的。但锅炉的工作过程仍然是燃料的燃烧过程和传热过程。

三、锅炉的分类

锅炉分类有很多种方式。锅炉按用途不同可分为电站锅炉、工业锅炉、船用锅炉、余热锅炉、机车锅炉等。

按循环方式不同分为有自然循环锅炉、强制循环锅炉、复合循环锅炉和直流锅炉（图2-2及图2-45）。自然循环锅炉工质依靠下降管中的水与上升管中汽水混合物之间的密度差进行循环。锅筒成为蒸发受热面的固定分界点，锅筒有较大的蓄热能力，有一定的负荷调节能力。自然循环锅炉在锅炉压力超过19.5MPa以后，蒸汽和水的密度差比较小，这时上升管和下降管内的循环压头就不能保证锅炉安全运行，因此过去对自然循环锅炉的最大压力限制在19.5MPa以下。强制循环锅炉是在蒸发受热面的下降管与上升管之间装有循环泵，用来提高循环回路的流动压头，循环倍率为3~5。直流锅炉工质的循环是依靠给水泵的压头来完成的，给水经给水泵一次通过加热、蒸发、过热各个受热面，所有受热面中工质均为强制循环。

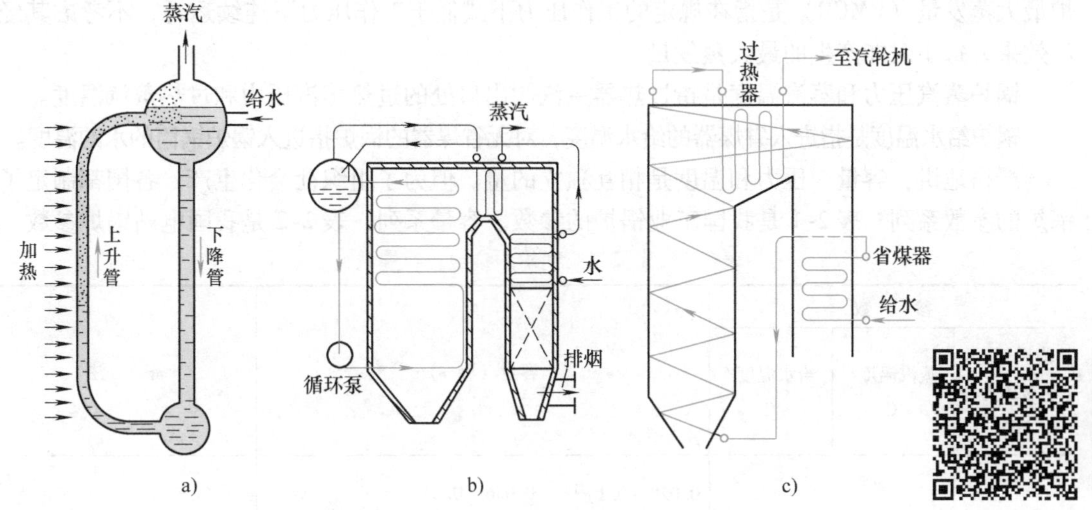

图2-2　自然循环、强制循环及直流锅炉

a）自然循环锅炉　b）强制循环锅炉　c）直流锅炉

按出口工质压力不同分为低压锅炉、中压锅炉、高压锅炉、超高压锅炉、亚临界压力锅炉、超临界压力锅炉、超超临界压力锅炉。低压锅炉的压力一般小于1.275MPa，用于工业锅炉。中压锅炉的压力一般为3.825MPa，用于电站、热电站或工业锅炉。高压锅炉的压力一般为9.8MPa，用于电站、热电站锅炉。超高压锅炉的压力一般为13.73MPa，用于电站锅炉。亚临界压力锅炉的压力一般为16.67MPa，用于电站锅炉。超临界压力锅炉的压力为23~25MPa，用于电站锅炉，只能采用直流或复合循环形式。超超临界压力锅炉的压力一般大于27MPa。

按燃烧方式不同分为层状燃烧锅炉、悬浮燃烧锅炉、流化床燃烧锅炉和旋风燃烧锅炉。

按所用燃料或能源不同分为固体燃料锅炉、液体燃料锅炉、气体燃料锅炉、余热锅炉、原子能锅炉和垃圾锅炉。

按排渣方式不同分为固态排渣锅炉和液态排渣锅炉（如旋风炉）。

按炉膛烟气压力不同分为平衡通风锅炉、微正压锅炉和增压锅炉。

按整体外形不同分为Π形、塔形、箱形、T形、U形、N形、L形、D形、A形等。D形、A形用于工业锅炉，其他炉型一般用于电站锅炉。

四、锅炉容量、参数和型号

表述锅炉的基本特性通常用锅炉的蒸发量（t/h）、蒸汽压力（MPa）、蒸汽温度（℃）和给水温度（℃）、热功率（MW）、出口热水压力（MPa）、出口热水温度（℃）和给水温度或回水温度（℃）等主要参数来描述。

锅炉蒸发量可分为连续额定蒸发量（Evaporation Capacity Rated，ECR）和最大蒸发量（Boiler Maximum Continuous Rating，BMCR）等。连续额定蒸发量（ECR）是指锅炉在额定压力、蒸汽温度、额定给水温度下，使用设计燃料和保证设计效率的条件下连续运行所应达到的每小时蒸发量。新锅炉出厂时，铭牌上所标示的蒸发量就是这台锅炉的额定蒸发量。锅炉最大蒸发量（BMCR）是指在规定的工作压力下或低于工作压力下连续运行，不考虑其经济效果，每小时能产生的最大蒸发量。

锅炉蒸汽压力和蒸汽温度是指过热器主汽阀出口处的过热蒸汽压力和过热蒸汽温度。

锅炉给水温度是指进入省煤器的给水温度，对无省煤器的锅炉指进入锅炉锅筒的水的温度。

严格地讲，容量、压力和温度是相互独立的量。但为了组织社会化生产，各国都制定了锅炉的参数系列。表2-1是我国工业锅炉的参数、容量系列，表2-2是我国电站锅炉参数、

表2-1　我国工业锅炉的参数、容量系列

参数			容量/(kg/s)	备注
蒸汽压力（绝对压力）/MPa	蒸汽温度/℃	给水温度/℃		
0.7	饱和	20	0.028 (0.1)①　0.056 (0.2) 0.111 (0.4)　0.194 (0.7) 0.278 (1)　0.417 (1.5) 0.556 (2)　0.833 (3)	
0.9	饱和	20	0.028 (0.1)　0.056 (0.2) 0.111 (0.4)　0.194 (0.7) 0.278 (1)　0.417 (1.5) 0.556 (2)　1.111 (4)	
1.4	饱和 250 300 350	50 (100)	0.417 (1.5)　0.556 (2) 0.833 (3)　1.111 (4)　1.667 (6) 2.778 (10)　4.167 (15) 5.556 (20)	5.556kg/s (20t/h) 以上未定
1.7	350 375	100	1.667 (6)　2.778 (10)　4.167 (15) 5.556 (20)	5.556kg/s (20t/h) 以上未定
2.6	400 450	100	1.667 (6)　2.778 (10)　4.167 (15) 5.556 (20)	5.556kg/s (20t/h) 以上未定
3.9	450	172	9.778 (35)	

①　括号内数字的单位为t/h，供参考。

表 2-2　我国电站锅炉参数、容量系列

参　数			容量/(kg/s)		发电功率 $P_0$①/MW
蒸汽压力（绝对压力）/MPa	蒸汽温度/℃	给水温度/℃			
2.5	400	105	5.56（20）②		8
3.9	450	145~155	9.72（35）	18.06（65）	6，12
		165~175	36.11（130）		25
9.9	540	205~225	61.11（220）	113.9（410）	50，100
13.8	540/540③	220~250	116.7（420）	186.1（670）	125，200
16.8	540/540③	250~280	284.7（1025）		300
17.5	540/540③	260~290	284.7（1025）	557.8（2008）	300，600

① P_0 中下标“0”表示电功率，若下标为“th”则表示为热功率。
② 括号内数字的单位为 t/h，供参考，下同。
③ 再热蒸汽温度。

容量系列，对于超临界、超超临界机组锅炉我国大多是从国外引进的，所以还没有确定的系列参数。国外各国所用参数并不完全一样，如美国大多用 24.1MPa/538℃/538℃（个别国家用 541~543℃），二次再热时用 552℃/566℃，并不断完善。这种蒸汽参数保持了 20 余年，现主要开发 35MPa/760℃/760℃/760℃的超超临界火电机组。

锅炉所用燃烧方式也因燃料不同、锅炉容量不同而有差异。对气体及液体燃料而言，都采用悬浮燃烧；对固体燃料——煤而言，在容量较小时，多采用层状燃烧，在锅炉容量较大时，都把煤磨成煤粉组织悬浮燃烧，称为煤粉锅炉（煤粉炉）。随着流化床燃烧技术的发展，流化床锅炉（参阅第三节）较多地用于大中型电站锅炉和工业锅炉。

为了规范锅炉的表示方法，我国制定了锅炉产品的型号表示法，如图 2-3 和图 2-4 所示。

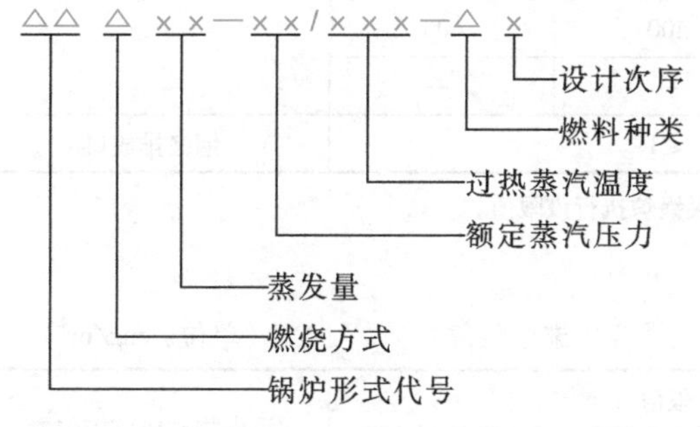

图 2-3　工业蒸汽锅炉型号形式

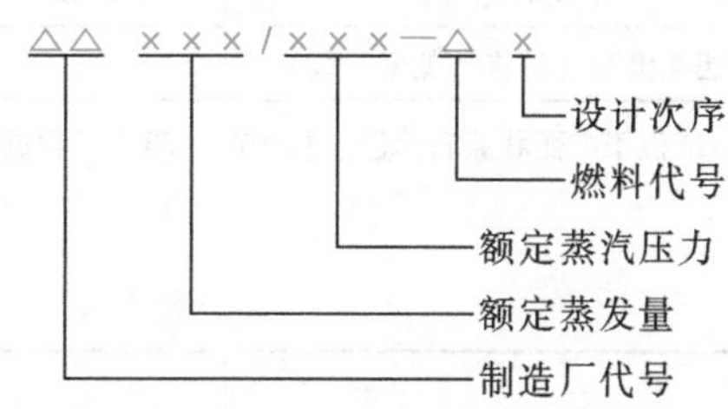

图 2-4　电站锅炉型号形式

五、锅炉的大气污染与控制

锅炉运行时将不断地把烟气排入大气，在烟气成分中大多数对环境无害，但其中的煤灰、硫氧化物（SO_x）和氮氧化物（NO_x）等则是重要的污染环境物质，必须加以控制和防止。

煤灰包括炭黑和飞灰。炭黑是因燃料未完全燃烧而产生的。运行中，部分炭黑会沉积于

锅炉受热面和烟道壁上，使受热面传热能力下降；其余炭黑则随烟气排入大气。因炭黑的吸附能力较强，当燃烧含有硫分的燃料时，它可能会与烟气中的硫化物、水和酸等结合，形成对环境极为有害的物质。飞灰是燃料的灰分等在燃烧后生成的微粒，悬浮于烟气中。飞灰也会沉积于受热面影响传热，且流动中会对受热面产生磨损，排入大气中也会污染环境。通过合理的燃烧调节，尽量使燃料完全燃烧，可减少炭黑生成量。使用性能优良的除尘设备，则可减少排入大气的飞灰量。

燃料中可燃硫分在燃烧后生成的二氧化硫、三氧化硫和硫酸气体等统称为硫氧化物，排入大气的硫氧化物与大气中的水分反应会形成酸雨，对生物的健康和植物的生长造成极大的影响。氮氧化物中主要是一氧化氮和少量二氧化氮，燃料在燃烧中先生成一氧化氮，随后它的一部分在烟道内再被氧化成二氧化氮。燃料中氮含量越高，则生成一氧化氮也越多。随着人们保护环境的意识增强，国家对硫氧化物和氮氧化物排放的控制也越来越严。2014 年我国对 GB 13271—2001《锅炉大气污染物排放标准》进行了修订，发布了 GB 13271—2014《锅炉大气污染物排放标准》，标准规定，10t/h 以上在用蒸汽锅炉和 7MW 以上在用热水锅炉 2015 年 10 月 1 日起执行表 2-3 规定的大气污染物排放限值，10t/h 及以下在用蒸汽锅炉和 7MW 及以下在用热水锅炉自 2016 年 7 月 1 日起执行表 2-3 规定的大气污染物排放限值。2014 年 7 月 1 日起，新建锅炉执行表 2-4 规定的大气污染物排放限值。重点地区锅炉执行表 2-5 规定的大气污染物特别排放限值。2011 年国家修订并颁布了 GB 13223—2011《火电厂大气污染排放标准》（表 2-6）。

表 2-3 在用锅炉大气污染物排放限值 （单位：mg/m^3）

污染物项目	限值			污染物排放监控位置
	燃煤锅炉	燃油锅炉	燃气锅炉	
颗粒物	80	60	30	烟囱或烟道
二氧化硫	400 550①	300	100	
氮氧化物	400	400	400	
汞及其化合物	0.05	—	—	
烟气黑度（林格曼黑度，级）	≤1			烟囱排放口

① 位于广西壮族自治区、重庆市、四川省和贵州省的燃煤锅炉执行该限值。

表 2-4 新建锅炉大气污染物排放限值 （单位：mg/m^3）

污染物项目	限值			污染物排放监控位置
	燃煤锅炉	燃油锅炉	燃气锅炉	
颗粒物	50	30	20	烟囱或烟道
二氧化硫	300	200	50	
氮氧化物	300	250	200	
汞及其化合物	0.05	—	—	
烟气黑度（林格曼黑度，级）	≤1			烟囱排放口

表 2-5 大气污染物特别排放限值 （单位：mg/m^3）

污染物项目	限值			污染物排放监控位置
	燃煤锅炉	燃油锅炉	燃气锅炉	
颗粒物	30	30	20	烟囱或烟道
二氧化硫	200	100	50	
氮氧化物	200	200	150	
汞及其化合物	0.05	—	—	
烟气黑度（林格曼黑度，级）	≤1			烟囱排放口

表 2-6 火电厂大气污染物排放标准

（单位：mg/m^3）（烟气黑度除外）

序号	燃料和热能转化设施类型	污染物项目	适用条件	限值	污染物排放监控位置
1	燃煤锅炉	烟尘	全部	30	烟囱或烟道
		二氧化硫	新建锅炉	100 200①	
			现有锅炉	200 400①	
		氮氧化物（以 NO_2 计）	全部	100 200②	
		汞及其化合物	全部	0.03	
2	以油为燃料的锅炉或燃气轮机组	烟尘	全部	30	
		二氧化硫	新建锅炉及燃气轮机组	100	
			现有锅炉及燃气轮机组	200	
		氮氧化物（以 NO_2 计）	新建燃油锅炉	100	
			现有燃油锅炉	200	
			燃气轮机组	120	
3	以气体为燃料的锅炉或燃气轮机组	烟尘	天然气锅炉及燃气轮机组	5	
			其他气体燃料锅炉及燃气轮机组	10	
		二氧化硫	天然气锅炉及燃气轮机组	35	
			其他气体燃料锅炉及燃气轮机组	100	
		氮氧化物（以 NO_2 计）	天然气锅炉	100	
			其他气体燃料锅炉	200	
			天然气燃气轮机组	50	
			其他气体燃料燃气轮机组	120	
4	燃煤锅炉，以油、气体为燃料的锅炉或燃气轮机组	燃气黑度（林格曼黑度，级）	全部	1	烟囱排放口

① 位于广西壮族自治区、重庆市、四川省和贵州省的火力发电锅炉执行该限值。

② 采用 W 形火焰炉膛的火力发电锅炉，现有循环流化床火力发电锅炉，其于 2003 年 12 月 31 日前建成投产。

对于硫氧化物可以通过燃烧前煤的加工、洗选，燃烧中添加石灰石或其他脱硫剂，炉内喷钙，燃烧后烟气脱硫等方法来控制。对氮氧化物可以通过改进燃烧方法，采用燃料、空气分级燃烧，烟气再循环，低氧燃烧以及选择性非催化还原（Selective Non Catalytic Reduction，SNCR）法或选择性催化还原（Selective Catalytic Reduction，SCR）法和联合烟气脱硝技术的方法来控制。

第二节 燃料特性与热工计算

一、锅炉使用的燃料

1. 燃料的分类

燃料是一种由有机可燃质、不可燃无机矿物质（灰分）和水分等物质组成的复杂的混合物。目前地球上的燃料可分为两大类，即核燃料和有机燃料。锅炉大都燃用有机燃料，它们都是复杂的高分子烃类物质，通过燃烧可以放出大量的热。

尽管许多物质的反应都是放热反应，但作为燃料，应该满足单位数量燃料燃烧时能放出大量的热量；能方便而很好地燃烧；在自然界中蕴藏量丰富，能大量开采，价格低廉；燃烧产物对人体、动植物、环境等有较小危害或无害。

有机燃料按物态不同可分为固体燃料、液体燃料和气体燃料。按获得的方法不同又可分为天然燃料和人工燃料。人工燃料是指经过一定处理后所获得的燃料。燃料的分类见表2-7。

2. 燃料的组成

固体燃料的成分有碳（C）、氢（H）、氧（O）、氮（N）、硫（S）、水分（M）、灰分（A）。其中C、H、S为可燃元素。

表2-7 燃料的分类

类 别	天然燃料	人工燃料
固体燃料	生物质燃料，煤炭，煤矸石、油页岩	木炭，焦炭，泥煤砖，煤矸石，甘蔗渣，可燃垃圾
液体燃料	石油	汽油，煤油，柴油，沥青，焦油
气体燃料	天然气，页岩气	高炉煤气，发生炉煤气，焦炉煤气，液化石油气

液体燃料的成分同样有碳、氢、氧、氮、硫、水分和灰分，但碳和氢的含量较高。

气体燃料有天然气和人造气两类。天然气分气田气和油田伴生气两种。气田气主要成分是甲烷；油田气除含甲烷外，还有丙烷、丁烷等烷烃类，CO_2 含量也比气田气高。

（1）碳（C） 碳是燃料中基本可燃元素，煤中碳含量（质量分数）一般为20%～70%，油类燃料中碳含量达83%～88%。碳以各种碳氢化合物和碳氧化合物的状态存在于燃料中，碳元素包括固定碳（挥发分放出剩下的纯碳）和挥发分中的碳（包括 CH_4、C_2H_4、CO等中的碳）。

1kg纯碳完全燃烧时生成二氧化碳，可放出32 860kJ的热量，即

$$C + O_2 \rightarrow CO_2 + 32\,860\text{kJ/kg}$$

在不完全燃烧时，生成一氧化碳，仅放出9270kJ的热量，即

$$2C + O_2 \rightarrow 2CO + 9270kJ/kg$$

（2）氢（H）　氢是燃料中发热量最高的元素，煤中氢的质量分数一般为3%～5%，油类燃料中氢的质量分数达11%～14%。氢多以碳氢化合物的状态存在，1kg氢燃烧后可以放出120 370kJ的热量，约为碳的发热量的4倍，但固体燃料中氢的质量分数较小，在2%～6%的范围内，液体和气体燃料中氢的质量分数要比固体燃料大得多。

（3）氧（O）和氮（N）　氧、氮都是燃料中不可燃元素。氧以游离状态和化合物状态存在，前者可以助燃。氧与燃料中一部分碳和氢组成化合物占据了可以燃烧的碳氢元素，使燃料中的可燃元素相对减少，发热量下降。氧的质量分数变化较大，一般仅有1%～2%，而泥煤则高达40%左右。氮的质量分数虽然只有0.5%～2.5%，但它是有害元素。

（4）硫（S）　硫在煤中常以有机硫、黄铁矿硫和硫酸盐硫的形式存在，前两种硫均能燃烧放出少量热量，而后一种硫不能参与燃烧。我国动力用煤中硫的质量分数大多在1%～1.5%，但有些贫煤、无烟煤和劣质烟煤硫的质量分数为3%～5%，甚至更高，个别的高达8%～10%。硫也是有害元素。对于硫的质量分数较高的煤，应采取措施去除，否则会造成大气污染和锅炉受热面的腐蚀。硫的质量分数高于2%的煤称为高硫煤，直接燃烧可生成大量的SO_2，若不处理则危害严重。

硫在石油中以硫酸、亚硫酸或硫化氢、硫化铁等化合物的形式存在。燃料油在运输过程中对金属管道也有很强的腐蚀性。硫是评价油质的重要指标。按照硫在燃料中的含量多少，可分为：高硫油，质量分数大于2%；含硫油，质量分数为0.5%～2%；低硫油，质量分数小于0.5%。也有的将硫的质量分数大于1%的油视为高硫油。

（5）灰分（A）　灰分是燃料中不可燃的矿物质，其主要成分为SiO_2、Al_2O_3、Fe_2O_3、CaO、MgO、P_2O_5、K_2O、Na_2O等。

灰分的存在，不仅使燃料的发热量降低，而且影响燃料中挥发分的析出和着火燃烧。灰分多的煤还将对锅炉的运行带来困难，增加了锅炉受热面积灰、结渣、磨损和腐蚀的可能性，并严重污染大气。因而灰分是影响燃料质量的重要指标。灰分的含量差别很大，气体燃料基本上无灰，固体燃料中一般灰分（质量分数）为8%～35%，有的高达50%～60%。石油中的灰分是矿物杂质在燃烧过程中经过高温分解和氧化作用后形成的固体残存物（V_2O_5、Na_2SO_4、$MgSO_4$、$CaSO_4$等），会在锅炉的各种受热面上形成积灰并引起金属的腐蚀。油中灰分极少，质量分数小于0.05%，但化学成分十分复杂，含有30多种微量元素。

（6）水分（M）　水分也是不可燃成分，其质量分数变化很大，少则百分之几，液体燃料约为1%～4%，褐煤可达40%～60%。水分增加，影响燃料的着火和燃烧速度，增大烟气量，增加排烟热损失，加剧尾部受热面的腐蚀和堵灰。

3. 燃料成分的基准及其换算

由于燃料中水分和灰分的质量分数易受外界条件的影响而发生变化，水分或灰分的质量分数变化了，其他元素成分的质量分数也会随之而变化。为了有统一的评价基准，将燃料在不同存在条件下的成分组合称为基准。如果所用的基准不同，同一种煤的同一成分的质量分数结果便不一样。

常用的基准有以下四种：

（1）收到基　以收到状态的燃料为基准计算燃料中全部成分的组合（质量分数总和）称为收到基。以下标ar表示。

$$C_{ar}+H_{ar}+O_{ar}+N_{ar}+S_{ar}+A_{ar}+M_{ar}=100\% \tag{2-1}$$

（2）空气干燥基　以与空气温度达到平衡状态的燃料为基准，即供分析化验的煤样，在实验室一定温度条件下，自然干燥失去外在水分，其余的成分组合便是空气干燥基。空气干燥基以下标 ad 表示。

$$C_{ad}+H_{ad}+O_{ad}+N_{ad}+S_{ad}+A_{ad}+M_{ad}=100\% \tag{2-2}$$

（3）干燥基　以假想无水状态的燃料为基准，以下标 d 表示。干燥基中因无水分，故灰分不受水分变动的影响，灰分含量相对比较稳定。

$$C_d+H_d+O_d+N_d+S_d+A_d=100\% \tag{2-3}$$

（4）干燥无灰基　以假想无水、无灰状态的煤为基准，以下标 daf 表示。

$$C_{daf}+H_{daf}+O_{daf}+N_{daf}+S_{daf}=100\% \tag{2-4}$$

干燥无灰基因无水、无灰，故剩下的成分便不受水分、灰分变动的影响，是表示碳、氢、氧、氮、硫成分质量分数最稳定的基准，可作为燃料分类的依据。

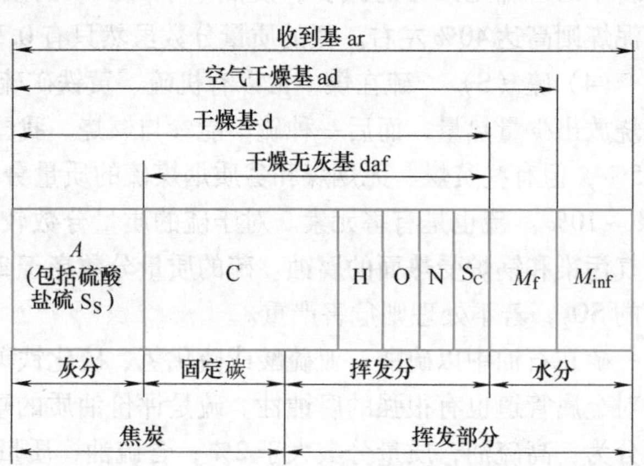

图 2-5　燃料成分及其各种基准的关系示意图

燃料成分及其各种基准的关系如图 2-5 所示，各种成分的基准换算可按以下公式进行，即

$$x=Kx_0 \tag{2-5}$$

式中，x_0 为按原基准计算的某一成分的质量分数（%）；x 为按新基准计算的同一成分的质量分数（%）；K 为换算系数。

换算系数 K 可由表 2-8 查出。

表 2-8　煤的不同基准成分的换算系数 K

已知成分	下标	所求成分			
		收到基	空气干燥基	干燥基	干燥无灰基
收到基	ar	1	$\frac{100-M_{ar}}{100-M_{ad}}$	$\frac{100}{100-M_{ar}}$	$\frac{100}{100-M_{ar}-A_{ar}}$
空气干燥基	ad	$\frac{100-M_{ar}}{100-M_{ad}}$	1	$\frac{100}{100-M_{ad}}$	$\frac{100}{100-M_{ad}-A_{ad}}$
干燥基	d	$\frac{100-M_{ar}}{100}$	$\frac{100-M_{ad}}{100}$	1	$\frac{100}{100-A_d}$
干燥无灰基	daf	$\frac{100-M_{ar}-A_{ar}}{100}$	$\frac{100-M_{ad}-A_{ad}}{100}$	$\frac{100-A_d}{100}$	1

4. 燃料的性质

（1）煤的基本性质、成分及发热量

1）煤的基本性质。我国动力燃料主要以煤为主。近年来我国动力煤多依据挥发分多少，并考虑煤的水分及灰分粗略地分为无烟煤、贫煤、烟煤和褐煤。

① 无烟煤。干燥无灰基挥发分 V_{daf} 一般在10%以下。C_{ar} 通常在40%以上（高的可达95%），灰分、水分都不高，发热量 $Q_{net,v,ar}$ 约在21 000～32 500kJ/kg。无烟煤挥发分析出温度较高，着火和燃尽都比较困难。

② 烟煤。烟煤干燥无灰基挥发分 V_{daf} 较高，一般在20%～45%，C_{ar} 约在40%～60%或更高，灰分有多有少，有的烟煤灰分 A_{ar} 高达45%～50%。烟煤发热量 $Q_{net,v,ar}$ 一般在20 000～30 000kJ/kg。烟煤较易着火和燃尽，但对高灰分劣质烟煤，因其挥发分释放受到灰分的影响，所以着火和燃尽都相对困难。

③ 贫煤。贫煤碳化程度略低于无烟煤，挥发分一般在10%～20%，动力用煤中，贫煤尚包括 $V_{daf}=14\%\sim20\%$，胶质层厚度比贫煤略大的瘦煤。贫煤燃烧特性优于无烟煤，但仍属反应性能较差的煤。

④ 褐煤。褐煤是形成年代较短的煤，煤质松，略带褐色。干燥无灰基挥发分 V_{daf} 约为40%～50%，挥发分析出温度较低，所以很容易着火和燃烧。但其水分和灰分都较高，M_{ar} 约为10%～40%，A_{ar} 高达40%以上，发热量一般仅10 000～20 000kJ/kg。

对于工业锅炉，因考虑其燃烧特点，而对煤分类更细。

2）煤的成分。煤的成分包括煤的元素分析成分和工业分析成分：煤的元素分析成分是指煤中碳、氢、氧、氮和硫，而煤的工业分析成分包括水分、灰分、挥发分和固定碳。通常煤的元素分析成分和工业分析成分都是通过专门的仪器来测量的。在进行元素成分分析时只要测出碳、氢、氮和硫即可，氧质量分数可用下式计算，即

$$\mathrm{O_{ad}}=100\%-(\mathrm{C_{ad}}+\mathrm{H_{ad}}+\mathrm{N_{ad}}+\mathrm{S_{ad}}+A_{ad}+M_{ad}) \tag{2-6}$$

而煤的工业分析成分只要测出水分、灰分、挥发分即可，可按下式计算出固定碳，即

$$FC_{ad}=100\%-M_{ad}-A_{ad}-V_{ad} \tag{2-7}$$

式中，FC_{ad} 为分析煤样的固定碳质量分数（%）；M_{ad} 为分析煤样的水分（质量分数,%）；A_{ad} 为分析煤样的灰分（质量分数,%）；V_{ad} 为分析煤样的挥发分（质量分数,%）。

3）煤的发热量。单位质量煤完全燃烧时所放出的热量称为煤的发热量。煤的发热量有高位及低位发热量之分。将燃烧后所产生的水蒸气的潜热计入时称为高位发热量，不计入时称为低位发热量，分别用 Q_{gr}、Q_{net} 表示，我国在有关锅炉计算中以低位发热量为准。

煤的发热量由氧弹测热器测定，氧弹测热器所测出的发热量为空气干燥基氧弹发热量 $Q_{dt,v,ad}$，可用下式换算成空气干燥基高位发热量 $Q_{gr,v,ad}$（kJ/kg），即

$$Q_{gr,v,ad}=Q_{dt,v,ad}-(94.2\mathrm{S_{ad}}+aQ_{dt,v,ad}) \tag{2-8}$$

式中，$\mathrm{S_{ad}}$ 为由氧弹洗液测得的煤的硫质量分数（%）；94.2为煤中1%硫的校正值(kJ/kg)；a 为从氮生成硝酸溶液的放热量系数，对于贫煤、无烟煤，$a=0.0010$，对于其他煤，$a=0.0015$。

由空气干燥煤样的高位发热量可换算出空气干燥基低位发热量（kJ/kg），即

$$Q_{net,v,ad}=Q_{gr,v,ad}-2500\left(\frac{9\mathrm{H_{ad}}}{100}+\frac{M_{ad}}{100}\right)=Q_{gr,v,ad}-25(9\mathrm{H_{ad}}+M_{ad}) \tag{2-9}$$

式中，2500 为常温、常压下的水加热至 100℃并汽化所需热量的近似值（kJ/kg）。

上述也适用于收到基。对于干燥基和干燥无灰基，有

$$Q_{net,v,d}=Q_{gr,v,d}-225H_d \tag{2-10}$$

$$Q_{net,v,daf}=Q_{gr,v,daf}-225H_{daf} \tag{2-11}$$

对高位发热量来说，水分只是占据了质量的一定份额而使发热量降低。但对于低位发热量，水分不仅占据了质量的一定份额，而且要吸收汽化热。因此，在各种“基”的高位发热量之间可直接乘上换算系数（表 2-8）进行换算。对于低位发热量则不然，应将低位发热量先化成已知基的高位发热量，再按表 2-8 化成欲求基的高位发热量，再求出其低位热量。

（2）生物质　生物质，除去其在地球生态环境中所起的重要作用外，对人类来说，它还是便利的经济的可再生能源。生物质由 C、H、O、N、S、P、K、A 和 M 等成分组成，是空气中的 CO_2、水和太阳光通过光合作用的产物。其挥发分高，炭活性高，硫、氮的质量分数低（$S_{ad}=0.1\%\sim1.5\%$，$N_{ad}=0.5\%\sim3.0\%$），灰分低，但磷、钾的质量分数较高，燃烧后对金属壁面的腐蚀和灰的黏结较严重。一般可简单地将生物质分为四类：木本植物、草本植物、水生植物和肥料。广义的生物质还包括城市垃圾、工农业废弃物等。生物质燃料中可燃部分主要是纤维素、半纤维素、木质素。按质量计算，纤维素占生物质的 40%～50%，半纤维素占生物质的 20%～40%，木质素占生物质的 10%～25%。典型生物质的密度为 400～900kg/m³，发热量为 17 600～22 600kJ/kg。随着含湿量的增加，生物质的发热量线性下降。表 2-9 是几种生物质的工业成分和元素成分。

（3）燃料油　锅炉常用的燃料油有柴油和重油（重质燃料油）两大类。柴油一般多用于中、小型工业锅炉和生活锅炉，重油多用于电厂锅炉的点火及低负荷运行时的稳燃。

燃料油的特性指标有黏度、凝固点、闪点、燃点、硫含量和灰分含量等。

1）黏度。黏度是表征液体燃料流动性能的指标。燃油的黏度常用恩氏黏度 E_t 来表示，黏度越小，流动性能越好。重油的黏度随温度升高而减小。重油在常温下黏度过大，为保证重油的输送和油喷嘴的雾化质量，重油必须加热。

表 2-9　几种生物质的工业成分和元素成分

样品	C_{ad}(%)	H_{ad}(%)	N_{ad}(%)	S_{ad}(%)	O_{ad}(%)	M_{ad}(%)	A_{ad}(%)	V_{ad}(%)	FC_{ad}(%)	$Q_{net,ad}$/(kJ/kg)
玉米秆	42.57	3.82	0.73	0.12	37.86	8.00	6.90	70.70	14.40	15 840
小麦秆	40.68	5.91	0.65	0.18	35.05	7.13	10.40	63.90	18.57	15 740
稻秆	35.14	5.10	0.85	0.11	33.95	12.20	12.65	61.20	13.95	14 654

2）凝固点。凝固点是表征燃油丧失流动性能时的温度。它是将燃油样品放在倾斜 45°的试管中，经过 1min 后，油面保持不变时的温度作为该油的凝固点。燃油凝固点的高低与燃油的石蜡含量有关。石蜡含量高的油，其凝固点高。

3）闪点及燃点。在常压下，随着油温升高，油表面上蒸发出的油气增多，当油气和空气的混合物与明火接触而发生短促闪光时的油温称为燃油的闪点。燃点是油面上的油气和空气的混合物遇到明火能着火燃烧并持续 5s 以上的最低油温。闪点和燃点是燃油防火的重要指标。因此，储运时的油温，必须使敞口容器中的温度低于开口闪点 10℃以上，在压力容器中则无此限制。

4）硫含量。燃油中的硫含量（质量分数）高，会对锅炉低温受热面产生腐蚀。按油中硫含量的多少，燃油可分为低硫油（$S_{ar}<0.5\%$）、中硫油（$S_{ar}=0.5\%\sim2\%$）和高硫油（$S_{ar}>2\%$）三种。一般来说，当燃油的硫含量高于0.3%时，就应注意低温腐蚀问题。

5）灰分。重油中的灰分虽少，但灰分中常含有钒、钠、钾、钙等元素的化合物，所生成的燃烧产物的熔点很低，约600℃，对壁温高于610℃的受热面会产生高温腐蚀。

（4）气体燃料　气体燃料分为天然气体燃料和人工气体燃料两大类。各种气体燃料均由一些单一气体混合组成，也包括可燃物质与不可燃物质两部分。主要的可燃气体成分有甲烷（CH_4）、乙烷（C_2H_6）、氢气（H_2）、一氧化碳（CO）、乙烯（C_2H_4）和硫化氢（H_2S）等，不可燃气体成分有二氧化碳（CO_2）、氮气（N_2）和少量的氧气（O_2）。

天然气体燃料有气田气、油田气和煤田气。气田天然气的主要成分是甲烷，甲烷的体积分数大于90%。气田气的发热量较高，标准状态下低位发热量约为35 000～39 000kJ/m^3。同时，也因甲烷含量高，影响了火焰的传播，是常用燃气中燃烧速度最低的几种之一。油田气的主要成分也是甲烷，其体积分数为80%左右。煤田气是在采煤过程中从煤层或岩层内释放出的可燃气体，通常称为矿井瓦斯或矿井气。煤田气可燃成分甲烷的体积分数为50%左右，其余为氢气、氧气和二氧化碳。它的发热量较低，标准状态下低位发热量约为13 000～19 000kJ/m^3，燃烧速度也比气田气和油田气低。

人工气体燃料是以煤、石油产品或各种有机物为原料，经过各种加工方法而得到的气体燃料。主要的人工气体燃料有：气化炉煤气、焦炉煤气、高炉煤气和转炉煤气、液化石油气、油制气、沼气。各种气体的成分都不一样。

气体燃料的密度、相对分子质量、平均体积比热、发热量均可根据单一气体的密度、相对分子质量、平均体积比热、发热量和单一气体的份额来计算。

二、燃烧计算与热平衡计算

1. 燃烧计算

锅炉燃烧计算与热平衡计算是两项最基本的计算。前者主要确定燃料燃烧所需的空气量、烟气产物、烟气量以及它们的焓，后者主要确定锅炉的各项热损失、锅炉效率以及燃料消耗量。

在燃烧反应中，燃料中的可燃质碳生成二氧化碳，氢生成水蒸气，硫生成二氧化硫，同时放出相应的反应热。即

$$C+O_2\rightarrow CO_2+32\,860\text{kJ/kg（碳）} \tag{2-12}$$

$$2H_2+O_2\rightarrow 2H_2O+120\,370\text{kJ/kg（氢）} \tag{2-13}$$

$$S+O_2\rightarrow SO_2+9050\text{kJ/kg（硫）} \tag{2-14}$$

上述化学反应方程式表示的是燃料的完全燃烧反应。如果燃烧中空气不足或混合不好，则燃料中的碳产生不完全燃烧而生成一氧化碳，所放出的反应热也相应减少，即

$$2C+O_2\rightarrow 2CO+9270\text{kJ/kg（碳）} \tag{2-15}$$

燃烧计算是建立在燃烧化学反应的基础上的。在进行燃烧计算时，把空气和烟气均看作为理想气体，即1kmol气体在标准状态（$t=273.15$K，$p=0.1013$MPa）下其体积为22.4m^3，燃料以1kg固体及液体燃料或标准状态下1m^{3}干气体燃料为单位。

（1）固体及液体燃料的理论空气量　1kg固体及液体燃料完全燃烧并且燃烧产物（烟

气）中无自由氧存在时，所需要的空气量（指干空气）称为理论空气量或化学计量空气量，并以标准状态下 V^0（m^3/kg）或 L^0（kg/kg）来表示。

碳的相对分子质量为12，1kg 碳完全燃烧所需要的氧气量为（22.4/12）m^3。已知1kg 燃料中碳的质量为（C_{ar}/100）kg，因而所需氧气量（m^3）为

$$\frac{22.4}{12}\times\frac{C_{ar}}{100}=1.866\frac{C_{ar}}{100}$$

同样，可得出氢完全燃烧所需要的氧气量（m^3）为

$$\frac{22.4}{4\times1.008}\times\frac{H_{ar}}{100}=5.55\frac{H_{ar}}{100}$$

硫完全燃烧时所需要的氧气量（m^3）为

$$\frac{22.4}{32}\times\frac{S_{ar}}{100}=0.7\frac{S_{ar}}{100}$$

1kg 燃料中本身所包含的氧量（m^3）为

$$\frac{22.4}{32}\times\frac{O_{ar}}{100}=0.7\frac{O_{ar}}{100}$$

因此，1kg 燃料完全燃烧时，所需要的氧气量（m^3）为

$$1.866\frac{C_{ar}}{100}+5.55\frac{H_{ar}}{100}+0.7\frac{S_{ar}}{100}-0.7\frac{O_{ar}}{100}$$

锅炉燃烧所需要的氧气来源于空气。由于空气中氧气的体积分数为21%，所以，1kg 燃料完全燃烧所需要的理论空气量（m^3/kg）为

$$\begin{aligned}V^0&=\frac{1}{0.21}\left(1.866\frac{C_{ar}}{100}+5.55\frac{H_{ar}}{100}+0.7\frac{S_{ar}}{100}-0.7\frac{O_{ar}}{100}\right)\\&=0.0889(C_{ar}+0.375S_{ar})+0.265H_{ar}-0.0333O_{ar}\\&=0.0889K_{ar}+0.265H_{ar}-0.0333O_{ar}\end{aligned}\tag{2-16}$$

式中，K_{ar} 为1kg 燃料中的“当量含碳量”，$K_{ar}=C_{ar}+0.375S_{ar}$。

由于标准状态下空气的密度 $\rho=1.293kg/m^3$，故用质量表示的理论空气量（kg/kg）为

$$L^0=1.293V^0=0.115K_{ar}+0.342H_{ar}-0.043O_{ar}\tag{2-17}$$

用式（2-16）和式（2-17）计算燃烧所需要的空气量时，必须知道燃料的元素成分分析数据。

和固体及液体燃料一样，气体燃料的燃烧计算也是建立在其可燃成分的燃烧化学反应方程式的基础上的。

（2）实际空气量、过量空气系数和漏风系数　影响燃料完全燃烧程度的因素很多，其中空气的供给量是否充分，燃料与空气的混合是否良好是很重要的条件。实际送入锅炉的空气量 V 一般都大于理论空气量。比理论空气量多出的这一部分空气称为过量空气。

实际空气量与理论空气量的比值称为过量空气系数或空气燃料当量比，用 α 或 β 表示，即

$$\alpha=\frac{V}{V^0}\quad 或\quad \beta=\frac{V}{V^0}\tag{2-18}$$

式中，α 用于烟气量的计算；β 用于空气量的计算。

通常所指的过量空气系数是炉膛出口处的值 α_l''，它是一个影响锅炉燃烧工况及运行经济性的非常重要的指标。通常燃煤锅炉的最佳 α_l''数值为 1.2 ~1.3；燃油锅炉的最佳 α_l''数值为 1.05 ~1.10；燃气锅炉的最佳 α_l''数值为 1.03 ~1.10。

锅炉实际运行中的过量空气系数一般通过测量烟气中的三原子气体、氧气和可燃气体的体积分数计算，即

$$\alpha = \frac{21}{21 - 79\dfrac{\varphi_{O_2} - 0.5\varphi_{CO}}{100 - (\varphi_{RO_2} + \varphi_{O_2} + \varphi_{CO})}} \tag{2-19}$$

式中，φ_{O_2}为烟气中氧气的体积分数（%）；φ_{RO_2}为烟气中三原子气体的体积分数（%）；φ_{CO}为烟气中一氧化碳的体积分数（%）。

许多锅炉为微负压燃烧，即锅炉的炉膛、烟道等处均保持一定的负压，以防止燃烧产物外漏。此时，外界空气将从炉膛、烟道的不严密处（如穿墙管、人孔、看火孔等）漏入炉内，使得锅炉的烟气量随着烟气流程而一路增大。

各部件所在烟道处漏入的空气量 ΔV 与理论空气量的比值，称为该烟道的漏风系数，以 $\Delta\alpha$ 表示，即

$$\Delta\alpha = \frac{\Delta V}{V^0} \tag{2-20}$$

锅炉各烟道漏风系数的大小取决于负压的大小及烟道的结构形式，一般为 0.01 ~0.1。

若锅炉为微正压燃烧，则烟道的漏风系数为零。

（3）固体及液体燃料理论烟气量和实际烟气量　燃料燃烧后的产物就是烟气。燃料中的可燃物质被全部燃烧干净，即燃烧所生成的烟气中不再含有可燃物质时的燃烧称为完全燃烧。当只供给理论空气量时，燃料完全燃烧后产生的烟气量称为理论烟气量。理论烟气的组成为 CO_2、SO_2、N_2 和 H_2O。前三种组成合在一起称为干烟气。包括 H_2O 在内的烟气称为湿烟气。由于烟气中的 CO_2 和 SO_2 同属三原子气体，产生的化学反应式也有许多相似之处，并且在烟气分析时常常被同时测出，因此，将它们合并表示，称为三原子气体，用 RO_2 表示。当有过量空气时，烟气中除上述组分外，还含有过量的空气，这时的烟气量称为实际烟气量。若燃烧不完全，则除上述组分外，烟气中还将出现 CO、CH_4 和 H_2 等可燃成分。

标准状态下，1kg 固体及液体燃料在理论空气量下完全燃烧时所产生的燃烧产物的体积称为固体及液体燃料的理论烟气量，表示为

$$V_y^0 = V_{CO_2} + V_{SO_2} + V_{N_2}^0 + V_{H_2O}^0 \tag{2-21}$$

式中，V_y^0 为标准状态下理论烟气量（m^3/kg）；V_{CO_2}为标准状态下 CO_2 的体积（m^3/kg）；V_{SO_2}为标准状态下 SO_2 的体积（m^3/kg）；$V_{N_2}^0$为标准状态下理论 N_2 的体积（m^3/kg）；$V_{H_2O}^0$为标准状态下理论水蒸气的体积（m^3/kg）。

标准状态下，1kg 固体及液体燃料完全燃烧后产生 CO_2 和 SO_2 的体积（m^3/kg）分别为

$$V_{CO_2} = 1.866\frac{C_{ar}}{100} = 0.01866C_{ar} \tag{2-22}$$

$$V_{SO_2} = 0.7\frac{S_{ar}}{100} = 0.007S_{ar} \tag{2-23}$$

用 V_{RO_2}（m^3/kg）表示三原子气体的体积，则

$$V_{RO_2}=V_{CO_2}+V_{SO_2}=0.01866(C_{ar}+0.375S_{ar})=0.01866K_{ar} \tag{2-24}$$

理论氮气体积 $V^0_{N_2}$ 包括两部分：

1）理论空气量中的氮，其体积为 $0.79V^0$。

2）燃料本身包括的氮的体积（m^3/kg）为

$$\frac{22.4}{28}\times\frac{N_{ar}}{100}=0.008N_{ar}$$

所以，有

$$V^0_{N_2}=0.79V^0+0.008N_{ar} \tag{2-25}$$

于是，不含有水蒸气的理论干烟气的体积 V^0_{gy}（m^3/kg）为

$$V^0_{gy}=V_{RO_2}+V^0_{N_2}=0.01866K_{ar}+0.79V^0+0.008N_{ar} \tag{2-26}$$

理论水蒸气的体积来源有以下三个方面：

1）燃料中氢的燃烧。1kg 燃料中氢燃烧产生的水蒸气的体积（m^3/kg）为 $\frac{2\times22.4}{4\times1.008}\times\frac{H_{ar}}{100}=0.111H_{ar}$。

2）随燃料带入的水分蒸发后形成的水蒸气。1kg 燃料中因水分蒸发形成的水蒸气的体积（m^3/kg）为

$$\frac{22.4}{18}\times\frac{M_{ar}}{100}=0.0124M_{ar}$$

3）随理论空气量带入的水蒸气的体积（m^3/kg）为 $0.0161V^0$。

所以，理论水蒸气的体积 $V^0_{H_2O}$（m^3/kg）为

$$V^0_{H_2O}=0.111H_{ar}+0.0124M_{ar}+0.0161V^0 \tag{2-27}$$

当燃用重油时，由于重油的黏度较大，常采用蒸汽进行雾化，雾化蒸汽也喷入炉内，因此，理论水蒸气体积还应考虑雾化用蒸汽。所以，对于蒸汽雾化燃油的锅炉，其理论水蒸气的体积（m^3/kg）为

$$V^0_{H_2O}=0.111H_{ar}+0.0124M_{ar}+0.0161V^0+1.2G_{wh} \tag{2-28}$$

式中，G_{wh} 为雾化用蒸汽量（kg/kg）。

理论烟气量（m^3/kg）为

$$V^0_y=V^0_{gy}+V^0_{H_2O}=V_{RO_2}+V^0_{N_2}+V^0_{H_2O} \tag{2-29}$$

实际燃烧是在过量空气（$\alpha>1$）条件下进行的，故实际烟气体积中除理论烟气量外，还有过量空气及随过量空气带入的水蒸气。

实际烟气体积 V_y 为

$$V_y=V_{gy}+V_{H_2O} \tag{2-30}$$

式中，V_y 为实际烟气体积（m^3/kg）；V_{gy} 为实际干烟气体积（m^3/kg），它等于理论干烟气体积 V^0_{gy} 与过量空气 $(\alpha-1)V^0$（干空气）之和，由式（2-31）计算；V_{H_2O} 为实际水蒸气体积（m^3/kg），它等于理论水蒸气体积 $V^0_{H_2O}$ 与过量空气带入的水蒸气 $0.0161(\alpha-1)V^0$ 之和，由式（2-32）计算。

$$V_{gy}=V^0_{gy}+(\alpha-1)V^0 \tag{2-31}$$

$$V_{H_2O}=V_{H_2O}^0+0.0161(\alpha-1)V^0 \tag{2-32}$$

把式（2-31）、式（2-32）代入式（2-30）得

$$V_y=V_{gy}^0+V_{H_2O}^0+1.0161(\alpha-1)V^0=V_y^0+1.0161(\alpha-1)V^0 \tag{2-33}$$

实际氮气的体积 V_{N_2}(m^3/kg) 为

$$V_{N_2}=V_{N_2}^0+0.79(\alpha-1)V^0 \tag{2-34}$$

过量空气中的氧气体积为

$$V_{O_2}=0.21(\alpha-1)V^0 \tag{2-35}$$

因此，实际烟气体积（m^3/kg）也可写成

$$\begin{aligned}V_y&=V_{RO_2}+V_{N_2}+V_{O_2}+V_{H_2O}\\&=V_{RO_2}+V_{N_2}^0+(\alpha-1)V^0+V_{H_2O}^0+0.0161(\alpha-1)V^0\\&=V_{RO_2}+V_{N_2}^0+V_{H_2O}^0+1.016(\alpha-1)V^0\end{aligned} \tag{2-36}$$

（4）烟气焓值的确定　在锅炉的热力计算或热工试验时，常常需要根据烟气的温度求得烟气的焓或者由烟气的焓求得烟气的温度。

烟气焓的计算是以1kg固体及液体燃料或标准状态下1m^3气体燃料为基础进行计算的，并且以0℃作为起算点。

烟气是多种气体的混合物，其比焓值等于理论烟气比焓、过量空气比焓和飞灰比焓之和，即

$$h_y=h_y^0+(\alpha-1)h_k^0+h_{fh} \tag{2-37}$$

式中，h_y^0 为理论烟气比焓（kJ/kg或kJ/m^3）；h_k^0 为理论空气比焓（kJ/kg）；h_{fh}为烟气中飞灰比焓（kJ/kg）。

当温度为θ℃时，h_y^0（kJ/kg）为

$$h_y^0=(V_{RO_2}C_{RO_2}+V_{N_2}^0C_{N_2}+V_{H_2O}^0C_{H_2O})\theta \tag{2-38}$$

式中，C_{RO_2}、C_{N_2}、C_{H_2O} 分别为 θ℃ 时 RO_2、N_2、H_2O 气体的平均体积定压热容［kJ/(m^3·℃)］。

由于烟气中 SO_2 的含量较 CO_2 的含量少得多，计算中可取 $C_{RO_2}=C_{CO_2}$。

$$h_k^0=V^0C_kt_k \tag{2-39}$$

式中，C_k 为空气的平均体积定压热容[kJ/(m^3·℃)]；t_k 为空气温度（℃）。

$$h_{fh}=\frac{A_{ar}}{100}a_{fh}c_h\theta \tag{2-40}$$

式中，c_h 为飞灰的平均比定压热容[kJ/(kg·℃)]；$\frac{A_{ar}}{100}a_{fh}$ 为1kg燃料中的飞灰质量(kg/kg)。

一般来说，只有当$1000\frac{A_{ar}a_{fh}}{Q_{net,v,ar}}>1.43$时，飞灰比焓才需计入烟气比焓中，否则可略去不计。

在上述的计算中，各种成分的平均体积定压热容可在有关热工资料中查取。

例 2-1 一台 130t/h 的煤粉锅炉，燃料主要成分为 $C_{ar}=57.42\%$，$H_{ar}=3.81\%$，$O_{ar}=7.16\%$，$N_{ar}=0.93\%$，$S_{ar}=0.46\%$，$M_{ar}=8.85\%$，$A_{ar}=21.37\%$，$V_{daf}=38.48\%$，$Q_{net,v,ar}=21\,990kJ/kg$，炉膛出口温度为 1100℃时，$1m^3$ 烟气各成分的焓为：$(c\theta)_{CO_2}=2458kJ/m^3$，$(c\theta)_{N_2}=1544kJ/m^3$，$(c\theta)_{H_2O}=1925kJ/m^3$，$(c\theta)_k=1595kJ/m^3$，$(c\theta)_h=1123kJ/m^3$。炉膛出口平均过量空气系数 $\alpha_{pj}=1.2$，求理论空气量、炉膛出口实际烟气量和烟气比焓。

解 1）理论空气量和实际烟气量。理论空气量为

$$
\begin{aligned}
V^0 &= 0.0889(C_{ar}+0.375S_{ar})+0.265H_{ar}-0.0333O_{ar}\\
&= [0.0889\times(57.42+0.375\times0.46)+0.265\times3.81-0.0333\times7.16]m^3/kg\\
&= 5.891m^3/kg
\end{aligned}
$$

三原子气体体积为

$$
\begin{aligned}
V_{RO_2} &= 0.018\,66(C_{ar}+0.375S_{ar})\\
&= 0.018\,66\times(57.42+0.375\times0.46)m^3/kg\\
&= 1.075m^3/kg
\end{aligned}
$$

理论氮气体积为

$$
\begin{aligned}
V_{N_2}^0 &= 0.79V^0+0.008N_{ar}\\
&= (0.79\times5.891+0.008\times0.93)m^3/kg\\
&= 4.661m^3/kg
\end{aligned}
$$

理论水蒸气体积为

$$
\begin{aligned}
V_{H_2O}^0 &= 0.111H_{ar}+0.0124M_{ar}+0.0161V^0\\
&= (0.111\times3.81+0.0124\times8.85+0.0161\times5.891)m^3/kg\\
&= 0.627m^3/kg
\end{aligned}
$$

实际水蒸气体积为

$$
\begin{aligned}
V_{H_2O} &= V_{H_2O}^0+0.0161(\alpha_{pj}-1)V^0\\
&= [0.627+0.0161\times(1.2-1)\times5.891]m^3/kg\\
&= 0.646m^3/kg
\end{aligned}
$$

实际烟气量为

$$
\begin{aligned}
V_y &= V_{RO_2}+V_{N_2}^0+V_{H_2O}+(\alpha_{pj}-1)V^0\\
&= [1.075+4.661+0.646+(1.2-1)\times5.891]m^3/kg\\
&= 7.56m^3/kg
\end{aligned}
$$

2）炉膛出口烟气比焓。理论空气比焓为

$$
h_k^0=(c\theta)_kV^0=1595\times5.891kJ/kg=9396kJ/kg
$$

理论烟气比焓为

$$
\begin{aligned}
h_y^0 &= (c\theta)_{CO_2}V_{RO_2}+(c\theta)_{N_2}V_{N_2}^0+(c\theta)_{H_2O}V_{H_2O}^0\\
&= (2458\times1.075+1544\times4.661+1925\times0.627)kJ/kg\\
&= 110\,46kJ/kg
\end{aligned}
$$

烟气比焓为

$$\begin{aligned} h_y &= h_y^0 + (\alpha_{pj}' - 1) h_k^0 \\ &= [11\,046 + (1.2 - 1) \times 9396]\text{kJ/kg} \\ &= 12\,925\text{kJ/kg} \end{aligned}$$

2. 锅炉热平衡计算

（1）热平衡基本原理　所谓锅炉热平衡是指锅炉的输入热量与输出热量（包括有效利用热和各项热损失）之间的平衡。根据图2-6可以写出如下热平衡方程式，即

$$Q_r^{⊖} = Q_1 + Q_2 + Q_3 + Q_4 + Q_5 + Q_6 \tag{2-41}$$

式中，Q_r 为输入锅炉热量（kJ/kg）；Q_1 为锅炉有效利用热（kJ/kg）；Q_2 为排烟热损失（kJ/kg）；Q_3 为气体不完全燃烧热损失（kJ/kg）；Q_4 为固体不完全燃烧热损失（kJ/kg）；Q_5 为散热损失（kJ/kg）；Q_6 为灰渣物理热损失（kJ/kg）。

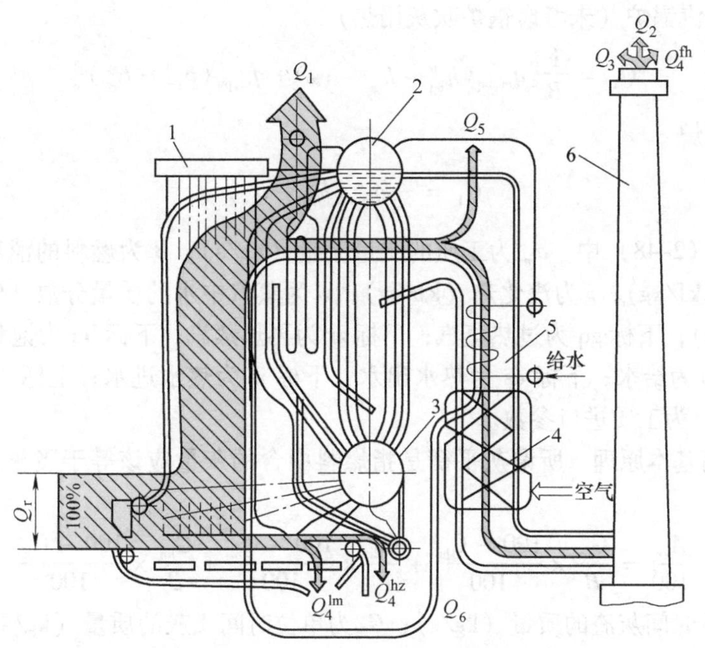

图2-6　锅炉热平衡示意图

1—上集箱　2—上锅筒　3—下锅筒　4—空气预热器　5—省煤器　6—烟囱

Q_4^{lm}—漏煤不完全燃烧热损失　Q_4^{hz}—灰渣不完全燃烧热损失

Q_4^{fh}—飞灰不完全燃烧热损失

为了使各种热量的大小更清楚，热平衡式常以输入热量为基准的百分数来表示，即

$$100\% = q_1 + q_2 + q_3 + q_4 + q_5 + q_6 \tag{2-42}$$

在锅炉设计中，通常根据锅炉热平衡的基本原理及锅炉效率来确定锅炉的燃料消耗量。锅炉效率的确定有两种方法，其一是根据锅炉有效利用热占输入锅炉热量的百分数来表示的正平衡效率，即

⊖ 式中各热量值均以燃烧1kg燃料为基准。

$$\eta = \frac{Q_1}{Q_r} \times 100\% \tag{2-43}$$

其二是把输入锅炉的热量作为100%，然后扣除锅炉的各项热损失，称锅炉的反平衡效率，即

$$\eta_f = 100\% - (q_2 + q_3 + q_4 + q_5 + q_6) \tag{2-44}$$

（2）输入锅炉的热量 Q_r

$$Q_r = Q_{net,v,ar} + Q_{rx} + Q_{wl} + Q_{wh} \tag{2-45}$$

式中，$Q_{net,v,ar}$为燃料收到基低位发热量（kJ/kg）；Q_{rx}为燃料物理显热（kJ/kg）；Q_{wl}为外来热源加热空气带入的热量（kJ/kg）；Q_{wh}为燃料雾化蒸汽带入的热量（kJ/kg）。

对于工业锅炉或无其他热量带入的锅炉，$Q_r \approx Q_{net,v,ar}$。

（3）锅炉有效利用热 Q_1　对于有过热器、再热器的锅炉

$$Q_1 = \frac{1}{B}[q_{m,gq}(h''_{gq} - h_{gs}) + q_{m,zr}(h''_{zr} - h'_{zr}) + q_{m,pw}(h''_{pw} - h_{gs})] \tag{2-46}$$

对于饱和蒸汽锅炉（未考虑锅炉吹灰用热）

$$Q_1 = \frac{1}{B}[q_{m,bq}(h''_{bq} - h_{gs} - rw) + q_{m,pw}(h''_{pw} - h_{gs})] \tag{2-47}$$

对于热水锅炉

$$Q_1 = \frac{1}{B}q_{m,r}(h_{cs} - h_{js}) \tag{2-48}$$

式（2-46）~式（2-48）中，q_m为工质的质量流量（kg/s）；B为燃料的消耗量（kg/s）；h为工质的比焓（kJ/kg）；r为汽化热（kJ/kg）；w为蒸汽中水的质量分数（%）；$q_{m,r}$为热水循环水量（kg/s）；下标gq为过热蒸汽；下标zr为再热蒸汽；下标bq为饱和蒸汽；下标pw为排污；下标gs为给水；下标cs为热水出水；下标js为热水进水；上标“″”为工质出口参数；上标“′”为工质进口参数。

（4）灰平衡基本原理　所谓灰平衡是指燃料中含的灰量应该等于飞灰、灰渣、漏煤中灰分之和，即

$$\frac{A_{ar}}{100} = \frac{G_{hz}}{B} \times \frac{100 - C_{hz}}{100} + \frac{G_{fh}}{B} \times \frac{100 - C_{fh}}{100} + \frac{G_{lm}}{B} \times \frac{100 - C_{lm}}{100} \tag{2-49}$$

式中，G_{hz}为单位时间灰渣的质量（kg/s）；G_{fh}为单位时间飞灰的质量（kg/s）；G_{lm}为单位时间漏煤的质量（kg/s）；C_{hz}为灰渣中碳的质量分数（%）；C_{fh}为飞灰中碳的质量分数（%）；C_{lm}为漏煤中碳的质量分数（%）。

另外，根据灰平衡的基本原理，灰渣、飞灰、漏煤的灰比之和应该等于100%，即

$$1 = a_{hz} + a_{fh} + a_{lm} \tag{2-50}$$

比较式（2-49）和式（2-50），有

$$a_{hz} = \frac{G_{hz}(100 - C_{hz})}{BA_{ar}} \tag{2-51}$$

$$a_{fh} = \frac{G_{fh}(100 - C_{fh})}{BA_{ar}} \tag{2-52}$$

$$a_{lm} = \frac{G_{lm}(100 - C_{lm})}{BA_{ar}} \tag{2-53}$$

（5）锅炉的各项热损失及燃料消耗量的计算　锅炉的各项热损失按表 2-10 计算。

表 2-10　锅炉各项热损失

名 称	符 号	单 位	计 算 公 式
固体不完全燃烧热损失	Q_4	kJ/kg	$328.6A_{ar}\left(\frac{a_{hz}C_{hz}}{100-C_{hz}}+\frac{a_{fh}C_{fh}}{100-C_{fh}}+\frac{a_{lm}C_{lm}}{100-C_{lm}}\right)$
	q_4	%	$\frac{Q_4}{Q_r}\times100$
排烟热损失	Q_2	kJ/kg	$(h_{py}^{①}-\alpha_{py}^{②}h_k^0)\left(\frac{100-q_4}{100}\right)$
	q_2	%	$\frac{Q_2}{Q_r}\times100$
气体不完全燃烧热损失	Q_3	kJ/kg	$236(C_{ar}+0.375S_{ar})\frac{\varphi_{CO}}{\varphi_{RO_2}+\varphi_{CO}}\times(100-q_4)$
	q_3	%	$\frac{Q_3}{Q_r}\times100$
散热损失	Q_5	kJ/kg	$\frac{1}{B}(q_1A_1+q_2A_2+\cdots+q_nA_n)$ q_1、…、q_n 为各区段的散热强度［kJ/（m^2·s）］；A_1、…、A_n 为各区段的散热面积（m^2）
	q_5	%	$\frac{Q_5}{Q_r}\times100$ 或 $q_5=q_5'\frac{q_{m,e}}{q_{m,0}}$ q_5'查图 2-7；$q_{m,e}$为额定蒸发量（kg/h）；$q_{m,0}$为实际蒸发量（kg/h）
灰渣物理热损失	Q_6	kJ/kg	$a_{hz}(c\theta)_{hz}^{③}\frac{A_{ar}}{100}$
	q_6	%	$\frac{Q_6}{Q_r}\times100$

① h_{py}（kJ/kg）为排烟的热焓。

② α_{py}为排烟处过量空气系数。

③ $(c\theta)_{hz}$（kJ/kg）为灰渣的比焓。

根据锅炉热平衡的基本原理及锅炉效率就可确定锅炉的燃料消耗量。其锅炉燃料消耗量（kg/s）按下式计算，即

$$B=\frac{Q}{\eta Q_r}\times100 \qquad (2\text{-}54)$$

式中，Q 为锅炉有效利用热（kW），$Q=BQ_1$；Q_r 为输入锅炉（1kg 燃料）的热量（kJ/kg）。

考虑机械不完全燃烧热损失，1kg 实际入炉燃料中只有（$1-q_4/100$）kg 的燃料参加燃烧。因此，在锅炉计算中，应对 B 进行修正，修正后的燃料消耗量称为计算燃料消耗量 B_j。即

$$B_j=B\left(1-\frac{q_4}{100}\right) \qquad (2\text{-}55)$$

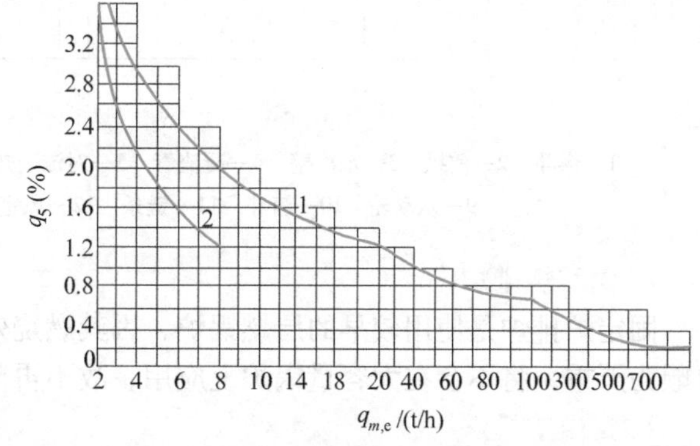

图 2-7　锅炉散热损失

1—有尾部受热面　2—无尾部受热面

第三节　锅炉燃烧设备

一、层状燃烧设备

层状燃烧是指燃料主要在火床（又称炉排）上完成燃烧全过程的一种燃烧方式。特点是燃料按一定厚度均匀地铺在炉排面上燃烧。

层燃锅炉的种类有：固定炉排炉、链条炉排炉、往复炉排炉、抛煤机炉排炉、振动炉排炉和生物质锅炉等，图2-8所示为链条炉排炉示意图，图2-9所示为往复炉排炉示意图，图2-10所示为四通道生物质锅炉示意图。

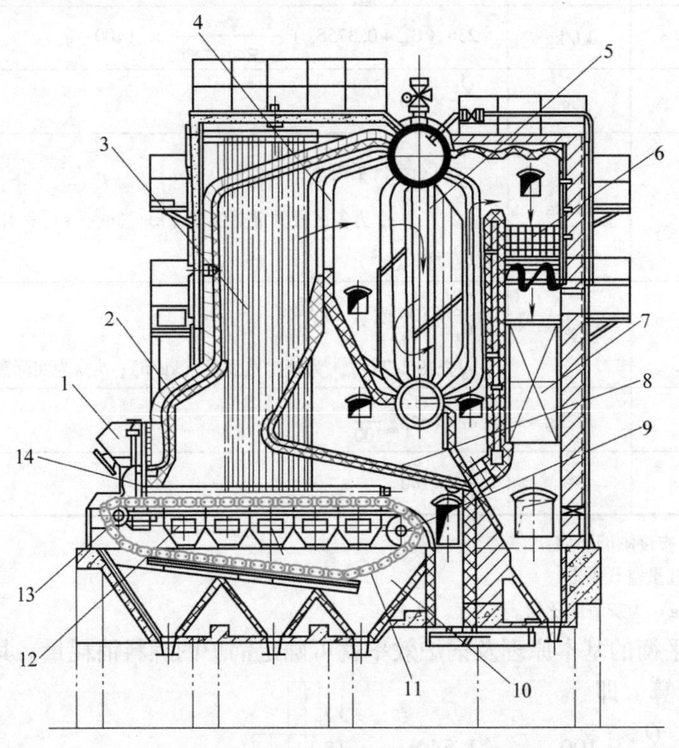

图2-8　SHL型10t/h链条炉排炉

1—煤斗　2—前拱　3—水冷壁　4—凝渣管　5—对流受热面　6—省煤器　7—空气预热器　8—后拱　9—从动轮　10—渣斗　11—链条　12—风室　13—主动链轮　14—煤闸门

1. 固定炉排炉

固定炉排炉是使用较早的层燃锅炉，因其燃烧效率不高，劳动强度大，且对环境的污染也颇为严重，将不会在大容量锅炉上应用，故不再阐述。

2. 链条炉排炉

链条炉排炉是一种有着悠久历史的层燃锅炉，具有燃烧效率高、环境污染小及机械化程度较高等特点，在我国中、小容量的锅炉中（$D=1\sim35\text{t/h}$）使用十分普遍。

（1）链条炉的基本结构和工作原理　链条炉的基本结构如图2-8所示，燃料靠自重从煤斗落到炉排上，链条带动炉排由前方逐渐向后移动。煤进入炉膛后，在高温火焰和前后拱

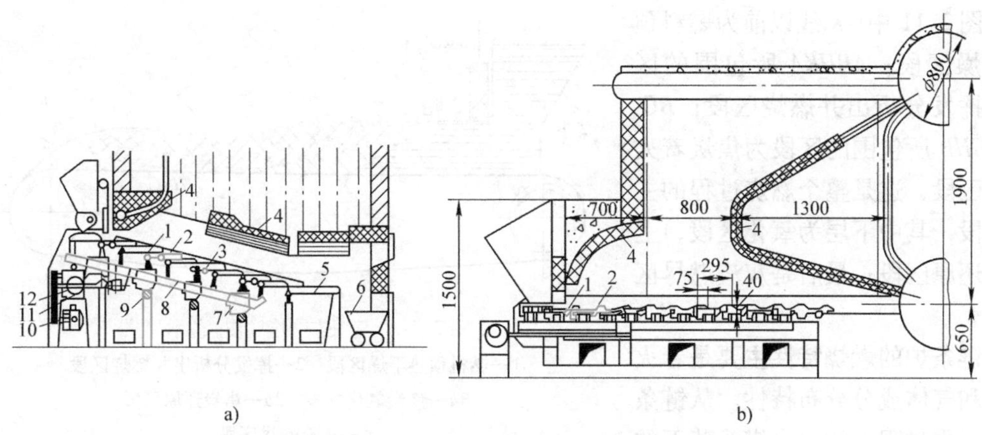

图 2-9　往复炉排炉

a）倾斜式往复炉排炉　b）水平式往复炉排炉

1—活动炉排片　2—固定炉排片　3—支承棒　4—炉拱　5—燃尽炉排

6—渣斗　7—固定梁　8—活动框架　9—滚轮　10—电动机　11—推拉杆　12—偏心轮

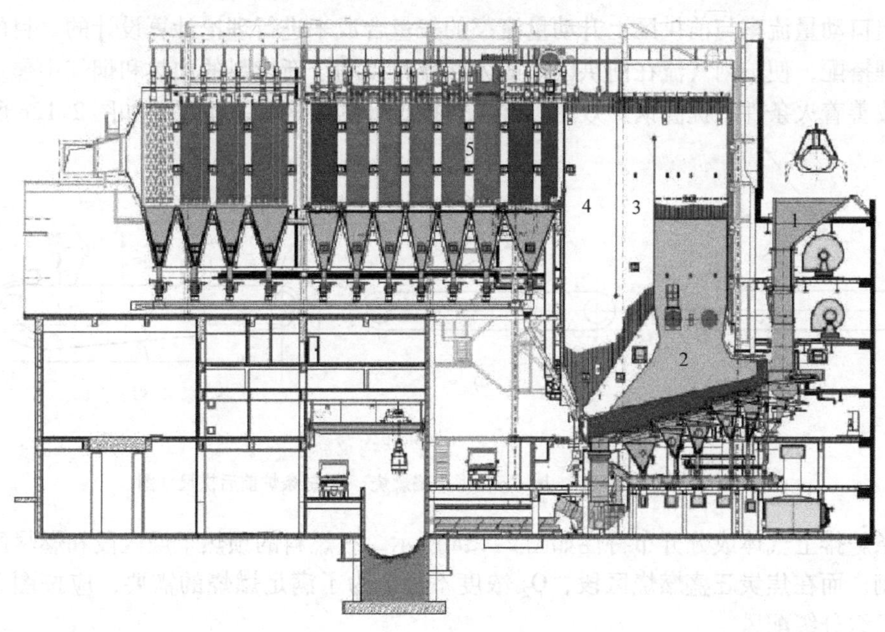

图 2-10　四通道生物质锅炉

1—给料装置　2—炉膛　3—第二烟道　4—第三烟道　5—第四烟道

的作用下经干燥、水分蒸发、挥发分析出、着火燃烧和燃尽各个阶段，最后形成灰渣落入炉排后的灰渣斗中。燃烧所需的空气经空气预热器加热到一定温度后由各个风室从炉排下方分别送入，经过炉排穿入煤层参与燃烧，燃烧生成的烟气通过炉膛的辐射换热和对流管束、省煤器、空气预热器后温度降到 150 ~ 180℃，由引风机送入烟囱排入大气。

（2）链条炉排的燃烧过程及其基本特性　链条炉的燃烧过程是自前向后分区段进行的，从理论上分析共有四个区段，如图 2-11 所示。

图2-11中AK线以前为燃料预热干燥区段；$ABHKA$所包围的区段为挥发分析出并燃烧区段；$BCDEFGHB$所包围的区段为焦炭着火燃烧区段，这是整个燃烧过程的主要阶段，其中下层为氧化区段，上层为还原区段；最后是灰渣燃尽区段。

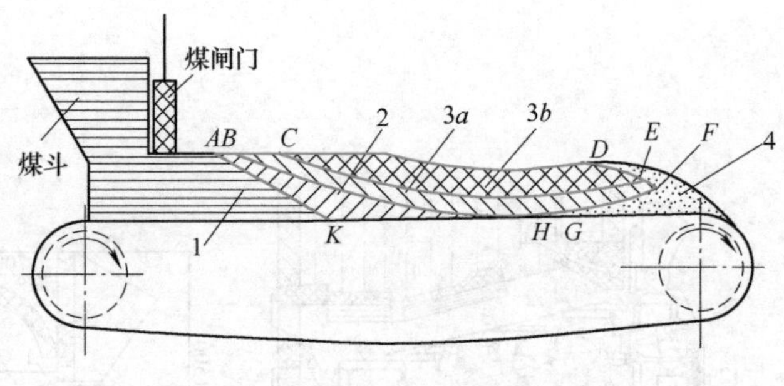

图2-11　链条炉的燃烧过程示意图

1—燃料预热干燥区段　2—挥发分析出并燃烧区段

3a—焦炭氧化区段　3b—焦炭还原区段

4—灰渣燃尽区段

链条炉的燃烧特性主要是着火特性和气体成分分布特性。从链条炉的工作过程可知，自煤斗落下的新燃料直接落在经过冷却后又重新转入炉内的冷炉排上，燃料着火所需的着火热能是来自炉膛中高温烟气的对流传热和高温烟气与炉拱的辐射热。显然，合理地设计前后炉拱结构，良好地组织炉内燃烧空气动力工况是十分重要的。图2-12示出了层燃锅炉拱结构及流动图谱，其中图2-12a为常规的“L”形火焰燃烧炉拱；图2-12b为“α”形火焰燃烧的炉拱，它是根据后拱出口动量流率与前拱区上升动量流率的矢量合成来进行理论计算设计的。目的是让前后拱合理搭配，使炉内气流在前拱区形成大回流，以利于新燃料的加热和烟气中焦炭颗粒的分离，改善着火条件，提高锅炉效率。常规炉拱设计的结构和基本尺寸如图2-12c所示。

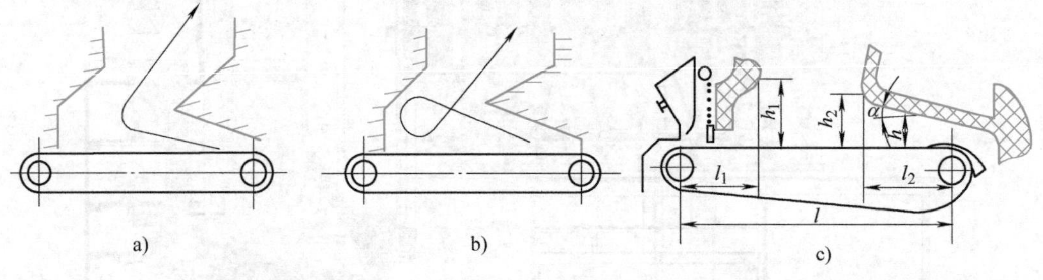

图2-12　层燃锅炉炉拱结构及流动图谱

a）“L”形火焰燃烧　b）“α”形火焰燃烧　c）链条炉前后拱尺寸图

链条炉排上气体成分分布特性如图2-13a所示，在燃料的预热干燥区段和燃尽区段，O_2浓度过剩；而在焦炭旺盛燃烧区段，O_2浓度不足。为了满足燃烧的需要，应按图2-13b中曲线5组织分级配风。

3. 生物质锅炉

目前，世界各国，尤其是发达国家，都在致力于开发生物质能利用技术，以达到保护矿产资源、保障国家能源安全、实现CO_2减排和国家经济可持续发展的目的。生物质能源将成为未来持续能源的重要部分，中国的生物质种类主要来自农业废弃物、薪柴、林业废弃物、有机废弃物（如禽畜排泄物和城市垃圾）、工业废弃物（如谷物加工厂、造纸厂、木材厂、糖厂、酒厂和食品厂等产生的废弃物），总量达4.87亿t油当量。其中有约3.7亿t可用于发电或供热，占总量的76%。农业废弃物是中国最主要的生物质资源。

生物质燃料的特点是：挥发分高，析出温度低且析出过程迅速；水分含量多变，高水分会影响燃烧初始阶段；灰分少，质地轻软，半焦活性高，燃尽快；低硫，多数一年生草本类生物质钾、氯含量高，具有很高的腐蚀性。因此，生物质在炉膛的燃烧过程和煤有明显的区别。需要特殊考虑炉膛的结构，通常炉膛设计得相对宽大，确保挥发分能充分燃烧，并采用多通道形式，保证烟气到达对流过热器时已经低于灰熔点温度，同时烟气在多通道转向时对飞灰起到分离作用，减少尾部的灰含量，减少尾部受热面积灰的可能。为防止在炉膛下部产生还原区，形成氯、钾腐蚀和积灰，用布置二次风的形式来使管壁附近为富氧区。由于屏式过热器工作点处在可能腐蚀区，对此一般采用在管子外壁热喷涂的形式进行处理。对流过热器、省煤器均采用大横向间距顺列布置，在尾部对流受热面处布置吹灰器。

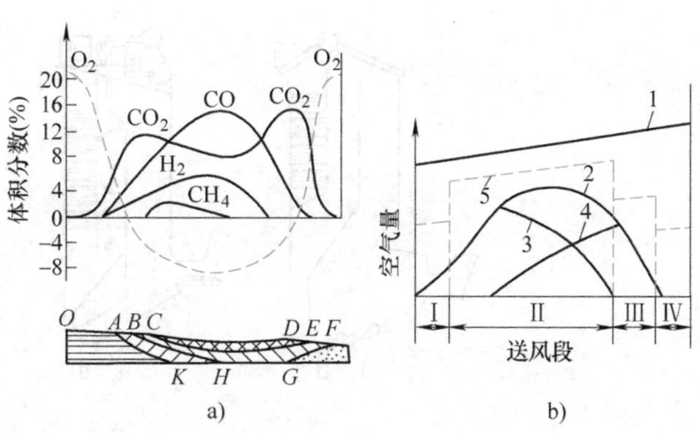

图 2-13　链条炉排上烟气成分及空气量的变化曲线

a）对应炉排各燃烧阶段上烟气成分的分布　b）空气量的变化
1—无分段送风时的空气供应量　2—燃烧所需空气量
3—挥发分燃烧所需空气量　4—焦炭燃烧所需空气量　5—分段送风时的空气供应量

生物质燃烧的主要设备为流化床或层状燃烧。应用较多的层状燃烧方式有水冷振动炉排炉、链条炉排炉和往复炉排炉，图 2-14 是水冷振动炉排生物质锅炉示意图，图 2-15 是滚筒炉排和往复炉排生物质锅炉示意图。生物质燃料在火床上燃烧的基本方式和配风方式与燃煤时相似，但各风室的送风量应根据生物质的种类来确定。

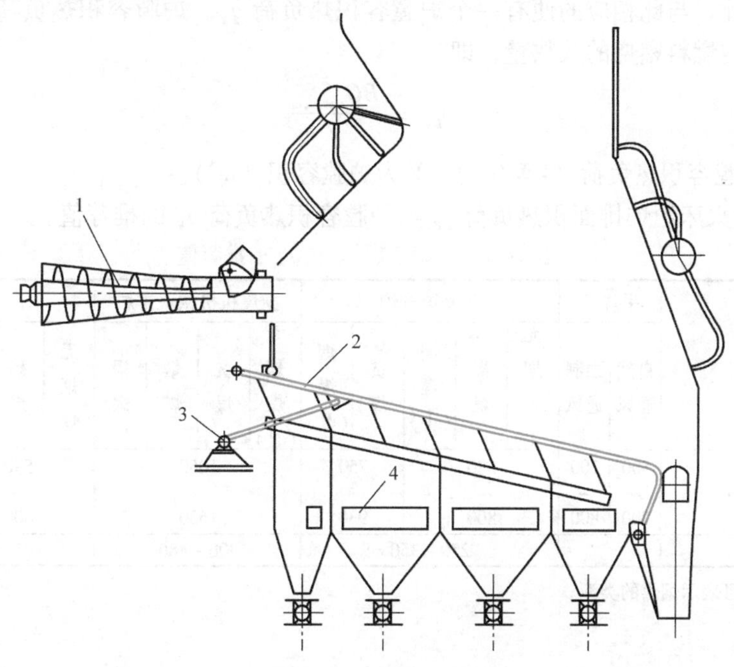

图 2-14　水冷振动炉排生物质锅炉示意图

1—绞轮给料装置　2—水冷炉排　3—振动电动机及偏心轮　4—风室

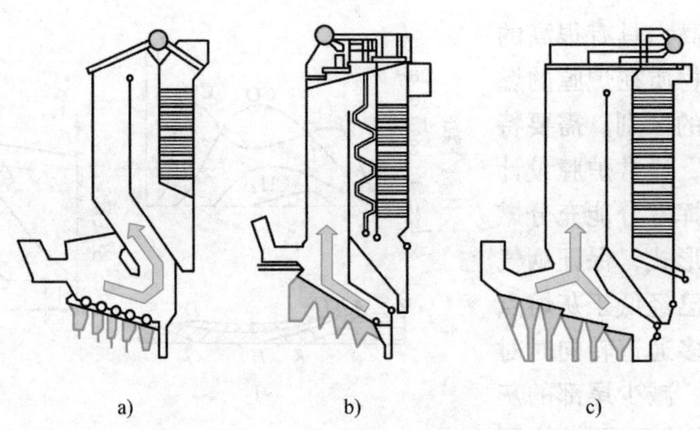

图 2-15　滚筒炉排和往复炉排生物质锅炉示意图

a）滚筒炉排　b）逆推往复炉排　c）顺推往复炉排

4. 层状燃烧的热力学特性参数

由于火床炉绝大部分燃料是在炉排上燃烧的，也就是说，炉排面积是保证层状燃烧完全的基本条件，故常用炉排面积热负荷 q_R 来表示燃烧的强烈程度。炉排面积热负荷是指炉排单位面积在单位时间内燃料燃烧所放出的热量，即

$$q_R = \frac{BQ_{net,v,ar}}{A_R} \tag{2-56}$$

式中，q_R 为炉排面积热负荷（kW/m^2）；B 为燃料消耗量（kg/s）；$Q_{net,v,ar}$为燃料的收到基低位发热量（kJ/kg）；A_R 为炉排有效面积（m^2）。

在火床炉中，虽然大部分燃料是在火床上燃烧的，但仍有一部分可燃物是在炉膛容积中燃烧掉的。因此，与此相应的便有一个炉膛容积热负荷 q_V。炉膛容积热负荷表示在单位容积和单位时间内燃料燃烧的放热量，即

$$q_V = \frac{BQ_{net,v,ar}}{V} \tag{2-57}$$

式中，q_V 为炉膛容积热负荷（kW/m^3）；V 为炉膛容积（m^3）。

表 2-11 为火床炉炉排面积热负荷 q_R 与炉膛容积热负荷 q_V 的推荐值。

表 2-11　层燃锅炉 q_R 和 q_V 的推荐值

<table>
<tr><td rowspan="2">燃烧设备</td><td colspan="2">手烧炉</td><td colspan="5">往复炉排炉</td><td colspan="4">抛煤机机械炉排炉</td><td colspan="5">链条炉</td></tr>
<tr><td>自然通风</td><td>强制通风</td><td>无烟煤（Ⅰ）</td><td>褐煤</td><td>烟煤（Ⅰ）</td><td>贫煤</td><td>烟煤（Ⅱ）</td><td>无烟煤（Ⅲ）</td><td>贫煤</td><td>烟煤</td><td>褐煤</td><td>无烟煤</td><td>褐煤</td><td>烟煤</td><td>贫煤</td><td>烟煤（Ⅱ）（Ⅲ）</td></tr>
<tr><td>q_R/(kW/m^2)</td><td>500~700</td><td>700~800</td><td colspan="3">580~800</td><td colspan="2">750~930</td><td colspan="4">1050~1630</td><td colspan="3">580~800</td><td colspan="2">700~1050</td></tr>
<tr><td>q_V/(kW/m^3)</td><td colspan="2"></td><td colspan="5">250~350</td><td colspan="4">300~480</td><td colspan="5">250~350</td></tr>
</table>

注：Ⅰ、Ⅱ、Ⅲ表示烟煤的类型。

二、悬浮燃烧设备

悬浮燃烧是指燃料在炉膛空间中以悬浮状态完成燃烧全过程的一种燃烧方式。它可以燃用固体、液体及气体燃料。

燃用固体燃料的火室炉通常称为煤粉炉。煤粉炉燃烧的煤粉必须经制粉系统研磨成很细的煤粉，煤粉粒径一般在100μm以下，磨成细粉以后，煤的表面积会增大上千倍，这有利于燃烧。研磨合格的煤粉与燃烧所需的一部分空气组成煤粉空气混合物，经燃烧器喷入炉内燃烧。

用于输送煤粉的那部分空气称为煤粉燃烧的一次风，其对应的喷口称为一次风口；燃烧所需总空气量的其余部分是二次风，其对应的喷口为二次风口；当把制粉系统的排气（又称乏气）送入炉内燃烧时，称其为三次风，相应的喷嘴则为三次风口。悬浮燃烧的燃烧器就是一、二、三次风口的有机结合，并有直流式和旋流式燃烧器两大类型。而炉膛、制粉系统和燃烧器共同组成燃烧设备，如图2-16和图2-18所示。

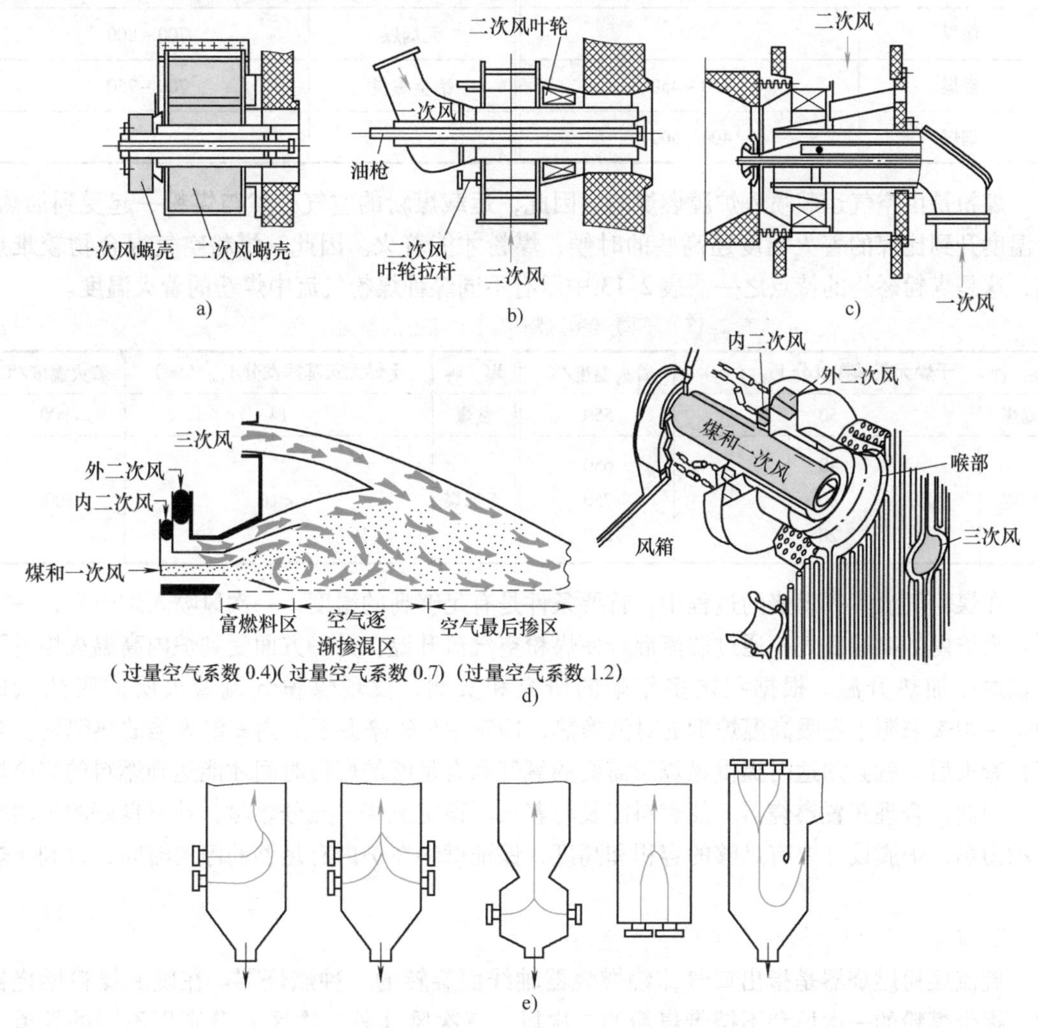

图2-16　旋流煤粉燃烧器及其布置形式和炉内气流组织

a）双蜗壳旋流煤粉燃烧器　b）轴向可调叶轮式旋流煤粉燃烧器　c）切向可调叶片式旋流煤粉燃烧器

d）空气分级低 NO_x 燃烧器　e）旋流煤粉燃烧器布置形式及炉内气流组织

1. 煤粉的燃烧过程

煤粉颗粒由运载它的空气喷入炉膛后，受到炉内火焰、高温烟气的加热，温度升高，开始把水分蒸发掉；然后温度再上升，煤中的挥发物则开始析出，并在煤粒周围燃烧，使煤粒

进一步加热；在析出挥发物后，煤粉颗粒就变成了高温的焦炭颗粒，并进一步燃烧，直到燃尽为止。煤粉在炉内的停留一般仅2～3s，燃尽后形成的灰渣大部分作为飞灰随气流带出炉膛，从烟气中排出，而仍有少部分大渣掉入炉膛下部的冷灰斗排出。

煤必须加热到一定的温度才能着火，此温度称为着火温度，它是在一定试验条件下测定的，见表2-12。煤粉的着火温度与煤粉受热后挥发分开始析出的温度有关，与挥发分含量的高低有关。通常挥发分含量高的煤，其挥发分开始析出的温度低，容易着火。

表2-12　煤的着火温度

煤　种	着火温度/℃	煤　种	着火温度/℃
泥煤	225	无烟煤	700～800
褐煤	250～450	冶金焦炭	700～750
烟煤	400～500		

煤粉是由空气运载喷入炉膛燃烧的，因此，运载煤粉的空气必然与煤粉一起受到加热。当温度升到比煤的着火温度还高些的时候，煤粉才能着火。因此，煤粉空气混合物较难点燃，这是煤粉燃烧的特点之一。表2-13中示有不同煤种煤粉气流中煤粉的着火温度。

表2-13　不同煤种煤粉气流中煤粉的着火温度

煤　种	干燥无灰基挥发分 V_{daf}（%）	着火温度/℃	煤　种	干燥无灰基挥发分 V_{daf}（%）	着火温度/℃
褐煤	50	550	贫煤	14	900
烟煤	40 30 20	650 750 840	无烟煤	<10	1000

在煤粉气流着火燃烧的过程中，首要条件是有足够高的温度，一次风喷入炉膛后，一方面卷吸炉内的高温烟气，通过湍流混合使煤粉空气流升温；另一方面受到炉内高温火焰的强烈辐射而加热升温。根据我国多年来的研究和实测，发现煤粉气流着火所需吸热量的70%～90%来源于卷吸高温炉烟的对流换热，10%～30%来源于炉内高温火焰的热辐射。当煤粉着火后，就必须适时提供燃烧所需要的氧气和有足够的燃烧时间才能达到燃料的完全燃烧。因此，合理布置燃烧器，使燃料能及时着火、稳定燃烧、充分燃尽，并有良好的炉内空气动力场，炉膛设计要有足够的容积和高度，保证燃料在炉内有足够的停留时间，以利于燃尽。

2. 旋流煤粉燃烧器结构布置及其特性

旋流煤粉燃烧器是指出口气流绕燃烧器轴线而旋转的一种燃烧器。在旋流煤粉燃烧器中，携带煤粉的一次风和不携带煤粉的二次风、三次风（外二次风）分别用不同的管道与燃烧器连接，一、二、三次风的通道是隔开的。二次风、三次风一般是旋转射流，一次风既可是旋转射流，也可是不旋转的直流射流。旋流煤粉燃烧器可以分别布置在前墙或后墙，也可以在前后墙对冲布置，其结构及其布置形式和炉内气流组织如图2-16所示。燃烧器结构有一、二次风都旋转的双蜗壳旋流煤粉燃烧器；一次风直流，二次风旋转的轴向可调叶轮式旋流煤粉燃烧器；一次风直流，切向可调叶片式旋流煤粉燃烧器以及各种分级送风低NO_x燃烧器。

（1）旋转射流的特点　旋转射流通过各种形式的旋流煤粉燃烧器来产生。气流在出旋流煤粉燃烧器之前，在圆管中做螺旋运动，当它一旦离开旋流煤粉燃烧器后，由于离心力的作用，不仅具有轴向速度，而且还有一个使气流扩散的切向速度。这时，如果没有外力的作用，它应当沿螺旋线的切线方向运动，形成辐射状的环状气流，其流线如图 2-17b 所示。

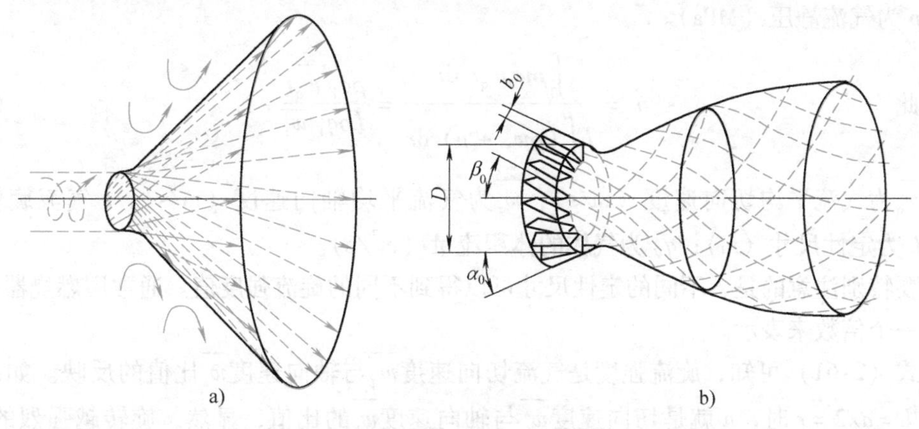

a)　b)

图 2-17　旋转射流的流线

a）理想流线　b）实际流线

α_0—叶轮锥半角　β_0—叶片倾斜角　b_0—环形通道宽度　D—环形通道出口处的外径

旋转射流具有如下特点：

1）从旋流煤粉燃烧器出来的气体质点既有旋转向前的速度，又有切向速度，因此，气流的初期扰动非常强烈。

2）射流不断卷吸周围气体，其切向速度的旋转半径不断增大，切向速度衰减得很快，所以射流的后期扰动不够强烈，旋转射流的射程也比较短。

3）旋转射流离开喷口后由于卷吸周围气体使最大轴向速度衰减得很快，并出现轴向速度为负值，射流中心产生回流区。回流区能卷吸高温烟气，帮助煤粉气流着火。因此，旋流煤粉燃烧器的着火热来自两方面：一是回流区的高温烟气，二是旋转射流从射流的外边界卷吸周围的高温烟气。

4）旋转射流的扩展角较大。

（2）旋流煤粉燃烧器的空气动力参数　决定旋转射流旋转强烈程度的特征参数是旋流强度 n。旋流强度 n 是表征旋转射流特性的重要指标，它对出口气流的流动特性和炉内的燃烧工况均有重要影响。

旋流强度 n 定义为气流相对于轴线的旋转动量矩 $M(\mathrm{kg\cdot m^2/s^2})$ 与气流的轴向动量 $K(\mathrm{kg\cdot m/s^2})$ 及定性尺寸 L（m）乘积的比值，即

$$n=\frac{M}{KL} \tag{2-58}$$

其中

$$M=\int_A \rho w_z w_q r\mathrm{d}A=\int_0^r\int_0^{2\pi}\rho w_z w_q r\mathrm{d}\varphi\mathrm{d}r \tag{2-59}$$

式中，ρ 为气流密度（$\mathrm{kg/m^3}$）；w_z 为该截面上某点的气流轴向速度（m/s）；w_q 为该截面上同一点的气流切向速度（m/s）；r 为该点相对于轴线的旋转半径（m）；A 为该截面上气流

的横截面面积（m^2）。

轴向动量 K 为

$$K = \int_A (\rho w_z^2 + p)\mathrm{d}A = \int_0^r \int_0^{2\pi} r(\rho w_z^2 + p)\mathrm{d}\varphi \mathrm{d}r \tag{2-60}$$

式中，p 为气流静压（MPa）。

因此
$$n = \frac{\int_0^r \rho w_z w_q r^2 \mathrm{d}r}{L\int_0^r (\rho w_z^2 + p) r \mathrm{d}r} = \frac{\rho q_V \overline{w_q r}}{L\rho q_V \overline{w_z}} \tag{2-61}$$

式中，$\overline{w_q}$为气流平均切向速度（m/s）；$\overline{w_z}$为气流平均轴向速度（m/s）；r 气流旋转半径（m）；L 为定性尺寸（m）；q_V 为气体的体积流量（m^3/s）。

需要特别注意的是，不同的定性尺寸可以得到不同的旋流强度值。通常用燃烧器喷口直径的某一个倍数来表示。

从式（2-61）可知，旋流强度是气流切向速度$\overline{w_q}$与轴向速度$\overline{w_z}$比值的反映。如果取定性尺寸 $L = d/2 = r$ 时，n 就是切向速度$\overline{w_q}$与轴向速度$\overline{w_z}$的比值，显然，旋转越强烈的气流，旋流强度 n 也越大。

（3）旋流煤粉燃烧器的设计参数　旋流煤粉燃烧器的性能除由燃烧器的形式和结构特性决定外，还与它的设计和运行参数有关。旋流煤粉燃烧器的主要设计和运行参数是一次风率及一次风速，二次风率及二次风速，一、二次风速比和热风温度等。通常一次风率、一次风速、二次风速、热风温度可参照表 2-14 ~ 表 2-16 选取。

表 2-14　旋流煤粉燃烧器的一次风率的推荐值

煤　种	V_{daf}（%）	一次风率 r_1	煤　种	V_{daf}（%）	一次风率 r_1
无烟煤	2 ~ 10	0.15 ~ 0.20①	烟煤	20 ~ 30	0.25 ~ 0.30
贫煤	11 ~ 19	0.15 ~ 0.20	烟煤	30 ~ 40	0.30 ~ 0.40
			褐煤	40 ~ 50	0.50 ~ 0.60

① 采用300℃以上热风温度并采用热风送粉时，$r_1 = 0.20 \sim 0.25$。

表 2-15　旋流煤粉燃烧器的一、二次风速的推荐值

煤种	无烟煤	贫煤	烟煤	褐煤
一次风速/(m/s)	12 ~ 16	16 ~ 20	20 ~ 26	20 ~ 26
二次风速/(m/s)	15 ~ 22	20 ~ 25	30 ~ 40	25 ~ 35

表 2-16　不同煤种的热风温度

煤种	无烟煤	贫煤及劣质烟煤	烟煤，洗中煤	褐煤	
				热风干燥	烟气干燥
热风温度/℃	380 ~ 430	330 ~ 380	280 ~ 350	350 ~ 380	300 ~ 350

3. 直流煤粉燃烧器

直流煤粉燃烧器是由一组矩形或圆形的喷口组成的，喷出的一、二次风都是不旋转的直流射流。直流煤粉燃烧器可以布置在炉膛四角、炉膛顶部或炉膛中部的拱形部位，从而形成四角布置切圆燃烧方式、W 形火焰燃烧方式和 U 形火焰燃烧方式。在我国的燃煤电站锅炉

中，应用最广的是四角布置切圆燃烧方式。直流煤粉燃烧器的结构和布置形式如图 2-18 所示。

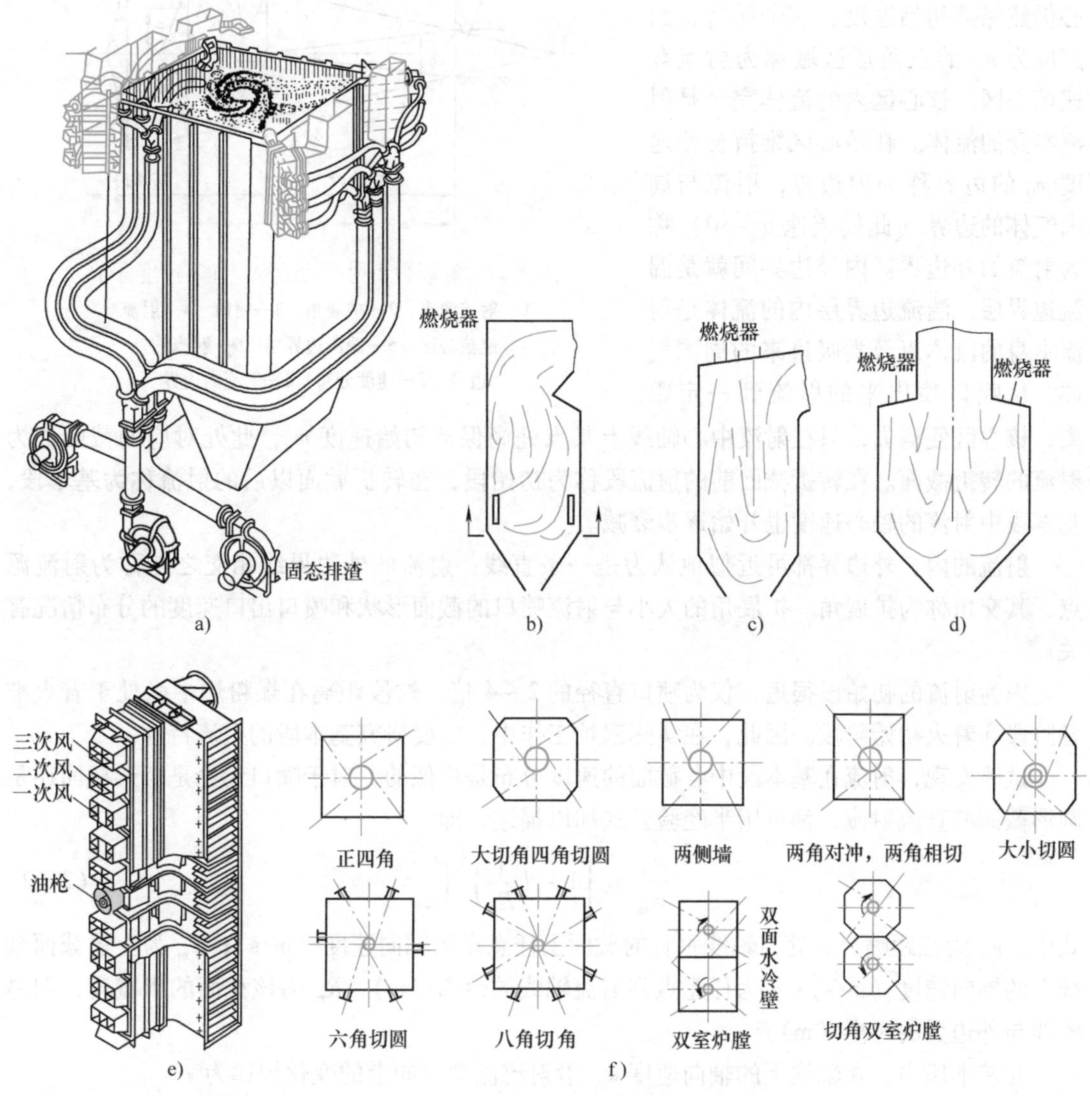

图 2-18 直流煤粉燃烧器及其布置形式和炉内气流组织

a）四角布置切向燃烧煤粉炉 b）四角布置切向燃烧煤粉炉炉内气流结构 c）U 形火焰锅炉 d）W 形火焰锅炉 e）角置直流煤粉燃烧器 f）切向燃烧直流煤粉燃烧器的各种布置方式

（1）直流射流的基本特性 直流煤粉燃烧器各个喷口的射流一般具有较高的初速度，其雷诺数 $Re \geqslant 10^6$，而射流射入的炉膛空间尺寸总是大于喷口的尺寸，所以射流离开喷口后不再受任何固体壁面的限制，这种气流就是湍流自由射流。

当射流射到炉膛的大空间后，在湍流扩散的作用下，射流边界上的流体微团就与周围气体发生热量、质量和动量交换，将一部分周围气体卷吸到射流中来，并随射流一起运动，射流不断扩展，断面一路增大，射流轴心线的速度在初始段中保持与出口速度相同，在基本段中轴心速度一路减小。射流中各断面上的轴向速度从轴心线上的最大值降到射流外边界处的零。射流外边界线近似为一条直线，如图 2-19 所示。

射流自喷口喷出后，在边界层处就有周围气体被卷吸进来。而射流中心仍然保持初始速度，这个保持初始速度为 w_0 的三角形区域称为射流等速核心区，核心区内的流体完全是射流本身的流体。在核心区维持初始速度 w_0 的边界称为内边界，射流与周围气体的边界（此处流速 $w_x \to 0$）称为射流的外边界。内外边界间就是湍流边界层，湍流边界层内的流体是射流本身的流体以及卷吸进来的周围气体。从喷口喷出来的射流到一定距离，核心区便消失，只在射流中心轴线上某点处尚保持初始速度 w_0，此处对应的截面称为射流的转折截面。在转折截面前的射流段称为初始段，在转折截面以后的射流称为基本段，基本段中射流的轴心速度也开始逐步衰减。

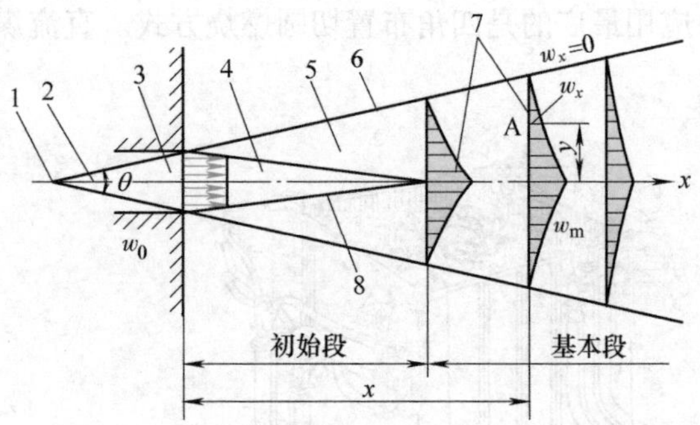

图 2-19　等温自由射流的结构特性及速度分布

1—射流源点　2—扩展角　3—喷口　4—射流等速核心区　5—湍流边界层　6—射流的外边界　7—速度分布　8—射流内边界

射流的内、外边界都可近似地认为是一条直线，射流的外边界线相交之点称为射流源点，其交角称为扩展角。扩展角的大小与射流喷口的截面形状和喷口出口速度的分布情况有关。

因为射流的初始段很短，仅为喷口直径的 2～4 倍，这段距离在煤粉炉中尚处于着火准备阶段和着火初始阶段。因此，在实际锅炉工作中，主要研究基本段的射流特性。

试验发现，射流在基本段中各截面的速度分布是相似的，对于喷口无论是矩形截面还是圆形截面的直流射流，都可用半经验公式加以描述，即

$$\frac{w_x}{w_m}=\left[1-\left(\frac{y}{R_m}\right)^{\frac{3}{2}}\right]^2 \tag{2-62}$$

式中，w_x 为在距喷口 x 处与轴线垂直的截面上任意点的轴向速度（m/s）；w_m 为上述截面轴线上的轴向速度（m/s）；y 为任意点到射流轴线的距离（m）；R_m 为该截面的半宽度，即是轴线与外边界的距离（m）。

在基本段内，在轴线上的轴向速度 w_m 沿射流流动方向上的变化规律为

对于圆形喷口

$$\frac{w_m}{w_0}=\frac{0.96}{\dfrac{ax}{R_0}+0.29} \tag{2-63}$$

对于矩形喷口

$$\frac{w_m}{w_0}=\frac{1.2}{\sqrt{\dfrac{ax}{b_0}+0.41}} \tag{2-64}$$

式中，w_0 为射流的初始速度（m/s）；a 为湍流系数，对于圆形喷口，$a=0.07\sim0.076$，对于矩形喷口，$a=0.10\sim0.12$；R_0 为圆形喷口直径（m）；b_0 为矩形喷口两边中的短边长度（m）；x 为计算截面距喷口的距离（m）。

射流的扩展角为：

对于圆形喷口
$$\tan\frac{\theta}{2}=3.4a \tag{2-65}$$

对于矩形喷口
$$\tan\frac{\theta}{2}=2.4a \tag{2-66}$$

（2）直流煤粉燃烧器的设计布置原则　直流煤粉燃烧器设计时控制的主要参数有喷口结构尺寸，燃烧器总高度，一、二、三次风率和风速以及与组织燃烧有关的炉膛横断面和假想切圆直径等；在运行中控制的主要参数是一、二、三次风速和煤粉浓度。

直流煤粉燃烧器的布置与煤种、制粉系统、送粉方式等有关，图2-20是燃烧不同煤种的切向燃烧直流煤粉燃烧器喷口常用的布置方式。直流煤粉燃烧器的高宽比是反映气流抗偏转能力的重要结构特征参数。直流煤粉燃烧器的高度 h 与喷口宽度 b 越大，则抗偏转能力越差，即越容易偏斜。一般设计时 h/b 为6~7。为了提高射流的“刚性”，对大容量锅炉可以将整个直流煤粉燃烧器分组布置，组间距与直流煤粉燃烧器喷口宽度的比值应大于2。炉膛横断面最好是正方形或长宽比小于1.2的长方形。炉内假想切圆直径是四角切向燃烧的一个重要布置参数。对于固态除渣炉，推荐假想切圆直径，$d_{jx}=(0.05\sim0.12)\overline{B}$，$\overline{B}$ 为炉膛断面平均宽度。

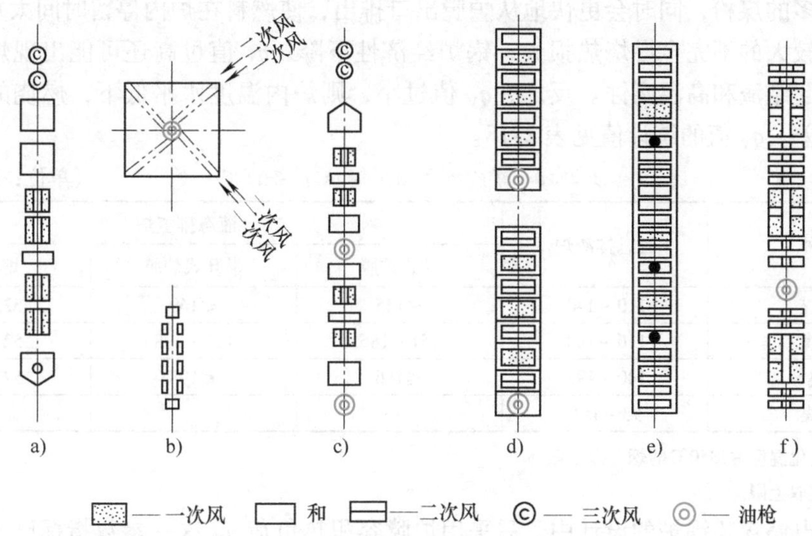

图2-20　燃烧不同煤种的切向燃烧直流煤粉燃烧器喷口常用的布置方式

a）无烟煤　b）、c）贫煤、劣质烟煤　d）、e）烟煤　f）褐煤

一、二、三次风速和风率的设计推荐值见表2-17。

4. 煤粉的燃尽及锅炉设计的热力特性参数

为使煤粉完全燃烧，必须保证火焰有足够的长度，换句话说，使煤粉在高温的炉膛停留足够长的时间。煤粉气流一般喷入炉膛0.3~0.5m处开始着火，到1~2m处大部分挥发分已析出燃尽，不过，余下的焦炭粒却往往到10~20m处才燃烧完全或接近完全。因此，必须合理选取炉膛容积热负荷，正确设计炉膛，以满足燃烧和传热两方面的要求。

表 2-17 直流煤粉燃烧器一、二、三次风速和风率的设计推荐值

炉型及燃料		一次风		二次风		三次风	
		风率(%)	风速①/(m/s)	风率(%)	风速①/(m/s)	风率(%)	风速/(m/s)
固态除渣炉	无烟煤	18~25	20~25/12~16		45~55/15~22	10~18	40~60
	贫 煤	20~25	20~26/16~20		45~55/20~25		
		25~35	25~35/20~26		40~55/30~40		
	褐 煤	20~45	18~30/20~26		40~60/25~35		
液态除渣炉	无烟煤	偏固态炉的下限值	25~30		40~70	10~18	40~60
	贫 煤						
	烟煤		≈30		50~70	10~18	40~60

① 分子为直流煤粉燃烧器的、分母为旋流煤粉燃烧器的风速值。

在锅炉容量和所燃烧的燃料决定以后，炉膛容积的大小就取决于所选用炉膛容积热负荷 q_V 值的高低。如果 q_V 值过高，就会使炉膛容积 V 过小，煤粉炉就要在每小时每立方米的炉膛里燃烧过多的煤粉，同时会更快地从炉膛出口排出，使燃料在炉内停留时间太短而来不及燃尽，造成较大的不完全燃烧热损失，锅炉经济性下降；q_V 值过高还可能出现炉内温度水平过高，引起结渣和高温腐蚀。反之，q_V 值过小，则炉内温度水平低下，燃烧的稳定性和经济性都很差。q_V 值的统计值见表 2-18。

表 2-18 炉膛容积热负荷 q_V 的统计值 （单位：kW/m^3）

煤 种	固态排渣炉	液态排渣炉		
		开式炉膛	半开式炉膛	熔渣段②
无烟煤	110~140	≤145	≤169	523~698
贫 煤	116~163	151~186	163~198	523~698
烟 煤①	140~198	≤186	≤198	523~640
褐 煤	93~151			

① 灰分软化温度≤1350℃的烟煤取下限。

② 半开式取上限。

在大型电站煤粉锅炉的设计中，只采用炉膛容积热负荷 q_V 这一参数指标已不能完全反映炉膛的热力工作状况，通常引入炉膛截面热负荷 q_F 来核定炉膛燃烧器区域的截面面积 A。

炉膛截面热负荷 q_F 是指燃烧器区域单位炉膛截面面积上燃料燃烧放热的热功率，即

$$q_F = \frac{BQ_{net,v,ar}}{A} \tag{2-67}$$

式中，q_F 为炉膛截面热负荷（kW/m^2）；A 为燃烧器区域的炉膛横截面面积（m^2）。

对确定参数的锅炉，q_F 越大，则燃烧器区域炉膛截面面积相对较小，该区域燃烧化学反应强烈，温度水平高。它直接影响到燃烧火焰的稳定性和炉膛壁面的结渣状况。q_F 的统计值见表 2-19。

表 2-19　炉膛截面热负荷 q_F 的统计值　　（单位：MW/m^2）

[锅炉蒸发量/(t/h)]/[锅炉蒸发量/(kg/s)]		220/61.1	400,410/111,114	670/186
切向燃烧	褐煤、易结渣煤①	2.1～2.56	2.9～3.36	3.25～3.71
	烟　煤	2.32～2.67	2.78～4.06	3.71～4.64
	无烟煤、贫煤	2.67～3.48	3.02～4.52	3.71～4.64
前墙或对冲燃烧②		2.2～2.78	3.02～3.71	3.48～4.06

① 易结渣煤指灰分软化温度≤1350℃的烟煤。

② 对褐煤和易结渣煤取下限。

5. 油气燃烧特点及燃烧器

为了改善我国大气环境质量，减轻大气污染，油气作为清洁燃料，在城市工业锅炉中得到广泛的应用。图 2-21 是某公司生产的一种卧式燃油燃气锅炉结构图。

图 2-21　某公司生产的一种卧式燃油燃气锅炉结构图

1—燃烧器　2—烟管　3—波纹炉胆　4—炉膛　5—燃气输送管

（1）油的燃烧　油作为一种液体燃料，它的燃烧方式可分为两大类：一类为预蒸发燃烧，另一类为喷雾燃烧。

1）预蒸发燃烧方式是使燃料在进入燃烧室之前先蒸发为油蒸气，然后以不同比例与空气混合后进入燃烧室中燃烧。例如，汽油机装有化油器，燃气轮机的燃烧室装有蒸发管等。这种燃烧方式与均相气体燃料的燃烧原理相同。

2）喷雾燃烧方式是将液体燃料通过雾化喷嘴形成一股由微小油滴（约 50～200μm）组成的雾化锥气流。雾化的油滴周围存在着空气，雾化锥气流在燃烧室被加热，油滴边蒸发、边混合、边燃烧。

锅炉中的燃烧一般都采用喷雾燃烧方式。图 2-22 是几种典型的燃油雾化器。

（2）气体燃料的燃烧　气体燃料的燃烧是单相反应，着火和燃烧都比较容易，其燃烧速度和燃烧的完全程度取决于气体燃料与空气的混合。气体燃料有多种燃烧方法，按一次空气系数 α_1，可分为扩散式燃烧（有焰燃烧）、大气式燃烧和完全预混式燃烧（无焰燃烧）。

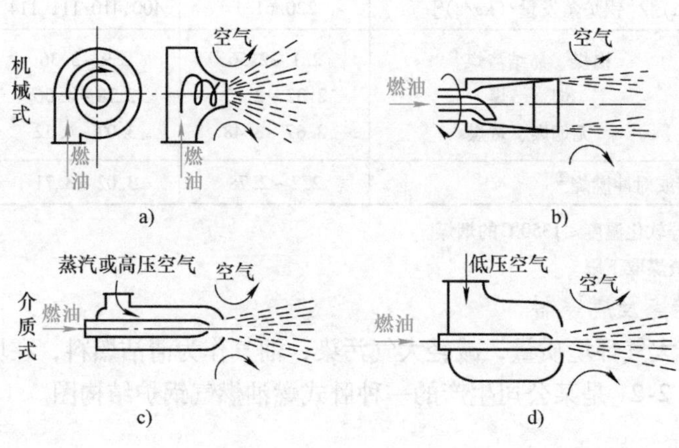

图2-22　几种典型的燃油雾化器

a）离心式　b）旋杯式　c）高压　d）低压

1）扩散式燃烧时一次空气系数 $\alpha_1=0$，燃烧所需的空气在燃烧过程中供给。由于燃料和空气在进入炉膛前不预先混合，而是在分别送入炉膛后，一边混合，一边燃烧，燃烧速度较慢，火焰较长、较明亮，并且有明显的轮廓，因此，扩散式燃烧也称有焰燃烧。燃烧速度的大小主要取决于混合速度，为实现完全燃烧，则需要较大的燃烧空间。为了减小不完全燃烧热损失，要求较大的过量空气系数，一般 $\alpha=1.15\sim1.25$。

2）大气式燃烧是指燃气与燃烧需要的部分空气进行预先混合，即 $0<\alpha_1<1.0$，则剩余的空气是靠二次空气供给。总体上过量空气系数较大，α 约在1.3以上。

3）完全预混式燃烧是指燃料和空气在进入炉膛前已均匀混合，即 $\alpha_1\geqslant1.0$。所以燃烧速度快，火焰呈透明状，无明显的火焰轮廓，故也称为无焰燃烧。燃烧速度主要取决于化学反应速度，即取决于炉膛内的温度水平；由于火焰很短，燃烧室的空间可以较小，容积热负荷可以选取得较大。过量空气系数一般较小，α 约在1.05～1.10的范围内。

在组织气体燃料燃烧时，一定要控制合理的燃气或燃气空气混合气体在燃烧器出口的速度。如果燃烧器出口气流速度低于火焰传播的速度，原来在燃烧器喷口之外的火焰可能缩回到燃烧器喷口内部去燃烧，这种现象称为“回火”。回火可能烧坏燃烧器或发生其他事故。如果燃烧器出口气流速度大于火焰传播速度，则会出现燃烧火焰远离燃烧器喷口，发生不稳定火焰，以致火焰熄灭的现象，这种现象称为“脱火”。“回火”和“脱火”都是不允许的。

（3）燃油及燃气燃烧器　燃油燃烧器主要由油喷嘴和配风器两大部分组成。油喷嘴的任务是把油均匀地雾化成油雾细粒，而配风器的任务是提供燃烧所需要的空气，并使供入炉内的空气与喷入的油雾均匀混合，以提高燃烧效率。图2-23为德国威索（Weishaupt）燃油燃烧器结构图，这种结构的燃烧器是目前中小型燃油锅炉较普遍采用的。特点是将燃烧供应空气的风机和燃油喷嘴以及油泵、点火装置、火焰监测装置做成一体，具有结构紧凑、安装运行方便等优点。

图2-24是管群式扩散式燃气燃烧器示意图，其特点也是将风机和燃气喷嘴做成一体。

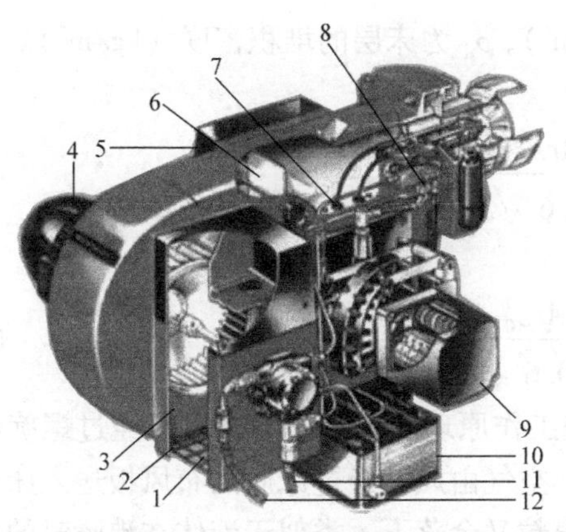

图 2-23 德国威索燃油燃烧器结构图

1—防护网 2—油泵 3—风机叶片
4—风机电动机 5—电路控制开关 6—空气调节门
7—点火变压器 8—光敏接头 9—伺服电动机
10—油预热器 11—回油管 12—输油管

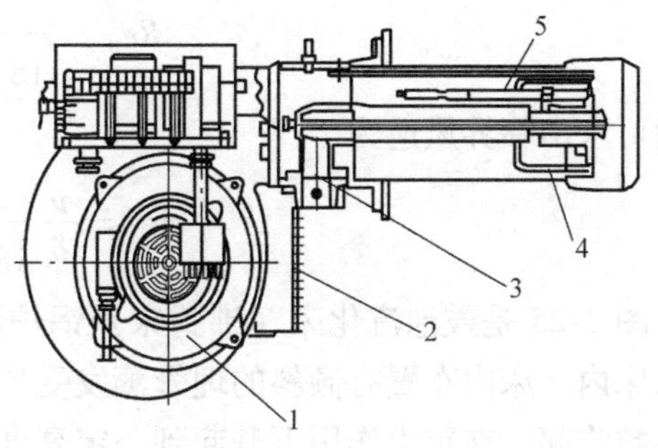

图 2-24 管群式扩散式燃气燃烧器示意图

1—风机 2—空气入口 3—燃气总管
4—管群燃气喷管 5—电子点火电极

三、流化床燃烧

流化床燃烧是 20 世纪 60 年代开始发展起来的新型煤燃烧技术。它是层状当通风速度达到煤粒沉降速度时的临界状态下的层状燃烧。此时，煤粒一方面因失去稳定性在炉膛煤层呈强烈沸腾状态运动，另一方面进行着煤的燃烧过程。改变流化床中通过料层的气流速度，可使料层分别呈现固定床、鼓泡流化床、湍流流化床、快速流化床和气力输送几个不同状态。在气流速度小于临界流化速度 w_{lj}时，床料在布风板上静止不动，随气流速度的增加床层高度不变，但料层阻力却在增加，此时称为固定床。当气流速度继续增加，达到 w_{lj}时，煤粒开始被吹起。从这以后，随着气流速度的进一步增加，床层开始膨胀，床料被吹起并在一定高度范围内上下翻滚运动，床层高度也随气流速度的增加而升高，但床层阻力却保持不变，此时称为鼓泡流化床。气流速度继续增加，床内形成湍动流动，在更大气流速度下就形成气力输送，所有固体颗粒都被气流带出燃烧室，此时的气流速度 w_{sy} 称为输运速度。当流化速度达到输运速度时，炉膛内气 - 固两相流动工况就从湍流床转变为输运床。如果在炉膛出口处安装一个高效分离器，将气流带出炉膛的颗粒分离出来再送回至炉膛底部，以维持炉内床料总量不变的连续工作状态，这就是循环流化床。

从上面的分析可知，临界风速是气 - 固两相流动的一个重要空气动力参数，它是确定流化床的截面面积和运行风速的重要依据，可根据实验来确定。床层阻力由增加到保持不变的转折点处所对应的气流速度称为临界流化速度 w_{lj}。

根据流化床中气 - 固两相流的物理特性，并通过试验可得关联式为

$$Re = \frac{Ar\varepsilon_0^{4.75}}{18 + 0.6\sqrt{Ar\varepsilon^{4.75}}} \tag{2-68}$$

式中，$Re = w\delta/\nu$；Ar 为阿基米德数，$Ar = g\rho_g\delta^3/(\rho_q\nu^2)$，$\rho_g$ 为颗粒的密度（kg/m³），ρ_q 为空气的密度（kg/m³）；δ 为颗粒直径（m）；ν 为空气的运动黏度（m²/s）；ε_0 及 ε 分别为堆积料层和流化床的空隙率（即床层内气 - 固两相中气相所占体积的百分数），其值为 ε =

$(\rho_z - \rho_d)/\rho_z$，ρ_z 为床料颗粒的真实密度（kg/m^3），ρ_d 为床层的堆积密度（kg/m^3）。

在临界点处，临界 Re_{lj} 为

$$Re_{lj} = \frac{Ar\varepsilon_0^{4.75}}{18 + 0.6\sqrt{Ar\varepsilon^{4.75}}} \tag{2-69}$$

因而可求出临界风速为

$$w_{lj} = \frac{\nu}{\delta}\frac{Ar\varepsilon_0^{4.75}}{18 + 0.6\sqrt{Ar\varepsilon^{4.75}}} \tag{2-70}$$

图 2-25 是鼓泡流化床（沸腾床）锅炉燃烧工作原理的示意图。燃料煤经过螺旋给煤机送入床内，床内布置有倾斜的埋管蒸发受热面。空气由风室经过床底的布风板送入床层将固体煤粒吹起，在重力作用下升起到一定高度的煤粒又会落下。类似于液体在沸腾时的状态一样，固体颗粒（又称床料）进入流化状态或沸腾状态，因此流化床俗称为沸腾床。图 2-26 是有立式埋管的沸腾炉燃烧室结构示意图。

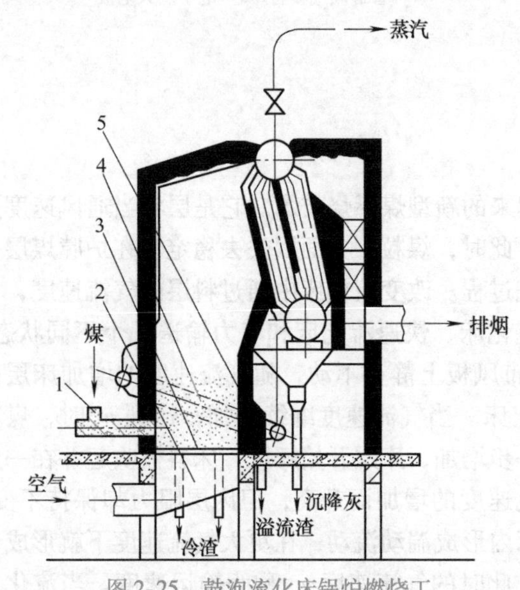

图 2-25 鼓泡流化床锅炉燃烧工作原理的示意图

1—给煤机 2—风室 3—布风板 4—埋管 5—溢流口

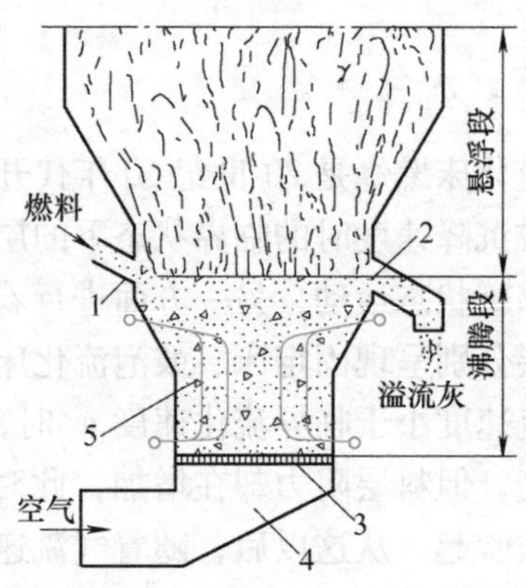

图 2-26 有立式埋管的沸腾炉燃烧室结构示意图

1—进料口 2—溢流口 3—布风板 4—风室 5—埋管

流化床燃烧技术具有一些常规的燃烧技术都不具备的优点，主要是：

1）燃料适应性广。它几乎能够有效地燃用无烟煤、烟煤、褐煤、油页岩及洗煤等各种固体燃料。

2）能够在燃烧过程中有效地控制 NO_x 和 SO_x 的产生和排放，是一种"清洁"的燃烧方式。流化床燃烧属于低温燃烧，800～900℃的床温有效地抑制热力型 NO_x 的生成和炉内脱硫。

3）燃烧热强度大。其截面热负荷达 1.5MW/m^2（鼓泡床）和 4～6MW/m^2（循环床），为链条炉的 2～6 倍。其炉膛容积热负荷为 1.5～2MW/m^3，是煤粉炉的 8～11 倍。因此，流化床锅炉的体积可以做得比一般常规锅炉小得多。

4）床内传热能力强。床内气－固两相混合物对床内埋管受热面的传热系数可达 233～326W/(m^2·K)，循环床炉膛内气－固两相混合物对水冷壁的传热系数在 50～450W/(m^2·

K）的范围内，比煤粉炉炉膛内的辐射传热系数大得多，可以节省受热面的金属。

但是第一代流化床（鼓泡床）锅炉还存在一些问题，如颗粒飞灰的带出量大，使固体煤粉未完全燃烧，热损失增加，锅炉效率降低。

由于循环流化床锅炉不但具有流化床锅炉的全部优点，而且几乎可以克服鼓泡床锅炉的全部缺点，所以循环流化床锅炉得到迅速发展。图2-27为循环流化床锅炉示意图。

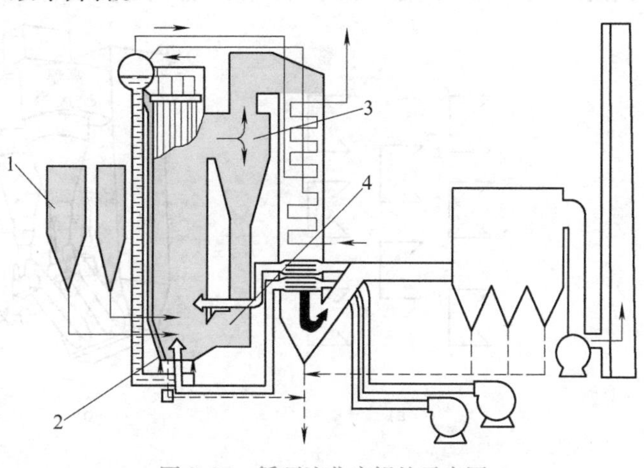

图2-27　循环流化床锅炉示意图

1—给料装置　2—布风板　3—旋风分离器　4—回料器

循环流化床锅炉按分离器形式分类有旋风分离型循环流化床锅炉、惯性分离型循环流化床锅炉和组合分离型循环流化床锅炉。按分离器的工作温度分类有高温（750～800℃）分离型循环流化床锅炉、中温（<600℃）分离型循环流化床锅炉和低温（380～420℃）分离型循环流化床锅炉。按固体颗粒物料的循环倍率（R=循环物料量/投煤量）分类有循环倍率为1～5的低倍率循环流化床锅炉、循环倍率为6～20的中倍率循环流化床锅炉和循环倍率大于20的高倍率循环流化床锅炉。

循环流化床锅炉设计时除根据流化风速和传热要求合理地设计布置好炉膛结构外，还要重视风室布风装置、分离器、回料装置的设计。图2-28是等压风室示意图，为使大型循环流化床配风均匀，将其风室底部设计成带有一定倾斜度，形成等压风室。图2-29是风帽结构及风帽与布风板固定的方式，布风板的尺寸应与炉膛相应部位的内截面相适应，厚度为20～35mm。风帽插孔一般按等边三角形布置，孔距为风帽直径的1.3～1.7倍，帽檐间的最小间距不得小于20mm。通常每1.3～1.5m² 中开一个ϕ108mm的放灰孔。风帽小孔总面积和布风板面积之比称为开孔率，一般为2.2%～2.8%。风帽颈部沿圆周方向开直径为6～8mm的小孔6～8个，小孔可水平，也可钻成向下倾斜15°的斜孔。小孔风速一般为35～45m/s。

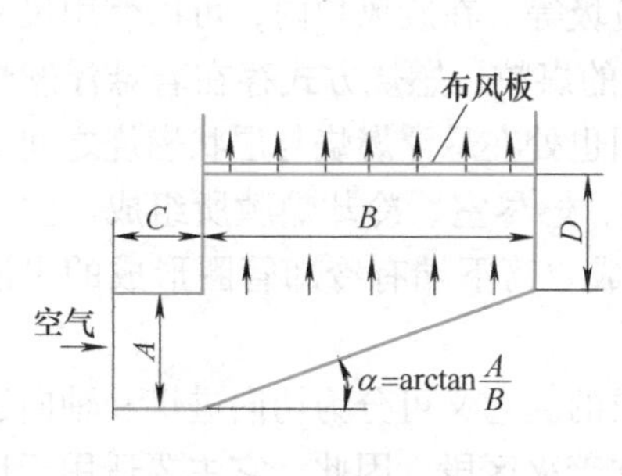

图2-28　等压风室

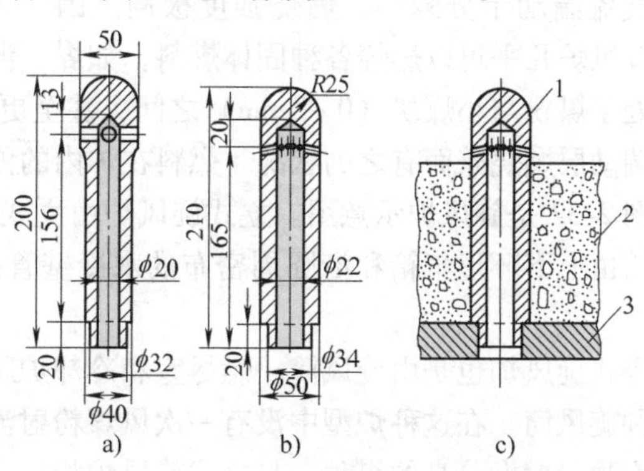

图2-29　风帽结构及风帽与布风板固定的方式

a）菌形风帽　b）柱状风帽　c）风帽的固定

1—风帽　2—耐火混凝土充填（保护）层　3—花板

图2-30为用于循环流化床的分离器。撞击式分离器适用于小型锅炉，颗粒尺寸大于10～20μm，其阻力在0.25～0.4kPa。旋风式分离器是技术上较成熟、分离效率较高、目前应用最广的一种分离器，而水冷式旋风分离器更适合于高温分离。

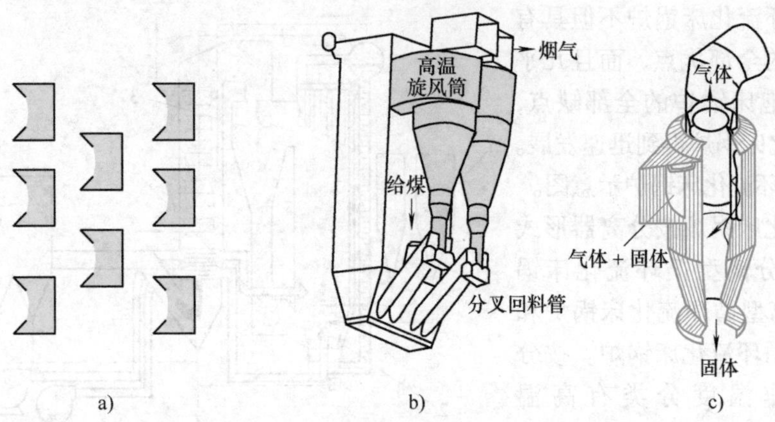

图2-30　分离器

a）撞击式分离器　b）旋风式分离器　c）水冷式旋风分离器

回料装置是将分离下来的灰颗粒送回炉膛再燃烧的装置，又称为返料器。典型的返料器相当于一个小型鼓泡流化床，固体颗粒由分离器料腿（立管）进入返料器，返料风将固体颗粒流化并经返料管送入炉膛。图2-31是三种典型回料装置示意图。

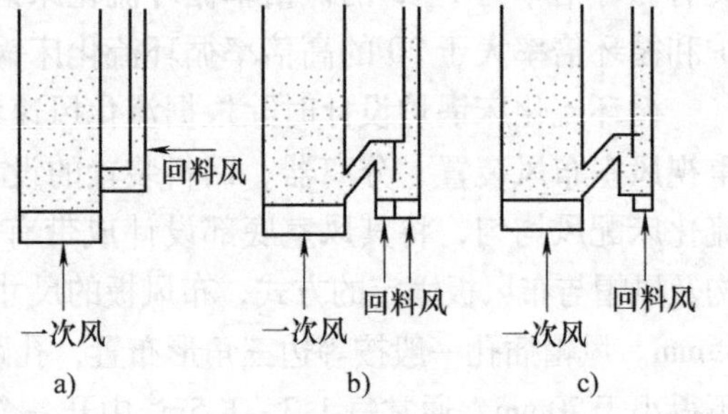

图2-31　典型回料装置示意图

a）L形阀　b）U形阀　c）V形阀

四、旋风燃烧炉

旋风燃烧是按照强旋涡的原理组织炉内旋风火焰燃烧的一种方式。

旋风燃烧组织中，燃烧所需的大部分空气总是以极高的速度（可高达100m/s以上）沿旋风筒（即旋风燃烧室）的切线方向喷入，由于气流湍动十分强烈，燃烧强度极高。因此，旋风炉几乎可以燃烧各种固体燃料，如煤、泥炭、垃圾等。在旋风炉内，可以燃用尺寸分布处于煤粉与小煤块（0～5mm）之间，甚至更大一些的煤粒。燃烧方式存在着悬浮燃烧和强湍动层燃烧兼而有之的状况，燃料在炉内的停留时间也处在悬浮燃烧与层状燃烧之间。

图2-32是旋风炉示意图。立式旋风炉由立式旋风筒、燃尽室、冷却炉膛所组成。立式旋风筒由上下环形集箱和沿圆周密布的水冷壁管连接而成。筒下端有冷却管圈形成的出渣口。

卧式旋风炉也是由旋风筒、燃尽室和冷却炉膛所组成的。它又可分为切向进煤和轴向进煤两种旋风筒。在这种炉型中没有一次风煤粉射流的独立着火区段。因此，它主要适用于反应能力强、挥发分高的煤种。与立式旋风炉相比，煤种适应能力较窄，在我国应用较少。

旋风炉的基本特点是：

1）热强度高。由于旋风筒内高速旋转火焰射流，造成燃烧空间内有极其强烈的扰动，

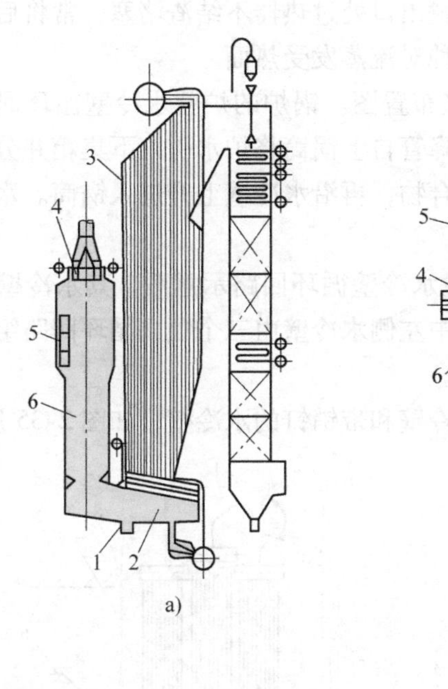

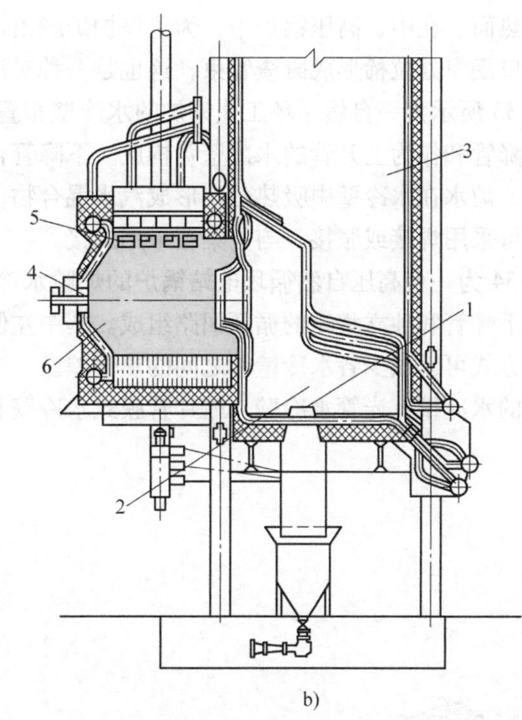

图 2-32　旋风炉示意图

a）立式旋风炉　b）卧式旋风炉

1—流渣口　2—燃尽室　3—冷却炉膛　4—一次风口　5—二次风口　6—旋风筒

旋风筒的断面热负荷可达 4.6 ~ 17.5MW/m^2，旋风筒的容积热负荷高达 1.16 ~ 5.8MW/m^3。

2）燃烧稳定，经济性高。炉渣中碳的质量分数一般小于 0.2%，而飞灰份额又少，机械不完全燃烧热损失少于煤粉炉。

3）捕渣率高，锅炉结构紧凑。

旋风炉的不足之处是：

1）适应煤质变化的能力差。

2）锅炉可用率低。

3）灰渣物理热损失高。

4）通风能耗高。

5）NO_x 排放量较高。

6）制造费用较高。

第四节　锅炉受热面

一、锅炉蒸发受热面的结构与布置

锅炉蒸发受热面是指工质在其中吸热汽化的受热面，其最主要的蒸发受热面是布置在炉膛中吸收辐射热的水冷壁。在低压锅炉中，由于锅炉压力低，汽化热所占比例大，水冷壁吸热不能满足汽化热的需要，因此在对流烟道中还需布置吸收对流传热量的锅炉管束，形成对

流蒸发受热面。在中、高压锅炉中，为了保护炉膛出口处过热器不结渣堵塞，常将后水冷壁在炉膛出口烟窗处拉稀形成凝渣管束，这也是一种对流蒸发受热面。

图2-33所示为一自然循环工业锅炉的水冷壁布置图。锅炉的炉膛水冷壁循环回路由不受热的下降管和作为上升管的水冷壁管构成。下降管自上锅筒将炉水引入下集箱并分配给各水冷壁管，炉水在水冷壁中吸热蒸发形成汽水混合物，再沿水冷壁上升进入锅筒。水冷壁管与上锅筒可采用焊接或胀接，与下集箱采用焊接。

图2-34为一台高压自然循环电站锅炉的炉膛水冷壁循环回路示意图。其水冷壁由几个具有独立下降管和独立集箱的循环回路组成。图中左侧水冷壁由三个独立循环回路组成，这样的布置方式可以减少各水冷壁管之间的热偏差。

常用的水冷壁有光管水冷壁、鳍片管膜式水冷壁和带销钉的水冷壁，如图2-35所示。

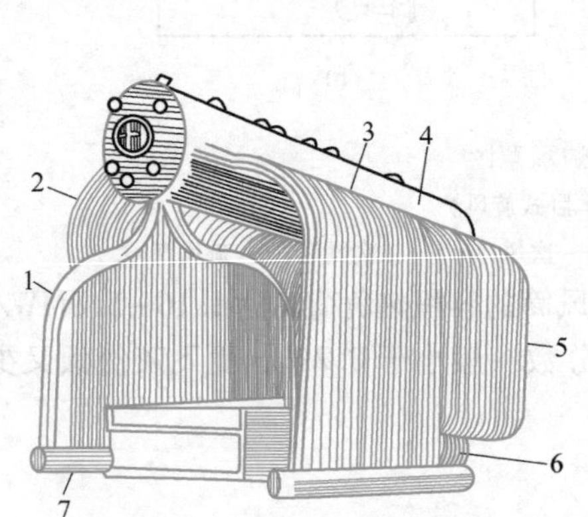

图2-33　自然循环工业锅炉的水冷壁布置图

1—下降管　2—左侧水冷壁　3—右侧水冷壁　4—上锅筒　5—锅炉管束　6—下锅筒　7—下集箱

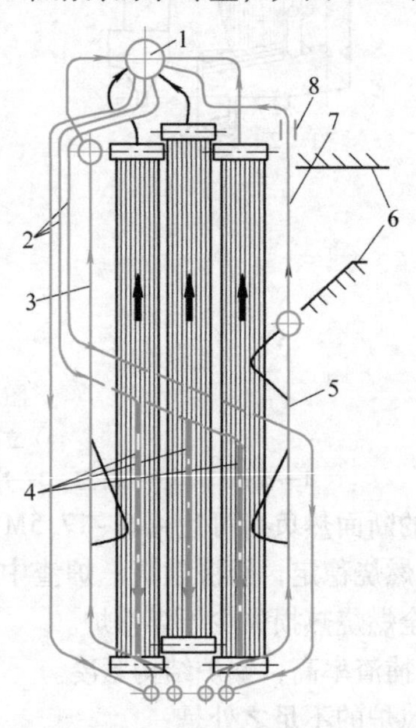

图2-34　高压自然循环电站锅炉的炉膛水冷壁循环回路示意图

1—锅筒　2—不受热下降管　3—前水冷壁　4—左侧水冷壁　5—后水冷壁　6—对流烟道　7—后水冷壁引出管　8—中间支座

光管水冷壁是最早出现且目前仍广泛应用的水冷壁之一。其管径一般为51～76mm，管间节距 s 与管子外径 d 之比 s/d 在层燃锅炉中一般为2～2.5，在悬浮燃烧锅炉中为1.05～1.2。

鳍片管有焊接和轧制两种。鳍片管之间相互焊接即组成膜式水冷壁，这种膜式水冷壁最初是为了改善炉膛的密封性，减少漏风，使炉膛可以采用微正压燃烧，取消引风机，提高锅炉效率。同时，炉墙不直接受火焰辐射，因而可不用耐火材料，而用轻型绝热材料，使炉墙重量大大减轻。但其缺点是制造工艺复杂，两相邻管子金属温度不得超过50℃，以免水冷壁变形损坏。

带销钉的光管水冷壁和带销钉的膜式水冷壁用于旋风炉、液态排渣炉和炉膛卫燃带。销

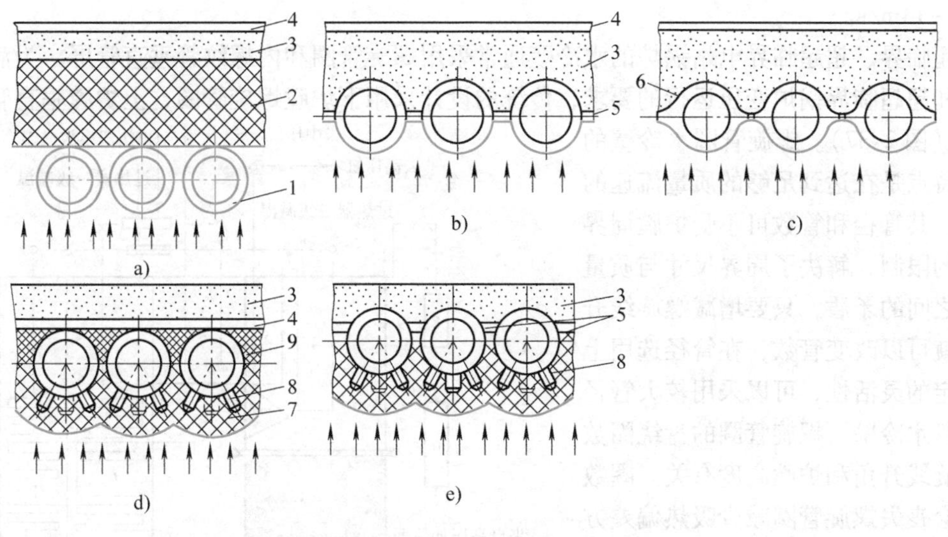

图 2-35 水冷壁结构

a）光管水冷壁 b）焊制鳍片管膜式水冷壁 c）轧制鳍片管的膜式水冷壁

d）带销钉的光管水冷壁 e）带销钉的膜式水冷壁

1—管子 2—耐火材料 3—绝热材料 4—炉皮 5—扁钢 6—轧制鳍片管

7—耐火涂料 8—销钉 9—铬矿砂材料

钉上敷有耐火填料，可减少水冷壁吸热，使该部位炉温升高，以便燃料迅速着火和稳定燃烧并能保持高温。

图 2-36 为凝渣管束结构示意图。凝渣管是布置在炉膛出口的对流管束，通常由后墙水冷壁拉稀布置，其横向、纵向节距都很大，因此不易结渣；同时，烟气在通过这个管束时，温度会降低几十度，烟气中携带的飞灰就会因此而凝固，不再结在受热面上，所以有时也称它为防渣管。凝渣管一般采用 $\phi60\text{mm}\times3.5\text{mm}$ 或 $\phi60\text{mm}\times5\text{mm}$ 的管子，其管节距与外径之比为 $\frac{s_1}{d}=\frac{s_2}{d}=3\sim5$，设计烟速一般应 >4 ~5m/s。

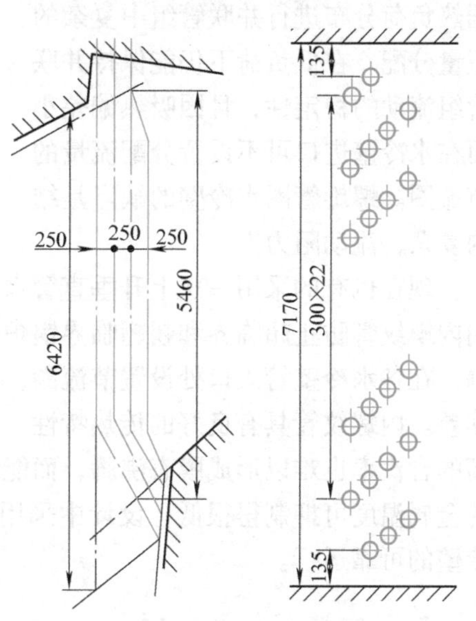

图 2-36 凝渣管束结构示意图

锅炉对流蒸发受热面由上下两个锅筒和许多管子连接而成（图 2-8），管子与锅筒之间用胀接或焊接。管子本身常采用行列布置。管径尺寸为 $\phi51\text{mm}\times2.5\text{mm}$，横向和纵向节距在 95 ~ 100mm 之间。管子中的水和汽水混合物靠自然循环流动。通常烟温低处的管子是下降管，烟温高处的管子是上升管，上升管与下降管并无明显和固定的界线。

为了保证管束中的烟气流速，在管束中用耐火砖把烟道隔成几个流程，同时各流程的烟气流通截面随烟气温度降低而逐渐缩小，以保持烟气流速足够高。通常，对流管束中的烟速

取 10 ~ 14m/s。

超临界、超超临界电站锅炉的水冷壁通常采用螺旋管圈和内螺纹管垂直管屏。为满足超临界和超超临界锅炉变压运行的要求，传统的设计采用下炉膛螺旋管圈、上炉膛垂直管屏的结构（图 2-37）。螺旋管圈水冷壁的最大特点是在达到足够的质量流速的同时，其管径和管数可不受炉膛周界尺寸的限制，解决了周界尺寸与质量流速之间的矛盾，只要增减螺旋线升角，就可以改变管数，在管径选用上有一定的灵活性，可以采用较大管径的光管水冷壁。螺旋管圈的盘绕圈数与螺旋线升角和炉膛高度有关。圈数太少会丧失螺旋管圈减少吸热偏差方面的优点，圈数太多会增加水的流通阻力。一般推荐圈数为 1.5 ~ 2.5 圈，螺旋角为 12.5° ~ 30°。由于工作在下辐射区的水冷壁同步经过受热最强和最弱的区域，螺旋管圈可以有效地补偿沿炉膛四周的热偏差，不需要根据热负荷分布进行并联管组中复杂的流量分配，在低负荷下仍能保持并联管组流动的稳定性，且因吸热偏差小而在水冷壁进口可不设置分配流量的节流圈。螺旋管圈水冷壁的缺点是结构复杂，流动阻力大。

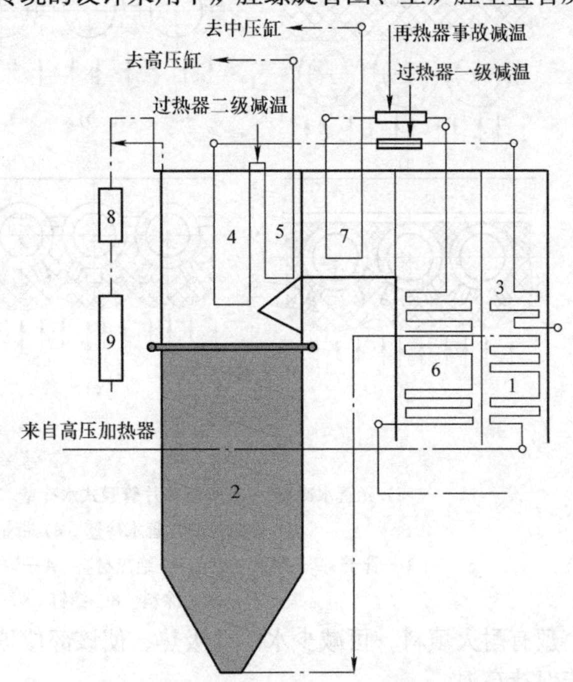

图 2-37 超临界、超超临界电站锅炉螺旋管圈和内螺纹管垂直管屏水冷壁结构

1—省煤器 2—炉膛 3—低温过热器 4—屏式过热器 5—高温过热器 6—低温再热器 7—高温再热器 8—分离器 9—贮水器

现在也有的采用一次上升垂直管水冷壁变压运行超临界和超超临界锅炉。其特点是：采用内螺纹管防止超临界和超超临界锅炉变压运行至亚临界区域时，水冷壁系统中发生膜态沸腾；在各水冷壁管入口处设置节流圈，使其管内流量与其吸热量相适应，以消除各管圈的热偏差。内螺纹管具有良好的传热特性，内螺纹管内表面的槽可破坏蒸汽膜的形成，故直到较高的含汽率也难以形成膜态沸腾，而能维持核态沸腾，从而抑制金属温度的升高。内螺纹管的金属温度可抑制得很低，设计中采用 1500 ~ 2000kg/(m^2 · s)的质量流速完全可以确保水冷壁的可靠运行。

二、过热器与再热器

1. 过热器

过热器的作用是将饱和蒸汽加热成一定温度的过热蒸汽，以提高系统效率。过热器可根据布置位置和传热方式分为对流过热器、屏式过热器（半辐射式过热器）及辐射式过热器三种。图 2-38 为一台大型自然循环电站锅炉的过热器布置图。

辐射式过热器布置在炉膛的炉壁上，其结构和水冷壁相似，且自己形成水循环回路。屏式过热器布置在炉膛的上部，同时吸收炉膛的辐射和烟气的对流传热，因此又称半辐射过热器。屏式过热器的管径通常为 32 ~ 42mm，纵向节距 s_2 通常为 $(1.1 \sim 1.2)d$，屏与屏之间的距离 s_1 约为 600 ~ 800mm。屏中蒸汽的质量流速 ρv 约为 800 ~ 1300kg/(m^2·s)。

对流过热器由无缝钢管弯制的蛇形管和进、出口集箱组成。蛇形管外径为 32 ~ 42mm，一般顺列布置，管子横向节距与管子外径之比 $s_1/d \approx 2 \sim 3$，纵向节距与管子外径之比 $s_2/d \approx 1.6 \sim 2.5$。对流过热器可用立式布置，也可用卧式布置。根据烟气和蒸汽的相对流动方向分为顺流、逆流、双逆流和混流四种，如图 2-39 所示。顺流式过热器壁温最低，但传热最差，较多应用于高烟温区。逆流式过热器则相反，壁温最高，传热最好，较多应用于低温区。

一般中高压锅炉过热蒸汽流速 w 按以下范围选取：

中压（压力为 4 ~ 4.5MPa），对流过热器中蒸汽流速取 15 ~ 25m/s，辐射过热器中蒸汽流速取 15 ~ 20m/s。

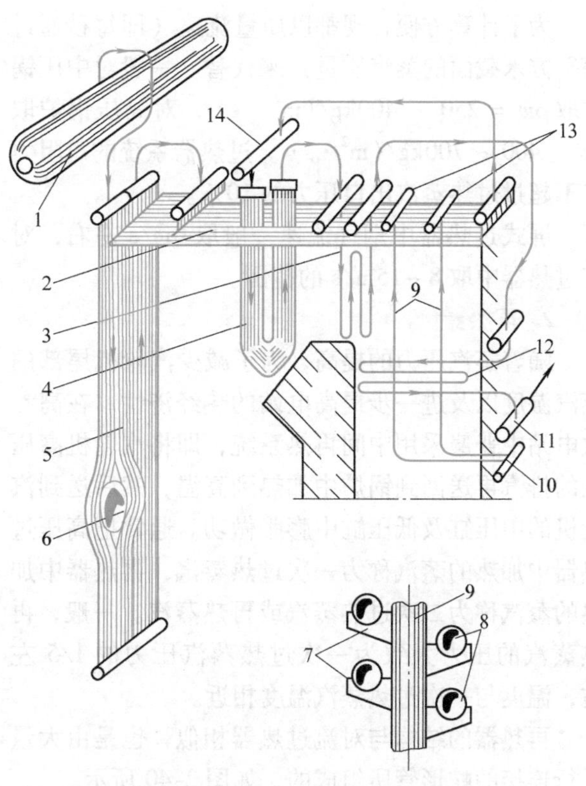

图 2-38 大型自然循环电站锅炉的过热器布置图

1—锅筒 2—顶棚过热器 3—立式对流过热器 4—屏式过热器 5—辐射式过热器 6—燃烧器留孔 7—支撑块 8—水平过热器蛇形管 9—悬吊管 10—悬吊管进口集箱 11—过热蒸汽出口集箱 12—卧式对流过热器 13—悬吊管出口集箱 14—减温器

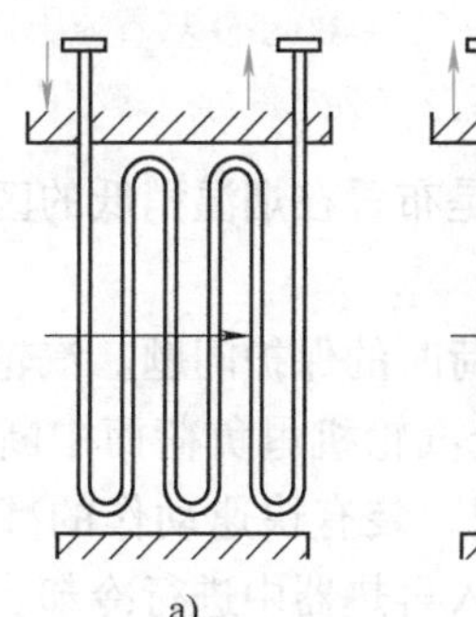

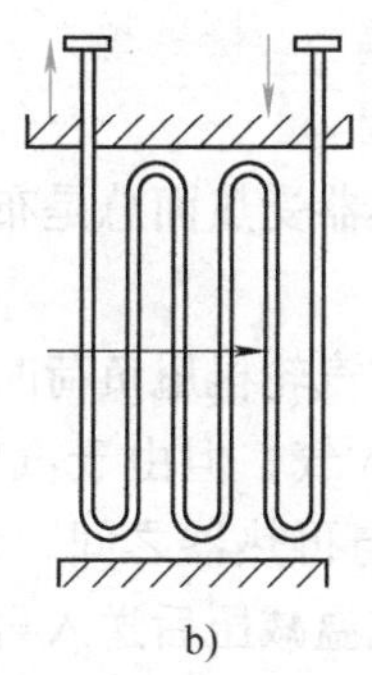

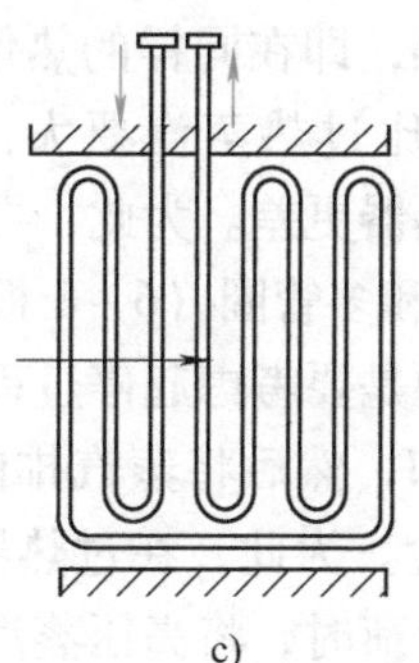

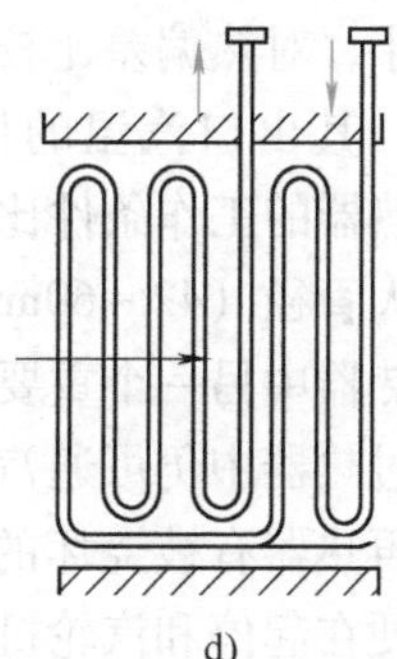

图 2-39 过热器中工质和烟气的流动方向

a) 顺流 b) 逆流 c) 双逆流 d) 混流

高压（压力为 10MPa 左右时），对流过热器低温段蒸汽流速取 9 ~ 11m/s；高温段蒸汽流速取 15 ~ 20m/s；辐射过热器中蒸汽流速取值比前者高 40% ~ 50%。

为了计算方便，现都以质量流速（即每秒通过每平方米截面的蒸汽质量）来代替。一般对中压锅炉取 $\rho w = 250 \sim 400\text{kg}/(\text{m}^2 \cdot \text{s})$，对高压锅炉取 $\rho w = 400 \sim 700\text{kg}/(\text{m}^2 \cdot \text{s})$。过热器系统的总阻力应不超过过热蒸汽出口压力的10%。

屏式过热器中烟气流速一般取6m/s左右，对流过热器中取8～15m/s的范围。

2. 再热器

随着蒸汽压力的提高，为了减少汽轮机尾部的蒸汽湿度以及进一步提高电站的热经济性，在高参数电站中普遍采用中间再热系统，即将汽轮机高压缸的排汽再送回到锅炉中加热到高温，然后送到汽轮机的中压缸及低压缸中膨胀做功。通常把高压过热器中加热的蒸汽称为一次过热蒸汽，再热器中加热的蒸汽称为二次过热蒸汽或再热蒸汽。一般，再热蒸汽的压力大致为一次过热蒸汽压力的1/5左右，温度与一次过热蒸汽温度相近。

再热器的结构与对流过热器相似，也是由大量平行连接的蛇形管所组成的，如图2-40所示。

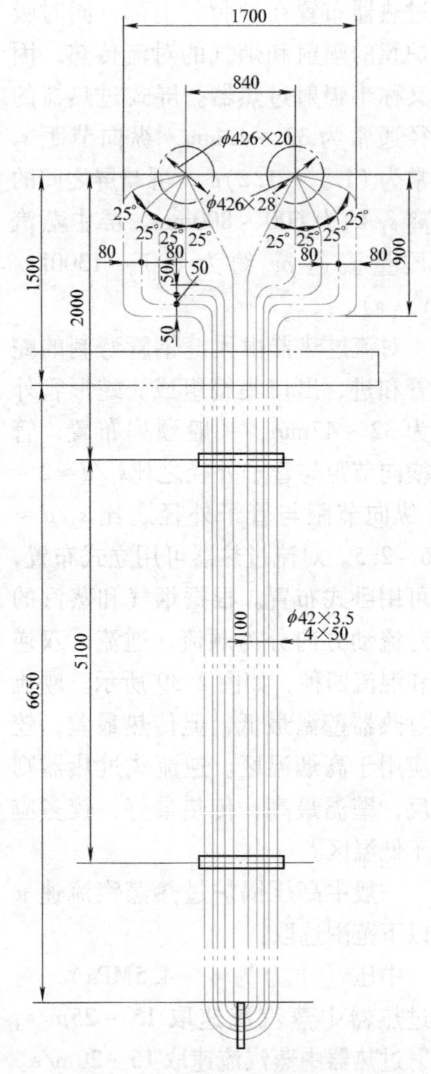

图2-40 SG－400/140型直流锅炉的立式第二级对流再热器结构

由于再热蒸汽压力低，蒸汽比体积大，密度小，表面传热系数比过热蒸汽小得多，仅为过热蒸汽的1/5，所以再热蒸汽对管壁的冷却能力差。再热器的阻力对热力系统的经济性有较大的影响，通常将再热器系统的总阻力控制在再热器进口压力的10%以内，而其再热蒸汽的质量流速也限制在 $250 \sim 400\text{kg}/(\text{m}^2 \cdot \text{s})$。另外，再热蒸汽由于压力低，比热容小，对热偏差比较敏感，即在同样的热偏差条件下，其出口汽温的偏差比过热蒸汽要大，因此，再热器的工作条件比过热器更差。为此，再热器受热面总是布置在烟温稍低的区域，并采用较大管径（42～60mm）和多管圈（6～8根）。

再热器中另一个重要问题是要考虑起停过程和汽轮机甩负荷时的保护问题。汽轮机甩负荷时，过热器中仍可通汽冷却，然后将蒸汽排向大气，但由于汽轮机甩负荷而中断蒸汽来源，使再热器有被烧坏的危险。为此，在过热器与再热器之间，装有快速动作的减温减压器，以便在起停和汽轮机甩负荷时，将高压蒸汽减温减压后送入再热器中进行冷却。

三、省煤器

省煤器是利用锅炉尾部烟气的热量加热给水以降低排烟温度的锅炉部件，按工质是否沸腾可分为沸腾式省煤器和非沸腾式省煤器。根据结构和材料的不同，省煤器又可分为铸铁式和钢管式。

1. 铸铁式省煤器

由图 2-41a 可见，铸铁式省煤器由一系列水平铸铁肋片管构成，各管之间用铸铁弯头连接。给水在省煤器中由下往上流动。铸铁省煤器只能承受 2.4MPa 以下的压力并作为非沸腾式省煤器。因其耐腐蚀，可用于未经除氧的工业锅炉和烟气外部腐蚀严重的区域。省煤器中水速应不小于 0.3m/s，烟速为 8～10m/s。铸铁省煤器安全性较差，在其系统中要有旁通烟道和直接向锅炉供水的给水系统，以保证锅炉起动、停炉、检修时的安全性，如图 2-41b 所示。

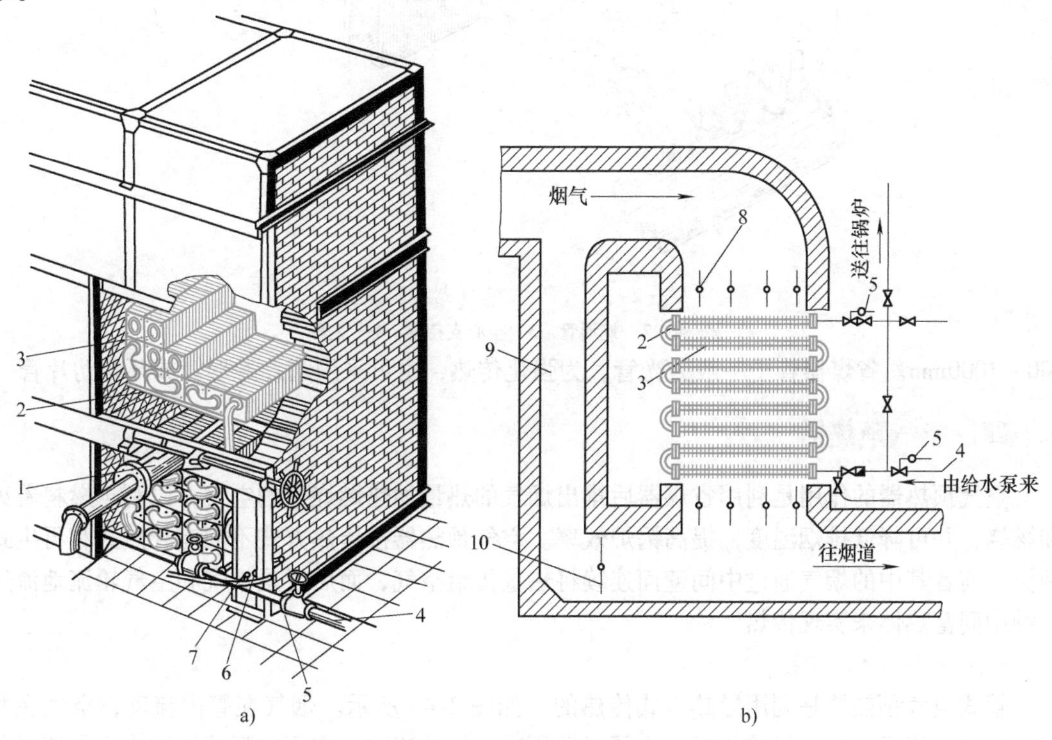

图 2-41　铸铁式省煤器结构及连接系统图
a) 铸铁式省煤器结构　b) 铸铁式省煤器连接系统
1—吹灰器　2—连接弯头　3—省煤器　4—给水管　5—安全阀　6—温度计
7—压力表　8—烟道挡板　9—旁通烟道　10—旁通烟道挡板

铸铁式省煤器肋片管生产已标准化。

2. 钢管式省煤器

钢管式省煤器由一系列蛇形钢管和集箱构成，如图 2-42 所示。管子一般错列，管子外径为 25～42mm，水平布置，其横向节距与管外径之比为 2.0～3.0，管子纵向节距与管外径之比为 1.5～2.0，可用作沸腾式或非沸腾式省煤器。在沸腾式省煤器中，工质的沸腾度或省煤器出口的蒸汽干度一般不大于 15%～20%。省煤器中的水速，在非沸腾式省煤器中应不小于 0.3m/s，在沸腾式省煤器的沸腾部分中应不小于 1.0m/s。省煤器的水阻力，在高压和超高压时不大于锅筒压力的 5%，中压时不大于 8%，一般水速不大于 2m/s，以免阻力过大，省煤器中的烟速一般取 8～9m/s。

为了便于检修，省煤器管组高度不宜过大，一般不超过1.0～1.5m。如省煤器管组较大，应分为几个管组，管组间留有 550～600mm 的空间，与空气预热器相邻的空间高度应在

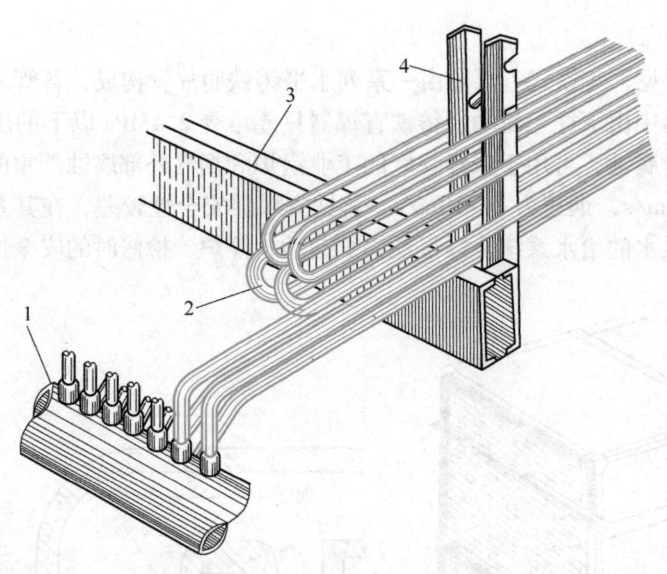

图 2-42　钢管式省煤器结构
1—集箱　2—蛇形管　3—空心支持梁　4—支架

800～1000mm。省煤器管子一般为光管，为强化传热，也可采用鳍片蛇形管或环状肋片管。

四、空气预热器

空气预热器的作用是利用省煤器后排出烟气的热量加热燃烧用的空气，以利于燃料着火和燃烧，并可降低排烟温度，提高锅炉效率。空气预热器按传热方式不同有导热式和再生式两类，前者其中的烟气通过中间壁面连续将热量传给空气，而后者是烟气和空气轮流地流过一种中间蓄热体来实现传热。

1. 管式空气预热器

管式空气预热器是利用导热方式传热的，如图 2-43 所示。烟气在管内流动，空气在管外横向冲刷管子。当管子较长时，为了保证所需空气的流速，应用中间管板缩小空气流通截面面积。管式空气预热器所用管子大多为 51mm×1.5mm 或 40mm×1.5mm 的有缝钢管，相邻管孔间隙至少保持 10mm，横向节距与外径之比为 1.5～1.9，纵向节距与外径之比为 1.0～1.2，上、下管板厚度为 15～25mm，中间管板厚度为 5～10mm。

每一个流程的高度几乎是相同的，其高度值应使空气流速在 4.5～7.0m/s 的范围，管子根数的确定应以烟气流速 10～14m/s 为依据。

2. 回转式空气预热器

回转式空气预热器是再生式空气预热器的一种，按转动结构不同又分为受热面转和风罩转两种形式。图 2-44 为一个受热面旋转的回转式空气预热器。其由转动的转子与固定的外壳组成，转子内分隔成许多扇形小块，每一扇形小块又分为几个仓格，仓格内装满波形板，如图2-44b 所示。工作时转子以 1～4r/min 的速度转动，固定的外壳上、下底板把转子的流通截面分成两部分，一部分让烟气自上而下流过，另一部分让空气自下而上流过。这样烟气流过时把波形板加热，转子转到空气侧时波形板被空气冷却，同时把空气加热。

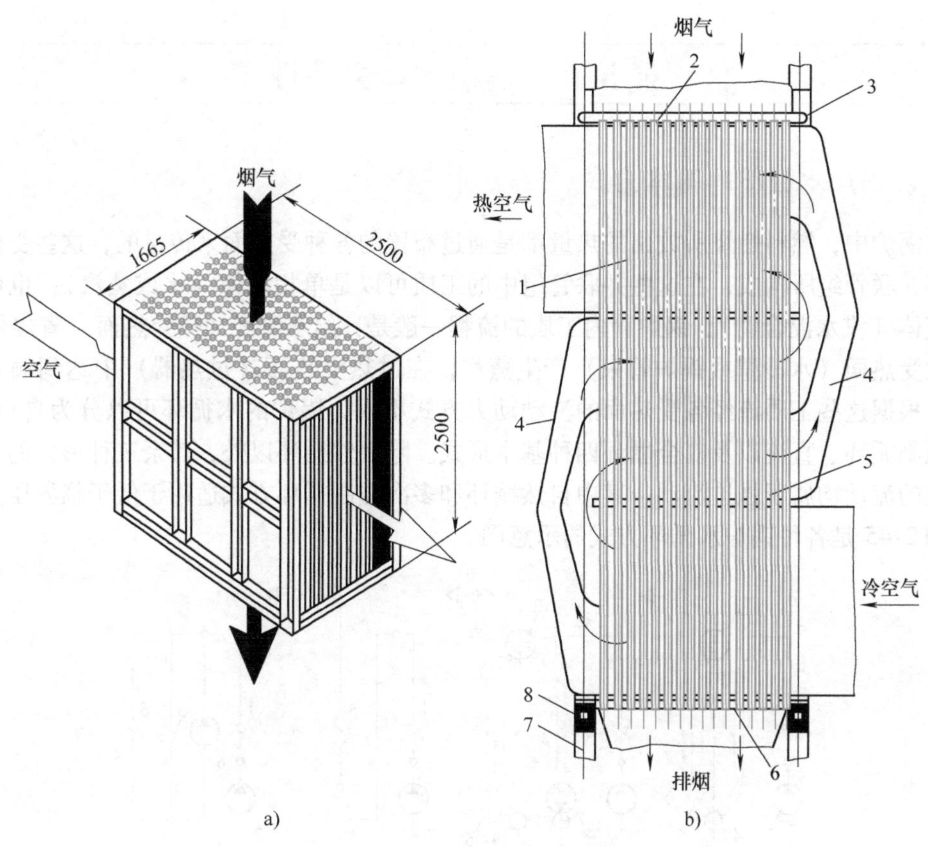

图 2-43 （立式）管式空气预热器

a）管箱 b）空气预热器纵剖面图

1—管子 2、6—上、下管板 3—膨胀节 4—空气连通罩 5—中间管板 7—构架 8—框架

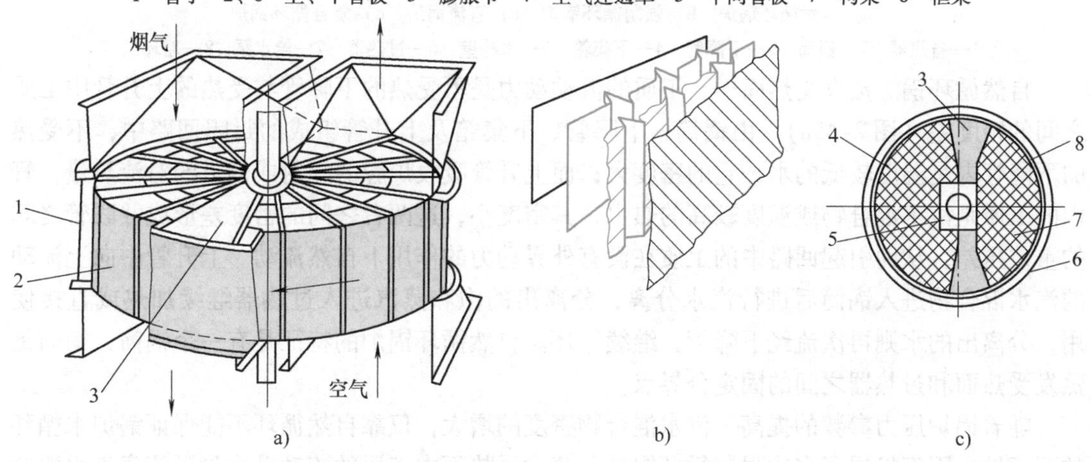

图 2-44 受热面旋转的回转式空气预热器

a）预热器总体结构 b）受热面板形 c）扇形隔板

1—外壳 2—转子 3—扇形板 4—烟气通道 5—中心板 6—法兰 7—空气通道 8—周向密封环

第五节　锅炉水动力特性

一、锅炉水循环的基本方式

在锅炉中，燃料燃烧所放出的热量都是通过布置的各种受热面来传递的，这些受热面均由许多并联管组所构成，在这些并联管组中的工质可以是单相流体（水或蒸汽），也可以是两相流体（汽水混合物）。锅炉管内工质的流程一般是：给水流经加热受热面（省煤器）进入蒸发受热面（水冷壁或锅炉管束）产生蒸汽，在过热受热面（过热器）中达到额定蒸汽参数。根据这些工质流经各受热面的流动动力方式不同，锅炉的水循环可以分为自然循环、多次强制循环、直流以及复合循环四种基本形式。除自然循环以外，其余三种形式的蒸发管内工质的流动均属于强迫流动，其中自然循环和多次强制循环方式适用于低于临界压力的锅炉。图2-45是各种锅炉水循环方式的示意图。

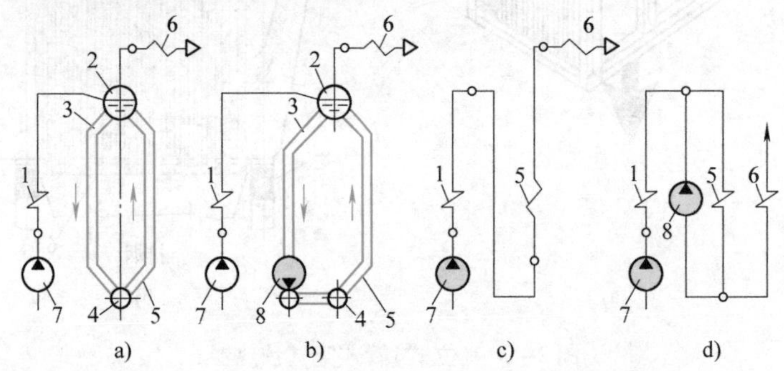

图2-45　锅炉水循环方式的示意图

a）自然循环锅炉　b）强制循环锅炉　c）直流锅炉　d）复合循环锅炉

1—省煤器　2—锅筒　3—下降管　4—下集箱　5—水冷壁　6—过热器　7—给水泵　8—循环泵

自然循环锅炉蒸发受热面中，工质的流动动力是不受热的下降管与受热的上升管中工质之间的密度差（图2-45a）。由锅筒、下降管、下集箱及上升管组成的封闭回路中，不受热的下降管内是温度较低的水，它的密度大；而上升管吸收炉膛的辐射或烟道的对流热量，管内的工质是汽水混合物或温度较高的热水，其密度小，这两者之间的密度差形成并联管之间的重位压差，从而引起回路中的工质在没有外界动力的作用下自然流动。上升管中向上流动的汽水混合物进入锅筒后进行汽水分离，分离出的饱和蒸汽进入过热器继续加热或直接使用，分离出的水则再次流经下降管，继续循环。自然循环锅炉的特征是有一个锅筒，锅筒是蒸发受热面和过热器之间的固定分界点。

随着锅炉压力参数的提高，汽水混合物密度的增大，仅靠自然循环不能保证锅炉水循环的可靠性，因而发展了多次强制循环锅炉。蒸发受热面中工质的流动动力除了依靠汽水混合物与水的密度差之外，主要依靠锅炉循环回路下降管上装设的循环泵的压头来满足水循环的要求（图2-45b）。用于亚临界压力的锅炉，称为控制循环锅炉或辅助循环锅炉。

直流锅炉蒸发受热面中工质的流动动力是锅炉给水泵的压头。如图2-45c所示，锅炉给水在给水泵的作用下，依次流经加热受热面、蒸发受热面和过热受热面，成为所需参数的过热蒸汽。直流锅炉没有锅筒，蒸发受热面中的工质为一次性通过的强迫流动，这是与自然循环锅炉的主要区别。直流锅炉的水冷壁可以自由布置，金属消耗少，制造方便，起动和停炉的速度都比较快，能适应电网负荷的频繁变化，适用的压力范围很广，尤其是超临界压力参数的锅炉。但是，两相流体的流动阻力较大，增加给水泵的电耗，同时也提高了对自动调节和给水处理的要求。

图 2-45d 是复合循环锅炉水循环示意图，主要用于超临界压力参数锅炉。由于在超临界压力时汽水没有差别，只能采用直流锅炉。但是，直流锅炉在低负荷时常出现流动不稳定问题，因此采用了较大的工质流速，以满足低负荷时的安全工作，这就使得满负荷时的流动阻力非常大，这样就发展出了复合循环锅炉。其基本特点是在中间也装了一台循环泵，它只在低负荷时工作，使一部分水经过再循环管路在蒸发受热面中进行再循环，以充分冷却蒸发受热面，而在高负荷时停止工作，自动切换成直流锅炉运行状态，再循环管路中没有循环流量，大幅度减小了蒸发受热面中的流动阻力。

二、自然循环锅炉水循环的基本方程

自然循环锅炉水动力学的任务是研究这种锅炉水动力特性，以保证水循环的可靠性。在受热的上升管中必须有一定的水速使管子得到冷却，不得出现流动停滞、倒流、汽水分层和膜态沸腾等现象。

图 2-46 为自然循环锅炉蒸发受热面回路的示意图，锅筒的水进入下降管，然后流经下集箱后进入上升管。在上升管中，水受热并开始沸腾汽化，汽水混合物自上升管出口回到锅筒，形成闭合回路。在稳定流动状况下，任意一个截面上的作用力是平衡的，以下集箱中心截面为分析面，考虑到左右两侧共同承受可以相互抵消的锅筒液面上压力，则左右两侧管内所存在的力只有重位压差 ρgh 和流动阻力 Δp，其压差平衡方程式为

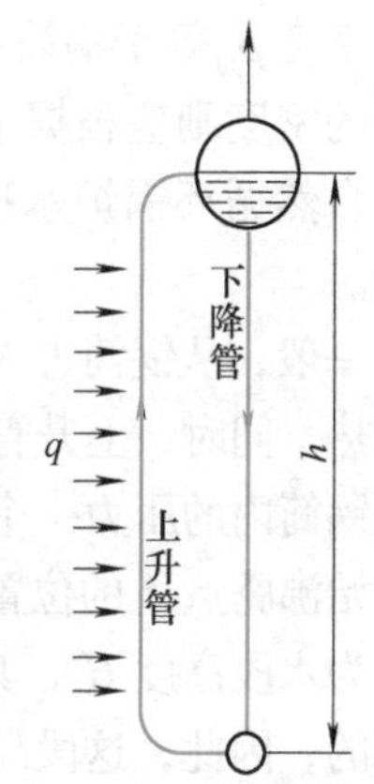

图 2-46　自然循环锅炉蒸发受热面回路的示意图

$$\rho_{ss}gh + \Delta p_{ss} = \rho_{xj}gh - \Delta p_{xj} \tag{2-71}$$

式中，ρ_{ss}、ρ_{xj}分别为上升管和下降管中工质的密度（kg/m^3）；Δp_{ss}、Δp_{xj}分别为上升管和下降管的阻力（Pa）。

式（2-71）中，左侧为上升管压差 $p_{ss} = \rho_{ss}gh + \Delta p_{ss}$，右侧为下降管压差 $p_{xj} = \rho_{xj}gh - \Delta p_{xj}$。这就是简单回路的水动力基本方程，经整理后可得

$$(\rho_{xj} - \rho_{ss})gh = \Delta p_{ss} + \Delta p_{xj} \tag{2-72}$$

式（2-72）左侧为回路的运动压力，即

$$p_{yd} = (\rho_{xj} - \rho_{ss})gh \tag{2-73}$$

式（2-72）右侧为回路的总阻力，即

$$\sum \Delta p = \Delta p_{ss} + \Delta p_{xj} \tag{2-74}$$

运动压力是循环回路中产生水循环的动力，稳定流动时用于克服回路中工质流动的总阻力。

$$p_{yd} = \sum \Delta p \tag{2-75}$$

运动压力减去上升管阻力，用以克服下降管阻力的压力称为有效压力，式（2-72）就可转变为

$$(\rho_{xj}-\rho_{ss})gh-\Delta p_{ss}=\Delta p_{xj} \tag{2-76}$$

式（2-76）左侧为回路的有效压力

$$p_{yx}=p_{yd}-\Delta p_{ss} \tag{2-77}$$

有效压力是循环回路中运动压力克服上升管的流动阻力后剩余的部分水循环动力，稳定流动时用于克服回路中下降管的流动阻力。

这就是水循环计算的基本方程式。有效压力越大，用以克服的下降管阻力就越大，也就是循环的水量越大，水循环越强烈。

三、自然循环锅炉水循环的计算

1. 运动压力

按式（2-73）计算循环回路的运动压力。一般，下降管中水的密度 ρ_{xj} 等于锅筒压力下饱和水的密度 ρ'。上升管中汽水混合物的密度则应根据上升管结构及受热情况分段计算。图 2-47 为一自然循环锅炉水冷壁的循环回路，并示出了上升管的分段情况。

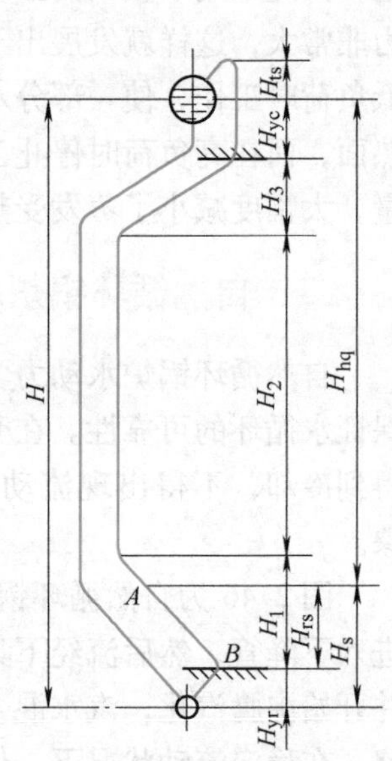

图 2-47　水冷壁的循环回路

一般，从锅筒进入下降管的水没有达到饱和温度，存在一定的欠热；同时，上升管下方的压力，由于水柱的重位压力，总是超过锅筒内的压力一个数值，使饱和温度提高，因此上升管中工质开始沸腾点 A 的位置必然高于开始受热的位置。在点 A 以下的高度为水段高度 H_s，其中水的密度与下降管中水的密度实际上是相等的，因此，这段高度不产生运动压力。在点 A 以上的高度为含汽段高度 H_{hq}，其中汽水混合物的密度小于下降管中水的密度，因此，循环回路的运动压力 p_{yd}（Pa）用下式表示为

$$p_{yd}=H_{hq}g(\rho'-\rho_h) \tag{2-78}$$

为了决定含汽段的高度，首先要确定开始沸腾点 A 的位置，亦即要确定加热水段的高度 H_{rs}，根据热平衡，可导出 H_{rs}（m）的计算式，即

$$H_{rs}=\frac{\Delta h_{qh}\mp\Delta h_{xj}-\Delta h_{dq}+\rho' g\left(H-H_{yr}-\dfrac{\Delta p_{xj}}{\rho' g}\right)\dfrac{\Delta h'}{\Delta p}\times10^{-6}}{\dfrac{Q_1}{q_{m0}H_1}+\rho' g\dfrac{\Delta h'}{\Delta p}\times10^{-6}} \tag{2-79}$$

式中，Δh_{qh} 为下降管进口水的欠焓（kJ/kg）；Δh_{xj} 为下降管受热使工质产生的焓增（kJ/kg）；Δh_{dq} 为下降管带汽使工质产生的焓增（kJ/kg）；$\Delta h'/\Delta p$ 为每变化 1MPa 压力时饱和水焓的变化[（kJ/kg）/MPa]；Q_1 为上升管第一区段的吸热量（kW）；q_{m0} 为上升管中水的质量流量（kg/s）。

如果开始沸腾点 A 的位置在第二加热段 H_2，该段的吸热量为 Q_2（kW），则加热水段的高度 H_{rs}（m）为

$$H_{rs}=H_1+\frac{\Delta h_{qh}\mp\Delta h_{xj}-\Delta h_{dq}+\rho' g\left(H-H_{yr}-\dfrac{\Delta p_{xj}}{\rho' g}\right)\dfrac{\Delta h'}{\Delta p}\times10^{-6}-\dfrac{Q_1}{q_{m0}}}{\dfrac{Q_2}{q_{m0}H_2}+\rho' g\dfrac{\Delta h'}{\Delta p}\times10^{-6}} \tag{2-80}$$

进口水的欠焓可按下式计算，即

$$\Delta h_{qh}=\frac{h'-h''_{sm}}{K} \tag{2-81}$$

式中，h'为锅筒压力下饱和水的比焓（kJ/kg）；h''_{sm}为省煤器出口水的比焓（kJ/kg）；K为循环倍率。

循环倍率等于进入上升管水的流量q_{m0}与上升管出口汽的流量之比，即

$$K=\frac{q_{m0}}{D} \tag{2-82}$$

在求锅筒中水的欠焓过程中，必须要用到锅炉的循环倍率K，而K值是水循环的计算结果之一。对此，可先按有关资料推荐值假定一个K，计算完后再校核。若假定值得到的Δh_{qh}值和用计算结果K得到的Δh_{qh}值，两者的绝对误差小于12kJ/kg，相对误差不超过30%，认为计算完成；否则，需重新假定K值重复计算，直至达到误差要求。

当省煤器出口水已经沸腾，则$\Delta h_{qh}=0$；在两段蒸发时，盐段水的欠焓取为零，净段水的欠焓计算式为

$$\Delta h_{qh}=\frac{h'-h''_{sm}}{K}\frac{D}{D_{jd}} \tag{2-83}$$

式中，D为锅炉蒸发量（kg/s）；D_{jd}为净段蒸发量（kg/s）。

对部分给水通过蒸汽清洗装置，则认为蒸汽将清洗水层的水都被加热到饱和水，Δh_{qh}按下式计算，即

$$\Delta h_{qh}=\frac{h'-h''_{sm}}{K}\frac{1-\eta_{qx}}{1+\eta_{qx}\dfrac{h'-h''_{sm}}{r}} \tag{2-84}$$

式中，η_{qx}为清洗水量与给水量之比；r为锅筒压力下的汽化热（kJ/kg）。

给水全部进入清洗装置时，$\Delta h_{qh}=0$。

下降管受热时，下降管中工质的焓增为

$$\Delta h_{xj}=Q_{xj}/q_{mxj} \tag{2-85}$$

式中，Q_{xj}为下降管的吸热量或散热量（kW）；q_{mxj}为下降管中的水流量（kg/s）。

下降管因带汽使工质产生的焓增Δh_{dq}可根据压力和下降管从锅筒水容积的含汽率ϕ_{xj}查图2-48和图2-49。

图2-49中曲线1适用于锅内旋风分离器，带有分离锅筒，或锅筒水容积内上升管与下降管有隔板隔开、锅筒内水速为0.1m/s的工况。曲线2适用于大直径下降管，下降管进口带淹没式罩箱，或锅筒水容积内上升管与下降管有隔板隔开、锅筒内水速为0.2m/s的工况。曲线3用于下降管上面带有进口截面不淹没的罩箱，在下降管前有改变水流方向的隔板；在锅筒内上升管与下降管间有隔板隔开，锅筒内水速为0.3m/s；或没有隔板的工况。曲线4用于第二、三段蒸发的下降管，而不使用锅内旋风分离器的情况。

锅筒内的水速w_s（m/s）计算式为

$$w_s=\frac{DK}{\rho'A} \tag{2-86}$$

式中，D为锅炉出力（kg/s）；A为进入下降管的循环水流通截面面积（m^2）。

当水纵向流动时，有

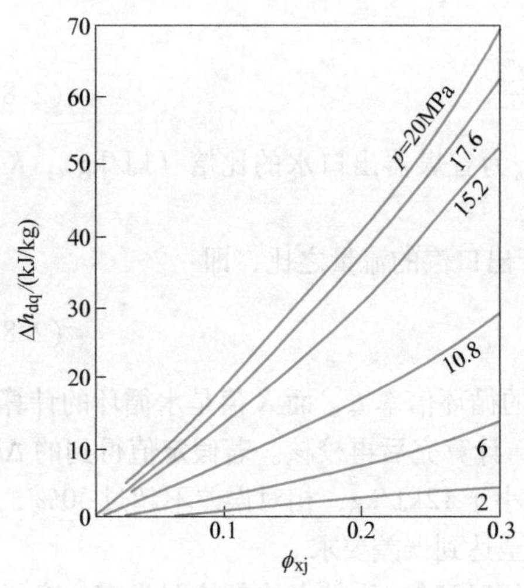

图 2-48 下降管带汽的工质焓增

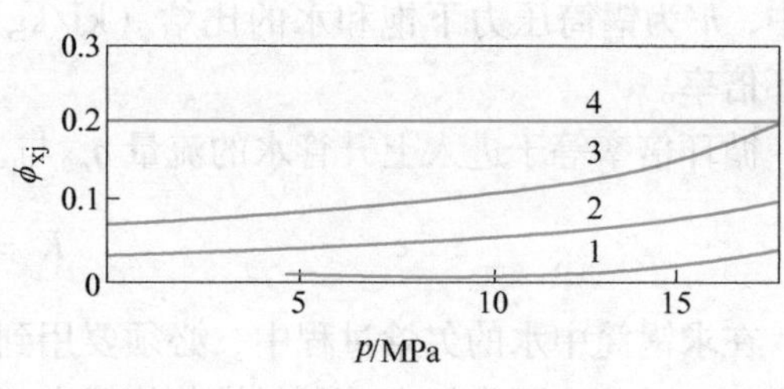

图 2-49 下降管中锅筒水容积带汽的平均含汽率

$$A = 0.39d_{gt}^2 \pm \Delta H d_{gt} \tag{2-87}$$

式中，d_{gt}为锅筒内径（m）；ΔH为水位离开锅筒中心的距离（m）。

当水横向流动时，有

$$A = Hl \tag{2-88}$$

式中，H为平均水位到锅筒底部或隔板的平均高度（m）；l为布置下降管区域的锅筒长度（m）。

在下列情况可不计下降管的带汽量：当下降管接入锅炉的下锅筒或锅外分离器时；下降管与上锅筒连接，而主要的汽水混合物引入另一个锅筒时；当压力低于11MPa且锅筒内装有旋风分离器时。

由图2-47可见，含汽段高度H_{hq}即为H和水段总高度H_s之差。加热水段高度H_{rs}算得后，加上受热段前面的不受热段高度H_{yr}即为水段总高度H_s，因而求得H_{rs}后即可确定含汽段高度H_{hq}。

汽水混合物密度ρ_h的计算中，上升管中含汽段汽水混合物的平均密度可按下式计算，即

$$\rho_h = \phi\rho'' + (1-\phi)\rho' \tag{2-89}$$

式中，ϕ为截面含汽率（%）；ρ'、ρ''分别为饱和水和饱和汽密度（kg/m³）。

垂直上升管的截面含汽率计算式为

$$\phi = C\beta \tag{2-90}$$

式中，C为系数，由图2-50查得；β为体积流量含汽率，等于蒸汽体积流量和汽水混合物体积流量之比，可根据干度x值计算，即

$$\beta = \frac{1}{1+\left(\frac{1}{x}-1\right)\frac{\rho''}{\rho'}} \tag{2-91}$$

图2-51中的混合物流速w_h可按下式求得，即

$$w_h = \frac{w_0}{1-\beta\left(1-\frac{\rho''}{\rho'}\right)} \tag{2-92}$$

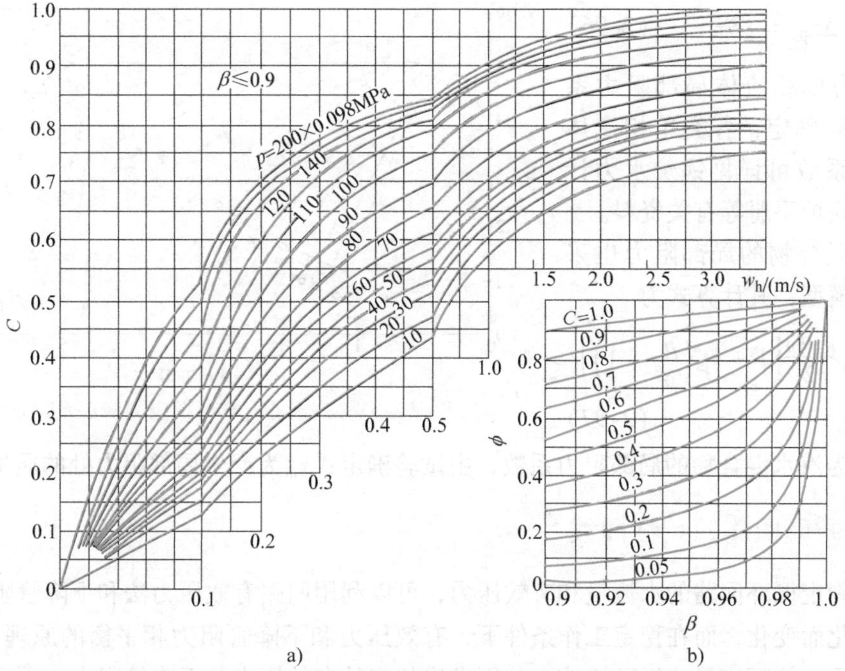

图 2-50　垂直上升管的截面含汽率 ϕ 值线算图

a) 当 $\beta\leqslant0.9$ 时的 C 值　b) 当 $\beta>0.9$ 时的 ϕ 值

式中，w_0 为上升管入口水速（m/s）。

2. 循环回路中的阻力计算

自然循环锅炉的水循环回路阻力由下降管阻力和上升管阻力构成，有摩擦阻力和局部阻力。管内工质既有单相流体，又有汽液两相流体。各种阻力应分别计算。

（1）摩擦阻力 Δp_{mc}　单相流体摩擦阻力 Δp_{mc}（Pa）为

$$\Delta p_{mc}=\lambda\frac{l}{d_n}\frac{\bar{\rho}w^2}{2} \tag{2-93}$$

式中，$\bar{\rho}$ 为工质的平均密度（kg/m^3）；d_n 为管子内径（m）；λ 为摩擦阻力系数，可用式（2-94）计算确定。

$$\lambda=\frac{1}{4\left(\lg 3.7\dfrac{d_n}{k}\right)^2} \tag{2-94}$$

式中，k 为管壁上粗糙点的平均高度（mm）；d_n 为管子内径（mm）。

汽液两相流体的摩擦阻力按均相流体加修正的办法确定，即

$$\Delta p_{mc}=\lambda\frac{l}{d_n}\frac{\rho' w_0^2}{2}\left[1+\psi x\left(\frac{\rho'}{\rho''}-1\right)\right] \tag{2-95}$$

式中，λ 为单相流体摩擦阻力系数，按式（2-94）计算；x 为计算管段的平均质量含汽率；ψ 为摩擦阻力修正系数，与平均质量含汽率 x、压力 p 及质量流速 ρw_0 有关，由试验数据得出，或查图 2-51。

（2）局部阻力 Δp_{jb}　单相流体的局部阻力是由于流体流动时因流动方向或流通截面的改变而引起的能量损耗。局部阻力 Δp_{jb}（Pa）为

$$\Delta p_{jb} = \zeta \frac{\rho w^2}{2} \qquad (2\text{-}96)$$

式中，ζ 为单相流体局部阻力系数，由试验确定，各类单相流体局部阻力系数可详见锅炉水力计算方法、锅炉手册等有关资料。

汽水混合物的局部阻力也采用均相流模型，其计算式为

$$\Delta p_{jb} = \zeta'_{jb} \frac{\rho' w_0^2}{2}\left[1 + x_{jb}\left(\frac{\rho'}{\rho''} - 1\right)\right] \qquad (2\text{-}97)$$

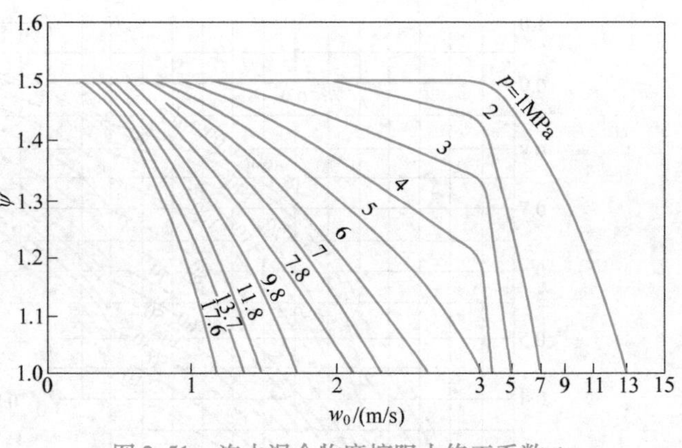

图 2-51　汽水混合物摩擦阻力修正系数 ψ

式中，ζ'_{jb}为汽水混合物的局部阻力系数，由试验确定；x_{jb}为产生局部阻力处的质量含汽率。

四、循环回路的特性曲线

为了确定循环回路的水流量和有效压力，可以利用回路有效压力法和下降管阻力随循环水流量变化而变化，而在稳定工作条件下，有效压力和下降管阻力相平衡的原理。计算时，首先选取几个循环流量或循环流速，分别求出相应的有效压力及下降管阻力，再用作图法求出回路的循环特性曲线，如图 2-52 所示。随着循环流量的增加，下降管的密度不变，上升管的密度增大，两者的密度差减小，而上升管阻力增加，因此有效压力 p_{yx}是递减的；而下降管的阻力 Δp_{xj}随流量的增加总是增大，这两条曲线的交点即为循环回路的工作点，从而由图可以确定回路的循环流量和有效压力。

锅炉中通常遇到的是由不同特性的管组或管子所组成的复杂回路。对于复杂的回路，用串、并联办法将各特性曲线合成。特性曲线的合成基于工质的物质平衡和作用于工质上的力平衡两个基本原理。其合成规律为：稳定工况下，串联回路时的流量相等，在相同流量下压差叠加；并联回路的两端压差相等，在相同压差下流量叠加。其求解法举例如下：

图 2-53 所示的并联回路示意图是由 4 排热负荷 q 不同的上升管排组成的并联循环回路，第一排受热最强，依次递减，并具有共同的下降管。各管排及下降管的压差相等，下降管的流量为各排流量之和。按简单回路的计算方法求出每排管的压差曲线 p_i，$i=1$，2，3，4，在同一压差下将各管排的流量叠加，得到合成的上升管总压差曲线 p_{ss}。再计算并绘制下降管的压差曲线 p_{xj}，p_{xj}与 p_{ss}的交点 A 即为整个回路的总工作点，得到 q_{m0}和 p_0。由此交点按曲线 p_i 合成方向（水平方向）的相反路径反推与各曲线 p_i 相交，几个交点即为各管排的工作点。

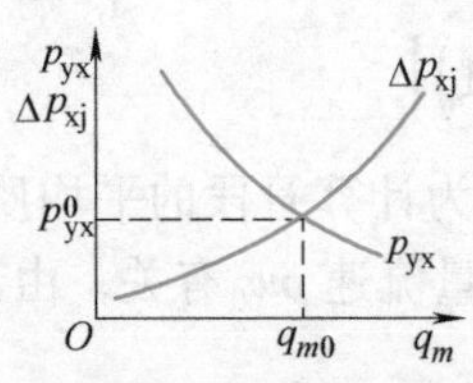

图 2-52　简单循环回路的特性曲线

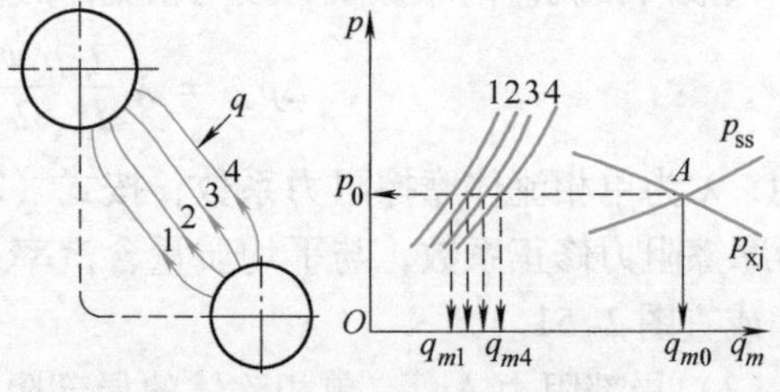

图 2-53　并联回路及特性曲线

图2-54是串联回路及特性曲线，由水冷壁、上集箱和不受热汽水引出管组成的串联回路，各组成部分的流量相等，压差为水冷壁和汽水引出管的压差之和，并与下降管压差相等。分别计算绘出水冷壁管的曲线 p_{sb} 和汽水引出管的曲线 p_{yc}，在同一流量将两者的压差叠加，得到合成的上升管总压差曲线 p_{ss}，与绘制的下降管 p_{xj} 曲线的交点即为整个回路的总工作点 A，得到 q_{m0} 和 p_0。由此交点按曲线 p_{sb} 与 p_{yc} 合成方向（垂直方向）的相反路径反推相交于曲线 p_{sb} 与 p_{yc}，其交点即为水冷壁和汽水引出管的工作点。当锅炉整体或管子按水循环计算的特性曲线所确定的工作点工作就可保证其安全可靠，否则，将会出现水循环的不稳定性。

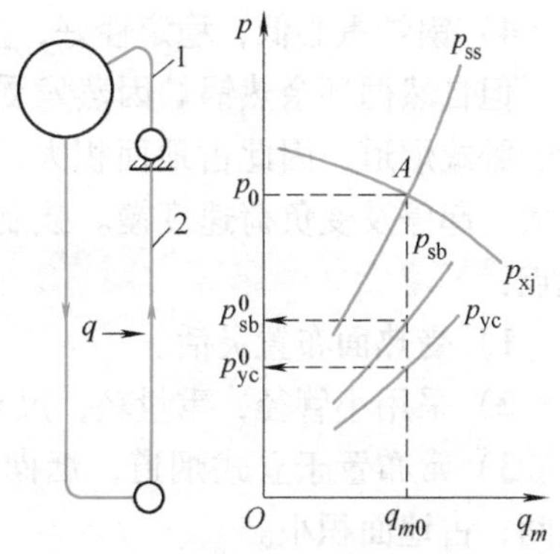

图2-54 串联回路及特性曲线
1—引出管 2—水冷壁管

第六节 余热锅炉的结构及工作特点

一、余热锅炉的结构

余热锅炉是一种有特殊要求和用途的换热设备，它利用其他工业过程的余热（废热）来加热工质水，使其成为具有一定压力和温度的热水或蒸汽。随着燃气–蒸汽联合循环发电技术的发展，余热锅炉已成为重要的换热设备之一，它的技术水平直接影响联合循环机组的发电效率、设备可用率和单位造价。

目前，用于联合循环发电的余热锅炉主要有自然循环和强制循环两种。自然循环余热锅炉的形式如图2-55所示，双压强制循环余热锅炉的形式如图2-56所示。有时也设计成两种循环方式兼有的复合循环余热锅炉，如图2-57所示。自然循环余热锅炉具有如下优点：

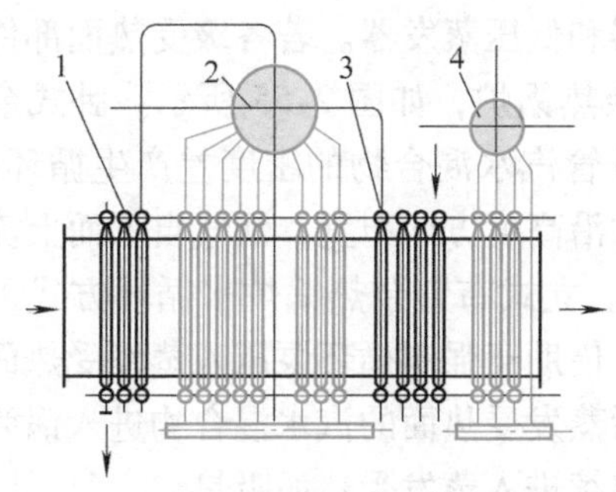

图2-55 自然循环余热锅炉
1—过热器 2—中（高）压锅炉本体 3—省煤器 4—低压锅炉

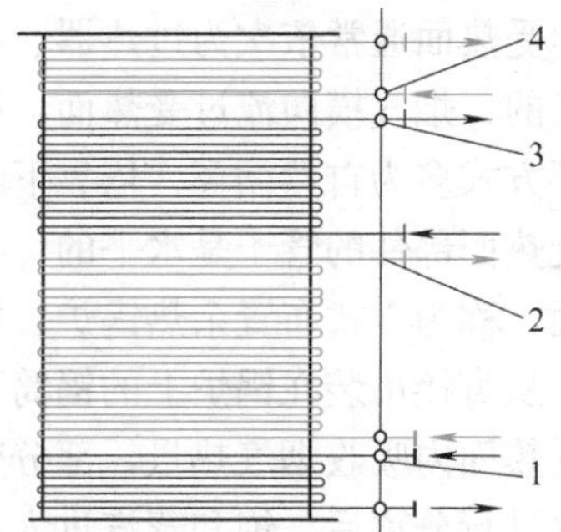

图2-56 双压强制循环余热锅炉
1—过热器 2—中（高）压蒸发管束 3—省煤器 4—低压锅炉管束

1）锅炉形式成熟，工作可靠，不必装设高温锅水循环泵。

2）结构简单，制造容易。

3）锅炉水容量大，适应负荷变化能力强，自动控制要求相对不高。

4）锅炉重心低，稳定性好，抗风抗振性强。

但自然循环余热锅炉因蒸发受热面为立式水管，常布置于卧式烟道，因此占地面积大，钢材耗量大；锅炉水容量大，起停及变负荷速度慢。强制循环余热锅炉具有如下优点：

1）受热面布置灵活。

2）采用小管径，重量轻，尺寸小，结构紧凑。

3）常布置于立式烟道，烟囱与锅炉合二为一，节省空间，占地面积小。

4）锅炉水容量小，起动快，机动性好。

5）组装出厂，安装方便。

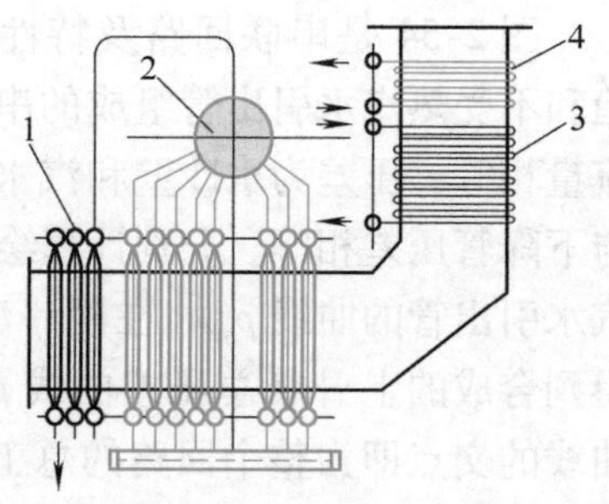

图2-57　复合循环余热锅炉

1—过热器　2—中（高）压锅炉本体　3—省煤器　4—低压锅炉管束

但强制循环余热锅炉必须装设高温锅水循环泵，可靠性差，且增加电耗，提高运行费用；采用小弯头，制造工艺复杂；锅炉重心较高，稳定性较差，不利于抗风抗振。

二、余热锅炉的工作特点

在联合循环机组中余热锅炉是联合循环整个系统中的一个关键设备，对燃气和蒸汽两个发电循环起着承上启下的重要作用。余热锅炉不同于常规锅炉，通常工作温度在600℃以下，属中低温换热设备；锅炉工作压力多数在9MPa以下，一般为3.82MPa，属于次高压锅炉或中压锅炉；因烟温和蒸汽压力不高，故其水循环的工作条件相对较好。而用于化工过程的余热锅炉，由于特殊化工工艺过程所产生废气的温度较高，化工过程用汽参数要求高，使余热锅炉设计成高温高压的参数。

余热锅炉的特点是：

（1）结构多样化　化工过程使用的余热锅炉多数为管壳式结构，而联合循环机组中余热锅炉多数为管架式结构。因为余热锅炉内的换热过程属于低温换热范畴，辐射换热效应可以忽略，余热锅炉受热面几乎全部依靠对流换热的作用，主要由错列的螺旋鳍片管组成。沿烟气流向受热面通常依次为过热器、蒸发器、省煤器和低压蒸发器。若各级受热面部件的管子是垂直的，烟气横向流过受热面，称为卧式布置余热锅炉，如图2-55所示。卧式余热锅炉水循环方式多为自然循环，依靠下降管的水和上升管汽水混合物的密度差产生循环动力。若各级受热面部件的管子是水平的，各级受热面部件沿高度方向布置，烟气自下而上流过各级受热面，称为立式布置余热锅炉，如图2-56所示。立式布置余热锅炉水循环方式采用强制循环，从直接吊装在锅炉上的锅筒下部引出的水，借助于强制循环泵压入蒸发受热面，水在蒸发受热面内吸收烟气热量，部分变成蒸汽，然后蒸发受热面的汽水混合物进入锅筒，锅筒内汽水进行分离后，饱和蒸汽进入过热器，而水继续进入蒸发受热面吸热。

（2）中温、大流量　与常规电站锅炉相比，中温、大流量工质是余热锅炉一个显著的热力特点，烟气的大流量、高流速和高湍动度的气动热力特点对传热是有利的，但也会引起一些其他问题，如烟道挡板和传热构件的振动，烟气偏流和传热不均，烟道及挡板热变形等。

（3）余热锅炉的汽水系统　余热锅炉的汽水系统有单压系统和多压系统，单压余热锅炉只产生一种蒸汽供汽轮机，如图2-58所示。凝结水被泵送到余热锅炉内的省煤器中加热，随后进入锅筒。通过自然循环，使水在蒸发器中循环加热，达到饱和温度，产生部分饱和蒸汽。饱和蒸汽从锅筒引至过热器中加热，成为过热蒸器，送往汽轮机做功。单压余热锅炉设备简单，但热效率低。当燃气轮机的排气流量大于120kg/s，排气温度高于510℃时，如果采用单压蒸汽循环，余热锅炉的排烟温度就过高，排烟损失大。合理的解决办法是采用多压系统。通常采用双压或三压系统，以提高余热锅炉的效率。图2-59是双压余热锅炉汽水系统。双压、三压蒸汽循环系统是指余热锅炉中产生两种（高压和低压）和三种（高压、中压和低压）不同压力等级的蒸汽，高压蒸汽从汽轮机进口送入，中低压蒸汽进入汽轮机中间压力相当的级做功。

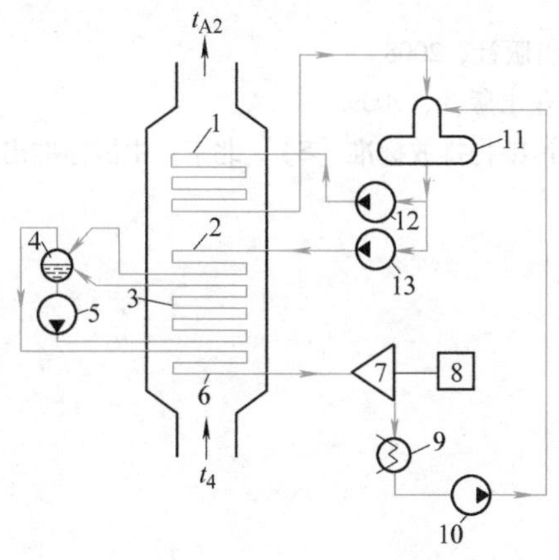

图2-58　单压余热锅炉汽水系统

1—低压蒸发器　2—省煤器　3—高压蒸发器　4—锅筒　5—循环泵　6—过热器　7—汽轮机　8—发电机　9—冷凝器　10—凝结水泵　11—除氧器　12—低压给水泵　13—主给水泵

t_4、t_{A2}—余热锅炉进、出口烟气温度（℃）

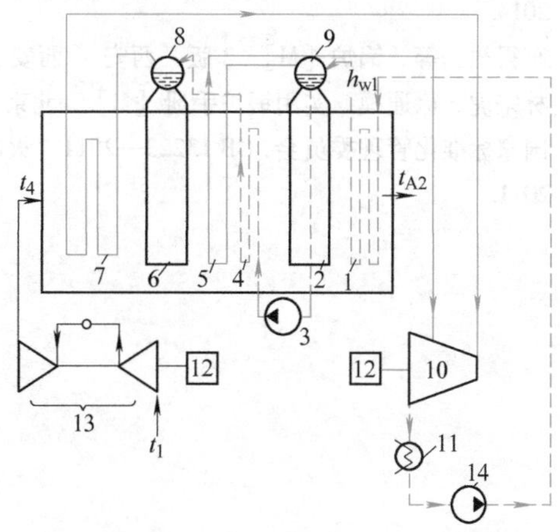

图2-59　双压余热锅炉汽水系统

1—低压省煤器　2—低压蒸发器　3—输水泵　4—高压省煤器　5—低压过热器　6—高压蒸发器　7—高压过热器　8—高压锅筒　9—低压锅筒　10—汽轮机　11—除氧式冷凝器　12—发电机　13—燃气轮机　14—凝结水泵

t_1—燃气轮机组的入口空气温度（℃）

h_{w1}—低压省煤器出口水焓（kJ/kg）

t_4、t_{A2}—余热锅炉进、出口烟气温度（℃）

思考题和习题

2-1　元素成分各种基准之间的换算系数为何不适用于低位发热量？应该怎样进行换算？

2-2　一台10t/h的链条锅炉，运行中用奥氏烟气分析仪测得炉膛出口处的体积分数，$\varphi_{RO_2}=13.5\%$，$\varphi_{O_2}=5.6\%$，$\varphi_{CO}=0.5\%$；省煤器出口处$\varphi_{RO_2}=10.5\%$，$\varphi_{O_2}=9.1\%$，$\varphi_{CO}=0.2\%$。求炉膛出口和省煤器出口处的过量空气系数及这一段烟道的漏风系数。并以计算结果分析锅炉工作是否正常。

2-3　随着锅炉容量的增大，散热损失q_5有什么变化？有无尾部受热面散热损失又有什么变化？

2-4　链条锅炉的前后拱分别起什么作用？它们之间有何联系？

2-5　在悬浮燃烧的煤粉炉中假设保持q_V不变，试分析随着锅炉容量的增大，q_F有何变化？

2-6　锅炉受热面主要有哪些部分？各有什么作用？

2-7　简述自然循环锅炉蒸发受热面中水循环回路的工作过程。

2-8　余热锅炉的水循环方式有哪几种？各有什么特点？

参 考 文 献

[1] 徐通模，金定安，温龙．锅炉燃烧设备［M］．西安：西安交通大学出版社，1990.

[2] 陈学俊，陈听宽．锅炉原理［M］．北京：机械工业出版社，1981.

[3] 冯俊凯，沈劲庭，杨瑞昌．锅炉原理及计算［M］. 3 版．北京：科学出版社，2003.

[4] 林宗虎，张永照．锅炉手册［M］．北京：机械工业出版社，1989.

[5] 国家标准化管理委员会. GB 13271—2014　锅炉大气污染物排放标准［S］．北京：中国标准出版社，2014.

[6] 车得福，等．锅炉［M］. 2 版．西安 ：西安交通大学出版社，2008.

[7] 林宗虎．徐通模．实用锅炉手册［M］．北京：化学工业出版社，2009.

[8] 国家标准化管理委员会. GB 13223—2011　火电厂大气污染物排放标准［S］．北京：中国标准出版社，2011.

第三章

涡轮机及喷气发动机

能源动力工业是我国国民经济与国防建设的重要基础和支柱产业，其中，涡轮机及喷气发动机在电力生产、航空航天、舰船驱动等方面是最重要的动力装置。因而，这也成为能源与动力工程专业人员应必须具备的技术知识。涡轮机包括汽轮机、燃气轮机、水轮机等旋转式叶轮机械，而喷气发动机则是燃气轮机作为飞机动力的一种类型。本章主要以汽轮机（简称透平）为例，阐述汽轮机基本构造、汽轮机级内工作过程、多级汽轮机特性、供热汽轮机要点等。同时，对于火箭及喷气发动机和水轮机做一概述。

第一节 概 述

一、涡轮机及喷气发动机的应用与发展

汽轮机和燃气轮机是一种将工质（蒸汽或燃气）的热能转换为机械功的旋转式动力机械。它们在能源利用和能量转换中占有非常重要的位置。汽轮机是中心电站、热电站及核电站的主要动力机械，另外也可给鼓风机、水泵、压缩机等提供驱动动力，在化工、冶金、轻工等各种生产领域得到广泛应用；汽轮机的排汽或中间抽汽还可以用于满足生产和生活上的供热需要。燃气轮机可以作为地面机械，用于发电、船舶、机车、各种泵的驱动动力，也可作为航空用飞机动力、军舰用最佳动力、主战坦克动力等。而涡轮喷气发动机燃气的喷射速度大，故用于高速飞行的飞机。

汽轮机从1884年第一台实用性机组问世至今，已有100多年历史，目前运行中的最大机组容量已达1300MW。它的主要技术发展趋势是：

1）单机功率不断增长，力求采用大容量机组。因为大容量机组可以减少新建电站数目，加快电力建设速度；造价低，单位功率机组成本低；效率高，大容量机组的电厂经济性高。

2）提高主蒸汽的初压与初温，以此提高热力发电的效率。但蒸汽初参数的提高是受一定条件限制的。由于目前多采用珠光体钢，以提高机组的适应性，所以温度多稳定在560~570℃以下。至于压力，目前多采用亚临界（16~17MPa）和超临界（24~25MPa）两档，

还有超超临界。采用超临界压力，经济性可更高一些，但机组的适应性和可靠性略差一些。

3）采用燃气－蒸汽联合循环。现在世界上已有约2万MW机组以联合循环方式进行发电，大大提高了机组的热经济性和热力发电的效率。

4）提高机组的运行可靠性。机组的容量增大、参数提高，必然使其零部件增多，尺寸增大，也相应地增加了事故因素。目前采用了微机监控、计算机故障诊断等先进的电子装备，和低负荷范围内的变压运行及滑参数启停等运行方式，以提高机组运行的可靠性，并改善其运行经济性。

目前，国外制造汽轮机的大公司有美国的通用电气公司（GE）和西屋电气公司（WH），俄罗斯的列宁格勒金属工厂和哈尔科夫汽轮机厂，日本的日立、东芝、三菱和瑞士的ABB公司等。目前，俄罗斯正在研究2000MW汽轮机。

新中国成立前我国没有生产汽轮机的制造厂。现在我国生产汽轮机的大型企业有哈尔滨汽轮机厂有限责任公司（简称哈汽）、上海汽轮机有限公司（简称上汽，STC）和东方汽轮机有限公司（简称东汽），还有以生产工业汽轮机为主的杭州汽轮机股份有限公司和以生产燃气轮机为主的南京汽轮电机（集团）有限责任公司。

上海汽轮机有限公司是由上海汽轮机厂（中国第一家汽轮机厂）与德国西门子公司共同投资组建的合资公司。哈尔滨汽轮机厂有限责任公司，前身为始建于1956年的哈尔滨汽轮机厂，20世纪80年代从美国西屋电气公司引进了300MW和600MW亚临界汽轮机设备和制造技术。东方汽轮机有限公司，前身为始建于1965年的东方汽轮机厂，1971年制造第一台汽轮机，目前的主力机型为600MW汽轮机。北京北重汽轮电机有限责任公司，前身为始建于1958年的北京重型电机厂，作为后起之秀，以300MW机组为主导产品，目前已投入生产600MW汽轮机。中国四大动力企业以300MW和600MW机组为主导产品，同时，上汽、哈汽和东汽均已能生产百万千瓦超临界、超超临界汽轮机组。

燃气轮机从1906年第一台问世至今，主要沿着以下几方面发展：①单位质量空气流量发出的功率（又称比功）增加；②耗油率减少；③燃气初温不断提高，目前，燃气初温1500℃的航空发动机已投运，初温达到1700℃的涡轮机研制工作已在进行；④大力发展联合循环。

现在世界上已有多个国家的100多家企业生产近千种型号的燃气轮机。其产品正向高温、高压比、轻型箱装式发展。从1957年开始，我国自行设计了喷发1、红旗2两台涡轮喷气发动机。综观国外燃气轮机的发展，到20世纪90年代，燃气轮机已成为航空动力的主要装置。

二、涡轮机及喷气发动机的构造与分类

1. 汽轮机

汽轮机是以水蒸气为工质的旋转式叶轮机械。其基本原理可用图3-1来表示。具有一定压力和温度的从锅炉来的蒸汽流经喷管，由于喷管中通流截面的变化，使蒸汽的热能转变为动能。高速度的蒸汽从喷管流出，射入叶片与叶片之间的通道，并推动叶片和叶轮旋转，从而对外做出机械功。对于实际应用的汽轮机，其做功的基本单元由一列静叶栅（即若干个喷管）和一列动叶栅（即与叶轮安装为一体的叶片组）组成，并常将一列静叶栅和一列动叶栅称为汽轮机的级。只有一个级的汽轮机，称为单级汽轮机；有若干个级的汽轮机，称为

多级汽轮机。

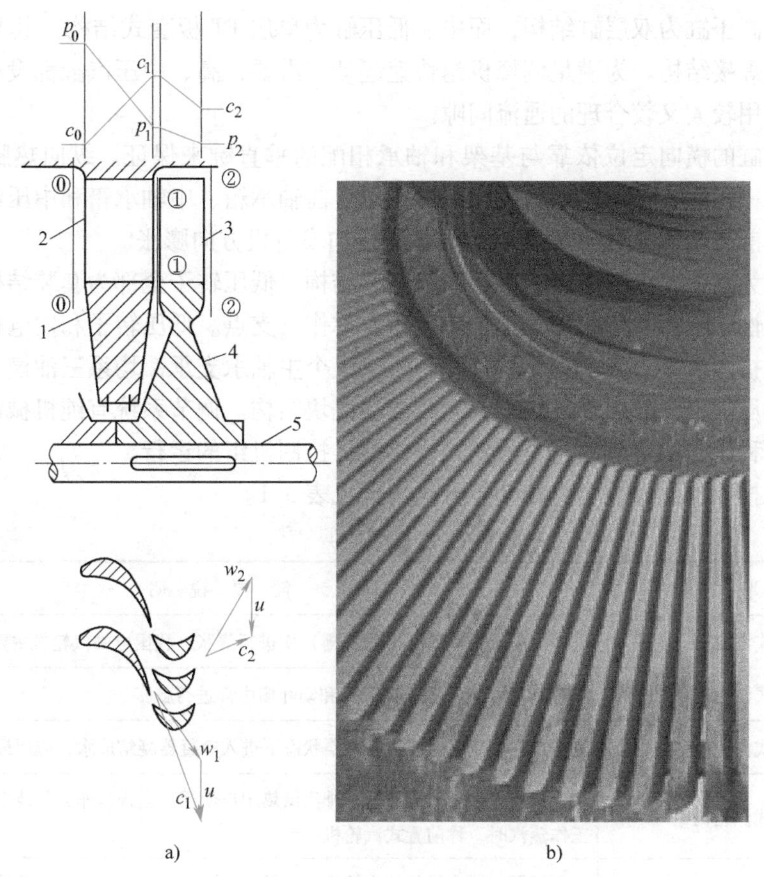

图 3-1 透平工作原理图

a）透平级的工作 b）透平叶轮

1—隔板 2—静叶片 3—动叶片 4—叶轮 5—轴

汽轮机主体主要由静子和转子两大部分组成。静子包括汽缸、隔板和静叶栅、进排汽部分、端汽封以及轴承、轴承座等。转子包括主轴、叶轮和动叶片、联轴器等。

附图 1（见书后插页）为哈尔滨汽轮机厂有限责任公司自行设计生产的 200MW 汽轮机纵剖视图。它是一次中间再热、凝汽式、单轴、三缸、三排汽口的汽轮机。进入该机组高压缸的新蒸汽参数为 12.75MPa、535℃，经再热后进入中压缸的再热蒸汽温度为 535℃。该汽轮机的通流部分由高、中、低压三部分组成，共有 37 级。高压部分有 1 个单列调节级和 11 个压力级；中压部分为 10 个压力级；低压部分为三分流式，每一个分流有 5 个压力级，其中一个分流布置在中压缸后部，另外两个分流对置在低压缸中。该汽轮机全长 21m，宽 10.8m，高（至运行层平台）4.7m，总长 36.3m。汽轮机采用喷嘴调节。进入高压缸的新蒸汽由 2 个高压自动主汽阀和 4 个高压调节汽阀控制。高压缸排汽进入中间再热器，蒸汽再热后经过 2 个中压主汽阀和 4 个中压调节阀进入中压汽缸。中压汽缸排汽分三路进入低压部分，其中 1/3 流量进入中压后汽缸，其余 2/3 经联通管进入低压汽缸，再分别排入 3 台冷凝器。汽轮机负荷变化主要依靠高压调节阀进行调节。在低于额定负荷的 35% 时，中压调节汽阀才参与调节，该阀在其他工况时保持全开状态。发生事故时，主汽阀和调节汽阀能快速

关闭，以防止在紧急状态下造成汽轮机超速事故。

该机组的高压缸为双层缸结构，而中、低压缸为单层 PT 板套式结构，其与冷凝器的连接部分为刚性焊接结构。为满足调峰机组快速起动的需要，高、中压汽缸都设有法兰螺栓加热装置，且采用较大又较合理的通流间隙。

汽轮机汽缸的横向定位依靠与基架和轴承相配的垂直键来保证。纵向热膨胀有两个死点，分别在第一和第二排汽口后壁以横向键定位。前轴承箱、中轴承箱和中压汽缸依靠基架的纵向平键向前（机头）膨胀，死点后的低压缸向发电机方向膨胀。

高压转子为整锻式，中压转子为整锻加套装结构，低压转子全部为套装结构。高、中压两转子采用刚性联轴器联接，由 3 个轴承支承，称作三支点。低压转子和发电机转子采用半挠性联轴器联接，由 2 个轴承支承。这样转子由 5 个主轴承支承，均系三油楔式。推力轴承设置在高、中压缸之间的中轴承箱内，它为摆动瓦块结构。调节系统有纯机械液压调节和电液结合调节两种，它们可以通过电液切换阀切换，控制机组的运行。

汽轮机可按工作原理或热力特性等分类，详见表 3-1。

表 3-1 汽轮机的分类

分类	形式	简要说明
按工作原理	冲动式汽轮机	蒸汽主要在喷嘴（或静叶栅）中进行膨胀，我国电站汽轮机主要采用这种形式
	反动式汽轮机	蒸汽在喷嘴（或静叶栅）和动叶栅中都进行膨胀
按热力特性	凝汽式汽轮机	排汽在低于大气压力的真空状态下进入冷凝器凝结成水，应用最广
	背压式汽轮机	排汽压力大于大气压力，排汽供热用户使用。当排汽作为其他中、低压汽轮机的工作蒸汽时，称前置式汽轮机
	抽汽式汽轮机	利用调整抽汽供热的汽轮机，包括一次调整抽汽式和二次调整抽汽式。生产用抽汽压力一般为 800～1600kPa，生活用抽汽压力一般为 70～250kPa
	抽汽背压式汽轮机	具有调整抽汽的背压式汽轮机
	乏汽轮机	利用其他蒸汽设备的低压排汽或工业生产的工艺流程中副产蒸汽工作，进汽压力通常较低
	多压式汽轮机	利用其他来源的蒸汽引入汽轮机相应的中间级，与原来的蒸汽一起工作。通常用于工业生产的工艺流程中，作为蒸汽热量的综合利用
按汽流方向	轴流式汽轮机	在汽轮机内，蒸汽基本上沿轴向流动
	辐流式汽轮机	在汽轮机内，蒸汽基本上沿辐向（径向）流动
	周流（回流）式汽轮机	指蒸汽大致沿轮周方向流动的小功率汽轮机
按用途	电站汽轮机	指在化石燃料（煤、油、天然气）、核燃料或其他能源（地热、太阳能等）的电站中带发电机的汽轮机。绝大部分采用凝汽式汽轮机 同时供热供电的汽轮机（抽汽式、背压式），通常又称为热电汽轮机
	工业汽轮机	是应用于工厂企业中的固定式汽轮机的统称，包括自备动力站的发电用汽轮机（通常是等转速的）和驱动用汽轮机（通常是变转速的）
	船用汽轮机	用于船舶推进动力装置，驱动螺旋桨

汽轮机种类很多，为方便使用，工程上常以一些符号来表示汽轮机的类型、功率、蒸汽参数等，这些符号称为汽轮机的型号。

汽轮机的型号由三组符号和数字按以下格式组成：

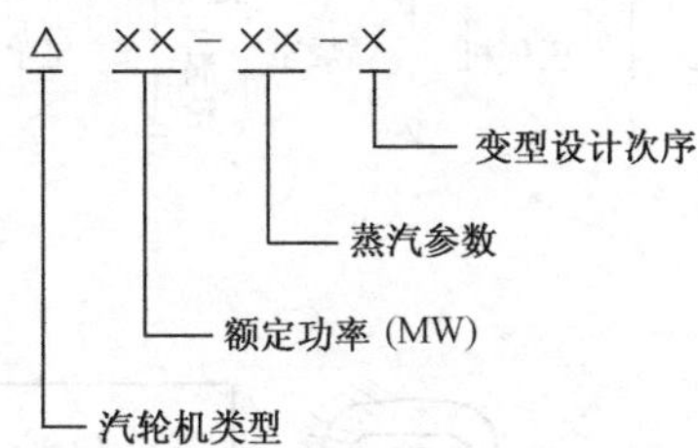

国产汽轮机类型的代号见表 3-2。

表 3-2 国产汽轮机类型的代号

代号	N	B	C	CC	CB	H	Y
类型	凝汽式	背压式	一次调节抽汽式	二次调节抽汽式	抽汽背压式	船用	移动式

国产汽轮机型号中的蒸汽参数表示方法及型号示例见表 3-3，示例中无变型设计次序项的表明该设计为原型设计。

表 3-3 蒸汽参数表示方法及型号示例

汽轮机类型	蒸汽参数表示方法	型号示例
凝汽式	主蒸汽压力/主蒸汽温度	N50—8. 28/535
中间再热式	主蒸汽压力/主蒸汽温度/中间再热温度	N600—16. 7/537/537
一次调节抽汽式	主蒸汽压力/调节抽汽压力	C50—8. 82/0. 118
二次调节抽汽式	主蒸汽压力/高压抽汽压力/低压抽汽压力	CC12—3. 43/0. 98/0. 118
背压式	主蒸汽压力/背压	B50—8. 82/0. 98
抽汽背压式	主蒸汽压力/抽汽压力/背压	CB25—8. 82/1. 47/0. 49

2. 燃气轮机

燃气轮机是一种以空气和燃气为工质将热能转变为机械能的热机。其基本工作原理类同于汽轮机。图 3-2 所示为燃气轮机简图。

大多数燃气轮机的工作介质是从周围大气中吸入的空气。空气连续不断地被吸入，在压气机中压缩增压后，进入燃烧室中与喷入的油混合燃烧成为高温高压的燃气，再进入透平中膨胀做功。显然，燃气的膨胀功必然大于空气在压气机中被压缩所耗的功，这样就有部分富余的功可以被利用。可见，燃气轮机的膨胀功可以分为两部分，一部分膨胀功通过传动轴传递给压气机，用以压缩吸入燃气轮机的空气；其余的膨胀功则对外输出，用以发电或作为飞机、车辆、舰艇等的动力。

压气机、燃烧室和用于带动压气机工作的透平（即燃气涡轮），这三个部分合称燃气发生器。这部分透平称为燃气发生器透平。燃气发生器出口的燃气具有一定的压力和温度，可以对外输出做功，不同用途的燃气轮机，输出做功的方式也不同。

对于地面燃气轮机、船用燃气轮机或某些航空燃气轮机，要求提供轴功率，因此在燃气发生器后面再设置动力透平，如图 3-2b 所示。动力透平和燃气发生器透平可以固定在一根轴上，也可以有自己的旋转轴，因此有自己旋转轴的动力透平和燃气发生器透平称为分轴式

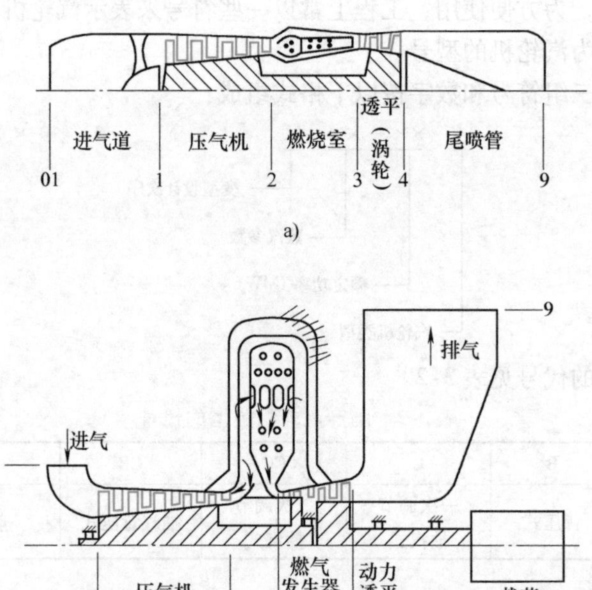

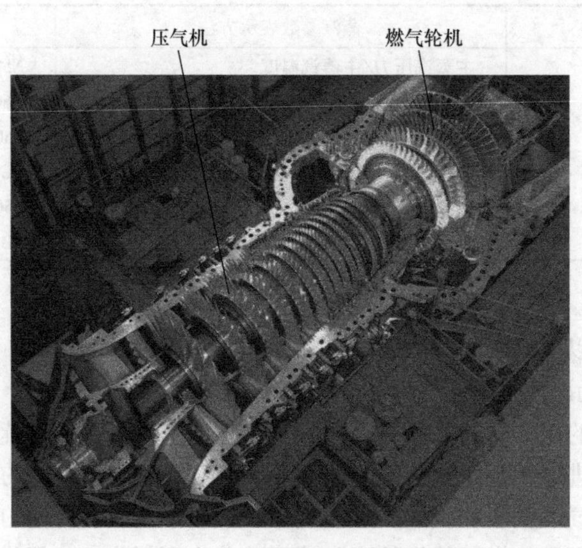

图 3-2 燃气轮机简图

a）航空涡轮喷气发动机　b）输出轴功率的地面用燃气轮机　c）燃气轮机实物

燃气轮机。分轴式结构在性能上有许多优点，而最主要的优点则是，当燃气轮机在非设计工况下工作时，燃气发生器转子和动力透平可以有不同的转速，使得各部件具有较高的工作效率和较宽的运行范围。动力透平若与燃气发生器透平固定在同一根轴上，即为单轴式结构，往往难以用某一个截面来划分燃气发生器透平和动力透平，因为在设计时，一根轴上各级透平间的功率分配，并不是以燃气发生器透平和动力透平的功率大小来划分的。

航空燃气轮机最基本的形式是航空涡轮喷气发动机，如图 3-2a 所示。燃气发生器出口的高温、高压燃气在尾喷管中膨胀加速，向后方高速喷射，可获得反作用推力。

可以把燃气透平分为轴流式与径流式两大类型。图 3-3 和图 3-4 中分别为这两种透平的结构示意图。

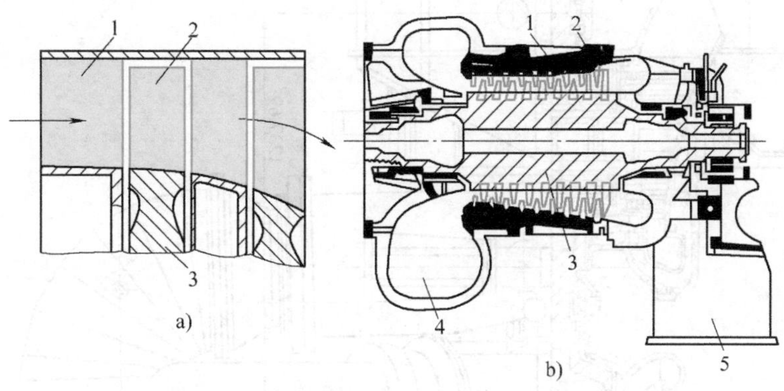

图 3-3　轴流式透平的结构示意图

a）轴流式透平通流部分示意　b）轴流式透平的纵剖面

1—静叶　2—动叶　3—工作叶轮（转子）　4—排气缸　5—进气缸

径流式（又称向心式）透平适宜在小功率燃气轮机中应用。通常所见的大多数燃气透平则是轴流式的，因为它允许流过比较大的燃气流量，而膨胀效率又较高，结构上又便于做成多级形式，因而能够满足高膨胀比和大功率的要求。

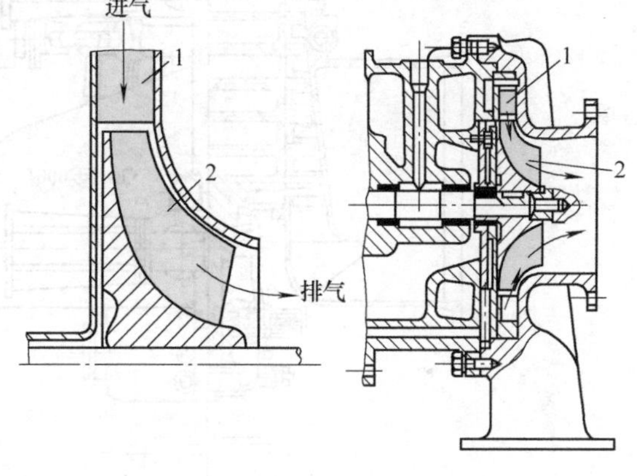

图 3-4　径流式透平的结构示意图

1—静叶环　2—工作转子

图 3-5 所示为东汽 1978 年试制成功的 6MW 发电用燃气轮机。燃气轮机结构剖视图如附图 2（见书后插页）所示。

燃气轮机按用途可以分为两大类：一类作为地面机械（如发电机、船舶、机车、各种泵）的动力，称为地面燃气轮机；另一类作为飞机的动力，称为航空燃气轮机。前者需要产生带动地面发电机或机械的轴功率，后者用来产生飞机的推力和拉力。

根据不同用途，可以采用不同类型的航空燃气轮机，主要类型有：用于飞机——涡轮喷气发动机、涡轮风扇发动机及涡轮螺旋桨发动机；用于直升机——涡轮轴发动机。

上述发动机的区别在于燃气发生器的载荷不同，即用燃气发生器的可用功产生发动机推力（或拉力）的方法不同。但对于各种航空燃气轮机的共同要求是：重量轻、用油少、工作可靠。

现代燃气涡轮单位功率的提高和燃料消耗率的降低要通过热力循环的最优化，即提高涡轮入口温度和压气机压比来实现。然而，涡轮入口温度被叶片材料所限制，而且这一温度的进一步提高必须依赖于涡轮叶片能否在高温燃气下长期安全工作，因此必须对涡轮叶片实施冷却保护。至今为止，气膜冷却是一种广泛采用且行之有效的保护方法。为了减少污染，也采用了低 NO_x 燃烧技术。

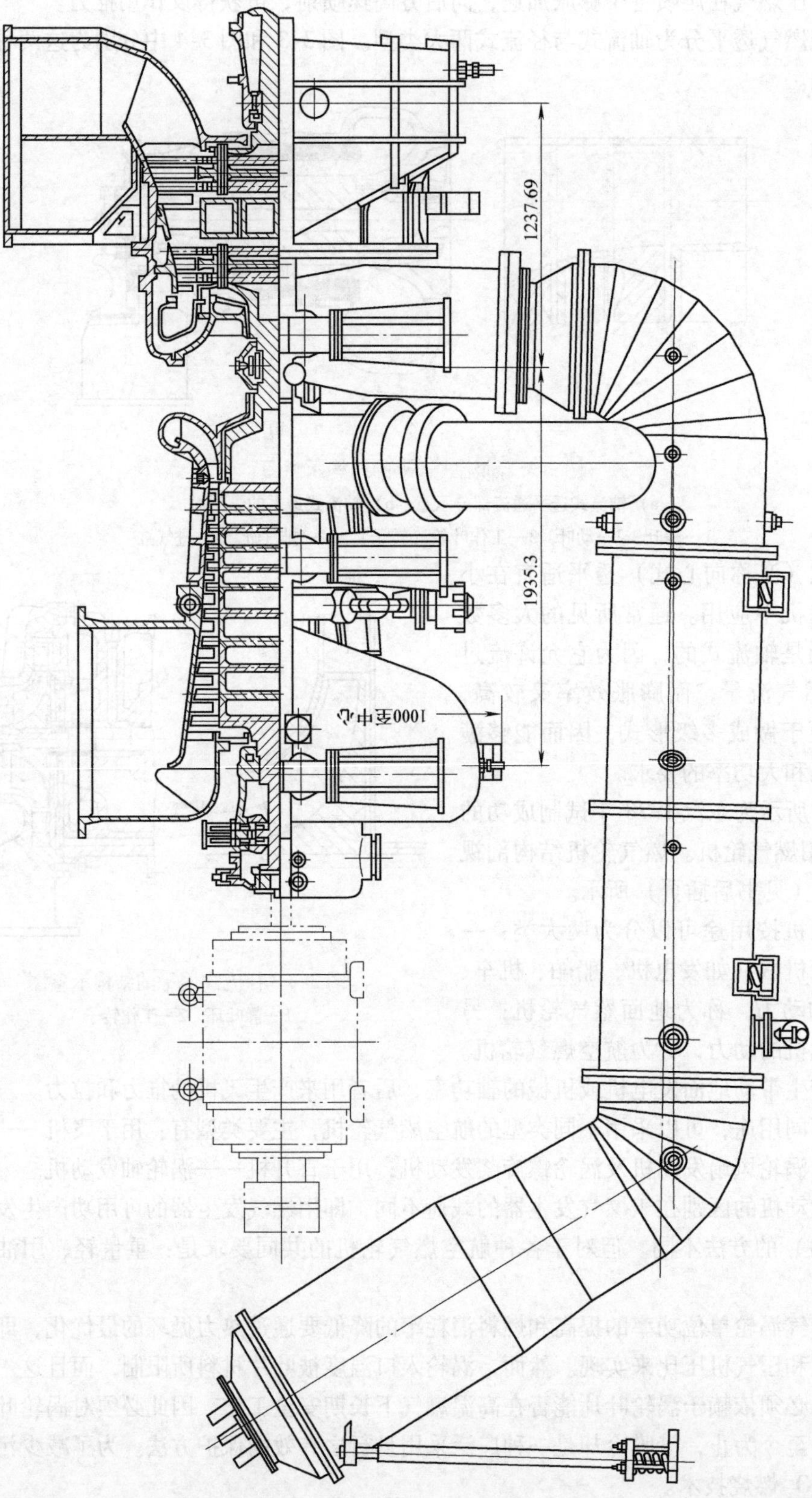

图 3-5　R－800－60燃气轮机

第二节　热力涡轮机级的基本理论

汽轮机和燃气轮机统称为热力涡轮机，虽然它们因工质不同而导致各自具有不同的特征，但它们的基本工作原理相同。本节以汽轮机为例，阐述级的工作原理，级内的工作过程和叶栅概念。

一、透平级的概念

在透平级里，工质的热能转变为轴上的机械功，这一能量转换过程是在静止的喷嘴（又称静叶）和旋转的动叶中完成的。

工质（蒸汽）在喷嘴中膨胀，工质的温度和压力降低，把热能转化为工质的动能，以很高的速度喷向动叶，然后在动叶的流道中顺着流道的形状改变其流动方向。为了使汽流转向，叶片必须有一个力作用于汽流，于是汽流也必须有一个与之相适应的作用力作用于叶片，这个力在周向的分力就推动着工作轮不断地旋转并发出机械功。

当汽流在动叶汽道内不膨胀加速，而只是随汽道形状改变其流动方向时，汽流因改变流动方向对流道产生的作用力（离心力），称为冲动力。这时蒸汽所做的机械功等于它在动叶栅中动能的变化量，并将这样的静、动叶组成的级称为冲动级。

如果蒸汽在动叶汽道内随汽道改变流动方向的同时仍继续膨胀、加速，即汽流不仅改变方向，而且因膨胀使其速度也有较大的增加，则加速的汽流流出汽道时，对动叶栅将施加一个与汽流流出方向相反的反作用力，这个作用力称为反动力。依靠反动力推动的级称为反动级。

为说明蒸汽在动叶汽道内膨胀过程的大小，常用级的反动度 Ω 表示，它等于蒸汽在动叶汽道内膨胀时的理想焓降 Δh_b（参考图 3-12）与整个级的滞止理想焓降 Δh_t^* 之比。级的反动度可用 Ω_m 表示为

$$\Omega_m = \frac{\Delta h_b}{\Delta h_t^*} \approx \frac{\Delta h_b}{\Delta h_n^* + \Delta h_b} \tag{3-1}$$

式中，Ω_m 是指在级的平均直径（动叶顶部和根部处叶轮直径的平均值）截面上的反动度；Δh_n^* 是在喷嘴中的滞止理想焓降（参考图 3-8）。

按照蒸汽在级的动叶内不同的膨胀程度，又可分为冲动级和反动级两种。它们的工作特点如下。

1. 冲动级

冲动级有三种不同的形式：

1）纯冲动级。反动度 $\Omega_m=0$ 的级称为纯冲动级，其特点是蒸汽只在喷嘴叶栅中膨胀，在动叶栅中不膨胀而只改变其流动方向。因此，动叶栅进出口压力相等，即 $p_1=p_2$，$\Delta h_b=0$，$\Delta h_n^*=\Delta h_t^*$。纯冲动级的做功能力较大，效率较低。

2）带反动度的冲动级。通常取 $\Omega_m=0.05\sim0.20$，这时蒸汽的膨胀大部分在喷嘴中进行。因此，$p_1>p_2$，$\Delta h_n>\Delta h_b$。它具有冲动级做功能力大和反动级效率高的特点，所以得到广泛应用。

3）复速级。由喷嘴静叶栅，装于同一叶轮上的两列动叶栅和第一列动叶栅后的固定不

动的导向叶栅所组成的级，称为复速级。蒸汽通过喷嘴获得很高的流速，但在第一列动叶栅中只将其中一部分动能转变为机械功，故在第一列动叶栅出口处的蒸汽速度 c_2 还相当大。为了使这部分汽流的动能不致全部损失，特装置一组固定的导向叶栅，使汽流的方向改变为第二列动叶栅的进汽方向并进入第二列动叶栅内继续做功。因此，复速级的做功能力比单列冲动级要大。为了改善复速级的效率，也采用一定的反动度，使蒸汽在各列动叶栅和导向叶栅中也进行适当的膨胀。

图 3-6 表示蒸汽流经各种冲动级的通流部分时，其压力和速度的变化情况。图中表明了蒸汽在各种冲动级的喷嘴叶栅、导向叶栅和动叶栅出口处的压力和速度的数值差异。

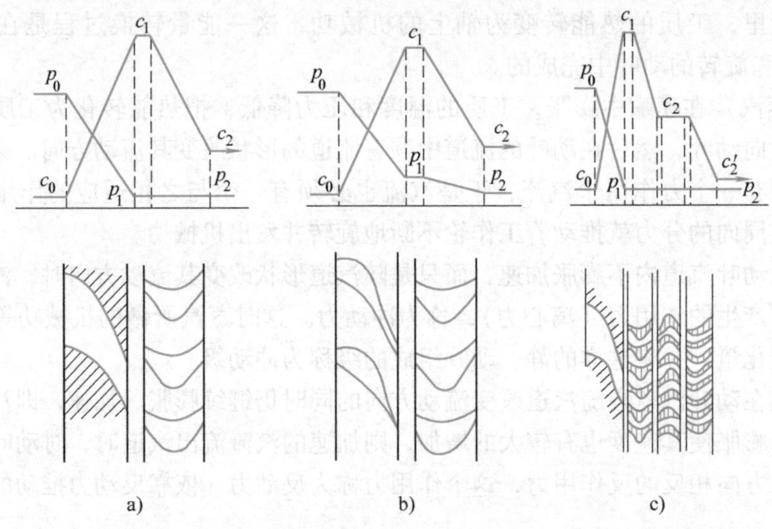

图 3-6　冲动级中蒸汽压力和速度变化示意图

a）纯冲动级　b）带反动度的冲动级　c）复速级

2. 反动级

反动度 $\Omega_m = 0.5$ 的级称为反动级，此时蒸汽的膨胀一半在喷嘴叶栅中进行，另一半在动叶栅中进行，即 $p_1 > p_2$，$\Delta h_b = \Delta h_n^* = 0.5\Delta h_t^*$。反动级的效率比冲动级的高，但做功能力较小。图 3-7 表示反动级中蒸汽压力和速度变化的情况。

此外，按照汽轮机级的工作特性，还可以将其分为速度级和压力级。速度级有双列和单列之分。

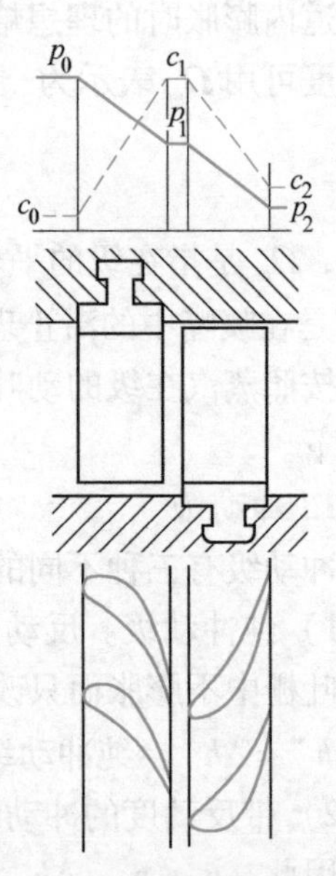

图 3-7　反动级中蒸汽压力和速度变化示意图

二、级内工作过程

1. 基本方程

在汽轮机级的热力计算中所用到的可压缩流体的一元流动基本方程如下所述。

（1）状态方程　对理想气体而言，有状态方程

$$pv = RT \tag{3-2}$$

及比焓的关系式

$$h = c_p T$$

式中，p 为绝对压力（Pa）；v 为比体积（m^3/kg）；R 为气体

常数 [J/ (kg·K)]；T 为热力学温度 (K)；c_p 为比定压热容 [J/(kg·K)]。

当蒸汽处于过热状态，并离开饱和线足够远时，可近似地利用式 (3-2)，而燃气可视为理想气体。

对于过热蒸汽来说，其状态可以更准确地表达为

$$h = \frac{\kappa}{\kappa + 1} pv + \text{常数} \tag{3-3}$$

式中，κ 为等熵指数。

当蒸汽由过热区向湿蒸汽区膨胀过渡时，利用上述公式进行计算显得不太可靠，最好使用水蒸气表和焓熵图。

对于等熵过程，参数的变化可用等熵方程来表示，即

$$\frac{p}{\rho^{\kappa}} = \text{常数} \tag{3-4}$$

式中，ρ 为气体密度 (kg/m^3)；过热蒸汽的 $\kappa = 1.3$，湿蒸汽的 $\kappa = 1.035 + 0.1x$（其中，x 是膨胀过程初态的蒸汽干度），空气的 $\kappa = 1.4$，燃气则取 $\kappa = 1.33 \sim 1.35$。

(2) 连续方程　蒸汽的稳定流动连续方程式可写成

$$\rho c A = q_m = \text{常数} \tag{3-5}$$

式中，q_m 为蒸汽的流量 (kg/s)；A 为管道内任一截面面积 (m^2)；c 为垂直于截面 A 的蒸汽速度 (m/s)；ρ 为截面 A 上的蒸汽密度 (kg/m^3)。

连续方程式的微分形式表示为

$$\frac{\mathrm{d}A}{A} + \frac{\mathrm{d}c}{c} + \frac{\mathrm{d}\rho}{\rho} = 0 \tag{3-6}$$

式 (3-6) 表示了在一元的近似条件下，密度 ρ、速度 c、截面面积 A 三者之间所遵循的数量关系。

(3) 能量方程　若在稳定流动系统中忽略势能等因素，则系统的能量方程式可写为

$$h_0 + \frac{c_0^2}{2} + q = h_1 + \frac{c_1^2}{2} + w \tag{3-7}$$

式中，h_0、h_1 表示蒸汽进入和流出系统的比焓值 (J/kg)；c_0、c_1 表示蒸汽进入和流出系统的速度 (m/s)；q 表示单位质量蒸汽通过系统时从外界吸收的热量 (J/kg)；w 表示单位质量蒸汽通过系统时对外界所做的机械功 (J/kg)。

静叶栅中既绝热，也没有机械功交换，则有

$$\mathrm{d}h^* = 0 \tag{3-8}$$

即工质在静叶栅中沿着流程方向总比焓值（滞止比焓）不变。

(4) 运动方程　对于一元定常等熵流动的运动方程式为

$$-\frac{\mathrm{d}p}{\rho} = c\mathrm{d}c \tag{3-9}$$

将式 (3-4) 代入式 (3-9) 并积分得

$$\frac{c_{1t}^2 - c_0^2}{2} = \frac{\kappa}{\kappa - 1}\frac{p_0}{\rho_0}\left[1 - \left(\frac{p_1}{p_0}\right)^{\frac{\kappa-1}{\kappa}}\right] \tag{3-10}$$

在计算流道出口截面处汽流理想速度 c_{1t} 时，只要知道进口截面的状态参数 p_0、ρ_0（或 T_0）、流速 c_0 以及出口截面的背压 p_1，就可以按式 (3-10) 求得。此式在汽轮机计算中应用

较多。

2. 工质在喷嘴中的膨胀过程

（1）喷嘴中的汽流速度计算

1）喷嘴出口的汽流理想速度。当喷嘴前的蒸汽参数 p_0、t_0 及初速 c_0 为已知，且蒸汽按等熵过程膨胀（如图 3-8 中 0-1 线所示）时，喷嘴出口汽流理想速度 c_{1t}（m/s）为

$$c_{1t} = \sqrt{2(h_0 - h_{1t}) + c_0^2} = \sqrt{2\Delta h_n + c_0^2} \tag{3-11}$$

式中，h_{1t}为蒸汽等熵膨胀的终比焓（J/kg）；Δh_n 为喷嘴的理想焓降，$\Delta h_n = (h_0 - h_{1t})$，计算时蒸汽焓值均可在蒸汽的焓熵图中查到，较为方便。

为了便于计算分析，将喷嘴进口状态由原来具有初速 c_0 的"0"点，转变为初速为零的滞止 0^* 点。于是

$$h_0^* = h_0 + \frac{c_0^2}{2} \tag{3-12}$$

将 h_0^* 代入式（3-11）后，得喷嘴出口汽流理想速度为

$$c_{1t} = \sqrt{2(h_0^* - h_{1t})} = \sqrt{2\Delta h_n^*} \tag{3-13}$$

图 3-8 蒸汽在喷嘴中的热力过程

2）喷嘴出口的汽流实际速度。由于蒸汽是具有黏性的实际气体，流动中会产生损失，使喷嘴出口的汽流实际速度 c_1 比理想速度 c_{1t}小。一般 c_1 的值常用喷嘴的速度系数 φ 乘以 c_{1t}来求得，即

$$c_1 = \varphi c_{1t} = \varphi \sqrt{2\Delta h_n^*} \tag{3-14}$$

喷嘴的速度系数 φ 与喷嘴损失的关系，可从流动过程中的动能损失 $\Delta h_{n\xi}$表示出来，即

$$\Delta h_{n\xi} = \frac{c_{1t}^2}{2} - \frac{c_1^2}{2} = (1-\varphi^2)\frac{c_{1t}^2}{2} = (1-\varphi^2)\Delta h_n^* \tag{3-15}$$

由于流动过程是绝热的，消耗于损失上的动能转变为热量，加热了蒸汽本身，使喷嘴出口汽流的实际比焓 h_1 大于理想比焓 h_{1t}，如图 3-8 所示。实际过程沿着有损失的绝热过程 0-2 膨胀，即实际过程的熵增加。

速度系数 φ 与喷嘴高度、叶型、汽道形状、表面粗糙度和前后压力等因素有关，其中与喷嘴高度 l_n 关系最为密切。

图 3-9 是根据试验结果绘制的渐缩喷嘴速度系数 φ 随喷嘴高度 l_n 的变化曲线。由图可知，当 $l_n < 15$mm 时，φ 剧烈下降；而 $l_n > 100$mm 时，φ 基本上不再随 l_n 而变化。现代汽轮机的喷嘴速度系数 $\varphi = 0.92 \sim 0.98$，一般取 $\varphi = 0.97$。

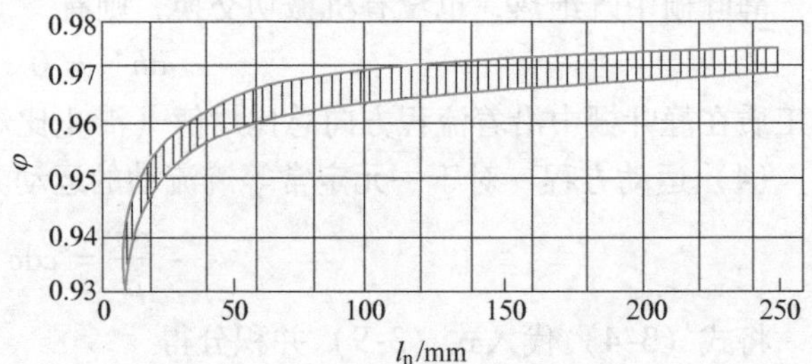

图 3-9 渐缩喷嘴速度系数 φ 随喷嘴高度 l_n 的变化曲线

（2）蒸汽在喷嘴斜切部分中的膨胀 汽流从喷嘴流出时，因结构上的限制而形成汽流的喷嘴斜切部分（图 3-10 中 *ABC* 段流动）。为了使汽流进入动叶汽道时能

更好地将其动能转换为机械能，应了解斜切部分的汽流流动情况。

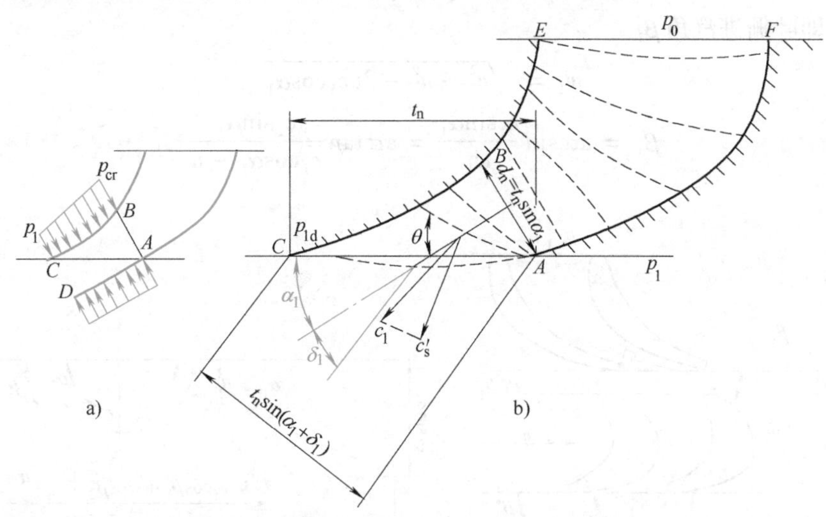

图 3-10　蒸汽在斜切部分的膨胀

a）斜切部分两侧压力分布情况　b）斜切部分内汽流的偏转

当喷嘴出口断面上的压力比大于或等于临界压力比时，喷嘴喉部断面 AB 上的流速小于或等于声速。喷嘴的出汽角 α_1 为

$$\alpha_1 = \arcsin \frac{\overline{AB}}{\overline{AC}} \tag{3-16}$$

当喷嘴出口断面上的压力比小于临界压力比时，喷嘴喉部断面 AB 上的流速等于临界速度，压力为临界压力。在喷嘴斜切部分中汽流将继续膨胀，即从喉部断面的临界压力膨胀到喷嘴出口处的压力 p_1。但喉部的 A 点上汽流的压力将从 p_{cr} 突然降到 p_1，产生汽流的扰动，斜切部分形成以 A 点为中心的膨胀波区，压力通过 A 点引射出的一束特性线，即等压线。随着汽流的压力降低，汽流的速度增加，从而获得超声速的汽流。当背压 p_1 继续降低时，在极限情况下斜切部分最后一根特性线将与出口边 AC 重合。而在一元流动近似条件下，沿 BC 段流动的汽流，压力则从 p_{cr} 逐渐降到 p_1，但沿假想的汽流 AD 段的压力（图 3-10a）则是均匀分布的，即恒等于 p_1，于是，BC 面给汽流的合力大于 AD 面给汽流的合力，因而使汽流绕 A 点偏转一个角度 δ。若已知喷嘴压力比 ε_n、蒸汽等熵指数 κ 及喷嘴出汽角 α_1，就可以求出汽流在喷嘴斜切部分的偏转角 δ_1，即

$$\frac{\sin(\alpha_1 + \delta_1)}{\sin\alpha_1} \approx \frac{\left(\frac{2}{\kappa+1}\right)^{\frac{1}{\kappa-1}} \sqrt{\frac{\kappa-1}{\kappa+1}}}{\varepsilon_n^{\frac{1}{\kappa}} \sqrt{1-\varepsilon_n^{\frac{\kappa-1}{\kappa}}}} \tag{3-17}$$

3. 工质在动叶栅中的流动和速度三角形

由于动叶栅是以圆周速度 u 旋转的，所以具有速度 c_1 的汽流是以相对于动叶栅的相对速度 w_1 进入动叶的，即 $\boldsymbol{w}_1 = \boldsymbol{c}_1 - \boldsymbol{u}$，动叶栅的圆周速度 u 常用其平均直径 d_m 及转速 n 来表示，即

$$u = \frac{\pi d_m n}{60}$$

蒸汽进入动叶的速度 c_1、相对速度 w_1 和动叶栅的圆周速度 u 之间的矢量关系，用图 3-

11a 所示的速度三角形来表示，并用几何解析法求这些速度之间的关系及相对速度进入动叶栅的角度，即叶栅进汽角 β_1。

$$w_1 = \sqrt{c_1^2 + u^2 - 2uc_1\cos\alpha_1} \tag{3-18}$$

$$\beta_1 = \arcsin\frac{c_1\sin\alpha_1}{w_1} = \arctan\frac{c_1\sin\alpha_1}{c_1\cos\alpha_1 - u} \tag{3-19}$$

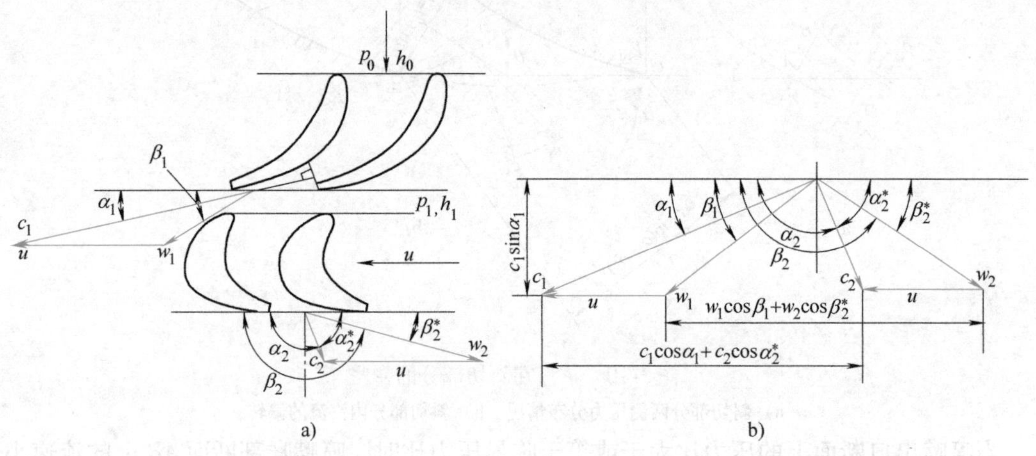

图 3-11　动叶栅进出口速度三角形

为了减少汽流进入动叶时的撞击损失，动叶栅的几何进口角与进汽角应该相适应。

同理，按动叶栅出口速度三角形，求其出口绝对速度 c_2 及出汽角 α_2，其值为

$$c_2 = \sqrt{w_2^2 + u^2 - 2uw_2\cos(180° - \beta_2)} \tag{3-20}$$

$$\alpha_2 = \arcsin\frac{w_2\sin(180° - \beta_2)}{c_2} = \arcsin\frac{w_2\sin\beta_2^*}{c_2} \tag{3-21}$$

为了方便，将动叶栅进出口速度三角形绘在一起，如图 3-11b 所示。图中，$\beta_2^* = 180° - \beta_2$，$\alpha_2^* = 180° - \alpha_2$。

若不计动叶损失，则动叶栅出口汽流理想速度 w_{2t} 为

$$w_{2t} = \sqrt{2(h_1 - h_{2t}) + w_1^2} = \sqrt{2\Omega_m\Delta h_t^* + w_1^2} = \sqrt{2\Delta h_b^*} \tag{3-22}$$

式中，$(h_1 - h_{2t})$ 为动叶栅的理想比焓降（J/kg）；Ω_m、Δh_t^* 为级的平均反动度和理想比焓降（J/kg）；$w_1^2/2$ 为动叶栅进口处蒸汽动能（J/kg）；Δh_b^* 为动叶栅滞止理想比焓降（J/kg），如图 3-12 所示。

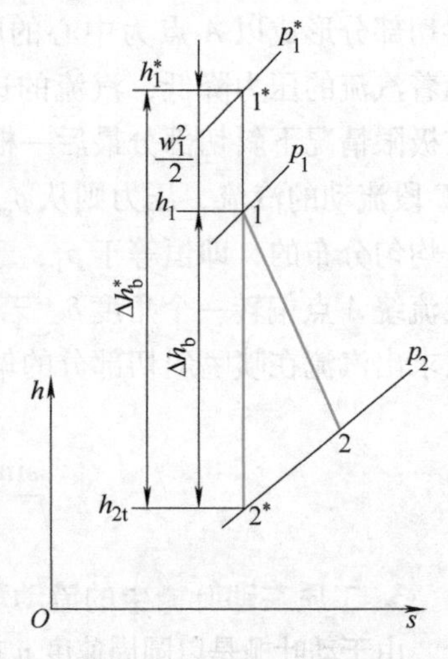

图 3-12　蒸汽在动叶栅中的热力过程

由于动叶汽道内的流动实际上是有损失的，于是动叶栅出口实际相对速度 w_2 可表示为

$$w_2 = \Psi w_{2t} = \Psi\sqrt{2\Delta h_b^*} \tag{3-23}$$

式中，Ψ 为动叶速度系数。

动叶栅的能量损失 $\Delta h_{b\xi}$ 也可用动能损失表示，即

$$\Delta h_{b\xi} = \frac{1}{2}(w_{2t}^2 - w_2^2) = (1 - \Psi^2)\Delta h_b^* \tag{3-24}$$

Ψ与叶型、反动度Ω_m及表面粗糙度等有关，尤其与l_b和Ω_m关系较为密切。通常在汽轮机的动叶栅中，$\Psi=0.85\sim0.95$。

例 3-1　已知喷嘴前蒸汽压力为$p_0=2.8\text{MPa}$，温度$t_0=400℃$，喷嘴后蒸汽压力$p_1=1.95\text{MPa}$，温度$t_1=350℃$，喷嘴出汽角$\alpha_1=14°$，动叶后的蒸汽压力$p_2=1.85\text{MPa}$，温度$t_2=345℃$。级的平均直径$d_m=1.3\text{m}$，汽轮机转速$n=3000\text{r/min}$，蒸汽初速可以忽略不计。试求该级的喷嘴和动叶的速度系数φ和Ψ。

解　根据已知条件可在h-s图上查得：

初比焓$h_0=3235.8\text{kJ/kg}$，喷嘴后蒸汽实际比焓$h_1=3139.7\text{kJ/kg}$。过初始点作等熵线交p_1线可得喷嘴后蒸汽理想比焓$h_{1t}=3132.0\text{kJ/kg}$。

喷嘴理想比焓降为

$$\Delta h_n=h_0-h_{1t}=(3235.8-3132.0)\text{kJ/kg}=103.8\ \text{kJ/kg}$$

喷嘴损失为　$$\Delta h_{n\xi}=h_1-h_{1t}=(3139.7-3132.0)\text{kJ/kg}=7.7\ \text{kJ/kg}$$

喷嘴速度系数为　$$\varphi=\sqrt{1-\frac{\Delta h_{n\xi}}{\Delta h_n}}=\sqrt{1-\frac{7.7}{103.8}}=0.962$$

该动叶圆周速度为　$$u=\frac{\pi d_m n}{60}=\frac{\pi\times1.3\times3000}{60}\text{m/s}=204.2\text{m/s}$$

喷嘴出口汽流速度为

$$c_1=\varphi\sqrt{2\Delta h_n}=0.962\times\sqrt{2\times10^3\times103.8}\text{m/s}=438.3\text{m/s}$$

动叶进口相对速度为　$$\begin{aligned}w_1&=\sqrt{c_1^2+u^2-2c_1u\cos\alpha_1}\\&=\sqrt{438.3^2+204.2^2-2\times438.3\times204.2\cos14°}\ \text{m/s}\\&=245.2\text{m/s}\end{aligned}$$

由p_2、t_2及过喷嘴出口状态点作等熵线交p_2，可查得

动叶后蒸汽实际比焓$h_2=3130.65\text{kJ/kg}$，理想比焓$h_{2t}=3125.16\text{kJ/kg}$。

动叶进口滞止比焓为

$$h_1^*=h_1+\frac{w_1^2}{2}=\left(3139.7+\frac{245.2^2}{2\times1000}\right)\text{kJ/kg}=3169.76\text{kJ/kg}$$

滞止动叶理想比焓降为

$$\Delta h_b^*=h_1^*-h_{2t}=(3169.76-3125.16)\text{kJ/kg}=44.6\text{kJ/kg}$$

动叶损失为　$$\Delta h_{b\xi}=h_2-h_{2t}=(3130.65-3125.16)\text{kJ/kg}=5.49\text{kJ/kg}$$

动叶速度系数为　$$\Psi=\sqrt{1-\frac{\Delta h_{b\xi}}{\Delta h_b^*}}=\sqrt{1-\frac{5.49}{44.6}}=0.936$$

第三节　涡轮机级的损失与效率

本节以汽轮机为例，阐述级的损失与效率。

一、蒸汽作用在动叶片上的力和轮周功

为了获得蒸汽作用在动叶上的力 F_b，在汽流中截取一束流过动叶汽道的汽流流线。如图3-13所示，F_u 为蒸汽作用于动叶片的圆周力，F_z 为蒸汽作用于动叶片的轴向作用力，蒸汽对动叶片的总作用力为 F_b，则有

$$F_b = \sqrt{F_u^2 + F_z^2} \tag{3-25}$$

把单位时间内汽流对动叶片所做的功称为轮周功率，它等于圆周力 F_u 和圆周速度 u 的乘积，于是级的轮周功率 P_u 为

$$P_u = F_u u = q_m u(c_1\cos\alpha_1 - c_2\cos\alpha_2) \tag{3-26}$$

或

$$P_u = q_m u(w_1\cos\beta_1 - w_2\cos\beta_2) \tag{3-27}$$

式中，q_m 为蒸汽的流量。

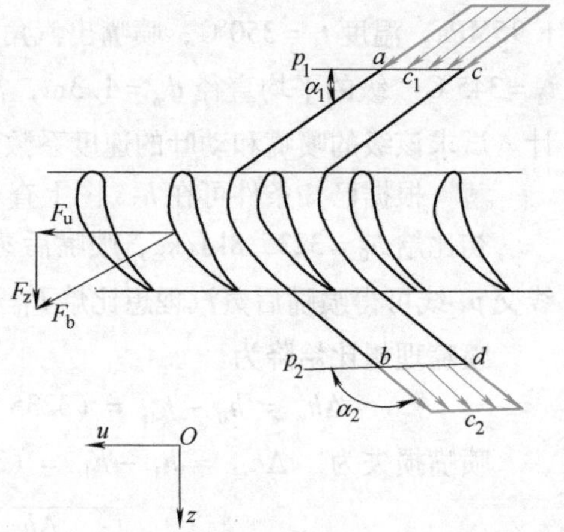

图3-13 蒸汽流过动叶栅的汽流图

当 $q_m = 1\text{kg/s}$ 时，上式表示1kg蒸汽所产生的有效功，或称级的做功能力，用 P_{u1} 表示，则

$$P_{u1} = u(w_1\cos\beta_1 - w_2\cos\beta_2) = u(w_1\cos\beta_1 + w_2\cos\beta_2^*) \tag{3-28}$$

或

$$P_{u1} = u(c_1\cos\alpha_1 - c_2\cos\alpha_2) = u(c_1\cos\alpha_1 + c_2\cos\alpha_2^*) \tag{3-29}$$

P_{u1} 与动叶的进、出汽角 β_1 和 β_2^* 有关。冲动级动叶片的进、出汽角 β_1 和 β_2^* 值均较小，所以做功能力较大；而反动级动叶片的 β_1 和 β_2^* 角均较冲动级大，所以它的做功能力较小。

利用速度三角形的三角函数关系式，可得轮周功率的另一种表示形式为

$$P_{u1} = \frac{1}{2}[(c_1^2 - c_2^2) + (w_2^2 - w_1^2)] \tag{3-30}$$

蒸汽在动叶栅中做功后，以绝对速度 c_2 离开动叶栅，故有一部分动能 $c_2^2/2$ 未能在动叶中转变为机械功，成为这一级的余速损失 Δh_{c_2}，即

$$\Delta h_{c_2} = \frac{c_2^2}{2} \tag{3-31}$$

在多级汽轮机中，余速可能被下一级部分或全部利用。余速利用系数 $\mu = 0 \sim 1$，就是用来表示余速动能被下一级所利用的程度。为了叙述方便，用 μ_0 表示本级利用上一级余速动能的份额，用 μ_1 表示本级的余速动能被下一级所利用的份额，于是被下一级利用的余速能量 $\Delta h_{\mu 1}$ 为

$$\Delta h_{\mu 1} = \mu_1 \frac{c_2^2}{2} \tag{3-32}$$

如果进入喷嘴的蒸汽具有一定的初速 c_0，则根据 $\mu_0 \Delta h_{c_0} = \mu_0 c_0^2/2$ 确定蒸汽的滞止状态 0^*，并把 $\Delta h_{n\xi}$、$\Delta h_{b\xi}$、Δh_{c_2} 绘于 h-s 图中，如图3-14所示，则可以表示出级的轮周有效比焓降 Δh_u 为

$$\Delta h_u = \mu_0 \frac{c_0^2}{2} + \Delta h_t - \Delta h_{n\xi} - \Delta h_{b\xi} - \Delta h_{c_2} \tag{3-33}$$

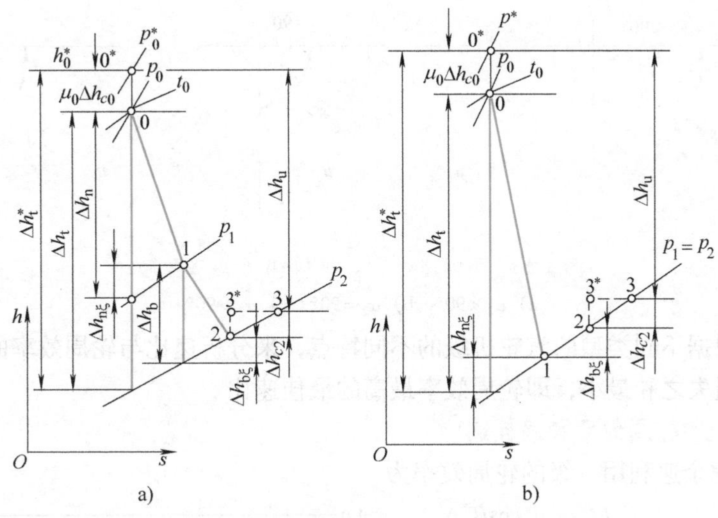

图 3-14　h-s 图中汽轮机级的热力过程

a）带反动度的冲动级　b）纯冲动级

二、级的轮周效率与最佳速比

将透平级所发出的轮周功率 P_{u1} 和工质在该级所具有的理想能量 E_0 之比定义为透平级的轮周效率，即

$$\eta_u = \frac{P_{u1}}{E_0} \tag{3-34}$$

式中，$E_0 = \Delta h_t^* - \mu_1 \Delta h_{c_2}$，因为考虑到余速利用，$\mu_1 \Delta h_{c_2}$ 成为下一级喷嘴的进口初速动能，并未在本级消耗掉，故本级理想能量 E_0 应是本级滞止理想比焓降 Δh_t^* 减去被下一级利用的余速动能 $\mu_1 \Delta h_{c_2}$。

轮周效率也可以从能量损失的角度来表示，即

$$\eta_u = \frac{\Delta h_t^* - \Delta h_{n\xi} - \Delta h_{b\xi} - \Delta h_{c_2}}{E_0} = 1 - \xi_n - \xi_b - (1 - \mu_1)\xi_{c_2} \tag{3-35}$$

式中，$\xi_n = \Delta h_{n\xi}/E_0$、$\xi_b = \Delta h_{b\xi}/E_0$、$\xi_{c_2} = \Delta h_{c_2}/E_0$ 分别为级的喷嘴、动叶和余速的能量损失系数。

从式（3-35）可知，透平级的轮周效率的高低是与三项损失的大小有关的。其中 ξ_n、ξ_b 的大小，与其速度系数 φ 和 Ψ 值的大小有关。一旦叶型选定，则 φ 和 Ψ 值就基本确定。ξ_{c_2} 取决于 c_2。在一定的 c_1 下，改变 u 可以得出三种不同的情况，如图 3-15 所示。图 3-15b 中，因出口速度 c_2 在轴方向，故 c_2 为最小。从这三种情况可见，只有当 u/c_1 为图 3-15b 所示这样特定的速度关系时，才可得到 c_2 的最小值，即余速损失最小，这个速比称为最佳速比。设计汽轮机时，应力求使叶轮圆周速度与喷嘴出口速度之比保持为最佳速比，以求得最小的余速损失。

速比 $x_a = u/c_a$ 或 $x_1 = u/c_1$ 是级的圆周速度 u 与假想速度 c_a 或喷嘴出口速度 c_1 的比值，其中，$c_a = \sqrt{2\Delta h_t^*}$。这是汽轮机级的一个非常重要的特性，直接影响汽轮机的轮周效率和

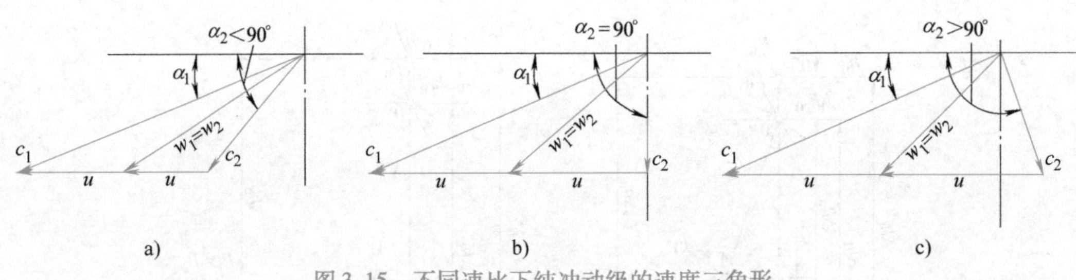

图 3-15 不同速比下纯冲动级的速度三角形

a) $\alpha_2<90°$ b) $\alpha_2=90°$ c) $\alpha_2>90°$

做功能力。现根据不同类型的汽轮机级的不同特点，来分析速比与轮周效率的关系，从而找出对应于三项损失之和最小，即轮周效率最高的最佳速比。

1. 纯冲动级的轮周效率和最佳速比

（1）不考虑余速利用 级的轮周效率为

$$\eta_u = 2\varphi^2 x_1(\cos\alpha_1 - x_1)\left(1 + \Psi\frac{\cos\beta_2^*}{\cos\beta_1}\right) \tag{3-36}$$

将式（3-36）中 x_1 与 η_u 的关系绘于图 3-16 中，得到 x_1-η_u 曲线为一近似的抛物线，这条曲线称为轮周效率曲线。x_1 在由 $x_1=0$ 连续改变到 $x_1=\cos\alpha_1$ 的过程中，必存在一个使 η_u 达到最大值的速比，即最佳速比 $(x_1)_{op}$。其值可按下式求得，即

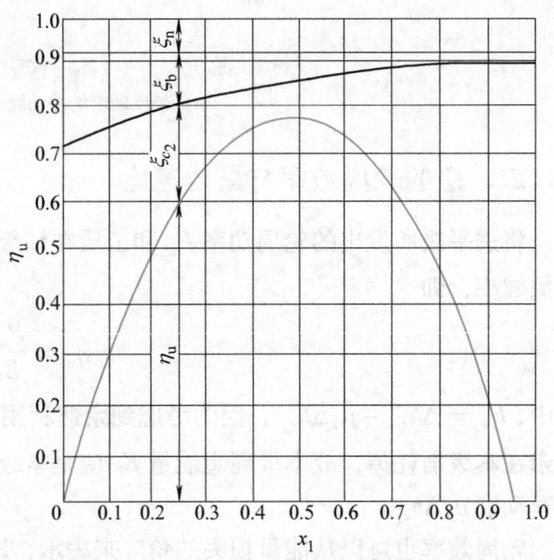

图 3-16 纯冲动级 x_1-η_u 关系曲线图

$$\frac{\partial\eta_u}{\partial x_1} = 2\varphi^2\left(1 + \Psi\frac{\cos\beta_2^*}{\cos\beta_1}\right)(\cos\alpha_1 - 2x_1) = 0$$

由于 $2\varphi^2\left(1 + \Psi\frac{\cos\beta_2^*}{\cos\beta_1}\right) \neq 0$，所以只有 $(\cos\alpha_1 - 2x_1) = 0$，于是

$$(x_1)_{op} = \frac{\cos\alpha_1}{2} \tag{3-37}$$

由于 c_1 的值不易测得，所以往往用 x_a 代替 x_1。其关系为

$$\begin{aligned} x_a &= \frac{u}{c_a} = \frac{u}{\sqrt{2\Delta h_t^*}} \\ &= \frac{u\varphi\sqrt{1-\Omega_m}}{\varphi\sqrt{1-\Omega_m}\sqrt{2\Delta h_t^*}} \\ &= \frac{u\varphi\sqrt{1-\Omega_m}}{c_1} \\ &= x_1\varphi\sqrt{1-\Omega_m} \end{aligned}$$

对于纯冲动级，$\Omega_m=0$，则 $x_a=\varphi x_1$，所以最佳速比 $(x_a)_{op}$ 为

$$(x_a)_{op} = \varphi(x_1)_{op} = \frac{\varphi\cos\alpha_1}{2} \tag{3-38}$$

若 $\varphi=0.97$，$\alpha_1=11°\sim20°$，则 $(x_a)_{op}=0.45\sim0.48$。

（2）考虑余速利用　其轮周效率表达式比较繁杂。计算表明，当 $\varphi=0.96$、$\Psi=0.90$ 及 $\alpha_1=14°$时，对于 $\mu_1=1$ 的冲动级，$(x_a)_{op}=0.585$；对于 $\mu_1=0$ 的冲动级，$(x_a)_{op}=0.47$。可见，当冲动级的余速动能全部被下一级利用时，可以大大提高最佳速比。

2. 带有反动度的冲动级的轮周功率和最佳速比

由计算可知，对 $\Omega_m=0.05\sim0.20$ 的冲动级，其最佳速比 $(x_a)_{op}$宜在 0.48 ~0.52 之间选取。

3. 复速级

在设计汽轮机时，为了使整个机组的级数减少，就必须使一级内能利用的比焓降增大，但是，随着级的比焓降增大，在一定的圆周速度 u 的限制下，速比将减小，使级的轮周效率降低。这主要是余速损失增大的缘故，因此采用复速级。

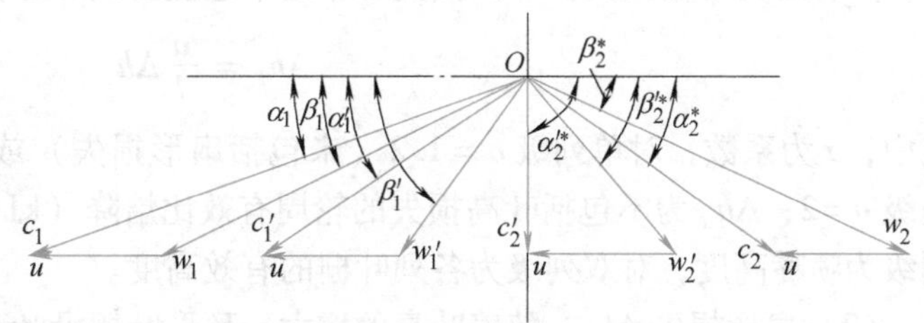

图 3-17　汽轮机复速级速度三角形

复速级的速度三角形如图 3-17所示，它是将复速级的两列动叶的进出口速度三角形绘在一起而成的。导向叶栅与第二列动叶栅的汽流速度和方向角等参数的符号右上角加撇号。

复速级的轮周效率为

$$\eta_u = 8\varphi^2 x_1(\cos\alpha_1 - 2x_1) = 8x_a(\varphi\cos\alpha_1 - 2x_a) \tag{3-39}$$

最佳速比为

$$(x_1)_{op} = \frac{\cos\alpha_1}{4} \tag{3-40}$$

或

$$(x_a)_{op} = \frac{\varphi\cos\alpha_1}{4} \tag{3-41}$$

由于双列复速级的最佳速比只为单列纯冲动级的一半，所以双列复速级一级所能承担的比焓降，单列纯冲动级则要四级才能承担。速比在 $x_1=0.2\sim0.28$ 范围内，复速级的 η_u 达到最大值。

4. 反动级

反动级中的反动度 $\Omega_m=0.5$。若静叶和动叶的叶型是一样的，则 $\alpha_1=\beta_2^*$、$\beta_1=\alpha_2^*$、$\varphi=\Psi$。于是在速度三角形中，$c_1=w_2$，$c_2=w_1=c_0$。

据轮周效率的表达式可求得最佳速比，即

$$(x_1)_{op} = \cos\alpha_1 \tag{3-42}$$

或

$$(x_a)_{op} = \frac{\cos\alpha_1}{\sqrt{2\left(\cos^2\alpha_1 + \frac{1}{\varphi^2} - 1\right)}} \tag{3-43}$$

当 $\alpha_1=20°$和 $\xi_n=1/\varphi^2-1=0.16$ 时，可得 $(x_1)_{op}=0.94$ 及 $(x_a)_{op}=0.65$。反动级的轮

周效率的变化在速比最大值附近是平坦的，因此反动级适宜于工况变化较频繁的机组中。

三、级内损失和级的效率

1. 汽轮机的级内损失

汽轮机级内除了$\Delta h_{n\xi}$、$\Delta h_{b\xi}$、Δh_{c_2}外，还有叶高损失Δh_l、扇形损失Δh_θ、叶轮摩擦损失Δh_f、部分进汽损失Δh_e、漏汽损失Δh_δ和湿汽损失Δh_x。应该指出，并不是每一级都同时存在这些损失的。如在全周进汽的级中，没有部分进汽损失；在叶片较长而又不采用扭叶片的级中，才有扇形损失；采用轮鼓的反动式汽轮机，不考虑叶轮摩擦损失；不在湿汽区里工作的级，没有湿汽损失等。所以，计算级的损失需要根据其实际情况而定。

（1）叶高损失Δh_l　为了便于分析，将原来属于喷嘴和动叶中的端部损失单独分出来计算，并称之为叶高损失。叶高损失Δh_l用半经验公式计算，即

$$\Delta h_l = \frac{a}{l}\Delta h_u \tag{3-44}$$

式中，a为系数，对单列级$a=1.2$（未包括扇形损失）或$a=1.6$（包括扇形损失），对双列级$a=2$；Δh_u为不包括叶高损失的轮周有效比焓降（kJ/kg）；l为叶栅高度（mm），对单列级为喷嘴高度，对双列级为各列叶栅的有效高度。

（2）扇形损失Δh_θ　随着叶高的增大，环形叶栅沿叶高各断面的节距、圆周速度和进汽角均偏离最佳值，所以增加了流动损失。此外，在等截面直叶片级的轴向间隙中，还会产生径向流动损失，这些损失统称为扇形损失Δh_θ。扇形损失的计算公式为

$$\xi_\theta = 0.7\left(\frac{l_b}{d_b}\right)^2$$

$$\Delta h_\theta = E_0\xi_\theta \tag{3-45}$$

式中，l_b为动叶高度（m）；d_b为动叶平均直径（m）；E_0为级的理想单位质量能量（kJ/kg）。

（3）叶轮摩擦损失Δh_f　当叶轮旋转时，使叶轮与隔板或叶轮与汽缸壁之间的蒸汽具有不同的圆周速度，并且形成了具有黏性的蒸汽微团之间及其与叶轮之间的摩擦。此外，因间隙内蒸汽旋转速度不同，在叶轮两侧的子午面内形成旋涡区，这些都要消耗一部分轮周功。这些损失统称为摩擦损失。

摩擦耗功的经验公式为

$$\Delta P_f = K_1\left(\frac{u}{100}\right)^3 d^2\frac{1}{v}$$

式中，ΔP_f为摩擦耗功（kW）；K_1为经验系数，一般$K_1=1.0\sim1.3$；u为圆周速度（m/s）；d为级的平均直径（m）；v为汽室中蒸汽的平均比体积（m^3/kg）。

若级的进汽量为D_1，则叶轮摩擦损失为

$$\Delta h_f = \frac{3600\Delta P_f}{D_1} \tag{3-46}$$

（4）部分进汽损失Δh_e　部分进汽损失由鼓风损失和斥汽损失两部分组成：

1）鼓风损失。部分进汽级的隔板或汽室在整个圆周上仅有一部分装有喷嘴，其余部分不装喷嘴。装喷嘴的部分称为工作弧段，不装喷嘴的部分称为非工作弧段。这样，当叶轮旋

转时，每个动叶流道在某一瞬间进入喷嘴的工作弧段；而在另一瞬间，便离开工作弧段进入喷嘴的非工作弧段。因为非工作弧段的轴向间隙中充满了不工作的蒸汽，并且动叶的进口角一般都大于出口角（$\beta_1 > \beta_2$），在这种情况下，处于非工作弧段的动叶片就像鼓风机那样，周而复始地将不工作的蒸汽从叶轮的一侧鼓到另一侧，造成鼓风耗功损失。

2）斥汽损失。斥汽损失发生在有蒸汽通过的弧段内，因为动叶栅经过不装喷嘴的弧段时，汽道内已充满了停滞的蒸汽；当动叶进入工作弧段时，喷嘴中流出的高速汽流要排斥并加速停滞在汽道内的蒸汽，从而消耗了工作蒸汽一部分动能。此外，由于叶轮高速旋转的作用，在喷嘴组出口端与叶轮的间隙 A 中发生漏汽，如图 3-18 所示；在喷嘴组进入端的间隙 B 中，则将一部分停滞蒸汽吸入汽道，也形成了损失。这些损失统称为斥汽损失，或称为弧端损失。

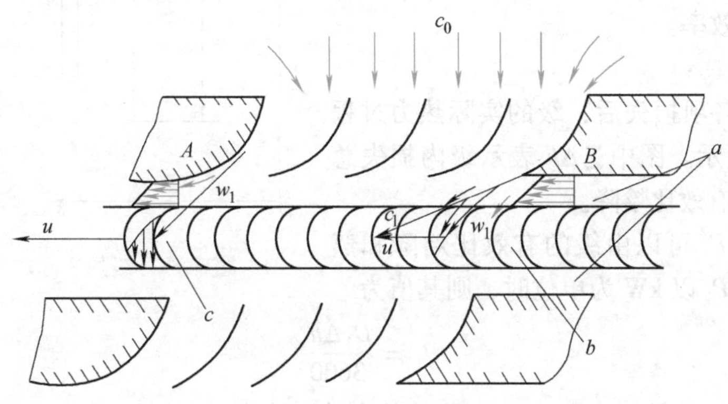

图 3-18　部分进汽时蒸汽流动示意图

部分进汽损失的推荐计算公式为

$$\Delta h_{\mathrm{e}} = \left(\frac{u}{c_{\mathrm{a}}}\right)\frac{1}{e}\left[B\left(\frac{u}{c_{\mathrm{a}}}\right)^2\left(1 - e - \frac{e_{\mathrm{k}}}{2}\right) + C\frac{Z_{\mathrm{k}}}{d}\right]\Delta h_{\mathrm{t}}^* \tag{3-47}$$

式中，e 为部分进汽度；e_{k} 为有护罩罩住的动叶片弧长占整个圆周的百分比；B、C 为计算系数，压力级取 $B=0.15$，$C=0.012$，复速级取 $B=0.55$，$C=0.016$；Z_{k} 为喷嘴组的段数；d 为喷嘴的平均直径（m）；Δh_{t}^* 为级的理想比焓降（kJ/kg）。

（5）漏汽损失 Δh_{δ}　漏汽发生在隔板汽封间隙处、动叶顶部间隙处和动叶根部的轴向间隙处，这些损失统称为漏汽损失。

隔板漏汽损失用下式确定，即

$$\Delta h_{\delta} = \frac{\Delta q_{mp}}{q_m}\Delta h_{\mathrm{u}} \tag{3-48}$$

式中，Δq_{mp}为隔板漏汽量；q_m 为级的总流量；Δh_{u} 为级的有效比焓降。

动叶顶部的漏汽损失为

$$\Delta h_{\mathrm{pt}} = \frac{\Delta q_{mt}}{q_m}\Delta h_{\mathrm{u}} \tag{3-49}$$

式中，Δq_{mt}为叶顶漏汽量，另有公式计算。

（6）湿汽损失 Δh_{x}　湿蒸汽级内由于湿蒸汽流动所造成的能量损失包括了以下主要部分：①湿蒸汽过冷损失；②蒸汽汽流驱赶水滴的能量损失；③相互间的摩擦产生的损失；

④由于水膜从叶栅出口流下时粉碎而导致尾迹变粗的附加损失；⑤水膜与壁面的摩擦、水膜与边界层相互作用所引起的损失；⑥水滴微粒撞击动叶产生的制动作用引起的损失。其中，②、③两项是决定损失增大的主要部分。

湿汽损失 Δh_x 和湿汽损失系数 ξ_x 通常用经验公式计算，即

$$\Delta h_x = (1 - x_m)\Delta h_u' \tag{3-50}$$

$$\xi_x = \frac{\Delta h_x}{E_0} = (1 - x_m)\eta_u' \tag{3-51}$$

式中，x_m 为级前后的平均蒸汽干度，$x_m = (x_1 + x_2)/2$；$\Delta h_u'$、η_u' 为未计湿汽损失的有效比焓降（kJ/kg）和轮周效率。

2. 汽轮机级效率

考虑了级内各项损失后，级的实际热力过程曲线如图 3-19 所示。图中 $\sum\Delta h$ 表示级内损失总和，Δh_i^* 为级的有效比焓降。

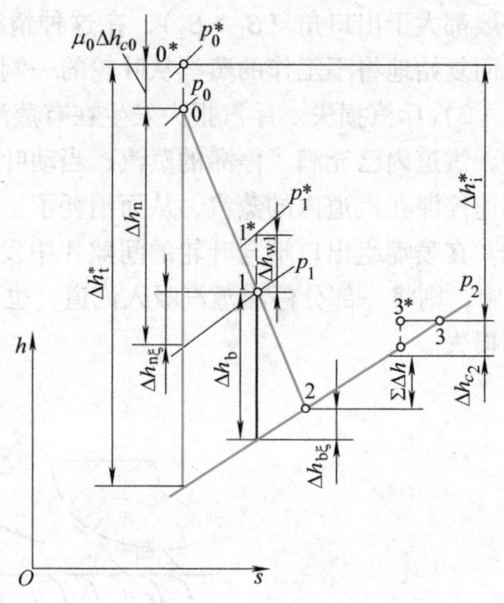

图 3-19　级的实际热力过程曲线

级的内功率 P_i 可以由级的有效比焓降和蒸汽流量求得，若 P_i 以 kW 为单位时，则其值为

$$P_i = \frac{D_1\Delta h_i}{3600} \tag{3-52}$$

式中，D_1 为级的进汽量（kg/h）；Δh_i 为级的有效比焓降（kJ/kg）。

级的相对内效率为级的有效比焓降与级的理想比焓降之比，表明级的能量转换的完善程度。当考虑余速被下一级部分利用时，可表示为

$$\eta_{ri} = \frac{\Delta h_i}{E_0} = \frac{\Delta h_t^* - \Delta h_{n\xi} - \Delta h_{b\xi} - \Delta h_l - \Delta h_\theta - \Delta h_f - \Delta h_\delta - \Delta h_x - (1-\mu_1)\Delta h_{c_2}}{\Delta h_t^* - \mu_1\Delta h_{c_2}} \tag{3-53}$$

当余速未被利用时，即 $\mu_1 = 0$，$E_0 = \Delta h_t^*$，于是有

$$\eta_{ri} = \frac{\Delta h_t^* - \Delta h_{n\xi} - \Delta h_{b\xi} - \Delta h_l - \Delta h_\theta - \Delta h_f - \Delta h_\delta - \Delta h_x - \Delta h_{c_2}}{\Delta h_t^*} \tag{3-54}$$

级的相对内效率是衡量汽轮机的一个重要经济指标，它的大小与所选用的叶型、反动度、速比和叶高有密切的关系，也与蒸汽的性质和级的结构有关。

第四节　多级涡轮机

一、多级涡轮机的热力过程

在现代的热电站和核电站中，汽轮机是在很高的初压（如 23.5MPa）和高的真空度（如 0.0034MPa）下工作的，其理想比焓降往往达到 1000 ~ 1600kJ/kg。先进的燃气轮机机组的压比也通常超过 20 以上。为了保证汽轮机和燃气轮机具有良好的经济性，应使平均直径处叶片的圆周速度达 1000m/s 以上，这是现有的热强合金材料所无法承受的强度条件。

此外，汽（气）流的马赫数也要高达 $Ma=3\sim3.5$，流动过程因而出现很大的激波损失。为了保证级在最佳速比附近工作，将会出现材料强度所不允许的极大的圆周速度。所以，动力过程中实际使用的大功率汽轮机和燃气轮机都是多级的。在汽轮机中，蒸汽在依次连接的许多级中相继做功，每一个级中只利用整个汽轮机理想比焓降中的一小部分。级数有时可达十几级，甚至更多，并配置在不同的汽缸内，根据流通时工作蒸汽压力的高低不同而分别被称为高压缸、中压缸、低压缸等。对多级汽轮机中高压和中压部分的级，叶片的圆周速度为 120～250m/s，低压缸中末几级的圆周速度可达到 350～450m/s。对大多数的级来说，汽流的马赫数均保证在 $Ma<1$，级速比则接近最佳速比，以保证整台汽轮机有良好的经济性。

图 3-20 所示为一台多级冲动式汽轮机，它由调节级和八个压力级组成，每两个叶轮之间被装有喷嘴的隔板分开。在隔板的内圆上装有轴封片，以减少漏汽。每一级均由隔板及其

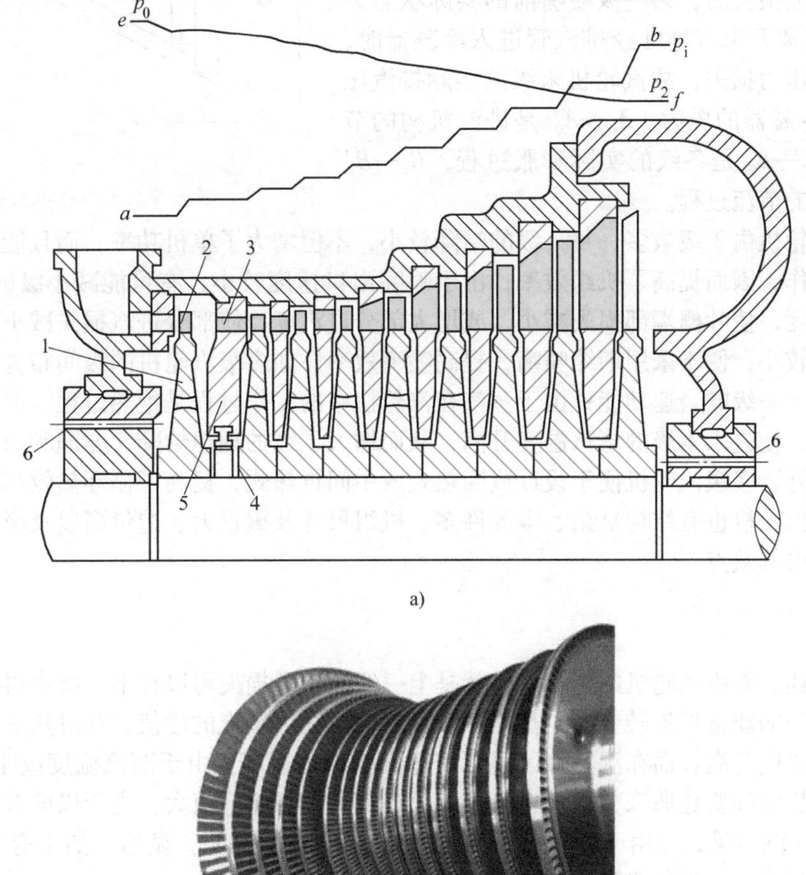

图 3-20　多级冲动式汽轮机

a）结构简图　b）多级汽轮机转子实物

1—叶轮　2—动叶　3—喷嘴　4—轴封片　5—隔板　6—端部轴封

ab—各级功率分布曲线　*ef*—各级蒸汽压力分布曲线

后面的叶轮组成，是汽轮机的基本组成部分。调节级大多做成部分进汽，其喷嘴分组装在汽室中，根据负荷大小依次开启一个或几个喷嘴组。压力级则不能随负荷改变通流面积，故也称非调节级。蒸汽顺序通过各级做功，直至最后由末级动叶排出。显然，各级功率之和就是整个汽轮机的功率。蒸汽在多级汽轮机中的工作热力过程与级中的工作过程一样，可以用 h-s 图上的热力过程线表示，如图 3-21 所示。图 3-21 中，状态点 A_0（p_0，t_0）表示调节阀前汽态，p_c 为排汽压力，ΔH_t 表示汽轮机总理想焓降。考虑节流损失后，第一级喷嘴前的实际状态为 A_0'。当蒸汽离开末级动叶经排汽管进入冷凝器时，排汽管中有压力损失，故汽轮机末级的实际排汽压力 p_c' 高于冷凝器的压力。A_0—A_0' 是进汽机构的节流过程，A_0'—B_2 是各级的实际膨胀过程，B_2—B_2' 是排汽管中的节流过程。

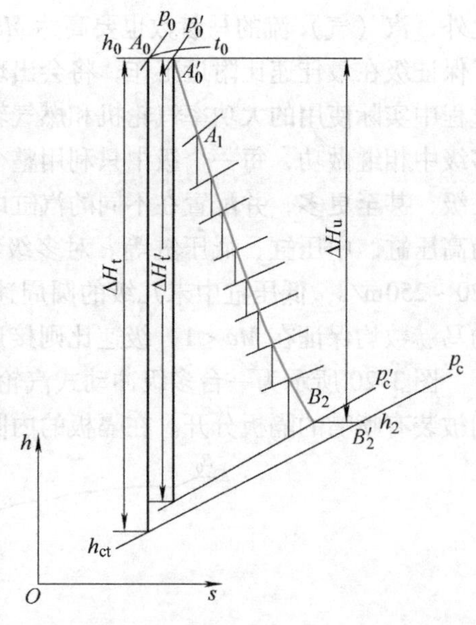

图 3-21　多级冲动式汽轮机的热力过程线

多级汽轮机由于级数多，每一级的焓降较小，不但增大了单机功率，而且能保证在最佳速比附近工作，因而提高了机组效率；由于喷嘴出口速度较小，有可能减小级的平均直径，提高叶片高度，使叶栅端部损失减小，或增大部分进汽度，使部分进汽损失减小；多级汽轮机级的焓降较小，便于采用渐缩喷嘴，提高喷嘴效率；如多级汽轮机的级间布置紧凑，则可以充分利用上一级的余速动能；由于蒸汽在汽轮机中的工作过程是绝热过程，上一级的损失转变为热能，使进入本级的蒸汽温度升高，从而增大了级的理想焓降，亦即利用前一级的损失做功。此外，多级汽轮机便于设计成回热式或中间再热式，提高了循环热效率和机组内效率。但多级汽轮机也有结构复杂、零部件多、机组尺寸及重量大、造价高以及级间有漏汽损失和湿汽损失等缺点。

二、重热系数

如上所述，多级汽轮机的优点之一就是上一级的能量损失可以在下一级中再得到部分的有效利用。级的能量损失转变成了热能，从而提高了级后蒸汽的焓值，在过热蒸汽区里，它使级后蒸汽温度升高，而在湿蒸汽区里则使蒸汽的干度提高。由于蒸汽温度或干度的提高，下一级的理想焓降要比原来整机的主等熵线上计算的理想焓降值大。之所以能有这种焓降的增加，由 h-s 图可见，是由于等压线簇在熵增方向上是发散的。显然，如果等压线相互平行，则得不到由此生成的焓降增量。

若汽轮机的级数为 n 时

$$\sum_{j=1}^{n} \Delta h_{t_j} = \sum_{j=1}^{n} \Delta h_{ts_j} + \sum_{j=1}^{n} q_j = \Delta H_t + Q \tag{3-55}$$

式中，ΔH_t 为按原等熵线得到的理想焓降值；$\sum_{j=1}^{n} \Delta h_{ts_j}$ 为按原等熵线各级的理想比焓降之和；$\sum_{j=1}^{n} \Delta h_{t_j}$ 为各级理想比焓降之和；Q 为多级汽轮机中从能量损失中回收的热能。

式（3-55）也可写成

$$\sum_{j=1}^{n} \Delta h_{t_j} = \Delta H_t\left(1 + \frac{Q}{\Delta H_t}\right) = \Delta H_t(1 + a) \tag{3-56}$$

式中，a 称为重热系数，计算式为 $a = \dfrac{Q}{\Delta H_t}$

当汽轮机的级的相对内效率为 η_{ri_j} 时，则 $\Delta h_{i_j} = \eta_{ri_j}\Delta h_{t_j}$。若各级的相对内效率均相等，并用 η_{ri} 表示，则

$$\Delta h_{i_1} + \Delta h_{i_2} + \cdots + \Delta h_{i_n} = \eta_{ri}(\Delta h_{t_1} + \Delta h_{t_2} + \cdots + \Delta h_{t_n})$$

或

$$\sum_{j=1}^{n} \Delta h_{i_j} = \eta_{ri}(1 + a)\Delta H_t$$

于是，整个汽轮机的相对内效率 $\eta_{ri,T}$ 为

$$\eta_{ri,T} = \frac{\Delta H_i}{\Delta H_t} = \frac{\sum_{j=1}^{n} \Delta h_{i_j}}{\Delta H_t} = \frac{\eta_{ri}(1 + a)\Delta H_t}{\Delta H_t} = \eta_{ri}(1 + a) \tag{3-57}$$

由式（3-57）可见，整机的相对内效率大于各级的平均相对内效率。但却不能由此得出重热系数越大，多级汽轮机效率越高的错误结论。因为重热只能回收总损失的一部分，并不能补偿损失的全部，所以 a 越大，整机的相对内效率越低。

一般多用半经验公式估算重热系数 a，即

$$a = K(1 - \eta_{ri})\frac{\Delta H_t}{418.7}\frac{Z - 1}{Z} \tag{3-58}$$

式中，K 为系数，$K=0.2$（在过热区工作）；$K=0.12$（在饱和区工作），$K=0.14\sim0.18$，（部分在过热区，部分在饱和区工作）；Z 为级数。

三、多级涡轮机的损失

多级汽轮机中，除了级内损失外，还有整个汽轮机的损失，如进、排汽机构的节流损失，前、后端轴封（轴端汽封）的漏汽损失及机械损失等。

1. 前后端轴封的漏汽损失

在涡轮机级中，在转动元件与固定构件之间总留有一定的间隙以防止碰擦。只要在间隙的两端存在着压差，就会发生不同程度的漏汽，这部分工质因不流过通流部分的主流道，未做功而造成漏汽损失。为了防止泄漏，经常采用各种结构形式的轴封和密封，其中应用最广泛的是齿形轴封，又称曲径轴封，如图 3-22 所示。齿形轴封由许多依次排列并固定在汽缸上的金属片组成，其高低齿与轴（或轴套）上凸肩相错对应并在两者之间保持一较小的径向环形齿隙 δ，每两个齿间形成一个环形汽室。蒸汽通过环形齿隙时，通道面积变小，速度增加，压力降低；随后，蒸汽流入齿后突然扩大的汽室，产生涡流和碰撞，其动能全部消耗转变成热能，在汽室压力下加热了蒸汽，使蒸汽焓值恢复到原来的数值，可见蒸汽通过轴封的热力过程是节流过程。轴封前后蒸汽的

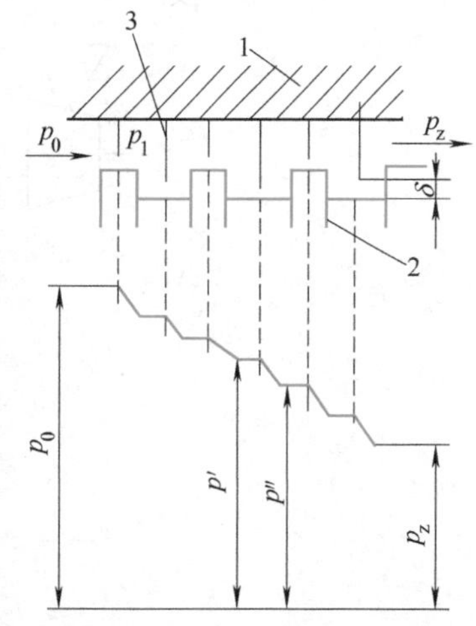

图 3-22　齿形轴封中蒸汽压力的变化

1—汽缸　2—轴　3—齿形轴封

总压降在所有的齿隙与汽室中依次逐渐降落，重复着节流过程，所以每个齿隙只承担轴封总压降的一部分。轴封的漏汽量可以进行计算，读者可查阅汽轮机的专业书籍。

2. 汽轮机进汽机构中的节流损失和排汽管中的压力损失

（1）进汽机构中的节流损失　通常汽轮机的初参数是指主汽阀前的蒸汽参数。新蒸汽引入汽轮机第一级喷嘴前，先要通过主汽阀、调节阀、管道和蒸汽室。蒸汽通过这些部件，特别是主汽阀和调节阀时，要产生压力降。由图 3-23 可见，在背压不变的条件下，若进汽阀中没有节流损失，整机的理想焓降为 ΔH_t，否则整机的理想焓降变为 $\Delta H_t''$。这种由于节流作用引起的焓降损失 $\Delta H_{t\xi}$（$\Delta H_{t\xi} = \Delta H_t - \Delta H_t''$），称为进汽机构中的节流损失。

若第一级喷嘴前的压力为 p_0'，则因节流引起的压力损失为

$$\Delta p_0 = p_0 - p_0' = (0.03 \sim 0.05)p_0 \tag{3-59}$$

高低压缸之间用连通管连接时，由于摩擦所引起的压力损失为连通管压力 p_s 的 2% ~ 3%，即

$$\Delta p_s = p_s - p_s' = (0.02 \sim 0.03)p_s \tag{3-60}$$

（2）排汽管中的压力损失　汽轮机的排汽从最后一级动叶排出后，经排汽管送到冷凝器，因克服蒸汽流动时在排汽部分的摩擦阻力和涡流而产生压降，使汽轮机末级后的静压力 p_c' 高于冷凝器内静压力 p_c，即 $\Delta p_c = p_c' - p_c$，该压降称为排汽管压力损失。Δp_c 的大小主要取决于排汽管中的汽流速度及排汽管结构形式和型线，即

$$\Delta p_c = p_c' - p_c = \lambda\left(\frac{c_{ex}}{100}\right)^2 p_c \tag{3-61}$$

式中，λ 为阻力系数（$\lambda = 0.05 \sim 0.1$），如速度高则取偏大值；c_{ex} 为排汽管中的汽流速度，通常凝汽式汽轮机取 80 ~ 100m/s，背压式汽轮机取 40 ~ 60m/s。

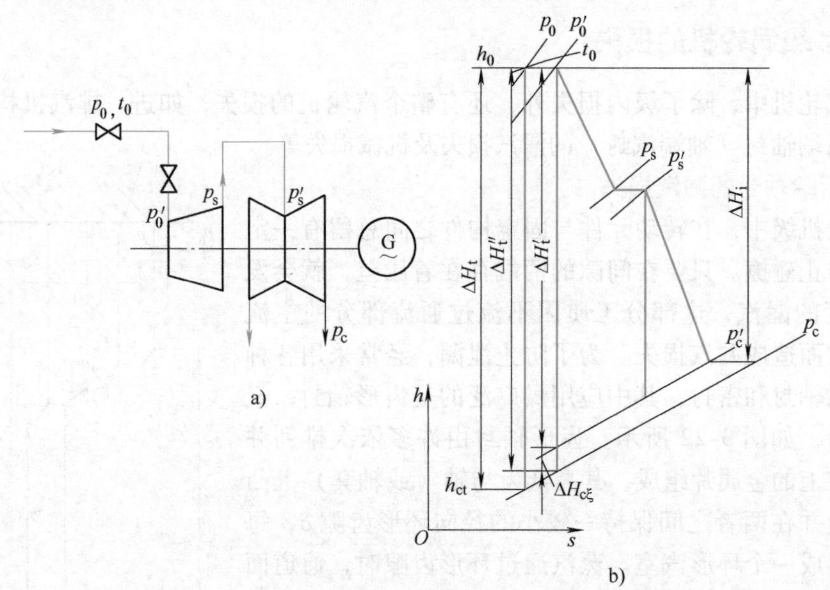

图 3-23　考虑了进汽机构中损失后的热力过程曲线

a）系统示意图　b）热力过程曲线

在上述汽流速度范围内，排汽管压力损失 $\Delta p_c = (0.02 \sim 0.06)\ p_c$。

3. 机械损失

汽轮机在运行时克服径向轴承、推力轴承的摩擦阻力及带动调速器、主油泵等所消耗的功率 ΔP_{ax}，称为机械损失。汽轮机内功率 P_i，减去机械损失 ΔP_{ax} 就是汽轮机用以带动发电机转子的功率 P_{ax}，称为轴端功率。因此，汽轮机的机械效率 η_{ax} 为

$$\eta_{ax} = \frac{P_{ax}}{P_i} = \frac{P_i - \Delta P_{ax}}{P_i} = 1 - \frac{\Delta P_{ax}}{P_i} \tag{3-62}$$

4. 汽轮机装置的效率

如果汽轮机装置按朗肯循环工作，在不考虑水泵耗功时，装置的循环热效率 η_t 为

$$\eta_t = \frac{\Delta H_t}{h_0 - h_c'} \tag{3-63}$$

式中，h_0 为蒸汽初比焓；h_c' 为凝结水比焓，如果采用回热系统，则 h_c' 应为末级高压加热器出口的给水比焓 h_{fw}。

汽轮发电机组的绝对电效率 $\eta_{a,el}$ 表示为

$$\eta_{a,el} = \frac{\Delta H_t \eta_{ri} \eta_{ax} \eta_g}{h_0 - h_{fw}} = \eta_t \eta_{ri} \eta_{ax} \eta_g \tag{3-64}$$

式中，η_g 为发电机效率。

衡量汽轮发电机组的主要经济指标是绝对电效率 $\eta_{a,el}$、汽耗率 d 和热耗率 q。

汽耗率指每发 1kW · h 电所消耗的蒸汽量，热耗率则指每发 1kW · h 电所消耗的热量。

汽耗率
$$d = \frac{q_{m0}}{P_{el}} = \frac{3600}{\Delta H_t \eta_{r,el}} \tag{3-65}$$

式中，q_{m0} 为流量（kg/h）；P_{el} 为发电机线端功率；$\eta_{r,el}$ 为相对电效率，$\eta_{r,el} = \eta_{ri} \eta_{ax} \eta_g$。

热耗率
$$q = \frac{3600}{\eta_{a,el}} \tag{3-66}$$

汽耗率不宜用来比较不同类型机组的经济性，只能对同类型同参数汽轮机评价其运行管理水平，而热耗率则可用于评价不同参数的汽轮机组的经济性。

四、汽轮机的配汽方式

汽轮机运行时，必须有适当的方法来调节汽轮机的出力，以适应外界负荷的变化，基本的调节方式（即配汽方式）为以下两种。

1. 喷嘴配汽

喷嘴配汽汽轮机有多个（组）调节阀，它的第一级为部分进汽，并配置若干个喷嘴组。调节阀（组）与喷嘴组数目相等，每个（组）调节阀只控制一个喷嘴组的进汽。依次开启或关闭调节阀即可改变工作喷嘴组的面积，控制进入汽轮机的流量，实现负荷的改变。由于这种汽轮机的第一级能改变通流面积，“参与”对进入汽轮机流量的控制和调节，因此称为调节级。

喷嘴配汽汽轮机具有以下主要特点：

1）由于各阀依次开启（或关闭），任意工况下，仅一阀为部分开启，其余各阀均为全开（或全关），故进入汽轮机的总流量中，只有流过部分开启阀门的那小部分蒸汽受到节流，从而大大改善了机组低负荷的热经济性。

2）调节级内有两股初参数不同（经全开阀门未被节流和经半开阀门受到节流）的工作蒸汽，而级后压力相同。由于一部分蒸汽经过节流，效率降低，使效率特性曲线呈波浪形。

3）汽轮机负荷变化时，调节级前后的压力和焓降要改变。第1组阀门全开时压差最大，如图3-24所示，焓降也最大。此时，部分进汽度又最小，致使调节级叶片处于最恶劣的应力状态。此外，调节级后温度也有较大幅度的波动，且沿圆周分布又不均匀。为此，喷嘴配汽汽轮机对负荷变化的适应性较差。以上因素对高参数、大功率机组的安全运行带来了一定的不利因素。

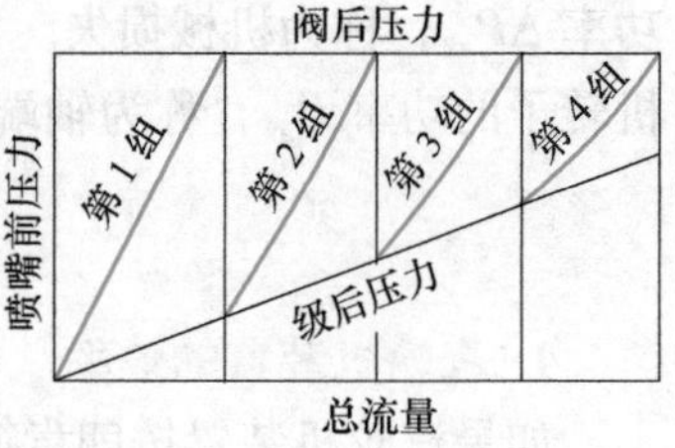

图3-24 喷嘴配汽各喷嘴组前的压力分布曲线

4）当汽轮机功率增大需流入更多蒸汽时，随着后一个阀门的开启，级后压力增大，在非临界工况下，通过全开阀门的蒸汽量反而会降低。

2. 节流配汽

节流配汽汽轮机利用调节阀对蒸汽节流，以控制进入汽轮机的流量。调节阀的开度取决于汽轮机的负荷。最大功率时，阀门全开，流量达到最大值，蒸汽在阀门中的节流损失最小。

节流配汽汽轮机结构简单，制造成本低。它无调节级，除较小功率外，汽轮机第一级均设计为全周进汽，从而简化了汽缸进汽部分的形状和结构，改善了第一级动叶强度条件，避免了第一级后温度分布不均匀性等不利因素。负荷变化时各级温度变化也小，减少了热变形和热应力的危险，提高了机组运行可靠性和对负荷变化的适应性。但节流配汽汽轮机除最大负荷工况外，调节阀均在部分开启状态，蒸汽经过节流，理想焓降减少，使机组低负荷的热经济性较差，而最大负荷下，调节阀全开，流量最大，其经济性与喷嘴配汽相近，甚至更高些。为此，节流配汽常适用于大功率、高参数带基本负荷的机组。

除上述两种配汽方式外，还有滑压调节和旁通配汽方式，它们适用于另外的场合。

五、汽轮机的工况图

汽轮发电机组的功率与汽耗量间的关系曲线称为汽轮机发电机组的工况图，简称汽轮机的工况图。不同形式的汽轮机（如凝汽式、背压式、抽汽式）因其基本特性不同，故它们的工况图也各有不同的特征。下面以凝汽式汽轮机为例，阐述其工况图特征。

对于凝汽式汽轮机，因其进汽的调节方式不同而有节流调节和喷嘴调节两种不同的工况图。图3-25所示为节流调节的凝汽式汽轮机工况图。实践表明，蒸汽流量在设计值的30%～100%范围内变化时，节流配汽凝汽式汽轮机的汽耗量D与电功率P_{el}之间的关系可用直线表示，其误差不超过1%。汽耗特性方程可表示为

$$D = D_{nl} + d_1 P_{el} \tag{3-67}$$

式中，D_{nl}为汽轮发电机组的空载汽耗量，一般为设计流量的3%～10%；d_1为汽耗的微增率，即图3-25中直线D的斜率，表示每增加单位功率所需增加的汽耗量。

对节流配汽凝汽式汽轮机进行变工况核算，可得各种功率下的汽耗量D、汽耗率d及相对电效率$\eta_{r,el}$的关系曲线，如图3-25所示。

图3-26所示为具有四个调节汽门的喷嘴调节凝汽式汽轮机的汽耗量、汽耗率、相对电效率与电功率的关系曲线。在P_{el}等于经济功率$(P_{el})_e$时，$\eta_{r,el}$最高，如点a所示。这时前

三个调节汽门刚全开（相应于工况点 c、b、a），节流损失最小，因此相应的汽耗率 d 最小，汽耗量 D 处在波浪线低谷点 J。图中各曲线呈波浪形，凡每出现一个波浪形高点（如 c、b、a 或 N、L、J），都意味着此时正有一个调节汽门全开，而波形的凹处则意味着相应有一个调节汽门处于部分开启状态。图中汽耗线 D 的波动很小，可用折线 IJK 近似代替，该折线的 IJ 段和 JK 段都可视为直线，则汽耗特性方程在小于（或等于）经济功率 $(P_{el})_e$ 时为

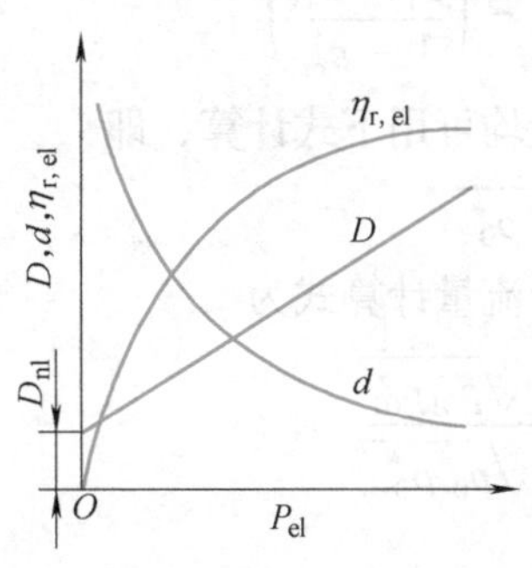

图 3-25　节流调节的凝汽式汽轮机工况图

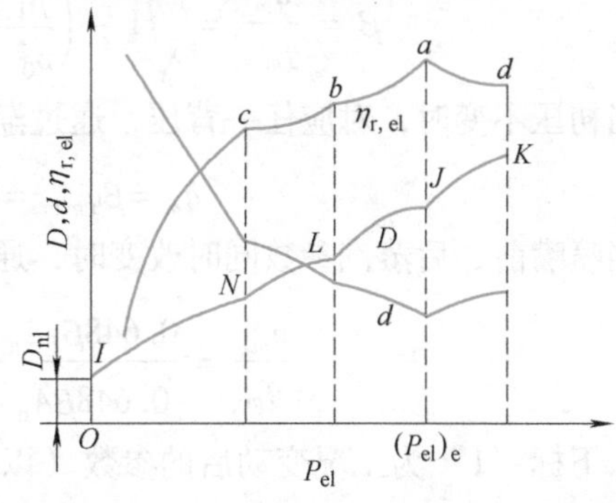

图 3-26　喷嘴调节凝汽式汽轮机工况图

$$D = D_{nl} + d_1 P_{el} \tag{3-68}$$

在大于经济功率 $(P_{el})_e$ 时为

$$D = D_{nl} + d_1 (P_{el})_e + d_1' [P_{el} - (P_{el})_e] \tag{3-69}$$

式中，d_1 与 d_1' 是小于（或等于）与大于 $(P_{el})_e$ 时的汽耗微增率。

第五节　汽轮机的变工况

汽轮机运行在设计参数的工况称为设计工况。设计工况又称为经济工况。偏离设计工况的运行工况称为汽轮机的变动工况。研究变动工况的目的在于保证汽轮机在这些工况下安全、经济地运行。

一、喷嘴在变动工况下的工作

1. 渐缩喷嘴的变动工况及其流量网

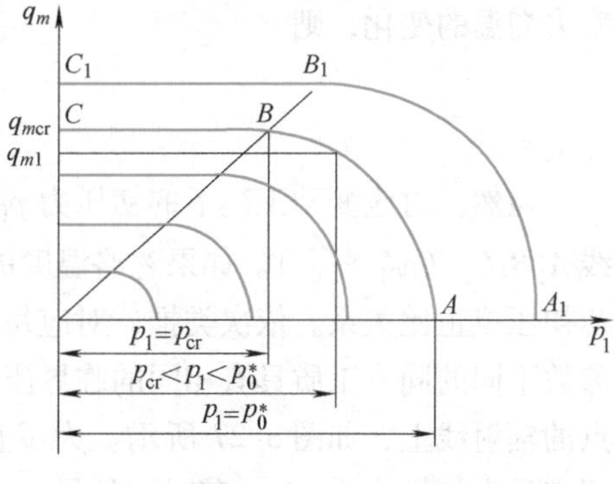

对渐缩喷嘴，当其初参数 p_0^*、ρ_0^* 及出口面积 A_n 不变时，通过喷嘴的蒸汽流量 q_m 与喷嘴前、后压力的关系可用流量曲线表示，如图 3-27 中曲线 ABC。当 $p_1 > p_{cr}$，即 $\varepsilon_1 > \varepsilon_{cr}$时，随着背压 p_1 的减小，流量 q_m 沿 AB 线逐渐增加，其值可按下式计算，即

图 3-27　渐缩喷嘴流量与压力关系曲线

$$q_m = \mu_n A_n \sqrt{p_0^* \rho_0^*} \sqrt{\frac{2\kappa}{\kappa - 1}\left[\left(\frac{p_1}{p_0^*}\right)^{\frac{2}{\kappa}} - \left(\frac{p_1}{p_0^*}\right)^{\frac{\kappa+1}{\kappa}}\right]} \tag{3-70}$$

当 $p_1 \leqslant p_{cr}$，即 $\varepsilon_1 \leqslant \varepsilon_{cr}$时，流量达到临界值并保持不变，如图 3-27 中 BC 线表示，即

$$q_m = q_{m\,\mathrm{cr}} = 0.648A_\mathrm{n}\sqrt{p_0^* \rho_0^*} \tag{3-71}$$

根据计算，在小于临界流量的范围内，式（3-70）可以足够精确地用椭圆方程表示为

$$\left(\frac{q_m}{q_{m\,\mathrm{cr}}}\right)^2 + \left(\frac{p_1 - p_\mathrm{cr}}{p_0^* - p_\mathrm{cr}}\right)^2 = 1$$

或
$$\beta = \frac{q_m}{q_{m\mathrm{cr}}} = \sqrt{1 - \left(\frac{p_1 - p_\mathrm{cr}}{p_0^* - p_\mathrm{cr}}\right)^2} = \sqrt{1 - \left(\frac{\varepsilon_1 - \varepsilon_\mathrm{cr}}{1 - \varepsilon_\mathrm{cr}}\right)^2} \tag{3-72}$$

当初压不变时，对应任一背压，通过渐缩喷嘴的流量均可用下式计算，即

$$q_m = \beta q_{m\,\mathrm{cr}} = 0.648\beta A_\mathrm{n}\sqrt{p_0^* \rho_0^*} \tag{3-73}$$

当喷嘴前、后蒸汽参数同时改变时，通过渐缩喷嘴的流量计算式为

$$\frac{q_{m1}}{q_m} = \frac{0.648\beta_1 A_\mathrm{n}\sqrt{p_{01}^* \rho_{01}^*}}{0.648\beta A_\mathrm{n}\sqrt{p_0^* \rho_0^*}} = \frac{\beta_1\sqrt{p_{01}^* \rho_{01}^*}}{\beta\sqrt{p_0^* \rho_0^*}}$$

式中，下标“1”为工况变动后的参数（以下均同）。

若视蒸汽为理想气体，利用状态方程 $p = RT\rho$，则上式可写成

$$\frac{q_{m1}}{q_m} = \frac{\beta_1 p_{01}^*}{\beta p_0^*}\sqrt{\frac{T_0^*}{T_{01}^*}} \tag{3-74a}$$

在大多数情况下，可近似认为变动工况下喷嘴前蒸汽温度不变，于是式（3-74a）可简化为

$$\frac{q_{m1}}{q_m} = \frac{\beta_1 p_{01}^*}{\beta p_0^*} \tag{3-74b}$$

如果设计工况和变动工况均为临界工况，则 $\beta_1 = \beta = 1$，有

$$\frac{q_{m\mathrm{cr}1}}{q_{m\mathrm{cr}}} = \frac{p_{01}^*}{p_0^*}\sqrt{\frac{T_0^*}{T_{01}^*}} \tag{3-75a}$$

略去初温的变化，则

$$\frac{q_{m\mathrm{cr}1}}{q_{m\mathrm{cr}}} = \frac{p_{01}^*}{p_0^*} \tag{3-75b}$$

显然，对应变动工况下的初压力 p_{01}^*，可得到一条与图 3-27 中 ABC 完全相似的流量曲线 $A_1B_1C_1$（$p_{01}^* > p_0^*$）。如果忽略温度的变化，由式（3-75b）可知通过该喷嘴的临界流量与初压成正比关系。依次类推，对应每个初压都有一条类似的流量曲线。对于渐缩喷嘴，初参数不同的同一工质具有相同的临界压力比。故每条流量曲线的临界点 B、B_1……均在过原点的辐射线上，如图 3-27 所示。为了查用方便，常把图中的压力与流量用相对坐标表示。假定最大初压力为 $p_{0\mathrm{m}}^*$，其对应的最大临界流量为 $q_{m0\mathrm{m}}$。令相对初压力 $\varepsilon_0 = p_0^*/p_{0\mathrm{m}}^*$，相对背压 $\varepsilon_1 = p_1^*/p_{0\mathrm{m}}^*$。当喷嘴前后的蒸汽参数分别为 p_0^*、T_0^* 和 p_1 时，通过喷嘴的任意流量 q_m 与最大临界流量 $q_{m0\mathrm{m}}$之比可表示为

$$\beta_\mathrm{m} = \frac{q_m}{q_{m0\mathrm{m}}} = \frac{q_m}{q_{m\mathrm{cr}}}\frac{q_{m\mathrm{cr}}}{q_{m0\mathrm{m}}} = \beta\frac{p_0^*}{p_{0\mathrm{m}}^*} = \beta\varepsilon_0 \tag{3-76}$$

在临界状态下，$\beta = 1$，$\beta_\mathrm{m} = \varepsilon_0$。

在亚临界状态下，将式（3-72）中括号里的分子和分母同时除以 $p_{0\mathrm{m}}^*$ 得

$$\beta = \sqrt{1 - \left(\frac{\dfrac{p_1}{p_{0m}^*} - \dfrac{p_{cr}}{p_0^*}\dfrac{p_0^*}{p_{0m}^*}}{\dfrac{p_0^*}{p_{0m}^*} - \dfrac{p_{cr}}{p_0^*}\dfrac{p_0^*}{p_{0m}^*}}\right)^2} = \frac{\beta_m}{\varepsilon_0}$$

即

$$\left(\frac{\beta_m}{\varepsilon_0}\right)^2 + \left(\frac{\varepsilon_1 - \varepsilon_{cr}\varepsilon_0}{\varepsilon_0 - \varepsilon_{cr}\varepsilon_0}\right)^2 = 1 \tag{3-77}$$

或

$$\beta_m = \sqrt{\varepsilon_0^2 - \left(\frac{\varepsilon_1 - \varepsilon_{cr}\varepsilon_0}{1 - \varepsilon_{cr}}\right)^2} \tag{3-78}$$

由此可得到与图 3-27 类似渐缩喷嘴流量网图，如图 3-28 所示。利用流量网图可以很方便地由三个参数 ε_0、ε_1、β_m 中的任意两个确定第三个。

上述流量网是在假定喷嘴前的温度保持不变的条件下得到的。在选择最大初压力 p_{0m}^* 时，应使各个压力相对比值（ε_0、ε_1）都小于或等于 1。

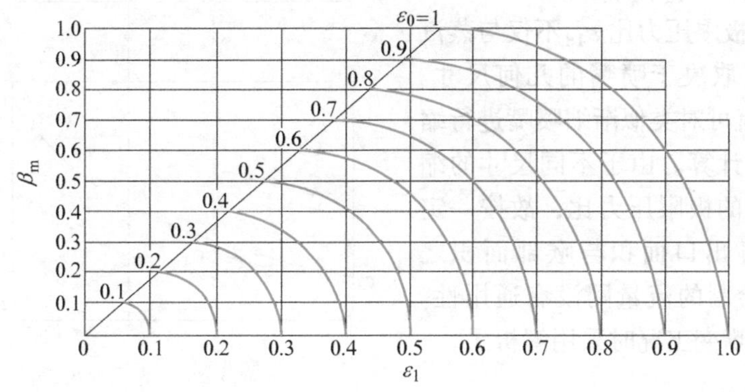

图 3-28　渐缩喷嘴流量网图（适用于过热蒸汽）

在实际计算中，一般采用图解法，也可用上述的解析式（3-76）或式（3-77）求解。

2. 缩放喷嘴的变动工况

在工况变动的一定范围内，缩放喷嘴中可能出现冲波，这正是它与渐缩喷嘴工作状态的本质差别。

在设计工况下，缩放喷嘴的背压低于临界压力，对应的流量等于临界流量。蒸汽在喷嘴中的压力变化如图 3-29 中曲线 *ABC*、速度变化如曲线 *imk* 所示。如果保持初压力不变而背压自设计值 p_1 下降，则喷嘴中的流动状态不变，蒸汽由喷嘴出口处的 p_1 下降到 p_{11} 的膨胀过程将在喷嘴外进行，造成膨胀不足损失。相反，如果背压自设计值开始上升，则在喷嘴出口某处将产生冲波，并逐渐移到喷嘴内部。背压越高，产生冲波的截面越靠近喷嘴喉部截面。例如，背压升至 p_G，冲波就发生在 2—2 截面。气流经过冲波截面，压力突然升高，由点 *H* 上升至点 *I*，而速度则由超声速变为亚声速，即由点 *m* 突然降低到点 *n*。产生阻波损失及涡流损失，使喷嘴的效率下降。此后亚声速气流在喷嘴的渐扩段被压缩，压力由点 *I* 逐渐升高到点 *G*，达到出口的实际背压 p_G，速度则由点 *n* 逐渐下降到点 τ。2—2 截面以前喷嘴中的流动情况与设计工况相同，流量也不发生变化。缩放喷嘴这种实际背压高于设计压力的现象称为膨胀过度。膨胀过度现象引起的损失大于膨胀不足损失。

当背压升至某一压力 p_{1d}时，发生冲波的截面恰好移至喉部并消失。此时，在喷嘴喉部截面1—1气流保持临界状态。通过喷嘴的流量仍为临界流量，如图3-29中流量曲线上的点2。背压继续升高，缩放喷嘴内压力变化如图上部虚线 AEF、ARS……这时，喉部截面参数发生变化，通过喷嘴的流量也开始小于临界流量并逐渐下降，变化规律与渐缩喷嘴相同，如流量曲线2—3所示。

可见，p_{1d} 是缩放喷嘴保持临界流量的最高背压，称之为极限压力。它是决定缩放喷嘴变工况特性的重要参数。要计算缩放喷嘴的变动工况，必须首先确定极限压力 p_{1d} 或极限压力比 $\varepsilon_{1d}=p_{1d}/p_0^*$。

缩放喷嘴的极限压力比 ε_{1d} 不仅与蒸汽性质有关，而且取决于喷嘴的几何尺寸。确定了 ε_{1d} 后，就可对类似渐缩喷嘴进行缩放喷嘴的变工况计算。由于不同尺寸的缩放喷嘴具有不同的极限压力比，故按一定的面积比（喷嘴出口面积与喉部面积之比）$A_n/(A_n)_{cr}$ 绘制的流量网没有通用性。实际计算缩放喷嘴变工况时采用解析法。

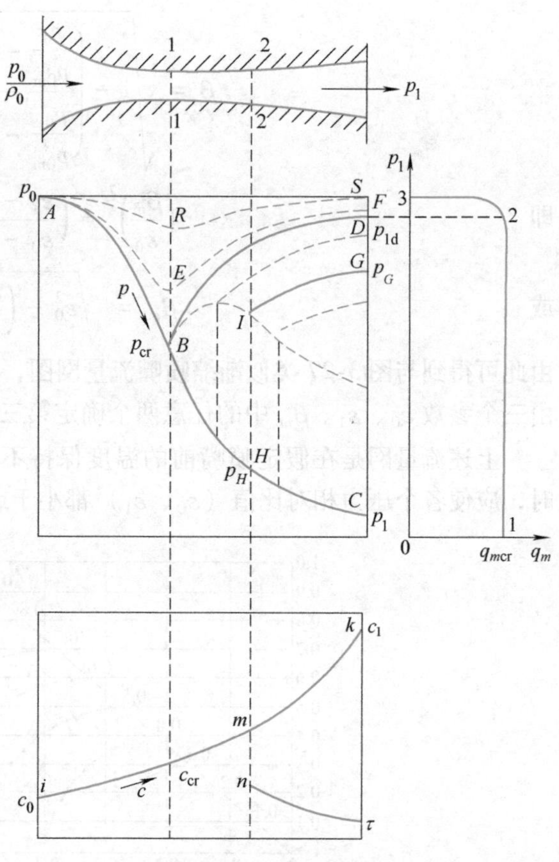

图3-29 变工况下缩放喷嘴汽流参数及流量变化曲线

二、汽轮机级的变动工况

1. 级前后压力与流量的关系

1）设计工况和变动工况下级均为临界状态。级在临界工况下工作时，其喷嘴或动叶必定处于临界状态。

当喷嘴在临界工况下工作时，通过该级的流量只与级前蒸汽参数有关，而与喷嘴后和级后压力无关。根据式（3-75a）有

$$\frac{q_{mcr1}}{q_{mcr}}=\frac{p_{01}^*}{p_0^*} \tag{3-79}$$

当动叶在临界工况下工作时，与喷嘴变工况特性相同，若忽略温度的变化，则通过该级动叶的流量（即通过该级的流量）与动叶前的滞止压力成正比。

$$\frac{q_{mcr1}}{q_{mcr}}=\frac{p_{11}^*}{p_1^*}$$

推导可得

$$\frac{q_{mcr1}}{q_{mcr}}=\frac{p_{11}^*}{p_1^*}=\frac{p_{11}}{p_1} \tag{3-80}$$

式（3-80）说明：当动叶达到临界状态时，通过该级的流量不仅与动叶前的滞止压力成正比，而且与动叶前的实际压力成正比。

在做级的变工况估算时，通常忽略动叶顶部间隙的漏汽，则有

$$\frac{q_{mcr1}}{q_{mcr}}=\frac{p_{01}^*}{p_0^*}=\frac{p_{01}}{p_0} \tag{3-81}$$

当级在临界状态下工作时，不论临界状态是发生在喷嘴中还是发生在动叶中，该级的流量均与级前滞止压力或级前实际压力成正比，而与级后压力无关。

2）设计工况和变动工况下级均为亚临界状态。经推导可得

$$\frac{q_{m1}}{q_m}=\sqrt{\frac{p_{01}^2-p_{21}^2}{p_0^2-p_2^2}} \tag{3-82}$$

式（3-82）说明，当级内未达到临界状态时，通过级的流量不仅与初参数有关，而且与级后参数有关。

式（3-82）是在级前汽流初速为零的条件下推导出来的，并且做了若干简化。但是，计算表明，用该式所得的结果与实测数据基本相符。

3）一种工况下，级达临界状态，而在另一种工况下，级未达临界状态。此时，级的变工况计算比较复杂，无法给出一个流量与蒸汽参数之间的具体关系式。这种情况一般只有在凝汽式汽轮机最后一级与调节级的变工况，或者当汽轮机通流部分缺少个别级时才会出现。

2. 级内反动度的变化

汽轮机运行中，负荷（流量）的改变或通流面积的变化等将导致级内反动度的变化。反动度的大小不仅影响级的热力过程，而且影响汽轮机某些零部件的强度及轴向推力。因此，必须掌握变工况下级内反动度的变化规律。

工况变动时，若级的焓降减小，即速比增大，则级内反动度增加；反之，若级的焓降增加，则级内反动度就减小。因焓降（或速比）的变化所引起的反动度的变化用 $\Delta\Omega_x$ 表示，可用下面讨论的方法进行计算，即

$$\frac{\Delta\Omega_x}{1-\Omega_m}=0.4\frac{\Delta x_a}{x_a} \tag{3-83a}$$

式中，$\Delta x_a=x_{a1}-x_a$，x_{a1} 为工况变动后的速比。

由面积比的改变引起反动度的变化用 $\Delta\Omega_f$ 表示。

对冲动式汽轮机，可近似地认为（$1-\Omega_m$）$B=0.7$（B 为系数，值为 0.65～0.75），于是得到

$$\Delta\Omega_f=0.7\frac{\Delta f}{f}=0.7\left(\frac{f_1}{f}-1\right) \tag{3-83b}$$

式中，f 为叶栅出口面积比，$f=A_n/A_b$，$f_1=f+\Delta f$，A_n 为喷嘴出口面积，A_b 为动叶出口面积。

在运行中，如果级内速比及面积比都发生变化，则级内反动度的变化可以认为是两者变化的代数和，即

$$\Delta\Omega_m=\Delta\Omega_x+\Delta\Omega_f \tag{3-83c}$$

三、汽轮机级组的变动工况

1. 级组前后压力与流量的关系

级组是若干个流量相等的相邻级的组合。实际计算级组变工况时，常采用解析法。若该机组中各级在变动工况下始终处于亚临界状态，则有

$$\frac{q_{m1}}{q_m}=\sqrt{\frac{p_{\mathrm{I}1}^2-p_{\mathrm{II}1}^2}{p_{\mathrm{I}}^2-p_{\mathrm{II}}^2}} \tag{3-84a}$$

或
$$\frac{q_{m1}}{q_m}=\sqrt{\frac{p_{\mathrm{I}1}^2-p_{\mathrm{II}1}^2}{p_{\mathrm{I}}^2-p_{\mathrm{II}}^2}}\sqrt{\frac{T_0}{T_{01}}} \tag{3-84b}$$

式（3-84a）称为弗留格尔公式。

若机组中某一级始终处于临界状态，一般情况下是末级首先达到临界状态。因为最后一级的焓降最大，出口汽流速度也最大，而当地声速最小。如图3-30所示级组中的第三级，其余各级均处于亚临界状态。此时，对于最后一级，由式（3-81）有

$$\frac{q_{m1}}{q_m}=\frac{p_{41}}{p_4}\sqrt{\frac{T_4}{T_{41}}} \quad 或 \quad \frac{q_{m1}}{q_m}=\frac{p_{41}}{p_4} \tag{3-85}$$

可以证明
$$\frac{q_{m1}}{q_m}=\frac{p_{21}}{p_2}=\frac{p_{01}}{p_0}=\frac{p_{\mathrm{I}1}}{p_{\mathrm{I}}} \tag{3-86}$$

由此可知，若机组中某一级始终在临界状态下工作，则通过机组的流量与该机组中所有各级级前压力成正比。

对于凝汽式汽轮机，可将包括末级在内的各压力级作为一个机组。此时，该机组后的压力 p_{II} 即为汽轮机排汽压力 p_c。

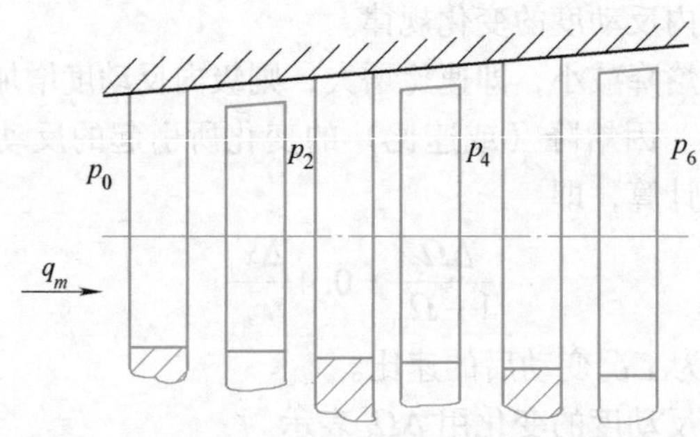

图3-30　汽轮机级组示意图

2. 级组压力与流量关系式的应用条件

1）在同一工况下，通过同一级组各级的流量应相等。

2）在不同工况下，级组中各级的通流面积应保持不变。

3）流过级组各级的汽流应是一股均质流。

4）严格地说，级组压力与流量关系式（3-84a）适用于具有无穷多级数的级组。

第六节　供热式汽轮机

供热式汽轮机是一种同时承担供热和发电两项任务的汽轮机，它有背压式和调节抽汽式两种类型。大型热电站用供热式汽轮机，一方面向电网供电，一方面通过热网向邻近的工厂和居民供给工业用蒸汽、取暖用蒸汽和热水。也可由中、小型供热式汽轮机单独供给同时需要电能和热能的工厂。

一、供热式汽轮机的热经济性

对于凝汽式汽轮机，当单位时间输入汽轮机的蒸汽热量为 $q_{m0}(h_0 - h_c')$ 及输出的功为 P_u 时，则汽轮机装置的相对热效率为

$$\eta_{rT} = \frac{P_u}{q_{m0}(h_0 - h_c')} \tag{3-87}$$

式中，h_0 为进入汽轮机的蒸汽比焓值（kJ/kg）；h_c'为离开最后一级高压加热器进入锅炉的给水比焓值（kJ/kg）。

这时，在不计各种辅助设备所消耗的能量时，装置的废热，即单位时间内排至低温热源的热量 Q_f 为

$$Q_f = q_{m0}(h_0 - h_c') - P_u$$

若单位时间内锅炉燃料所供给的总热量为 Q_r，则考虑了锅炉产生蒸汽这一热力过程后，凝汽式汽轮发电机组的绝对热效率为

$$\eta_{sT} = \frac{P_u}{Q_r}$$

其中，$Q_r > q_{m0}(h_0 - h_c')$，两者的差值表示燃料的热能在锅炉中损失部分，所以锅炉效率为

$$\eta_B = \frac{q_{m0}(h_0 - h_c')}{Q_r}$$

对于供热式汽轮机，单位时间内除了生产电能 P_u 外，还生产热能 Q，所以供热式汽轮发电机组的绝对热效率应为

$$\eta_{sT}' = \frac{P_u + Q}{Q_r} \tag{3-88}$$

可见，当机组利用了低品位能量 Q 以后，装置的热效率将大大地超过凝汽式机组的热效率。由式（3-87）和式（3-88）可得

$$\eta_{sT}' = \eta_{sT} + \frac{Q}{Q_r} = \eta_{sT} + \frac{Q}{\dfrac{P_u}{\eta_{sT}}} = \eta_{sT}\left(1 + \frac{Q}{P_u}\right) \tag{3-89}$$

式中，Q/P_u 为供热式汽轮机的热电比，即以同样单位表示的供热量与供电量之比。

由式（3-89）可知，供热式汽轮机的热效率大于凝汽式汽轮机的热效率，且两者差值与其热电比有关。

凝汽式汽轮机无论是按朗肯循环还是按给水回热循环，由于排汽的热量完全不加利用（被冷却水带走），成为废热，所以机组发电量 P_u 很大，但 Q/P_u 为零。这时 $\eta_{sT}' = \eta_{sT}$，即不产生热能 Q，热电站的热效率等于凝汽式电站的热效率。

在背压式汽轮机中，汽轮机排汽热量全部用作供热，当进汽参数为定值时，排汽压力越低，P_u 越大，Q 越小；反之 P_u 越小，Q 越大。在 $p_c = 0.12\text{MPa}$ 时，热电比因子（$1 + Q/P_u$）$= 3.8 \sim 9.5$，相应的 $\eta_{sT} = P_u/Q_r = 0.21 \sim 0.085$，由式（3-89）可得装置的绝对热效率 $\eta_{sT}' \approx 0.8$。

在具有调节抽汽的凝汽式汽轮机中，当调节抽汽量很大时，排入冷凝器的蒸汽量很小，一般只需保持不使汽轮机低压缸温度过分升高即可，所以其发电量也相应减小。这样调节抽

汽式汽轮机的工作就接近于背压式汽轮机的工作，其绝对热效率也就接近于背压式汽轮机的热效率。相反，当调节抽汽量为零时，调节抽汽式汽轮机就与纯凝汽式汽轮机一样，它们的热效率也相同，即 $\eta_{sT}'=30\%\sim40\%$。当有一定量调节抽汽时，其热电比和热效率将在上述两个极端工况之间相应的数值上变动。

在调节抽汽背压式汽轮机中，调节抽汽停止时，就是背压式汽轮机，其热效率大约为80%；抽汽运行时，有一部分能量品质较高的蒸汽在高于汽轮机排汽压力下被抽出供热，剩下的低品位蒸汽也由汽轮机出口排出而被利用，所以供热量比背压式汽轮机多，而发电量则少，因此汽轮机的热电比增大，由于 η_{sT}' 变化不大，故 η_{sT} 就降低了。

二、背压式汽轮机

1. 背压式汽轮机的特点

背压式汽轮机的主要任务是在一定的排汽参数下供应用户规定的蒸汽量，并能同时发出一定的电能。在背压式汽轮机中，背压与初压的比值较大，焓降较小。背压式汽轮机一般采用喷嘴调节。若热负荷变化较大，调节级焓降应选得大些，一般常采用双列速度级，以保证机组在工况变动时效率改变不大；若热负荷比较稳定时，为了尽可能提高机组效率，调节级采用单列级，其焓降可选得小些。

背压式汽轮机总的理想焓降虽然小些，但总流量较大，所以在同样功率和平均直径的条件下与凝汽式汽轮机相比，叶片长度与部分进汽度均较大，效率较高。同时，由于各级的蒸汽密度变化不大，所以通流部分的平均直径及叶高的变化不大，因此，结构上可使叶轮轮缘外径相等。非调节级各级也可选择相同的叶型。

一般情况下，背压式汽轮机的排汽状态和供热量是根据用户的需要确定的，因而机组的进汽量也随之确定了，这就是以热定电，于是机组的发电量就只取决于进汽参数。目前，国外背压式汽轮机选用的进汽温度要比一般电站汽轮机的进汽温度的水平（535～565℃）稍低一些，而进汽压力则根据流量的大小选择，一般采用4MPa左右。进汽压力越高，理想焓降越大，发出的功率也越大；但因初压越高，流量越小，使叶高损失、漏汽损失和摩擦损失都相应地增大，所以内效率则越低。背压式汽轮机的排汽如果是为了供应工业用汽，其压力一般为0.4～0.8MPa，有的达到1.3～1.5MPa；若作为暖气使用，其压力为0.12～0.25MPa。

如果需要将现有的中压电厂加以改造，可以设置背压式汽轮机，用它的排汽供给进汽压力较低的汽轮机使用。这种背压式汽轮机称为前置式汽轮机，它的排汽压力要根据原有机组的参数选择。

2. 背压式汽轮机热、电负荷间的关系

当背压式汽轮机单独运行时，新蒸汽经主汽门和调节阀进入汽轮机做功后，排汽在调压器规定的压力下进入供热装置，送往用户。蒸汽热量被利用后，凝结为水，引回供热装置，再由给水泵送入锅炉。一般情况下其凝结水不能全部回收，所以总需要另外补充给水。若热负荷为 Q_2、排汽比焓为 h_2，则排汽量 D_2 为

$$D_2=\frac{Q_2}{h_2} \tag{3-90}$$

D_2 也就是背压式汽轮机的进汽量。

背压式汽轮机发出的电功率取决于当时热负荷的大小，不能单独变动，换句话说就是背压式汽轮机不能同时满足热、电负荷的需要。因此，在没有电网供电的地区，背压式汽轮机不能单独运行，而必须与凝汽式汽轮机并列运行，如图 3-31 所示。这时背压式汽轮机完全按照热负荷的大小工作，并同时供应一部分电能，不足的电能则由凝汽式汽轮机供应。当热负荷大于背压式汽轮机最大排汽量时，或在背压式汽轮机事故检测期间，由减温减压器向热用户供热。这种运行方式能同时满足热、电负荷的要求，不过前者存在冷凝器的冷却损失，后者存在节流损失，都是不经济的。

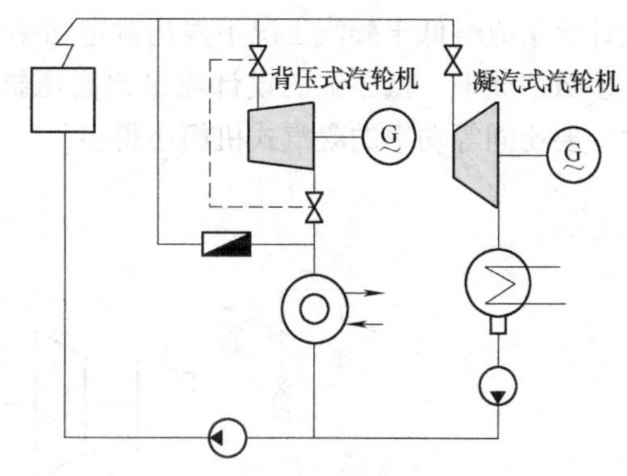

图 3-31　背压式汽轮机和凝汽式汽轮机并列运行

上述的运行方式，由于蒸汽在凝汽式汽轮机的高压部分和背压式汽轮机中工作时，流量都很小，效率不高。因此，提出了图 3-32所示的运行方式，即背压式汽轮机与一台或几台利用其排汽工作的低压凝汽式汽轮机串联运行，即按前置式汽轮机方式布置。这时它的发电量主要由低压机组所需要的总蒸汽量决定，并根据此总蒸汽量利用调压器控制背压式汽轮机的进汽量，以保证低压机组的前压力稳定不变。低压机组则根据电负荷的需要来调节其进汽量，从而改变前置式汽轮机的排汽量，但不能由前置式汽轮机直接根据电负荷大小控制其进汽量。

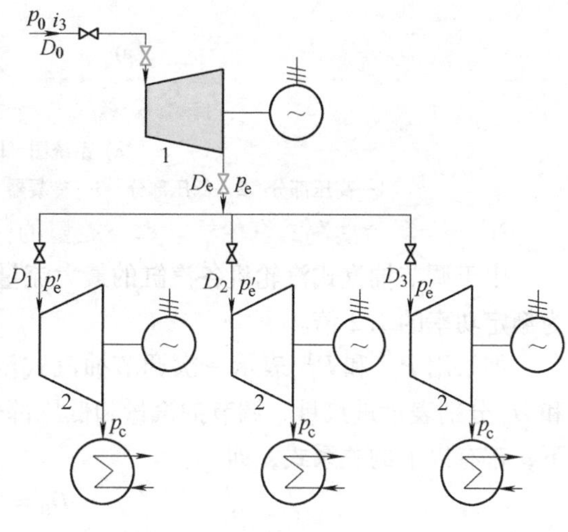

图 3-32　前置式汽轮机布置方式
1—前置式汽轮机　2—凝汽式汽轮机

三、一次调节抽汽式汽轮机

1. 一次调节抽汽式汽轮机的特点

将并列运行的背压式汽轮机与凝汽式汽轮机合并就成了一次调节抽汽式汽轮机，如图 3-33 所示。汽轮机由高压部分 1 和低压部分 2 组成。蒸汽在机组的高压部分膨胀做功后，分成两股，一股（D_e）通过停止阀和止回阀供给热用户，另一股（D_c）经过中压调节阀进入低压部分继续膨胀做功后，排入冷凝器。由于有了调节抽汽，使流经高压缸和低压缸的流量相差较大，而且工况变化范围也大，所以这种汽轮机的发电经济效率一般较低，只有在高、低压缸的流量接近其设计值时，才具有较高的发电经济性。因此，要保证机组在长期运行中均能有较高的经济性，必须在设计之前，详细了解该机组的主要运行工况，合理地确定各汽缸的设计流量。如某一调节抽汽式机组在凝汽工况下的电功率不大，且电功率又随热负荷增加而增大，则其低压缸的设计流量就可以选得低些，这样不仅可提高机组运行的经济性，还可减小低压部分尺寸，降低机组的造价。若调节抽汽机组的抽汽量不大，则低压缸的设计流量应略低于凝汽工况下发出额定功率时的蒸汽量，而高压缸则略高于上述蒸汽量。在大多数情况下，低压缸的设计流量比高压缸低得多，因此低压缸的通流部分尺寸往往并不大，要比同等功率的凝汽式机组小得多。

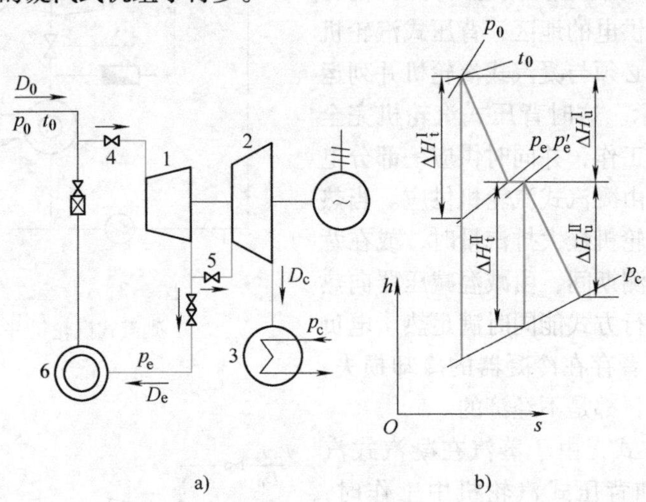

图3-33　一次调节抽汽式汽轮机的系统示意图

a）系统图　b）热力过程图

1—高压部分　2—低压部分　3—冷凝器　4—调节阀　5—中压调节阀　6—热用户

2. 一次调节抽汽式汽轮机功率与流量的关系

由于调节抽汽式汽轮机各汽缸的最大流量工况极少遇到，所以一般设计的最大功率选择为额定功率的1.2倍。

如果用 P_i^{I} 和 P_i^{II} 表示一次调节抽汽式汽轮机高压部分和低压部分的内功率，D_0、D_e 和 D_c 分别表示进汽量、调节抽汽量和低压部分流量，且不考虑回热抽汽量，则在任何情况下，都有以下的关系式，即

$$D_0 = D_e + D_c \tag{3-91}$$

$$P_i = P_i^{\mathrm{I}} + P_i^{\mathrm{II}} \tag{3-92}$$

用图3-33符号表示，则汽轮机的内功率 P_i^{I} 和 P_i^{II} 为

$$P_i^{\mathrm{I}} = \frac{D_0 \Delta h_t^{\mathrm{I}} \eta_{ri}^{\mathrm{I}}}{3600} \tag{3-93}$$

$$P_i^{\mathrm{II}} = \frac{D_c \Delta h_t^{\mathrm{II}} \eta_{ri}^{\mathrm{II}}}{3600} \tag{3-94}$$

于是

$$P_i = \frac{D_0 \Delta h_t^{\mathrm{I}} \eta_{ri}^{\mathrm{I}}}{3600} + \frac{D_c \Delta h_t^{\mathrm{II}} \eta_{ri}^{\mathrm{II}}}{3600} \tag{3-95}$$

式中，P_i 为汽轮机总的内功率（kW）；Δh_t^{I}、η_{ri}^{I} 为高压部分的理想比焓降（kJ/kg）和相对内效率；Δh_t^{II}、η_{ri}^{II} 为低压部分的理想比焓降（kJ/kg）和相对内效率。

由于一次调节抽汽式汽轮机的内功率等于高、低压两部分所产生的内功率之和，对于某一热负荷 D_e，可调节进汽量 D_0，以得到不同的功率，即一次调节抽汽式汽轮机在一定的电负荷范围内，可以同时满足热、电负荷的要求。同样，对某一电负荷 P_i，可调节进汽量 D_0，在一定的热负荷范围内也可以满足热、电负荷的要求。

一次调节抽汽式汽轮机的进汽量、调节抽汽量和功率三者之间，在各种运行工况下的关系曲线称为一次调节抽汽式汽轮机的工况图，如图 3-34 所示。

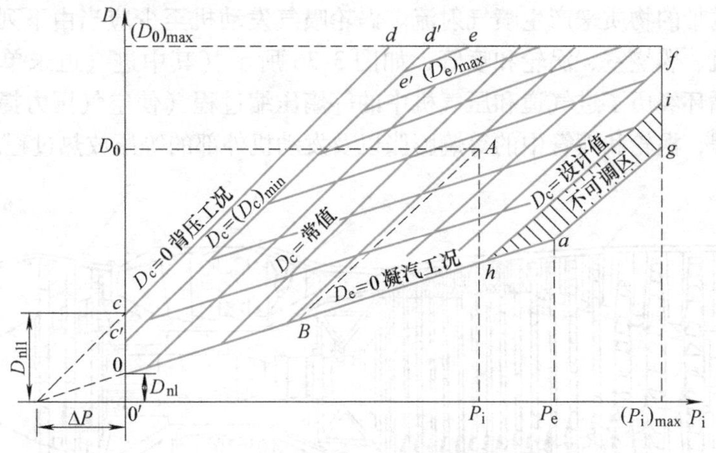

图 3-34　一次调节抽汽式汽轮机的工况图

第七节　火箭及喷气发动机

一、火箭推进概述

1. 火箭的运动与推力

中华民族的祖先继发明火药之后，在公元 969 年又发明了火药火箭。古老的火箭利用黑火药的燃烧产物从竹筒中喷出产生的反作用力推动火箭前进，成为当代喷气推进技术的先驱。

火箭的运动是由直接反作用引起的，它与依靠间接反作用产生的运动有着显著的差别。如图 3-35a 所示，在直接反作用式发动机，例如火箭发动机中，发动机和推进器合为一体，将各种形式的能量转换成射流的动能，射流产生的反作用力直接施加在发动机上。对间接反作用式装置，例如空气螺旋桨飞机（图 3-35b）中，作为能源的部件（发动机）和利用发动机的能量来产生运动的部件（推进器）两者是分开的；发动机的工质是燃烧产物，推进器的工质是周围空气，推动飞行器前进的反作用力施加在推进器上，而不是施加在发动机上。

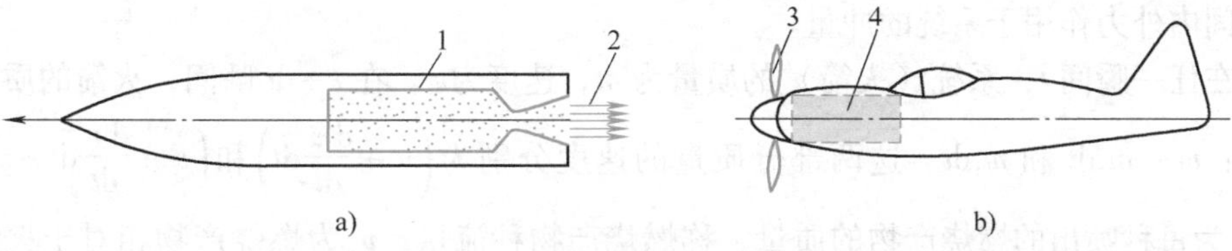

图 3-35　直接与间接反作用的比较

a）产生直接反作用的火箭示意图　b）间接反作用式装置示意图

1—火箭发动机　2—喷出的射流　3—螺旋桨（推进器）　4—发动机

涡轮喷气发动机和火箭发动机都是直接反作用式发动机，即喷气发动机。它们的主要区别是：涡轮喷气发动机需利用周围的空气来产生喷气射流，火箭发动机则不需利用周围的空气而只用自身携带的物质来产生喷气射流。涡轮喷气发动机至少应当由下列五个部件组成：进气道、压气机、燃烧室、涡轮和喷管，如图 3-36 所示（其中进气道未单独表示）。这种发动机的理想循环经历了进气道和压气机中的等熵压缩过程（使空气压力提高），燃烧室中的等压加热过程，涡轮和喷管中的等熵膨胀以及发动机外部的等压放热过程。

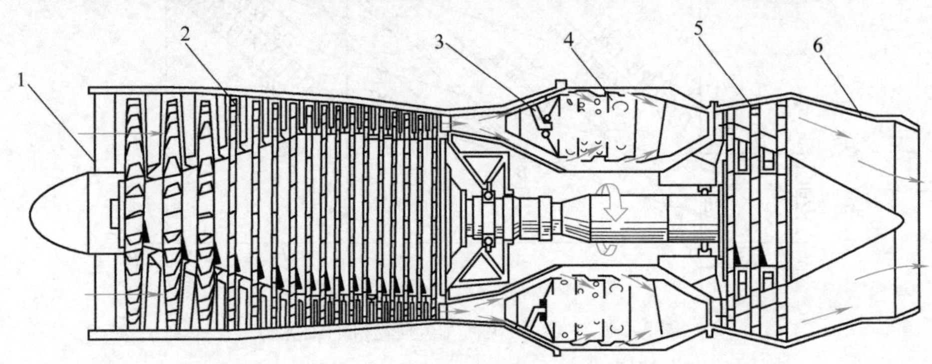

图 3-36　涡轮喷气发动机原理简图

1—空气入口　2—压气机　3—燃油　4—燃烧室　5—涡轮　6—喷管

因此，装有涡轮喷气发动机的飞行器只能在大气层中推进，在真空中只能靠惯性飞行；而装有火箭发动机的飞行器，则无论在大气层内或在大气层外都能推进。这就是为什么只有火箭发动机才能把人类带入星际空间的原因。

以化学火箭为例，进一步说明火箭反作用运动和推力是怎样产生的（图 3-37）。

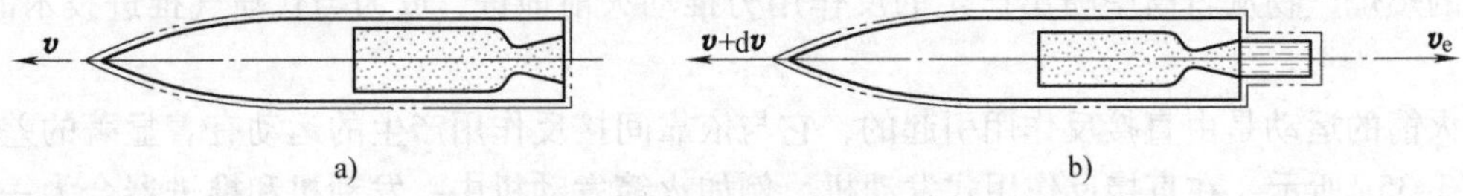

图 3-37　火箭做直线运动

a) t 时刻　b) $t+\mathrm{d}t$ 时刻

由于燃烧产物是从火箭本身喷出的，因此，在推进过程中火箭是变质量系统，不能直接应用定质量系统的运动方程。但如果把喷出的质量也包括进来作为一个系统，就仍然是定质量系统的运动问题，并可直接应用系统的动量定理：任一 $\mathrm{d}t$ 时间内，系统的动量变化等于在该时间内外力作用于系统的冲量。

设在任一瞬间 t，系统（火箭）的质量为 m，速度为v。在 $t+\mathrm{d}t$ 瞬间，火箭的质量分为两部分：$m-\dot{m}_t\mathrm{d}t$ 和 $\dot{m}_t\mathrm{d}t$。这两部分质量的速度分别为$\left(v+\dfrac{\mathrm{d}v}{\mathrm{d}t}\mathrm{d}t\right)$和$\left(v+\dfrac{\mathrm{d}v}{\mathrm{d}t}\mathrm{d}t+v_e\right)$。其中，$\dot{m}_t$ 为每秒喷出的燃烧产物的质量，称燃烧产物秒流量；v_e为燃烧产物相对于火箭的后喷速度。并有

$$\dot{m}_t=-\frac{\mathrm{d}m}{\mathrm{d}t} \tag{3-96}$$

于是，根据动量定理

$$(m - \dot{m}_t \mathrm{d}t)\left(v + \frac{\mathrm{d}v}{\mathrm{d}t}\mathrm{d}t\right) + \dot{m}_t \mathrm{d}t\left(v + \frac{\mathrm{d}v}{\mathrm{d}t}\mathrm{d}t + v_e\right) - mv = \sum \boldsymbol{F}_j \mathrm{d}t \tag{3-97}$$

式中，$\sum \boldsymbol{F}_j$ 为火箭所受各种外力的矢量和，包括表面静压力、气动阻力和重力等。

将式（3-97）展开并略去二阶微量，得

$$m\frac{\mathrm{d}v}{\mathrm{d}t} = -\dot{m}_t v_e + \sum \boldsymbol{F}_j = \frac{\mathrm{d}m}{\mathrm{d}t}v_e + \sum \boldsymbol{F}_j \tag{3-98}$$

式（3-98）就是火箭运动的方程式。它指出了两个重要事实：第一，与定质量物体的运动方程相比，多了$\frac{\mathrm{d}m}{\mathrm{d}t}v_e$一项，它在数值上等于从火箭喷出的燃烧产物的动量变化率，由于$\frac{\mathrm{d}m}{\mathrm{d}t}$为负值，这个力的指向与喷流方向相反，即指向火箭运动的方向；第二，如果把$\frac{\mathrm{d}m}{\mathrm{d}t}v_e$当作外力加入到$\sum \boldsymbol{F}_j$之中，则变质量火箭系统的运动方程便具有定质量物体运动方程的形式。

在外力中的气动阻力和重力不应该包括在发动机的推动力之中。因此，发动机推力的基本公式为

$$F = \dot{m}_t v_e + A_e(p_e - p_a) \tag{3-99}$$

式中，F 为发动机推力，方向指向火箭前方；A_e 为喷管出口截面；p_e 为作用在 A_e 截面上燃烧产物的压力；p_a 为在火箭外壳表面上作用着的当地海拔上的大气压力。

式（3-99）指出，发动机的推力由动量推力（动推力）$\dot{m}_t v_e$ 和压力推力（静推力）$A_e(p_e - p_a)$两部分组成。前者对应着被喷出的燃烧产物单位时间内动量的变化，后者是火箭表面上的大气压力与出口截面上燃烧产物的压力不平衡而造成的力。

从另一角度看，$\dot{m}_t v_e + A_e p_e$ 是燃烧产物对于发动机的反作用力，称为内推力，它是燃烧产物作用于发动机内表面上压力的轴向合力。$-A_e p_a$ 是外部介质作用于火箭外表面上压力的轴向合力，称为外推力。因此，推力的定义是：作用于火箭（发动机）内表面上燃烧产物的压力与作用于外表面上介质压力的轴向合力。

在推力中，动推力是推力的主要部分。如果把静推力也换算成动推力，则式（3-99）可表示成

$$F = \dot{m}_t v_{ef} \tag{3-100}$$

式中，v_{ef}为等效排气速度。

$$v_{ef} = v_e + \frac{A_e}{\dot{m}_t}(p_e - p_a) \tag{3-101}$$

在发动机整个工作时间 t_n 内，推力产生的总冲量（简称总冲）记作 I，则

$$I = \int_0^{t_n} F \mathrm{d}t \tag{3-102}$$

设推进剂烧去的总质量为 m_p，单位质量推进剂产生的冲量称为平均比冲量（简称平均比冲），记做 I_s，则

$$I_s = \frac{I}{m_p} = \frac{\int_0^{t_n} F \mathrm{d}t}{\int_0^{t_n} \dot{m}_t \mathrm{d}t} \tag{3-103}$$

任一瞬间的比冲（比推力）$I_{s,t}$定义为

$$I_{s,t}=\frac{F}{\dot{m}_t}=v_{ef} \tag{3-104}$$

因此，瞬时比冲实际上就是等效排气速度。

比冲是衡量发动机性能的重要指标。比冲大，说明可以用较少的推进剂获得需要的总冲。它既是能量指标，又是经济性指标。

火箭的理想飞行速度大于实际飞行速度，它也是一个重要的指标，以衡量火箭与发动机的性能。

火箭的理想飞行速度公式为

$$v=I_{s,t}\ln\frac{m_i}{m} \tag{3-105}$$

式（3-105）说明，当在理想条件下，火箭由于不断喷出燃烧产物，自身质量由初始质量 m_i 减少到 m 时，火箭的理想飞行速度由原来的 0 增至 v。同时，火箭的理想飞行速度与发动机的瞬时比冲成正比。

2. 化学火箭发动机的构造和能量转化过程

目前所指的火箭发动机，主要是化学火箭发动机。它是以推进剂的化学能作为能源，以推进剂的燃烧产物作为工质的。推进剂包括燃烧剂和氧化剂两部分。按推进剂的物理形态不同，又可分为固体火箭发动机、液体火箭发动机、固－液混合型火箭发动机（例如液态氧化剂和固态燃烧剂的组合）三类。推进剂的物理形态对火箭发动机的结构影响很大，如图3-38～图3-40所示。第一类，固体火箭发动机，燃烧剂和氧化剂结合在一起制成装药，直接置于燃烧室内；第二、三类，全部或一部分使用液体推进剂，因而需有专门的推进剂贮箱和输送系统。这三种发动机的结构性能、能量特征和其他性能各有优缺点。

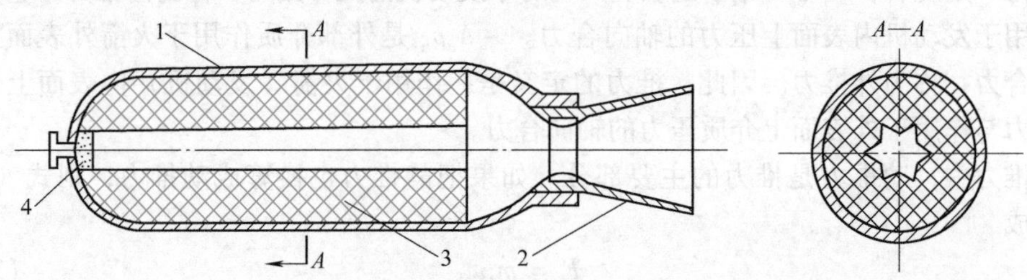

图3-38 固体火箭发动机示意图

1—燃烧室 2—喷管 3—装药 4—点火装置

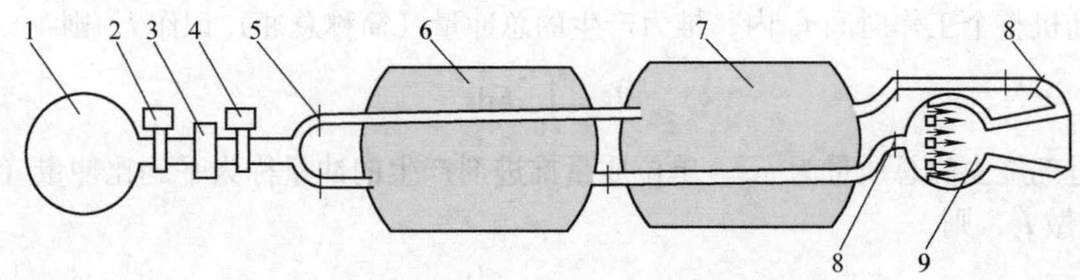

图3-39 液体火箭发动机（挤压式）示意图

1—高压气瓶 2—高压爆破活门 3—减压器 4—低压爆破活门 5—隔膜 6—燃烧剂贮箱 7—氧化剂贮箱 8—流量控制板 9—燃烧室

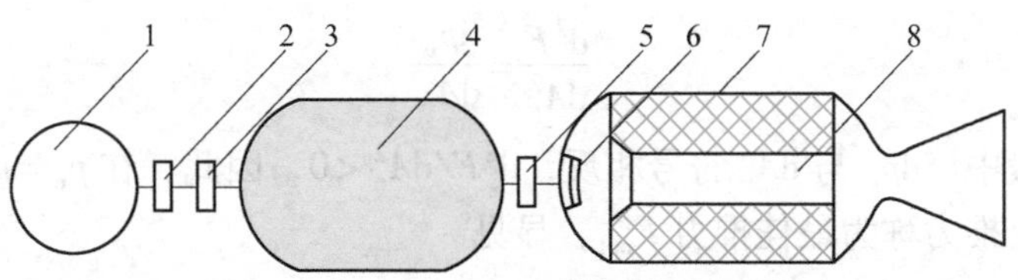

图 3-40　固－液混合型火箭发动机示意图

1—高压气瓶　2、5—活门　3—减压器　4—液体推进剂贮箱
6—头部喷注器　7—固体装药　8—燃烧室

从能量转化的角度来看，这三种化学火箭发动机是相同的。推进剂本身蕴藏着大量的化学能。在点火、燃烧的条件下，经过剧烈的化学反应，推进剂的化学能一部分转变为燃烧产物的热能，于是燃烧室内自由容器中充满着高温、高压的燃烧产物（对于固体火箭发动机，温度约在 2000～3000K，压力在几兆帕至 20MPa）。燃烧产物流经特定形状的喷管，膨胀加速。伴随着降温降压，有越来越多的热能转变为定向运动的动能。在喷管出口截面上，热能转变为动能的比例最高（对于固体火箭发动机，出口速度达 2000～2500m/s）。发动机喷出的大量燃烧产物，致使自身按直接反作用原理向前推进。推力对火箭做推进功，一部分推进功又转变成火箭本身飞行的动能。这一过程如图 3-41 所示。

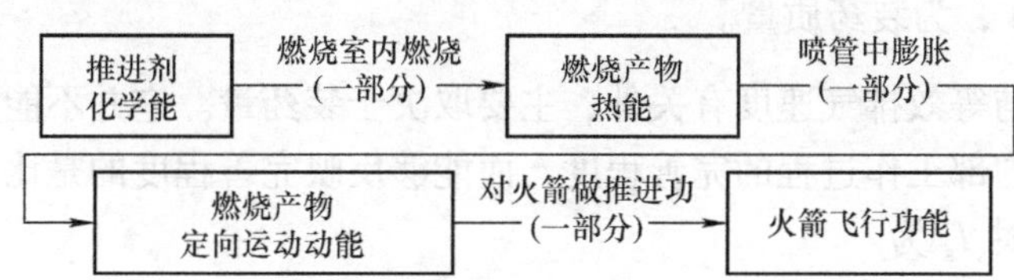

图 3-41　化学火箭发动机的能量转换过程

二、发动机的性能

发动机的诸性能参数是从各种角度反映和体现发动机性能的指标。其中主要是推力、总冲和比冲。

1. 推力

发动机推力的基本公式为式（3-99），即

$$F = \dot{m}_t v_e + A_e(p_e - p_a)$$

当喷管总压 p_{SN} 及喉部面积 A_t 一定，即秒流量 $\dot{m}_t$ 一定时，改变喷管出口面积 A_e，就改变了喷管膨胀比 A_e/A_t，这将引起排气速度 v_e 和压力 p_e 的变化，从而导致推力的变化。当发动机工作高度一定（即 p_a 一定）时，应当选择多大的膨胀比才能获得最大推力呢?

按极值条件，若 $dF/dA_e=0$，则 F 取极值。将式（3-99）对 A_e 求导，并令其等于零，得

$$dF/dA_e = \dot{m}_t \frac{dv_e}{dA_e} + (p_e - p_a) + A_e \frac{dp_e}{dA_e} = 0$$

考虑到动量方程，$\dot{m}_t dv_e = -A_e dp_e$，得到推力取极值的条件是 $p_e = p_a$。

求二阶导数时，再次运用动量方程，得

$$\frac{d^2F}{dA_e^2}=\frac{dp_e}{dA_e}$$

由于在扩张段中，dp_e 与 dA_e 符号相反，$d^2F/dA_e^2<0$，因此，在 $p_e=p_a$ 时，推力达到极大值。一般把这个推力称为最佳推力 F_{opt}，显见

$$F_{opt}=\dot{m}_t v_e \tag{3-106}$$

由此可见，最佳推力是在设计高度($p_e=p_a$)获得的。低于或高于该设计高度，推力均小于相应高度下的最佳推力。

2. 总冲与比冲

(1) 总冲　由式（3-102）可见，总冲同时考虑了推力的大小和推力对火箭的作用时间。当火箭的有效载荷一定时，总冲越大，射程越远。但是，总冲相等的两台发动机的推力-时间曲线可以有很大差别，需根据火箭总体要求确定推力方案。

将 $F=\dot{m}_t v_{ef}$ 代入式（3-102），得

$$I=\int_0^{t_n}\dot{m}_t v_{ef}dt$$

在发动机的工作时间内，等效排气速度可近似看作常数，从而

$$I=v_{ef}m_p \tag{3-107}$$

式中，$m_p=\int_0^{t_n}\dot{m}_t dt$，为装药质量。

可见，总冲除与等效排气速度有关外，主要取决于装药量。它并不能反映发动机所有推进剂能量的高低和内部工作过程的完善程度，而能够反映完善程度的是比冲。

(2) 比冲　比冲 I_s 为

$$I_s=\frac{I}{m_p}=\frac{\int_0^{t_n}F dt}{\int_0^{t_n}\dot{m}_t dt}$$

比冲的瞬时值为

$$I_{s,t}=\frac{F}{\dot{m}_t}=v_{ef}$$

并且得到

$$I_s=c^*C_F \tag{3-108}$$

式中，c^* 为特征速度；C_F 为推力系数，详情请参阅参考文献［4］。

比冲既反映了推进剂的能量高低，又反映了燃烧和膨胀过程的质量，它是全面衡量发动机性能的重要指标。影响比冲的因素有推进剂性能、喷管膨胀比与外界压力。目前固体火箭发动机的实际比冲在1962～2502m/s范围内。

第八节　水轮机概述

一、水轮机的工作原理和类型

水轮机是把水流的机械能转换成转轮的机械能，使转轮和主轴克服各种阻力而连续运转

的机器。

水轮机一般都装在水电站的厂房内，如图3-42所示。水流经引水道进入水轮机，由于水流和水轮机的相互作用，水流便把自己的能量传给了水轮机，水轮机获得了能量后开始旋转而做功。水轮机常和发电机相连，输出电能。

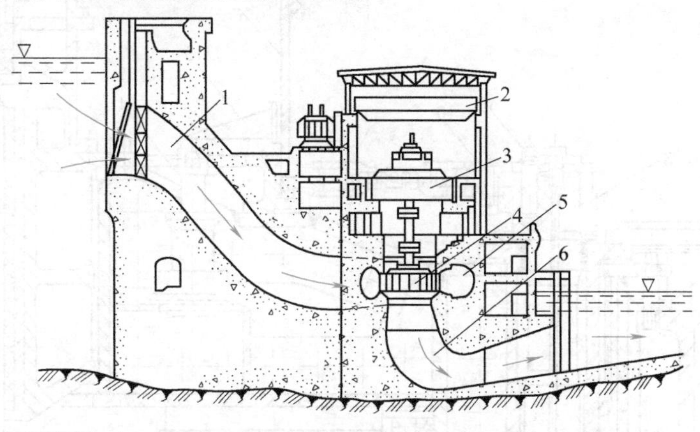

图3-42　拦河坝式水电站坝后式厂房

1—引水钢管　2—吊车　3—发电机　4—水轮机（反击型）　5—蜗壳　6—尾水管

根据转轮前后水流单位压力势能 p_1/ρ 和 p_2/ρ 是否相等的原则把水轮机分成所谓反击式和冲击式两大类，即 $(p_1-p_2)/\rho>0$ 的为反击式水轮机，$(p_1-p_2)/\rho=0$ 的为冲击式水轮机。其中，ρ 为水的密度。

参考转轮中水流流动的形式，配合转轮构造特征或水流作用于转轮上的方向等条件，上述两类水轮机还可分成多种形式。

现代大、中型电站广泛地采用混流式水轮机，它属于反击式水轮机，其转轮为混流式，主要应用于中水头，一般为20～450m。混流式水轮机结构图如图3-43所示。

我国水轮机从无到有，从小到大，从1958年生产的72.5MW的新安江机组，1965年100MW的云峰机组，1968年刘家峡的225MW机组及1972年刘家峡的300MW机组，直至后来的葛洲坝、长江三峡更大容量的水力发电，取得了举世瞩目的伟大成就，对促进我国的社会主义现代化建设起到了巨大的作用。

二、水轮机的工作参数

反映水轮机工作过程特征值的参数主要有：水轮机的工作水头、流量、水轮机的功率和效率。

水量 Q_m（kg）计算式为

$$Q_m=\rho q_V t \tag{3-109}$$

式中，ρ 为水的密度（一般为1000kg/m^3）；q_V 为单位时间内流过一既定过流断面的水流体积，称为体积流量（m^3/s）；t 为测量流过既定过流横断面水量的时间（s）。

若该横断面面积为 A（m^2），水流流过该横断面的平均流速为 v（m/s），则体积流量（m^3/s）为

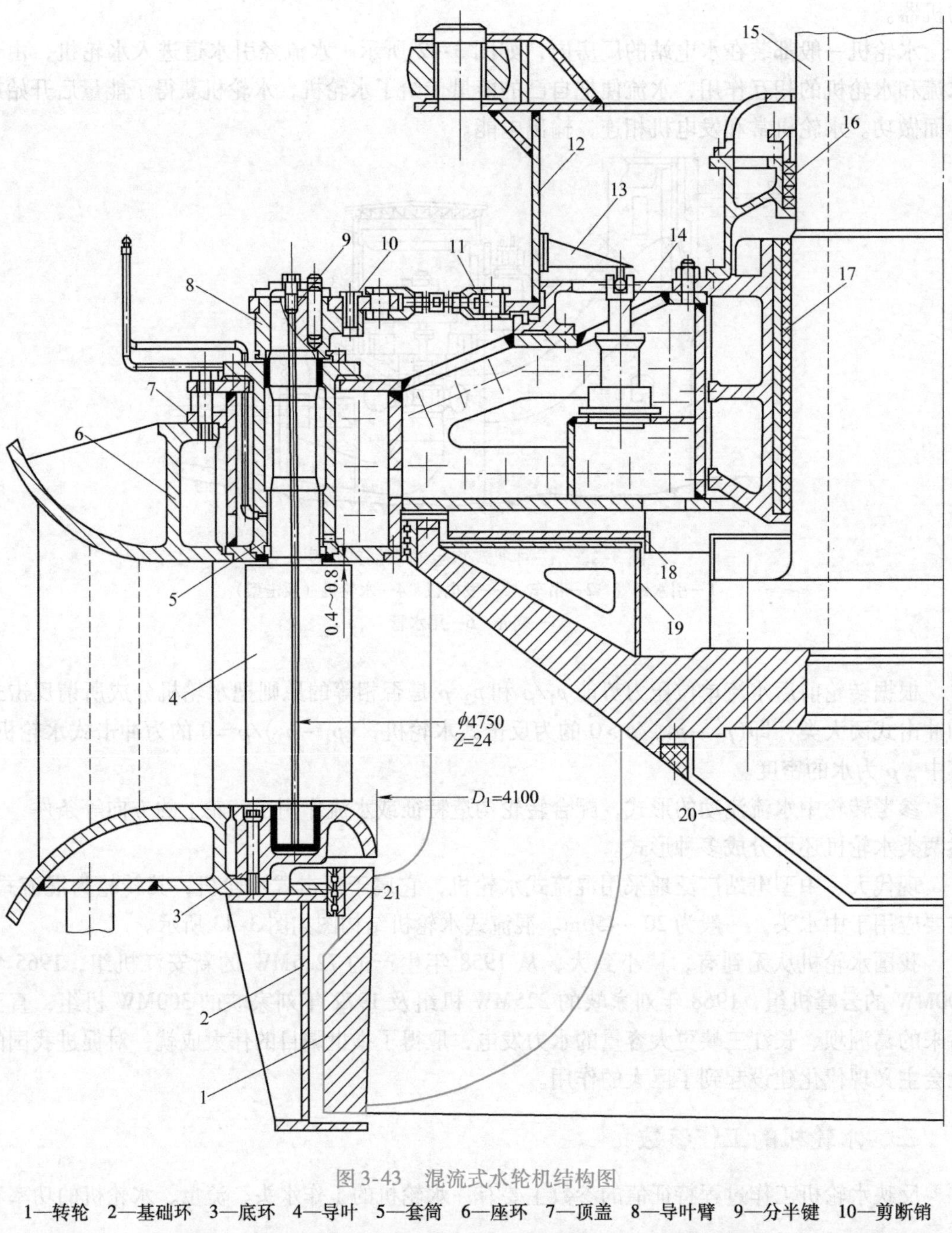

图 3-43　混流式水轮机结构图

1—转轮　2—基础环　3—底环　4—导叶　5—套筒　6—座环　7—顶盖　8—导叶臂　9—分半键　10—剪断销　11—连杆　12—控制环　13—斜铁　14—紧急真空破坏阀　15—主轴　16—橡皮石棉盘根密封　17—橡胶轴瓦导轴承　18—减压板　19—减压环　20—泄水锥　21—下部固定止漏环

$$q_V = Av \tag{3-110}$$

单位机械能是每单位质量水流的机械能量，用 e 表示，单位为 J/kg，即

$$e = \frac{p}{\rho} + Zg + \frac{\alpha v^2}{2} \tag{3-111}$$

式中，p 为压力（Pa）；p/ρ 为单位压力势能（J/kg）；Zg 为单位位置势能（J/kg）；v 为既定过流断面的平均速度（m/s）；$\alpha v^2/2$ 为单位动能（J/kg）；α 为动能不均匀系数。

水流的机械能是水量和水流单位机械能的乘积，由式（3-109）及式（3-111）可知，水流的机械能（J）为

$$E=\rho q_V te \tag{3-112}$$

水流对水轮机付出的机械能为水流在水轮机进口断面 $i-i$（图3-44）与出口断面 $o-o$ 处的机械能之差，即

$$E_i-E_o=\rho q_V t(e_i-e_o) \tag{3-113}$$

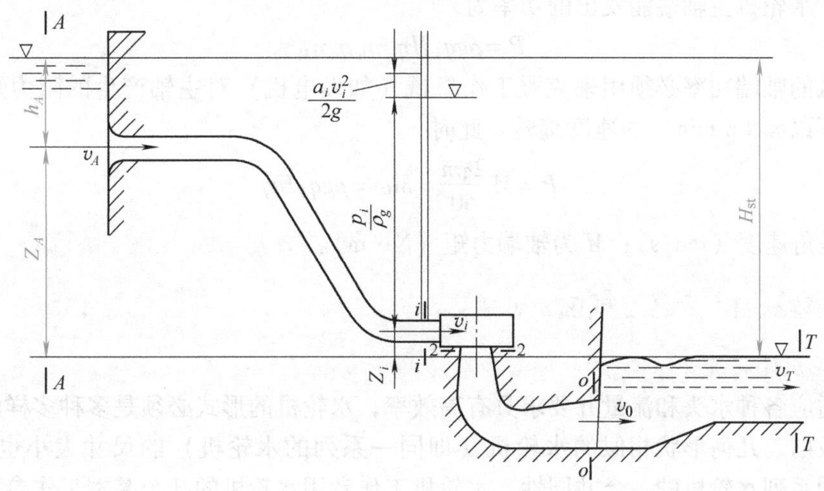

图3-44 水电站和水轮机的水头

水轮机进口断面与出口断面处水流单位机械能之差除以 g 称为水轮机的工作水头 H(m)，即

$$H=\frac{E_i-E_o}{\rho g q_V t}=\frac{e_i-e_o}{g} \tag{3-114}$$

经推导，得

$$H=H_{st}-\Delta h_{A-i} \tag{3-115}$$

式中，H_{st}是水电站的静压水头，$H_{st}=h_A+Z_A$（图3-44）；Δh_{A-i}为引水管的沿程水头损失和局部水头损失之和。

水流对水轮机每秒钟付出的机械能为

$$P_s=\frac{E_i-E_o}{t}=\frac{\rho q_V t(e_i-e_o)}{t}=\rho g q_V H=1000\times 9.81 q_V H=9810 q_V H \tag{3-116}$$

水轮机运行时流量 q_V 中有一部分 q_V'损失了，通过水轮机转轮做功的实际体积流量为

$$q_V-q_V'=q_V\left(1-\frac{q_V'}{q_V}\right)=q_V(1-\xi_q)=q_V\eta_q$$

式中，$\xi_q=q_V'/q_V$ 称为相对容积损失，而 $1-\xi_q=\eta_q$ 则为容积效率。

于是，水流真正付给转轮的功率为$\rho g q_V\eta_q H$。但这个功率中一部分 ΔP_h 将用来克服水力阻力而损失掉。若水轮机中的水力损失为 Δh_h，则

$$\Delta P_h = \rho g q_V \eta_q \Delta h_h \tag{3-117}$$

令
$$\xi_h = \frac{\Delta P_h}{\rho g q_V \eta_q H} = \frac{\Delta h_h}{H}$$

并称之为相对水力损失，而

$$\eta_h = 1 - \xi_h$$

则为水力效率。

再考虑到水轮机的内部机械效率 η_d 及外部机械效率 η_M，于是水轮机的总效率为

$$\eta = \eta_q \eta_h \eta_d \eta_M \tag{3-118}$$

于是，水轮机主轴端能发出的功率为

$$P = \rho g q_V H \eta_q \eta_h \eta_d \eta_M \tag{3-119}$$

水轮机的轴端功率必须用来克服工作机械（如发电机）对主轴产生的阻力矩 M，并在稳定状态下以 n（r/min）的速度旋转。此时

$$P = M\frac{2\pi n}{60} = M\omega = \rho g q_V H \eta \tag{3-120}$$

式中，ω 是角速度（rad/s）；M 为轴端力矩（N·m）。

三、水轮机比转速与气蚀

1. 水轮机比转速

为了适应各种水头和流量并要求具有高效率，水轮机的形式必须是多种多样的。并且在同一水头段内，几何形状相似的水轮机（即同一系列的水轮机）的尺寸大小也是不同的。为了找出同系列水轮机的一个共同性，水轮机工作者用水轮机的几个基本工作参数组成了一个重要指标，即

$$n_s = \frac{n\sqrt{P}}{H^{5/4}} = \frac{n\sqrt{\rho g q_V H \eta}}{H^{5/4}} = \frac{n\sqrt{\rho g q_V \eta}}{H^{3/4}} \tag{3-121}$$

原来定义 n_s 为 1m 水头下发出 1 马力（750W）时的转速，现在定义 n_s 为 1m 水头下发出 1kW 功率时的转速，并称之为水轮机的比转速。

2. 气蚀

水轮机中某一处由于某种原因压力会下降，一旦下降到当时当地水温下的汽化压力时，水就会起泡，泡中有蒸汽、有气体。当泡随水流流到压力高于汽化压力处时，便向内突然凝缩，只留下稀薄的空气泡。空气泡的压力低于周围水流的压力，于是，周围的水以极高的速度冲击这些气泡，从而产生了类似水锤的高达几个甚至几千个大气压的压力。气泡的不断生长和凝缩，在每秒钟内可达到几百次甚至几千次。在如此高的又如此快的压力的重复作用下，邻近泡的部件的金属表面会出现蜂窝状的气蚀浸蚀，甚至穿孔而很快毁坏，这就是所谓气蚀。这种重复的动态压力突然加于机件就会产生振动和噪声，同时必然产生局部高温，降低材料的耐疲劳程度，使表面剥蚀加快。泡的生长和凝缩，使水流不稳和断裂，从而大量地损失能量，故气蚀发生时，水轮机效率急剧下降。

思考题和习题

3-1　什么叫级的反动度？如何选取不同级的反动度？

3-2　汽轮机级内存在哪些损失？与部分进汽度密切相关的是哪两种损失？它们分别发生在叶栅的哪一弧段？

3-3　什么叫调节级？汽轮机的喷嘴配汽方式有哪些特点？

3-4　提高转速对汽轮机的结构尺寸和效率的影响如何？

3-5　已知喷嘴进口蒸汽压力 $p_0=8.4\text{MPa}$，温度 $t_0=490℃$，初速 $c_0=50\text{m/s}$；喷嘴后蒸汽压力 $p_1=5.8\text{MPa}$。试求：

1）喷嘴前蒸汽滞止焓、滞止压力；

2）当喷嘴速度系数 $\varphi=0.97$ 时，喷嘴出口理想速度和实际速度；

3）当喷嘴后蒸汽压力由 $p_1=5.8\text{MPa}$ 降至临界压力时的临界速度。

3-6　已知进入喷嘴的蒸汽压力 $p_0=0.09\text{MPa}$，蒸汽干度 $x_0=0.95$，初速 $c_0=0$；喷嘴后的蒸汽压力 $p_1=0.07\text{MPa}$，流量系数 $\mu_n=1.02$，喷嘴出口截面面积 $A_n=0.0012\text{m}^2$。试求通过喷嘴的蒸汽流量和流量比系数。

3-7　已知喷嘴前喷嘴压力 $p_0=2.8\text{MPa}$，温度 $t_0=400℃$；喷嘴后蒸汽压力 $p_1=1.95\text{MPa}$，温度 $t_1=350℃$。喷嘴出汽角 $\alpha_1=14°$，动叶后的蒸汽压力 $p_2=1.85\text{MPa}$，温度 $t_2=345℃$。级的平均直径 $d_m=1.3\text{m}$，汽轮机转速 $n=3000\text{r/min}$，蒸汽初速可忽略不计。试求该级喷嘴和动叶的速度系数 φ 和 Ψ。

3-8　已知机组某中间级的反动度 $\Omega_m=0.04$，速比 $x_1=u/c_1=0.44$，级内蒸汽理想比焓降 $\Delta h_t=84.3\ \text{kJ/kg}$,喷嘴出汽角 $\alpha_1=15°$，动叶出汽角和进汽角的关系是 $\beta_2=\beta_1-3°$，蒸汽流量 $q_m=4.8\text{kg/s}$，前一级排汽余速动能可利用的能量为 $\Delta h_{c_0}=1.8\text{kJ/kg}$。假设离开该级的汽流动能被下级利用了一半，喷嘴、动叶的速度系数 $\varphi=0.96$、$\Psi=0.924$，试求该级的轮周功率 P_u 和轮周效率 η_u。

3-9　反动式汽轮机第一个级组中喷嘴与动叶采用相同的叶型，喷嘴和动叶出汽角相等，即 $\alpha_1=\beta_2^*=20°$，又 $w_2=c_1$，各级速比 $x_1=u/c_1=0.7$，速度系数 $\varphi=\Psi=0.95$，第一级初速动能 $\Delta h_{c_0}=0$，各级余速全部被下一级利用。第一级及后面各级应采用多大的反动度 $\Omega_m\left(\Omega_m=\dfrac{\Delta h_b}{\Delta h_t}\right)$？

3-10　已知机组某级的平均直径 $d_m=883\text{mm}$，设计流量 $q_m=597\text{t/h}$。设计工况下级前蒸汽压力 $p_0=5.49\text{MPa}$，温度 $t_0=417℃$；级后蒸汽压力 $p_2=2.35\text{MPa}$。该级反动度 $\Omega_m=0.296$，上一级余速动能被该级利用的部分为 $\Delta h_{c_0}=33.5\text{kJ/kg}$，又知喷嘴出汽角 $\alpha_1=15°51'$，速度系数 $\varphi=0.97$，流量系数 $\mu_n=0.97$，该级为全周进汽。试计算喷嘴出口高度。

3-11　汽轮机级的工况发生变动时，其级的焓降、速比和级内反动度是如何变化的？

3-12　汽轮机的回热抽汽与调节抽汽有什么不同？

3-13　背压式汽轮机有什么特点？

3-14　若喷嘴前的蒸汽压力恒为 $p_0=5.87\text{MPa}$，喷嘴前蒸汽温度也恒定不变，当喷嘴后蒸汽压力从 $p_1=2.94\text{MPa}$增加到 $p_{11}=4.42\text{MPa}$ 时，通过渐缩喷嘴的蒸汽流量改变了多少？

参考文献

[1] 翁史烈．燃气轮机与蒸汽轮机［M］．上海：上海交通大学出版社，1996.

[2] 蒴天聪．汽轮机原理［M］．北京：水利电力出版社，1986.

[3] 沈炳正，黄希程．燃气轮机装置［M］．北京：机械工业出版社，1981.

[4] 叶万举，等。固体火箭发动机工作过程理论基础［M］．北京：国防科技大学出版社，1985.

[5] 程良骏．水轮机［M］．北京：机械工业出版社，1981.

[6] 康松．汽轮机习题集［M］．北京：水利电力出版社，1987.

[7] 焦树建．燃气—蒸汽联合循环［M］．北京：机械工业出版社，2000.

[8] 赵洪滨．热力涡轮机械装置［M］．北京：清华大学出版社，2014.

第四章

热力发电与核电

以煤、石油、天然气等化石燃料及铀等核燃料作为能源的发电，均称为热力发电。对于用核燃料的发电，常称为核能发电，简称核电。热力发电所使用的动力机有汽轮机、燃气轮机、柴油机等，但汽轮机占绝大多数。热力发电的基本过程是，利用化石燃料和空气在锅炉的燃烧室内混合燃烧，生成高温火焰和烟气，将锅炉内的水加热成一定温度和压力的水蒸气，进入汽轮机，使之高速转动并带动发电机，发出电能。水蒸气在汽轮机中膨胀做功后，排入冷凝器被凝结成水，由水泵打回锅炉。图 4-1 就表示了蒸汽动力的热力发电生产过程和

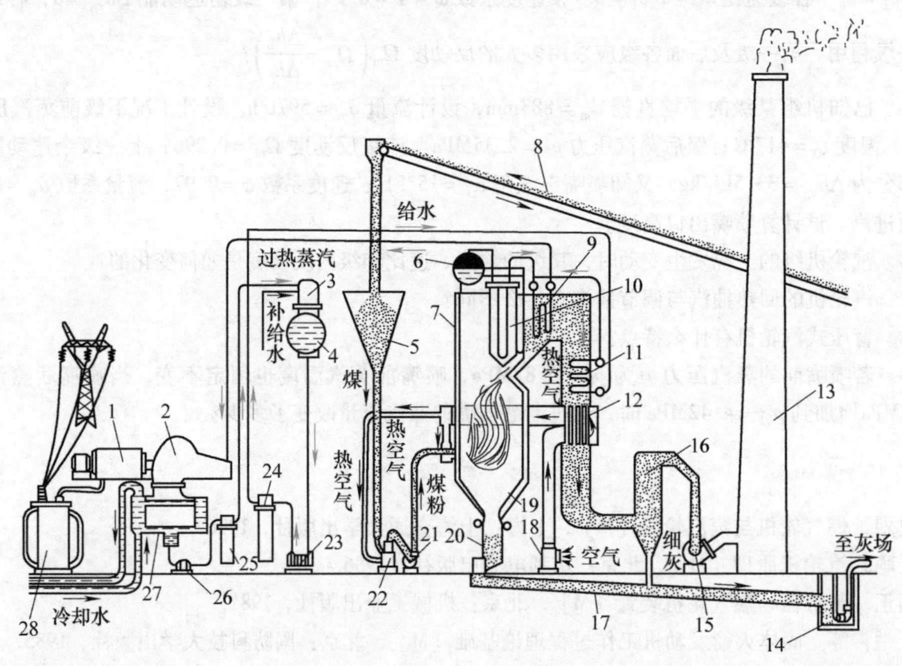

图 4-1 热力发电生产过程示意图

1—发电机 2—汽轮机 3—除氧器 4—水箱 5—煤斗 6—锅筒 7—水冷壁 8—煤输送带 9—对流过热器 10—屏式过热器 11—省煤器 12—空气预热器 13—烟囱 14—灰渣泵 15—引风机 16—除尘器 17—冲灰沟 18—送风机 19—炉膛 20—渣斗 21—排粉风机 22—磨煤机 23—给水泵 24—高压加热器 25—低压加热器 26—凝结水泵 27—冷凝器 28—主变压器

所需的主要设备。相应于这样的生产过程，一个热力发电厂通常包含锅炉间、汽轮机间（含发电机）、主控制室和供水系统、燃料储运系统、除灰系统、水处理系统、厂用电系统及变电所等。

由于热力发电厂中的锅炉与汽轮机的热力参数不同，其完成热功转换的热力系统及电厂的热效率也不同，所以热力发电厂通常按照蒸汽参数（即蒸汽的压力和温度）来分类。电厂容量的单位是 MW（兆瓦）。蒸汽参数较低的电厂，其容量一般较小，而蒸汽参数高的电厂，容量则较大。下面将我国热力发电厂采用的蒸汽参数和相应的电厂容量归纳成表 4-1。表中的数据仅提供一个参考值，不是严格的分类标准。

表 4-1　我国热力发电厂按蒸汽参数的分类

电厂类型	蒸汽压力/MPa		蒸汽温度/℃		电厂和机组容量的大致范围
	锅炉	汽轮机	锅炉	汽轮机	
中温中压电厂	4.0	3.5	450	435	10～200MW 的中小型电厂（6～50MW 机组）
高温高压电厂	10.0	9.0	540	535	100～600MW 的大中型电厂（25～100MW 机组）
超高压电厂	14.0	13.5	540	535	250MW 以上的大型电厂（125～200MW 机组）
亚临界压力电厂	18.0	17.0	540	535	600MW 以上的大型电厂（300、600MW 机组）
超临界压力电厂	>22.0	>22.0	545	540	1000MW 以上的大型电厂（300、600、800MW 机组）
超超临界压力电厂	>32.0	>32.0	>600	>600	1000MW 以上的大型电厂（1000MW 机组）

本章将从热力发电厂实现热功转换并从而获得电能的原理出发，阐述现代热力发电的几种影响电厂经济性的常用循环、处于试验研究阶段的多种新型热力循环和新发展的能源系统。在此基础上，结合电厂的运行，对于电厂的热力系统和热力发电厂的热经济性进行必要的阐述。此外，对于极有发展前景的核发电给予简要的阐述。

第一节　热力发电常用循环

一、回热循环

在朗肯循环中，进入汽轮机的蒸汽全部都在冷凝器内凝结，凝结水的温度就等于冷凝器内压力 p_2 对应的饱和温度。同时，也就是锅炉给水的温度。将 1kg 给水加热到与锅炉工作压力 p_1 相对应的饱和温度所需的热量，在朗肯循环中要全部依靠炉内燃料的燃烧所放出的热量供给。

如果将凝结水的加热部分取自于从汽轮机中间抽出已部分做过功、但压力尚不太低的少量蒸汽，则因减少了排入冷凝器中的乏汽量而会使循环的热效率提高。

图 4-2 是从汽轮机中间抽一次汽来回热加热的蒸汽动力装置示意图。设压力为 p_a 的 1kg 蒸汽进入汽轮机膨胀做功，在压力 $p_{b'}$($p_{b'}<p_a$)时有 αkg(例如 0.1kg)蒸汽从汽轮机抽到加热器中加热凝结水，其余$(1-\alpha)$kg 蒸汽继续膨胀做功，直到乏汽压力 $p_b(p_b<p_{b'}<p_a)$时排入冷凝器，$(1-\alpha)$ kg 低温凝结水从冷凝器出来，经凝结水泵升压，进入混合式加热器与 αkg 抽汽混合，再经给水泵送入锅炉。这种用抽汽加热给水的蒸汽动力循环，称为蒸汽回热循环，简称回热循环。对于 1kg 蒸汽来说，虽然做功量略有减少，但是有 αkg 蒸汽的汽化热

得到利用，使凝结水的温度提高到锅炉的给水温度，而1kg工质在锅炉中的吸热量减少更多，因此热效率提高。为了使蒸汽在抽出以前能在汽轮机里尽可能多地做功，通常采取分几次（一次抽汽称为一级）抽汽，依次在多个加热器中逐步将给水加热到预定的温度。

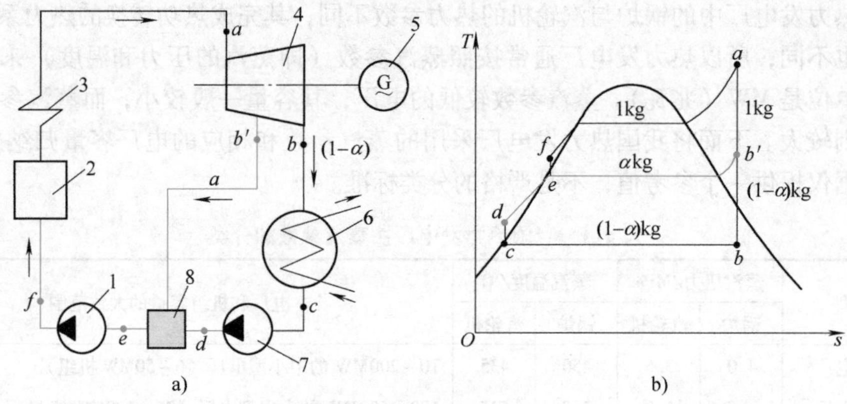

图4-2 从汽轮机中间抽一次汽来回热加热的蒸汽动力装置示意图

a）系统简图 b）回热循环图

1—给水泵 2—锅炉 3—过热器 4—汽轮机 5—发电机

6—冷凝器 7—凝结水泵 8—加热器

根据热力学第一定律，可以导得回热循环的热效率。具有一次抽汽的蒸汽动力回热循环热效率计算式（其中忽略水泵功耗）为

$$\eta_t = 1 - \frac{(1-\alpha)(h_b - h_c)}{(1-\alpha)(h_a - h_c) + \alpha(h_a - h_{b'})} \tag{4-1}$$

式中，α 为抽汽份额，可由下式求得

$$\alpha = \frac{h_e - h_d}{h_{b'} - h_d} \tag{4-2}$$

很容易证明回热循环的热效率必大于朗肯循环。

现在绝大多数大、中、小型热力发电厂都采用回热循环。为了使蒸汽动力装置不过于复杂，抽汽回热的级数最多不超过8级，常用的是2~4级，小型的电厂只有1~2级。给水加热后的温度很少超过270℃。抽汽级数越多，给水加热的最后温度也越高。

二、再热循环

提高蒸汽进汽轮机时的初压力，可以提高循环热效率。但如果此时蒸汽初温度不能提高，蒸汽在汽轮机内膨胀终了时的湿度将迅速增加，汽轮机主要部件（叶片）会受到蒸汽中大量水滴的冲击，很快锈蚀而损坏。经验表明，要想保持汽轮机的合理使用寿命，乏汽的实际干度不宜低于0.85。

为了使乏汽干度不致过低，在提高蒸汽初压力时，如果受金属耐温能力的限制，初温不能相应提高，可以采取中间再热的措施（图4-3a）。新蒸汽在汽轮机中膨胀到某一中间压力以后全部从汽轮机抽出，导入锅炉中的再热器，在定压下吸收烟气放出的热量（也可用其他热源和设备加热），以增加干度或使之成为过热蒸汽，然后再导入汽轮机的后半部（或者另一个压力较低的汽轮机）继续膨胀到终压 p_b，这样的循环称为蒸汽再热循环，简称再热

循环。图 4-3b 即为再热循环在 T-s 图上的表示。通过分析，可求得理想的再热循环的热效率为

$$\eta_t = 1 - \frac{h_b - h_c}{(h_a - h_d) + (h_f - h_e)} \tag{4-3}$$

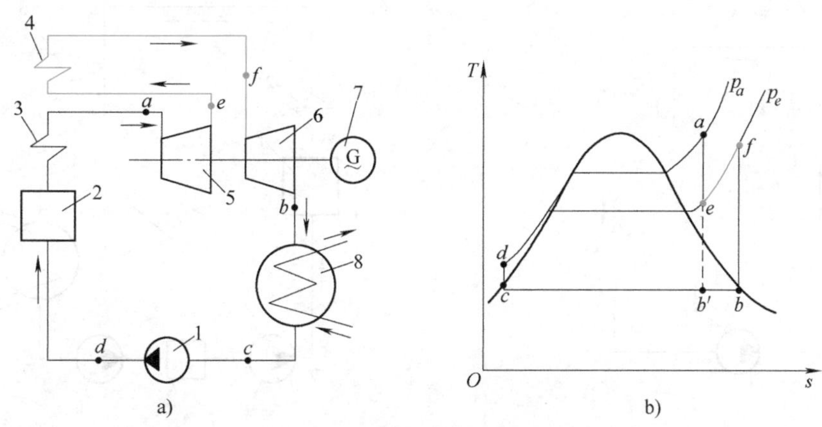

图 4-3　再热循环装置示意图

a）系统简图　b）再热循环图

1—凝结水泵　2—锅炉　3—过热器　4—再热器　5—高压汽轮机

6—低压汽轮机　7—发电机　8—冷凝器

由图 4-3b 可见，再热循环可以认为是由一个 $ab'cda$ 的基本循环（朗肯循环）和 $efbb'e$ 的附加循环所组成的。只有当中间再热压力 p_e 取得恰当，确保附加循环的热效率大于基本循环时，再热循环的热效率才高于朗肯循环。所以，再热的目的主要在于增加乏汽干度，以便在一定的初温限度下能够采用更高的初压力，从而提高循环热效率。由于实现再热循环的实际设备和管路都比较复杂，投资费用也很大，通常只有大型火力发电厂并且压力在 13MPa 以上时才采用。而采用再热循环的发电厂同时也采用回热循环。

三、热电联产循环

一般的火力发电厂只生产电能，除了为回热而抽出少量蒸汽外，其余的蒸汽都将进入冷凝器内凝结放出汽化热。因此，这种发电厂也叫凝汽式发电厂，它的热效率约为 24% ~ 36%，最现代化的可以达到 40% 上下，即燃料所发出的热量中约有 60% 没有得到利用。其中，最大量的是蒸汽在冷凝器内凝结时放给冷却水的热量，约占燃料所产生热量的 50%。如果能把这部分热量加以利用，可以大大提高燃料的利用率。与此同时，可看到工业上的各种工艺过程常需要大量蒸汽，住宅或公共建筑也需要大量供热。因此，可将电厂中为了实现将热变为功所必须放出的热量的部分或全部用来供给热用户的需要，从而形成既产热又产电的热电联产循环，或称为热电循环。实现热电联产循环的火电厂，也就是既发电又供热的电厂，习惯上称为热电厂。

热电厂的热电联产循环有背压式汽轮机热电联产循环和抽汽式汽轮机热电联产循环两种，分别如图 4-4 和图 4-5 所示。对于背压式汽轮机，由于全部蒸汽先通过汽轮机做功后再供热，显然其热的利用率最高，即在理论上其热利用系数（被利用的热量与工质从高温热

源吸取的热量之比）达到1。但其循环热效率，则因乏汽压力的提高使总的对外做功量减少而降低。此外，因供热量与供电量的相互牵制，无法单独调节，难以适应热、电用户的不同要求，所以，在承担基本负荷的情况下比较合适。对于抽汽式汽轮机，虽利用部分抽汽来供热，但因适应热、电负荷的性能好，所以抽汽式汽轮机热电联产的应用更为普遍。

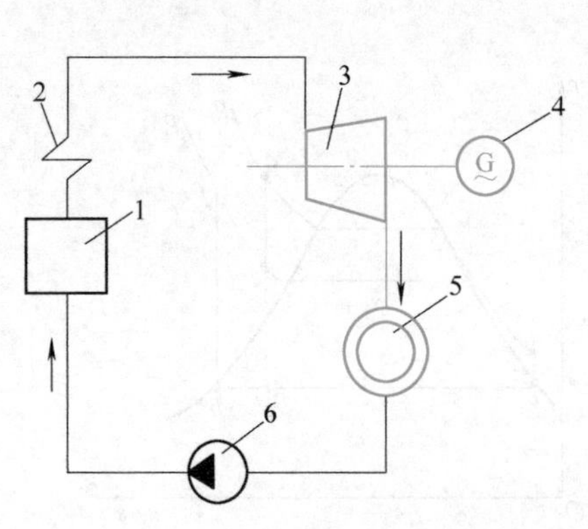

图4-4 背压式汽轮机热电联产汽水系统简图

1—锅炉 2—过热器 3—背压式汽轮机

4—发电机 5—热用户 6—凝结水泵

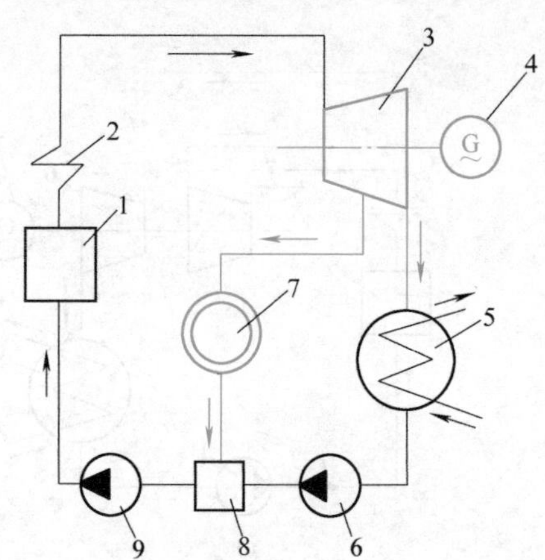

图4-5 抽汽式汽轮机热电联产汽水系统简图

1—锅炉 2—过热器 3—抽汽式汽轮机

4—发电机 5—冷凝器 6—凝结水泵

7—热用户 8—加热器 9—给水泵

热电联产可以提高火力发电厂的燃料利用率。从全局来看，应该有计划地发展具有高参数、大功率机组的热电联产的大型热电厂，逐步代替大量分散的、低参数小型供暖锅炉房，以节约燃料，减少环境污染和节省劳动力。

由于热电联产既供热又供电，实用上常用两个指标来确定其经济性：

（1）热电厂的燃料利用系数 η（也称为总热效率）

$$\eta=\frac{Q_{\mathrm{h}}+W\times 3600}{Bq_{\mathrm{net}}}\times 100\% \tag{4-4}$$

式中，Q_{h} 为供热量（kJ/h）；W 为发电量（kW）；B 为燃料总消耗量（kg/h）；q_{net} 为燃料的低位热值（kJ/kg）。

（2）热电比 ω

$$\omega=\frac{Q_{\mathrm{h}}}{W\times 3600}\times 100\% \tag{4-5}$$

我国对于总热效率及热电比的值均有一定要求，以保证热电联产的应用具有较好的经济性。如对供热式机组的常规热电联产，热电厂的年平均燃料利用系数应大于45%；单机容量50～200MW以下热电机组，平均热电比应大于50%。

四、燃气－蒸汽联合循环

目前世界上的燃气轮机发电技术是与汽轮机发电技术同步发展的，燃气轮机的单机功率已达200MW以上，供电效率可达40%左右。采用超临界参数（30MPa/600℃/600℃）的汽轮机技术，供电效率最高可达43%左右。为进一步提高发电设备的效率，将汽轮机循环与燃气轮机循环相互结合起来，构成一种效率更高的新型循环，即燃气－蒸汽联合循环。

燃气轮机的排气温度很高（一般在400～600℃之间），让排气进入余热锅炉，利用该排气的热量加热给水，产生的高温、高压水蒸气，进入汽轮机中做功，由此构成余热锅炉型的燃气－蒸汽联合循环，如图4-6所示。目前这种联合循环使用的是液体燃料或天然气（也可为焦炉煤气）。

自20世纪50年代开始实现燃气－蒸汽联合循环以来，由于这种循环方案的设备投资费用较低、设备简单、占地少、建设周期短等优点，使得该技术得到迅速发展，其供电效率已达到50%～52%，远高于其他形式的发电设备，并成为承担基本负荷的大功率的独立电厂。

燃气－蒸汽联合循环有四种基本方式：图4-6所示为第一种方式，即不补燃的余热锅炉型方案；第二种是有补燃的余热锅炉型方案，如图4-7所示；第三种是增压锅炉型方案，如图4-8所示；第四种是加热锅炉给水型方案，如图4-9所示。

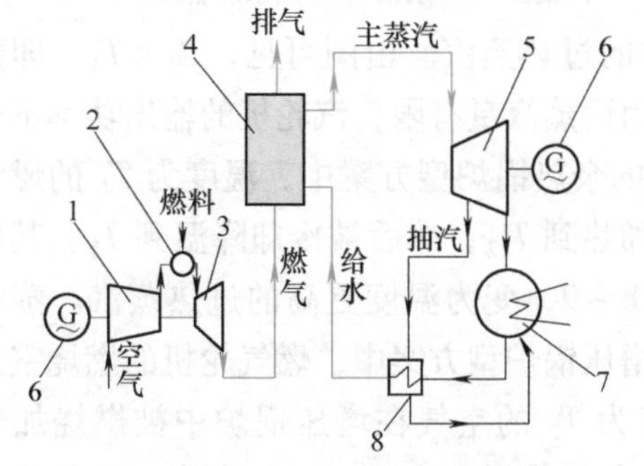

图4-6　不补燃的余热锅炉型方案
1—压气机　2—燃烧室　3—燃气透平　4—余热锅炉　5—蒸汽透平　6—发电机　7—冷凝器　8—给水加热器

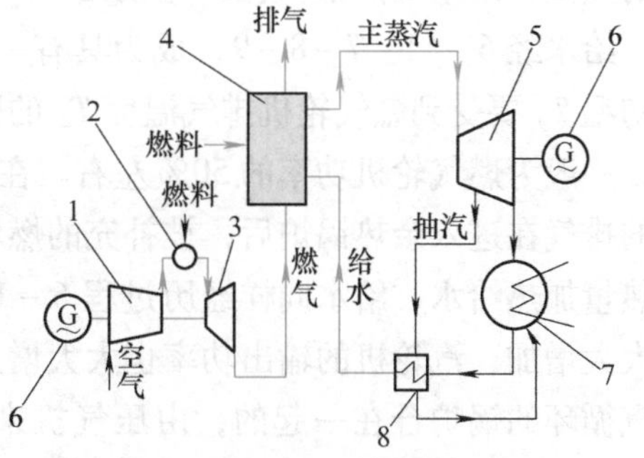

图4-7　有补燃的余热锅炉型方案
1—压气机　2—燃烧室　3—燃气透平　4—余热锅炉　5—蒸汽透平　6—发电机　7—冷凝器　8—给水加热器

有补燃的余热锅炉型方案是在余热锅炉中补充燃烧一定量的燃料（可以是油、天然气或煤）。可增加余热锅炉的蒸汽量及提高主蒸汽热力参数，由此增大联合循环的单机功率。

增压锅炉型方案是将燃气轮机的燃烧室与产生主蒸汽的增压锅炉合为一个整体。燃料燃烧后部分燃气进入燃气透平中做功，另一部分产生的热量在增压锅炉中被吸收产生蒸汽，供汽轮机做功。

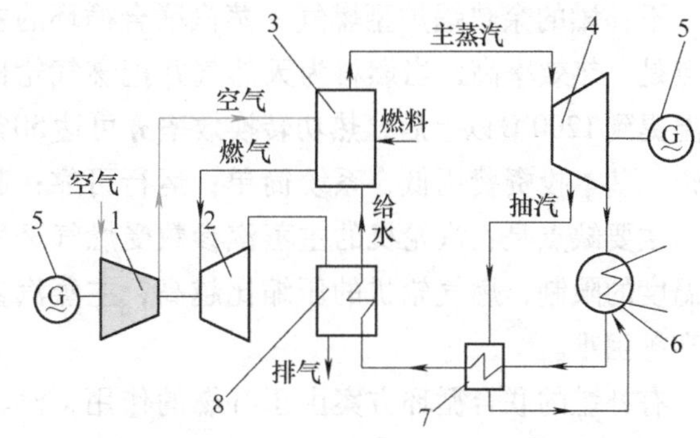

图4-8　增压锅炉型方案
1—压气机　2—燃气透平　3—增压锅炉　4—蒸汽透平　5—发电机　6—冷凝器　7—给水加热器　8—排气热交换器

加热锅炉给水型方案中燃气轮机的排气仅用来加热锅炉给水。由于锅炉给水所需加热量有限，使得燃气轮机的容量比汽轮机的小得多，因而这种联合循环以汽轮机输出功率为主。由于锅炉给水加热的温度不高，燃气轮机排气利用的程度差，使得联合循环的效率提高较少。因而新设计的联合循环不用该方案，仅在用燃气轮机来改造和扩建原有汽轮机电站时才会应用。

图 4-10 为上述燃气－蒸汽联合循环前三种基本方式的 T-s 图。由图可见，燃气－蒸汽联合循环实质上是把燃气轮机的“布雷顿循环”与汽轮机的“朗肯循环”组合为一个循环系统。图 4-10 中的 1－2－3－4－1 为燃气轮机的实际循环过程，6－7－8－9－10－6 为汽轮机的实际循环过程。在不补燃的余热锅炉型方案中，由燃气轮机排气的冷却过程 4－5 放出的热量，用来加热蒸汽循环中的给水，给水经 6－11－7－8－9，成为具有一定压力的过热蒸汽。由图可见，$T_9 < T_4$，即蒸汽的初温 T_9 要受到燃气轮机排气温度 T_4 的限制，因而蒸汽量有限，汽轮机的输出功率不会很大，一般为燃气轮机功率的 50% 左右。在有补燃的余热锅炉型方案中，温度为 T_4 的燃气轮机的排气在进入余热锅炉后，被补充的燃料燃烧加热到 T_{12}，然后被冷却降温到 T_5。其放出的热量加热给水，给水同样经历过程 6－11－7－8－9，变为温度更高的过热蒸汽。蒸汽量也大大增加，汽轮机的输出功率也大大增加。在增压锅炉型方案中，燃气轮机的燃烧室是与蒸汽循环的锅炉合在一起的，由压气机来的温度为 T_2 的空气在增压锅炉中被燃烧加热到 T_{13}，经放热过程 13－3 放出的热量加热给水，给水经过程 11－7－8－9 变为过热蒸汽，送至汽轮机。增压锅炉中的燃气温度降到 T_3 后，送至燃气轮机中做功。燃气透平的排气在 T_4 温度下加热给水，给水沿过程线 6－11 升温。以上即为余热锅炉型燃气－蒸汽联合循环的三种方式的热力过程情况。

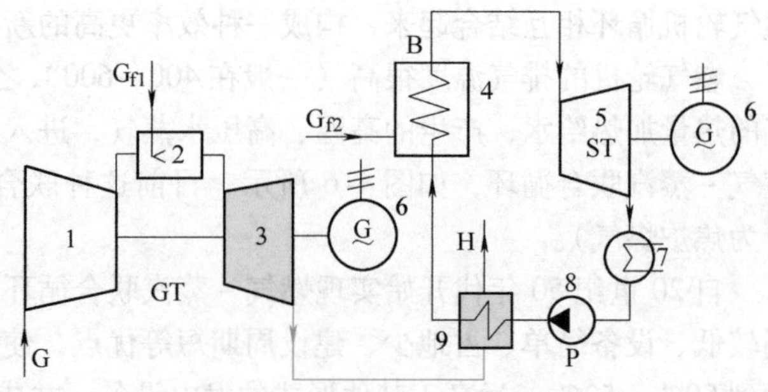

图 4-9 加热锅炉给水型方案

1—压气机 2—燃烧室 3—燃气透平
4—蒸汽锅炉 5—汽轮机 6—发电机
7—冷凝器 8—水泵 9—热水余热锅炉

不补燃的余热锅炉型燃气－蒸汽联合循环的主要优点是：热效率高，当燃料为天然气并把燃气轮机的初温提到 1200℃以上后，热功转换效率 η 可达 50%～53%；基本投资费用低，系统简单；运行可靠；起动快。主要缺点是：汽轮机的主蒸汽参数受燃气透平排气温度的限制，燃气轮机的压缩比越高，主蒸汽参数升高越困难。

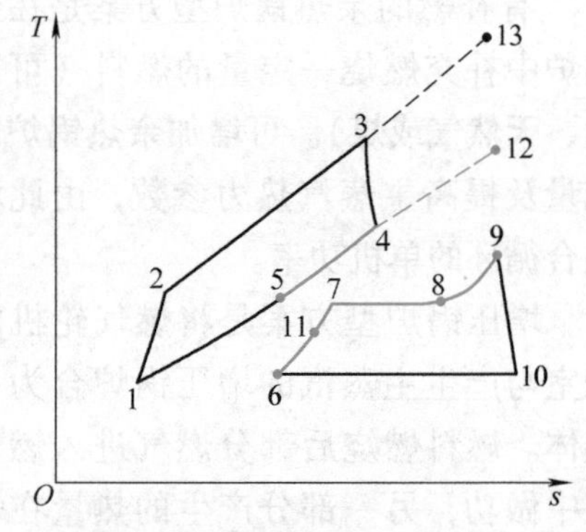

图 4-10 三种燃气－蒸汽联合循环方案的 T-s 图

有补燃的联合循环方案由于补燃的作用，汽轮机的功率显著增加。但在目前燃气轮机现已达到的参数条件下，该联合循环的供电效率反而不如同参数下不补燃的余热锅炉型燃气－蒸汽联合循环。

增压锅炉型的燃气－蒸汽联合循环的特点是：当燃气轮机的初温提高到 1300℃后，效率可以超过 50%。但增压锅炉造价高，排气热交换器体积庞大。

第二节 热力系统

一、发电厂原则性热力系统

热力系统是热力发电厂实现热功转换的热力部分的工艺系统。它通过热力管道及阀门将各热力设备有机地联系起来，以在各种工况下能安全、经济、连续地将燃料的能量转换成机械能。

由于现代热力发电厂的热力系统是由许多不同功能的局部系统有机地组合在一起的，复杂而庞大，为有效研究及方便管理，常将全厂热力系统进行不同用途的分类，以供使用。

以范围划分，热力系统可分为全厂和局部两类。局部的系统又可分为主要热力设备（如汽轮机本体、锅炉本体等）和各种局部功能系统（如主蒸汽系统、给水系统、主凝结水系统、回热系统、供热系统、抽空气系统和冷却系统等）两种。全厂热力系统则是以汽轮机回热系统为中心，将汽轮机、锅炉和其他所有局部热力系统有机组合而成的。按用途来划分，热力系统可分为原则性和全面性两类。

用图来反映热力系统，称热力系统图。热力系统图广泛用于设计研究和运行管理。原则性热力系统图是一种原理性图。对机组和全厂而言，如汽轮机（或回热）的原则性热力系统、发电厂的原则性热力系统，它们主要用来反映在某一工况下系统的热经济性（一般都说明设计工况或其他特殊工况下的热经济性）；对不同功能的各种热力系统，如主蒸汽、给水、主凝结水等系统，其原则性热力系统则用来反映该系统的主要特征，如采用的主辅热力设备、系统形式和主要阀门的配置等。

根据原则性热力系统图的目的要求，在机组和全厂的原则性热力系统图上，不应有反映其他工况（非设计工况）的设备及管线，以及所有与目的无关的阀门（除个别与热经济性有关的阀门外，所有阀门均不表示出），相同的设备也只需画一个来代表。对反映系统主要特点的各种功能的原则性热力系统图，图中则不应画出次要的支管线及阀门。

全面性热力系统图是实际热力系统的反映，它包括不同运行工况下的所有系统，以此全面显示出该系统的安全可靠性、经济性和灵活性。不言而喻，全面性热力系统图应画出实际所有的（运行的和备用的）设备、管线及阀门。全面性热力系统图是施工和运行的主要依据。

对不同范围的热力系统，都有其相应的原则性和全面性热力系统图，如回热的原则性和全面性热力系统图、主蒸汽的原则性和全面性热力系统图等。

图 4-11 为国产 N300—16. 18/550/550 型再热式汽轮机配 1000/16. 77/555 型直流锅炉的发电厂原则性热力系统图。该机组有八级不调整抽汽，回热系统为“三级高加、四级低加、一级除氧”（高加、低加指高压加热器、低压加热器），除氧器滑压运行。采用汽动调速给水泵 FP 及凝汽式小汽轮机 TD 驱动，正常工况汽源为第五段抽汽（现部分机组已改为第四段抽汽）。所有高加均设有内置式蒸汽冷却器和疏水冷却器。H5 低加设有内置式蒸汽冷却器。除 H7 低加采用疏水泵 DD 外，其余低加均采用疏水逐级自流方式。由于直流锅炉没有排污，为保证锅炉的汽水品质，该系统对凝结水全部经过精处理，故设有凝结水除盐设备 DE，及相应的升压泵 BP。化学补充水进入冷凝器。

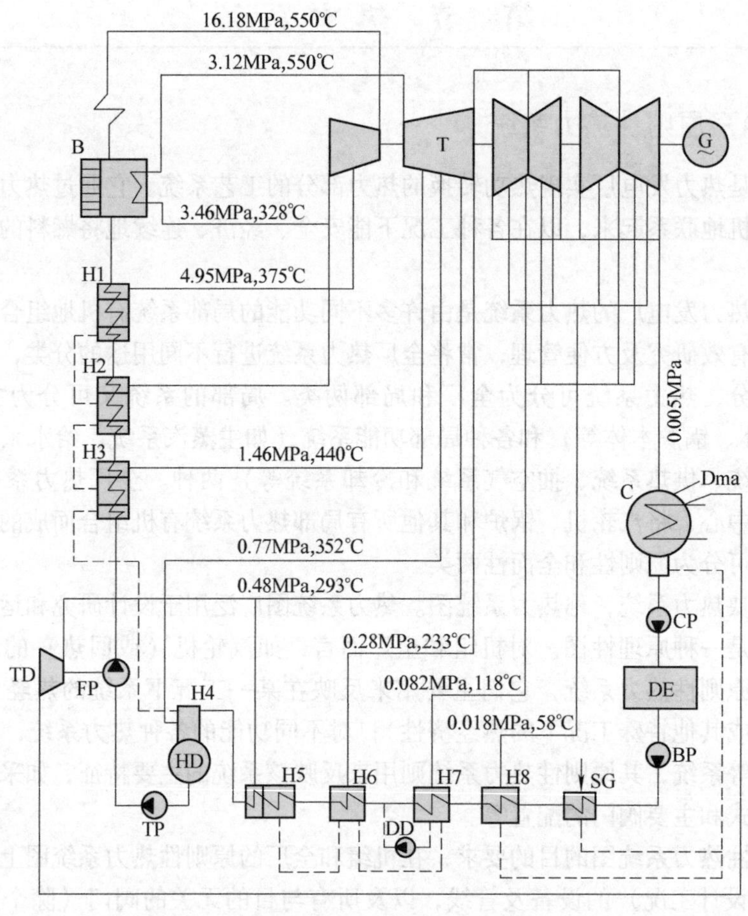

图 4-11 国产 N300－16.18/550/550 型再热式汽轮机配 1000/16.77/555 型直流锅炉的发电厂原则性热力系统图

由于原则性热力系统实质上表明了工质的能量转换及热量利用的过程，所以建设火力发电厂时，必须拟订出一个合理的原则性热力系统，并进行热力系统的计算，以确定机、炉、回热加热器、除氧器等一整套热力设备的合理配置和连接，从而使发电厂具有良好的热经济性。

发电厂的原则性热力系统计算是针对全厂的，故也可简称为全厂热力系统计算。进行发电厂原则性热力系统计算时，应具备下列资料：初步拟订的发电厂原则性热力系统图（如经计算表明该系统不够合理，则需修改后再计算）；给定的全厂工况；其他的有关技术资料，如进入和离开水处理系统（包括除盐装置）的水温、化学补充水的资料、锅炉和蒸发器的连续排污量、有关供热方面的资料（如送汽参数及其回水率、回水温度、热水网的温度调节图）等。对于凝汽式发电厂，一般只计算最大电负荷和平均电负荷两种工况。前者用于选择设备，后者用于确定设备检修的可能性。对于仅有全年性热负荷的热电厂，一般也只计算电热负荷均为最大的工况及平均工况（即最大电负荷和平均热负荷）。对于有供暖热负荷的热电厂尚需计算夏季工况（即最大电负荷和工艺热负荷）。通过发电厂的原则性热力系统计算，可确定电厂在某一运行方式时各部分汽水流量和参数及该工况下全厂的热经济指标，并以最大负荷工况时计算结果，作为选择锅炉、热力辅助设备和管道的依据。

发电厂原则性热力系统计算的基本方法是，对系统中换热设备建立物质平衡式和热平衡式，逐个地按“由外到内”，再“从高到低”的顺序进行计算，并结合利用汽轮机的功率方程式和电厂的热经济指标计算式，最终求得汽轮机的汽耗量、各处汽水流量值和全厂的热经济指标。为便于计算，在计算过程中，采用先“由外到内”，再“从高到低”的步骤是指，先从供热设备（热网加热器等）、水处理设备（包括蒸发器）、锅炉连续排污扩容器等外部设备开始，再计算机组的“内部”设备（回热系统中的回热加热器、除氧器），并按由高加到低加的顺序进行。在发电厂原则性热力系统的计算中，回热加热系统的计算是主体部分。由于课程的教学时数和教材的篇幅有限，不可能详细介绍发电厂的原则性热力系统计算，但可以通过一个回热系统的算例，来了解计算的基本方法和过程。

例 4-1　某汽轮发电机组的回热加热系统如图 4-12 所示。已知该机组的功率 $P_e=6000\text{kW}$，汽轮机进口的蒸汽比焓 $h_0=3305.1\text{kJ/kg}$，机械效率 $\eta_m=0.99$，发电机效率 $\eta_g=0.98$，锅炉效率 $\eta_b=0.85$，管道效率 $\eta_p=0.98$。试求各级抽汽份额、机组汽耗量 D_0 和汽耗率 d_0、机组热耗率 q_0 和绝对电效率 η_e、全厂热效率 η_{cp} 和标准煤耗率 b^s（计算中可不计散热损失和不考虑在泵中的焓升）。

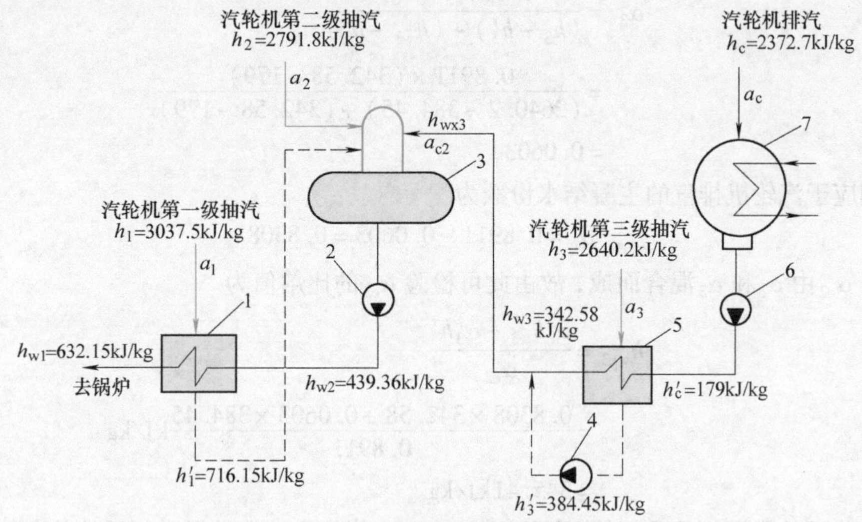

图 4-12　三级回热加热系统

1—高压加热器　2—给水泵　3—除氧器　4—疏水泵　5—低压加热器
6—凝结水泵　7—冷凝器

解　高压加热器热平衡式为

$$\alpha_1(h_1-h_1')=h_{w1}-h_{w2}$$

则汽轮机的第一级抽汽份额为

$$\alpha_1=\frac{h_{w1}-h_{w2}}{h_1-h_1'}=\frac{632.15-439.36}{3037.5-716.15}=0.0831$$

除氧器热平衡式为

$$\alpha_2h_2+\alpha_{c2}h_{wx3}+\alpha_1h_1'=h_{w2}$$

而
$$\alpha_{c2}=1-\alpha_1-\alpha_2$$

设进入除氧器的凝结水 α_{c2} 的比焓 $h_{wx3}=345.4\text{kJ/kg}$，则得汽轮机的第二级抽汽（用于除氧器加热除氧）份额为

$$\alpha_2=\frac{(h_{w2}-h_{wx3})-\alpha_1(h_1'-h_{wx3})}{h_2-h_{wx3}}$$
$$=\frac{(439.36-345.4)-0.0831\times(716.15-345.4)}{2791.8-345.4}$$
$$=0.0258$$

所以
$$\alpha_{c2}=1-0.0831-0.0258=0.8911$$

低压加热器热平衡式为
$$\alpha_3(h_3-h_3')=\alpha_c(h_{w3}-h_c')$$

而
$$\alpha_c=\alpha_{c2}-\alpha_3$$

故得汽轮机的第三级抽汽份额为

$$\alpha_3=\frac{\alpha_{c2}(h_{w3}-h_c')}{(h_3-h_3')+(h_{w3}-h_c')}$$
$$=\frac{0.8911\times(342.58-179)}{(2640.2-384.45)+(342.58-179)}$$
$$=0.0603$$

相应于汽轮机排汽的主凝结水份额为
$$\alpha_c=0.8911-0.0603=0.8308$$

因 α_{c2} 由 α_c 和 α_3 混合而成，故由此可检验 α_{c2} 的比焓值为

$$h_{wx3}=\frac{\alpha_c h_{w3}+\alpha_3 h_3'}{\alpha_{c2}}$$
$$=\frac{0.8308\times342.58+0.0603\times384.45}{0.8911}\text{kJ/kg}$$
$$=345.41\text{kJ/kg}$$

此值与前面的假设值几乎相等，故可以把 α_2 和 α_3 值作为计算结果进行后续的运算。

为进一步验证上述计算结果的正确性，可对汽轮机的做功情况进行核算。

汽轮机进汽 1kg 的实际比焓降 Δh_T（即实际做功量 w_i）

$$w_i=\Delta h_T=\alpha_c(h_0-h_c)+\sum_{j=1}^{3}\alpha_j(h_0-h_j)$$
$$=[0.8308\times(3305.1-2372.7)+0.0831\times(3305.1-3037.5)+0.0258\times(3305.1-2791.8)+0.0603\times(3305.1-2640.2)]\text{kJ/kg}$$
$$=850.2\text{kJ/kg}$$

反平衡检验

$$w_i' = \Delta h_T' = h_0 - h_{w1} - \alpha_c(h_c - h_c')$$
$$= [3305.1 - 632.15 - 0.8308 \times (2372.7 - 179)]\text{kJ/kg}$$
$$= 850.4\text{kJ/kg}$$

因 $\Delta h_T \approx \Delta h_T'$，$\delta(\Delta h_T) = \left|\dfrac{\Delta h_T - \Delta h_T'}{\Delta h_T}\right| = 0.02\%$，说明上述计算正确。

由式(4-19)，汽耗量 D_0 为

$$D_0 = \frac{3600P_e}{w_i\eta_m\eta_g} = \frac{3600P_e}{\Delta h_T\eta_m\eta_g} = \frac{3600 \times 6000}{850.2 \times 0.99 \times 0.98}\text{kg/h}$$
$$= 26186\text{kg/h}$$

汽耗率 d_0 由式(4-23)可得

$$d_0 = \frac{D_0}{P_e} = \frac{26186}{6000}\text{kg/(kW·h)} = 4.364\text{kg/(kW·h)}$$

机组热耗率 q_0 为

$$q_0 = d_0(h_0 - h_{w1}) = 4.364 \times (3305.1 - 632.15)\text{kJ/(kW·h)}$$
$$= 11665\text{kJ/(kW·h)}$$

机组绝对电效率 η_e 由式(4-13)可得

$$\eta_e = \frac{3600}{Q_0/P_e} = \frac{3600}{q_0} = \frac{3600}{11665} = 0.31$$

全厂热效率 η_{cp} 由式(4-14)可得

$$\eta_{cp} = \eta_b\eta_p\eta_e = 0.85 \times 0.98 \times 0.31 = 0.26$$

全厂发电标准煤耗率 b^s 由式(4-24)可得

$$b^s \approx \frac{0.123}{\eta_{cp}} = \frac{0.123}{0.26}\text{kg/(kW·h)} = 0.473\text{kg/(kW·h)}$$

二、发电厂全面性热力系统

发电厂全面性热力系统图应明确反映各种工况及事故、检修时的运行方式。它是按照设备的实际数量（包括运行的和备用的全部主、辅热力设备及其系统）绘制，并标明一切必需的连接管路及附件。通过它，可以了解全厂热力设备的配置情况，各种运行情况的切换方式。

一般发电厂全面性热力系统由以下各局部系统组成：主蒸汽和再热蒸汽系统、回热加热系统、给水系统、除氧系统、旁路系统等，简述如下。

1. 主蒸汽和再热蒸汽系统

锅炉和汽轮机之间的蒸汽管道及母管与各设备的支管，称为发电厂的主蒸汽管道。对于中间再热机组，有再热蒸汽管道。发电厂的主蒸汽、再热蒸汽管道中的蒸汽参数高，流量大，对金属材料要求高，要选用优质钢材。主蒸汽和再热蒸汽系统对发电厂的安全可靠运行和经济性有很大的影响。

发电厂的主蒸汽管道系统有单母管制、切换母管制和单元制系统，如图4-13所示。现代大型火电机组都是单元制机组。单元制机组系统简单，管道短，阀门少，阻力小，有利于集中控制。

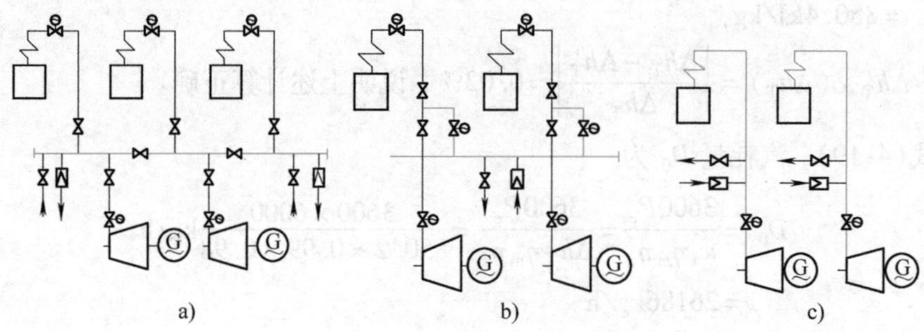

图4-13　发电厂的主蒸汽管道系统

a）单母管制　b）切换母管制　c）单元制

2. 回热加热系统

对于热力发电厂，采用给水回热加热可以减少热损失，节约燃料，减少锅炉换热面积，也可以减少汽轮机末级叶片高度。现代凝汽式汽轮发电机组都采用给水回热加热。给水回热加热器是电厂的重要辅助设备之一。回热加热器按布置方式不同，分为立式和卧式；按表面式加热器水侧承受的压力不同，分为低压加热器和高压加热器。位于凝结水泵和给水泵之间的加热器为低压加热器，位于给水泵和锅炉之间的加热器为高压加热器。通常，高压加热器中凝结水的疏水为自高至低逐级自流至除氧器，低压加热器的疏水则逐级自流至冷凝器（图4-11）。

3. 给水系统

给水系统是指从除氧器给水箱下降管入口到省煤器进口之间的管道阀门和附件的总称。其中包括低压给水系统和高压给水系统，以给水泵为界，给水泵进口之前为低压系统，给水泵出口之后为高压系统。

给水系统输送的工质流量大、压力高，对发电厂的安全、经济运行至关重要。给水系统的事故会使锅炉给水中断，造成紧急停炉或降负荷运行，严重时会威胁锅炉的安全。因此，要求给水系统在发电厂的任何运行形式下都能保证不间断地向锅炉供水。给水系统主要有以下几种形式：

（1）单母管制给水系统　该系统设有三根单母管，即给水泵入口侧的低压吸水母管、给水泵出口侧的压力母管和锅炉给水母管。

单母管制给水系统的特点是安全可靠，具有一定灵活性，但系统复杂、耗钢材、阀门较多、投资大。对高压供热式机组的发电厂应采用单母管制给水系统。

（2）切换母管制给水系统　当汽轮机、锅炉和给水泵的容量相匹配时，可做单元运行，必要时可通过切换阀门交叉运行，其特点是有足够的可靠性和运行的灵活性。同时，因有母管和切换阀门，投资大，钢材、阀门耗量也大。

（3）单元制给水系统　这种系统简单，管路短，阀门少，投资省，便于机炉集中控制和管理维护。运行灵活性差是其缺点。单元制给水系统适用于中间再热凝汽式或中间再热供热式机组的发电厂。

4. 除氧系统

当给水中含有过量空气（氧气）时，对热力设备和管道系统的工作可靠性和寿命是有影响的。这是因为水中的氧会造成金属的腐蚀，还会影响传热效果，降低传热效率。为了保证电厂安全经济运行，必须不断地从锅炉给水中清除掉生产过程中溶解于水的气体。而主要清除的气体是氧，所以习惯上将清除掉溶解于水的气体的过程称为给水除氧，其设备称为除氧器。因此，除氧器的任务是：除去锅炉给水中溶解的氧气和其他气体，防止热力设备和管道系统的腐蚀和传热效果变坏，保证热力设备安全经济运行。

电厂所采用的除氧方法是热力除氧，热力除氧的原理是建立在亨利定律和道尔顿定律基础上的。亨利定律指出：当液体和气体间处于平衡状态时，对应一定的温度，单位体积水中溶解的气体量与水面上该气体的分压力成正比。这样，如果要将某种气体从水中清除掉，则应将该气体在水面上的分压降为零。道尔顿定律指出：混合气体的全压力等于组成它的各气体分压力之和。根据这一定律，在除氧器中，对水进行定压加热，其蒸发水量就会增加，当水加热到除氧器工作压力下的饱和温度时，水面水蒸气的分压就接近混合气体的全压力，而其他气体分压就会减少到零。于是，溶解于水中的气体将在不平衡压差的作用下从水中逸出，并从除氧器排气管中排走。

除氧器的结构形式有水膜式、淋水盘式和喷雾式几种形式。按外形不同又分为立式和卧式两种除氧器。根据除氧器压力大小又分为真空式、大气式和高压除氧器。对于中、低参数的机组，一般采用大气式除氧器，其工作压力一般为 0.12MPa，相应的饱和温度为 104.25℃。对于高参数的机组，一般采用高压除氧器，其工作压力一般为 0.35 ~ 0.6MPa，相应的饱和温度为 158.08℃。

5. 旁路系统

现代大型热力发电机组都有旁路系统。旁路系统是指高参数蒸汽不通过汽轮机的通流部分，而是经过与汽轮机并联的减温减压器，将降压减温后的蒸汽送到低一级的蒸汽管道或是与冷凝器连接的管道系统。

旁路系统的主要作用是：

（1）保护再热器　在锅炉点火，而汽轮机还未冲转前，或甩负荷等情况下，汽轮机高压缸没有排汽进入再热器，这时候，由旁路系统来的经减压后的蒸汽通过再热器，起到冷却再热器的作用。

（2）回收工质和热量，降低噪声　单元机组起停和甩负荷时，锅炉蒸发量和汽轮机所需蒸汽量不一致，锅炉最低蒸发量为额定蒸发量的 30%，而大型汽轮机的空载汽耗量为额定值的 7% ~10%。因此，多余的蒸汽只好排入大气，不仅损失工质和热量，而且造成热污染和噪声。设置旁路系统则可以达到回收工质和热量、降低噪声、保护环境的目的。

（3）加快起动速度，改善起动条件　大型再热发电机组都采用滑参数起动时，在整个起动过程中，需要不断地调整汽温、汽压和蒸汽量，以满足起动过程中不同阶段（暖管、冲转、暖机、升速、带负荷）的需要。如果只靠调整锅炉燃烧方式或者蒸汽压力，是难以满足要求的。采用旁路系统就可以满足上述要求，达到加快起动速度、改善起动条件的目的。

常见的旁路系统有：汽轮机Ⅰ级旁路，也称高压旁路，新蒸汽绕过汽轮机高压缸，经减温减压后直接进入再热器；汽轮机Ⅱ级旁路，也称低压旁路，即再热器出来的蒸汽绕过汽轮

机中低压缸，经减温减压后直接进入冷凝器；汽轮机Ⅲ级旁路，也称大旁路，Ⅲ级旁路是将蒸汽绕过整个汽轮机经减温减压后直接进入冷凝器。另外，它们还可以组合成不同的旁路系统。

第三节 热经济性指标

一、凝汽式电厂热经济性指标

火力发电厂将燃料的化学能最终转换成对外供应的电能和热能，其热经济性评价是通过能量转换过程中能量的利用程度或损失大小来衡量的。

对电厂的热经济性的评价有两种不同的观点：一种是从能量的数量利用角度评价；另一种是从能量的质量利用的角度评价。这导致了两种不同的评价方法——以热力学第一定律为基础的热量法（热效率法）和以热力学第二定律为基础的做功能力法（或称㶲方法）与熵方法。

热量法从现象看问题，只以燃料产生热量被利用的程度来对电厂进行评价。由于它直观、计算方便，目前被世界各国广泛用于定量分析。

做功能力法透过本质看问题，能发现在能量转换过程中引起做功能力损失的根本原因。它以燃料化学能的做功能力被利用度来评价电厂。能量的合理利用既包括数量，更注重质量，但这种方法的定量计算复杂，使用起来不方便、不直观，目前主要用于定性分析，起着从本质上指导技术改进方向的作用。

在热力发电厂中，凝汽式汽轮发电机组的电厂占有很大的比例。为定量评价凝汽式电厂的热经济性，世界各国目前均用热量法制定了全厂的和汽轮发电机组的热经济指标。这些指标分为热效率、能耗和能耗率三类。

1. 热效率

热效率（或热量利用率）η 的表达式为

$$热效率 = \frac{有效利用热量}{供给热量} \times 100\% = \left(1 - \frac{损失热量}{供给热量}\right) \times 100\%$$

凝汽式发电厂的能量转换全过程由以下几部分组成：燃料在锅炉中燃烧，烟气将热量传递给工质；工质通过主蒸汽管道流入汽轮机并在汽轮机中进行热功转换；再由机械传动带动发电机将机械能转换成电能，如图 4-14 所示。

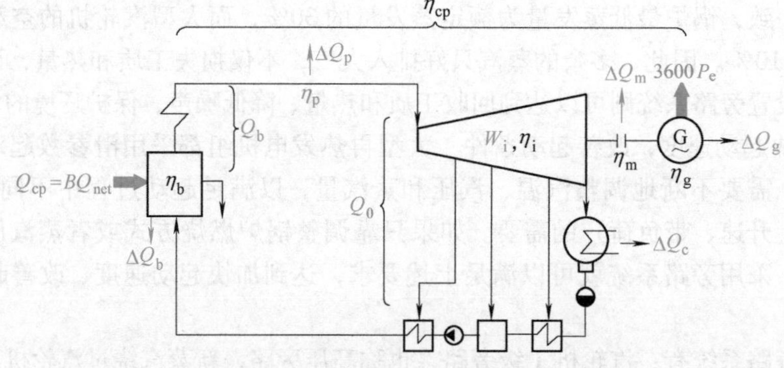

图 4-14 凝汽式发电厂的能量转换

与上述每一过程相对应的热力设备及其热效率，分别是锅炉效率 η_b、管道效率 η_p、汽轮机内效率 η_i、机械效率 η_m 和发电机效率 η_g，整个能量转换过程的热量利用程度则由全厂热效率 η_{cp}表示。

（1）锅炉效率 η_b　若不计锅炉连续排污热损失，并假设锅炉的蒸发量等于汽轮机的汽耗量（即无工质损失），则锅炉有效利用的热量 Q_b、锅炉效率 η_b 为

$$Q_b = Q_{cp} - \Delta Q_b$$

$$\eta_b = \frac{Q_b}{BQ_{net}} = \frac{Q_b}{Q_{cp}} = 1 - \frac{\Delta Q_b}{Q_{cp}} \tag{4-6}$$

式中，B 为锅炉煤耗(kg/h)；Q_{net}为燃料的低位发热量(kJ/kg,燃料为煤时，则为煤的收到基低位发热量 $Q_{net,v,ar}$)；Q_b 为锅炉热负荷(kJ/h,即工质的吸热量)；ΔQ_b 为锅炉的热量损失(kJ/h)；Q_{cp}为燃料供给锅炉的热量(kJ/h)。

对于现代发电厂，锅炉效率 $\eta_b = 0.90 \sim 0.92$。

（2）主蒸汽管道效率 η_p　管道效率反映其散热损失，故主蒸汽管道效率为管道有效利用热量与其供热量之比，即机组热耗量 Q_0 与锅炉热负荷 Q_b 之比，即

$$\eta_p = \frac{Q_0}{Q_b} \tag{4-7}$$

现代电厂的管道效率 $\eta_p = 0.98 \sim 0.99$。

（3）汽轮机的绝对内效率 η_i　对于凝汽式汽轮机，其能量平衡式为

$$Q_0 = W_i + \Delta Q_c \tag{4-8}$$

则

$$\eta_i = \frac{W_i}{Q_0} = \frac{W_a}{Q_0}\frac{W_i}{W_a} = \eta_t \eta_{ri} \tag{4-9}$$

或

$$\eta_i = 1 - \frac{\Delta Q_c}{Q_0} \tag{4-10}$$

式中，Q_0 为汽轮机汽耗量 D_0 时的热耗（kJ/h）；W_i 为汽轮机汽耗量 D_0 时，以热量计的实际内功（kJ/h）；W_a 为汽轮机汽耗量 D_0 时，以热量计的理想内功（kJ/h）；η_t 为循环的理想热效率，现代蒸汽动力循环的 $\eta_t = 0.50 \sim 0.54$；η_{ri}为汽轮机的相对内效率，对于现代大型汽轮机，$\eta_{ri} = 0.86 \sim 0.90$；$\Delta Q_c$ 为冷源损失，是汽轮机排汽的汽化热被冷凝器中的冷却水带走，排向环境的热量（kJ/h）。

η_i 对于蒸汽动力循环，称作循环的实际效率；对于汽轮机的实际内功 W_i 而言，称作汽轮机的绝对内效率，以有别于汽轮机的相对内效率 η_{ri}。一般简称 η_i 为汽轮机内效率。η_i 不仅是凝汽式汽轮机的热量利用率，还是汽轮机的实际热功转换效率。

（4）机械传动效率 η_m 和发电机效率 η_g

$$\eta_m = \frac{3600P_{ax}}{W_i} \tag{4-11}$$

$$\eta_g = \frac{P_e}{P_{ax}} \tag{4-12}$$

式中，P_{ax}为汽耗量 D_0 时发电机从汽轮机获得的机械功率（kW）；P_e 为汽耗量 D_0 时发电机发出的电功率（kW）。

一般 $\eta_m = 0.99$，$\eta_g = 0.98 \sim 0.99$。

（5）汽轮发电机组的绝对电效率 η_e

$$\eta_e=\frac{3600P_e}{Q_0}=\eta_i\eta_m\eta_g \tag{4-13}$$

汽轮发电机组是火电厂中最主要的热力设备之一，其绝对电效率 η_e 对电厂的热经济性起着决定性的作用，由式（4-13）看出，由于 η_m、η_g 的值均在0.99左右，所以汽轮机的内效率 η_i 在 η_e 中占主导地位。

（6）凝汽式电厂热效率 η_{cp}　η_{cp} 表示凝汽式电厂热量转换成电能的热效率，即

$$\eta_{cp}=\frac{3600P_e}{BQ_{net}}=\frac{3600P_e}{Q_{cp}}=\eta_b\eta_p\eta_i\eta_m\eta_g=\eta_b\eta_p\eta_e \tag{4-14}$$

η_{cp} 等于热电转换中各过程效率的连乘积，是发电的热效率，又称为电厂的毛热效率。扣去厂用电容量 P_{ap}（kW）的全厂热效率，称"供电热效率"或"净热效率" η_{cp}^n

$$\eta_{cp}^n=\frac{3600(P_e-P_{ap})}{BQ_{net}}=\eta_{cp}(1-\zeta_{ap}) \tag{4-15}$$

式中，ζ_{ap} 为厂用电率，$\zeta_{ap}=P_{ap}/P_e$。

我国125～200MW机组电厂的厂用电率为6%～8.5%，300MW以上机组电厂为4.7%～5.5%。

2. 能耗

生产电功率 P_e(kW)的单位时间能耗有：电厂煤耗 B(kg/h)、电厂热耗 Q_{cp}(kJ/h)、汽轮机热耗 Q_0(kJ/h)和汽轮机汽耗量 D_0(kg/h)。它们除反映热经济性外，还与产量（P_e 或 W_i）有关。

由上述热效率关系式可得

$$B=\frac{3600P_e}{Q_{net}\eta_{cp}} \tag{4-16}$$

$$Q_{cp}=\frac{3600P_e}{\eta_{cp}} \tag{4-17}$$

$$Q_0=\frac{3600P_e}{\eta_e} \tag{4-18}$$

$$D_0=\frac{3600P_e}{w_i\eta_m\eta_g} \tag{4-19}$$

式中，w_i 为1kg新汽（在汽轮机内的）实际的做功量（kJ/kg）。

3. 能耗率（单位发电量的能耗）

各能耗率的定义及其计算式如下

电厂煤耗率为
$$b=\frac{B}{P_e}=\frac{3600}{Q_{net}\eta_{cp}} \tag{4-20}$$

电厂热耗率为
$$q_{cp}=\frac{BQ_{net}}{P_e}=\frac{3600}{\eta_{cp}} \tag{4-21}$$

汽轮机发电机组热耗率为
$$q_0=\frac{Q_0}{P_e}=\frac{3600}{\eta_e} \tag{4-22}$$

汽轮机发电机组汽耗率为
$$d_0=\frac{D_0}{P_e}=\frac{3600}{w_i\eta_m\eta_g} \tag{4-23}$$

式中，b 和 d_0 的单位为 kg/(kW·h)；q_{cp}和 q_0 的单位为 kJ/(kW·h)；其余同式(4-16) ~式 (4-19)。

从上述可见，煤耗率 b 除与全厂热效率 η_{cp}有关外，还受实际煤的低位发热量影响。为使煤耗率只与热效率有关，采用“标准煤耗率” b^s 作为通用的热经济性指标，而 b 则称为“实际煤耗率”。

标准煤的低位发热量 Q_{net}^s =29270kJ/kg，则标准煤耗率[kg/(kW·h)]表达式为

$$b^s=\frac{3600}{29270\eta_{cp}}\approx\frac{0.123}{\eta_{cp}} \tag{4-24}$$

标准煤耗率 b^s 与实际煤耗率 b 的关系由下式可得

$$Q_{net}^s b=29270b^s \tag{4-25}$$

b^s 又称“发电标准煤耗率”，它对应于电厂发电热效率 η_{cp}。对应电厂供电热效率 η_{cp}^n的标准煤耗率，则称“供电标准煤耗率” b_n^s[kg(标准煤)/(kW·h)]，其表达式为

$$b_n^s=\frac{0.123}{\eta_{cp}^n}=\frac{b^s}{(1-\zeta_{ap})} \tag{4-26}$$

从以上能耗率的表达式可以看到，能耗率 q、b 与热效率间是相互对应的关系，能够全面综合地反映机组和全厂运行状况，是最通用的热经济指标。但只有汽耗率 d_0 例外，它不直接与热效率有关，而主要取决于1kg 新汽在汽轮机里的做功量 w_i。d_0 不能单独用作热经济指标。只有当 q_0 一定时，d_0 才能作为热经济性指标。因

$$d_0=\frac{3600}{w_i\eta_m\eta_g}=\frac{3600}{q_0\eta_i\eta_m\eta_g}=f(q_0,\eta_e) \tag{4-27}$$

表4-2为国产汽轮发电机组的热经济指标。表中 q^n 为扣去给水泵耗功的机组热耗率，称为机组净热耗率。

表4-2 国产汽轮发电机组的热经济指标

额定功率 P_e/MW	η_{ri}	η_i	η_m	η_g	η_e	d_0/[kg/(kW·h)]	q^n/[kJ/(kW·h)]
0.75~6	0.76~0.82	<0.30	0.965~0.986	0.930~0.960	<0.27	>4.9	>13333
12~25	0.82~0.85	0.31~0.33	0.986~0.990	0.965~0.975	0.29~0.32	4.7~4.1	12414~11250
50~100	0.85~0.87	0.37~0.40	≈0.99	0.980~0.985	0.36~0.39	3.9~3.5	10000~9231
125~200	0.86~0.89	0.43~0.45	≈0.99	≈0.99	0.421~0.441	3.1~2.9	8612~8238
300~600	0.88~0.90	0.45~0.48	≈0.99	≈0.99	0.441~0.47	3.2~2.8	8219~7579

超超临界燃煤发电机组煤耗低、环保性能较好，是目前国际上先进的燃煤发电机组，也是国际上燃煤发电机组的重要发展方向。国产首台1000MW超超临界燃煤汽轮发电机组已于2006年11月底在浙江玉环电厂投产，汽轮机前主蒸汽压力和温度分别达到26.25MPa、600℃，机组热效率达到45%，发电煤耗率为272.9gce/(kW·h)。截至2015年9月，我国已建成投产1000MW超超临界机组82台。700℃超超临界燃煤发电机组是超超临界发电技术发展的前沿，与600℃超超临界发电技术相比，其供电效率将提高至50%，每千瓦时煤耗可再降低40~50g，二氧化碳排放减少14%。目前发展700℃超超临界发电技术领先的国家主

要是欧盟、日本和美国等。我国已组织了国家700℃超超临界燃煤发电技术创新联盟，初步确定我国700℃计划示范机组容量采用600MW等级，压力和温度参数为35MPa/700℃/720℃，进行具有自主知识产权的技术开发研究。

二、热电厂热经济性指标

一般热力发电厂都采用凝汽式机组，只生产电能向用户供电。工业生产和生活用热则由特设的工业锅炉及采暖锅炉单独供应。这种生产方式称为热电分产。热电分产对能源利用不合理：一方面热功转换过程（凝汽式机组发电）必然产生低品位热能损失（汽轮机排汽在冷凝器中放热），另一方面，高品位热能（锅炉提供的蒸汽热量）贬值用于供热。对于在发电的同时，利用汽轮机的抽汽或排汽为用户供热的热力发电厂，则采用供热式机组，除供应电能外，同时还利用做过功（发了电）的汽轮机抽汽或排汽来满足生产和生活上所需热量。这种生产方式称为热电联产。在热电联产中，燃料化学能则转变为高品位热能先用来发电，然后使用做过功的低品位热能向用户供热，这符合按质用能和综合用能的原则，节约了能源。热电厂的煤耗一般都比热电分产的热力发电厂低，因而环境污染程度也较小。

热电厂的热经济指标比凝汽式电厂和供热锅炉房要复杂得多。前者同时生产形式不同、质量不等的两种产品——热能和电能；而后者分别只生产单一产品。所以反映热电厂的热经济性除了用总的热经济指标以外，还必须有生产热、电两种产品的分项指标，简述如下：

（1）燃料利用系数　热电厂的能量输出和输入的比值，即式（4-4）。它反映热电厂中燃料有效利用程度在数量上的关系，因而是一个数量指标。

（2）热化发电率　供热机组热电联产部分的热化发电量与热化供热量的比值。它反映热、电联产的质量指标。

（3）发电方面的热经济指标　热电厂发电量与发电分担总热耗份额的比值，它可以表示为发电热效率、发电热耗率及发电煤耗率。

（4）供热方面的热经济指标　热电厂供热量与供热分担总热耗份额的比值，它可以表示为供热热效率及供热煤耗率。

热电厂中发电和供热两方面分担总热耗的办法目前有三种，即热量法、实际焓降法、做功能力法。

第四节　新型热力循环/能源系统

一、注蒸汽燃气轮机循环

注蒸汽燃气轮机是近年来发展起来的一门新技术，它是利用燃气轮机排出的高温燃气，通过余热锅炉产生蒸汽并回注到燃气轮机的燃烧室中的一种热力循环。这一循环方式是美籍华人程大猷先生的首创，也称之为“程氏循环”，如图4-15、图4-16所示。图中$T_{8'}$是余热锅炉出口处主蒸汽的温度，T_{11}是燃气离开余热锅炉时的温度，T_6是给水进入余热锅炉时的温度。

由图4-15可见，蒸汽与从压气机供来的空气一起被加热到燃气轮机的入口温度T_3，再经燃气轮机膨胀做功，在这种循环方案中，燃气与蒸汽是在同一台燃气涡轮中膨胀做功的，

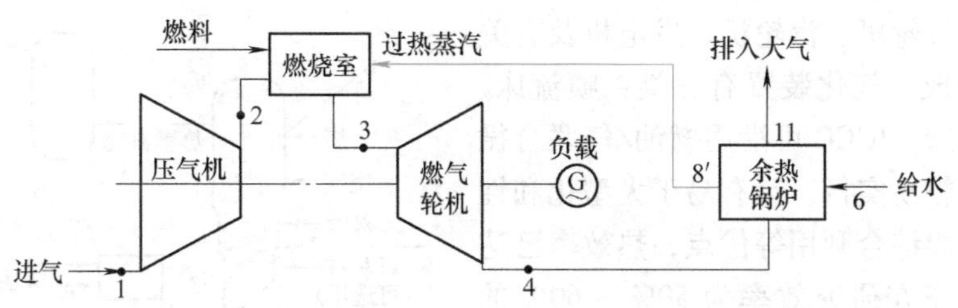

图 4-15　注蒸汽燃气轮机系统图

有时这一循环方式也称作“程氏双流体循环”。燃气轮机的排气与蒸汽的混合物在余热锅炉内放热降温后直接排向大气。

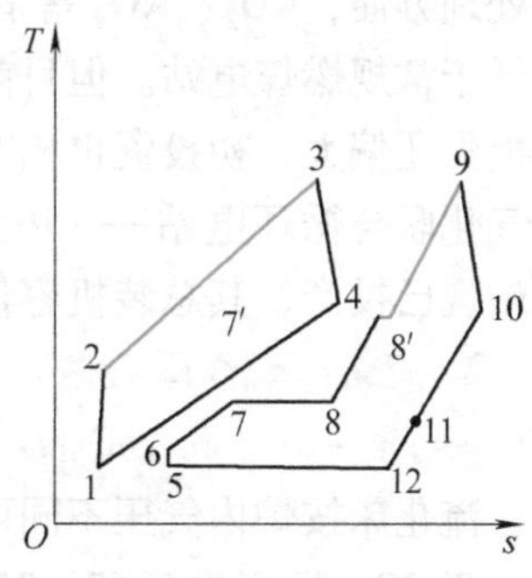

图 4-16　注蒸汽燃气轮机 T-s 图

同燃气－蒸汽联合循环相比，热效率相近，注蒸汽燃气轮机循环不再配置汽轮机和冷凝器等设备，使整个系统变得简单，在相同发电能力下可减少投资 10% ~20%，具有良好的经济性。由余热锅炉提供的蒸汽要在燃气轮机的燃烧室中加热到与燃气轮机前的初温 T_3 相同的水平，即过热蒸汽的温度 T_3 比一般常规汽轮机中的最高可承受的温度高得多。这种高温过热蒸汽做功，必然能提高整个循环的热功转换效率。燃气轮机的注蒸汽量允许在一定范围内变化，这样，机组可适用于有一定变化范围的电力负荷和热负荷，可使机组的输出功率和热效率同时提高，功输出和热输出之间可灵活地匹配调整。由于有一部分蒸汽被喷到燃气轮机燃烧室的燃烧区中，可以适当降低燃烧火焰的温度，有利于减少排放物中 NO_x 的含量。注蒸汽燃气轮机循环的不足是：蒸汽膨胀后经余热锅炉排向大气，膨胀背压比采用冷凝器高，致使蒸汽的做功能力不能充分发挥；又因蒸汽连续不断排向大气，难以回收，需配置较大的补充水和净化水处理设备。一般来说，要比常规联合循环耗水量大将近 40%。

从热力学角度看，注蒸汽燃气轮机循环的本质与前节所述余热锅炉型燃气－蒸汽联合循环相似，它是把燃气轮机的“布雷顿循环”与汽轮机的“朗肯循环”结合起来，在同一台发动机中加以实现。不同的是：蒸汽循环中的蒸汽初压较低，而初温和膨胀背压则很高。由于注蒸汽燃气轮机的优点明显，目前已成为国内外重点发展的技术。

二、燃煤联合循环

世界主要工业发达国家都在努力寻求替代传统锅炉燃煤技术的高效、洁净的先进燃煤技术途径。燃煤联合循环就是一种既满足生态环保的要求，又能高效利用煤资源的新型模式的发电技术。

目前，世界各国正在开发的燃煤联合循环发电系统有：整体煤气化联合循环、流化床燃煤联合循环、外燃式燃煤联合循环、直接燃煤（或水煤浆）联合循环、整体煤气化燃料电池联合循环及磁流体发电联合循环等。

1. 整体煤气化联合循环（Integrated Gasification Combined Cycle，IGCC）

IGCC（图 4-17）是将煤在气化炉中气化成可燃气体，供燃气轮机燃用，以煤气化设备和燃烧室取代锅炉，从而更好地实现高品位煤化学能的梯级利用。一般它由煤气发生系统及净化系统、燃气轮机、汽轮机、发电机及有关附属系统等构成。气化装置有三类：喷流床、流化床和固定床。IGCC 可沿用燃油/气联合循环现有技术，较易实行，且有易于大型化和性能改进及便于煤综合利用等优点，热效率已达 40% ~46%。正在研究效率为 50% ~60% 的系统。IGCC 脱硫已比较彻底（>97%），排渣处理方便，CO_2、NO_x 等有害排放物量也大大低于常规燃煤电站。但目前煤气化与净化的热损失还偏大，初投资也相对较高。我国首座煤气化联合循环电站——华能天津 IGCC 示范电站现已投产，其总装机容量为 26.5 万 kW。

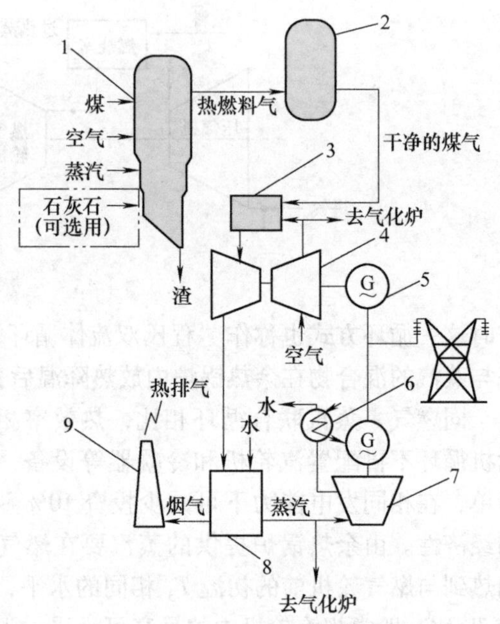

图 4-17 IGCC 热力系统示意图

1—气化炉 2—热煤气净化装置 3—主燃烧室 4—压缩机 - 燃气轮机机组 5—发电机 6—冷凝器 7—汽轮机 8—余热锅炉 9—烟囱

2. 流化床燃煤联合循环（Fluidized Bed Combustion - Combined Cycle，FBC-CC）

流化床按炉内气压不同可分为：增压流化床（PFBC，压力为 0.62 ~2MPa）和常压流化床（AFBC）。

PFBC-CC（即增压流化床燃煤联合循环）是采用增压流化床和燃气轮机代替燃煤锅炉，煤在高压条件下燃烧产生高温燃气，经除尘后，推动燃气透平做功。它燃用劣质煤的优势明显，即使燃用硫的质量分数为 7% 和灰分的质量分数为 30% ~40% 的煤时，也能达到97% ~98% 的燃烧效率和 85% 以上的固硫率。与 AFBC 相比，PFBC 的燃烧效率和固硫率更高，系统更加紧凑，易于大型化。PFBC 可分为鼓泡式和循环式，后者流化速度较高、炉体尺寸较小。第一代 PFBC-CC 因受床温限制，燃气初温只有 850 ~900℃，系统效率较低。为此，发展了第二代 PFBC-CC（图 4-18）。它先将煤在气化炉中局部气化或热解，产生煤气供预置燃

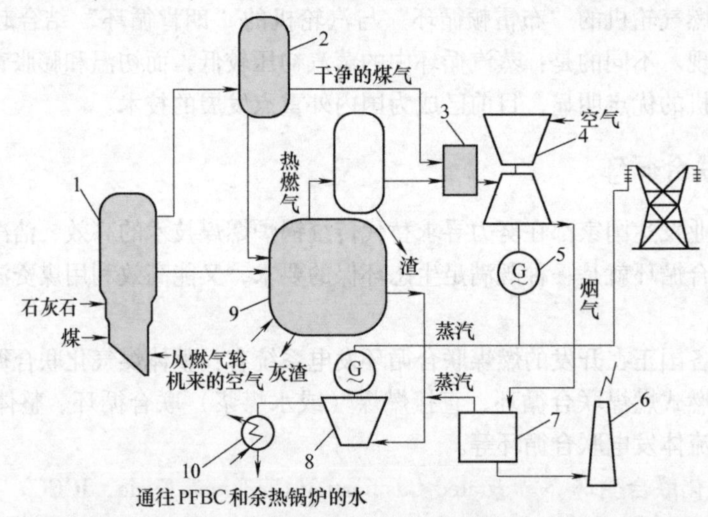

图 4-18 PFBC-CC 系统示意图

1—气化炉 2—热煤气净化装置 3—预置燃烧室 4—压缩机 - 燃气轮机机组 5—发电机 6—烟囱 7—余热锅炉 8—汽轮机 9—增压流化床 10—冷凝器

烧室用，以提高透平初温。目前 PFBC-CC 系统热效率已达 41% 左右，将来会超过 50%。PFBC-CC 系统是以蒸汽发电作为主导部分（超过 60%），对现有汽轮机电站更新改造来说，为更加实用的技术。

3. 外燃式燃煤联合循环（Externally Coal－Fired Combined Cycle，EFCC）

EFCC 系统包括一个外燃式燃气轮机顶循环和一个汽轮机底循环。新型的高温炉为其特有的关键技术。煤在这常压炉中燃烧释放热量，以间接形式加热高压干净的空气（燃机工质）。从高温炉和透平排出来的气体都通到余热锅炉，以产生蒸汽驱动汽轮机做功。为了进一步改善系统性能，常加一个预置燃烧室，用干净的燃料（天然气或甲烷）使燃气升温至更高的透平初温。图 4-19 为带补燃的 EFCC 系统。

EFCC 不是新的概念，但早期采用金属热交换器，耐蚀性差，且温度受到制约。现在开发的是陶瓷热交换器，系统热效率可接近 40%，带补燃的为 45% ~ 47%。由于空气锅炉体积庞大，EFCC 系统较适合于中、小功率范围，对中、小型汽轮机电站更新改造的应用前景较好。

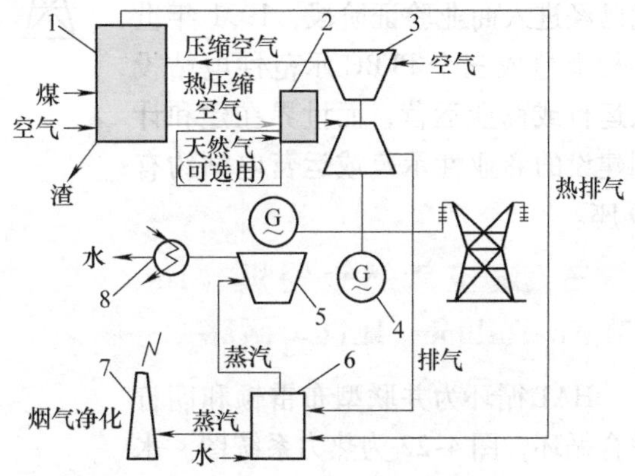

图 4-19　EFCC 系统图

1—高温炉　2—预置燃烧室　3—压缩机－燃气轮机机组　4—发电机　5—汽轮机　6—余热锅炉　7—烟囱　8—冷凝器

4. 直接燃煤粉（或水煤浆）联合循环（Directly Coal－Fired Combined Cycle，DFCC）

燃气轮机直接燃煤的概念，最能体现出其固有特性：系统简单、结构紧凑、运行可靠和效率高。关键在于煤所含的硫、灰分等有害杂质远比油要多，直接燃用时就会使透平发生积垢、腐蚀与磨损等严重问题。早期采用干煤粉直接燃烧，它对燃烧前的煤超净化处理与燃烧后的热燃气高温净化的要求很高；而 20 世纪 80 年代多级液态排渣直接燃煤技术的突破引人注目。

5. 整体煤气化燃料电池联合循环（Integrated Gasification Fuel Cell Combined Cycle，IG-FC-CC）

IGFC-CC 是一种新型的高效洁净的发电系统，由燃料电池、气化炉、热煤气净化系统及燃气－蒸汽联合循环系统等组成（图 4-20）。其核心是燃料电池，它通过燃料和氧化剂间的电化学反应，将化学能直接转化为电能。具有实用前景的燃料电池有三种：磷酸型（PAFC）、熔融碳酸盐型（MCFC）与固体氧化物型（SOFC）。MCFC 是当前发展的重点。开发成套的 IGFC-CC 发电系统的关键技术还有：煤气化与高温净化、电池运行自动控制及直流转变交流等。

6. 磁流体发电联合循环（Magnetohy drodynamics Combined Cycle，MHD-CC）

MHD 技术提供一种先进的发电途径：无须运动机械就能将煤燃烧释放的热能直接转化为电能。在 MHD-CC 系统中（图 4-21），煤首先在高温、高压燃烧室燃烧，产生的高温离子化气体高速通过磁场通道而发电；接着，热燃气再到燃气透平膨胀做功，而压气机出来的高压空气引到前面的燃烧室助燃；最后，透平排气通到余热锅炉产生蒸汽，驱动汽轮机进行发电。

六种先进的燃煤联合循环发电技术中，IGFC-CC 和 MHD-CC 为最先进的系统，两者的热效率都可能超过 60%，而污染物排放量接近于零，但也许要在数十年后才能建成大型实用的电站；EFCC 和 DFCC 虽有突破性进展，但现在仍处于中试阶段；目前人们多寄厚望于 IGCC 和 PFBC-CC，它们已经进入商业验证阶段，1991 年世界相继建成三个 PFBC 示范性电站投入运行或商业运营，而世界在建和计划建设的商业性示范或运营电站约有 30 座。

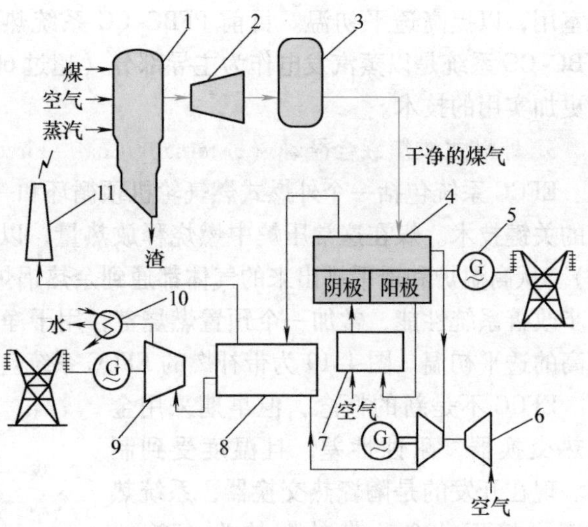

图 4-20 IGFC-CC 发电系统示意图

1—气化炉 2—膨胀机 3—热煤气净化装置 4—熔融 碳酸盐燃料电池 5—发电机 6—压缩机-燃气轮机 机组 7—燃烧室 8—余热锅炉 9—汽轮机 10—冷凝器 11—烟囱

三、湿空气燃气轮机（Humid Air Turbine，HAT）循环

HAT 循环为并联型布雷顿和朗肯联合循环，图 4-22 为热力系统图。水在中冷器 C_1、后冷器 C_2 及热水器 H 中加热升温后，从饱和器 S 顶部喷进；通过压气机 LC 及 HC 出来的空气，经冷却后从底部通入。在饱和器中空气和热水逆流接触：空气被加热和湿化，水被冷却和部分蒸发。从饱和器出来的湿空气到回热器 R 吸收透平排热而预热，再进入燃烧室 OC，燃烧形成的高温湿燃气到汽轮机 T 膨胀做功后通过回热器和热水器再排向大气。

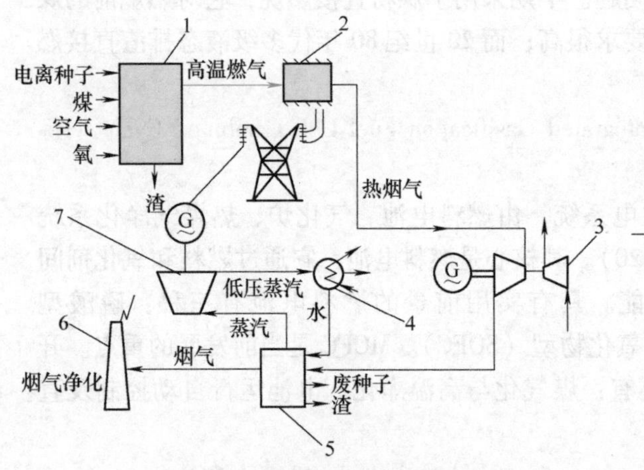

图 4-21 MHD-CC 发电系统

1—燃烧室 2—MHD 发电装置 3—压缩机-燃气轮机机组 4—冷凝器 5—余热锅炉 6—烟囱 7—汽轮机

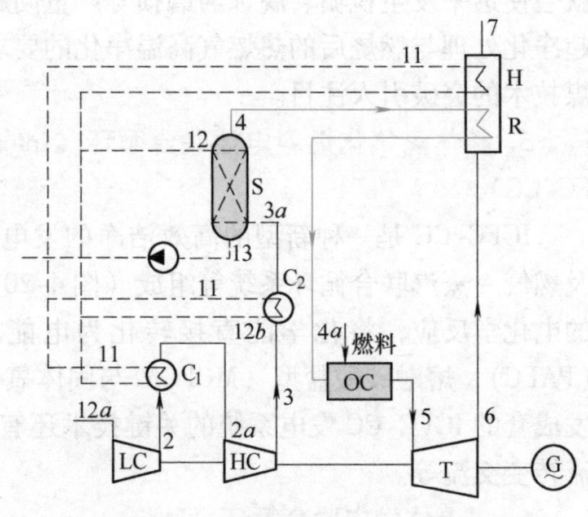

图 4-22 HAT 循环热力系统示意图

C_1—中冷器 C_2—后冷器 H—热水器 R—回热器 S—饱和器 OC—燃烧室 LC—低压压气机 HC—高压压气机 T—燃气轮机

它与注蒸汽燃气轮机循环相像，都采用空气蒸汽混合工质，又都取消朗肯系统的汽轮机等硬件。但其透平排热用于加热湿空气，传热过程工质无相变，平均传热温差小，回收余热充分，且其回收余热就相当于节约燃料，效果明显；而注蒸汽燃气轮机循环或一般联合循环的顶循环排热用以产生蒸汽，很多余热转化为蒸汽的潜热，直接或由冷凝器散发到大气，并不转为有用功。另外，HAT 循环是利用湿化手段增加透平工质，相应减少了压缩耗功和大幅度增大输出功，湿化只需较低温的热水，可更充分利用系统内各种低温热能。注蒸汽燃气轮机循环则需较高温热源来产生回注蒸汽。

HAT 循环原则上也可看作是一种回热循环，但跟一般布雷顿回热循环又不同，没有透平排温高于压气机出口温度的限制，排烟温度较低，可充分利用余热，形成一种高效率、高比功特点的新型热力循环。

四、煤基多联产系统

能源问题面临资源与环境的压力，全世界都在寻求解决问题的有效途径。长期以来各工业部门所管辖领域之间的分隔，例如：发电、动力、石油和化工，甚至于冶金，都在本行业内单独寻求最优解，实际上这些局部最优并不一定是整体最优。煤基多联产系统正是从整体最优角度、跨越行业界限，所提出的一种高度灵活的资源、能源、环境一体化系统（图4-23），这是一种有机的耦合和集成，故称之煤基多联产系统，区别于以往的二联产、三联产等多联产系统。

煤基多联产系统的实质是多种产品生产过程的优化耦合。优化耦合之后的产品生产流程比各自单独生产的流程更简化，从而减少基本投资和运行费用，降低各个产品的价格。同时，系统调节多个产品尤其是发电之间的“峰－谷”差，使得各流程优化运行。通过对合成气的集中净化，SO_x、NO_x、粉尘等传统污染物排放大大降低，温室气体 CO_2 的排放也因效率的提高而减少。

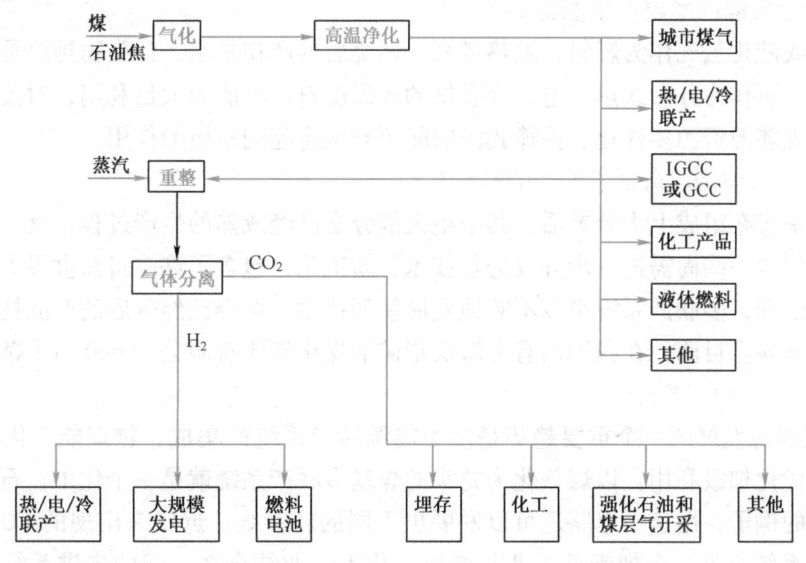

图 4-23　资源、能源、环境一体化系统

目前的煤基多联产系统一般是指利用从单一的设备（气化炉）中产生的“合成气”（主

要成分为 $CO+H_2$），来进行跨行业、跨部门的生产，以得到多种具有高附加值的化工产品、液体燃料（甲醇、F-T 合成燃料、二甲醚、城市煤气、氢气）以及用于工艺过程的热和进行发电等（图4-23）。煤基多联产系统能够从系统的高度出发，结合各种生产技术路线的优越性，使生产过程耦合到一起，彼此取长补短，从而达到能源的高利用效率、低能耗、低投资和运行成本以及最少的污染物排放。

煤基多联产技术具有以下优越性：

1. 以煤气化为中心的洁净技术

原料煤经过纯氧气化之后，得到的合成气可以达到很高的除尘和脱硫率，其污染物的排放指数将大大降低。其 SO_x、NO_x 和粉尘的排放量，均远低于环保标准。煤气化技术可以根据不同的需要使用不同的煤种，特别是有效、清洁地使用我国的高硫、高灰分煤，回收煤中含有的硫，加以利用。

2. 多联产系统中各部分可以进行灵活链接和耦合

从气化炉出来的粗煤气经过除尘和脱硫之后，可以分配成几个部分，供应给不同的生产过程。各部分的比例根据不同需要进行调整，可以达成各方面的协调生产。如，在使用煤气进行发电的时候，发电机组经常会遇到调峰问题，如果在不需要多发电的时候，把多余部分的合成气用来生产其他的产品，如甲醇、二甲醚等，使能量以化学能的形式得到保存。而在用电高峰期，减少生产甲醇，或者以甲醇为燃料发电，可以解决发电机组由于调峰所造成的能量损失和浪费。如果再从耦合技术路线的角度出发，使各条技术路线取长补短，实现能量的梯级利用，将更能体现多联产系统的优越性。

3. 多联产系统可减少温室气体 CO_2 的排放

通过煤气化技术及其之后的转化反应，CO_2 可以直接被分离出来，得到纯度很高的 CO_2，这样就使 CO_2 的综合利用和埋存成为可能，满足了环保的要求。

4. 为今后氢能的发展提供能源基础

用氢气或液化氢气作为燃料，发热量高，燃烧后的产物是水，污染物排放是零。以氢气作为载能体，可作为分布式热、电、冷联供的环保燃料。氢能的大量利用，对改善我国的能源结构、实现能源资源多样化、保障我国的能源安全将起到积极的作用。

5. 多联产系统是具有发展潜力的开放系统

多联产系统在组成上十分灵活，其中绝大部分是已经成熟的生产过程，是一个优化集成过程。但也包含一些尚需进一步开发的新技术、新工艺，包含了许多目前世界上新兴的技术发展热点，因而，多联产系统可以不断地发展新型技术，抛弃已经落后的产品技术，使自身得到不断的发展。目前，在我国已有青海庆华矿冶煤化集团有限公司 600 万 t 煤基多联产等项目在建。

21 世纪能源发展的一个重要趋势是多类能源转换系统的集成，物理能、化学能以及物理、化学的优化梯级利用。以煤气化为龙头的煤基多联产系统就是一个化工、石化、发电等集成一体化的例子，用这个思路还可以发展出不同的新系统。近年来出现的 COREX（科雷克斯）炼铁系统也是一个把钢铁工业与能源、化工工业结合在一起的先进系统。因而，我国的工业部门一定要站在整体 3E（能源、环境、经济）最大效益的高度，打破原来的行业界限，走整体集成的路线。

第五节 核能发电原理及系统

一、核能发电的基本原理

1. 原子核的裂变

当利用中子轰击铀元素时，铀的原子核吸收中子后，分裂成两部分。核物理学家仿照活细胞一分为二的现象，把核分裂现象称为“裂变”，并且提出了解释裂变过程的“液滴模型”，认为原子核就像一滴密度均匀的球形液滴一样。普通水滴是由水分子间的表面张力维持形状的。同样，原子核内的核子之间的相互作用力使原子核能保持一定的形状。当一个中子击中并进入铀—235 的原子核时，原子核就增加了由这个中子带来的多余的结合能，它是中子与原子核结合过程中产生的过剩的能量。中子与原子核结合时带来的多余结合能越大，原子核受到的激发就越大，原子核就越不稳定。这个受到激发的原子核就像受力的液滴一样，处于不稳定状态，发生振荡。于是，可能出现两种情况：如果中子带来的多余的结合能不够大，或者中子带来的多余的结合能虽大，但很快以 α、β、γ 等射线的形式放出了相当大的一部分，则原子核的振荡会很快稳定下来，分裂无法产生；如果中子带来的多余结合能足够大，而且铀—235 吸收中子后形成的复合核来不及将获得的结合能释放时，原子核就由球形体变成椭球，由椭球变成哑铃状。由于距离的加长，两半“哑铃”之间的吸引力已相当微弱，复合核就会进一步分裂成两个各自独立的新球体，同时，在裂变时放出 γ 射线和快中子。这种新球体是原来的原子核的裂变产物，又称裂变碎片，这个裂变过程约需万亿分之一秒。与此同时，核外电子的失去使原子核成为高速离子。在它们的飞行过程中与周围介质的原子、分子发生相互碰撞而失掉能量。在这个过程中总共释放出来的能量约为 200MeV。如果这种裂变在反应堆中发生，那么可以以热能的形式回收这一部分能量。反应堆正是这样一种装置，相当于燃煤电站中的锅炉一样。

不过，单个原子核裂变产生的能量是很小的，远不足以作为工业用途，比如一个 100W 灯泡所需的能量约等于每秒要有 3×10^{12} 个原子核发生分裂所放出的能量，这样大量数目的原子，只约相当于 10 亿分之一克铀。因此，核能要产生实际用途，必须有大量的原子核参与裂变反应，并且这种反应还必须持续不断地进行下去，能量才会源源不断地产生。要做到这一点，不但要有核燃料，还必须不间断地保证有中子存在，铀—235 正好满足这种要求。因为铀—235 原子核在发生裂变的同时，除了释放热能外，还放出 2 ~ 3 个中子，这些中子又可能使其他的铀—235 原子核发生裂变，这样就可以使这种反应连续不断地、自发地继续下去。这就是所谓的自持式链式反应。

当反应堆维持在某一功率水平运行时，裂变数也处于一平衡值，这时每次裂变所产生的中子，只有一个参与再裂变就够了，多余的中子必须用控制棒加以吸收。由于核反应一代接一代发生非常迅速，因而反应堆内的能量释放也很快，如不加控制，将产生严重后果。核爆炸时，希望这种反应越快越好，而反应堆则不是这样，必须对反应速度加以控制，使之维持在一定的水平，才能稳定地、源源不断地获取能量。

裂变反应生成了多种多样的核素。因核裂变的方式不同，生成核素的相对原子质量有一个大范围的分布，质量数从 72 到 158 之间的元素都有，而比较集中的是在质量数为 95 ~

134。这些生成物就是裂变碎片，带有放射性，一般都要经过一系列的衰变才能成为稳定的核素。裂变碎片和它们的衰变产物都称为裂变产物。

裂变反应还产生裂变中子。前面已讲过，这是维持链式反应持续下去的必要条件。这样，只要最初提供一个中子，引起裂变反应，就无须再提供外加中子，反应便会继续下去。但是刚从核反应中产生的中子还不能立即参与反应，因为这种中子的速度太快，在铀原子核附近滞留的时间很短，与原子核反应的机会太少。因此，要增加中子和原子核发生反应的机会，必须将刚产生的快速中子的速度减慢，这个过程就是慢化，最好的办法是使中子和轻材料发生碰撞。当中子和轻材料发生碰撞而减低速度，最后达到与周围介质原子的运动速度差不多时，就会处于一种热运动的状态（有时将这时的中子称为热中子），与铀原子核发生反应的机会就大大地增加了。

能够有效地使中子速度减慢的材料称为慢化剂。能够作为慢化剂的材料应当具备慢化能力强；吸收中子能力小，甚至不吸收中子；耐射线照射能力强，在反应堆的强辐射中不会变质，材料比较容易获得纯净介质等特点。符合这些要求在实际中使用比较多的慢化剂有普通的纯净水、重水和石墨等。

链式反应中的第一个中子可以利用一些具有放射性的元素组合来得到。另外，主要的铀燃料铀—238，具有自发裂变的能力，可以自发地放出中子，以满足链式反应的需要。

2. 核电站工质系统构成

核电站目前主要使用的核燃料为铀—235，铀—235受中子轰击时，只有在中子的速度低于2200m/s的情况下，才能有效地引起核裂变，因而在此类反应堆里必须加有慢化剂（又称减速剂），借以降低中子运动的速度。实际使用中，慢化剂同时又作为载热剂（或称冷却剂），以带走核反应堆所产生的热量。同时，由于核电站中的原动机为汽轮机，因此动力循环的工质应为水蒸气。

不同反应堆堆型的载热剂回路，即核动力工质回路（简称工质回路）有所不同，根据回路数目的不同，一般分为单回路、双回路和三回路系统。

（1）单回路系统　在单回路系统核电站（图4-24a）中，载热剂回路与工质回路重合。水在反应堆1中进行蒸发，蒸汽通向汽轮机2，并在其中转变为机械能。排汽在冷凝器4中凝结成水，由给水泵5重新送入反应堆。载热剂在反应堆内既可以按自然循环工作，也可以按强制循环工作，这取决于反应堆内部回路是否装有相应的循环泵6。

单回路系统核电站的优点是系统简单，设备造价较低。其缺点是载热剂有放射性，对汽轮机及厂房需设置屏蔽设施。

（2）双回路系统　在双回路系统核电站（图4-24b）中，载热剂回路与工质回路是分开的。由循环泵6驱使载热剂流过反应堆1和蒸汽发生器7，从而构成载热剂回路，并称为一回路，它相当于常见热力发电厂的锅炉系统。工质回路称为二回路，与常规的热力发电厂汽轮机发电机组基本相同。两个回路都是闭合的，在蒸汽发生器7中，实现载热剂与工质之间的热交换。汽轮机装置2属于二回路的组成部分，在无放射性的条件下工作，这样可以简化其运行条件。

在其他条件相同的情况下，双回路系统核电站的经济性总是比单回路系统低。而双回路系统及其蒸汽发生器的造价与单回路系统中生理保护装置的价格是不相上下的。所以单回路和双回路核电站1kW装机容量的造价几乎是相同的。

(3) 三回路系统 为了提高一回路中的压力，取得更高的传热系数，减少载热剂的流量，可以使用液态金属作为载热剂。通常使用液态钠作为载热剂，其熔化温度为98℃。然而，使用液态钠将引起一系列运行方面的困难。钠与水接触有危险，会引起剧烈的化学反应，可以导致放射性物质从一回路溢出而进入运行车间。为了防止发生此情况，需要设置压力比单回路高的附加中间回路，这种核电站的热力系统就称为三回路系统（图4-24c）。

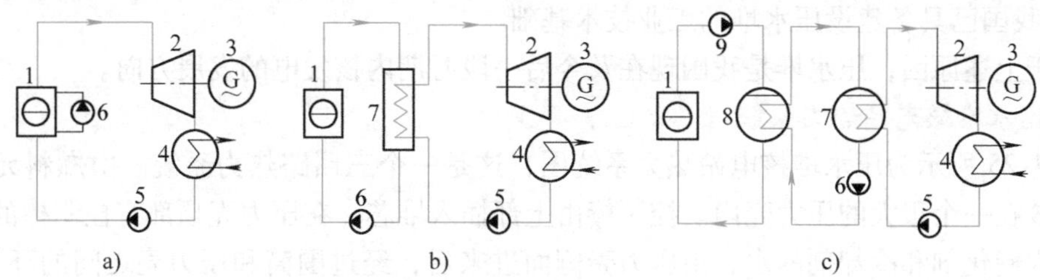

图4-24 核电站中的工质回路

a）单回路 b）双回路 c）三回路

1—反应堆 2—汽轮机 3—发电机 4—冷凝器 5—给水泵

6、9—循环泵 7、8—蒸汽发生器

3. 核反应堆

核电站所用的反应堆，是一种进行原子核裂变反应产生热量并且有控制地将热量取出供发电利用的装置。反应堆是核电站的核心组成部分，若既要顺利地取出能量，又要防止放射性物质外漏，就要有相应的结构形式加以保证。

在反应堆中，描述中子在堆内增长快慢的一个物理量叫反应性，当反应性大于1时，即下一代产生的中子比上一代的多，这时堆内的中子会越来越多，堆的功率就不断上升，在反应堆起动或提升功率时就是这种情况；当反应性小于1时，即下一代产生的中子的数量少于上一代的中子数量时，反应堆内的中子就会越来越少，堆的功率就要下降，在反应堆降功率或者停堆时，就是这种情况；当反应性正好是1时，即下一代产生的中子，正好与上一代的中子数量相等，则反应堆的功率维持在某一水平运行。反应性要靠控制系统来进行调节。

核反应堆中的慢化剂，大多是轻水（即普通纯净水）、重水和石墨；它们的冷却剂则多是轻水、重水和二氧化碳、氦等气体。但轻水是目前各种反应堆中用得最广的慢化剂和冷却剂。由于慢化剂、冷却剂及结构形式不同，可将核反应堆分为轻水堆、重水堆和气冷堆三种。

轻水堆是指用加压的普通纯净水慢化和冷却的反应堆。如果不允许水在堆内沸腾，则称压水堆；如果允许水在堆内沸腾，则称沸水堆。轻水堆是目前最主要的堆型。

重水堆是指用重水慢化的反应堆。当采用压力管时，冷却剂可以是重水、轻水或有机冷却剂。目前重水堆中，大多是采用由加拿大发展起来的用天然铀做核燃料，重水慢化、重水冷却的压力管式反应堆。这种堆目前在核电站中比例不大，但有一些突出的优点。

气冷堆是指用石墨慢化、二氧化碳或氦气冷却的反应堆。

除上述三种堆型外，还有苏联的以石墨慢化、轻水冷却的压力管式堆。根据压力管内的冷却水是否沸腾，又分为石墨水冷堆和石墨沸水堆。切尔诺贝利核电站就是石墨沸水堆。

世界上核电站堆型虽多，但以压水堆为主。全世界的核电站中，压水堆的装机容量占全部核电站容量的70%。我国已建成的和准备建造的核电站，都是压水堆核电站。其原因如下：

1）压水堆的投资低。压水堆以普通水作为慢化剂，其慢化能力强，使得压水堆结构紧凑，体积小，各类反应堆中，如果功率相同，它的基建成本最低。

2）压水堆技术上最成熟。人类积累了大量使用水作为传热介质的经验。与水有关的循环泵、热交换器、阀门和管道系统最为成熟。

3）压水堆安全。它不易出事故，即使出了事故，对环境影响也不大。

4）我国已具备建设压水堆的工业技术基础。

由于上述原因，压水堆是我国现在及今后一段时期内核发电的发展方向。

4. 压水堆核电站热力系统

图4-25所示为压水堆核电站热力系统图，这是一个三回路热力系统。由燃料元件组成的堆芯放在一个很大的压力壳内。控制棒由上部插入堆芯。在压力壳顶部有控制棒的驱动机构。作为慢化剂和冷却剂的水，由压力壳侧面进来后，经过围筒和压力壳之间的环形间隙，再从下部进入堆芯。冷却水通过堆芯后，温度升高，密度降低，就从堆芯上部流出压力壳。一般入口水温300℃，出口水温332℃，堆内压力为15.5MPa。

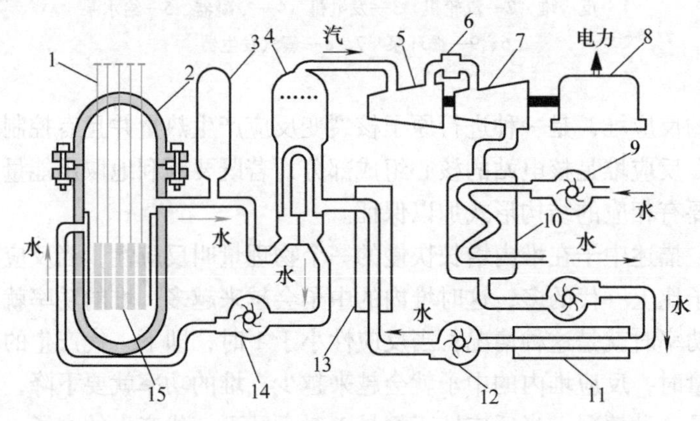

图4-25 压水堆核电站热力系统图

1—控制棒 2—压力壳 3—稳压罐 4—蒸汽发生器 5—高压汽轮机 6—汽水分离器 7—低压汽轮机 8—发电机 9—三回路循环泵 10—冷凝器 11—低温预热器 12—二回路循环泵 13—高温预热器 14—一回路循环泵 15—燃料元件

一座1000MW的压水堆，堆芯每小时冷却水的流量约6万t。这些冷却水并不排出堆外，而是在封闭的一回路内往复循环。并在循环过程中不断抽出一部分水净化，净化后再返回一回路。堆芯放了100多个燃料元件，这些元件由4万多根3m多长、比铅笔略粗的燃料棒组成。高温水从压力壳上部离开反应堆后，进入蒸汽发生器。整个压水堆像一台大锅炉，不过这里锅与炉分了家，反应堆相当于炉，蒸汽发生器相当于锅，通过一回路将锅与炉连接在一起。

反应堆里的冷却剂，当温度由室温升到高于300℃时，体积会有很大的膨胀。由于体积膨胀及其他原因，如果不采取措施，在密闭回路内的冷却剂的压力会波动，从而使反应堆的运行工况不稳定。因此，在冷却剂的出口和蒸汽发生器之间有稳压罐。稳压罐是一个高大的空心圆柱体，下部为水，罐内采用电加热器在稳压罐上部产生蒸汽，利用蒸汽的弹性，来保持堆内冷却水压力稳定。

冷却剂从蒸汽发生器的管内流过后，经过一回路循环泵又回到反应堆。一回路循环泵又称主泵。包括压力壳、蒸汽发生器、泵、稳压罐及有关阀门的整个系统，是一回路的压力边界。它们都安置在安全壳内，称之为核岛。

蒸汽发生器内有很多管子。管子外为二回路的水。一回路的水流过蒸汽发生器管内时，将携带的热量尽可能多地传给二回路里的水，从而使二回路的水变成280℃左右、6～7MPa的高温蒸汽。所以在蒸汽发生器里，一回路与二回路的水在互不接触的情况下，通过管壁发生了热交换。蒸汽发生器是分隔并连接一、二回路的关键设备。

从蒸汽发生器出来的高温蒸汽，通过高压汽轮机后，一部分变成了水滴。经过汽水分离器将水滴分离出来后，剩余的蒸汽又进入低压汽轮机继续膨胀，推动叶轮转动。从低压汽轮机出来的蒸汽压力已很低，无法再加以利用。于是，在冷凝器里，让这些低压蒸汽凝结成水。冷凝水经过以汽轮机来的蒸汽为热源的两组预热器后，又回到蒸汽发生器吸收一回路冷却水的热量，变成高温蒸汽，继续循环。整个二回路的水就是在蒸汽发生器，高压、低压汽轮机，冷凝器和预热器组成的密封系统内来回往复流动，不断重复由水变成高温蒸汽，做功后，蒸汽冷凝成水，水又变成高温蒸汽的过程。

冷却冷凝器用的水在三回路中循环。冷凝器实质上是二回路与三回路之间的热交换器。三回路是一个开式回路，利用它将汽轮机排出的乏汽的难以利用的余热带入江河湖海。

燃煤电站的余热有很大一部分排入空中，而且燃煤电站的热能利用效率高，余热的份额小。核电站的热能利用效率低于大型火电站，排出的余热多。如果冷却水源不足，为了避免三回路流出的冷却水使环境水温过分升高，造成所谓热污染影响生态平衡，有时也利用冷却塔将三回路带出的余热排入大气中。

三回路的用水量是很大的。一座1000MW的压水堆，三回路每小时需要40多万t冷却水。三回路的水与一、二回路的冷却水一样，也需要加以净化，不过净化的要求没有一、二回路那么高。

5. 核电发展进程

从1954年6月苏联建成的第一台核电站起，核电的发展已经历了三代，目前正在不断完善第三代技术，同时在研发第四代。

第一代核电技术即早期原型反应堆，主要目的是为通过试验示范形式来验证核电在工程实施上的可行性。苏联首先在1954年建成5MW实验性石墨沸水反应堆型核电站，此后，英国、美国、法国、加拿大等国先后建设了多种类型的核电站。这些核电站均属于第一代核电站。

第二代核电技术是在第一代核电技术的基础上建成的，它实现了商业化、标准化，包括压水堆、沸水堆和重水堆等，单机组的功率水平达到1000MW级。其主要特点是增设了氢气控制系统、安全壳泄压装置等，安全性能得到显著提升。我国运行的核电站大多为第二代改进型。

第三代核电技术是具有更高安全性、更高功率的新一代先进核电站。其中具有代表性的是美国的AP1000和法国的EPR㊀。中国已引进AP1000等技术，并在消化、吸收国外技术的

㊀ AP1000是百万千瓦级先进型非能动（压水反应堆）核电，即Advanced Passive PWR（Pressurized Water Reactor）的简称；EPR是欧洲压水堆，即European Pressurized Water Reactor的简称。

基础上，研发形成具有自主知识产权的核电技术，如华龙一号、ACP1000（即百万千瓦级先进中国压水堆的简称）等。华龙一号是我国自主创新的第三代百万千瓦级压水堆核电技术，目前已在福建福清投入核电站的建设（图4-26），并也开始成为我国向国外输出核电技术的一个品牌。

第四代核电技术是由美国能源部发起，并联合法国、英国、日本等9个国家共同研究的下一代核电技术。仍处于开发阶段，第四代核能系统将满足安全、经济、可持续发展、极少的废物生成、燃料增殖的风险低、防止核扩散等基本要求。我国自主研发的第四代核电站已在山东华能石岛湾核电厂开工建设。

图4-26 福建福清核电站

二、核聚变

核裂变虽然能产生巨大的能量，但远远比不上核聚变，裂变堆的核燃料蕴藏有限，不仅会有辐射，而且产生的核废料也需要处理，核聚变的辐射则少得多，核聚变的燃料可以说是取之不尽、用之不竭的。

核聚变是指由质量小的原子，主要是指氘或氚，在一定条件下（如超高温和高压），发生原子核互相聚合作用，生成新的质量更重的原子核，并伴随着巨大的能量释放的一种核反应形式。原子核中蕴藏巨大的能量，原子核的变化（从一种原子核变化为另外一种原子核）往往伴随着能量的释放。如果是由重的原子核变化为轻的原子核，叫核裂变，如原子弹爆炸；如果是由轻的原子核变化为重的原子核，叫核聚变，如太阳发光发热的能量来源。

相比核裂变，核聚变几乎不会带来放射性污染等环境问题，而且其原料可直接取自海水中的氘，来源几乎取之不尽，是更理想的能源方式。

核聚变要在近亿度高温条件下进行，地球上原子弹爆炸时可以达到这个温度。用核聚变原理造出来的氢弹就是靠先爆发一颗核裂变原子弹而产生的高热，来触发核聚变起燃器，使氢弹得以爆炸。但是，用原子弹引发核聚变只能引发氢弹爆炸，却不适用于核聚变发电，因为电厂不需要一次惊人的爆炸力，而需要缓缓释放的电能。如果希望核聚变的能量可被人类有效利用，必须能够合理地控制核聚变的速度和规模，实现持续、平稳的能量输出。研究人员正努力研究如何控制核聚变。目前主要的几种可控核聚变方式有：超声波核聚变、激光约束（惯性约束）核聚变和磁约束核聚变（托卡马克）。

实现受控核聚变具有极其诱人的前景。不仅因为核聚变能放出巨大的能量，而且由于核聚变所需的原料——氢的同位素氘、氚及惰性气体 3He（氦—3），氘和氚在地球上蕴藏极其丰富，据测，每升海水中含 30mg 氘，而 30mg 氘聚变产生的能量相当于 300L 汽油，这就是说，1L 海水可产生相当于 300L 汽油的能量。一座 100 万 kW 的核聚变电站，每年耗氘量只需 304kg。氘的发热量相当于煤的 2000 万倍，天然存在于海水中的氘有 45 亿 t，全世界的海水几乎是“取之不尽”的。研究人员发现，以 3He（氦—3）为燃料的核聚变反应比氘氚聚变更清洁，效益更高，而且与放射性的氘氚不同的是 3He 是一种惰性气体，操作安全，几乎无污染。地球上并不存在天然的 3He，而月球上的钛矿中蕴藏着丰富的 3He 资源。不久的将来，人类将在月球上开采 3He 矿藏，用于代替氚，使目前世界各地的实验性聚变反应可以攻克关键性的难关，使商用成为可能。据估计，月球蕴藏的 3He 大约为 100 万 t，其能量相当于地球上有史以来所有开发矿物燃料的 10 倍以上。

目前，全球每年的能源消费大约 1000 万 MW，预计到 2050 年时将会增至 3000 万 MW，如果每年从月球上开采 1500t 的 3He，就能满足世界范围内对能源的需求。按前述开采量推算，而月球上的 3He 至少可供地球上使用 700 年。而木星和土星上的 3He 几乎是取之不尽、用之不竭的。

综上所述，核聚变为人类摆脱能源危机展现了美好的前景。尽管存在着许多困难，人们经过不断研究已取得了很大的进展。研究人员设计了许多有效的方法，如用强大的磁场来约束反应，用强大的激光来加热原子等。可以预计，人们将会掌握控制核聚变的方法，让核聚变为人类服务。

第六节　核电的经济性与安全性、可靠性

一、经济性

核反应堆技术的进步和成熟，开创了核科学技术应用的一个新的领域——核能发电。核能发电突出的特点是单位质量燃料的发电量十分高。理论上，一座 1000MW 的核电站每年仅消耗约 1t 铀—235，而 1000MW 的燃煤电站则需约 240 万 t 标准煤。目前世界上能量的主要来源是煤和石油，虽然这些化石燃料的生产还有很大的潜力，但是烧掉后不能再生，而且总有一天化石燃料会耗尽。随着核技术的发展，今天核电站的经济性已经超过了燃煤电站。当今唯一能代替化石燃料大规模使用的只有核能。核燃料资源丰富，单位质量释放能量多，核能将逐渐成为世界能源的主要支柱。

核电站的经济性主要指标有两个：比投资和发电成本。

比投资——核电站单位装机容量的投资。20 世纪 80 年代以来，各国核电的比投资高于火电而低于水电。核电的比投资与单机容量有关，在大于 60 万 kW 级后，比投资随单堆功率的增加而缓慢下降，故核电站的单堆功率不宜过小。比投资还与机组台数有关，通常，应

安装2台以上机组为宜。

发电成本——它包含每年的投资提成（或还本付息）、运行维护费、运行期间的平均付息、退役资金及乏燃料的后处理费、平衡换料费等。总成本除以发电量即得单位发电成本。20世纪80年代以来，各国核电的发电成本高于水电而低于火电。核电成本中投资成本占较大比例，约为60%～70%，燃料成本较少；而煤电投资成本只占20%～30%，但燃料成本却占60%～70%。从长期看，煤电成本要高得多。

目前，我国的核电成本还较高。在国际上，近年来随着安全标准渐趋严格，被要求做到全方位安全措施的核电站的建造费有上升趋势。但核电成本还是低于煤电成本。例如，法国核电成本是煤电成本的57%，德国为61%，日本为66%，韩国为59%。我国核电站上网电价为0.43元/（kW·h），与煤电价格大体相当。随着我国核电技术的进一步成熟，核电成本将进一步降低。

二、安全性

核电站的安全性是大家非常关注的问题，一方面担心核电站会不会像原子弹那样发生爆炸，另一方面担心核辐射对人体、环境的影响。

核爆炸是由核裂变链式反应引起的，核反应堆的基本原理也是核裂变链式反应，那么，它会不会像原子弹那样发生爆炸呢？答案是否定的，其原因是：

第一，核反应堆不具备发生核爆炸的条件，因为它大多采用低浓度裂变物质作为燃料。虽有少数反应堆采用高浓度裂变物质，但这些核燃料是分散布置在反应堆堆芯的一定栅格中，被许多工程结构材料所隔开，在任何情况下，都不会像原子弹那样紧聚在一起，达到爆炸式链式反应所需要的“临界质量”。

第二，核反应堆内有安全控制手段，使能量的释放缓慢而有控制地进行。

第三，反应堆有自稳定的特性。

核反应堆运行时，放出的中子和γ射线还是比较强的。对于核电站反应堆来说，运行时工作人员一般不接近反应堆，辐射对人体无大影响，主要是防止产生放射性泄漏的问题。核电站反应堆往往设置四道安全屏障：第一道屏障是燃料芯块，它能滞留98%以上的放射性裂变产物，余下的放射性物质被第二道屏障——燃料元件包壳管阻挡。如果包壳管破损，第三道屏障——压力容器及封闭的一回路系统可以把放射性物质封住。万一第三道屏障再发生泄漏，则第四道屏障——密封的安全壳厂房将有效地防止放射性物质外泄，从而保护了环境和居民的安全。

核反应堆也会产生一些废气、废液和废物。只要遵照国家规定，采取正确的三废治理措施，核反应堆排出的放射性物质对环境的影响可以低到微不足道的水平。一座1000MW的燃煤电站，通过烟囱排放的烟灰中，仅镭、钍等放射性元素使附近居民受到的照射剂量，比核电站的影响约大3倍。此外，燃煤电站每年还向环境排放几万吨二氧化硫和氧化氮等有害气体以及上百公斤汞、镉等致癌物。相比之下，核电站可称为清洁的能源。

目前全球使用的反应堆主要是第二代的反应堆和部分第三代早期反应堆的试点。未来，第四代核反应堆发展的方向包括：更好的经济性，更高的安全性，更少的废弃物和防止核扩散技术，核电站将继续向大型化方向发展。

三、可靠性

为了保证将电力按质量标准和数量要求输送到用户，各国对其电力系统及设备建立起一套可靠性指标，并实行可靠性管理。

评价核电站的可靠性与评价单一产品的可靠性不同。不仅与安全性有关，还与经济性有关，要求有可靠性指标体系或通用规则。一般应包括核电设备的耐久性（可靠度、可靠寿命、平均寿命、平均大修时间间隔、储存寿命），无故障性（故障率、故障频率），维修性（维修度、维修率、平均维修时间）和经济性（发电成本、维修费用）等指标。可靠性定义中的规定条件包括使用时的环境条件、维护方法、储备条件等。

根据美国全国电力可靠性协会的统计分析，1971～1980 年全部核电机组与以烧煤为主的火电大机组相比，运行可用率（运行小时数与备用停机小时数之和与统计期间小时数之比）均为70%左右，容量系数（毛实际发电量与统计期间小时数和最大可靠容量之积之比）均为60%左右，可见两者的可靠性不相上下。又据世界核电营运者协会（World Association of Naclear Operators，WANO）统计，核电站平均容量系数从1980 年的62.7%增加到1997 年的81.6%。反应堆机组事件次数从1985 年的2.38 次/机组降到1988 年的0.04 次/机组。这些数据表明，核电运行的可靠性是有保障的。

目前，核电在中国能源中所占的比例还远远低于全世界平均水平，全世界的核电占电能的比例大概是15%，中国核电占比例仅为2%左右。截至2014 年年底，全球共有437 个运行的动力堆，美国99 座，为全球最高；法国58 座，位居第二。我国的国家能源发展战略明确了未来核电发展的市场空间。《国家能源发展战略行动计划（2014—2020 年）》提出，适时在东部沿海地区启动新的核电项目建设，研究论证内陆核电建设。据国家能源局统计，目前我国运行核电机组22 台，装机容量2010 万kW；在建的核电机组有27 台，装机容量2953 万kW，在世界上在建机组数排第一位。到2020 年，核电装机容量达到5800 万kW，在建容量达到3000 万kW 以上。当前4963 万kW 的容量与2020 年8800 万kW 投运和在建规模有较大差距。从当前能源结构调整的范畴看，中国提出的2030 年非化石能源将达到20%，核电将要在非化石能源发展中贡献较大的力量。

思考题和习题

4-1 什么是再热循环？再热循环的作用是什么？

4-2 回热循环为什么能够提高热效率？

4-3 什么是热电联产循环？热电联产循环有何优越性？

4-4 什么是发电厂的原则性热力系统？什么是发电厂的全面性热力系统？

4-5 发电厂的热经济性指标有哪些？

4-6 如何评价热电联产的热经济性？

4-7 燃气－蒸汽联合循环的特点是什么？

4-8 注蒸汽燃气轮机循环的原理是什么？

4-9 什么是煤基多联产系统？

4-10 核电站的经济性如何？

4-11 为什么说核电是清洁的能源？

4-12 按例 4-1，如该机组无回热加热，即汽轮机排汽经冷凝器凝结成水后不经回热系统，直接用泵把凝结水送入锅炉，试求此时各项热经济指标（D_0、d_0、q_0、η_e、η_{cp}及 b_s），并与例 4-1 有回热加热系统的热经济效果进行比较。

4-13 某低压加热器的热力系统如图 4-27 所示。已知 $\alpha_4=0.033742$，$\alpha_{c4}=0.824201$，$h_5=2916\text{kJ/kg}$，$h_6=2690\text{kJ/kg}$，$h_{w5}=508\text{kJ/kg}$，$h_{w6}=357\text{kJ/kg}$，$h_{w7}=212\text{kJ/kg}$，$h_4'=610\text{kJ/kg}$，$h_5'=520\text{kJ/kg}$，$h_6'=370\text{kJ/kg}$。不计散热损失，求凝结水混合后的比焓值 h_{wx6}。

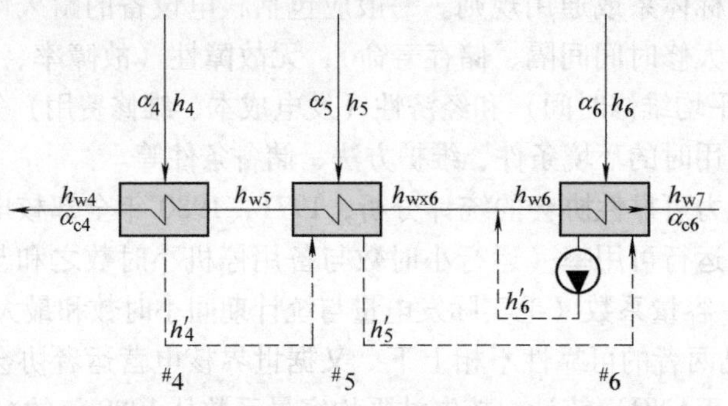

图 4-27 题 4-13 图

4-14 某蒸汽中间再热凝汽式发电厂，已知有关数据为：$p_b=13.83\text{MPa}$，$t_b=555℃$，$\eta_b=0.911$，$p_0=13.25\text{MPa}$，$t_0=550℃$，$h_0=3466.7\text{kJ/kg}$，高压缸排汽压力 $p_{rh1}=2.5\text{MPa}$，$h_{rh1}=3079.1\text{kJ/kg}$，中压缸进汽压力 $p_{rh2}=2.3\text{MPa}$，$h_{rh2}=3574.8\text{kJ/kg}$，$t_{rh}=550℃$，$p_c=0.005\text{MPa}$，$h_c=2421.8\text{kJ/kg}$，汽轮发电机功率$P_e=125000\text{kW}$，无回热，$h_{fw}=h_c'$，$h_c'=137.77\text{kJ/kg}$，并已知 $\eta_m=0.98$，$\eta_g=0.985$，汽轮机的再热抽汽前、后相对内效率分别为 $\eta_{ri\,I}=0.7986$，$\eta_{ri\,II}=0.8963$。求该电厂的热经济指标。

参 考 文 献

[1] 曾丹苓，等. 工程热力学［M］. 北京：人民教育出版社，2002.
[2] 郑体宽. 热力发电厂［M］. 重庆：重庆大学出版社，2006.
[3] 焦树建. 燃气-蒸汽联合循环装置［M］. 北京：机械工业出版社，2004.
[4] 林汝谋，等. 先进的燃煤联合循环发电技术［J］. 动力工程，1994，8.
[5] 蔡兆麟，等. 能源与动力装置基础［M］. 北京：中国电力出版社，2004.
[6] 武学素. 热力发电厂习题集［M］. 北京：中国电力出版社，2003.

第五章

内燃动力系统与装置

内燃机是一种使燃料在发动机气缸内部进行燃烧，工质被加热并膨胀做功，直接将所含的热能转变为机械能的动力机械，如汽油机、柴油机、煤气机等，其中，以汽油机和柴油机应用最为广泛，通常所说的内燃机都是指这两种发动机。内燃机具有容量范围广、起动快、易调速、适应性好等优点，应用非常广泛，用于汽车、工程机械（如挖掘机）、农耕（如拖拉机）、铁路的内燃机车、船舶、发电、航空及军用（如坦克）等。可见，内燃机不仅是一种与本专业密切相关，而且是社会生活所必需的发动机。

内燃机的形式多种多样，概括起来由两大机构和五大系统组成，这些机构和系统是如何工作的？四冲程汽油机与柴油机的主要差别是什么？二冲程内燃机有何工作特点？如何评价内燃机工作性能？这些问题都是学习本课程需要了解的。本章阐述的主要内容包括：

1）内燃机的基本结构和工作原理。

2）内燃机的组成和工作系统。

3）内燃机的热力循环和性能指标。

4）可燃混合气的形成与燃烧。

5）内燃机的排放与净化。

6）代用燃料。

第一节　内燃机的基本结构及工作原理

一、内燃机的分类

内燃机按其主要运动机构的不同，分为往复活塞式内燃机和旋转活塞式内燃机两大类，其中往复活塞式内燃机在数量上占统治地位。旋转活塞式内燃机是20世纪50年代出现的新型发动机，它没有往复运动机构和气门机构，结构简单，体积小，重量轻，转速高，单位气缸容积的有效功率大，振动小，运转平稳，而且制造成本低。由于旋转活塞式内燃机还存在着不少问题，所以目前尚未普遍应用。

常用的往复活塞式内燃机分类方法如下：

（1）按燃料分类　有柴油机、汽油机、煤气机以及各种代用燃料的内燃机等。

（2）按一个工作循环的行程数分类　有四冲程内燃机、二冲程内燃机。

（3）按燃料着火方式分类　有压燃式内燃机、点燃式内燃机。

（4）按冷却方式分类　有水冷式内燃机、风冷式内燃机。

（5）按进气方式分类　有自然吸气式内燃机、增压式内燃机。

（6）按气缸数目分类　有单缸内燃机、多缸内燃机。

（7）按气缸排列分类　有直列式内燃机、V形内燃机、卧式内燃机、对置气缸内燃机等（图5-1）。

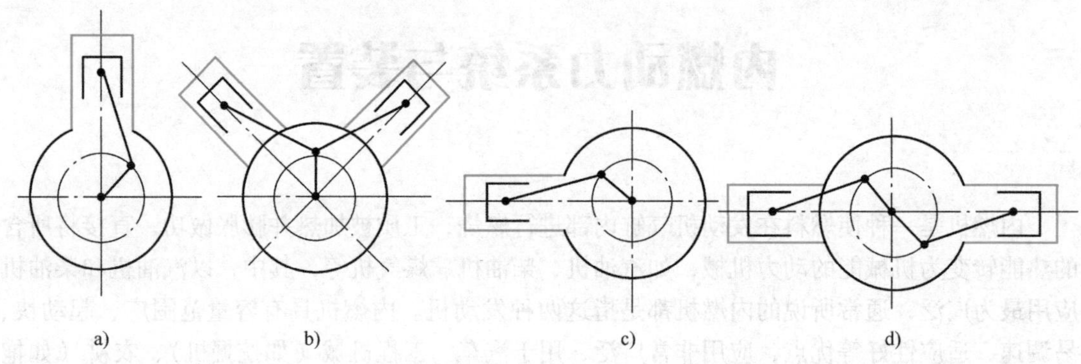

图5-1　气缸排列形式

（8）按转速或活塞平均速度分类　有高速内燃机（标定转速高于1000r/min或活塞平均速度高于9m/s）、中速内燃机（标定转速为600～1000r/min或活塞平均速度为6～9m/s）和低速内燃机（标定转速低于600r/min或活塞平均速度低于6m/s）。

（9）按用途分类　有农用、汽车用、工程机械用、拖拉机用、铁路机车用、船用及发电用等内燃机。

二、内燃机的基本结构和术语

1. 基本结构

单缸往复活塞式内燃机结构如图5-2所示，其主要由排气门、进气门、气缸盖、气缸、活塞、活塞销、连杆和曲轴等组成。

气缸4内装有活塞5，活塞通过活塞销6、连杆7与曲轴8相连接。活塞在气缸内做上下往复运动，通过连杆推动曲轴转动。为了吸入新鲜空气和排出废气，在气缸盖上设有进气门2和排气门1。

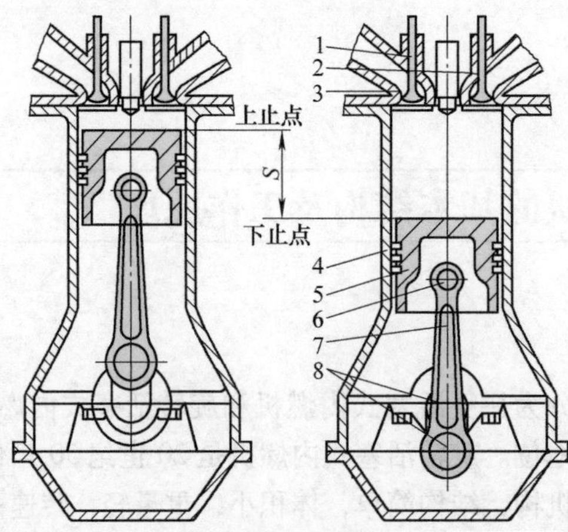

图5-2　单缸往复活塞式内燃机结构

1—排气门　2—进气门　3—气缸盖　4—气缸　5—活塞　6—活塞销　7—连杆　8—曲轴

2. 基本术语

（1）上止点、下止点及活塞行程　从图5-2中可以看出活塞在气缸中上下移动一个行程，曲轴旋转一周。活塞顶端离曲轴旋转中心最远处，称为上止点。活塞顶端离曲轴中心最近处，称为下止点。上、下止点间的距离 S 称为活塞行程。连杆轴颈中心到曲轴轴颈中心的距离 R 为曲柄半径。对气缸中心线通过曲轴中心线的内燃机，其活塞行程等于曲柄半径的两倍，即 $S=2R$。

（2）气缸工作容积　上、下止点所包容的气缸容积称为气缸工作容积，用 V_s(L)表示。

$$V_s = \frac{\pi D^2}{4 \times 10^6} S \tag{5-1}$$

式中，D 为气缸直径（mm）；S 为活塞行程（mm）。

（3）内燃机排量　内燃机所有气缸工作容积的总和称为内燃机排量，用 V_L(L)表示。

$$V_L = iV_s = \frac{\pi D^2}{4 \times 10^6} Si \tag{5-2}$$

式中，i 为气缸数；V_s 为气缸工作容积（L）。

内燃机排量表示内燃机的做功能力，在内燃机其他参数相同的前提下，内燃机排量越大，内燃机所发出的功率就越大。

（4）燃烧室容积　活塞位于上止点时的气缸容积称为燃烧室容积，也称压缩容积，用 V_c 表示。

（5）气缸总容积　气缸工作容积与燃烧室容积之和称为气缸总容积，用 V_a 表示。

$$V_a = V_s + V_c \tag{5-3}$$

（6）压缩比　气缸总容积与燃烧室容积之比称为压缩比，用 ε 表示。

$$\varepsilon = \frac{V_a}{V_c} = \frac{V_s + V_c}{V_c} = 1 + \frac{V_s}{V_c} \tag{5-4}$$

压缩比表示气缸中气体被压缩的程度。

（7）工况　内燃机在某一时刻的运行状况简称为工况，以该时刻内燃机输出的有效功率或转矩及其相应的曲轴转速表示。

三、内燃机的工作原理

1. 四冲程汽油机工作原理

四冲程往复活塞式内燃机在四个活塞行程内完成进气、压缩、做功和排气四个过程，即在一个活塞行程内只进行一个过程。

（1）进气行程（图 5-3a）　活塞在曲轴的带动下由上止点移至下止点，此时排气门关闭，进气门开启。在活塞移动过程中，气缸容积逐渐增大，气缸内形成一定的真空度。空气和汽油的混合物通过进气门被吸入气缸，并在气缸内进一步混合形成可燃混合气。

因为进气系统有阻力，所以进气终了时气缸内的气体压力低于大气压力，约为 0.08 ~ 0.09MPa。由于进气门、气缸壁、活塞等高温零件以及前一个循环残留在气缸内的高温废气对混合气的加热，致使进气终了时气缸内的气体温度高于大气温度，约为 320 ~ 380K。

气缸内的气体压力随气缸容积或曲轴转角的变化关系称作示功图，它能直观地显示气缸内气体压力的变化（图 5-4a）。在示功图上，进气行程上止点 r 开始至进气行程下止点 a 结束，曲线 ra 表示进气行程中气缸内气体压力的变化。

（2）压缩行程（图 5-3b）　进气行程结束后，曲轴继续带动活塞由下止点移至上止点。

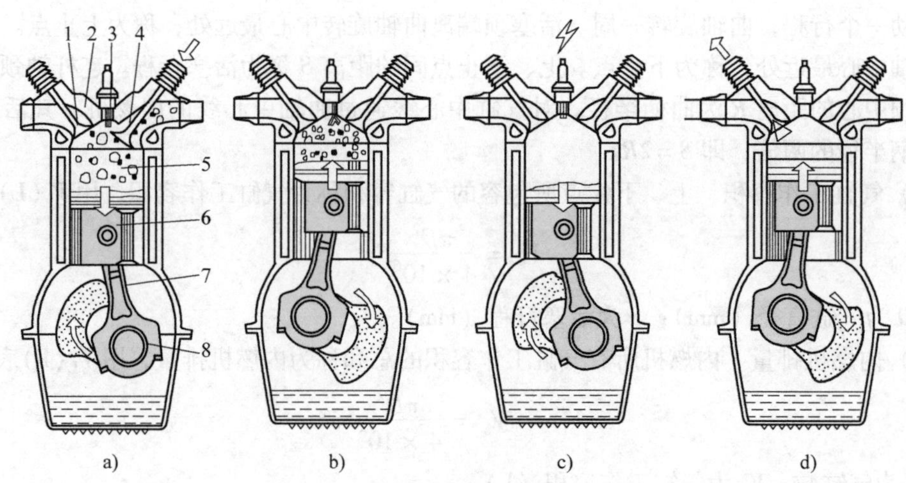

图5-3　四冲程汽油机工作原理示意图

a）进气行程　b）压缩行程　c）做功行程　d）排气行程

1—排气门　2—气缸盖　3—火花塞　4—进气门　5—气缸　6—活塞　7—连杆　8—曲轴

这时，进、排气门均关闭。随着活塞移动，气缸容积不断减小，气缸内的混合气被压缩。其压力和温度同时升高。压缩终了时，气缸内气体的压力约为0.8～1.5MPa，温度约为600～750K。压缩行程的示功图如图5-4b所示，c 点为压缩行程终点，也是压缩行程上止点。

压缩行程有利于混合气的迅速燃烧并可提高内燃机的有效热效率。一般压缩比 $\varepsilon=7\sim10$，ε 太大容易发生不正常燃烧。

（3）做功行程（图5-3c）　压缩行程结束时，安装在气缸盖上的火花塞产生电火花，将气缸内的可燃混合气点燃，火焰迅速传遍整个燃烧室，同时放出大量的热能。燃烧气体的压力和温度迅速升高，体积急剧膨胀。在气体压力的作用下，活塞由上止点移至下止点，并通过连杆推动曲轴旋转做功。这时进、排气门仍旧关闭。

在做功行程中，燃烧气体的最大压力可达3.0～6.5MPa，最高温度可达2200～2800K。随着活塞向下止点移动，气缸容积不断增大，气体压力和温度逐渐降低。在做功行程结束时，压力约为0.35～0.5MPa，温度约为1200～1500K。

在示功图（图5-4c）上的曲线 czb 表示做功行程气缸内气体压力的变化情形。

（4）排气行程（图5-3d）　排气行程开始，排气门开启，进气门仍然关闭，曲轴通过连杆带动活塞由下止点移至上止点，此时膨胀过后的燃烧气体（或称废气）在其自身剩余压力和活塞的推动下，经排气门排出气缸之外。当活塞到达上止点时，排气行程结束，排气门关闭。

排气行程终了时，在燃烧室内尚残留少量废气，称其为残余废气。因为排气系统有阻力，所以残余废气的压力比大气压力略高，约为0.105～0.12MPa，温度约为900～1100K。

在示功图（图5-4d）上的曲线 br 代表排气行程。

至此，四冲程汽油机经过进气、压缩、做功和排气四个行程而完成一个工作循环。这期间活塞在上、下止点间往复运动四个行程，曲轴旋转两周，即每一个行程有180°曲轴转角。

但在实际进气过程中，进气门早于上止点开启，迟于下止点关闭。在排气过程中，排气门早于下止点开启，迟于上止点关闭，即进气、排气过程所占的曲轴转角均超过180°。

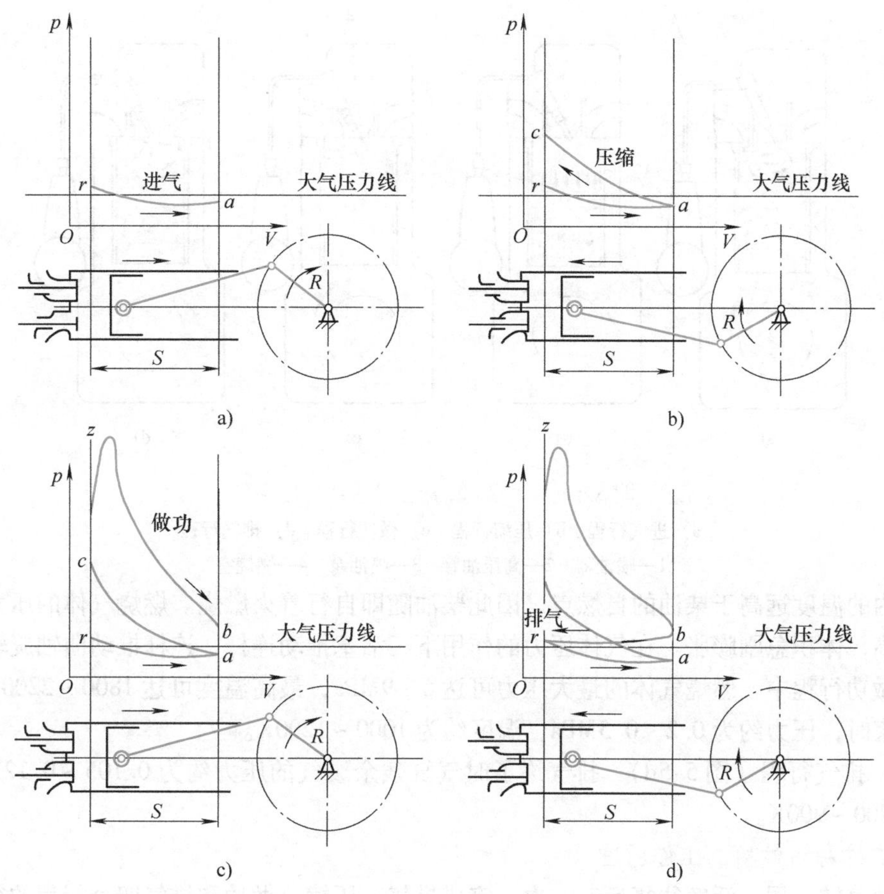

图5-4　四冲程汽油机的示功图

a）进气行程　b）压缩行程　c）做功行程　d）排气行程

进气门早开晚关的目的是增加进入气缸内的混合气量和减少进气过程所消耗的功。排气门早开晚关的目的是减少气缸内的残余废气量和排气过程消耗的功。减少残余废气量，会相应地增加进气量。

2. 四冲程柴油机工作原理

四冲程柴油机和汽油机一样，每个工作循环同样包括进气、压缩、做功和排气四个过程。但由于柴油机的燃料是柴油，其黏度比汽油大，不易蒸发，而其自燃温度却较汽油低，故可燃混合气的形成及点火方式与汽油机不同。

（1）进气行程（图5-5a）　在柴油机进气行程中，被吸入气缸的只是纯净的空气。由于柴油机进气系统阻力较小，残余废气的温度较低，因此进气行程结束时气缸内气体的压力较高，约为0.085～0.095MPa，温度较低，约为310～340K。

（2）压缩行程（图5-5b）　因为柴油机的压缩比大，所以压缩行程终了时气体压力可高达3～5MPa，温度可达750～1000K。

（3）做功行程（图5-5c）　在压缩行程结束时，喷油泵将柴油泵入喷油器，并通过喷油器喷入燃烧室。因为喷油压力很高，喷孔直径很小，所以喷出的柴油呈细雾状。细微的油滴在炽热的空气中迅速蒸发汽化，并借助于空气的运动，迅速与空气混合形成可燃混合气。由

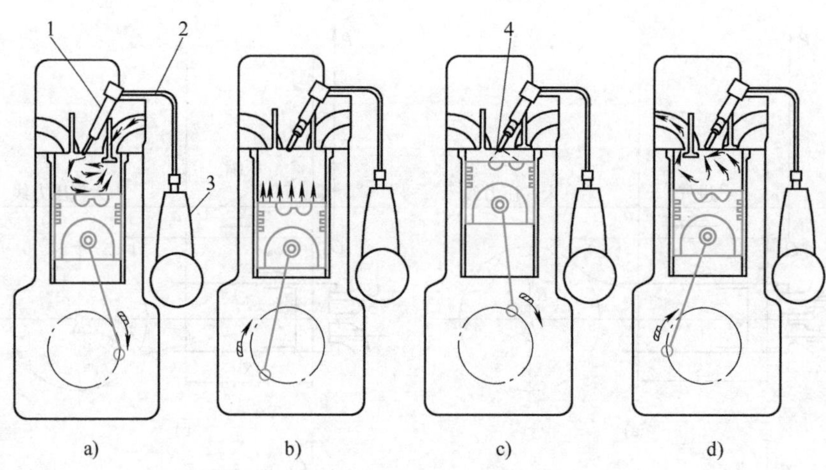

图5-5　四冲程柴油机工作原理示意图

a）进气行程　b）压缩行程　c）做功行程　d）排气行程

1—喷油器　2—高压油管　3—喷油泵　4—燃烧室

于气缸内的温度远高于柴油的自燃点，因此柴油随即自行着火燃烧。燃烧气体的压力、温度迅速升高，体积急剧膨胀。在气体压力的作用下，活塞推动连杆，连杆推动曲轴旋转做功。

在做功行程中，燃烧气体的最大压力可达6~9MPa，最高温度可达1800~2200K。做功行程结束时，压力约为0.2~0.5MPa，温度约为1000~1200K。

（4）排气行程（图5-5d）　排气终了时气缸残余废气的压力约为0.105~0.12MPa，温度约为700~900K。

3. 二冲程汽油机的工作原理

曲轴每转一周，活塞往复运动一次，完成进气、压缩、做功和排气四个行程的往复活塞式内燃机称为二冲程内燃机。在四冲程内燃机中，常把排气过程和进气过程合称为换气过程。在二冲程内燃机中换气过程是指废气从气缸内被新气扫除并取代的过程。这两种内燃机工作循环的不同之处主要在于换气过程。

图5-6所示为曲轴箱换气式二冲程汽油机的工作原理示意图。由图可见，曲轴箱换气式二冲程汽油机不设进、排气门，而在气缸3的下部开设三个孔：进气孔1、排气孔2和扫气孔5，并由活塞6来控制三个孔的开闭，以实现换气过程。

（1）第一行程　第一行程为换气-压缩行程。在这一行程中，活塞在曲轴带动下由下止点移至上止点。当活塞还处于下止点时，进气孔被活塞关闭，排气孔和扫气孔开启。这时曲轴箱内的可燃混合气经扫气孔进入气缸，扫除其中的废气。随着活塞向上止点运动，活塞头部首先将扫气孔关闭，扫气终止。但此时排气孔尚未关闭，仍有部分废气和可燃混合气经排气孔继续排出，称其为额外排气。当活塞将排气孔也关闭之后，气缸内的可燃混合气开始被压缩（图5-6a）。直至活塞到达上止点，压缩过程结束。

在活塞到达上止点之前，随着活塞上移，曲轴箱8的容积增大，曲轴箱内形成一定的真空度。当活塞裙部将进气孔开启时，空气和汽油的混合物被吸入曲轴箱，开始进气（图5-6b），空气和汽油在曲轴箱内进一步混合形成可燃混合气。

（2）第二行程　第二行程为膨胀-换气过程。在这一行程中，活塞由上止点移至下止点。在压缩过程终了时，火花塞产生电火花，将气缸内的可燃混合气点燃（图5-6c）。燃烧

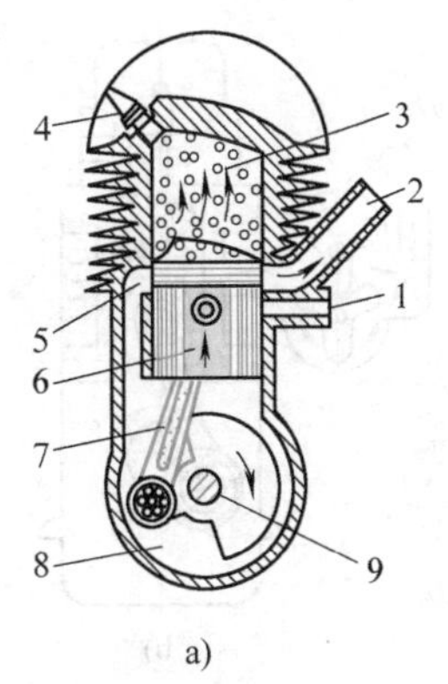

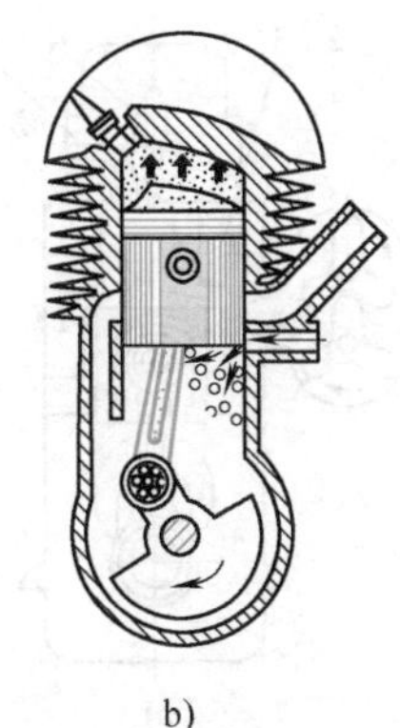
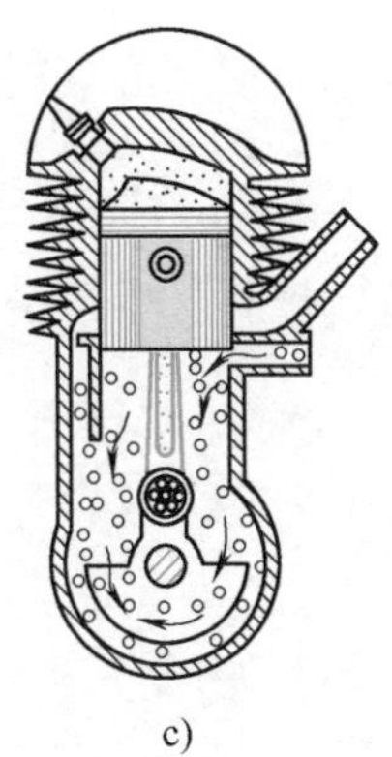
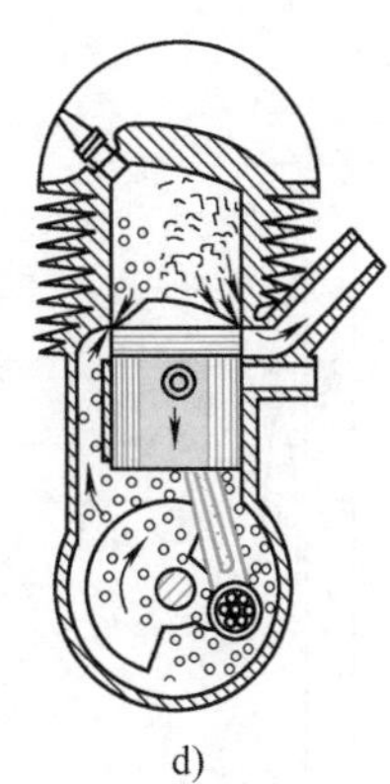

a)　　b)　　c)　　d)

图 5-6　曲轴箱换气式二冲程汽油机的工作原理示意图

a）压缩　b）进气（可燃混合气）　c）燃烧　d）排气

1—进气孔　2—排气孔　3—气缸　4—火花塞　5—扫气孔

6—活塞　7—连杆　8—曲轴箱　9—曲轴

气体膨胀做功。此时排气孔和扫气孔均被活塞关闭，唯有进气孔仍然开启。空气和汽油经进气孔继续流入曲轴箱，直至活塞裙部将进气孔关闭为止。随着活塞继续向下止点运动，曲轴箱容积不断缩小，其中的混合气被预压缩。此后，活塞头部先将排气孔开启，膨胀后的燃烧气体已成废气，经排气孔排出。至此做功过程结束，开始先期排气。随后活塞又将扫气孔开启，经过预压缩的可燃混合气从曲轴箱经扫气孔进入气缸（图 5-6d），扫除其中的废气，开始扫气过程。这一过程将持续到下一个活塞行程中扫气孔被关闭时为止。

图 5-7 所示为二冲程内燃机的示功图。图中点 a 表示排气孔关闭，曲线 ac 为压缩过程。曲线 czb 为做功过程。在点 b 排气孔开启，bf 为先期排气阶段。在点 f 扫气孔开启，fdh 段为扫气过程。在点 h 扫气孔关闭，ha 段为额外排气阶段。从排气口开始打开到完全关闭，约占 130°～150°曲轴转角，此为二冲程内燃机的换气过程，即示功图上的曲线 bda。

4. 二冲程柴油机工作原理

图 5-8 所示为带扫气泵的气门－气孔式直流扫气二冲程柴油机工作原理示意图。

（1）第一行程　第一行程为换气－压缩行程。在这一行程中，活塞在曲轴带动下由下止点移至上止点。当活塞还处于下止点位置时，进气孔和排气门均已开启。扫气泵将纯净的空气增压到0.12～0.14MPa 后，经空气室和进气孔送入气缸，扫除其中的废气。废气经气缸顶部的排气门排出（图 5-8a）。当活塞上移将进气孔关闭的同时，排气门也关闭，进入气缸内的空气开始被压缩（图 5-8b）。活塞运动至上止点，压缩过程结束。

（2）第二行程　第二行程为膨胀－换气过程。在这一行程中，活塞由上止点移至下止点。当压缩过程终了时，高压柴油经喷油器喷入气缸，并自行着火燃烧（图 5-8c）。高温高压的燃烧气体推动活塞做功。当活塞下移 2/3 行程时，排气门开启，废气经排气门排出（图 5-8d）。活塞继续下移，进气孔开启，来自扫气泵的空气经进气孔进入气缸进行扫气。扫气过程将持续到活塞上移时将进气孔关闭为止。

5. 汽油机与柴油机、四冲程与二冲程内燃机的比较

由上可以看出汽油机与柴油机、四冲程与二冲程内燃机的若干异同之处。

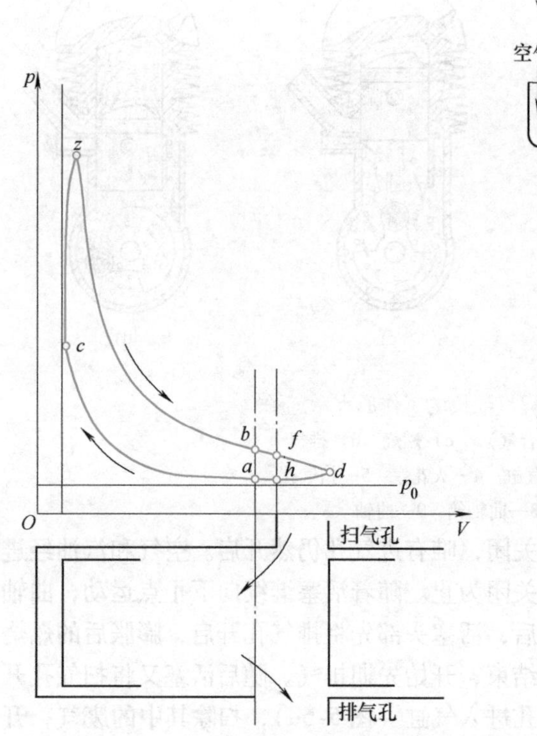

图 5-7 二冲程内燃机的示功图

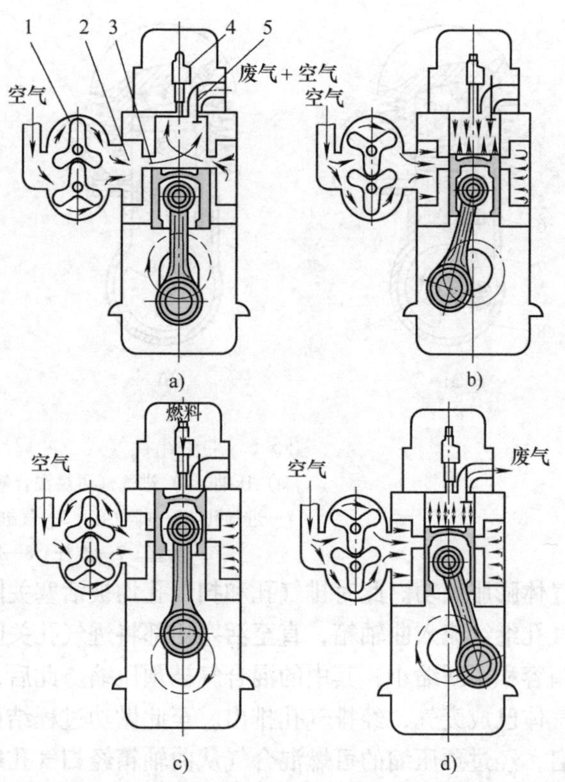

图 5-8 二冲程柴油机工作原理示意图
a）换气 b）压缩 c）燃烧 d）排气
1—扫气泵 2—空气室 3—进气孔 4—喷油器 5—排气门

四冲程汽油机与四冲程柴油机的共同点是：

1）每个工作循环都包含进气、压缩、做功和排气四个活塞行程，每个行程各占 180°曲轴转角，即曲轴每旋转两周完成一个工作循环。

2）四个活塞行程中，只有一个做功行程，其余三个是耗功行程。显然，在做功行程曲轴旋转的角速度要比其他三个行程时大得多，即在一个工作循环内曲轴的角速度是不均匀的。为了改善曲轴旋转的不均匀性，可在曲轴上安装转动惯量较大的飞轮或采用多缸内燃机并使其按一定的工作顺序依次进行工作。

四冲程汽油机与四冲程柴油机的不同之处是：

1）汽油机的可燃混合气在缸外部开始形成并延续到进气和压缩行程终了，时间较长。柴油机的可燃混合气在气缸内部形成，从压缩行程接近终了时开始，并占小部分做功行程，时间很短。

2）汽油机的可燃混合气用电火花点燃，柴油机则是自燃。所以又称汽油机为点燃式内燃机，称柴油机为压燃式内燃机。

二冲程内燃机与四冲程内燃机相比具有下列一些特点：

1）曲轴每转一周完成一个工作循环，做功一次。当曲轴转速相同时，二冲程内燃机单位时间的做功次数是四冲程内燃机的 2 倍。由于曲轴每转一周做功一次，因此曲轴旋转的角速度比较均匀。

2）二冲程内燃机的换气过程时间短，仅为四冲程内燃机的1/3左右。另外，进、排气过程几乎同时进行，利用新气扫除废气，新气可能流失，废气也不易清除干净。因此，二冲程内燃机的换气质量较差。

3）曲轴箱换气式二冲程内燃机因为没有进、排气门，而使结构大为简化。

第二节　内燃机的组成及工作系统

内燃机的构造和组成，随发动机的用途、生产厂家和生产年代的不同而千差万别。但就其总体结构而言，都是由机体组，曲柄连杆机构，配气机构，进、排气系统，燃油供给与燃烧系统，冷却系统，润滑系统，起动系统和有害排放物控制装置组成的。如果是汽油机，还包括点火系统；若为增压发动机，还应有增压系统。图5-9与图5-10分别为汽油机和柴油机的典型结构图。

图5-9　丰田E－FE型汽油机的结构

一、机体组

机体组主要由机体、气缸盖、气缸盖罩、气缸衬垫、主轴承盖以及油底壳等组成（图5-11）。镶气缸套的内燃机，机体组还包括干式或湿式气缸套。

机体组是内燃机的支架，是曲柄连杆机构、配气机构和内燃机各系统主要零部件的装配基体。气缸盖用来封闭气缸顶部，并与活塞顶和气缸壁一起形成燃烧室。另外，气缸盖和机体内的水套和油道以及油底壳又分别是冷却系统和润滑系统的组成部分。

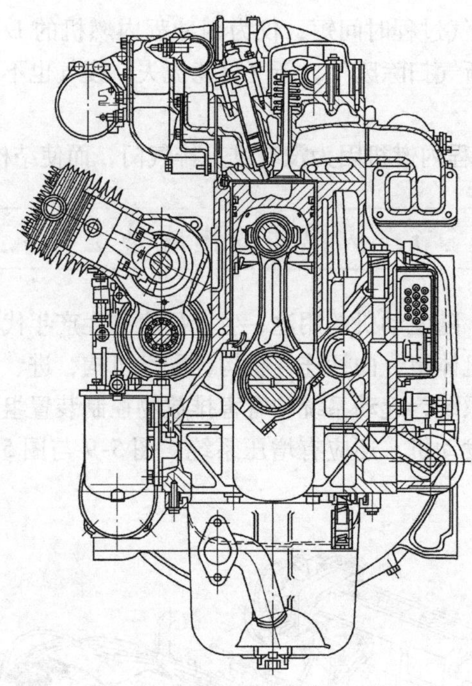

图 5-10　WD615 柴油机的结构

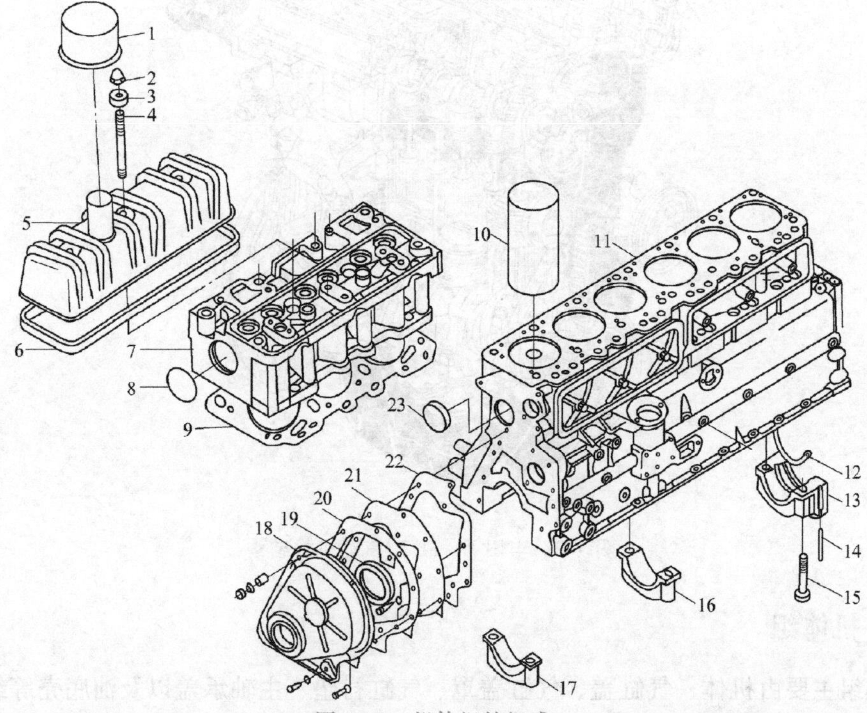

图 5-11　机体组的组成

1—曲轴箱通风管盖　2—螺母　3—垫片　4—螺柱　5—气缸盖罩　6—密封垫　7—气缸盖　8、23—水堵（碗形塞）　9—气缸衬垫　10—干式气缸套　11—机体　12、14—密封条　13—后主轴承盖　15—主轴承螺栓　16—中间主轴承盖　17—前主轴承盖　18—定时齿轮室盖　19—曲轴前油封　20、22—衬垫　21—垫板

二、曲柄连杆机构

曲柄连杆机构是内燃机的主要运动机构，功用是将活塞的往复运动转变为曲轴的旋转运动，同时将作用于活塞上的力转变为曲轴对外输出的转矩，并将动力输出。

曲柄连杆机构由活塞组、连杆组和曲轴飞轮组的零件组成（图 5-12）。

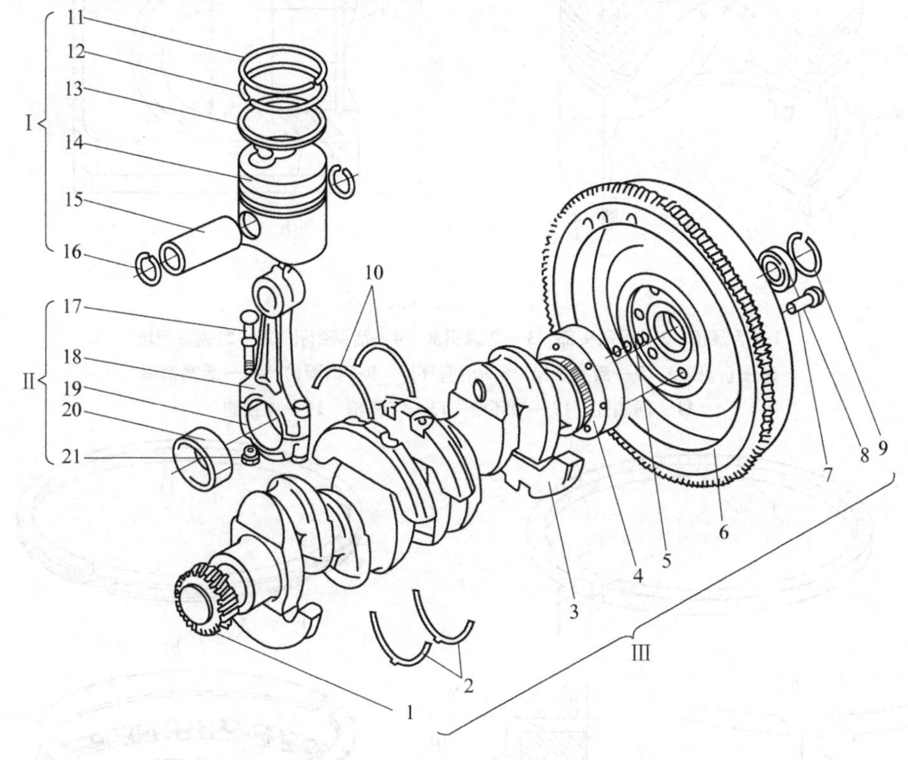

图 5-12 曲柄连杆机构的组成

Ⅰ—活塞组 Ⅱ—连杆组 Ⅲ—曲轴飞轮组

1—曲轴定时齿轮 2—下止推片 3—平衡重 4—曲轴 5—定位销 6—飞轮 7—飞轮螺栓 8—变速器第一轴承 9、16—挡圈 10—上止推片 11—上气环 12—下气环 13—油环 14—活塞 15—活塞销 17—连杆螺栓 18—连杆体 19—连杆盖 20—连杆轴承 21—连杆螺母

1. 活塞组

活塞组由活塞、活塞环和活塞销组成。

活塞的主要功用是承受燃烧气体压力，并将此力通过活塞销传给连杆以推动曲轴旋转。此外活塞顶部与气缸盖、气缸壁共同组成燃烧室。活塞各部的名称如图 5-13 所示。

活塞环有气环和油环两种（图 5-14），它们具有不同的功能，分别装在活塞的气环槽和油环槽内。

气环承担了活塞与缸壁之间的密封任务，既保证压缩压力的建立，也保证工作行程中高温燃气不会漏入曲轴箱。活塞头部吸收热量的大部分经气环槽到气环传给缸壁，然后再由冷却水或空气带走。因此气环具有密封和导热两大基本功能。

油环的主要功用是刮除飞溅到气缸壁上的多余的机油，并在气缸壁上涂布一层均匀的油膜。油环既能防止机油窜入燃烧室被烧掉，又能实现对活塞、活塞环和气缸壁的润滑。此外，气环和油环还分别起到刮油和密封的辅助作用。

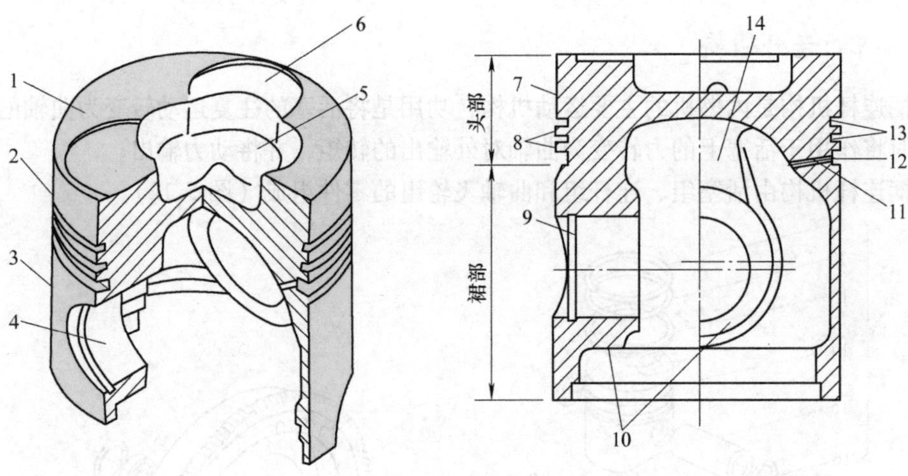

图 5-13 活塞各部名称

1—活塞顶 2—活塞头部 3—活塞裙部 4—活塞销孔 5—燃烧室凹坑
6—气门凹坑 7—活塞顶岸 8—活塞环岸 9—挡圈槽 10—活塞销座
11—回油孔 12—油环槽 13—气环槽 14—加强肋

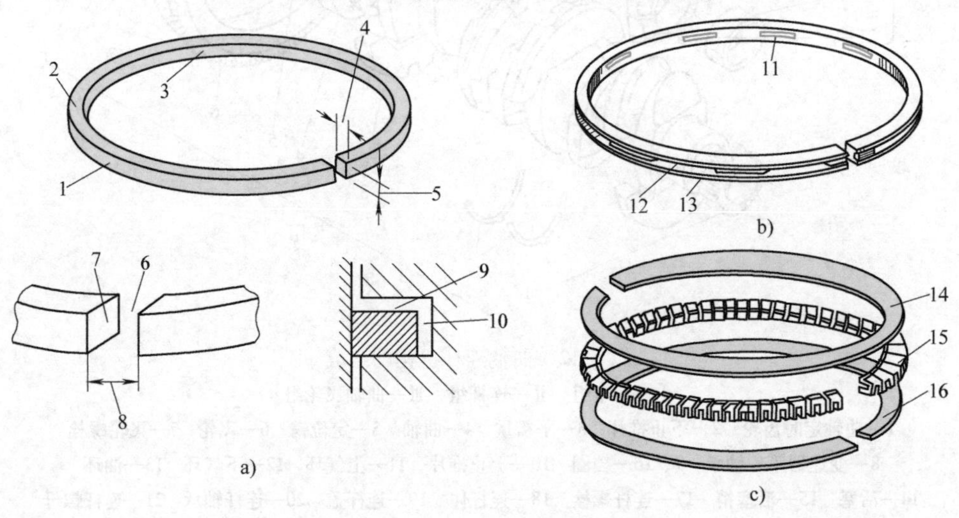

图 5-14 活塞环各部名称

a）气环 b）槽孔式油环 c）钢带组合式油环

1—外侧面 2—顶面 3—内侧面 4—环宽 5—环高 6—开口 7—端面 8—端隙 9—顶隙
10—侧隙 11—油槽 12—顶面 13—底面 14—上刮油片 15—撑簧 16—下刮油片

2. 连杆组

连杆组通常由连杆体、连杆大头盖、连杆螺栓、连杆小头衬套、连杆大头轴瓦等零件组成（图 5-15）。

连杆组的功用是将活塞承受的力传给曲轴，并将活塞的往复运动转变为曲轴的旋转运动。

连杆小头与活塞销连接，同活塞一起做往复运动，连杆大头与曲柄销连接，同曲轴一起做旋转运动，因此，在发动机工作时连杆做复杂的平面运动。连杆组主要受压缩、拉伸和弯

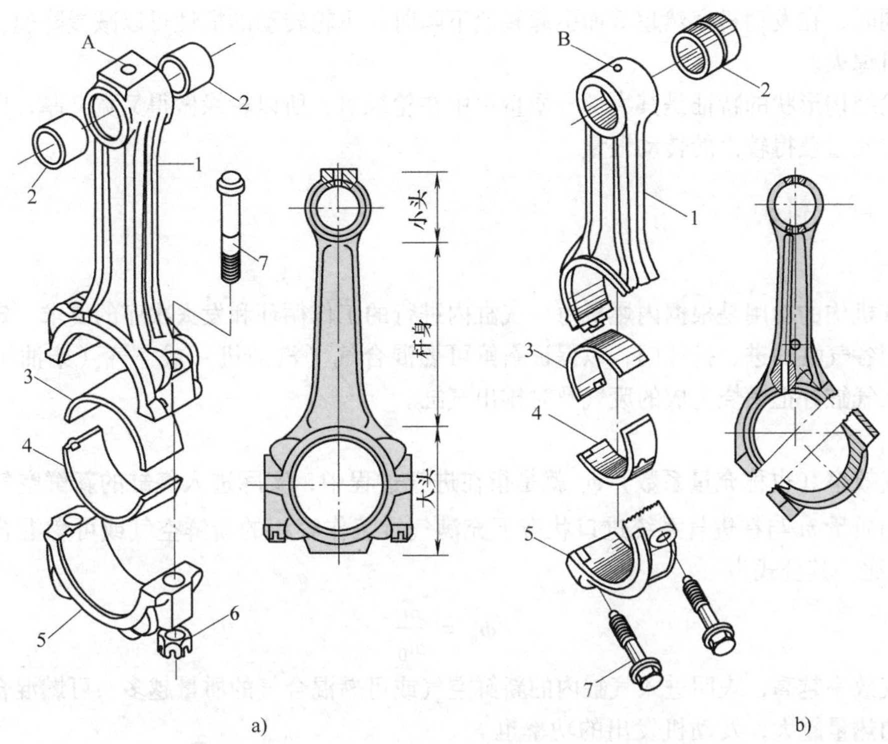

图 5-15　连杆组及其各部名称

a）平切口连杆　b）斜切口连杆

1—连杆体　2—连杆小头衬套　3—连杆轴承上轴瓦　4—连杆轴承下轴瓦

5—连杆盖　6—螺母　7—连杆螺母　A—集油孔　B—喷油孔

曲等交变负荷。在压缩载荷和连杆组做平面运动时产生的横向惯性力的共同作用下，连杆体可能发生弯曲变形。

根据连杆组的工作条件，连杆组应该具有足够的疲劳强度和结构刚度，质量应该尽可能小。

3. 曲轴飞轮组

曲轴的功用是把活塞、连杆传来的气体力转变为转矩，用以驱动汽车的传动系统和发动机的配气机构以及其他辅助装置。

曲轴各部的名称如图 5-16 所示。

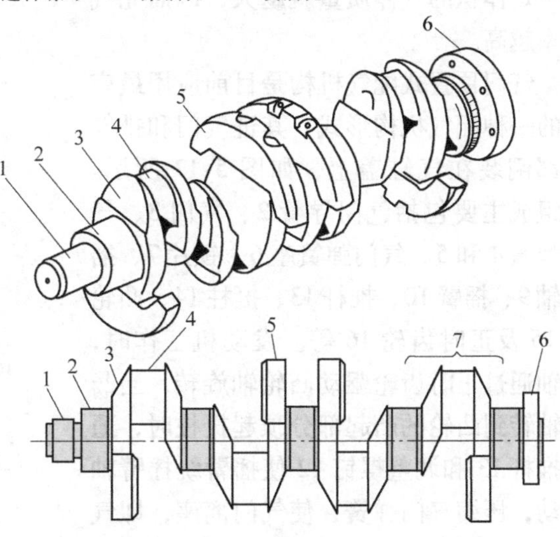

图 5-16　曲轴各部的名称

1—曲轴前端　2—主轴颈　3—曲柄臂　4—曲柄销

5—平衡重　6—曲轴后端　7—单元曲拐

飞轮是一个具有相当大转动惯量的铸铁或钢制圆盘，用螺栓固定在曲轴后端的凸缘上。在发动机做功行程期间可将曲轴加速的能量储存起来，而在做功行程以外的几个行程里，即在曲轴减速时，把储存的能量释放出来，从而使曲轴转速能保持均匀。同时，在发动机突然超载而引起转速下降时，飞轮转动的惯性可以减慢降速，从而避免发动机熄火。

飞轮结构形状的特征是其大部分质量集中在轮缘上，所以轮缘做得又宽又厚，以便以较小的飞轮质量获得较大的转动惯量。

三、配气机构

1. 功用

配气机构的功用是根据内燃机每一气缸内进行的工作循环和发火次序的要求，定时地开启和关闭各气缸的进、排气门，以保证新鲜可燃混合气（汽油机）或空气（柴油机）得以及时进入气缸并把燃烧生成的废气及时排出气缸。

2. 充气效率

充气效率（也称充量系数）ϕ_c 就是指在进气过程中，实际进入气缸的新鲜空气或可燃混合气的质量 m 与在进气系统进口状态下充满气缸工作容积的新鲜空气或可燃混合气的质量 m_0 之比。其公式为

$$\phi_c = \frac{m}{m_0}$$

充气效率越高，表明进入气缸内的新鲜空气或可燃混合气的质量越多，可燃混合气燃烧时放出的热量越大，发动机发出的功率也就越大。对于一定工作容积的发动机而言，充气效率与进气终了时气缸内的压力和温度有关。此时压力越高，温度越低，则一定体积的气体质量就越大，因而充气效率越高。

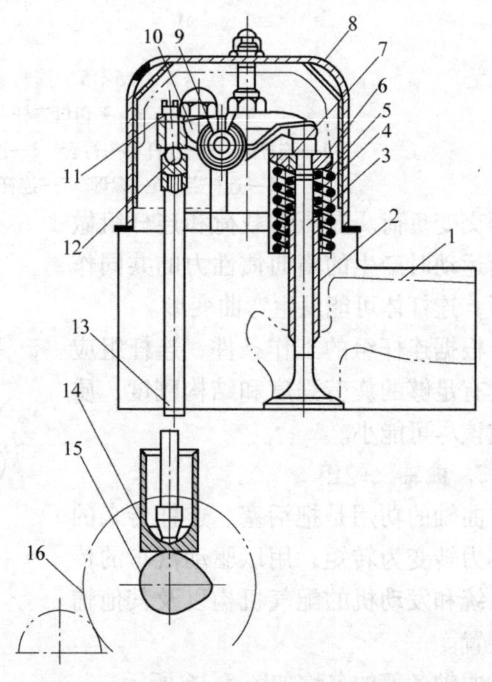

图 5-17　气门顶置式配气机构

1—气缸盖　2—气门导管　3—气门　4—气门主弹簧　5—气门副弹簧　6—气门弹簧座　7—锁片　8—气门室罩　9—摇臂轴　10—摇臂　11—锁紧螺母　12—调整螺钉　13—推杆　14—挺柱　15—凸轮轴　16—正时齿轮

气门顶置式配气机构是目前应用最广泛的一种配气机构形式，其进气门和排气门都倒装在气缸盖上，如图 5-17 所示。其组成主要包括气门导管 2、气门 3、气门弹簧 4 和 5、气门弹簧座 6、锁片 7、摇臂轴 9、摇臂 10、推杆 13、挺柱 14、凸轮轴 15 及正时齿轮 16 等。发动机工作时，曲轴通过正时齿轮驱动凸轮轴旋转，当凸轮轴转到凸轮的凸起部分顶起挺柱时，通过推杆 13 和调整螺钉 12 使摇臂绕摇臂轴摆动，压缩气门弹簧，使气门离座，即气门开启。当凸轮凸起部分离开挺柱后，气门便在气门弹簧力的作用下上升而落座，气门关闭。

由于四冲程发动机每完成一个工作循环，曲轴旋转两周，而各缸进、排气门各开启一次，完成一次进、排气，此时凸轮轴只旋转

一周，因此，曲轴与凸轮轴的转速比为2∶1。

3. 气门间隙

为保证气门关闭严密，通常发动机在冷态装配时，在气门杆尾端与气门驱动零件（摇臂、挺柱和凸轮）之间留有适当的间隙，这一间隙称为气门间隙。为了能对气门间隙进行调整，在摇臂（或挺柱）上装有调整螺钉及其锁紧螺母。一些中、高级轿车由于采用液力挺柱，故不预留气门间隙。

4. 配气相位

用曲轴转角表示的进、排气门实际开闭时刻和开启持续时间，称为配气相位。通常用相对于上、下止点曲拐位置的曲轴转角的环形图来表示，这种图形称为配气相位图，如图5-18所示。

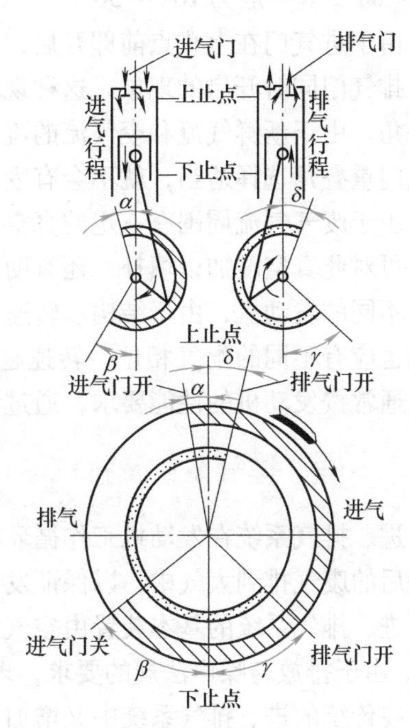

图5-18　配气相位

理论上，四冲程发动机的进气门当曲拐处在上止点时开启，下止点时关闭，排气门则当曲拐在下止点时开启，上止点时关闭。进气时间和排气时间各占180°曲轴转角。但实际上由于发动机转速很高，活塞每一行程历时相当短。如上海桑塔纳轿车发动机活塞行程历时仅0.0054s。在这样短时间内换气，势必会造成进气不足和排气不净，从而使发动机功率下降，故发动机气门实际开闭时刻不是恰好在上、下止点，而是提前开、滞后关一定的曲轴转角。因此，现代发动机都采取延长进、排气时间的方法，以改善进、排气状况，从而提高发动机的动力性能。

（1）进气提前角　在排气行程接近终了、活塞到达上止点之前，进气门便开始开启，从进气门开始开启到活塞移到上止点所对应的曲轴转角 α 称为进气提前角。进气门提前开启的目的，是保证进气行程开始时进气门已开大，减小进气阻力，使新鲜气体能顺利地充入气缸。

（2）进气滞后角　在进气行程下止点过后，活塞又上行一段，进气门才关闭。从下止点到进气门关闭所对应的曲轴转角 β 称为进气滞后角。进气门之所以滞后关闭，是因为活塞到达下止点时，气缸内压力仍低于大气压力，且气流还有相当大的惯性，这时气流不但没有终止向气缸流动，而且流速还相当高，仍可利用气流的惯性和压力差继续进气。

由此可见，进气门开启持续时间内的曲轴转角，即进气持续角为 $\alpha+180°+\beta$，α 一般为10°～30°，β 一般为40°～80°。

（3）排气提前角　在做功行程接近终了，活塞到达下止点之前，排气门便开始开启。从排气门开始开启到下止点所对应的曲轴转角 γ 称为排气提前角。排气门提前开启的目的是，当做功行程活塞接近下止点时，气缸内的气体大约还有0.30～0.50MPa的压力，此压力对做功的作用已经不大，但仍比大气压力高，可利用此压力使气缸内的废气迅速地自由排出，待活塞到达下止点时，气缸内只剩约0.15～0.12MPa的压力，使排气行程所消耗的功率大为减小，此外，高温废气迅速排出，还可以防止发动机过热。

(4) 排气滞后角　活塞越过上止点后，排气门才关闭。从上止点到排气门关闭所对应的曲轴转角δ称为排气滞后角。排气门滞后关闭的目的是，由于活塞到达上止点时，气缸内的残余废气压力继续高于大气压力，加之排气时气流有一定的惯性，仍可以利用气流惯性和压力差把废气排放得更干净。

由此可见，排气门开启持续时间内的曲轴转角，即排气持续角为$\gamma+180°+\delta$。γ一般为40°～80°，δ一般为10°～30°。

由于进气门在上止点前即开启，而排气门在上止点后才关闭，这就出现了在一段时间内进、排气门同时开启的现象，这种现象称为气门重叠。同时开启的曲轴转角$\alpha+\delta$称为气门重叠角。由于新鲜气流和废气流的流动惯性比较大，在短时间内是不会改变流动的，因此只要气门重叠角选择适当，就不会有废气倒流入进气管和新鲜气体随同废气排出的可能性。相反，由于废气气流周围有一定的真空度，对排气速度有一定影响，从进气门进入的少量新鲜气体可对此真空度加以填补，还有助于废气的排出。

不同的发动机，由于结构、转速各不相同，因而配气相位也不相同。同一台发动机转速不同也应有不同的配气相位，转速越高，提前角和滞后角也应越大，但这在结构上很难满足，通常按发动机的性能要求，通过试验确定某一常用转速下较为合适的配气相位。

四、进、排气系统及排气净化装置

进、排气系统在发动机工作循环时，不断地将新鲜空气或可燃混合气送入燃烧室，又将燃烧后的废气排到大气中，以保证发动机连续运转。

进、排气系统的基本装置由空气滤清器、进气管、排气管和排气消声器等组成（图5-19）。由于排放与噪声法规的要求，现代车用发动机，除了采取完善的燃烧等机内净化措施外，在传统的进、排气系统中又增加了不少机外净化的附件与装置。

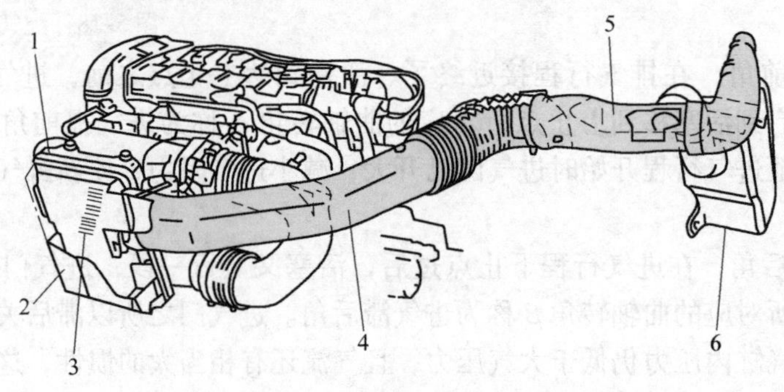

图5-19　空气滤清器进气导流管

1—空气滤清器外壳　2—空气滤清器盖　3—滤芯　4—后进气导流管　5—前进气导流管　6—谐振室

1. 进气歧管结构

对于化油器式或节气门体汽油喷射式发动机，进气歧管指的是化油器或节气门体之后到气缸盖进气道之前的进气管路。它的功用是将空气燃油混合气由化油器或节气门体分配到各缸进气道。对于气道燃油喷射式发动机或柴油机，进气歧管只是将洁净的空气分配到各缸进气道。进气歧管必须将空气－燃油混合气或洁净空气尽可能均匀地分配到各个气缸，为此进气歧管内气道的长度应尽可能相等。为了减小气体流动阻力，提高进气能力，进气歧管的内壁应该光滑。

一般化油器式或节气门体燃油喷射式发动机的进气歧管由合金铸铁制造，轿车发动机多用铝合金制造。铝合金进气歧管重量轻、导热性好。气道燃油喷射式发动机一般应用铝合金进气歧管，近来采用复合塑料进气歧管的发动机日渐增多，这种进气歧管重量极轻，内壁光滑，无须加工。

为了充分利用进气波动效应和尽量缩小发动机在高、低速运转时进气速度的差别，从而达到改善发动机经济性及动力性的目的，要求发动机在高转速、大负荷时装备粗短的进气歧管；而在中、低转速和中、小负荷时配用细长的进气歧管。

图 5-20 就是一种能根据发动机转速和负荷的变化而自动改变有效长度的进气歧管。当发动机低速运转时，发动机电子控制装置 5 指令转换阀控制机构 4 关闭转换阀 3，这时空气经空气滤清器 1 和节气门 2 沿着弯曲而细长的进气歧管流进气缸。细长的进气歧管提高了进气速度，增强了气流的惯性，使进气量增多。当发动机高速运转时，转换阀开启，空气经空气滤清器和节气门直接进入粗短的进气歧管。粗短的进气歧管进气阻力小，也使进气量增多。可变长度进气歧管不仅可以提高发动机的动力性，还由于它提高了发动机在中、低速运转时的进气速度而增强了气缸内的气流强度，从而改善了燃烧过程，使发动机中、低速的燃油经济性有所提高。

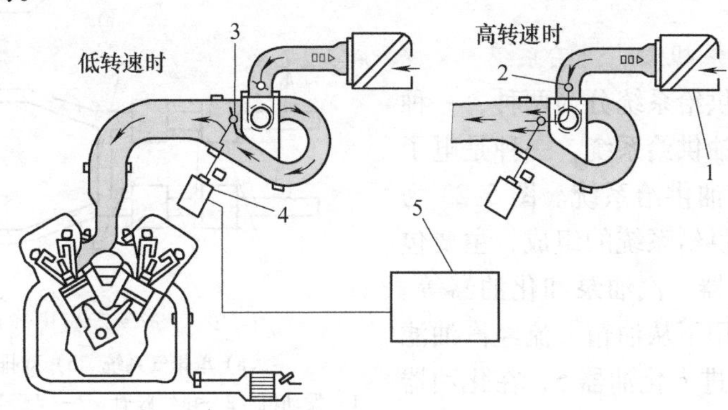

图 5-20　可变长度进气歧管
1—空气滤清器　2—节气门　3—转换阀　4—转换阀控制机构　5—发动机电子控制装置

2. 排气系统

现代车用发动机排气系统由排气歧管、排气总管和排气消声器组成。在采用三元催化转换器降低有害排放的轿车发动机上，排气系统还包括三元催化转换器等装置（图 5-21）。所以排气系统的作用是在尽可能低的排气流动阻力下，排出尽量少的有害物质，具有尽可能低的排气噪声。

V 形发动机有两个排气歧管，在大多数装配 V 形发动机的汽车上仍采用单排气系统，即通过一个叉形管将两个排气歧管连接到一个排气管上。来自两个排气歧管的废气经同一个排气管、同一个消声器和同一个排气尾管排出（图 5-22a）。但有些 V 形发动机采用双排气系统，即每个排气歧管各自都连接一个排气管、催化转换器、消声器和排气尾管（图 5-22b）。

双排气系统降低了排气系统内的压力，使发动机排气更为顺畅，气缸中残余的废气较

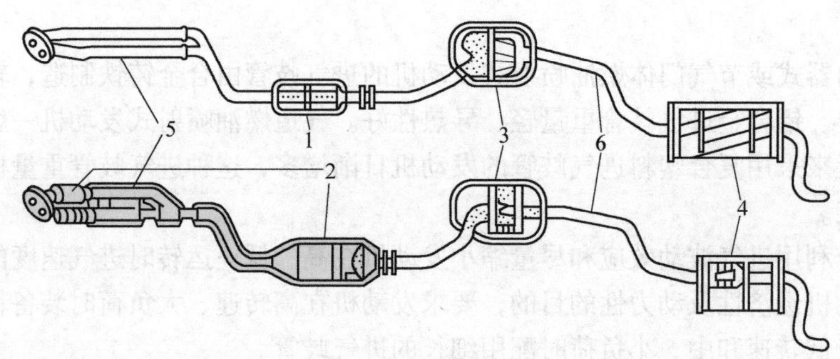

图 5-21　排气系统的组成

1—前消声器　2—三元催化转换器　3—中消声器　4—后消声器

5—排气歧管　6—排气总管

少，因而可以充入更多的空气－燃油混合气或洁净的空气，发动机的功率和转矩都相应地有所提高。

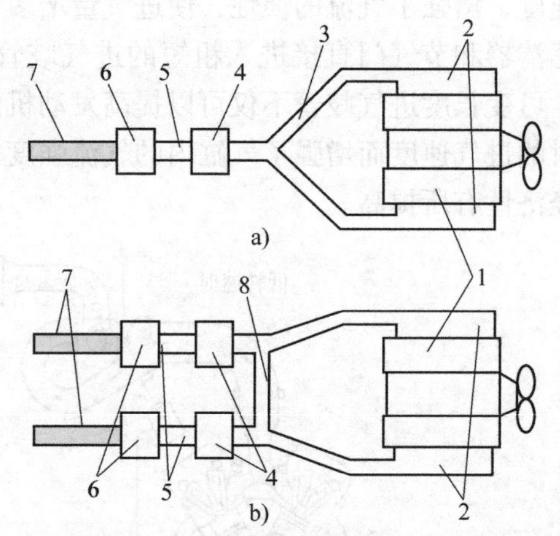

图 5-22　V 形发动机排气系统示意图

a）单排气系统　b）双排气系统

1—发动机　2—排气歧管　3—叉形管　4—催化转换器

5—排气管　6—消声器　7—排气尾管　8—连通管

五、燃油供给与燃烧系统

1. 化油器式汽油机燃油供给系统

汽油机的燃油供给系统分为两种，一种是传统化油器式燃油供给系统，一种是电子控制汽油喷射式燃油供给系统。图 5-23 为传统化油器式燃油供给系统的组成，主要包括油箱、汽油滤清器、汽油泵和化油器等。汽油在汽油泵的作用下从油箱 1 流经汽油滤清器 3 和汽油泵 4 进入化油器 5，在化油器中与经空气滤清器 6 过滤的空气混合，再经进气管进入气缸。

2. 电子控制汽油喷射式汽油机燃油供给系统

电子控制汽油喷射式汽油机燃油供给系统是以控制单元为控制中心，利用各种传感器所采集到的各种信号，并根据发动机反馈的实际工况和计算机中预存的控制程序来精确地控制喷油器的喷油量，以使发动机在各种工况下均能获得最佳空燃比的混合气。

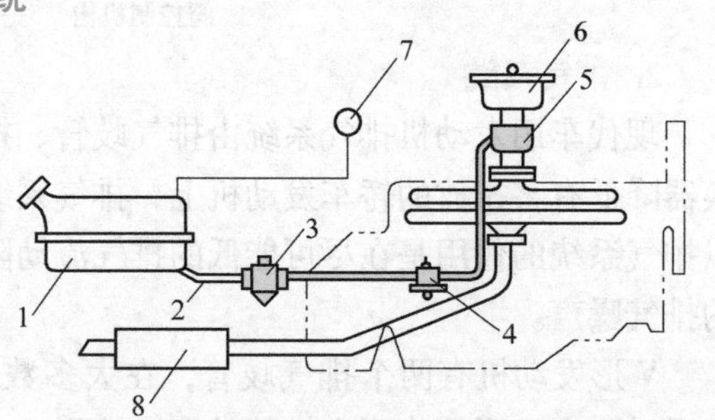

图 5-23　传统化油器式燃油供给系统的组成

1—油箱　2—油管　3—汽油滤清器　4—汽油泵

5—化油器　6—空气滤清器　7—汽油表　8—消声器

电子控制汽油喷射式汽油机燃油供给系统的形式多种多样，但从组成上来看均可视为由燃油供给系统、空气系统和控制系统三部分组成。不同的只是电控单元的控制方式、控制范围、控制程序以及所用传感器和执行器的构造。图 5-24 是 M 型电子控制汽油喷射系统，该系统采用间歇式的喷油方式。

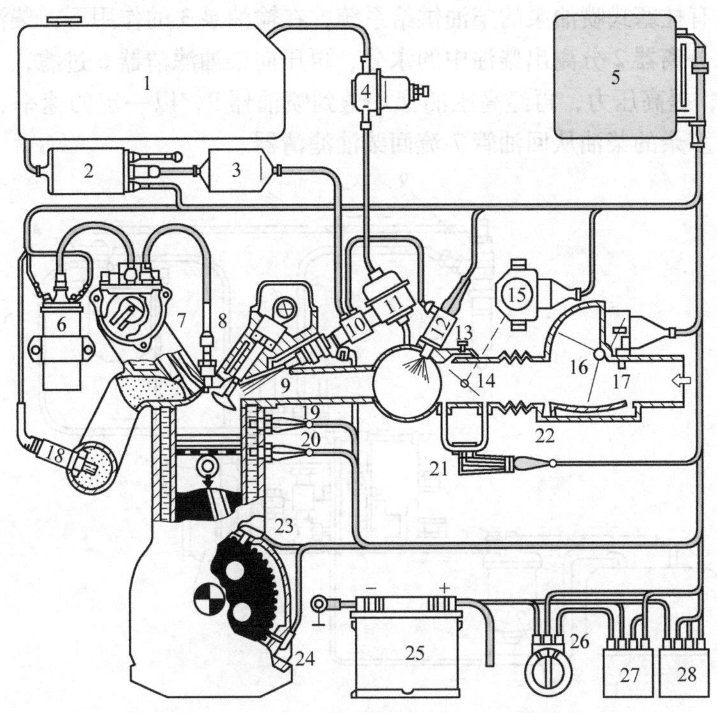

图 5-24　M 型电子控制汽油喷射系统

1—燃油箱　2—燃油泵　3—燃油滤清器　4—燃油压力脉冲阻尼器　5—控制器　6—点火线圈　7—高压分电器　8—火花塞　9—主喷油器　10—燃油分配总管　11—燃油压力调节器　12—冷起动喷油器　13—怠速转速调节螺钉　14—节气门　15—节气门位置开关　16—空气流量传感器　17—进气温度传感器　18—氧传感器　19—热限时开关　20—冷却液温度传感器　21—辅助空气阀　22—怠速混合气浓度调节螺钉　23—曲轴位置传感器　24—转速传感器　25—蓄电池　26—点火开关　27—主继电器　28—油泵继电器

电控燃油喷射式汽油机燃油供给系统主要由电动燃油泵、燃油滤清器、燃油压力脉动阻尼器、燃油压力调节器、喷油器和燃油管路等组成，以框图表示则如图 5-25 所示。

电动燃油泵 2 把汽油从燃油箱 1 中泵出，经过燃油滤清器 3 滤去杂质，再通过燃油总管 4 分配到各个喷油器 6。燃油压力脉冲阻尼器（图 5-24 中部件 4）可以减小燃油管路中油压的波动（由于燃油泵输出压力周期性变化，使喷油器喷油时引起油压变化）。燃油压力调节器 5 保证喷油器两端压差恒定，使喷油量只受喷油时间长短的影响，提高喷油量控制精度。

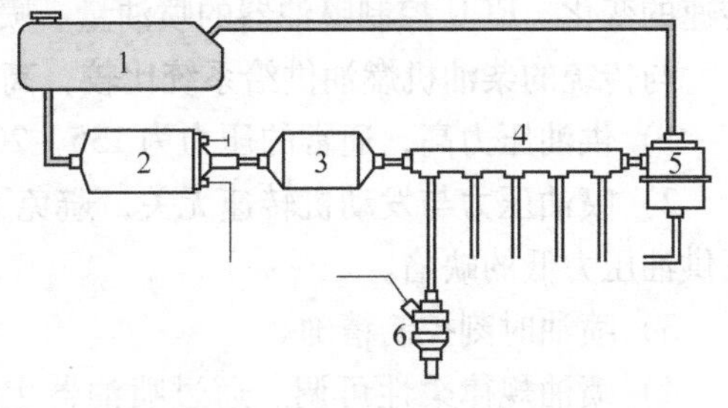

图 5-25　燃油供给系统框图

1—燃油箱　2—电动燃油泵　3—燃油滤清器　4—燃油总管　5—燃油压力调节器　6—喷油器

3. 柴油机燃料供给系统

柴油机燃料供给系统由低压油路和高压油路两部分组成。低压油路包括油箱、油水分离器、柴油滤清器和输油泵等部件。高压油路包括喷油泵、高压油管和喷油器等。

喷油泵是定时、定量产生高压油的装置，分柱塞式喷油泵和分配式喷油泵两大类。图5-26所示为安装有柱塞式喷油泵的柴油供给系统，在输油泵3的作用下，柴油从油箱1中被吸出，经过油水分离器2分离出柴油中的水分，再压向柴油滤清器6过滤，干净的柴油进入柱塞式喷油泵5，提高压力，再经高压油管8送到喷油器9，以一定的速率、射程和喷雾锥角喷入燃烧室。多余的柴油从回油管7流回柴油滤清器。

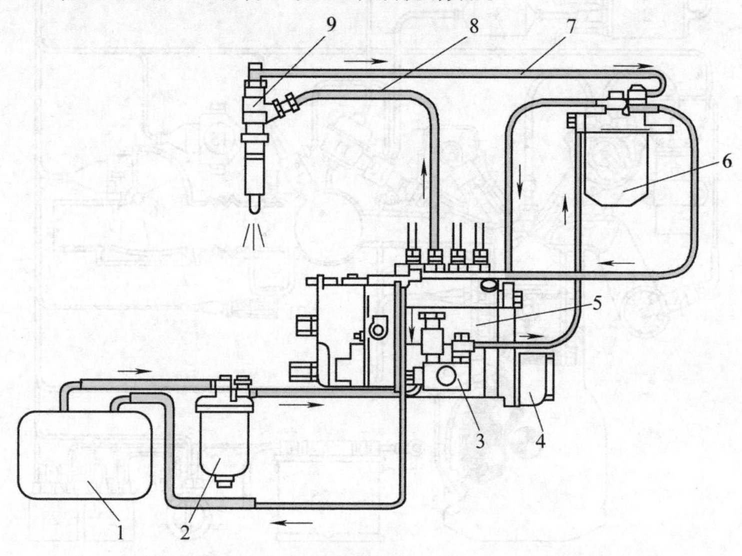

图5-26　柱塞式喷油泵柴油供给系统

1—油箱　2—油水分离器　3—输油泵　4—供油提前角　5—柱塞式喷油泵　6—柴油滤清器　7—回油管　8—高压油管　9—喷油器

另一种先进的供给系统是高压共轨柴油供给系统。它采用电子控制的柴油机燃油供给系统，由高压油泵、压力传感器、共轨管、喷油器和ECU（电子控制单元，Electronic Control Unit）组成，如图5-27所示。这种供油系统可以将喷射压力的产生和喷射过程彼此完全分开，由高压油泵把高压燃油输送到公共供油管（共轨管），通过对共轨管内的油压实现精确控制，使高压油管压力大小与发动机的转速无关，可以大幅度减小柴油机供油压力随发动机转速的变化。ECU控制喷油器的喷油量、喷油时刻与喷油规律。

与传统的柴油机燃油供给系统比较，高压共轨柴油供给系统具有如下主要优点：

1）供油压力高，通常的压力为135～200MPa。

2）喷油压力与发动机转速无关，避免了传统机械泵供油压力受转速的影响，即低转速下供油压力低的缺陷。

3）喷油时刻控制精确。

4）喷油规律柔性可调。通过喷油器上的电磁阀控制喷射定时、喷射油量以及喷射速率，还可以灵活调节不同工况下预喷射和后喷射的喷射油量以及与主喷射的间隔。

4. 汽油机燃烧室

汽油机燃烧室的结构形状对燃烧过程的火焰传播、燃烧速度、爆燃倾向、散热损失、充气效率以及排气中的有害成分等都有较大影响。在一定程度上决定了汽油机工作的好坏。汽油机燃烧的是均匀混合气，无须用燃烧室的结构来保证混合气的形成，所以与柴油机相比，汽油机的燃烧室较为简单。

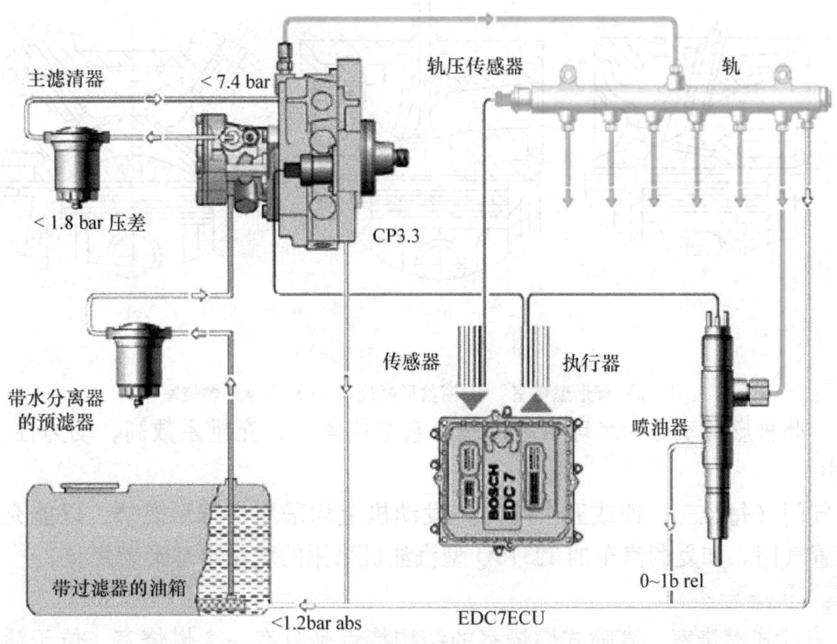

图 5-27　高压共轨柴油供给系统（$1bar = 10^5Pa$）

理想的燃烧室应使汽油机的经济性好、功率大、工作柔和、燃烧噪声小，不出现爆燃及早燃等不正常燃烧，对大气污染小，并应使汽油机构造简单、制造方便、便于维护。现阶段因公害问题及节能问题，而更应着眼于提高经济性和减小排气对大气的污染。

对汽油机燃烧室一般有以下要求：

1）结构紧凑。汽油机燃烧室主要以面容比（A/V）来表征。面容比小，燃烧室紧凑，火焰传播距离短，不易爆燃，可提高压缩比。

2）具有良好的充气性能。汽油机燃烧室应允许有较大的进气门直径或进气流通面积，适用于多气门布置，使混合气尽可能平直、顺畅地流入燃烧室。

3）火花塞位置安排适当。火花塞应尽可能布置在燃烧室温度较高的区域，如排气门附近，使受炽热表面加热的混合气及早燃烧不致发展为爆燃。

4）组织适当的气流运动，以加速火焰传播、提高燃烧速度、缩短燃烧时间，从而提高功率、经济性和减小爆燃倾向。

5）防止爆燃和早燃。对末端混合气应进行适当冷却，使燃烧室内避免局部热点和突出物。

常见的典型燃烧室有：

（1）楔形燃烧室　燃烧室呈楔形，如图 5-28a 所示。火花塞在进、排气门之间，位于楔形高处。气门稍倾斜以使进、排气流动通畅，从而提高充气效率。经济性和动力性较好，工作较为粗暴。楔形燃烧室多用于高速汽油机。

（2）浴盆形燃烧室　燃烧室呈浴盆形，如图 5-28b 所示。火花塞位于进、排气门之间。燃烧室宽度略超出气缸范围，以加大气门直径。与楔形燃烧室相比，燃烧速度较低，火焰传播距离也较长，工作比较柔和。这种燃烧室在载货汽车上应用较为广泛。

（3）半球形燃烧室　半球形燃烧室又称为屋脊形燃烧室，此类燃烧室形状如帐篷状，火花塞多布置在中央，具有双行倾斜排列的气门，如图 5-28c 所示。在双气门（一进一排）

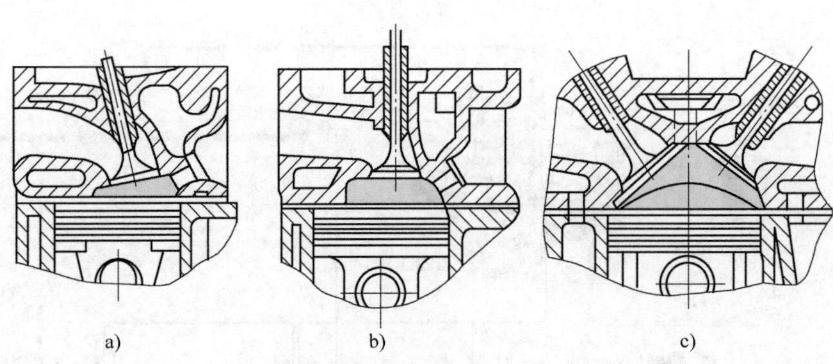

a)　　b)　　c)

图 5-28　汽油机的燃烧室

a）楔形燃烧室　b）浴盆形燃烧室　c）半球形燃烧室

发动机上，此种燃烧室称为半球形燃烧室，它结构紧凑，充量系数高，动力性、经济性好，HC 排量小。

在多气门（每缸三、四或五个气门）发动机上均采用半球形燃烧，以能充分利用燃烧室表面布置气门。如夏利汽车的 TJ376Q 型汽油机采用的就是半球形燃烧室。

5. 柴油机燃烧室

（1）直喷式燃烧室　直喷式燃烧室的结构特点是只有一个燃烧室，位于活塞顶面和气缸盖底平面之间，燃料直接喷入该燃烧室中与空气进行混合燃烧。

直喷式燃烧室的活塞顶设计极具独创性（图 5-29），不同的涡流凹坑，产生不同的气体运动，混合气形成也不同，导致发动机性能的差异。例如，图 5-29a 所示的浅盆形燃烧室，凹坑较浅，底部较平，空气压缩涡流小，主要靠喷高压油到燃烧室空间与空气混合，属于空间雾化混合方式。图 5-29c 所示的球形燃烧室，凹坑呈球状，较深，空气涡流较强，喷油器顺气流喷射燃油，在强涡流气流的带动下，燃油被涂布到球形燃烧室壁面上，形成一层油膜。只有一小部分从油束分散出来的燃油以油雾分散在燃烧室空间，在炽热的空气中，首先完成着火准备，形成火源。这种混合气形成方式属于油膜蒸发混合方式。

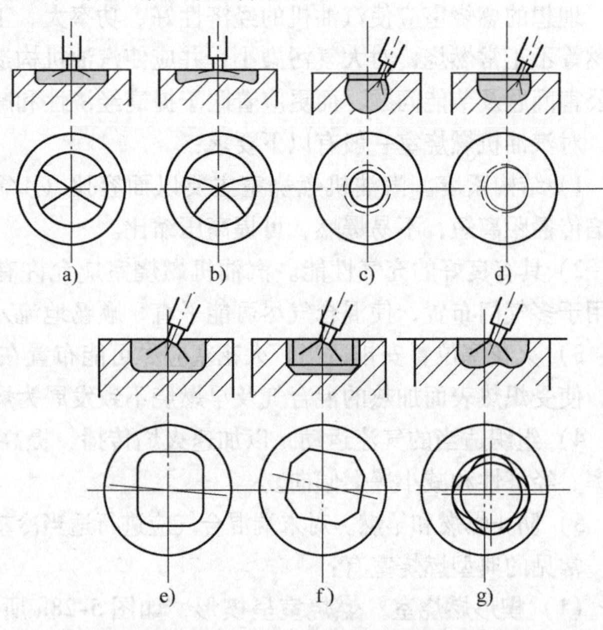

a)　b)　c)　d)　e)　f)　g)

图 5-29　直喷式燃烧室

a）浅盆形燃烧室　b）浅 ω 形燃烧室　c）球形燃烧室　d）U 形燃烧室　e）四角形燃烧室　f）八角形燃烧室　g）花瓣形燃烧室

（2）分隔式燃烧室　分隔式燃烧室的结构特点是燃烧室被分隔为主、副两个燃烧室，两者用一个或数个通道相通。副燃烧室在气缸盖内，主燃烧室在气缸盖底平面与活塞顶面之间。燃料先喷入气缸盖中的副燃烧室进行预燃烧，再经过通道喷到活塞顶上的主燃烧室进一步燃烧。

分隔式燃烧室根据结构的不同分为涡流室式和预燃室式两种。

1）涡流室式燃烧室。涡流室式燃烧室的辅助燃烧室是涡流室，位于气缸盖内。如图5-30a所示，涡流室容积占全部燃烧室容积的50%～80%，它与主燃烧室之间有一个较大的切向通道相连，通道截面面积约为活塞顶面积的1.2%～3.5%。在压缩过程，气缸中的空气被活塞挤压，经过通道流入涡流室形成有组织的强烈涡流。接近压缩上止点时，喷油器开始顺气流喷油，在强涡流带动下，燃油被涂布到燃烧室壁面上，形成油膜。同时，有少部分油雾分散在燃烧室空间，着火形成火源，并点燃从壁面蒸发出来的可燃混合气，迅速燃烧，使副燃烧室内的温度和压力迅速升高，高温、高压气体经通道喷入主燃烧室。若主燃烧室活塞顶上的凹坑是双涡流凹坑，则喷入主燃烧室的混合气就会形成二次涡流，与主燃烧室内的空气进一步混合燃烧。这种燃烧室，由于采取强烈的、有组织的气体二次涡流，空气利用率高，对喷雾质量要求不高，可采用单喷孔喷油嘴，喷油压力较低，喷油器故障少，调整方便，同时由于燃烧先在副燃烧室内进行，使主燃烧室压力升高平缓，工作比较柔和。缺点是，副燃烧室相对散热面积大，又直接与冷却液接触，加上主、副燃烧室之间的通道节流，使热利用率降低，经济性较差，起动也较困难。

2）预燃室式燃烧室。预燃室式燃烧室的辅助燃烧室即为预燃室，预燃室通常用耐热钢制成的单独零件装在气缸盖中（图5-30b），容积占整个燃烧室总容积的25%～45%，与主燃烧室用一个或几个小直径的通道相连。

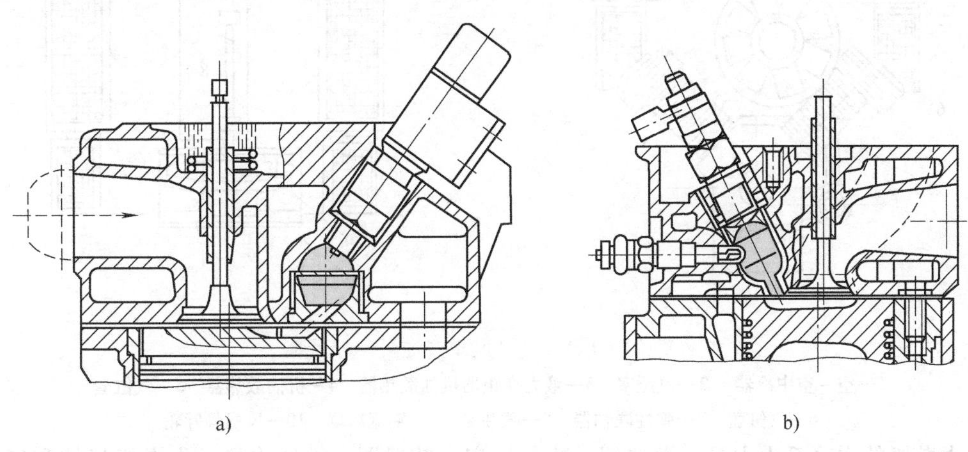

图5-30　柴油机分隔式燃烧室

a）涡流室式　b）预燃室式

预燃室式燃烧室（图5-30b）的副燃烧室与燃烧室的通道截面较小，而且方向与喷油方向相对。压缩时，空气经通道被压向副燃烧室，形成强烈的湍流，燃料逆气流方向喷射，与空气相撞混合，并着火预燃烧，所以副燃烧室也称预燃室。随后，不完全燃烧的混合气经通道到主燃烧室，与主燃烧室内的空气进一步混合燃烧。这种燃烧室工作比涡流式燃烧室更柔和，而且可以燃用多种燃料，但它的节流损失比涡流室式更大，所以经济性能较差。

六、内燃机的冷却系

内燃机冷却系的功用是使内燃机在所有的工况都保持在适当的温度范围内。冷却系既要防止发动机过热，也要防止冬季发动机过冷。在冷发动机起动以后，冷却系还要保证发动机迅速升温，尽快达到正常的工作温度。

内燃机在工作时，最高燃烧温度可达2500℃。燃烧所产生的热量有一部分（约占燃烧热量的1/3）经各种传热方式传给内燃机组件。若不冷却，缸内温度过高，会使各零部件之间的正常配合间隙改变，机油黏度大大下降，润滑状况恶化，造成变形和早期磨损。但若冷却过度，气缸内的温度过低，热量散失较多，转变为有用功的热量就减少，还将使燃料的雾化和蒸发性能变差，混合气的形成和燃烧不好；机油黏度过大，机械运转阻力增加。这些都造成内燃机的油耗增加，功率下降。

根据冷却介质的不同，内燃机的冷却系有水冷和风冷两种形式。工程机械和车用内燃机普遍使用水冷系。只有少数使用风冷系。

风冷内燃机主要由气缸盖和气缸套上的散热片、机油散热器、冷却空气的导流装置和风扇等组成，如图5-31所示。

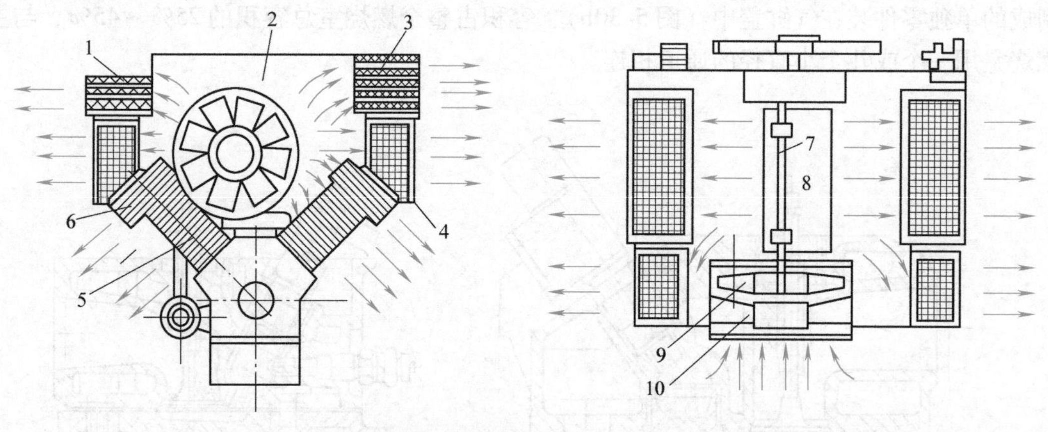

图5-31 BF8L413F风冷柴油机冷却系统

1—空-空中冷器 2—风压室 3—液力变矩器机油散热器 4—机油散热器 5—气缸套 6—气缸盖 7—弹性联轴器 8—喷油泵 9—轴流风扇 10—风扇静叶轮

内燃机的水冷系由水泵、散热器、冷却风扇、节温器、补偿水桶、内燃机机体和气缸盖中的水套以及其他附属装置等组成。车用内燃机的水冷系通常都是强制循环水冷系，即用水泵提高冷却液的压力，强制冷却液在内燃机中循环流动。冷却液在内燃机中的循环路径如图5-32所示。冷却液在水泵5增压后，经分水管10进入内燃机的机体水套9。冷却液从水套壁周围流过并从水套壁吸热而升温，然后向上流入气缸盖水套7，从气缸盖水套壁吸热后经节温器6及散热器进水软管流入散热器2。在散热器中，冷却液向流过散热器周围的空气散热而降温。最后冷却液经散热器出水管返回水泵，如此循环不停。在汽车行驶时或冷却风扇工作时，空气从散热器周围流过，以增强对冷却液的冷却。无论是铜制还是不锈钢制的分水管或直接铸在机体上的分水管，都沿纵向开有出水孔，并与机体水道相通，离水泵越远出水孔越大，其数目与气缸数相同。分水管和分水道的作用是使发动机各气缸的冷却强度均匀一致。

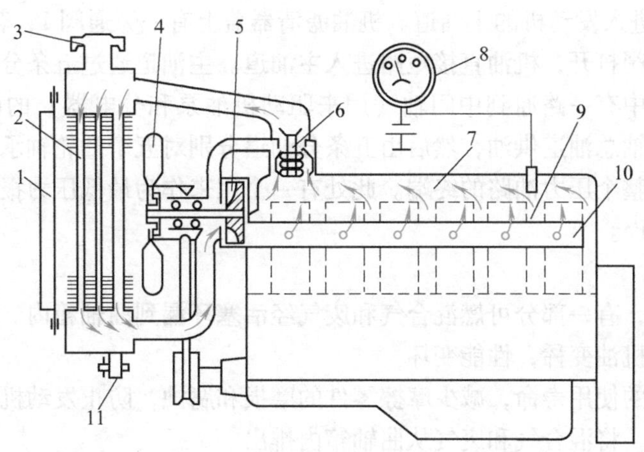

图5-32　冷却液在内燃机中的循环路径

1—百叶窗　2—散热器　3—散热器盖　4—风扇　5—水泵　6—节温器　7—气缸盖水套　8—水温表　9—机体水套　10—分水管　11—放水阀

七、内燃机润滑系统

1. 润滑系统的功用

内燃机润滑系统将适当黏度的机油引入运动零件的表面，使摩擦副处于液体摩擦状态，以减少摩擦副的摩擦和磨损，同时还有冷却、提高密封性和防蚀防锈等功能。

2. 润滑方式

由于发动机传动件的工作条件不同，有以下几种润滑方式：

（1）压力润滑　压力润滑是以一定的压力把润滑油供入摩擦表面的润滑方式。该方式主要用于主轴承、连杆轴承和凸轮轴承等负荷较大的摩擦表面的润滑。

（2）飞溅润滑　利用发动机工作时运动件溅起来的油滴或油雾润滑摩擦表面的润滑方式，称飞溅润滑。该方式主要用来润滑负荷较轻的气缸壁面和配气机构的凸轮、挺柱、气门杆以及摇臂等零件的工作表面。

（3）润滑脂润滑　润滑脂润滑是指通过润滑脂嘴定期加注润滑脂来润滑零件的工作表面，如水泵及发电轴承等。

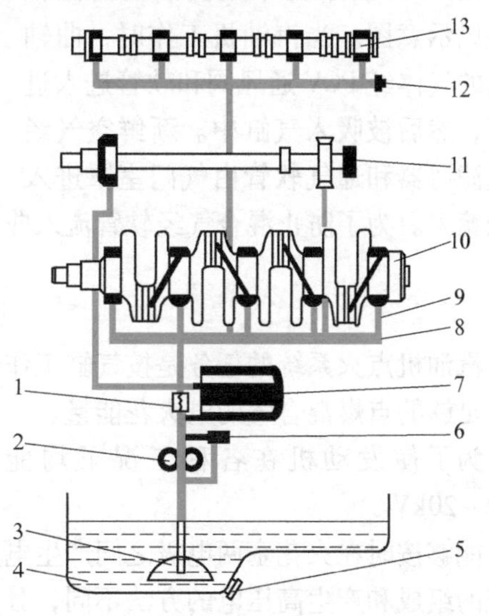

图5-33　桑塔纳1.8L轿车发动机润滑系统示意图

1—旁通阀　2—机油泵　3—集滤器　4—油底壳　5—放油塞　6—安全阀　7—机油滤清器　8—主油道　9—分油道　10—曲轴　11—中间轴　12—机油压力开关　13—凸轮轴

3. 润滑油路

图5-33为上海桑塔纳1.8L轿车发动机润滑系统示意图，它可以作为现代轿车发动机润滑系统的典型例子。机油泵2通过机油集滤器3，从油底壳4中吸上机油，如果油压太高或流量过大，则机油从安全阀6旁流回油底壳，而压力和流量正常的机油则进入机油滤清器

7 进行滤清，然后进入发动机的主油道。机油滤清器盖上有一旁通阀 1，若机油滤清器堵塞，油压升高，则旁通阀打开，机油直接短路进入主油道。主油道通过五条分油道将机油送到五个主轴承。主油道中有一路通到中间轴（用来驱动机油泵和分电器）的前轴承。同时主油道中有一路给凸轮轴总油道供油，然后由五条分油道分别对五个凸轮轴承供油，缸盖上凸轮轴总油道末端也是整个压力油路的终端。此处有一个用来作为最低压力报警的压力开关，其动作压力为 0.03MPa。

4. 曲轴箱通风

发动机工作时，有一部分可燃混合气和废气经活塞环漏到曲轴箱内。漏到曲轴箱内的汽油蒸气凝结后将使机油变稀，性能变坏。

为了延长机油的使用寿命，减少摩擦零件的磨损和腐蚀，防止发动机漏油，必须使发动机曲轴箱保持通风，将混合气和废气从曲轴箱内排出。

曲轴箱内排出的气体可以直接流入大气中去，这种通风方式称为自然通风。也可导入发动机的进气管，这种通风方式称为强制通风。目前，汽车发动机曲轴箱一般都是采用强制通风。这样，可以将窜入曲轴箱内的混合气回收使用，有利于提高发动机的经济性。

图 5-34 所示为车用汽油机的曲轴箱通风示意图。当汽油机工作时，曲轴箱内的气体经 PCV 通风阀和软管进入进气管，然后被吸入气缸中。新鲜空气经空气滤清器和通气软管由气门室罩进入曲轴箱内。为了防止混合气经软管流入曲轴箱，在软管上装设有单向 PCV 通风阀。

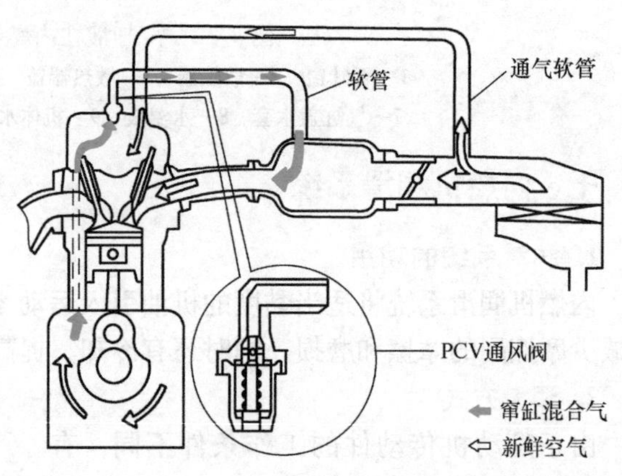

图 5-34　曲轴箱通风示意图

八、汽油机点火系统

汽油机点火系统的任务是按气缸工作顺序，在适当的时刻点火，保证在各种特殊条件下产生足够的点燃混合气的电火花能量。

为了使发动机在各种工况下均能可靠点火，作用在火花塞间隙的电压应能达到12 ~ 20kV。

能够按时在火花塞两电极之间产生电火花的全部装置，称为发动机点火系统。按照点火系统的组成和产生高压电的方法不同，分为传统点火系统和电子点火系统。

1. 传统点火系统

传统点火系统的组成如图 5-35 所示。它由点火线圈、分电器、火花塞、电源、点火开关和高压导线等组成。

当接通点火开关，断电器触点闭合时，蓄电池的电流从蓄电池的正极出发，经点火开关、点火线圈的一次绕组（200 ~ 300 匝的粗导线）、断电器活动触点臂、触点、分电器壳体接地，流回蓄电池负极（图 5-35）。由于回路中流过的是低压电流，所以称这条电路为低压电路或一次电路。电流通过点火线圈一次绕组时，在一次绕组的周围产生磁场，并由于铁心

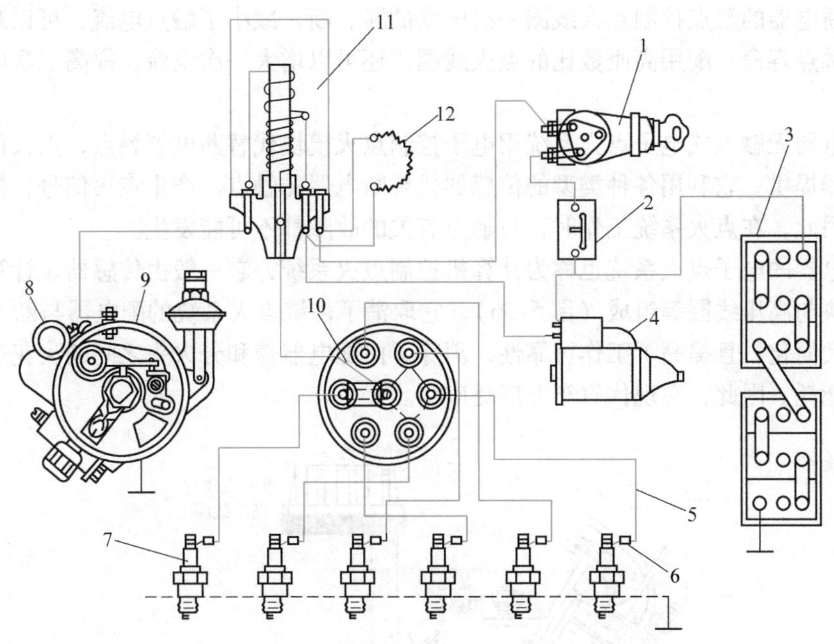

图 5-35　传统点火系统的组成

1—点火开关　2—电流表　3—蓄电池　4—起动机　5—高压导线　6—高压阻尼电阻
7—火花塞　8—电容器　9—断电器　10—配电器　11—点火线圈　12—附加电阻

的作用而加强。当断电凸轮顶开触点时，一次电路被切断，一次电流迅速下降到零，铁心中的磁场随之迅速衰减以致消失，因此在匝数多（15 000 ~ 23 000 匝）、细导线的二次绕组中感应出很高的电压，称为高压电。二次绕组中产生的高压电，作用在火花塞的中心电极和侧电极之间，当高压电超过火花塞间隙的击穿电压时，火花塞的间隙被击穿，产生电火花，点燃混合气。一次绕组中电流下降的速率越高，铁心中磁通的变化率越大，二次绕组中产生的电压越高。

在断电器触点分开的瞬间，点火线圈铁心中的磁通迅速变化时，由于互感作用在二次绕组中产生高压电的同时，在一次绕组中还产生自感电压和电流。在触点分开、一次电流迅速下降的瞬间，自感电流与原一次电流的方向相同，作用于触点之间，其电压高达 200 ~ 300V。它将击穿触点的间隙，在触点间产生强烈的火花。触点间的火花不仅使触点迅速氧化、烧蚀，影响断电器正常工作，同时使一次电流不能迅速下降到零，二次绕组中感应的电压降低，火花塞间隙中的火花变弱，以致难以点燃混合气。

为了消除自感电压和电流的不利影响，在断电器触点间并联有电容器。当断电器触点分开瞬间，自感电流向电容器充电，可以减小触点间的火花，加速一次电流和磁通的衰减，从而提高了二次电压。

2. 电子点火系统

电子点火系统分为有分电器电子点火系统（有触点、无触点）和无分电器电子点火系统。有分电器电子点火系统又称为“半导体晶体管点火系统”。根据发展历程不同，有分电器电子点火系统可分为有触点式和无触点式两种。

有分电器有触点式电子点火系统保留了传统点火系统的断电器，利用晶体管的开关作用，代替断电器的触点控制点火线圈一次电路的通、断，减小了触点电流，可以减小触点火花，延长触点寿命；配用高匝数比的点火线圈，还可以增大一次电流，提高二次电压，改善点火性能。

有分电器无触点式电子点火系统用电子控制点火模块代替断电器触点，点火信号由曲轴位置传感器提供。它利用各种类型的传感器代替断电器的触点，产生点火信号，控制点火系统工作。因此，在点火系统工作时，与触点有关的故障都不可能发生。

无分电器的电子点火系统也称为计算机控制点火系统，它一般由传感器、计算机控制器和点火模块与高压线圈等组成（图5-36），它取消了传统点火系统的配电器与断电器，使点火系统大大简化，且提高了工作可靠性，消除了由配电器盖和分火头之间的火花造成的无线电干扰和能耗。因此，在现代汽车上广泛应用。

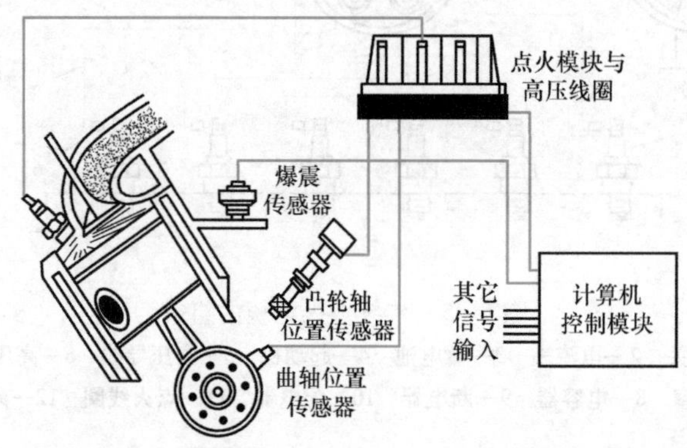

图5-36　无分电器电子点火系统

九、发动机的起动系统

发动机起动系统是利用发动机以外的动力使发动机从静止到独立运转并发出动力的。

要使发动机起动成功，必须要有：①起动转速；②起动转矩，即要有一定的起动功率。起动转速是保证发动机工作必要的压缩压力和着火燃烧的重要条件。汽油机起动转速约为60～100r/min，直喷式燃烧室柴油机约为100～150r/min，分隔式燃烧室柴油机约为200～300r/min。否则柴油雾化不好，混合气质量不高，起动困难。起动转矩则必须克服机械运动件和辅助运动件的摩擦阻力和机油的黏性力，克服机件加速的惯性力、气体或工质的初始压缩阻力等。发动机的起动功率与发动机形式、压缩比、排量、辅件、机油黏度、环境温度等有关。

车用汽油机一般所需的起动功率为1.5kW，车用柴油机可达5kW或更大。

发动机的常用起动方式有人力起动、电力起动、压缩机起动、辅助汽油机起动等。特种车辆常装有两套起动装置。

如今的汽车绝大部分使用电力起动机起动。这种起动系统以蓄电池为电源，以电动机作为动力源，当电动机轴上的驱动齿轮与发动机飞轮周缘上的环齿啮合时，电动机旋转而产生的动力就通过飞轮传递给发动机的曲轴，使曲轴转动、发动机起动。

第三节　内燃机的热力循环及性能指标

一、内燃机的理论循环与评价指标

1. 内燃机的三种基本循环

最简单的理论循环是空气标准循环，它由几个最基本的热力学过程所组成，其简化条件是：

1）假设工质是在闭口系统中做封闭循环，并在绝热条件下被压缩和膨胀。

2）假设燃烧是外界无数个高温热源在等容或等压下向工质加热。工质放热为等容放热。

3）假设工质——空气为理想气体，其比热容为定值。

4）假设循环中各过程为可逆过程。

内燃机有三种基本空气标准循环，即等容加热循环、等压加热循环和混合加热循环。图5-37为这三种循环的p-V图。

通常认为：汽油机混合气燃烧迅速，简化为等容加热循环；高增压和低速大型柴油机由于受到燃烧最高压力的限制，大部分燃料在上止点以后燃烧，燃烧时气缸压力变化不显著，可以简化为等压加热循环；高速柴油机介于两者之间，其燃烧过程可视为等容、等压加热的组合，故简化为混合加热循环。

理论循环的优劣常用循环热效率 η_t 和循环平均压力 p_m 来评价。

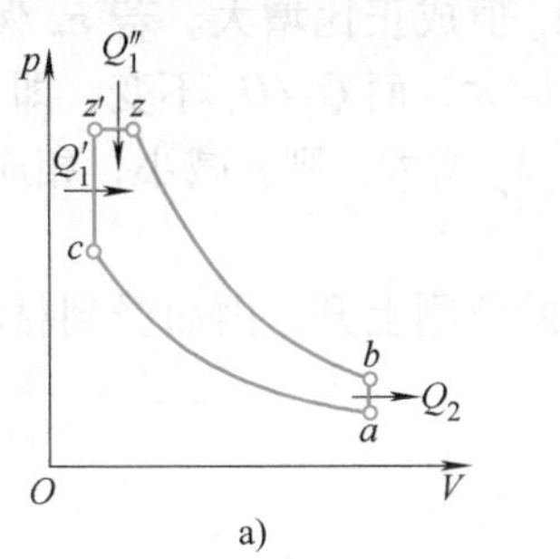

a)

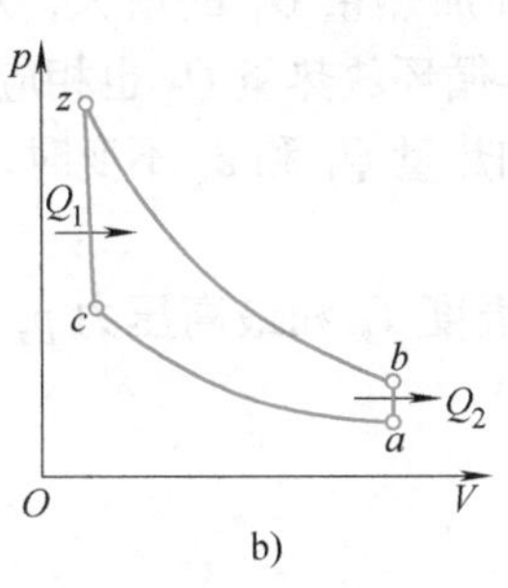

b)

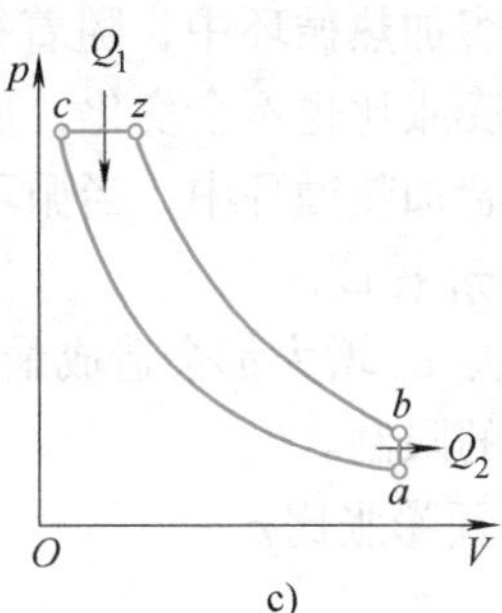

c)

图5-37　内燃机理论循环

a）混合加热循环　b）等容加热循环　c）等压加热循环

2. 循环热效率 η_t

循环热效率用以评定理论循环的经济性，它是工质所做循环功 W 与循环加热量 Q_1 之比，即

$$\eta_t = \frac{W}{Q_1} = \frac{Q_1 - Q_2}{Q_1} = 1 - \frac{Q_2}{Q_1} \tag{5-5}$$

式中，Q_2 为工质在循环中放出的热量。

按上述定义，由热力学可导得混合加热循环热效率为

$$\eta_{tm} = 1 - \frac{1}{\varepsilon_c^{\kappa-1}} \frac{\lambda_p \rho^{\kappa} - 1}{(\lambda_p - 1) + \kappa\lambda_p(\rho - 1)} \tag{5-6}$$

式中，ε_c 为压缩比；κ 为等熵指数；λ_p 为压力升高比；ρ 为预膨胀比。

由上述可推出等容加热循环（$\rho=1$）热效率为

$$\eta_{tV}=1-\frac{1}{\varepsilon_c^{\kappa-1}} \tag{5-7}$$

等压加热循环（$\lambda_p=1$）热效率为

$$\eta_{tp}=1-\frac{1}{\varepsilon_c^{\kappa-1}}\ \frac{\rho^{\kappa}-1}{\kappa\ (\rho-1)} \tag{5-8}$$

由上述公式可以看出，影响 η_t 的因素如下：

（1）压缩比 ε_c

$$\varepsilon_c=\frac{V_a}{V_c}=\frac{V_s+V_c}{V_c}=1+\frac{V_s}{V_c} \tag{5-9}$$

式中，V_a 为气缸总容积；V_s 为气缸工作总容积；V_c 为气缸压缩容积。

随着 ε_c 的提高，三种循环的 η_t 都提高。因为提高 ε_c，可以提高循环平均吸热温度，降低循环平均放热温度，扩大循环温差，增大膨胀比，从而提高循环热效率。

（2）等熵指数 κ　等熵指数 κ 增大，η_t 将提高。κ 值取决于工质的性质，双原子气体（如空气）$\kappa=1.44$，多原子气体（如燃料）$\kappa=1.33$。

（3）压力升高比 λ_p

$$\lambda_p=\frac{p_z}{p_c} \tag{5-10}$$

式中，p_z 为循环最高压力；p_c 为压缩终点压力。

在等容加热循环中，随着循环加热量 Q_1 的增大，λ_p 值成正比增大。若 ε_c 保持不变，则工质的膨胀比也不会变化，这样循环放热量 Q_2 也相应增大，而 Q_2/Q_1 不变，即 η_t 不变。

在混合加热循环中，当循环加热量 Q_1 和 ε_c 不变时，λ_p 增大，则 ρ 减小，相应的 Q_2 也减小，则 η_t 提高。

但 λ_p、ε_c 增大都会造成最高温度 T_z 和最高压力 p_z 的急剧上升，因而受到材料的耐热性和强度的限制。

（4）预膨胀比 ρ

$$\rho=\frac{V_z}{V_{z'}} \tag{5-11}$$

式中，$V_{z'}$ 为压缩终点容积，$V_{z'}=V_c$；V_z 为燃烧终了时气缸的容积。

在等压加热循环中，随着加热量 Q_1 的增加，ρ 值增加，若保持 ε_c 不变，则平均膨胀比减小，放出的热量 Q_2 增加，η_t 下降。

在混合加热循环中，当循环总加热量 Q_1 和 ε_c 保持不变时，ρ 值增加意味着等压加热部分增大，同样 η_t 下降。

3. 循环平均压力 p_m

循环平均压力的定义是单位气缸容积所做的循环功，用来评价循环对外的做功能力。虽然由此定义而得该物理量的量纲是压力单位，但其物理含义是表明内燃机气缸工作容积的理论做功能力

$$p_m=\frac{W}{V_s}\times10^{-3} \tag{5-12}$$

式中，W 为循环所做的功（J）；V_s 为气缸工作容积（m^3）；p_m 为循环平均压力（kPa）。

根据热力学可导得混合加热循环平均压力为

$$p_{mm}=\frac{\varepsilon_c^{\kappa}}{\varepsilon_c-1}\frac{p_a}{\kappa-1}[(\lambda_p-1)+\kappa\lambda_p(\rho-1)]\eta_t \tag{5-13}$$

式中，p_a 为压缩始点压力（kPa）。

等容加热循环平均压力为

$$p_{mV}=\frac{\varepsilon_c^{\kappa}}{\varepsilon_c-1}\frac{p_a}{\kappa-1}(\lambda_p-1)\eta_t \tag{5-14}$$

等压加热循环平均压力为

$$p_{mp}=\frac{\varepsilon_c^{\kappa}}{\varepsilon_c-1}\frac{p_a}{\kappa-1}\kappa(\rho-1)\eta_t \tag{5-15}$$

可见，p_m 是随 p_a、ε_c、λ_p、ρ、κ 和 η_t 的增加而增加。

在混合加热循环中，如果循环加热量 Q_1 不变，ε_c 也保持不变，则增加 ρ 即减少 λ_p，等压加热部分增加，而等容加热部分减少。由式（5-6）、式（5-13）可见，p_m 也下降。

4. 三种理论循环的比较

图 5-38 给出加热量 Q_1 相同时三种理论循环的比较。

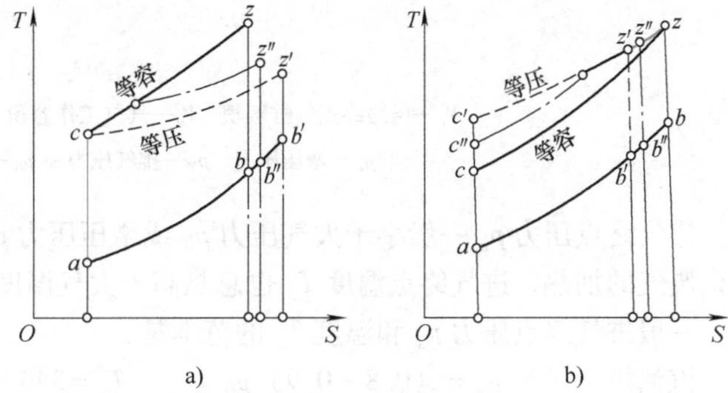

a)　　b)

图 5-38　三种理论循环的比较

a）压缩比 ε_c 相同　b）最高压力 p_z 相同

$aczb$—等容加热循环　$ac'z'b'$—等压加热循环　$ac''z''b''$—混合加热循环

（纵坐标 T 为温度，横坐标 S 为熵）

从图 5-38a 中可以看出，当各循环的 Q_1 和 ε_c 分别相同时，三种循环中各自的放热量为

$$Q_{2p}>Q_{2m}>Q_{2V}$$

则

$$\eta_{tV}>\eta_{tm}>\eta_{tp}$$

故欲提高混合加热循环热效率，应增加等容部分的加热量。

从图 5-38b 中可以看出，当各循环的 Q_1 和 p_z 分别相同时

$$Q_{2V}>Q_{2m}>Q_{2p}$$

则

$$\eta_{tp}>\eta_{tm}>\eta_{tV}$$

故对高增压内燃机，由于受机件强度限制，其循环最高压力不得过大，在这种情况下提高 ε_c，同时增大等压加热部分的加热量对提高热效率是有利的。

二、内燃机的实际循环与评价指标

内燃机的实际循环由进气、压缩、燃烧、膨胀和排气 5 个过程组成。

1. 内燃机的工作过程

图 5-39 为四冲程内燃机实际循环示功图。图 5-39a 为非增压内燃机，图 5-39b 为增压内燃机。实际循环由下面 5 个过程组成。

（1）进气过程（图 5-39 中r—r'—a线）　为了使内燃机连续运转，必须不断吸入新鲜工质。进气时进气门开启，排气门关闭，活塞由上止点向下止点运动。由于进气系统的阻

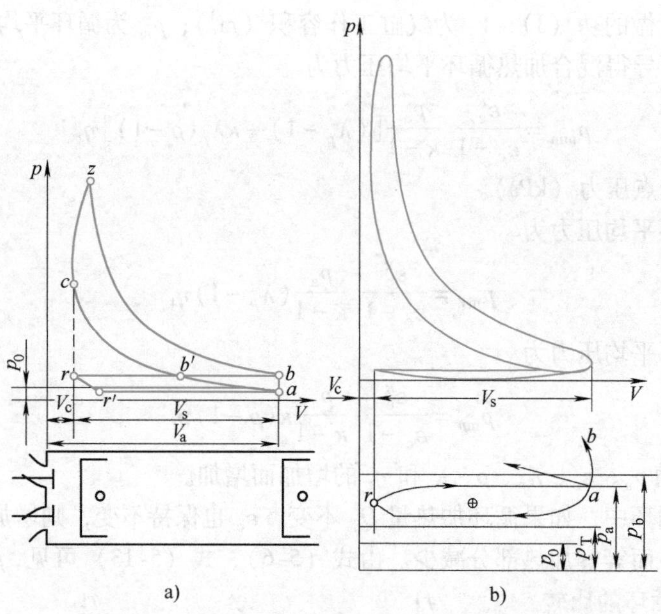

图 5-39 四冲程内燃机实际循环示功图

V_c—压缩终点气缸容积 V_s—气缸工作容积 V_a— 气缸总容积

p_b—增压压力 p_T—排气压力 p_0—大气压力

力，进气终点压力 p_a 一般小于大气压力 p_0 或增压压力 p_b，同时气流受到内燃机高温机件及残余废气的加热，进气终点温度 T_a 也总是高于大气温度 T_0 或增压器出口温度 T_b。

一般进气终点压力 p_a 和温度 T_a 的范围是：

汽油机	$p_a=(0.8\sim0.9)\ p_0$	$T_a=340\sim380\text{K}$
柴油机	$p_a=(0.85\sim0.95)\ p_0$	$T_a=300\sim340\text{K}$
增压柴油机	$p_a=(0.9\sim1.0)\ p_0$	$T_a=320\sim380\text{K}$

（2）压缩过程（图 5-39 中 a—c 线） 此时进、排气门均关闭，活塞由下止点向上止点运动，缸内工质受到压缩，温度、压力不断上升。工质受到压缩的程度用压缩比 ε_c 表示。

内燃机实际循环的压缩过程是一个复杂的多变过程。压缩开始时，工质温度低于燃烧室壁面温度，多变指数 $n'_1>\kappa$。工质温度不断升高，在某一瞬间与缸壁温度相等，$n'_1=\kappa$。此后，由于工质温度高于缸壁温度，工质向缸壁传热，$n'_1<\kappa$。在实际近似计算中，常用一个不变的、平均的多变指数 n_1 来取代。只要以这个指数 n_1 计算而得的多变过程，其始点和终点工质状态与实际压缩过程的初、终状态相符即可。n_1 称为平均压缩多变指数。

压缩终点的压力 p_c 和温度 T_c 的计算式为

$$p_c=p_a\varepsilon_c^{n_1} \tag{5-16}$$

$$T_c=T_a\varepsilon_c^{n_1-1} \tag{5-17}$$

ε_c、n_1、p_c 和 T_c 的大致范围见表 5-1。

表 5-1　ε_c、n_1、p_c 和 T_c 的大致范围

类型	ε_c	n_1	p_c/kPa	T_c/K
汽油机	6 ~ 10	1.32 ~ 1.38	800 ~ 2000	600 ~ 750
柴油机	14 ~ 22	1.38 ~ 1.40	3000 ~ 5000	750 ~ 1000
增压柴油机	12 ~ 15	1.35 ~ 1.37	5000 ~ 8000	900 ~ 1100

（3）燃烧过程（图 5-39 中 c—z 线）　此时进、排气门全关闭，活塞处在上止点前后。燃烧过程的作用是将燃料的化学能转变为热能，使工质的压力、温度升高。燃烧过程放出的热量越多，放热时越靠近上止点，热效率越高。

实际燃料燃烧不能在瞬间完成。因此，在汽油机中，汽油与空气形成的可燃混合气是在上止点前由电火花点燃的（图 5-40b 中的 c' 点），火焰迅速传播到整个燃烧室，工质的压力、温度急剧上升，燃烧过程接近等容加热，如图 5-40b 中的 c—z 段。

同理，柴油机在上止点前就开始喷油（图 5-40a 中的 c'点），柴油雾滴迅速蒸发与空气混合，并借助于空气的热量自燃。开始燃烧速度很快，而气缸容积变化很小，所以工质的压力、温度急剧上升，接近于等容加热（图 5-40a 中的 c— z'段）。由于喷油过程需要持续一段时间，燃烧过程处于边喷油边燃烧的状态，燃烧速度下降，并且随着活塞向下止点运动，气缸容积增大，气缸压力升高不大，而温度持续上升，接近于等压加热（图5-40a中的 z'— z 段）。

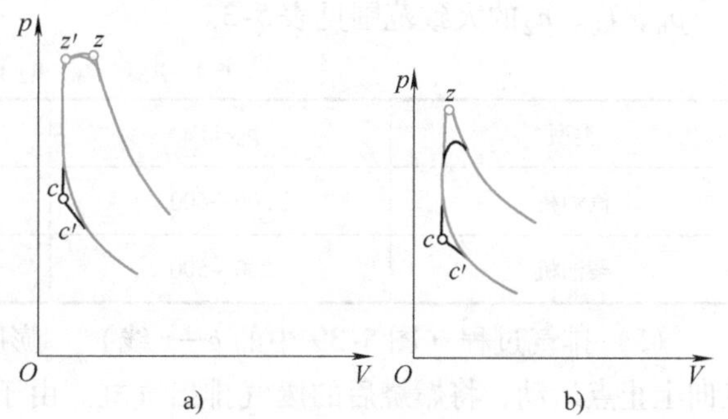

图 5-40　内燃机实际循环燃烧过程
a）柴油机　b）汽油机

燃烧最高爆发压力 p_z 及最高温度 T_z 的大致范围见表 5-2。

表 5-2　燃烧最高爆发压力 p_z 及最高温度 T_z 的大致范围

类型	p_z/kPa	T_z/K
汽油机	3000 ~ 5000	2200 ~ 2800
柴油机	4500 ~ 9000	1800 ~ 2200
增压柴油机	9000 ~ 13000	

可见，柴油机由于压缩比高，其最高爆发压力 p_z 很高，但因空气比例较大，其最高燃烧温度反而比汽油机低。

（4）膨胀过程（图 5-39 中的 z—b 线）　此时进、排气门均关闭，高温、高压的工质推动活塞向下止点运动，对外做功，气缸内气体的温度、压力迅速下降。

膨胀过程也是一个多变过程，除有热交换和漏气外，还有一部分燃料在此期间燃烧（后燃）。膨胀初期，由于后燃燃料的加热，使工质温度升高，多变指数 $n'_2 < \kappa$ 。到某一瞬间，对工质的加热量等于工质壁面的传热量，$n'_2 = \kappa$。此后，工质向壁面散热，$n'_2 > \kappa$ 。与压缩过程相同，计算中用一个不变的平均膨胀多变指数 n_2 来取代，只要用指数 n_2 计算的多

变过程的始点、终点的状态和实际膨胀过程始点、终点状态相同即可。

膨胀终点 b 的压力 p_b 和温度 T_b 可用下式计算：

汽油机

$$p_b = p_z\left(\frac{V_z}{V_b}\right)^{n_2} = \frac{p_z}{\varepsilon_c^{n_2}} \tag{5-18}$$

$$T_b = T_z\left(\frac{V_z}{V_b}\right)^{n_2-1} = \frac{T_z}{\varepsilon_c^{n_2-1}} \tag{5-19}$$

柴油机

$$p_b = p_z\left(\frac{V_z}{V_b}\right)^{n_2} = \frac{p_z}{\delta^{n_2}} \tag{5-20}$$

$$T_b = T_z\left(\frac{V_z}{V_b}\right)^{n_2-1} = \frac{T_z}{\delta^{n_2-1}} \tag{5-21}$$

式中，δ 为后膨胀比，$\delta = V_b/V_z$（参看图 5-38a）。

p_b、T_b、n_2的大致范围见表 5-3。

表 5-3 p_b、T_b、n_2 的大致范围

类型	p_b/kPa	T_b/K	n_2
汽油机	300～600	1200～1500	1.23～1.28
柴油机	200～500	1000～1200	1.15～1.28

（5）排气过程（图 5-39 中的 b—r 线） 膨胀过程结束时，排气门打开，活塞由下止点向上止点运动，将燃烧后的废气排出气缸。由于排气系统有阻力，排气终点压力 p_r 大于大气压力 p_0。阻力越大，排气终点压力 p_r 越大，残留在气缸中的废气就越多。

排气温度 T_r 是衡量内燃机工作状态优劣的一个重要参数。排气温度低，说明燃料燃烧后转变为有用功的热量多，工作过程进行得好，热效率高。排气终点压力、温度范围见表 5-4。

表 5-4 排气终点压力、温度范围

类型	排气终点压力 p_r 范围	排气终点温度 T_r 范围
汽油机	p_r =（1.05～1.2）p_0	T_r = 900～1100K
柴油机	p_r =（1.05～1.2）p_0	T_r = 700～900K

2. 实际循环的评定——指示指标

指示指标用来评定实际循环质量的好坏，它以工质在气缸内对活塞做功为基础。

（1）指示功 W_i 和平均指示压力 p_{mi} 一个实际循环中工质对活塞所做的有用功称为指示功，用 W_i 表示。在图 5-39 所示 p—V 图中，闭合曲线 $bb'czb$ 所包围的面积 A_i 代表工质对活塞所做的功，是正功。闭合曲线 $rb'ar'r$ 所包围的面积 A_1 称为泵气损失，对非增压内燃机是负功。对于增压内燃机，由于进气压力高于排气压力，故是正功。因此，面积 $A_i \pm A_1$ 为实际循环有用功，其面积可从实测示功图计算得到，并用下式计算指示功的真实值，即

$$W_i = (A_i \pm A_1)\,ab$$

式中，$A_i \pm A_1$ 为示功图面积；a 为示功图纵坐标的比例尺；b 为示功图横坐标的比例尺。

为了使不同容积的内燃机具有可比性，引入平均指示压力 p_{mi} 的概念。平均指示压力 p_{mi}

是内燃机单位气缸工作容积的指示功，即

$$p_{mi}=\frac{W_i}{V_s} \tag{5-22}$$

平均指示压力的一般范围见表5-5。

表5-5　平均指示压力的一般范围

类型	平均指示压力的一般范围
汽油机	700～1300kPa
柴油机	650～1100kPa
增压柴油机	900～2500kPa

（2）指示功率 P_i　内燃机单位时间所做的指示功，称为指示功率。

若一台内燃机的气缸数为 i，每缸工作容积为 V_s（m^3），转速为 n（r/min），平均指示压力为 p_{mi}（kPa），则内燃机的指示功率 P_i（kW）为

$$P_i=W_i\frac{n}{60}\frac{2}{\tau}i=\frac{p_{mi}V_s in}{30\tau} \tag{5-23}$$

式中，τ 为冲程数，四冲程 $\tau=4$，二冲程 $\tau=2$。

（3）指示热效率 η_{it} 和指示燃油消耗率 b_i　指示热效率 η_{it} 是实际循环指示功与所消耗的燃料热量的比值，即

$$\eta_{it}=\frac{W_i}{Q_1} \tag{5-24}$$

式中，Q_1 为得到指示功 W_i（J）所消耗的热量（J）。

当测得内燃机的指示功率为 P_i（kW）和燃油消耗量 B（kg/h）时，根据 η_{it} 的定义则有

$$\eta_{it}=\frac{3.6\times10^3P_i}{BQ_{net}} \tag{5-25}$$

式中，3.6×10^3 为 kW · h 与 kJ 的换算系数；B 为内燃机燃油消耗量（kg/h）；Q_{net} 为燃料的低位发热量（kJ/kg）。

指示燃油消耗率 b_i 是指单位指示功的油耗量，它通常以 g/(kW · h)为单位

$$b_i=\frac{B}{P_i}\times10^3 \tag{5-26}$$

因此，表示实际循环经济性的指标 η_{it} 和 b_i 之间存在着以下关系，即

$$\eta_{it}=\frac{3.6\times10^6}{Q_{net}b_i} \tag{5-27}$$

η_{it}、b_i 是评价内燃机实际循环经济性的重要指标，它们的大致范围见表5-6。

表5-6　η_{it}、b_i 的大致范围

类型	η_{it}	b_i/[g/(kW · h)]
汽油机	0.25～0.4	210～340
柴油机	0.41～0.48	175～210

三、内燃机的性能指标

内燃机的性能指标用来表征内燃机的性能特点，并作为评价各类内燃机性能优劣的依据。同时，内燃机性能指标的建立还促进了内燃机结构的不断改进和创新。因此，内燃机构造的变革和多样性是与内燃机性能指标的不断完善和提高密切相关的。

1. 动力性指标

动力性指标是表征内燃机做功能力大小的指标，一般用内燃机的有效转矩、有效功率、转速和平均有效压力等作为评价内燃机动力性好坏的指标。

（1）有效转矩　内燃机对外输出的转矩称为有效转矩，记作 T_e，单位为 N·m，有效转矩与曲轴角位移的乘积即为内燃机对外输出的有效功。

（2）有效功率　内燃机在单位时间对外输出的有效功称为有效功率，记作 P_e，单位为 kW。它等于有效转矩与曲轴角速度的乘积。内燃机的有效功率可以用台架试验方法测定，也可用测功器测定有效转矩和曲轴角速度，然后用如下公式计算出内燃机的有效功率 P_e（kW）。

$$P_e = T_e \frac{2\pi n}{60} \times 10^{-3} = \frac{T_e n}{9550} \tag{5-28}$$

式中，T_e 为有效转矩（N·m）；n 为曲轴转速（r/min）。

（3）内燃机转速　内燃机曲轴每分钟的回转数称为内燃机转速，用 n 表示，单位为 r/min。

内燃机转速的高低，关系到单位时间内做功次数的多少或内燃机有效功率的大小，即内燃机的有效功率随转速的不同而改变。因此，在说明内燃机有效功率的大小时，必须同时指明其相应的转速。在内燃机产品标牌上规定的有效功率及其相应的转速分别称作标定功率和标定转速。内燃机在标定功率和标定转速下的工作状况称作标定工况。标定功率不是发动机所能发出的最大功率，它是根据内燃机用途而制定的有效功率最大使用限度。同一种型号的内燃机，当其用途不同时，其标定功率值并不相同。

有效转矩也随发动机工况而变化。因此，汽车发动机以其所能输出的最大转矩及其相应的转速作为评价发动机动力性的一个指标。

（4）平均有效压力　单位气缸工作容积发出的有效功称为平均有效压力，记为 p_{me}，单位为 MPa。显然，平均有效压力越大，内燃机的做功能力越强。

由内燃机的有效功率公式

$$P_e = \frac{p_{me} V_s i n}{30\tau}$$

可知，提高内燃机功率的方法有以下几种：采用二冲程内燃机，增加内燃机的排量（即改变内燃机的结构尺寸），提高内燃机的转速，提高内燃机的平均有效压力 p_{me}，但是，二冲程内燃机的经济性较差、热负荷较高等主要技术问题一直未能得到良好的解决，其在工程机械和车用内燃机上一直未被广泛采用；加大内燃机的排量，受到内燃机总体尺寸的限制；而提高转速又会使内燃机工作过程恶化、机械负荷增大和加快零部件磨损。因此，提高内燃机的平均有效压力 p_{me} 成为当前提高内燃机功率的主要方法。p_{me} 可表示为

$$p_{me}=\frac{Q_{net}}{\alpha L_0}\rho_b\phi_c\eta_{it}\eta_m \tag{5-29}$$

即

$$p_{me}\propto\frac{1}{\alpha}\rho_b\phi_c\eta_{it}\eta_m \tag{5-30}$$

由此可见，平均有效压力 p_{me} 与燃料的低位发热量 Q_{net}、完全燃烧 1kg 燃料理论所需的空气量 L_0、进气密度 ρ_b、充量系数 ϕ_c、指示热效率 η_{it}、机械效率 η_m、过量空气系数 α 等因素有关。实际上提高 ϕ_c、η_{it} 及 η_m 对 p_{me} 的影响较小，提高 p_{me} 的主要途径是用增压器增加进入气缸的空气密度 ρ_b，提高进气充量密度，从而增加进入气缸内的空气量，这样就可以在气缸内喷入更多的燃油来达到提高 p_{me} 的目的。采用增压器不仅可以提高内燃机的功率，同时还可以改善热效率，提高经济性，减少排气中的有害成分，降低噪声。因此，采用增压技术来提高进气充量密度是提高内燃机功率最有效的方法。

2. 经济性指标

内燃机经济性指标包括有效热效率和有效燃油消耗率等。

（1）有效热效率　燃料燃烧所产生的热量转化为有效功的百分数称为有效热效率，记为 η_e。显然，为获得一定数量的有效功所消耗的热量越少，有效热效率越高，内燃机的经济性越好。

（2）有效燃油消耗率（也称比油耗）　内燃机每输出 1kW · h 的有效功所消耗的燃油量称为有效燃油消耗率，记为 b_e，单位为 g/(kW · h)。b_e 的计算式为

$$b_e=\frac{B}{P_e}\times10^3$$

式中，B 为内燃机在单位时间内的耗油量（kg/h），可由试验测定；P_e 为内燃机的有效功率（kW）。

显然，有效燃油消耗率越低，经济性越好。

3. 强化指标

强化指标是指内燃机承受热负荷和机械负荷能力的评价指标，一般包括升功率和强化系数等。

（1）升功率　内燃机在标定工况下，单位内燃机排量输出的有效功率称为升功率，记为 P_L。升功率大，表明每升气缸工作容积发出的有效功率大，内燃机的热负荷和机械负荷都高。

（2）强化系数　平均有效压力与活塞平均速度的乘积称为强化系数。

活塞平均速度是指内燃机在标定转速下工作时，活塞往复运动速度的平均值。它与内燃机转速的关系为

$$c_m=\frac{Sn}{30}\times10^{-3}$$

式中，c_m 为活塞平均速度（m/s）；S 为活塞行程（mm）；n 为内燃机标定转速（r/min）。

不论是活塞平均速度高，还是平均有效压力大，均使内燃机的热负荷和机械负荷增大。因此，强化系数表征了发动机的强化程度。随着内燃机技术的不断进步，其强化程度越来越高。强化系数记为 $p_{me}c_m$。

4. 紧凑性指标

紧凑性指标是用来表征内燃机总体结构紧凑程度的指标，通常用比容积和比质量衡量。

（1）比容积　发动机外廓体积与其标定功率的比值称为比容积。

（2）比质量　内燃机的干质量与其标定功率的比值称为比质量。干质量是指未加注燃油、机油和冷却液的发动机质量。

比容积和比质量越小，内燃机结构越紧凑。

5. 环境指标

环境指标主要指内燃机排气品质和噪声水平。当前，排放性和噪声水平已成为内燃机的重要性能指标。

在排放性方面，目前主要限制一氧化碳（CO）、各种碳氢化合物（HC）、氮氧化物（NO_x）及除水以外的任何液体或固体微粒的排放量。

汽车是城市中的主要噪声源之一，而内燃机又是汽车的主要噪声源，因此控制内燃机的噪声就显得十分重要。如我国的噪声标准中规定，轿车的噪声不得大于82dB（A）。（注：噪声测量有A、B、C三种计权标准，A为A计权。）

6. 可靠性指标

可靠性指标是表征内燃机在规定的使用条件下，正常持续工作能力的指标。可靠性有多种评价方法，如首发故障行驶里程、平均故障间隔里程、主要零件的损坏率等。

7. 耐久性指标

耐久性指标是指内燃机主要零件磨损到不能继续正常工作的极限时间。通常用内燃机的大修里程，即内燃机从出厂到第一次大修之间汽车行驶里程数来衡量。

8. 工艺性指标

工艺性指标是指评价内燃机制造工艺性和维修工艺性好坏的指标。内燃机结构工艺性好，则便于制造和维修，就可以降低生产成本和维修费用。

四、内燃机的特性

当内燃机的工况（即功率和转速）发生变化时，其性能（包括动力性、经济性、排放性和噪声等）也随之改变。因此，在评价和选用内燃机时就必须考察它在各种工况下的性能，只有这样才能全面判断其好坏及能否满足要求。

1. 内燃机的负荷特性

负荷特性是指转速不变时，内燃机的性能指标随负荷而变化的关系。当内燃机驱动发电机、压气机和水泵时，就是在按负荷特性工作。此时必须通过改变内燃机的有效转矩来适应外界阻力的变化，保持内燃机的转速不变。

图5-41是内燃机的负荷特性曲线。在进行负荷特性试验时，调整测功器负荷，并相应调整油量调节机构，以保持内燃机的转速不变，待工况稳定后，依次记录不同负荷下燃油消耗量B、测功器的扭矩和内燃机的排气温度T_r，算出相应的燃油消耗率b_e和有效功率P_e，经过整理即可绘出负荷特性曲线。

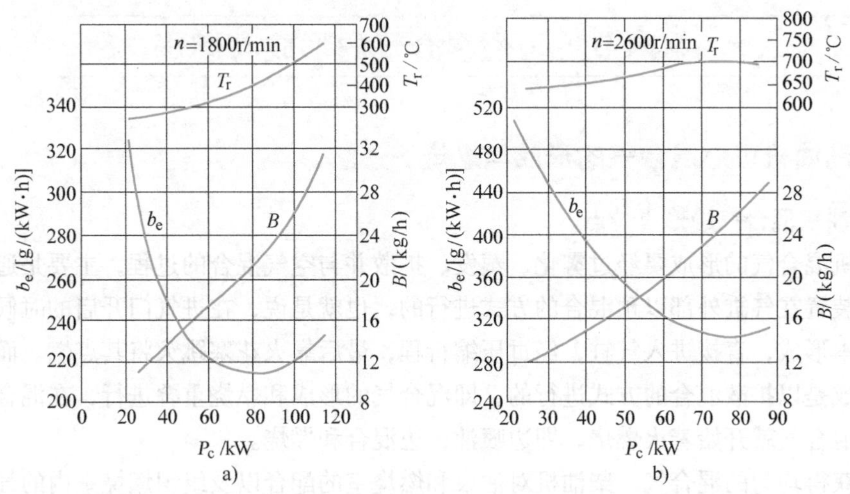

图 5-41　内燃机的负荷特性曲线

a）柴油机　b）汽油机

当转速不变时，有效功率、有效转矩和平均有效压力互成比例关系，均可用来表示负荷的大小。

2. 内燃机的速度特性

内燃机的速度特性是指内燃机的油量调节机构（油量调节齿条、拉杆或节气门）保持不变时，主要性能指标（转矩、油耗、功率、排气温度、烟度等）随内燃机转速的变化关系，如图 5-42 所示。

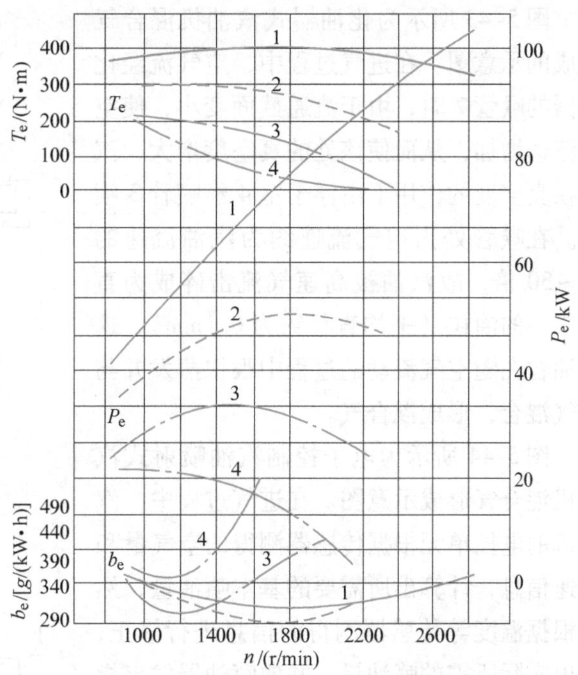

图 5-42　内燃机的速度特性

1—外特性　2、3、4—节气门开度分别为 75%、50%、25% 的部分速度特性

速度特性是在内燃机台架上测出的。测量时，将油量调节机构位置固定不动，调整测功器的负荷，内燃机的转速相应发生变化，然后记录有关数据并整理绘出曲线，一般是以内燃机转速为横坐标。当油量调节机构的位置固定在标定位置时，测得的速度特性为全负荷速度特性（简称外特性）；油量低于标定位置时测得的速度特性为部分负荷特性。由于外特性反映了内燃机所能达到的最高动力性能，确定了最大功率、最大转矩以及相应的转速，因此，在速度特性中最重要。内燃机出厂时必须提供此特性。

第四节　可燃混合气的形成与燃烧

一、汽油机可燃混合气的形成与燃烧

1. 汽油机混合气的形成特点

汽油机混合气的形成要经过雾化、蒸发、扩散并与空气混合的过程，主要是通过化油器或者喷射装置在气缸外部以预混合的方式进行的，也就是说，在进气门开启的时候，混合气就已经基本形成，直接进入气缸，经过压缩行程，最后靠火花塞跳火将其点燃。而柴油机混合气的形成是以扩散混合的方式进行的，即混合气的形成和燃烧重叠进行，在混合气的形成过程中，混合气就开始着火燃烧，即边喷油，边混合和燃烧。

为了获得均匀的混合气，柴油机对油束和燃烧室的配合以及组织燃烧室内的气流运动都有很高的要求。但汽油机在这些方面的要求则要低很多，一般情况下，由于在气缸外部形成的混合气比较均匀，能够基本满足燃料完全燃烧的要求。因此，汽油机对燃烧室结构以及气流在气缸内的运动要求要比柴油机低得多。

汽油机混合气形成的方式主要有两类：一类是化油器式，另一类是汽油喷射式。

图5-43所示为化油器式汽油机混合气形成的示意图。在进气过程中，空气流经化油器的喉管2时，由于流通截面变小，使空气流速增加，从而使该处的真空度增大，汽油在真空度的作用下由浮子室4经喷管3喷出。在喉管处因空气流速约为汽油流速的20～30倍，故汽油被高速气流击碎成为直径很小的油粒（平均直径约为0.1mm），这些油粒在随空气流动的过程中很快蒸发并与空气混合，形成混合气。

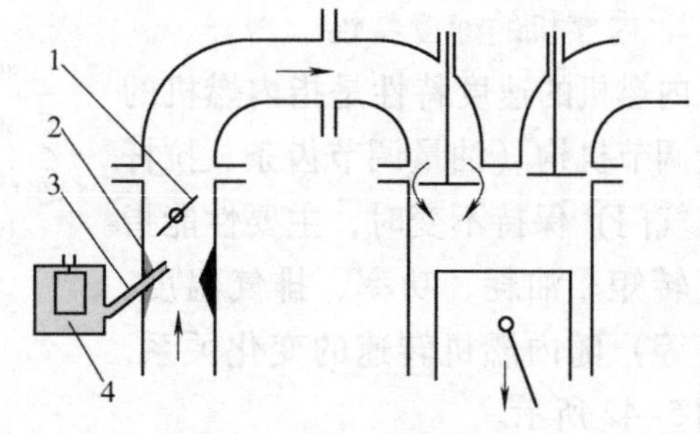

图5-43　化油器式汽油机混合气形成的示意图

1—节气门　2—喉管　3—喷管　4—浮子室

图5-44所示为电子控制汽油喷射式汽油机混合气形成示意图。在进气过程中，汽油机的电控单元根据传感器测得的空气量和转速信息，计算出所需要的基本喷油量，然后根据温度等传感器测得的信息进行修正，算出实际所需的喷油量，并向喷油器发出指令，控制喷油器将汽油喷入进气道，在进气道内汽油被高速流入的空气击碎并蒸发，与空气混合形成混合气，进入气缸。

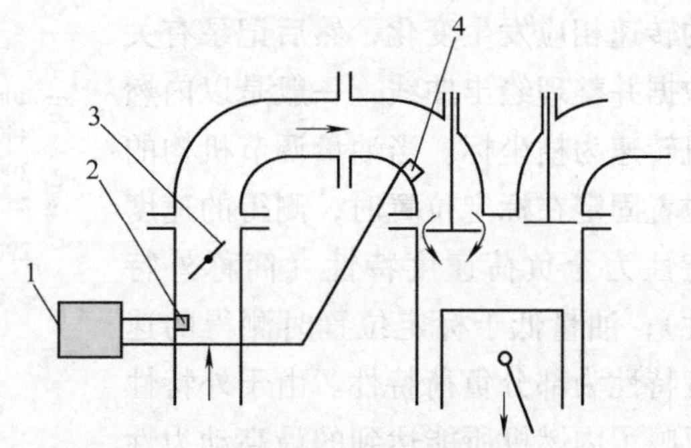

图5-44　电子控制汽油喷射式汽油机混合气形成示意图

1—电控单元　2—温度传感器　3—节气门　4—喷油器

汽油在混合气中蒸发的程度直接影响到混合气燃烧的速度和完善程度，进而会影响汽油机的功率、经济性及排气中的有害成分。

2. 汽油机的燃烧过程

由于汽油机的压缩比较小，汽油的燃点较高，所以汽油机混合气要燃烧，必须借助外界能量将其点燃。在汽油机中，通常是用火花塞点火。

（1）正常燃烧　汽油机混合气的燃烧过程进行得非常快，所经历的时间约为1.5～3ms。为了便于分析，通常将燃烧分为三个阶段，如图5-45所示。

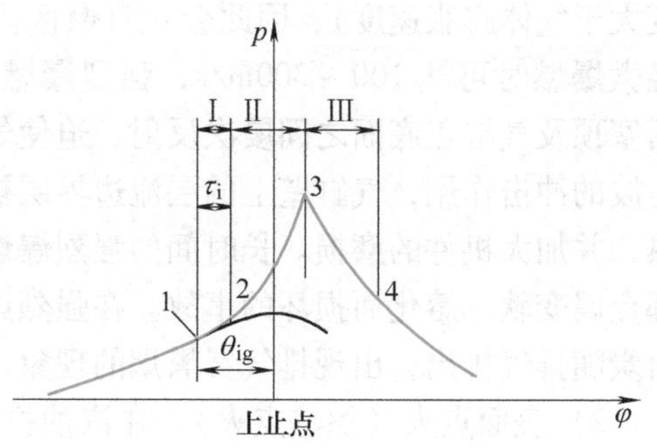

图5-45　汽油机燃烧过程

τ_i—滞燃期　θ_{ig}—点火提前角

第一阶段（Ⅰ）称为滞燃期，指从火花塞跳火（点1）至形成火焰中心（点2）的阶段，以 τ_i 表示。

在汽油机的压缩过程中，随着混合气压力和温度的升高，其中的汽油分子被逐渐氧化，但这种氧化过程开始进行得比较缓慢，不足以使汽油着火。当火花塞在点1跳火后，火花塞附近的混合气温度很快升高，汽油分子氧化速度迅速提高，所放出的热量也随之增加。当温度升至一定程度时，混合气着火而形成火焰中心，这时气缸内的压力开始明显上升，相当于图中的点2。从火花塞跳火至上止点的曲轴转角 θ_{ig} 称为点火提前角。

第二阶段（Ⅱ）称为显燃期，指从形成火焰中心（点2）到气缸内出现最高压力（点3）的阶段。在这阶段，火焰前锋从火焰中心开始以30～60m/s的速度向前推进，几乎燃遍整个燃烧室。由于在这个阶段燃烧室容积变化较小，燃烧的混合气数量多，所以气缸内的压力和温度急剧上升，这一阶段平均压力增长率 $\Delta p/\Delta\varphi$ 可达200～400kPa/(°)(CA)，最高压力 p_z 可达3000～5000kPa，最高温度 T_z 可达2200～2800℃。

显燃期是汽油机燃烧的主要阶段，这个阶段的长短，对汽油机功率和经济性有很大影响。如果这个阶段过短，燃烧会过早到达点3，这样就会在压缩过程中燃烧大量的混合气，从而引起压缩过程负功的增加，开始 $\Delta p/\Delta\varphi$ 及 p_z 过高；如果这个阶段过长，燃烧会过迟到达点3，那样大部分混合气的燃烧在膨胀过程中进行，所放出的热量就不能被有效利用，并增大气缸壁的传热量，这都会使汽油机的功率和经济性下降。在结构参数已定的情况下，可用调整点火提前的办法找出最佳的燃烧时刻。

第三阶段（Ⅲ）称为后燃期，指从出现最高压力（点3）到燃油基本全部燃烧完(点4)的阶段，在该阶段燃烧的主要是在火焰前锋过后没来得及燃烧的燃油及黏附在燃烧室壁面上的混合气。其长短视后燃期的混合气量而定。为有效地利用燃油燃烧放出的热量及减少气缸壁的散热损失，应尽量缩短后燃期。

为获得汽油机良好的动力性、经济性和工作柔和性，一般使点2位于上止点前12°～15°(CA)，点3位于上止点后12°～15°(CA)，将 $\Delta p/\Delta\varphi$ 控制在170～240kPa/(°)(CA)的范围内，并尽可能缩短后燃期。

（2）不正常燃烧

1）爆燃。爆燃是指汽油机在某种条件下工作时（如压缩比过高、燃油辛烷值过低等），当火花塞点火并且火焰以正常速度向前推进时，处于最后燃烧位置的混合气（末端混合气）

会进一步受到压缩和已燃混合气的热辐射作用，以致在正常火焰未达到之前产生一个或几个火焰中心而自行燃烧的现象。

爆燃时，由于爆燃处的压力和温度急剧上升，气缸内的压力来不及平衡（化学反应速度大于气体膨胀速度），因此会在自燃区内形成一个压力脉冲，并以极高的速度传播火焰，轻微爆燃时可达 100～300m/s，强烈爆燃时可达 800～1000m/s。这个压力脉冲在气缸壁、活塞顶及气缸盖底面之间屡次反射，迫使气缸壁等零件振动并产生高频噪声。另外，由于压力波的冲击作用，气缸壁上的层流边界层被破坏，使气缸壁的传热量大为增加，冷却系统过热，并加大机件的磨损。长时间的强烈爆燃往往会使铝合金缸盖及活塞等因局部过热产生局部金属变软、熔化而损坏的事故。在强烈爆燃时还会在高温下引起燃烧产物的分解而生成自由炭随排气排出，出现排气冒黑烟的现象。

2）表面点火（炽热点火）。在汽油机压缩过程中，凡不依靠电火花点火，而由炽热表面或炽热点点燃混合气所引起的不正常燃烧现象称为表面点火。表面点火可分为早燃和激爆两种现象。

早燃是指在火花塞跳火之前，高温炽热点将混合气点燃而使混合气燃烧的一种现象。发生早燃时，汽油机压缩行程的负功增大，功率下降；$\Delta p/\Delta\varphi$ 增大；汽油机运行不稳定；发出较为沉闷的敲击声；并有过热现象。早燃现象往往是在汽油机长期以高速高负荷运行后，由高温的火花塞电极或排气门引起的。

汽油机在怠速或低负荷运行时，常会在燃烧室表面形成一层导热性很差的沉积物，其表面温度很高，在高温下沉积物中的炭与混合气中的氧化合而呈白炽状态。汽油机加速时，气流将这些白炽的炭粒吹起并散布于混合气中，从而会在混合气中产生多点点火的现象，将这种早燃现象称为激爆，这时混合气剧烈燃烧，使 $\Delta p/\Delta\varphi$、p_z、T_z 急增，并引起强烈的爆燃，发出强烈的震音。激爆是一种危害很大的表面点火现象，不允许汽油机在这种情况下运行。

3. 汽油机各种工况对混合气浓度的要求

汽油机作为车用动力时其工况比较复杂，转速经常在很大的范围内变动。不同的运行工况对混合气的浓度有不同的要求。

1）当汽油机在部分负荷范围内运行时，应该供给较稀的混合气（过量空气系数 λ = 1.05～1.15），以保证较高的燃油经济性。

2）当发动机在大负荷或全负荷下工作时，应该供给较浓的混合气（过量空气系数 λ = 0.85～0.95），以保证较好的动力性。

3）当汽油机采用三效催化转化器降低有害排放时，应该在从部分负荷到接近全负荷的大部分工况下，供给接近理论混合气浓度的混合气。因为三效催化转化器只有在接近理论混合气浓度的狭小“窗口”范围时才有较高的转化效率。

4）为了保证汽油机怠速运转稳定以及过渡工况（起动与加速）的需求，应该对混合气浓度进行相应调整，如怠速加浓、起动与加速补偿等。

二、柴油机混合气的形成与燃烧

1. 柴油机可燃混合气的形成

柴油的蒸发性和流动性比汽油差，但柴油的自燃点比汽油低，所以柴油机的着火方式是采用压燃，即在压缩到达上止点前把柴油直接喷入气缸，与空气混合，靠压缩着火燃烧。由于柴油机混合气形成的时间极短，只占15°～35°曲轴转角（按发动机转速3000r/min计，只占$8.3\times10^{-4}\sim1.9\times10^{-3}$s），可燃混合气形成十分困难；而且边燃烧边喷油，气缸内各处混合气浓度很不均匀，极易造成燃烧不完全，排气冒黑烟，动力性和经济性能下降等不良后果。

现代柴油机通过组织空气在气缸中的流动、设计出各种燃烧室、采用高喷油压力（15～200MPa）、采用电子控制技术等措施来改进燃烧。

根据柴油机混合气形成的特点，可燃混合气的形成方式可以分为空间雾化混合和油膜蒸发混合两种基本方式。

空间雾化混合是将柴油高压喷向燃烧室空间，形成雾状，与空气进行混合。油膜蒸发混合是将大部分柴油喷射到燃烧室壁面上，形成一层油膜，受热蒸发，在燃烧室中强烈的旋转气流作用下，燃料蒸发与空气形成均匀的可燃混合气。

在柴油实际喷射中，很难保证燃料完全喷到燃烧室空间或燃烧室壁面，所以两种混合方式都兼而有之，只是多少、主次有所不同。

为了促进柴油与空气更好混合，一般都要组织适当的空气涡流，常见的有以下三种：

（1）进气涡流　进气涡流是指在进气行程中，使进入气缸的空气形成绕气缸中心高速旋转的气流。它一直持续到燃烧膨胀过程。

产生进气涡流的方法一般是将进气道设计成螺旋进气道（图5-46a）或切向进气道（图5-46b）。螺旋进气道是在气门座上方的气门腔里制成螺旋形，使气流在螺旋气道内就形成一定强度的旋转，造成较强的进气涡流。切向进气道是在气门座前强烈收缩，引导气流以单边切线方向进入气缸，造成进气涡流。

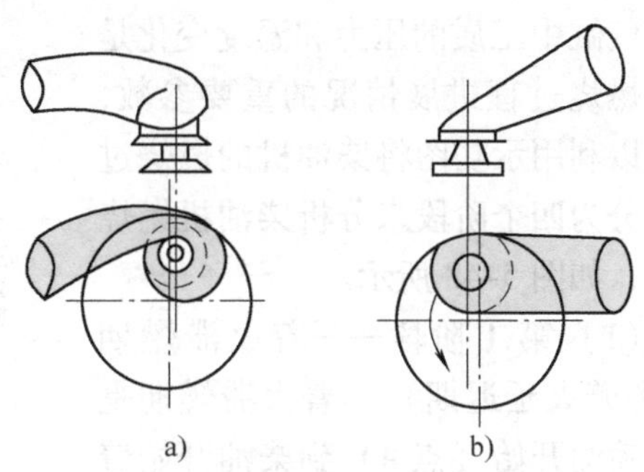

图5-46　螺旋进气道和切向进气道

a）螺旋进气道　b）切向进气道

（2）挤压涡流　挤压涡流（挤流）是指在压缩过程中形成的空气运动。当活塞接近压缩上止点时，活塞顶上部的环形空间中的气体被挤入活塞顶部的凹坑内（图5-47a），形成了气体的运动。当活塞下行时，活塞顶部凹坑内的气体向外流到环形空间（图5-47b），称为逆挤流。柴油机活塞顶凹坑形形色色，目的就是促进燃油与空气的混合与燃烧。

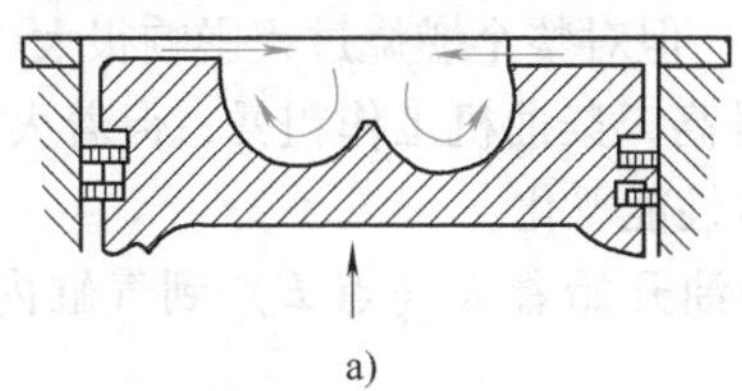

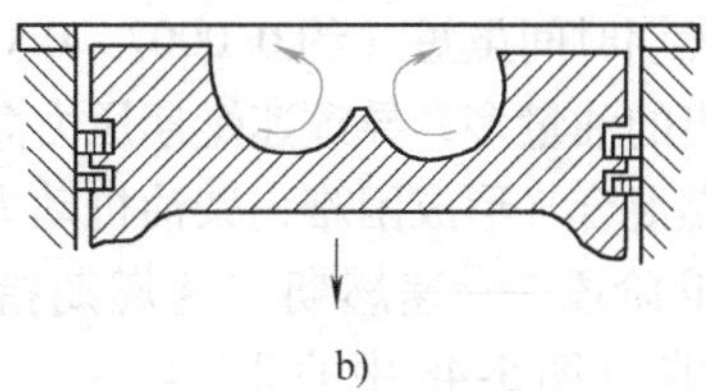

图5-47　挤压涡流

a）挤流　b）逆挤流

（3）燃烧涡流或湍流　燃烧涡流或湍流是指利用柴油燃烧的能量，冲击未燃的混合气，造成混合气涡流或湍流。燃烧涡流或湍流的程度与柴油机燃烧室的形状密切相关。

2. 柴油机的燃烧

实验表明，柴油机的燃烧着火需要具备两个基本条件：

1）在形成的混合气中，燃料蒸气与空气的比例要在一定的范围内，人们把这个范围称作着火界限。着火界限可用混合气的浓度，即过量空气系数值表示。如果混合气过浓或过稀而超出着火界限，就不能着火。但着火界限不是一成不变的，随着温度升高，分子运动速度增加，反应速度大大加快，将使着火界限扩大。

2）混合气必须加热到某一临界温度。低于这个温度，燃料也不能着火。着火温度与燃料成分、介质压力、加热条件及测试方法等因素有关。

由于柴油机燃烧室内各处的着火条件并不相同，其着火情况有以下特点：

1）首先着火的地点是在油束核心与外围之间混合气浓度适当的地方。

2）由于形成合适浓度的混合气及温度条件相同的地方不止一处，因此往往是几处同时着火。

3）由于每循环的喷油情况与温度状况不可能完全相同，因而每循环的着火地点也不一定相同。

4）火焰传播的路线和速度取决于混合气形成的情况及空气扰动等因素。如果火焰中心在传播的过程中遇不到合适浓度的混合气，则火焰传播即行中断。同时由于其他地点混合气形成的发展及准备阶段的完成，又会有新的着火核心产生，使燃烧仍然迅速进行。

气缸中工质的压力和温度变化是反映燃烧过程进展情况的重要参数，故可以利用示功图将柴油机的燃烧过程划分为四个阶段来分析柴油机燃烧过程，如图5-48所示。

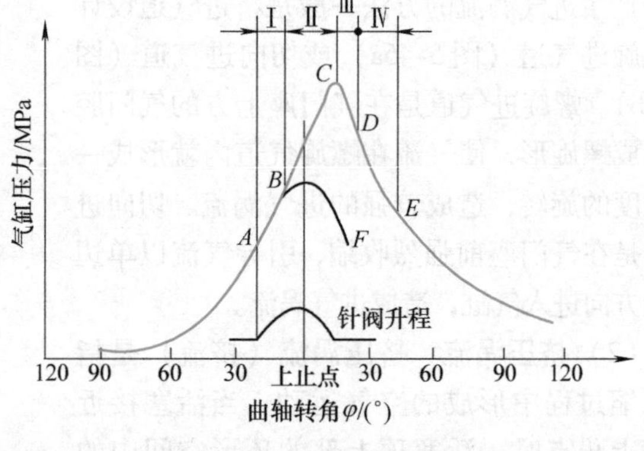

图5-48 柴油机燃烧过程

（1）第Ⅰ阶段——着火滞燃期（又称着火延迟期） 着火滞燃期是指从喷油开始（点A）到柴油开始着火（点B）的时期（图5-48中的Ⅰ）。

这个时期主要进行柴油着火前的物理化学准备过程（雾化、吸热、扩散、蒸发、氧化、分解）；同时，燃料不断喷入，约占循环喷油量的30%~40%。

着火滞燃期时间虽短（约0.0007~0.003s），但对整个燃烧过程影响很大。若着火滞燃期长，则喷出的油量多，导致速燃期压力急剧升高，柴油机工作粗暴；但着火滞燃期过短，又会导致可燃混合气形成困难，柴油机动力经济性能恶化。

（2）第Ⅱ阶段——速燃期 速燃期指从柴油开始着火（点B）到气缸内最高压力点（点C）的时期（图5-48中的Ⅱ）。

在速燃期，燃料燃烧非常迅速，气缸压力和温度急剧增加，是对外做功的关键时期。在这个时期，针阀仍然开启，燃料继续喷入，燃烧条件变差，所以要控制该时期的喷油量和加强气缸内气体的流动。

（3）第Ⅲ阶段——缓燃期 缓燃期指从最高压力点（点C）到最高温度点（点D）的时期（图5-48中的Ⅲ）。

在缓燃期时，由于活塞下行，气缸容积变大，氧气变少，废气增多，所以混合气燃烧速度减缓，气缸内压力增加不显著，而温度却继续上升；若此时喷油还在继续，由于燃烧恶化，燃料易裂解成黑烟排出。

（4）第Ⅳ阶段——后燃期　后燃期指从缓燃期终点（点 D）到燃料基本燃烧完为止（点 E）的时期（图5-48中的Ⅳ）。

在后燃期，气缸内未燃的油料继续燃烧，由于燃烧条件恶化，使燃烧不完全，排气冒黑烟，放出的热无法通过做功传给机体，而使发动机过热，所以应尽量缩短后燃期，并加强这个时期气缸内的气体流动。

从燃烧放热规律出发，对柴油机燃烧过程的要求可概括为以下几点：

1）改善燃料与空气的混合，在尽可能小的过量空气系数下，使燃料完全燃烧。

2）有较理想的放热规律（燃料的发热量随曲轴转角的变化规律），即希望燃烧先缓后急。开始放热要适中，以控制压力增长率和最高燃烧压力，随后燃烧要加快，尽量在活塞接近上止点附近燃烧。

3）在燃烧过程中应尽量减少产生有害排放物和噪声。

第五节　内燃机的排放与净化

一、有害排放物的生成机理及影响因素

汽车发动机在燃烧过程中产生的有害成分主要为一氧化碳（CO）、碳氢化合物（HC）、氮氧化物（NO_x）、硫氧化物（SO_x）、铅化合物和微粒等，这些排放物对人类与生态环境的危害极其严重，必须进行控制和限制。其中，硫氧化物和铅化合物可以通过降低燃料中的硫含量以及采用无铅汽油来有效控制。目前排放法规限制的是CO、HC、NO_x和微粒，还有一些目前各国法规尚未限制的排气有害成分，如甲醛、乙醛、苯、乙酰甲醛、丁二烯和柴油机臭味等。以下简述三种主要有害排放物的形成机理和影响其生成的主要因素：

1. 氮氧化物（NO_x）

内燃机燃烧过程中主要生成NO，另有少量NO_2，统称为NO_x。其中NO占绝大部分，NO_2的生成量随过量空气系数而变。对于汽油机，其过量空气系数小，一般NO_2/NO_x = 1%～10%；而对于柴油机，由于其过量空气系数较大，一般NO_2/NO_x = 5%～15%。燃烧过程中产生的NO经排气管排至大气中，在大气条件下缓慢与O_2反应，最终生成NO_2，因而，在讨论NO_x在燃烧中的生成机理时，一般只讨论NO。影响内燃机燃烧而生成氮氧化物的主要因素有：

（1）温度　高温时，NO的平衡浓度高，NO的生成速度快。在氧气充足时温度是生成NO的主要因素。

（2）氧的含量　氧的存在是生成NO的必要条件。在氧不足的情况下，即使有高温条件，NO的生成也被抑制。

（3）反应时间　由于NO的生成反应比燃烧反应慢得多，即使是在高温和氧气充足的条件下，如果反应时间不足，NO的生成也受到限制。

2. 碳氢化合物（HC）

内燃机排气中碳氢化合物有200种以上，它们由原始的烃燃料分子、不完全燃烧产物、燃烧过程中被分解的产物和再化合的新化合物构成。碳氢化合物生成的原因有：

（1）不完全燃烧　过浓或过稀的区域均会造成不完全燃烧，二冲程汽油机扫气使部分混合气未经燃烧就直接进入排气管，曲轴箱通风和供油系统蒸发产生未燃烃等，从而造成碳氢化合物的排放增加。

（2）室壁淬熄　当火焰向燃烧室壁面传播时，由于低温壁面的激冷作用使火焰熄灭，造成燃烧室壁面附近形成未燃烧的碳氢化合物高浓度区。

（3）缝隙效应　燃烧室中的缝隙（主要是第一道活塞环上面的间隙）处于双壁冷却，火焰无法传入，造成一定量的未燃烃。

3. 一氧化碳（CO）

一氧化碳的生成主要取决于燃料与空气的混合质量和当量比，其生成原因是碳氢化合物不完全氧化以及高温下引起的 CO_2 和 H_2O 的分解；一氧化碳是烃类燃料燃烧的中间产物，当混合气中空气不足时，必有一部分燃料不能完全燃烧而生成 CO。烃类燃料燃烧的最终产物为 CO_2 和 H_2O，但在高温下 H_2O 又分解为 H_2 和 O_2，H_2 和 CO_2 结合而生成 CO。

二、排放法规

为了治理环境污染，各国相继对大气中各种排放污染源提出控制要求，如制定了强制性排放标准，以控制汽车污染物的排放量。美国、日本和欧洲的汽车排放法规形成当今世界三大汽车排放法规体系。我国的汽车排放法规主要参照欧洲标准（表5-7列出我国重型车柴油机排放标准）。

表5-7　我国重型车柴油机排放标准

污染物排放量/[g/(kW·h)]	国Ⅰ	国Ⅱ	国Ⅲ	国Ⅳ	国Ⅴ
NO_x	8.0	7.0	5.0	3.5	2.0
HC	1.1	1.1	0.66	0.46	0.46
CO	4.5	4.0	2.1	1.5	1.5
PM	0.36	0.15	0.1/0.13①	0.02	0.02
实施时间	2000	2004	2007	2015	—

注：PM为微粒。

① 适用于单缸排量小于0.7L、标定转速大于3000r/min的柴油机。

我国机动车污染控制工作始于1979年《中华人民共和国环境保护法（试行）》颁布实施。此后我国制定了一系列有关车辆排放的标准，并经多次修订。例如，2000年1月1日起实施了GB 17930—1999《车用无铅汽油》，为实施相当于欧Ⅰ的国家标准创造了条件；2001年7月1日起实施了GB 18285—2000《在用汽车排气污染物限值及测试方法》，进一步加强了对汽车排放的控制；2004年7月1日起在全国实施GB 18352.2—2001《轻型汽车污染物排放限值及测量方法（Ⅱ）》，等效于欧Ⅱ排放法规；2007年7月1日实施了GB 18352.3—2005《轻型汽车污染物排放限值及测量方法（中国Ⅲ、Ⅳ阶段）》。国Ⅲ与国Ⅱ相比，进一步降低了污染物排放限值，国Ⅲ标准的尾气污染物排放限值比国Ⅱ标准尾气污染物排放限值降低了30%，而国Ⅳ标准将进一步降低60%。为保证车辆使用过程中稳定达到排放限值要求，保证车辆排放控制性能的耐久性，增加了对车载诊断（OBD）系统和在用车符合性的要求。2013 年 9 月发布了新标准 GB 18352. 5—2013《轻型汽车污染物排放限值及测量方法（中国第五阶段）》，该标准将于 2018 年 1 月 1 日实施。

三、排气污染物的检测方法

汽车排放污染物的检测，从试验方法划分，主要有怠速法和工况法两种。怠速法是测量汽车在怠速工况下排气污染物的方法，一般仅测 CO 和 HC，采用便携式测量仪器。这种方法具有简便易行、测试装置价格便宜和便于携带，以及检测时间短等优点；但测量结果缺乏全面代表性，测量精度较低。

工况法是将汽车若干常用工况和排放污染较重的工况组合在一起测量污染物排放，可以综合全面地评价车辆排放水平。工况法检测结果可以比较全面地反映汽车排放水平，一般用于新车的认证许可检测和出厂抽查检测。

世界各国的排放法规中，对测试装置、取样方法和分析仪器的规定基本是一致的，但测试循环和排放限值的差别较大。

车用压燃式、气体燃料点燃式发动机排放污染物的检测按试验循环进行，试验循环是指内燃机在稳态工况（ESC 试验，即 European Steady Stage Cycle 试验）和瞬态工况（ETC——European Transient Cycle，ELR——European Load Respone 试验）下按照规定的转速和转矩进行试验的程序。其中 ESC 为稳态循环，包含 13 个稳态工况。ELR 是在恒定转速下依次改变负荷而实现的负荷烟度试验。ETC 是一种瞬态循环，包含 1800 个逐秒变换的工况。

图 5-49 为我国车用压燃式、气体燃料点燃式发动机排气污染物测量方法 ELR 试验顺序，具体的测量方法和工况变化参见 GB 17691—2005《车用压燃式、气体燃料点燃式发动机与汽车排气污染物排放限值及测量方法（中国Ⅲ、Ⅳ、Ⅴ阶段）》。

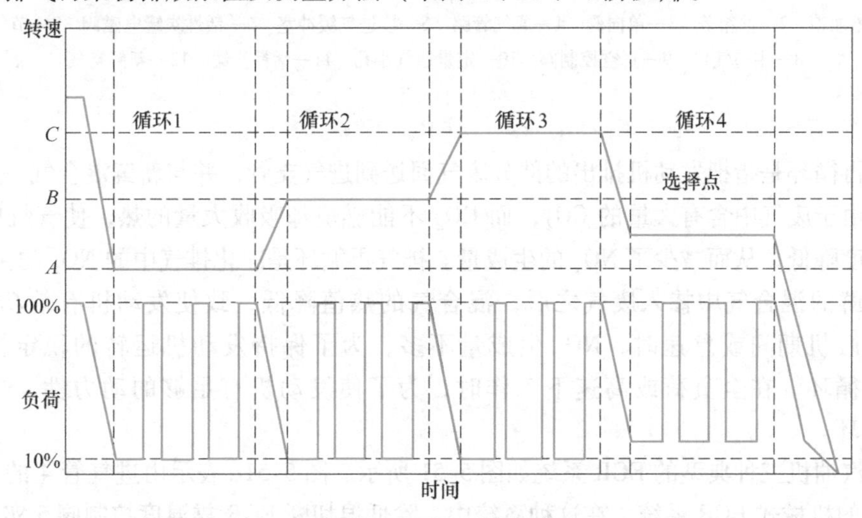

图 5-49　ELR 试验顺序

四、排气净化措施

1. 汽油蒸发控制系统

汽油箱中的汽油随时都在蒸发汽化，若不加以控制或回收，则当发动机停机时，汽油蒸气将逸入大气，造成燃料浪费和对环境的污染。汽油蒸发控制系统的功用便是将这些汽油蒸

气收集和储存在炭罐内，在发动机工作时再将其送入气缸烧掉。当发动机不运转时，来自燃油箱的汽油蒸气进入活性炭罐中，被活性炭所吸附。当发动机运转时，利用进气管真空度将新鲜空气（清除空气）吸入炭罐，使吸附在活性炭上的汽油分子解吸，与清除空气一起进入发动机燃烧室燃烧掉。

图 5-50 是汽油机典型活性炭罐式汽油蒸发排放物控制系统。发动机工作时，ECU 根据发动机转速、温度、空气流量等信号，控制炭罐电磁阀的开闭来控制真空控制阀上部的真空度，从而控制真空控制阀的开度。当真空控制阀打开时，燃油蒸气通过真空控制阀被吸入进气管中。当发动机怠速或温度较低时，ECU 使电磁阀断电，关闭吸气通道，活性炭罐内的燃油蒸气不能被吸入进气管。

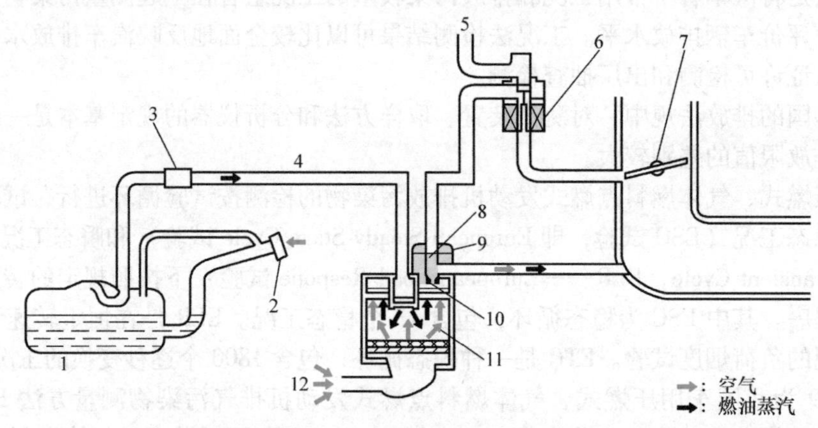

图 5-50 活性炭罐式汽油蒸发排放物控制系统

1—燃油箱 2—油箱盖 3—单向阀 4—通气管路 5—接进气缓冲室 6—活性炭罐电磁阀 7—节气门 8—主通气口 9—真空控制阀 10—定量通气小孔 11—活性炭罐 12—新鲜空气

2. 废气再循环（Exhaust Gas Recycle，EGR）系统

废气再循环是指把发动机排出的部分废气回送到进气支管，并与新鲜混合气一起再次进入气缸。由于废气中含有大量的 CO_2，而 CO_2 不能燃烧却吸收大量的热，使气缸中混合气的燃烧温度降低，从而减少了 NO_x 的生成量。排气再循环是净化排气中的 NO_x 的主要方法。

在新鲜的混合气中掺入废气之后，混合气的热值降低，致使发动机有效功率下降。因此，在暖机期间或怠速时，NO_x 生成量不多，为了保持发动机运转的稳定性，不进行排气再循环。在全负荷或高速下工作时，为了使发动机有足够的动力性，也不进行排气再循环。

车用汽油机三种典型的 EGR 系统如图 5-51 所示。图 5-51a 表示由进气管 4 的真空驱动 EGR 阀 1 的机械式 EGR 系统。在这种系统中，除低温切断 EGR 靠温度控制阀 5 实现外，其余的控制规律全靠进气管节气门后的真空度和真空驱动 EGR 阀 1 的构造保证。这种 EGR 阀一般是靠弹簧回位的膜片阀，作用在膜片上的真空度越大，EGR 阀的开度也越大。由于进气管节气门后的真空度将随着节气门开度的减小（即发动机负荷的减小）而加大，因而 EGR 阀的开度也将随负荷减小而增大，这显然不符合 EGR 的控制要求。为了修正这种特性，在 EGR 阀的具体设计上做了很多改进。

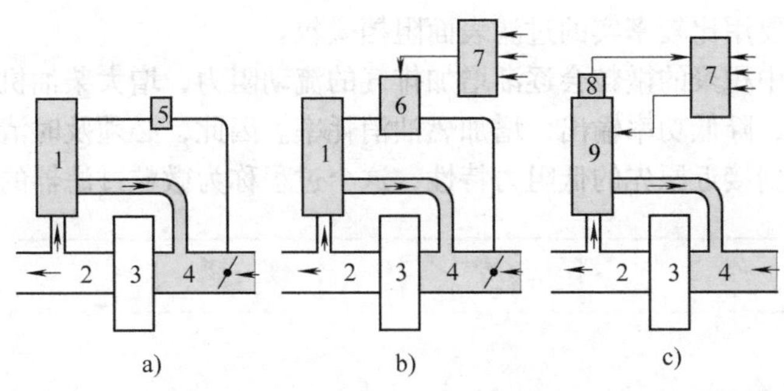

图 5-51　车用汽油机的 EGR 系统简图

a）真空驱动 EGR 系统　b）电控真空驱动 EGR 系统　c）闭环电控 EGR 系统

1—真空驱动 EGR 阀　2—排气管　3—发动机　4—进气管　5—温度控制阀

6—电控真空调节器　7—电控器　8—EGR 阀位置传感器　9—线性位移电磁式 EGR 阀

为了能得到理想的控制规律，已研制出一种电控真空驱动 EGR 系统，如图 5-51b 所示。该系统用电控器 7 控制真空调节器 6，后者控制供给真空驱动 EGR 阀 1 的真空度。这样，通过预先标定的 EGR 脉谱有可能针对不同工况实现 EGR 的优化控制。

在实现全电控的现代汽油机中，图 5-51c 所示的闭环电控 EGR 系统得到了应用。这种系统一般应用带 EGR 阀位置传感器 8 的线性位移电磁式 EGR 阀 9，由电控器 7 发出的 PWM 信号驱动。EGR 阀位置传感器 8 发出的 EGR 阀位置信号反馈给电控器 7，保证精确实现预定的控制脉谱。

3. 排气后处理措施

（1）催化转换器　催化转换器是利用催化剂的作用将排气中的 CO、HC 和 NO_x 转换为对人体无害的气体的一种排气净化装置，也称作催化净化转换器。

金属铂、钯或铑均可作为催化剂。催化转换器有氧化催化转换器和三元催化转换器。氧化催化转换器只将排气中的 CO 和 HC 氧化为 CO_2 和 H_2O。三元催化转换器可同时减少 CO、HC 和 NO_x 的排放。当同时采用两种转换器时，通常把两者放在同一个转换器外壳内，而且三元催化转换器置于氧化催化转换器前面。排气经过三元催化转换器之后，部分未被氧化的 CO 和 HC 继续在氧化催化转换器中与供入的二次空气进行氧化反应。

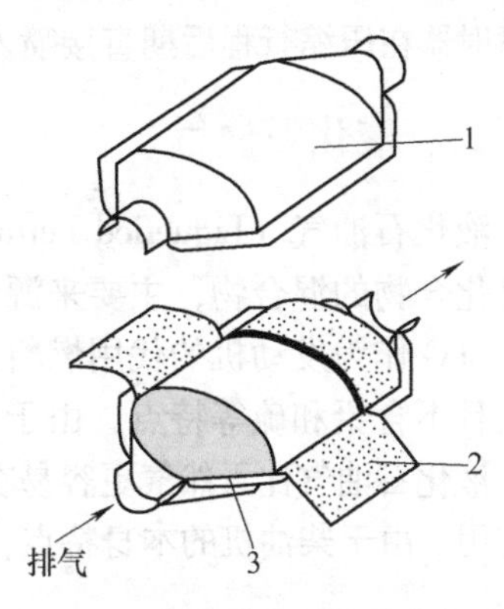

图 5-52　催化转换器的基本构造

1—壳体　2—减振密封衬垫

3—载体与催化剂

催化转换器由壳体 1、减振密封衬垫 2 和载体与催化剂 3 构成（图 5-52）。催化器壳体通常做成双层结构，并用奥氏体或铁素体镍铬耐热不锈钢板制造，以防止氧化皮脱落造成催化剂的堵塞。

催化转换器的使用条件相当严格，使用时一定要注意符合使用要求。

（2）柴油机微粒过滤器　微粒是柴油机排放的突出问题。对车用柴油机排气微粒的处理，主要采用多孔介质过滤的方案，即采用微粒过滤器（Diesel Particulate Filter，DPF）。

微粒过滤器的滤芯有体积过滤型和表面过滤型两大类。前者主要用比较疏松的过滤体积

容纳微粒，后者主要用比较密实的过滤表面阻挡微粒。

在微粒过滤器中积聚的微粒会逐渐增加排气的流动阻力，增大柴油机排气背压，影响柴油机的换气和燃烧，降低功率输出，增加燃油消耗率。因此，必须及时清除微粒过滤器中积聚的微粒，以恢复到接近原先的低阻力特性，这个过程称为微粒过滤器的再生。

第六节 代用燃料

一、天然气

天然气的主要成分是甲烷（体积分数为90%～95%）。以能量统计，其蕴藏量相当于石油的80%，是汽油的理想代用燃料。

对于采用同样排放控制技术类型的汽车，天然气汽车的非甲烷排放比汽油车低90%，而甲烷的排放量则比汽油车高9倍；CO的排放水平约为汽油车的20%～80%；NO_x排放量在多数情况下基本相同，最低的为汽油车的40%左右。有毒物质如苯、1，3-二烯等远比燃用汽油要低。CO_2的排放量也较低，由于其辛烷值达120，可用较高压缩比的发动机，其效率可与柴油机相当。

发动机燃用天然气大体可以分为双燃料系统、火花点火系统和气体燃料高压直接喷射系统。双燃料系统是柴油机改用天然气的一种方法，它的优点是不需要对原柴油机有太大的改动。火花点火燃烧方式是将柴油机改成燃用100%气体燃料的发动机，天然气-空气的混合气由火花塞点燃。高压喷射系统是将气体燃料先压缩到规定压力（一般为20～25MPa）以后，用气体喷射器在压缩行程后期直接喷入缸内被压缩的空气中，用引燃柴油、火花塞或电热塞点燃。

二、液化石油气

液化石油气（Liquefied Petroleum Gas，LPG）是以丙烷和丁烷为主体的低相对分子质量碳氢化合物的混合物，主要来源于油井气、石油加工的副产品。

LPG作为发动机的代用燃料既可以用于汽油机也可用于柴油机，它具有热值高、抗爆性好，且不含铅和硫等特点，由于LPG液化所需的压力较低，因而它的储运比天然气简单。

液化石油气比天然气更容易在车上携带，主要的问题是液化石油气供应有限，不可能大范围使用。由于柴油机的本身特点，柴油机上燃用100%的LPG需对发动机进行必要的改造。

三、甲醇

甲醇的一大优点是在常温下呈液态，因此可以方便地用于汽油机和柴油机。甲醇主要由天然气或煤制成，它的热值接近于汽油或柴油的一半。甲醇燃烧时不冒黑烟，并且不产生高分子烃，因此，微粒排放非常少。甲醇分子本身含氧，有利于燃烧，HC排放量少，CO排放量比柴油机高，与汽油机相当，甲醇可以在稀混合气下燃烧，燃烧温度又较低，所以NO_x排放量为柴油机的一半左右。甲醇的辛烷值高达112，有利于提高汽油机的压缩比，从而降低其油耗。由于甲醇的能量密度低，必须用两倍的供油量才能达到与汽油或柴油相同的动力输出，因此，需要改造发动机的供油系统。

甲醇本身有毒，燃烧后会有一部分未燃甲醇排出，另外还会排出比燃用传统燃料多数倍的甲醛。甲醛是强刺激性物质，有强烈的致癌作用。甲醇的十六烷值非常低，因此在柴油机上使用时，必须为其着火采用辅助措施。甲醇的用量接近汽油或柴油的两倍，价格较高，故成为影响其应用的原因之一。

四、乙醇

乙醇的性能与甲醇类似，但生产成本较高。乙醇的来源多为经各种谷物、纤维生物质发酵和化工合成。添加乙醇可以有效地提高汽油的辛烷值以提高抗爆性，如乙醇体积分数为22%的汽油可以完全代替含铅汽油的作用。乙醇燃料汽车排放的未燃烧乙醇、乙醛（比汽油车高12倍）和甲醛要比汽油车高，但是这些排放污染物可以通过催化剂进行有效控制。

与汽油机相比，乙醇燃料车排放的CO和NO_x分别要低20%～30%和15%左右。乙醇燃料车排放的苯、1，3－丁二烯和微粒物也要低很多。

五、二甲醚

二甲醚（DME）是近年来开发的一种柴油机代用燃料，它的热值高，着火性能好，能实现无烟运行，NO_x排放也可显著降低，是一种清洁的适合压燃式发动机的代用燃料。二甲醚是一种可再生燃料，不仅可以从石油及天然气中提取合成，而且可以从煤、植物、生活垃圾中提取合成。

将DME替代柴油作为燃料，在直喷式柴油机上的排放试验结果表明，在任何工况下DME都能实现无烟燃烧，这一特性优于其他各种在柴油机上尝试过的燃料。DME的CO排放量只有柴油的1/5左右，HC的排放量只有柴油的1/2左右。

作为一种发动机的代用燃料，DME在实际应用中存在一些急待解决的问题。例如，DME沸点为－25°C，因而在常温下呈气体状态，加压到0.35MPa以上才可使其液化；DME的黏度很低，因而润滑性差，这一点是DME实用化的最大障碍。

六、氢燃料

氢（H_2）作为代用燃料主要有以下特点：

1）唯一的不含碳燃料，因而不排放CO、HC及硫化物。燃烧后生成H_2O，而没有CO_2，因此也称为理想的环保燃料。但NO_x仍然会产生，而且高于汽油。

2）H_2的燃料热值为120MJ/kg，是汽油的2.7倍。但单位体积的热量只有汽油的1/20，因此所要求的燃烧系统与汽油机有很大差别。

3）H_2极易点燃，最小点火能量只有汽油的1/3，火焰传播特性很好，容易实现稀薄燃烧，但自着火温度（在大气压力下）高达850K，高于柴油机的620K和汽油机的770K。

4）H_2的沸点为－253°C，常温常压下为气态，携带性和安全性差。由于H_2在大气中的扩散系数为$0.63cm^2/s$，约为汽油的8倍，所以能很快形成可燃混合气，由火花塞点燃，燃烧速度和燃烧温度都很高。

H_2在发动机中的供给方式可以采用从进气管中吸入或缸内直喷方式。H_2作为有害排放物少和温室气体CO_2排放少的清洁燃料，未来有很好的实用前景，但必须解决生产成本和储运问题。

在可以预见的将来内燃机仍是各种交通机械的主要动力，内燃机燃油消耗与有害排放物降低是内燃机面临的主要挑战。因此改善内燃机的燃油经济性与降低排放是未来内燃机发展的关键。为了满足节能与排放要求，未来20年内内燃机的主要技术措施包括：机械增压与

涡轮增压相结合的双增压技术，双涡轮增压技术，可变涡轮增压技术，缸内直喷技术，米勒循环，汽油机稀燃与均质充气压燃（HCCI），停缸技术，混合动力技术，可变气门升程技术，可变压比技术，发动机自动启停技术，柴油机高压共轨技术，发动机小型化、轻量化技术，新燃料利用等。

思考题和习题

5-1　名词解释：气缸工作容积、排量、压缩比、爆燃、表面点火、气门重叠角、配气相位、充气效率、气门间隙。

5-2　往复活塞式内燃机有哪些类型？

5-3　四冲程往复活塞式内燃机通常由哪些机构与系统组成？它们各有什么功用？

5-4　四冲程汽油机和柴油机在基本原理上有何异同？

5-5　CA488 型四冲程汽油机有四个气缸，气缸直径为 87.5mm，活塞行程为 92mm，压缩比为 8.1，试计算其气缸工作容积、燃烧室容积和发动机排量。

5-6　气缸体的排列形式有哪些？各有什么优缺点？

5-7　连杆由哪几部分组成？连杆大头切口有哪几种？各有什么优缺点？为什么柴油机采用斜切口？

5-8　配气机构的作用是什么？主要由哪些部件组成？

5-9　配气机构有哪几类？各有何特点？

5-10　为什么留有气门间隙？气门间隙过大或过小对发动机的性能有哪些影响？一般的调节范围是多少？如何调节？

5-11　进、排气门为何要早开和晚关？

5-12　车用汽油机运行工况对可燃混合气成分有何要求？

5-13　柴油机燃烧室分哪两大类？各有何特点？

5-14　柴油机的燃料供给系统由哪些部件组成？各部件的功用是什么？

5-15　内燃机的工作循环有哪几个？汽油机和柴油机分别属于哪种循环？

5-16　影响内燃机理论循环热效率的因素有哪些？试对三种理论循环的热效率做一比较。

5-17　汽油机和柴油机着火延迟期的定义及其影响因素是什么？

5-18　内燃机的主要排放污染物有哪些？各自的生成条件是什么？采取哪些措施可以分别降低这些排放物？

参考文献

[1] 陈家瑞. 汽车构造：上册［M］. 北京：人民交通出版社，2002.

[2] 陆耀祖. 内燃机构造与原理［M］. 北京：中国建材工业出版社，2004.

[3] 蔡兴旺. 汽车构造与原理［M］. 北京：机械工业出版社，2005.

[4] 关文达. 汽车构造［M］. 北京：清华大学出版社，2004.

[5] 杨杰民. 现代汽车发动机构造［M］. 上海：上海交通大学出版社，1999.

[6] 刘巽俊. 内燃机的排放与控制［M］. 北京：机械工业出版社，2002.

[7] 周龙保. 内燃机学［M］. 北京：机械工业出版社，1999.

[8] 王建昕，傅立新，黎维彬. 汽车排气污染治理及催化转化器［M］. 北京：化学工业出版社，2000.

第六章

制冷与空调

制冷和空调与人民的生活、社会生产息息相关，制冷与空调既相互联系又相互独立。制冷是一种冷却过程，除用于食品冷冻加工、化工和机械加工等工业制冷外，其最主要的应用是空调。空调中既有冷却，也有供暖、加湿、除湿以及流速、热辐射和空气质量的调节等。

制冷和空调的应用已很普遍，已成为社会生存与发展不可或缺的一部分。作为本专业的工程技术人员，不仅要了解其然，而且要懂得其所以然。如常用的制冷方法有哪些？它们是如何工作的？各自有什么特点？如何利用制冷设备来组成空调系统等。为此，本章将以制冷循环（或逆向循环）的基础理论为起点，以制冷为核心，系统地阐述相关内容，主要包括以下四部分：

1）蒸气压缩式制冷原理及压缩机。

2）吸收式制冷原理及系统。

3）热泵技术及应用。

4）空调原理及系统。

第一节　概　　述

一、制冷的定义与分类

制冷是指用人工的方法在一定时间和一定空间内将物体冷却，使其温度降低到环境温度以下，保持并利用这个温度。按照所获得的温度，通常将制冷划分为以下几个领域：120K以上，普冷；120～0.3K，深冷（又称低温）；0.3K以下，极低温。

由于要求的制冷温度范围不同，所采用的降温方式，使用的工质、机器设备以及依据的具体原理有很大差别。工程应用上有多种人工制冷方法，如适用于普通制冷的蒸气压缩式制冷、吸收式制冷、蒸气喷射式制冷，适用于深度制冷（制冷温度为20～160K）的气体膨胀制冷、半导体制冷、磁制冷等。空气调节系统中所用的人工制冷方法主要是蒸气压缩式、吸收式制冷。

二、制冷研究的内容

制冷研究的内容可以概括为以下五个方面：

1）研究获得低于环境温度的方法、机理以及与此对应的循环，并对循环进行热力学的分析和计算。

2）研究循环中使用的工质的性质，从而为制冷机提供合适的工作介质。

3）研究所需的各种机械和设备，包括它们的工作原理、性能分析、结构设计。

4）研究制冷的工艺过程。

5）研究气体的液化和分离技术。例如将氧、氮、氢、氦等气体液化、分离，均涉及一系列的制冷技术。

三、制冷技术的应用

制冷技术的应用几乎渗透到各个生产技术、科学研究领域，并在改善人类的生活质量方面发挥了巨大作用。

1. 商业及人民生活

商业制冷主要用于各类食品冷加工、冷藏储存和冷藏运输，使之保质保鲜。现代的食品工业，从生产、储运到销售，有一条完整的“冷链”。所使用的制冷装置有：各种食品冷加工装置、大型冷库、冷藏汽车、冷藏船等，直至家庭用电冰箱。

舒适性空气调节为人们创造适宜的生活和工作环境。如家庭、办公室用的局部空调装置；大型建筑、车站、机场、宾馆、商厦等使用的集中式空调系统；各种交通工具，如轿车、客车、飞机、火车、船舱等的空调设施；体育、游乐场所除采用制冷提供空气调节外，还用于建造人工冰场，如上海杰美体育中心的室内冰场，面积达1200m^2。食品冷冻冷藏和舒适性空气调节是制冷技术应用最为量大、面广的领域。

2. 工业生产及农牧业

许多生产场所需要生产用空气调节系统，例如：纺织厂、精密加工车间、精密计量室、计算机房等的空调系统，为各生产环境提供恒温恒湿条件，以保证产品质量或机床、仪表的精度。

机械制造中，对钢进行低温处理，可以改变其金相组织，使奥氏体变成马氏体，提高钢的硬度和强度。化学工业中，借助于制冷，使气体液化、混合气分离，带走化学反应中的反应热。在钢铁工业中，对高炉鼓风，需要用制冷的方法先除湿，再送入高炉，以降低焦铁比，提高铁液质量。

农牧业中，对农作物种子进行低温处理。交通运输业中，新能源汽车采用液化天然气，以增大能量密度。建筑工程中，拌和混凝土时，用冰代替水，借冰的熔化热补偿水泥的固化反应热，以有效地避免大型构件因散热不充分而产生内应力和裂缝等缺陷。

3. 科学研究

科学研究往往需要人工的低温环境。例如：为了研究高寒条件下使用的发动机、汽车、坦克、大炮的性能，需要创造相应的环境条件；气象科学中，用于人工气候实验的云雾室需要（−45～30）℃的温度条件。

4. 医疗卫生

现代医学已离不开制冷技术。①冷冻医疗，如肿瘤、眼球移植、心脏大血管瓣膜冻存和移植等手术时的低温麻醉。②细胞组织、疫苗、药品的冷保存。③制作血干、皮干用的真空冷冻干燥法等都属于制冷技术的范畴。

5. 空间技术

火箭推进器所需的液氧和液氢须在低温下制取；配合人造卫星发射和使用的红外技术也离不开低温环境；红外探测器只有在低温条件下，才能获得优良的探测结果；在航天器的地面模拟实验中，需要用液氮、液氦组成的低温泵使冷凝密闭容器内的气体达到高真空等。

6. 低温物理研究

低温技术提供的低温获得和低温保存的方法，为低温物理学的研究创造了条件，使低温声学、低温光学、低温电子学等一系列学科得到发展。超导现象的发现和超导技术的发展也与制冷技术的发展分不开。

第二节 蒸气压缩式制冷原理

制冷循环可以分为可逆循环和不可逆循环两种。研究理想制冷循环或逆向可逆循环的目的有两个：其一是要寻找热力学上最完善的制冷循环，作为评价其他循环效率高低的标准；其二是根据理想制冷循环，可以从理论上指出提高制冷装置经济性的重要方向。

一、理想制冷循环

1. 恒温热源的理想制冷循环——逆卡诺循环

（1）逆卡诺循环　图 6-1a、b 分别为制冷循环（或制冷机）的热力学原理图和以理想气体为工质的逆卡诺循环的 T-s 图。

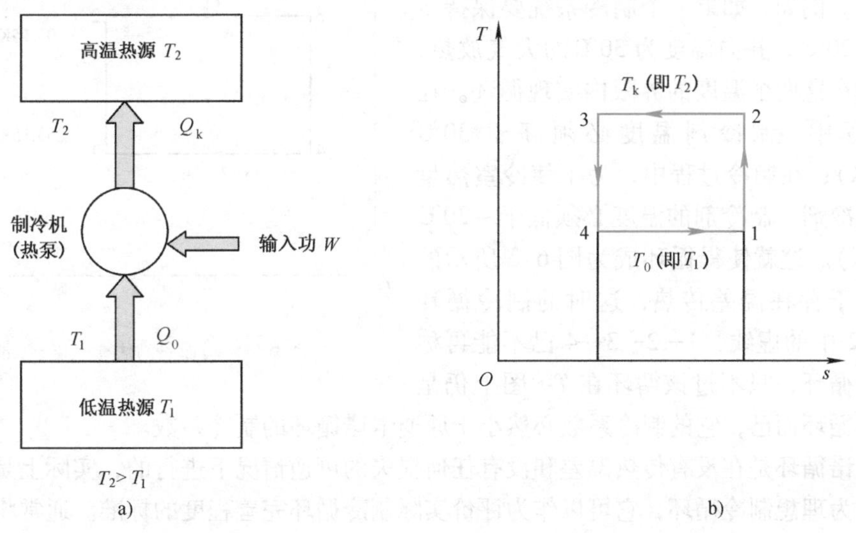

图 6-1　制冷循环热力学原理图和逆卡诺循环的 T-s 图

a）制冷循环热力学原理图　b）以理想气体为工质的逆卡诺循环的 T-s 图

由热力学第一定律可知，从低温热源获取的热量 Q_0（即制冷量）和输入功 W（或输入热量 Q）之和应等于向高温热源的放热量 Q_k（即冷凝放热量），即 $Q_k = Q_0 + W$。为了分析比较在两个确定的热源温度下，不同的制冷机在消耗某种功 W 情况下获得的制冷量 Q_0 的大小，通常以制冷系数或称性能系数作为制冷系统性能的评价指标，用 ε 或 COP 表示。其定义为消耗单位功所获得的制冷量，即

$$\varepsilon = \frac{Q_0}{W} = \frac{\phi_0}{P} = \frac{q_0}{w} \tag{6-1}$$

式中，q_0、w 分别为单位工质的制冷量和输入功（kJ/kg）；ϕ_0 为单位时间的制冷量（kW）；P 为输入的功率（kW）。

热力学第二定律中已经证明，由可逆过程组成的逆卡诺循环最经济，其制冷系数也最大。因此，它是工作在两个恒定的热源温度之间的理想循环。这时，高温热源（即环境介质）的温度 T_2、低温热源（即被冷却对象）的温度 T_1，分别等于可逆制冷机中制冷剂放热时的温度（即冷凝温度 T_k）和吸热时的温度（即蒸发温度 T_0）。

对于图 6-1 所示的一个循环过程而言，两热量之差，也就是消耗的净功，其数值即为由矩形 1—2—3—4 所包围的面积。因此，逆卡诺循环的制冷系数的表达式为

$$\varepsilon_c = \frac{q_0}{w_0} = \frac{T_1(s_1 - s_4)}{(T_2 - T_1)(s_1 - s_4)} = \frac{T_1}{T_2 - T_1} = \frac{T_0}{T_k - T_0} \tag{6-2}$$

从式（6-2）可以看出，逆卡诺循环的制冷系数只是温度的函数，与制冷剂的性质无关，其值在零和无穷大范围内变化。高温热源的温度 T_2（或冷凝温度 T_k）越小，则制冷系数越大；低温热源的温度 T_1（或蒸发温度 T_0）增大时，分子增大，分母减小，两者都可使制冷系数增大。所以，T_1 对制冷系数的影响比 T_2 更显著。

（2）对温度的限制及热力完善度　制冷剂在循环过程中与高、低温热源之间的传热必须要有温差。例如，如果一个制冷系统要保持冷室温度 -20℃，并向温度为 30℃ 的大气放热，那就必须在这两个温度的界限内实现循环。在放热过程中，制冷剂温度必须高于 30℃（303.15K）；在制冷过程中，为了使冷室热量能传给制冷剂，制冷剂的温度必须低于 -20℃（253.15K）。这就使得循环成为图 6-2 所示的那样。由于存在温差传热，这时的制冷循环（含图 6-2 中的虚线）1—2—3—4 已不能再称为逆卡诺循环，只不过该循环在 T-s 图上仍是一个矩形循环而已，它的制冷系数必然小于原逆卡诺循环的制冷系数。

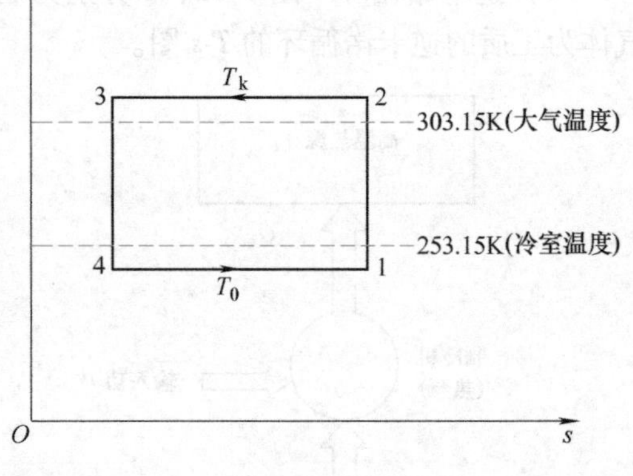

图 6-2　对制冷循环温度的限制

逆卡诺循环是在没有传热温差和没有任何损失的可逆情况下进行的，实际上是无法实现的。但作为理想制冷循环，它可以作为评价实际制冷循环完善程度的标准。通常将工作于相同热源温度间的实际制冷循环的制冷系数 ε 与逆卡诺循环的制冷系数 ε_c 之比，称为这个制冷循环的热力完善度，用 η 表示，即

$$\eta = \frac{\varepsilon}{\varepsilon_c} \tag{6-3}$$

实际制冷循环的制冷系数随着高温热源和低温热源的温度不同以及过程的不可逆程度而变化，其值可以大于1或小于1。热力完善度是表示制冷机实际循环接近逆卡诺循环的程度，热力完善度的数值恒小于1，故也称循环效率或卡诺效率。热力完善度的数值越大，就说明循环的不可逆损失越小。在循环中，减少传热温差、减少摩擦，均会减少循环的不可逆程度，并提高热力完善度。制冷系数 ε 和热力完善度 η 都可以作为制冷循环的技术经济指标，但 ε 只是从热力学第一定律（能量转换）的数量角度反映循环的经济性，而 η 是同时考虑了能量转换的数量关系和实际循环中不可逆的影响程度。

例 6-1 设热源温度 $T_2=298\text{K}$，冷源温度（或称低温热源温度）$T_1=263\text{K}$，求：

1）在这两个温度间运转的可逆制冷机的制冷系数。

2）当制冷剂与冷、热源的传热温差为10K时的制冷系数。

3）具有10K传热温差的实际制冷机的热力完善度。

解 1）对于可逆制冷机，无传热温差，故

$$\varepsilon_c = \frac{T_1}{T_2 - T_1} = \frac{263}{298 - 263} = 7.51$$

2）当传热温差为10K时，制冷剂的最高温度即冷凝温度 $T_k=308\text{K}$，最低温度即蒸发温度 $T_0=253\text{K}$，因而有

$$\varepsilon = \frac{T_0}{T_k - T_0} = \frac{253}{308 - 253} = 4.60$$

可见，传热温差导致制冷系数明显下降。

3）当实际制冷机的传热温差为10K时，其热力完善度为

$$\eta = \frac{\varepsilon}{\varepsilon_c} = \frac{4.6}{7.51} = 0.61$$

若传热温差增加到20K，可以算出制冷系数为3.24，热力完善度为0.43。可以看出，随着传热温差的增加，循环的不可逆程度增加，热力完善度明显下降。

2. 变温热源的理想制冷循环——劳伦兹循环

为了减少在制冷机的冷凝器和蒸发器中不可逆传热所引起的可用能损失，制冷剂和传热介质之间应保持尽可能小的传热温差。就制冷机的一般工作条件来说，冷却介质及被冷却物体的热容量都不是无穷大，在传热过程中要发生温度变化，不能看作为恒温热源。此时，制冷剂的冷凝温度应略高于（在极限情况下等于）冷却介质的出口温度（图6-3中的 T_1''），但与冷却介质的进口温度（T_1'）间存在较大的温差。同样，制冷剂的蒸发温度同被冷却介质的进口温度（T_2'）之间也存在较大的温差，如图6-3所示，对于变温热源来说，含有恒温热源的逆卡诺循环已不复存在，因此，需要找到一种变温热源（而不是恒温热源）的理想循环，以改善制冷系数。变温热源间的可逆循环，可依据冷源和热源的性质而以不同的方式来实现。只要满足工质与变温冷源、热源之间热交换时的温差各处均为无限小，以及工质与对其作用的物体之间保持机械平衡的条件，则工质进行的循环即为理想制冷循环，劳伦兹循环就是这种变温热源时可逆的逆循环的形式。

如图 6-4 所示，劳伦兹循环由两个等熵过程 $a—b$、$c—d$ 和两个变温的多变过程 $b—c$、$d—a$ 组成。b、c 两点的温度分别为高温热源流体的进、出口温度，d、a 两点的温度分别为低温热源流体的进、出口温度。

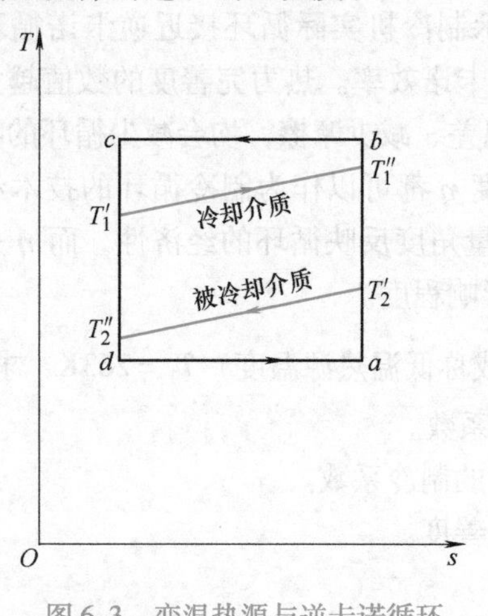

图 6-3 变温热源与逆卡诺循环

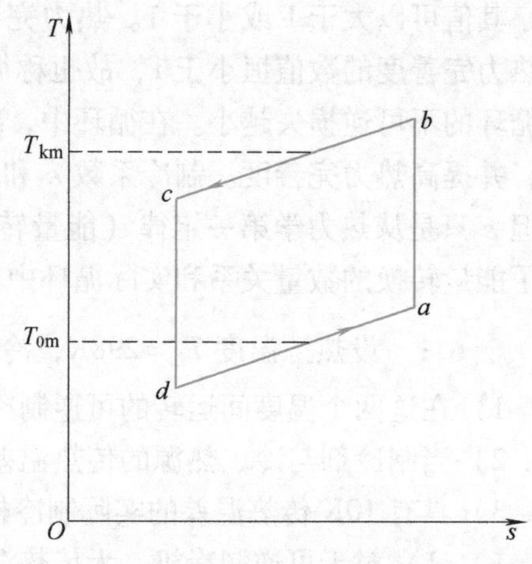

图 6-4 劳伦兹循环的 T-s 图

在实际中，要实现劳伦兹循环，冷凝器和蒸发器都必须是完全逆流式的；而且应用非共沸混合制冷剂作为工质，利用其在等压下蒸发或冷凝时温度不断变化这个特点，使制冷剂的冷凝温度和蒸发温度的变化始终分别与冷却介质及被冷却介质的温度变化同步，使循环的不可逆损失减小，制冷系数和热力完善度增加。在传热温差无限小的极限情况下可以实现完全可逆的劳伦兹循环，所以，劳伦兹循环是外部热源为变温热源时的理想制冷循环。

对于变温条件下的可逆循环，可采用建立在平均当量温度概念上的逆卡诺循环来表示其技术经济指标。

$$\varepsilon_L = \frac{T_{0m}}{T_{km} - T_{0m}} \tag{6-4}$$

式中，T_{0m}、T_{km} 分别为两个变温热源的平均温度（K）；ε_L 为制冷系数。

变温热源间工作的劳伦兹循环 $abcda$ 的制冷系数，相当于在平均吸热温度 T_{0m} 和平均放热温度 T_{km} 间工作的逆卡诺循环的制冷系数，即等效逆卡诺循环的制冷系数。

3. 理想热泵循环

逆向循环是以耗功作为补偿，通过制冷工质的循环，从低温热源中吸收热量（即制冷量）并向高温热源放出热量，因此，逆向循环可以用来制冷（对低温热源而言），也可用来供热（对高温热源而言），或者制冷、供热同时使用。用来制冷的逆向循环称为制冷循环，而用来供热的逆向循环称为热泵循环。

因此，理论上最理想的热泵循环仍是逆卡诺循环，仍可以用图 6-1b 来表示，只是其使用目的和工作温度的范围有所不同。图 6-1b 中，T_1 是环境温度或某热源的温度，T_2 是供热温度（用于对外供热）。

热泵循环的性能用供热系数 ε_h 或 COP_h 表示，它表示单位耗功量所获得的供热量，即

$$\varepsilon_h = \frac{q_k}{w} = \frac{q_0 + w}{w} = \varepsilon_c + 1 \tag{6-5}$$

可以看出，热泵循环的供热系数永远大于 1。在以环境介质为低温热源向建筑物采暖系

统供热的情况下，从节约能源的角度考虑是有重要意义的。

二、蒸气压缩式制冷系统

蒸气压缩式制冷系统，一般是指制冷剂用机械进行压缩的一种制冷系统。蒸气压缩式制冷系统有单级、多级和复叠式之分，设备比较紧凑，可以制成大、中、小型，以适应不同场合的需要，能达到的制冷温度范围较广，且在普通制冷温度范围内具有较高的性能系数。因此，它广泛用于工农业生产及人民生活的各个领域。本节仅以单级制冷循环为例，对蒸气压缩式制冷进行讨论。

1. 蒸气压缩式制冷系统的理论循环

（1）制冷系统的组成与制冷剂

1）制冷系统的组成。蒸气压缩式制冷系统由压缩机、冷凝器、节流阀和蒸发器组成，沿逆时针方向构成一个逆循环制冷系统，如图 6-5 所示。在整个循环过程中，压缩机起着压缩和输送制冷剂蒸气的作用，是整个系统的心脏；膨胀阀或节流阀对制冷剂起节流降压作用，并调节进入蒸发器的制冷剂流量；蒸发器是输出冷量的设备，它的作用是使经节流阀流入的制冷剂液体蒸发成蒸气，以吸收被冷却物体的热量，从而达到制取冷量的目的；冷凝器是输出热量的设备，从蒸发器中吸收的热量连同压缩机消耗的功所转化的热量，在冷凝器中被冷却介质带走。根据热力学第二定律，压缩机所消耗的功（电能）起了补偿作用，使制冷剂不断地从低温物体中吸热，并向高温物体放热，从而完成整个制冷循环。

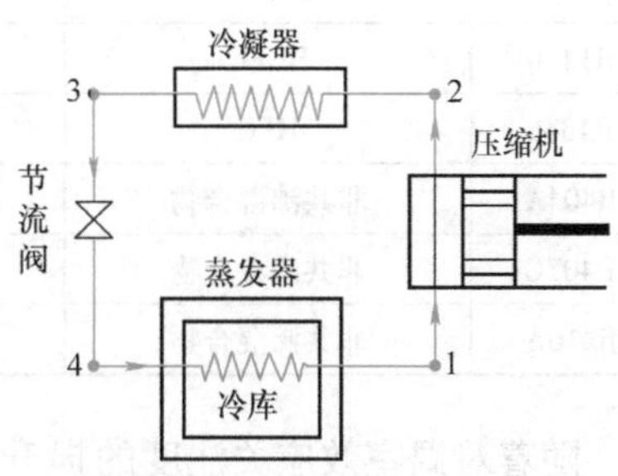

图 6-5　蒸气压缩式制冷系统组成示意图

2）制冷剂。制冷剂是在制冷装置中进行制冷循环的工作物质，也称为制冷工质。制冷设备运行过程中，制冷剂在系统各部件间循环流动，并通过其热力状态的变化，达到从低温热源吸热而向高温热源放热的目的。制冷剂的性质直接影响制冷循环的技术经济指标，同时也与制冷装置的特性及运行管理和环保控制有着密切的关系。制冷剂不仅应具有优良的热力学、物理化学性能，还应该经济、安全，对人体无害，对环境无污染。目前，使用的制冷剂按照物质化学成分可分为纯工质和混合工质，纯工质又可分为有机化合物和无机化合物，其中有机化合物包括卤代烃（氟利昂）（如 R22、R32、R134a 等）、碳氢化合物（如甲烷、丙烯等）、环状有机化合物和有机氧化物等；混合工质又可分为共沸混合物（如 R500、R502 等）、非共沸混合物（如 R407C、R410A 等）和介于两者之间的近共沸混合物。在制冷与空调行业中使用最为广泛的是氟利昂制冷剂。按照氟利昂为饱和烃（主要指甲烷、乙烷和丙烷）的卤代物的总称这一定义，氟利昂制冷剂大致可分为氯氟烃（CFC）、氢氯氟烃（HCFC）、氢氟烃（HFC）三大类，各类的代表性工质见表 6-1。

表 6-1　氟利昂制冷剂分类及其主要工质

工质类别	氯氟烃	氢氯氟烃	氢氟烃
主要工质	R11、R12、R113、R114、R115、R500、R502 等	R22、R123、R141b、R142b 等	R134a、R125、R32、R407C、R410A、R152 等

受臭氧层破坏、温室效应等环境因素的影响，人们开始逐步重视制冷工质对环境的负面影响，工质替代成为制冷行业的重点关注对象，制冷剂的使用种类经历了重大变革。由于CFCs、HCFCs类制冷工质对臭氧层的破坏作用，1989年生效的联合国《蒙特利尔议定书》开始全面禁用该类物质，氢氟烃类（HFCs）及其混合工质（如R410A、R407C、R404A）逐渐替代CFCs、HCFCs类制冷工质，2007年7月1日我国全面实现了CFCs的完全淘汰。当前，我国空调和冰箱中主要用R22、R134a、R410A、R407C、R142b作为制冷剂，各工质的特性见表6-2。

表6-2 我国空调和冰箱采用的主要工质的特性

特性	分类	沸点/℃	临界温度/℃	临界压力/MPa	消耗臭氧潜能值ODP（R11=1）	全球变暖潜能值GWP（CO_2=1）
R22	HCFC	−40.8	96.2	4.99	0.05	1700
R142b	HCFC	−9.8	136.45	4.15	0.043	2400
R134a	HFC	−26.1	101.1	4.06	0	1300
R404A	非共沸混合物	−46.6	72.1	3.74	0	3800
R407C	非共沸混合物	−43.8	87.3	4.63	0	1700
R410A	非共沸混合物	−51.6	72.5	4.95	0	2000

随着对温室效应关注度的提升，原本用于替代CFCs、HCFCs类制冷工质的HFCs制冷工质已被《京都议定书》定为温室气体。开发新一代的制冷剂势在必行，选择制冷剂时应关注的因素如图6-6所示。

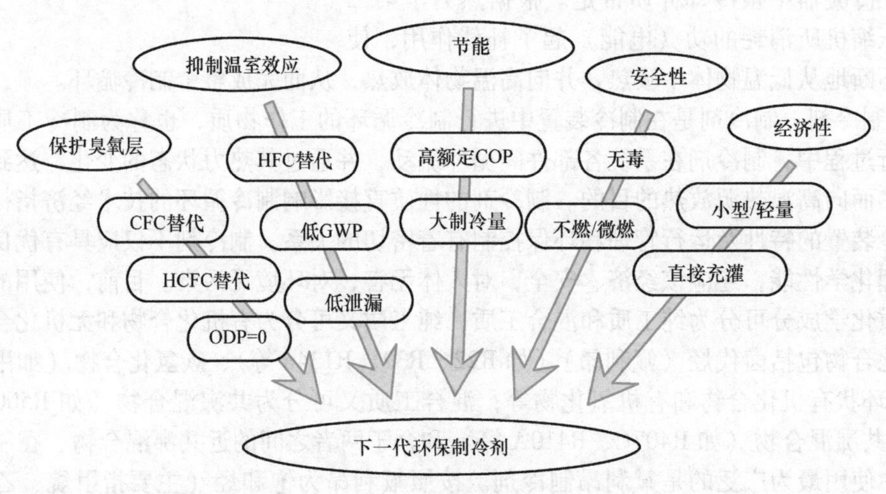

图6-6 选择制冷工质时需要考虑的因素

3）载冷剂。载冷剂和制冷剂一样，都是传递热量的物质，在以间接冷却方式工作的制冷装置中，它吸收被冷却物体或空间的热量，传递给制冷剂。作为载冷剂的条件是：在使用温度范围内不凝固、不汽化；无毒，化学稳定性好，对金属不腐蚀、不燃烧、不爆炸；比热容大，输送一定冷量所需流量小，以保证输送载冷剂的循环泵功率较小；密度小、黏度小，以保证流动阻力小；热导率大，以保证热交换设备的传热面积小；价格低廉，易于购买。

常用的载冷剂有空气、水、盐水、有机化合物及其水溶液等。空气作为载冷剂有较多优点，特别是价格低廉和容易获得。但空气的比热容小［约1kJ/（kg·K）］、热导率小。水作为载冷剂除了具备载冷剂所必需的条件外，还能直接用来加湿空气，调节空气的温度和湿度，但水在常压下的凝固温度为0℃，只能用于0℃以上的高温载冷场合。冷库的制冷系统常常采用空气直接冷却系统，普通的制冷空调系统常采用水作为载冷剂。

如果要获取低于0℃的冷量，则可采用盐水溶液为载冷剂。由于盐水溶液对金属有强烈的腐蚀性，有使用条件的限制，有些场合采用腐蚀性小的有机化合物或其水溶液为载冷剂，但其成本较高。

对于工作温度不同的制冷剂系统，较为普遍的载冷剂的选择情况为：工作在5℃以上的载冷剂系统，一般都采用水作为载冷剂；工作温度在5～－50℃的范围内，一般都采用氯化钠水溶液及氯化钙水溶液作为载冷剂；当载冷剂的工作温度范围较广，既需在低温下工作，又需在高温下工作时，选用能满足高、低温要求的物质作为载冷剂；工作温度低于－50℃时，通常采用凝固点更低的碳氢化合物作为载冷剂。

（2）蒸气压缩式制冷系统的理论循环——逆卡诺循环的修改　图6-7所示的循环1′2′34′1′是理想制冷循环（即逆卡诺循环），它的制冷系数 ε_c 被认为是理论的极限值。但是，按逆卡诺循环工作的蒸气制冷系统在实际运行中无法实现。图6-7所示的循环122′341′1为修改后的蒸气压缩式制冷的理论循环，它由两个等压过程、一个绝热压缩过程及一个绝热节流过程所组成。与在两相区内的理想制冷循环或逆卡诺循环相比，做了如下两条重要的修改。

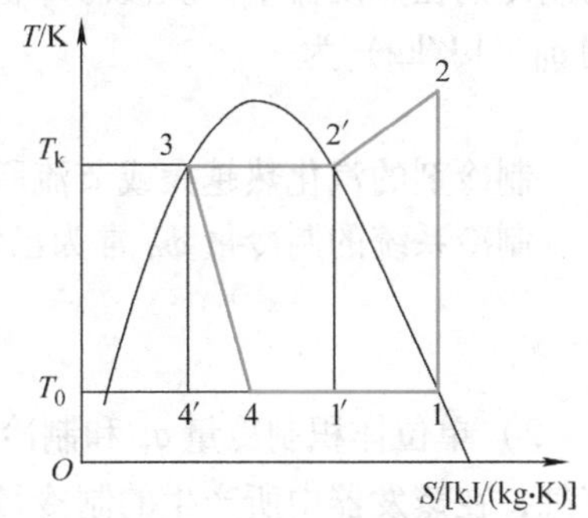

图6-7　蒸气压缩式制冷的理论循环

1）用干压缩代替湿压缩。在图6-7所示的湿蒸气区域内的理想循环中，为了实现两个等温过程，压缩机吸入的是湿蒸气，压缩过程为湿压缩，这个过程理论上是完全可行的。但在实际上，液滴不是在压缩时逐渐吸热而蒸发，而是在吸入压缩机时就落在灼热的气缸壁及活塞上，湿蒸气中的液滴迅速汽化，占据气缸容积，使压缩机吸入的制冷剂量减少，制冷量降低，而且液滴进入气缸后很难全部汽化，容易发生压缩液体的“液击”现象，使气缸遭到破坏。因此，压缩机不得不放弃吸入湿蒸气而转为吸入干饱和蒸气或过热蒸气，即转为干压缩。干压缩是蒸气压缩制冷机正常工作的一个重要标志。

采用干压缩后，与逆卡诺循环相比，制冷系数会有所减小；因为在这种具有干压缩的循环中，蒸气无益地加热到 T_2（$>T_k$），继而又在等压下冷却，要消耗更多的能量。这种由于蒸气无益加热而导致的制冷系数降低的程度称为过热损失。它与制冷剂的性质有关，一般地，节流损失大的制冷剂，过热损失比较小。采用干压缩，经济性有所损失，但对于制冷机的安全运行却是必要的。

2）用节流阀代替膨胀机。在蒸气压缩式制冷的理论循环中，用节流阀代替膨胀机，这样虽然会损失膨胀机的膨胀功，但装置简单。

在制冷剂液体通过节流阀的节流过程中，由于有摩擦损失和涡流损失，而这部分机械损失又转变为热量来加热制冷剂，使一部分制冷剂液体汽化。如图6-7所示，节流后制冷剂的状态4，比绝热膨胀后的状态4′的干度有所增加，比熵也有所增加。节流过程是一个典型的

不可逆过程，使有效制冷量减少。

显然，采用节流阀代替膨胀机，制冷循环的制冷系数有所降低，其降低的程度称为节流损失。节流损失的大小随冷凝温度与蒸发温度之差的增加而加大，同时也与制冷剂的物理性质有关。由温－熵图可见，饱和液体线越平缓，以及制冷剂的比潜热越小，或者冷凝压力越接近其临界压力，节流损失越大。

除上述两点之外，蒸气压缩式理论制冷循环与逆卡诺循环还有一点区别，是在图6-7冷凝器中发生的2—2′—3过程。由于干压缩，使得制冷剂在冷凝器中的放热过程由冷却2—2′和冷凝2′—3两过程组成，在2—2′中制冷剂与环境介质之间有温差，在2′—3中制冷剂与环境介质之间无温差。

(3) 理论循环的性能指标　为了说明蒸气压缩式制冷机理论循环的性能，引入下列一些性能指标，它们均可通过循环各点的状态参数计算得到。

1）单位质量制冷量 q_0 和制冷剂的质量流量 $q_{m,\mathrm{R}}$。q_0 也常简称为单位制冷量，是指1kg的制冷剂在蒸发器中，从被冷却物体中吸收的热量。从热力学的稳定流动能量方程式可以得到 q_0（kJ/kg）为

$$q_0 = h_1 - h_4 = h_1 - h_3 \tag{6-6}$$

制冷剂的汽化热越大或节流所形成的蒸气越少，则循环的单位制冷量就越大。

制冷系统的制冷量 ϕ_0 常为已知，因此，制冷系统中制冷剂的质量流量为

$$q_{m,\mathrm{R}} = \frac{\phi_0}{q_0} = \frac{\phi_0}{h_1 - h_4} \tag{6-7}$$

2）单位体积制冷量 q_v 和制冷剂的体积流量 $q_{V,\mathrm{R}}$。q_v 是指制冷压缩机每吸入1m^3 制冷剂蒸气，在蒸发器中所产生的制冷量（kJ/m^3），即

$$q_\mathrm{v} = \frac{q_0}{v_1} = \frac{h_1 - h_4}{v_1} \tag{6-8}$$

式中，v_1 为压缩机进口处制冷剂蒸气的比体积。

制冷系统中制冷剂的体积流量是指压缩机每秒吸入制冷剂蒸气的体积，即

$$q_{V,\mathrm{R}} = q_{m,\mathrm{R}} v_1 \tag{6-9}$$

由上面两式又可以得到蒸发器中制冷量的另一个计算公式，即

$$\phi_0 = q_{V,\mathrm{R}} q_\mathrm{v} \tag{6-10}$$

由式（6-7）和式（6-10）可以看出，制冷量与两方面因素有关：一方面是制冷剂的质量流量或体积流量，另一方面是单位质量制冷量或单位体积制冷量。前者与压缩机的尺寸和转速有关，后者与制冷剂的种类和工作条件有关，与装置的大小无关。如某一制冷系统的压缩机、制冷剂等已经确定，若冷凝温度不变，蒸气比体积 v_1 随蒸发温度（或蒸发压力）的降低将增大，因而单位体积制冷量 q_v 将随蒸发温度的降低而变小，这时将引起制冷系统制冷量的降低。

3）单位冷凝热量 q_k 和冷凝器的热负荷 ϕ_k。1kg制冷剂蒸气在冷却（显热阶段）和冷凝（潜热阶段）两过程中放出的热量，称为单位冷凝热量

$$q_\mathrm{k} = h_2 - h_3 \tag{6-11}$$

所以冷凝器的热负荷（输出热量）为

$$\phi_\mathrm{k} = q_{m,\mathrm{R}} q_\mathrm{k} = q_{m,\mathrm{R}}(h_2 - h_3) \tag{6-12}$$

4）单位理论压缩功 w_0 和压缩机消耗的理论功率 P_0。理论循环中制冷压缩机输送1kg

制冷剂所消耗的功称为单位理论压缩功。由于制冷剂在节流过程中不做外功，因此，压缩机所消耗的单位理论压缩功即等于循环的单位理论压缩功。对于单级压缩蒸气制冷机的理论循环来说，单位理论压缩功可表示为

$$w_0 = h_2 - h_1 \tag{6-13}$$

压缩机消耗的理论功率为

$$P_0 = q_{m,\mathrm{R}}(h_2 - h_1) \tag{6-14}$$

单级蒸气压缩式制冷机的单位理论功也是随制冷剂的种类和制冷机循环的工作温度而变的。

5）制冷系数 ε_0。前面已经定义了制冷系数，对于单级蒸气压缩式制冷机，其理论循环的制冷系数 ε_0 表达为式（6-1），即

$$\varepsilon_0 = \frac{\phi_0}{P_0} = \frac{q_0}{w_0}$$

2. 蒸气压缩式制冷系统的实际循环及其性能指标

（1）蒸气压缩式制冷系统的实际循环　蒸气压缩式制冷系统的实际循环与上述理论循环有许多不同之处，把实际循环叠加在理论循环的压－焓图上，如图 6-8 所示，可以看出它们的差别。

1）实际压缩过程不是等熵过程。因为压缩过程中存在着气体内部以及气体与气缸壁之间的摩擦、热交换和气体与外部的热交换，实际的压缩过程是一个不可逆的多变指数不断变化的多变过程。

2）冷凝和蒸发过程中都存在传热温差，所以过程也是不可逆的。

3）制冷剂通过管道、吸排气阀、冷凝器、蒸发器时存在压力损失。

4）实际循环中存在液体过冷、蒸气过热现象。冷凝器中液体过冷，可保证进入膨胀阀的是 100% 的液体，在节流过程中减少汽化，使节流机构工作稳定，且有利于提高循环的制冷系数。蒸发器中蒸气过热，可以防止将液滴带入压缩机。

（2）实际循环的性能指标　对如图 6-8 所示的实际循环过程进行分析计算是较复杂的。因此，在工程设计中常常对它做一些简化，简化后的循环如图 6-9 所示。简化内容包括：①忽略冷凝器及蒸发器中的微小压力变化，同时认为冷凝温度和蒸发温度均为定值；②将压缩机的内部过程简化成一个从吸气压力到排气压力的有损失的简单压缩过程；③节流过程仍认为是等焓过程。经过上述简化，则实际循环可表示为图 6-9 中的 0—1—2—3—4—5—0—1，其中 1—2 是实际的压缩过程。

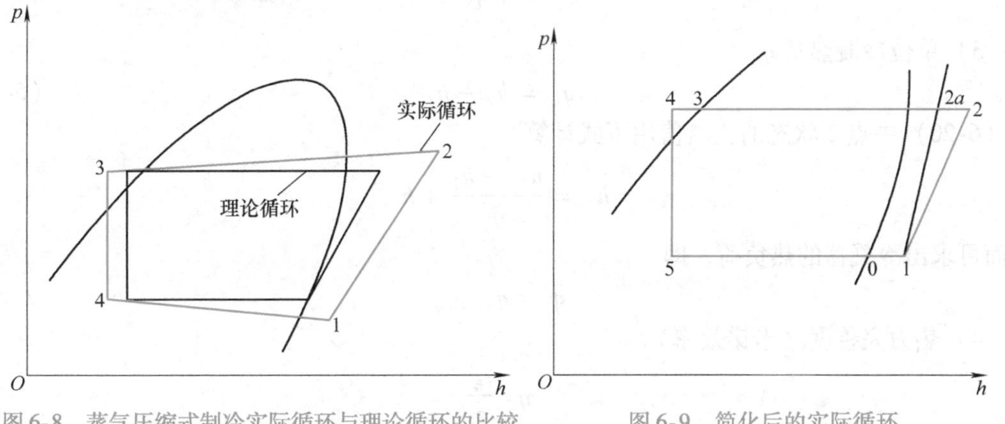

图 6-8　蒸气压缩式制冷实际循环与理论循环的比较　　图 6-9　简化后的实际循环

1）单位质量制冷量 q_0、单位体积制冷量 q_v、单位理论功 w_0、制冷剂循环流量 $q_{m,R}$ 和理论功率 P_0。

$$q_0 = h_1 - h_5 = h_1 - h_4$$

$$q_v = \frac{q_0}{v_1}$$

$$w_0 = h_{2a} - h_1$$

$$q_{m,R} = \frac{\phi_0}{q_0}$$

$$P_0 = q_{m,R} w_0$$

制冷量 ϕ_0 通常由设计任务给出，得到制冷剂的循环流量后，可以求得压缩机实际输气量 $q_{V,s}$（$q_{V,s}$为压缩机在单位时间内，按进气条件所排出气体的实际体积，即体积流量）以及压缩机的理论输气量，即体积流量 $q_{V,h}$

$$q_{V,s} = q_{m,R} v_1 = \frac{\phi_0 v_1}{q_0} = \frac{\phi_0}{q_v} \tag{6-15}$$

$$q_{V,h} = \frac{q_{V,s}}{\lambda} = \frac{\phi_0}{\lambda q_v} \tag{6-16}$$

式中，λ 为实际输气量与理论输气量的比值，称为输气系数。

根据 $q_{V,h}$ 即可选配合适的制冷压缩机。

2）压缩机的指示功率 P_i、轴功率 P_e 及实际制冷系数。

$$P_i = \frac{P_0}{\eta_i} \tag{6-17}$$

式中，η_i 为指示效率，表示实际压缩过程与理想压缩过程接近的程度，它考虑制冷剂实际压缩过程中的一些不可逆因素。

$$P_e = \frac{P_i}{\eta_m} \tag{6-18}$$

式中，η_m 为机械效率，它取决于压缩机的结构、加工精度、润滑条件与保养，其值一般在 0.8~0.95 之间。

从而可求得实际制冷系数 ε，即

$$\varepsilon = \frac{\phi_0}{P_e} \tag{6-19}$$

3）单位冷凝热量 q_k。

$$q_k = h_2 - h_4 \tag{6-20}$$

式（6-20）中点 2 状态的比焓值用下式计算

$$h_2 = \frac{h_{2a} - h_1}{\eta_i} + h_1$$

从而可求出冷凝器的热负荷，即

$$\phi_k = q_{m,R} q_k$$

4）热力完善度（卡诺效率）。

$$\eta = \frac{\varepsilon}{\varepsilon_c}$$

3. 蒸气压缩式制冷系统性能的主要影响因素与工况

(1) 主要影响因素的分析

1) 液体过冷、蒸气过热对循环性能的影响。与蒸气压缩制冷系统的理论循环相比，实际循环中的过冷与过热是有优势的，因为单位制冷量增加了。但制冷量和制冷系数却不一定总是增加的，因为即使单位制冷量增大了，但压缩的终点会处于离饱和曲线更远的过热区，压缩功（kJ/kg）随之增大。从制冷量观点来看，由于点1的比体积比点0大，当压缩机的体积流量一定时，在点1入口状态下压缩机压送的质量流量就较小，因此，抵消了性能方面的改善。当然，液体过冷、蒸气过热对于保证进入膨胀阀的工质全部是液体以及进入压缩机的蒸气中不夹带液体，保证蒸气压缩制冷系统稳定、安全地运行是有实际好处的。

2) 蒸发温度、冷凝温度对循环性能的影响。图6-10a、b分别表示了蒸发温度 T_0、冷凝温度 T_k 对一个具体的蒸气压缩制冷系统循环性能的影响。可以看出：当蒸发温度不变而冷凝温度升高时，对于同一台制冷装置来说，它的制冷量将要减小，而消耗的功率将增大，因而制冷系数将要降低。当冷凝温度不变而蒸发温度降低时，制冷装置的制冷量、制冷剂流量及制冷系数都是降低的，而压缩机的功率是增大还是减小，与变化前后的压力比值有关。当 T_0 由 T_k 开始逐渐降低时，压缩机的功率有一最大值，而且对于不同的制冷剂，功率出现最大值的冷凝压力与蒸发压力的比值大致相等，其值约等于3。

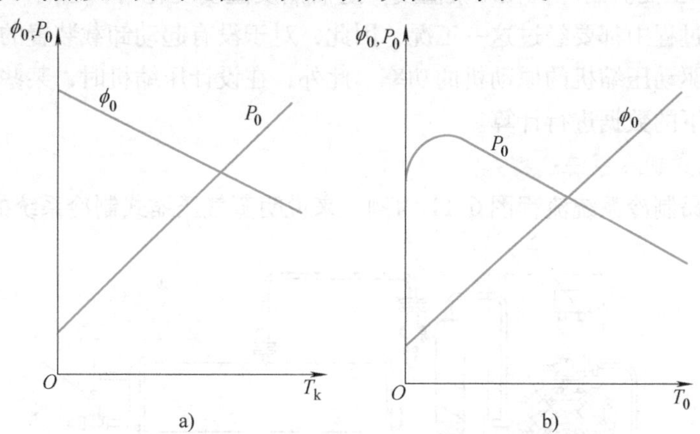

图6-10 蒸发温度和冷凝温度对制冷装置性能的影响

a) T_0 不变 T_k 变化 b) T_k 不变 T_0 变化

(2) 蒸气压缩式制冷系统的工况 所谓工况，是指确定制冷装置运行情况的温度条件，一般应包括蒸发温度、冷凝温度、过冷温度和压缩机吸气温度等。蒸气压缩式制冷系统的制冷量、消耗功率及其他特性，很大程度上取决于它的运行工况。例如，当蒸发温度为5℃、冷凝温度为30℃时，压缩机制冷量比蒸发温度为－25℃、冷凝温度为50℃时的制冷量大4倍。根据我国的实际情况，规定了下列几种工况：

1) 标准工况。这是根据制冷机在使用中最常遇到的工作条件以及我国南方和北方多数地区一年里最常出现的气候变化为基础而确定的工况（表6-3）。通常所说的制冷机的制冷量和功率，是指标准工况下的制冷量和功率。

2) 空调工况。它规定了制冷机在作为空调使用时的温度条件。空调时被冷却对象的温度较高，因此规定了蒸发温度为5℃使用时的温度条件；而由于空调的使用都在夏季，因而冷凝温度也规定得较高。

表 6-3 标准工况、空调工况、最大功率工况和最大压差工况

制冷工况	制冷剂	蒸发温度/℃	吸气温度/℃	冷凝温度/℃	过冷温度/℃
标准工况	R22	−15	15	30	25
	R717		−10		
空调工况	R22	5	15	40	35
	R717		10		
最大功率工况	R22	5	15	40	35
	R717		10		
最大压差工况	R22	−40	0	40	35
	R717	−30	−15		

3）最大压差工况。这一工况是在设计压缩机时需要使用的。考虑到实际使用中冷凝温度和蒸发温度随季节及使用场合而变，因此，设计时必须规定制冷压缩机在运转中可能承受的最大压差，以作为对各主要零件进行强度计算的依据。制冷压缩机在运转中所承受的压差不得大于这一规定值。

4）最大功率工况。制冷机在冷凝温度一定而蒸发温度变化时，会有一个功率最大的工况。通常在起动过程中都要经过这一工况，因此，对于没有起动卸载装置的压缩机，要根据这一工况来确定驱动压缩机的原动机的功率。此外，在设计压缩机时，某些零件的摩擦也要按这一工况条件下的数据进行计算。

4. 蒸气压缩式制冷系统的特点

以如下氟利昂制冷系统流程图 6-11 为例，来说明蒸气压缩式制冷系统的特点。

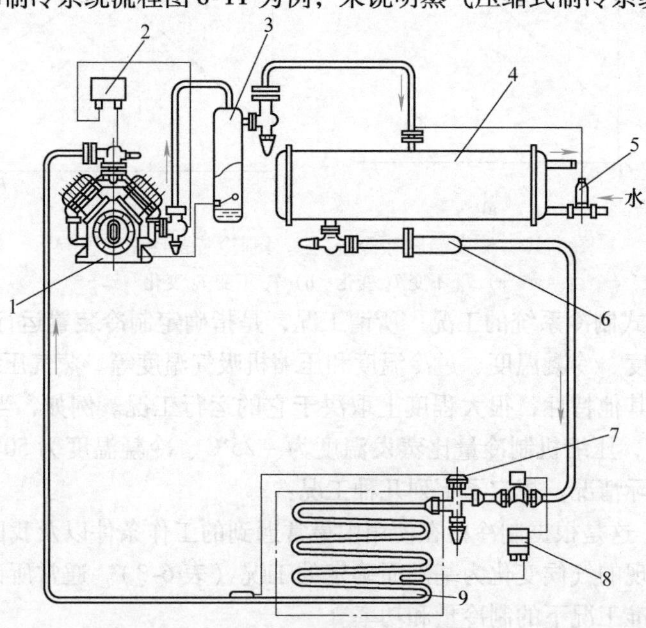

图 6-11 氟利昂制冷系统流程图

1—压缩机 2—压力继电器 3—油分离器 4—冷凝器 5—水量调节阀 6—干燥过滤器 7—热力膨胀阀 8—温度继电器 9—蒸发器

1）氟利昂制冷系统需进行干燥处理，系统中通常设置干燥器，防止在蒸发温度低于0℃时因系统中含水而发生“冰塞”现象，影响正常工作。

2）由于R22的排气温度比相同工况下氨的排气温度低，油分离器中分离出的润滑油一般不带结焦物，可以直接返回压缩机曲轴箱中重新使用。因此，油分离器与曲轴箱之间设有自动回油管路。

3）为了保证润滑油能顺利返回压缩机，氟利昂制冷系统一般采用非满液式蒸发器。

4）氟利昂制冷系统一般采用回热循环，故设有热交换器（安设在图6-11部件6和7之间，使高压的液态氟利昂与从蒸发器出来的低温气态氟利昂进行换热），以增大膨胀阀前制冷剂的过冷度和提高压缩机吸气的过热度，既提高运行的经济性，又可以减少有害过热和发生“液击”现象。

第三节　制冷压缩机

压缩机是用机械方法使气体压力升高的一种设备，按其功用不同，有获得压缩空气的空气压缩机和制取冷量的制冷压缩机。制冷压缩机是制冷系统四大关键部件（另外还有冷凝器、膨胀阀和蒸发器）中的核心部件，在系统中起着压缩和输送制冷剂的作用，常被称为制冷空调系统的心脏。

一、制冷压缩机的分类及应用

制冷压缩机的分类及应用见表6-4，按工作原理不同，有容积式和速度式（透平式）两类。容积式压缩机依靠活塞或回转部件的运动，使气缸容积发生周期性变化，从而完成气体的吸入、压缩和排出过程。其具体形式又分为活塞做往复运动（往复活塞式、斜盘式和电磁振荡式等）和部件做回转运动（如螺杆式、滚动转子式、滑片式和涡旋式等）两类。速度式压缩机是气体在其内被放射状的旋转叶片以动力方式加以压缩的设备，有离心式和轴流式两种。

按压缩机的级数分单级、双级和多级压缩机。按压缩机的密封方式分开启式、半封闭式和全封闭式压缩机。按所用制冷剂不同分氨压缩机和氟利昂压缩机等。按气缸数目不同分单缸、双缸和多缸压缩机。

目前活塞式以小型、重量轻、适应性强等优点，广泛应用在各个领域，本节将主要阐述活塞式制冷压缩机。

二、活塞式压缩机的工作原理

1. 活塞式压缩机的结构与工作流程

图6-12示出了压缩机的主要零部件及其组成。压缩机的机体由气缸体1和曲轴箱3组成。气缸中装有活塞5，曲轴箱中装有曲轴2，通过连杆4与活塞5连接起来。在气缸顶部装有吸气阀9和排气阀8，通过吸气腔10、排气腔7，分别与吸气管11、排气管6相连。当曲轴被电动机带动而旋转时，通过连杆的传动，活塞便在气缸内做上下往复运动，在吸、排气阀的配合下完成对制冷剂蒸气的吸入、压缩和输送。

表 6-4　制冷压缩机的分类及应用

类型			气密特征	容量范围/kW	主要用途	特点
容积式	往复式	活塞连杆式	开启	0.4~600	石化、冷冻、空调	机型多，易生产，价廉，中、小容量
			半封闭	0.75~120	冷冻冷藏、空调	
			全封闭	0.1~7.5	冰箱、房间空调器	
		活塞斜盘式	开启	0.75~3.0	车辆空调	小容量
	回转式	转子式	开启	0.75~20	车辆空调	高速、小容量
			全封闭	0.75~5.5	冰箱、房间空调器	
		旋转叶片式	开启	0.75~3.0	车辆空调	高速、小容量
			全封闭	0.6~5.5	冷库、冰箱、房间空调器	
		涡旋式	开启	0.75~7.5	车辆空调	高效、高速、小容量，发展前景好
			全封闭	2.2~30	房间空调器	
		双螺杆	开启	≤6	车辆空调	压比大，可替代小容量往复式压缩机，价格昂贵
				30~1600	石化、冷冻、空调	
			半封闭	55~300	空调热泵	
		单螺杆	开启	100~1100	石化、冷冻、空调	效率高，容量宽
			半封闭	22~90	冷冻、空调、车辆空调	
速度式		离心式	开启	90~2000	石化、冷冻、空调	适用于大容量
			半封闭			

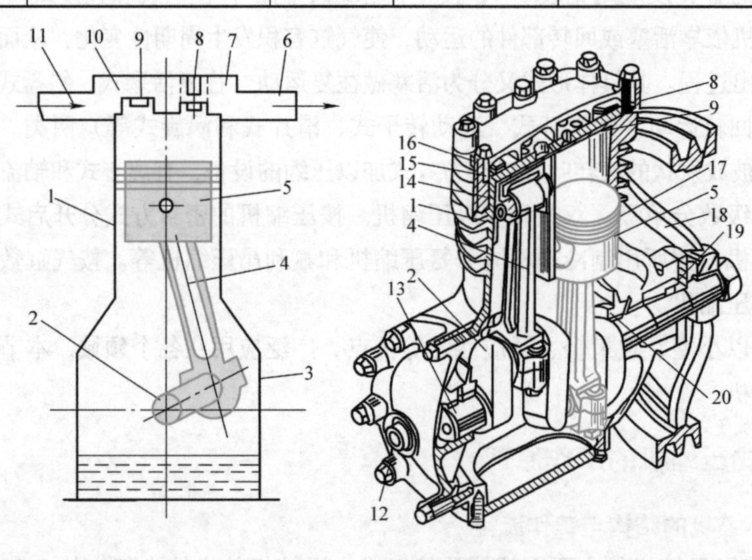

图6-12　活塞式压缩机结构

a）结构示意图　b）立式两缸活塞式压缩机剖视图

1—气缸体　2—曲轴　3—曲轴箱　4—连杆　5—活塞　6—排气管　7—排气腔　8—排气阀　9—吸气阀　10—吸气腔　11—吸气管　12—视油镜　13—后轴承　14—活塞销　15—阀板　16—气缸盖　17—活塞环　18—飞轮　19—轴封　20—前轴承

2. 活塞式压缩机的理想工作过程与理论输气量

活塞式制冷压缩机的理想工作过程在 p-V 图上的表示如图 6-13 所示。图中纵坐标表示气缸中的压力 p，横坐标表示活塞移动时在气缸中形成的容积 V。理想工作过程包括吸气、压缩和排气三个过程。当气缸中的活塞向右移动时，气缸内容积增大，压力降低，吸气阀打开，压缩机在压力 p_1 下吸气，直至活塞到达最右端（下止点）为止，即图中的 4—1 吸气过程。当活塞由右向左移动时，气缸内压力升高，吸气阀关闭，气体被绝热压缩，直至气缸内的压力达到 p_2 为止，即图中的 1—2 压缩过程。当气缸内气体的压力升至排气压力 p_2，活塞继续向左移动时，排气阀打开，高压气体在定压下排出气缸，直至活塞到达最左端的位置（上止点）为止，即排气过程 2—3 所示。排气过程结束后，压缩机再重复吸气、压缩和排气三个过程。由图可见，当压缩机完成一个工作循环时，压缩机对制冷剂所做的功可用面积 41234 表示，所以，图 6-13 的 p-V 图称为理想工作过程的示功图，图中 V_g 为气缸工作容积。

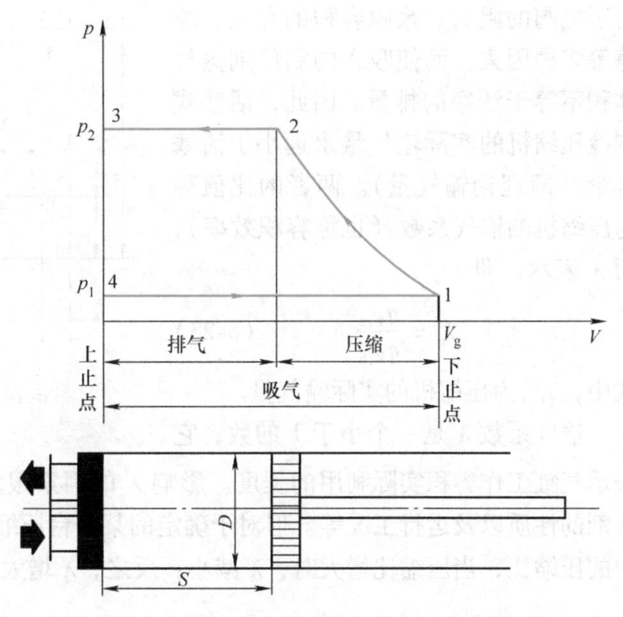

图 6-13　活塞式制冷压缩机理想工作过程

该理想工作过程是将它的实际工作过程抽象简化而成的。活塞式压缩机的理想工作过程可以用热力学的方法进行分析，计算出压缩机在单位时间内由吸气腔往排气腔输送的气体质量，将这部分气体换算为吸气状态的体积，便可以得到压缩机理想工作过程的体积输气量，简称为理论输气量 $q_{V,\mathrm{h}}$，单位是 $\mathrm{m^3/s}$ 或 $\mathrm{m^3/h}$。若压缩机气缸直径 D（m）、活塞行程 S（m）、转速 n（r/min）和气缸数 Z 均已知，则压缩机的理论输气量（$\mathrm{m^3/s}$）的计算式为

$$q_{V,\mathrm{h}} = \frac{\pi D^2 SnZ}{240} \tag{6-21}$$

活塞式制冷压缩机的理论输气量也称为压缩机的活塞排量。它仅与压缩机的转速、气缸直径、活塞行程、气缸数目等有关，而与制冷剂的种类和压缩机的运行工况无关。

由 $q_{V,\mathrm{h}}$ 可以算出理论质量流量（也称质量输气量）q_m 为

$$q_m = \frac{q_{V,\mathrm{h}}}{v_1} \tag{6-22}$$

式中，v_1 为压缩机吸入状态制冷剂蒸气的比体积。

3. 活塞式压缩机的实际工作过程与输气系数

活塞式制冷压缩机的实际工作过程比理想工作过程要复杂得多。图 6-14 为工作过程在 p-V 图上的表示（虚线 01230 为理想工作过程），也称为实际示功图。实际示功图与理论示

功图差别很大，而且压缩机的实际输气量也小于理论输气量。

活塞式制冷压缩机在实际工作中，由于气阀的阻力、余隙容积的存在、摩擦等多种因素，而使吸入的制冷剂蒸气体积不等于活塞的排量。因此，活塞式制冷压缩机的实际输气量永远小于活塞排量（即理论输气量）。两者的比值称为压缩机的输气系数（也称容积效率），用 λ 表示，即

$$\lambda=\frac{q_{V,\mathrm{s}}}{q_{V,\mathrm{h}}} \tag{6-23}$$

式中，$q_{V,\mathrm{s}}$ 为压缩机的实际输气量。

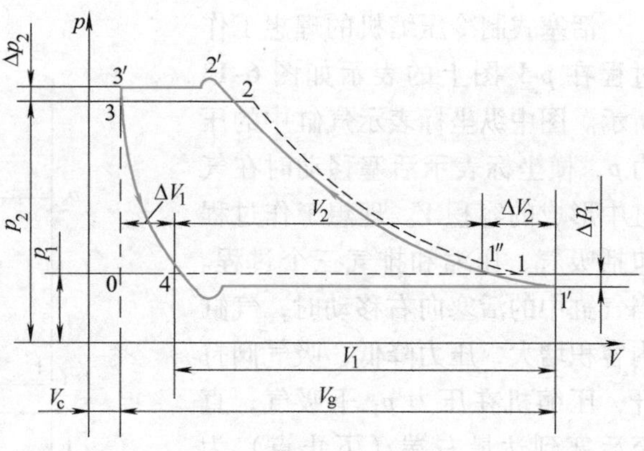

图 6-14　活塞式制冷压缩机实际工作过程

输气系数 λ 是一个小于 1 的数，它表示气缸工作容积实际利用的程度。影响 λ 的因素很多，如压缩机本身的结构、所用的制冷剂的性质以及运行工况等。但对于确定的某一台压缩机而言，主要的影响因素是运行过程中的压缩比，当压缩比增大时，λ 减小；反之，λ 增大。

三、活塞式压缩机的性能

制冷量和耗功率是一台压缩机的两个最重要的技术特性。对于在一定转速下运转的压缩机，这两个特性参数基本上取决于吸气压力和排气压力。

实际上，压缩机本身不具有制冷能力，但它能够压送一定流量的制冷剂，为在蒸发器中提供一定的产冷量创造条件。

1. 活塞式压缩机的制冷量

活塞式压缩机的制冷量可用下式计算

$$\phi_0=q_{m,\mathrm{R}}q_0=q_{V,\mathrm{h}}\lambda q_{\mathrm{v}}=\frac{q_{V,\mathrm{h}}\lambda q_0}{v_1} \tag{6-24}$$

式中，ϕ_0 为压缩机在计算工况下的制冷量；q_0 为制冷剂在计算工况下的单位质量制冷量；q_{v} 为制冷剂在计算工况下的单位体积制冷量。

对于一台制冷压缩机，当使用某一种制冷剂时，其制冷量随着工况的不同而变化。因为工况改变时，压缩机的输气系数 λ 和制冷剂的单位体积制冷量 q_{v} 都随之而变。

压缩机出厂时，机器铭牌上标出的制冷量一般是标准工况下的制冷量。如果是专门为空调配用的压缩机，则铭牌上的制冷量为空调工况下的制冷量。

2. 活塞式压缩机的耗功率

在蒸气压缩制冷理论循环的热力计算中，已计算过压缩机的理论耗功率，即

$$P_0=q_{m,\mathrm{R}}\ (h_2-h_1)$$

考虑到：①制冷剂实际压缩过程并非是等熵压缩过程，引入压缩机的指示效率 η_{i}；②压缩机在运转时需要克服机械摩擦，引入机械效率 η_{m}，可得到制冷压缩机的轴功率计算式为

$$P_e = \frac{P_0}{\eta_s} \tag{6-25}$$

式中，η_s 为压缩机的总效率，$\eta_s = \eta_i \eta_m$。

η_s 反映压缩机在某一工况下运转时的各种损失，在正常情况下，活塞式制冷压缩机的总效率约为 0.65 ~0.75。

对于压缩机在实际使用中配用的电动机的输入功率 P_{in}，除了要计入 P_e 外，还应考虑到压缩机与电动机之间的连接方式（用传动效率 η_d 表示）以及电动机效率（用 η_0 表示），即

$$P_{in} = \frac{P_e}{\eta_d \eta_0} \tag{6-26}$$

工程上应用较多的制冷压缩机除活塞式外，还有离心式、螺杆式、滚动转子式等。一般在较小的产冷量范围内用活塞式压缩机最为合适，但近年来也呈现了螺杆式和旋转式压缩机并用的局面。在中等的产冷量范围内，螺杆式压缩机正在替代小型离心式压缩机。大冷量范围仍继续使用离心式压缩机。原则上这种趋势今后不会改变，然而由于新制冷剂的使用及其他技术的发展，有可能导致大、中、小冷量范围的重新划分。

第四节　冷水机组

冷水机组是制造低温冷冻水的设备，广泛应用于中央空调的制冷系统。冷水机组主要包括制冷压缩机、冷凝器、干燥过滤器、膨胀阀、蒸发器等主要部件，还有相应的自动控制元件和电器控制柜等。冷凝器多数为水冷式。为使冷却水回收重复使用，要配置冷却水塔和冷却水泵。为防止制冷剂泄漏，制冷剂只是在冷水机组内循环。冷水机组通过制冷剂在蒸发器中蒸发吸收水的热量，从而产生出 5 ~ 12℃ 的冷冻水。冷冻水通过空气处理装置（热交换器）产生空调所需要的冷风。

根据制冷压缩机及组合形式的不同，冷水机组有活塞式、螺杆式、离心式、模块式等的形式。早期的冷水机组活塞式居多，当前使用最多的是离心式和螺杆式。

一、离心式冷水机组

以离心式压缩机为主机的冷水机组，称为离心式冷水机组。离心式制冷压缩机的原理与离心式水泵类似，按压缩级数分为单级、双级、多级三种。离心式冷水机组系统示意图如图 6-15所示。

由于制冷剂蒸气比水轻得多，为了达到一定的输出压力，要求叶轮转速较高；并且叶轮直径越小，转速要求越高，一般在 5000 ~ 20 000r/min，要加增速器 8 使叶轮增速。制冷剂蒸气从蒸发器上方被吸入，经过叶轮离心式压缩机压缩后输送到冷凝器 1 被冷却成液体。制冷剂液体经高压浮球阀 11 进入蒸发器，吸收冷冻水的热量后制冷剂再次变成蒸气。

由于离心式压缩机的结构及工作特性，它的输气量一般希望不小于 $2500m^3/h$，因此离心式冷水机组主要应用于大型的空调制冷系统。

图 6-16 是三级离心式冷水机组结构图。图 6-17 是 FJZ—1000 离心式冷水机组制冷系统示意图。该冷水机组以 R11 为制冷剂，当蒸发温度为 4℃、冷凝温度为 38℃ 时，制冷量为 872kW。

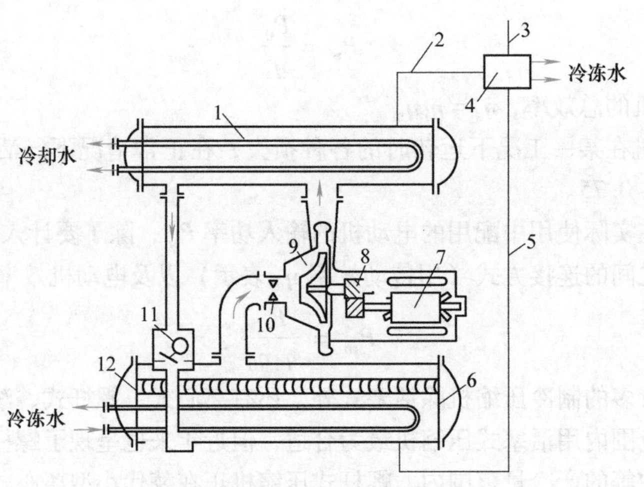

图6-15　离心式冷水机组系统示意图

1—冷凝器　2—抽气管　3—放空气管　4—制冷剂回收装置　5—制冷剂回收管
6—蒸发器　7—电动机　8—增速器　9—压缩机　10—进口导叶
11—高压浮球阀　12—挡液板

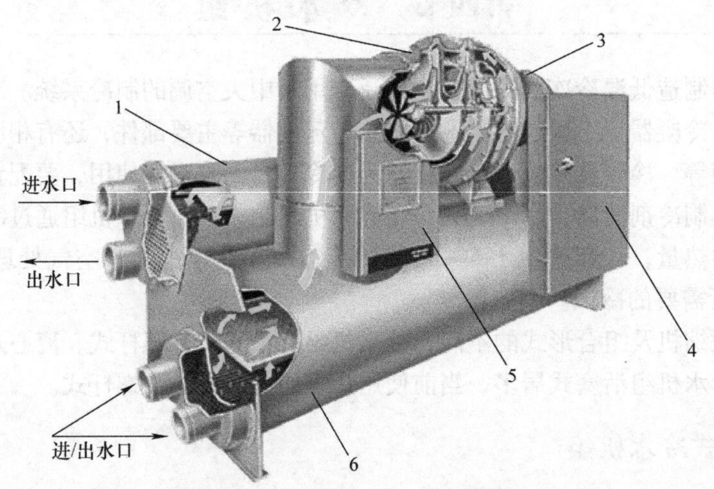

图6-16　三级离心式冷水机组结构图

1—冷凝器　2—离心式压缩机　3—压缩机电动机　4—启动柜　5—控制盘　6—蒸发器

由于R11制冷剂在空调工况时的蒸发压力低于大气压，为了防止空气渗入制冷系统，离心式压缩机做成半封闭式。在冷水机组的制冷系统中，配有一台2F4.8型的压缩机，主要作用是对制冷系统抽真空、试压、排除进入系统的空气和回收系统的制冷剂。

当需要排除渗入制冷系统的空气时，混合气体从冷凝器3的顶部经抽气阀被2F4.8型压缩机5抽到油分离器6，将混合气体中的油首先分离，然后进入气液分离器7；在气液分离器中，制冷剂被冷冻水冷却液化，不凝性气体（主要是空气）通过放空气阀8排放；液化后的制冷剂经干燥器9去除水分后，经回液管回到蒸发器被重新使用。

为了保证离心式冷水机组各主要运动部件的润滑和冷却，设有一个包括油泵13、油冷却器12、油过滤器11、油箱10、油压调节阀等组成的润滑油系统。

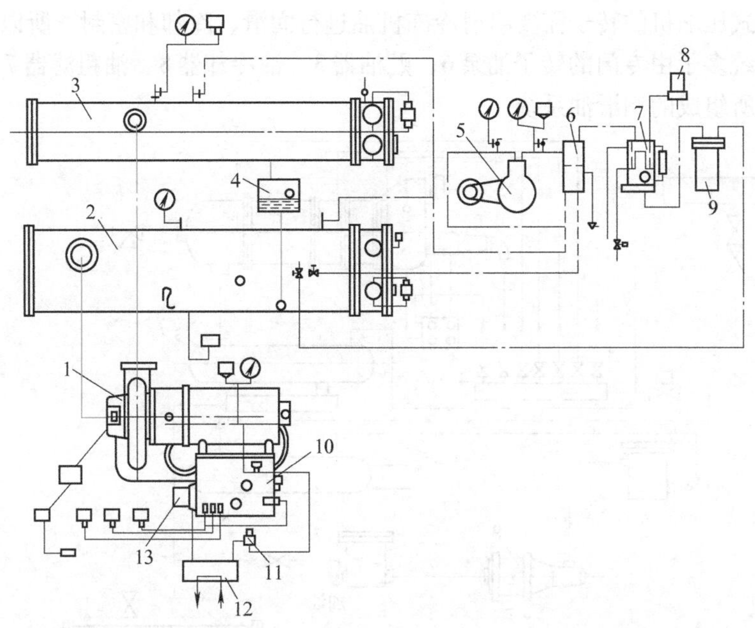

图 6-17　FJZ—1000 离心式冷水机组制冷系统示意图

1—离心式压缩机　2—蒸发器　3—冷凝器　4—高压浮球阀　5—2F4.8 型压缩机　6—油分离器　7—气液分离器　8—放空气阀　9—干燥器　10—油箱　11—油过滤器　12—油冷却器　13—油泵

二、螺杆式冷水机组

以螺杆式压缩机为主机的冷水机组，称为螺杆式冷水机组。螺杆式冷水机组主要由螺杆式压缩机、冷凝器、膨胀阀、蒸发器、油泵、润滑油冷却器、电器控制箱及相应的控制元件组成。螺杆式冷水机组具有传动平稳，结构紧凑，重量轻，制冷量可以在额定制冷量10% ~100%的范围内无级调节，部分负荷时效率高，节电显著等优点，广泛地应用于宾馆、饭店、医院等中等制冷量的空调系统中。

图 6-18 是 BLK－130M 半封闭式螺杆式冷水机组，图 6-19 是 BLK－130M 半封闭式螺杆式冷水机组系统。

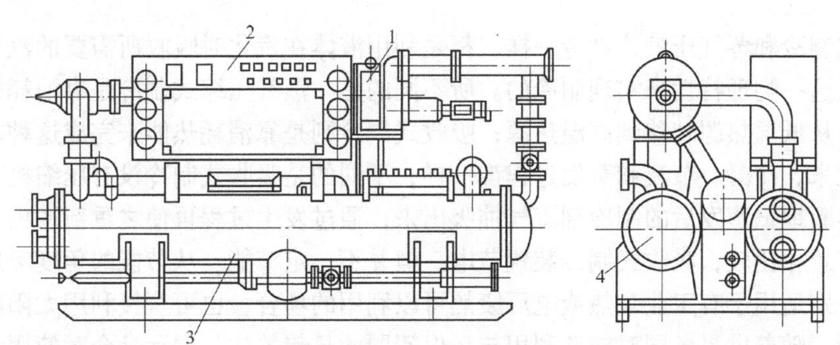

图 6-18　BLK－130M 半封闭式螺杆式冷水机组

1—压缩机　2—控制箱　3—冷凝器　4—蒸发器

由于螺杆式压缩机的转子需要喷射冷冻机油进行润滑、冷却和密封，所以该系统比活塞式冷水机组系统多了由专门的转子油泵6、贮油器3、油冷却器8、油粗滤器7、油精滤器5、集油管组4等所组成的润滑油系统。

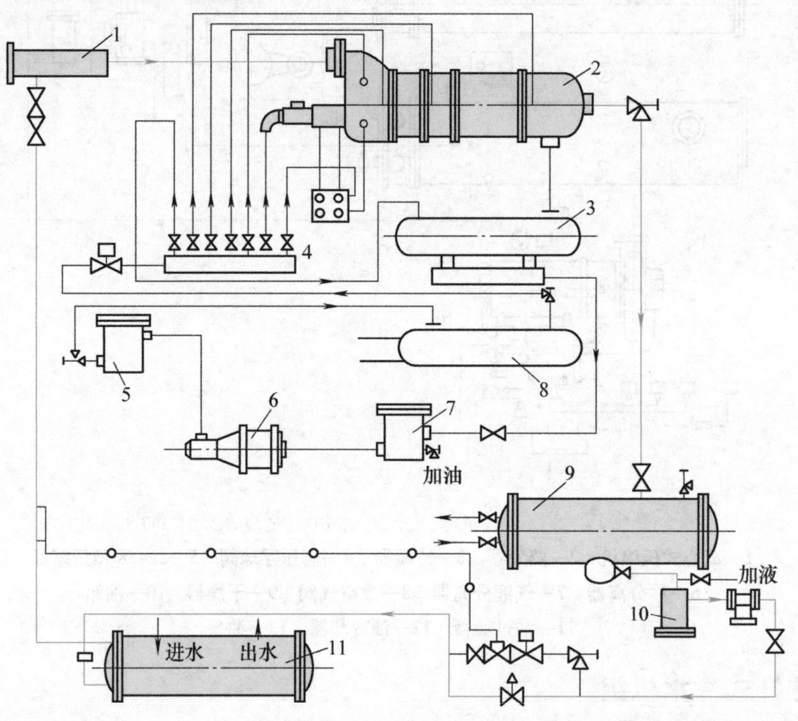

图6-19 BLK-130M半封闭式螺杆式冷水机组系统

1—吸气过滤器 2—半封闭式螺杆式压缩机 3—贮油器 4—集油管组 5—油精滤器 6—转子油泵 7—油粗滤器 8—油冷却器 9—卧式冷凝器 10—干燥过滤器 11—干式蒸发器

第五节 吸收式制冷

吸收式制冷和蒸气压缩式制冷一样，都是利用液体在汽化时吸收所需要的汽化热使被冷却对象降温这一物理特性来实现制冷的。所不同的是，蒸气压缩式制冷是靠消耗机械功或电能，使热量从低温热源转移到高温热源；吸收式制冷则是靠消耗热能来完成这种非自发过程的。具体说来，冷凝、节流和蒸发过程都一样，不同的是吸收式制冷没有压缩机，而是通过吸收过程不断地把蒸发后的制冷剂蒸气抽吸出来，通过发生过程再使之重新逸出。与电能驱动的制冷装置相比较，吸收式制冷装置节电，但并不一定节能。从节能的角度考虑，吸收式制冷装置特别适用于有工业余热或电厂废热可以利用的场合，也可直接利用太阳能、地热等低品位热能。随着世界各国对能源利用与环保问题的日趋关注，国际社会对使用无公害工质的呼声越来越强烈，促使使用自然工质的吸收式制冷系统在近些年来有了较大的发展，并且展现出了广阔的应用前景。

一、吸收式制冷系统的工作原理及工质

基本的吸收式制冷系统如图6-20所示，冷凝器、节流阀和蒸发器与蒸气压缩式的相同，而压缩过程则由图的左半部的设备来完成。从蒸发器出来的低压蒸气被吸收器中的液体溶液所吸收，如果该吸收过程是绝热的，溶液温度会升高，最后会使吸收蒸气过程终止。为改善吸收操作，吸收器可用水或空气来冷却，将吸收热排到环境中去。

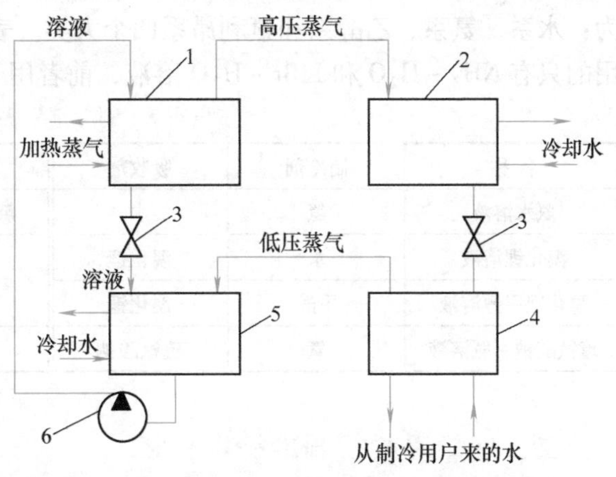

图6-20　吸收式制冷系统组成示意图

1—发生器　2—冷凝器　3—节流阀

4—蒸发器　5—吸收器　6—泵

用泵将来自吸收器的低压液体的压力升高，送入发生器中。在发生器中，利用高温热源的热量，将溶液加热并产生高压蒸气。可见发生器和吸收器共同起着压缩机的作用，故也称为热化学压缩器。液体溶液通过节流阀回到吸收器，节流阀的作用是产生压力降，以维持发生器与吸收器之间的压力差。

在吸收式循环中，进出四个换热设备的热量是各不相同的。进入发生器的是高温位热量，而由被冷却物传给蒸发器的是低温位热量。在吸收器和冷凝器中，从循环排出的热量是在热量能排入冷却介质的温度下进行的。

由以上分析可知，吸收式制冷循环由一个逆向循环和一个正向循环组成，循环的构成如图6-21所示。图中用 *p-h* 图表示的是逆向循环，其中1—2表示制冷剂蒸气在热化学压缩器中的升压过程；用 *p-T* 图表示的是正向循环，其中5—6和7—8分别表示溶液的升压过程和吸收液的节流过程，6—7和8—5分别表示发生过程和吸收过程。在后两个过程中产生的制冷剂蒸气及被吸收的制冷剂蒸气，分别用 *p-h* 图上的点2和点1表示。

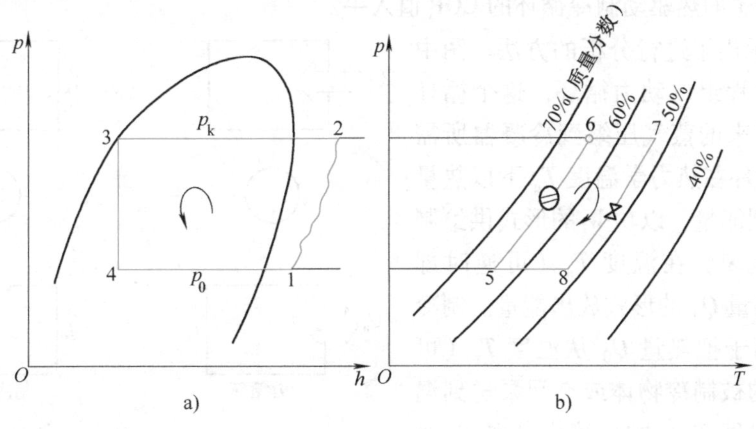

图6-21　吸收式制冷循环的 *p-h* 图及 *p-T* 图

吸收式制冷机通常是以所用工质的不同来分类的。这是因为虽然各种吸收式制冷装置的

基本循环过程相同，但随着工质种类的不同，制冷装置的结构、循环的特性和计算方法以及制冷装置的使用场合和经济性都会有所不同。目前吸收式制冷机中都采用二元溶液作为工质，习惯上称其中的低沸点组分为制冷剂，高沸点组分为吸收剂。吸收式制冷剂大致可分为：水系、氨系、乙醇系和氟利昂系四个大类。表6-5列出了部分工质对，其中获得广泛应用的只有 NH_3-H_2O 和 $LiBr-H_2O$ 溶液，前者用于低温系统，后者用于空调系统。

表 6-5　制冷剂－吸收剂工质对

名 称	制冷剂	吸收剂	名 称	制冷剂	吸收剂
氨水溶液	氨	水	氯化钙－氨溶液	氨	氯化钙
溴化锂溶液	水	溴化锂	氟利昂溶液	R22，R21	二甲基甲酸铵
溴化锂甲醇溶液	甲醇	溴化锂			
硫氰酸钠－氨溶液	氨	硫氰酸钠	硫酸水溶液	水	硫酸

二、理想吸收式制冷循环分析

压缩式制冷循环是由输入功（机械能或电能）实现制冷的，而吸收式循环则由输入热量实现制冷，故吸收式制冷循环的经济性常用热力系数（用 ζ 或 COP 表示）作为评价指标，其定义为

$$\zeta=\frac{Q_0}{Q_g}=\frac{\phi_0}{\phi_g} \tag{6-27}$$

式中，Q_0 为制冷量；Q_g 为发生器热负荷耗热量；ϕ_0 为单位时间的制冷量；ϕ_g 为单位时间的耗热量。

事实上，将类似于制冷系数的定义用到吸收式循环的热力系数上并不很恰当。因为两个循环的 COP 的定义不同，蒸气压缩循环的 COP 是制冷量与输入系统的功率（一般为电能或机械能）之比，而吸收式循环的 COP 是制冷量与输入热量之比，而且电能或机械能属于高品位能量，而热能属于低品位能量。此外两者在运行费用上也有较大差别。

为进一步了解吸收式和蒸气压缩式循环的性能的差别，可从理想吸收式循环的 ζ 值，更确切地说是理想的热驱动制冷循环的 COP 值入手。

图6-22示出了进行分析的方法。图中左边方框的过程组成动力循环，这个循环产生将蒸发器来的蒸气压缩到冷凝器所需的功。动力循环在热力学温度 T_g 下以热量 Q_g 的形式得到能量，以功 W 的形式供给制冷循环一些能量，在温度 T_a（可逆时即 T_k）下再以热量 Q_a 的形式放出能量。制冷循环得的功用于把热量 Q_0 从温度 T_r（可逆时即 T_0）的被制冷物体或空间泵送到温度 T_a（可逆时即 T_k）的环境中，在 T_a 温度下放出热量 Q_k 给环境。

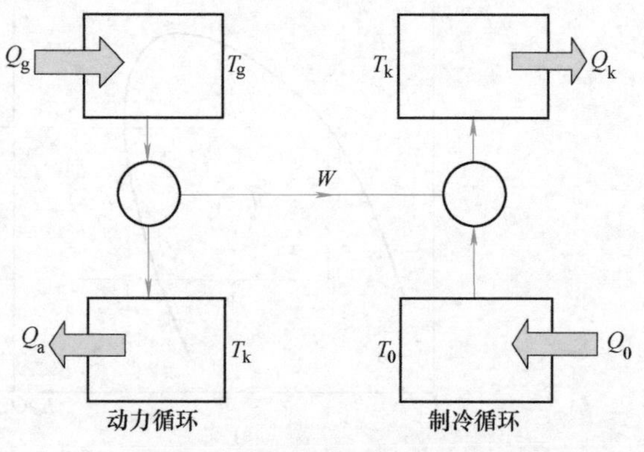

图6-22　动力循环和制冷循环相结合的热驱动制冷循环

在两个温度之间由热力学可逆过程构

成的理想循环是卡诺循环，在温－熵图上是一个长方形。对于图 6-22 左侧的动力循环，有

$$\frac{Q_g}{W}=\frac{T_g}{T_g-T_k} \tag{6-28}$$

对于图 6-22 右侧的理想制冷循环，有

$$\frac{Q_0}{W}=\frac{T_0}{T_k-T_0} \tag{6-29}$$

将式（6-28）和式（6-29）的 Q_g 和 Q_0 代入式（6-27），则 ζ 为

$$\zeta=\frac{Q_0}{Q_g}=\frac{T_0(T_g-T_k)}{T_g(T_k-T_0)}=\frac{T_0}{T_k-T_0}\frac{T_g-T_k}{T_g} \tag{6-30}$$

从式（6-30）可以看出，热力系数在理论上是一制冷系数与卡诺循环效率之积，而且随着 T_g、T_0 的增加以及 T_k 的减少，热力系数是增加的。

例 6-2　一个理想的吸收式制冷循环的热源温度为 100℃，制冷温度为 5℃，环境温度为 30℃。试求该循环的 COP 值，即 ζ。

解

$$\zeta=\frac{Q_0}{Q_g}=\frac{(5+273.15)\times(100-30)}{(100+273.15)\times(30-5)}=2.09$$

三、溴化锂－水吸收式制冷系统

溴化锂吸收式制冷系统，是利用溴化锂水溶液具有在常温下强烈地吸收水蒸气，在高温下又能将吸收的水分释放出来的特性，以及水在真空状态下蒸发时，具有较低的蒸发温度来实现制冷的。由于以水为制冷剂，以溴化锂溶液为吸收剂，所用工质无毒、无味、无爆炸危险，且热力系数也在不断改善；另一方面，以水为制冷剂不能在过低（<3℃）的温度条件下，因此它广泛应用于空调制冷及工艺过程的冷却用冷。由于整个装置是在真空条件下运行的，为了使设备紧凑和防止泄漏，通常将各个热交换器装设在一个或两个（有时是三个）圆形（或椭圆形）筒体内。溴化锂吸收式机组按结构不同可分为单筒型、双筒型、三筒型等形式。按热源种类分，有蒸气型、热水型和直燃型；按循环形式分，有单效型、双效型和两级吸收型。

图 6-23a 所示为单效双筒式溴化锂吸收式制冷机的工作原理图。机组工作时，从吸收器流出的稀溶液（溴化锂的质量分数约为 58%），经溶液泵升压流经溶液热交换器进入发生器。稀溶液在溶液热交换器中被来自发生器的浓溶液加热，再在发生器中被作为驱动热源的蒸汽加热，浓缩成浓溶液（溴化锂质量分数约为 62%）。从发生器中流出的浓溶液，在压差和位差的作用下，经溶液热交换器向来自吸收器的稀溶液放热，再进入吸收器吸收来自蒸发器的冷剂蒸汽（即水蒸气），稀释成稀溶液，同时向冷却水放出溶液的吸收热。这样，完成了该吸收式制冷循环中的溶液回路。在发生器中稀溶液因被加热而产生的冷剂蒸汽，流入冷凝器，向冷却水放热而冷凝成冷剂水。冷剂水从冷凝器流出，经节流装置节流后进入蒸发器，然后在蒸发器中蒸发，同时从冷水吸热，使之降温。冷水经蒸发器后可达到 7℃左右，以满足制冷和空调的需要。在蒸发器中产生的冷剂蒸汽，进入吸收器，从而完成了单效吸收式制冷循环的制冷剂回路。

由于受溶液结晶条件的限制，单效溴化锂吸收式制冷装置的热源温度不能很高，一般采用 0.1MPa（表压）的加热蒸汽为热源，也可利用 85～150℃以上的热水或废热，其热力系数仅在 0.65～0.75 之间，而蒸汽消耗量则高达 2.58kg/kW。为了提高热效率，降低冷却水

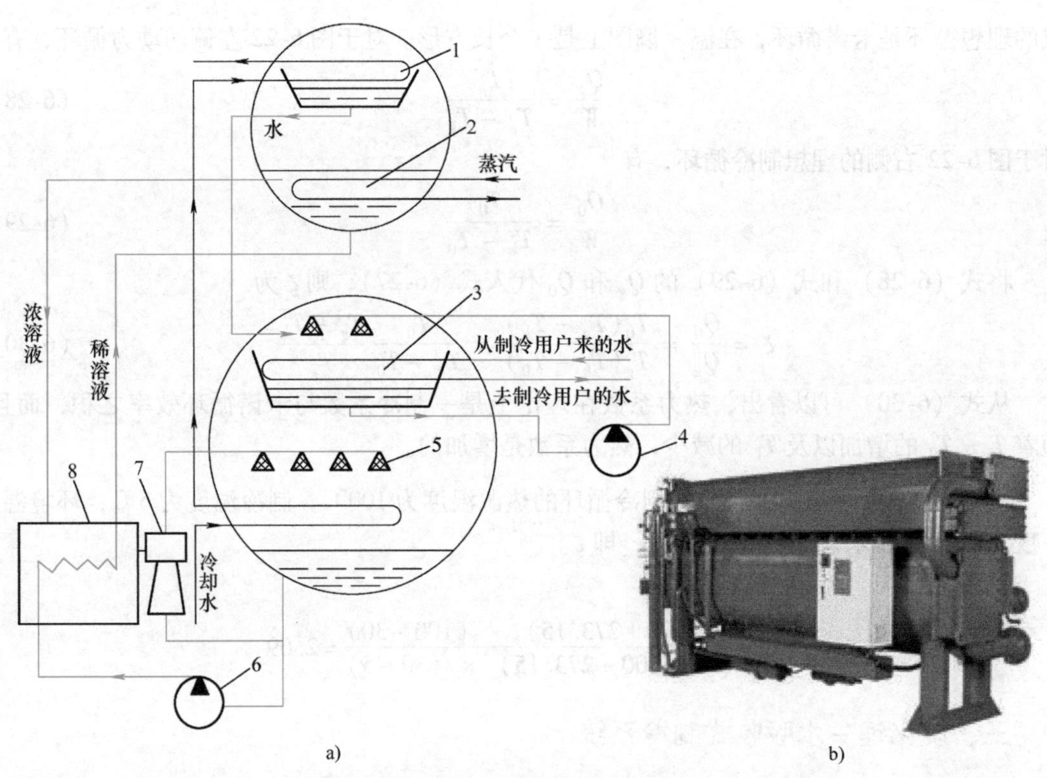

图 6-23　溴化锂吸收式制冷机

a）单效双筒式溴化锂吸收式制冷机的工作原理图　b）实物图

1—冷凝器　2—发生器　3—蒸发器　4—冷剂泵　5—吸收器

6—溶液泵　7—引射器　8—热交换器

和蒸汽的消耗量，在有较高的加热蒸汽可供利用时，通常采用多级发生的循环 - 双效溴化锂吸收式制冷装置。

图 6-24 为串并联混合双效溴化锂吸收式制冷机工作原理图。双效溴化锂吸收式制冷装置在机组中设有高压与低压两个发生器以及高、低温两级溶液热交换器，因此又称两级发生式溴化锂制冷机。在高压发生器中，采用压力较高的蒸汽（0.4～0.8MPa 表压）或 150℃以上的高温水、燃油、燃气等热源来加热，产生的高温冷剂水蒸气再作为低压发生器的热源。这样，不仅有效地利用了冷剂水蒸气的潜热，同时又减小了冷凝器的热负荷，因此，装置的热效率较高，热力系数可达 1.0 以上。与单效型机组相比，蒸汽消耗量降低了 30%，释放出的热量减少了 25%，因此，冷却负荷相应减少，装置的经济性大为提高。双效溴化锂吸收式制冷机的主要缺点是：高低压差较大（高压发生器中压力一般是低压发生器的 10 倍），设备结构复杂，发生器溶液温度较高。高温下的防腐问题尤其要注意。

两级溴化锂吸收式制冷机是具有两级发生和两级吸收过程的溴化锂吸收式制冷机。该类型装置降低了对热源温度的要求，能充分利用低温热源。例如，当蒸发温度为 5℃时，采用单级机组所需的最低热源温度为 100℃，而采用两级机组时，最低可达 75℃，但热力系数大为降低，仅为 0.3～0.4。

图 6-25 为冷却水回路切换的直燃式溴化锂吸收式冷热水机工作原理图。它不用蒸汽热源，而采用燃油、燃气燃烧直接加热溴化锂水溶液，实际上是双效溴化锂吸收式制冷机的另

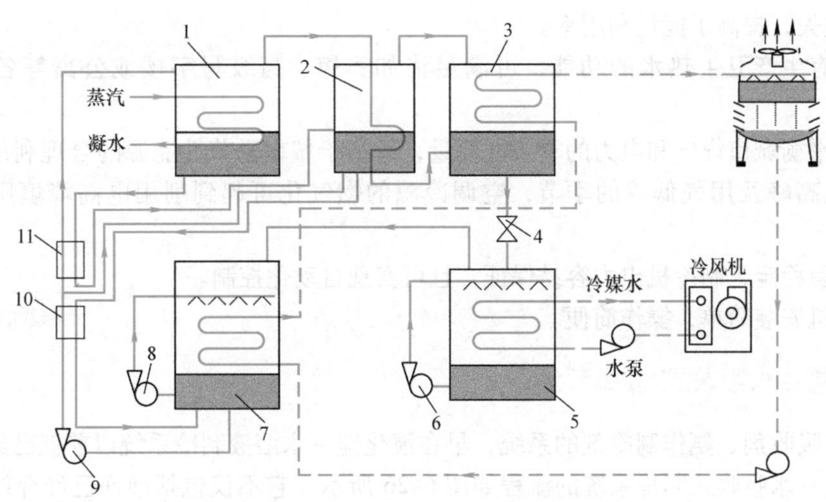

图 6-24　串并联混合双效溴化锂吸收式制冷机工作原理图

1—高压发生器　2—低压发生器　3—冷凝器　4—节流阀
5—蒸发器　6—蒸发泵　7—吸收器　8—吸收泵　9—发生泵
10—低温溶液热交换器　11—高温溶液热交换器

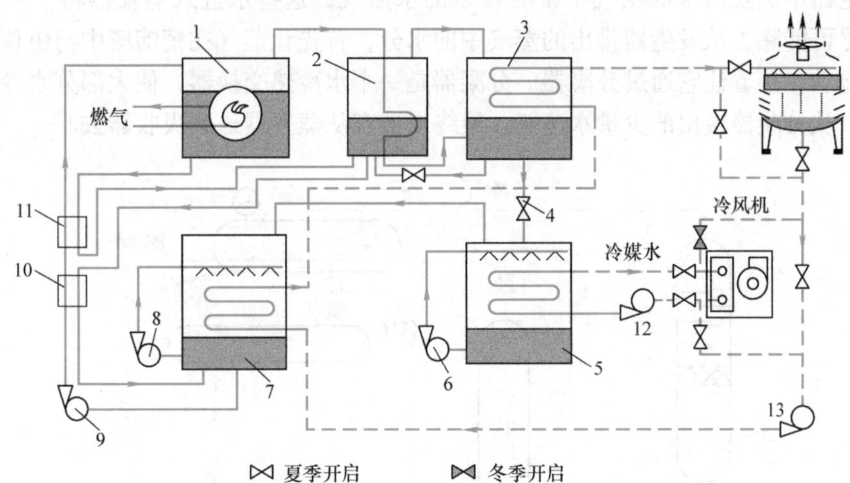

图 6-25　冷却水回路切换的直燃式溴化锂吸收式冷热水机工作原理图

1—直燃高压发生器　2—低压发生器　3—冷凝器　4—节流阀　5—蒸发器
6—蒸发泵　7—吸收器　8—吸收泵　9—发生泵　10—低温溶液热交换器
11—高温溶液热交换器　12—冷媒水泵　13—冷却水泵

一种形式，只是高压发生器相当于一个火管锅炉，其他部分与双效溴化锂吸收式制冷机均相同。它主要有以下特点：

1）自身具备热源，无须另建锅炉房或依赖城市热网，节省占地及热源购置费用。

2）采用燃油或燃气的直燃机，由于燃烧完全，对大气环境污染很少，即便在有严格环境保护限制的地区也可采用。

3）主机负压运转（无爆炸隐患），机房可设在建筑物内任何位置。

4）制冷主机与燃烧设备一体化，可根据负荷变化实现燃料消耗量的调节，并避免了能量的输送损失，提高了能量利用率。

5）具有生产卫生热水的功能，可满足诸如宾馆、高级写字楼或公寓等各类用户的要求。

6）可平衡城市煤气和电力的季节性耗量，有利于城市季节性能源的合理利用。如夏季是城市用电高峰及用气低谷的季节，空调冷源的燃气化可起到削用电高峰填用气低谷的作用。

7）热源稳定，制冷机出力容易保证，且可实现自动化控制。

8）主机安装简单，操作简便。

四、氨-水吸收式制冷系统

以水作吸收剂、氨作制冷剂的系统，早在溴化锂-水溶液制冷系统以前就已经广泛应用了。单级氨-水吸收式制冷系统的流程如图6-26所示，它不仅包括前面已经介绍的所有设备，如发生器、吸收器、冷凝器、蒸发器和溶液热交换器，而且需要配置精馏塔和分凝器。后面两个设备之所以必要，是由于氨与水在相同压力下的蒸发温度比较接近（在标准大气压力下，分别为-33.4℃和100℃，两者相差仅133.4℃；而溴化锂的沸点为1265℃）。因此，在发生器中蒸发出来的氨气中带有较多的水蒸气，这些水进入蒸发器将使蒸发温度升高。为了尽可能除去从发生器排出的蒸气中的水分，首先让蒸气在精馏塔中与由顶部加入的溶液逆向流动，接着让它通过分凝器。分凝器是一个水冷热交换器，使大部分水冷凝后返回精馏塔中。从分凝器逸出的少量水蒸气，最终以液态从蒸发器送到吸收器去。

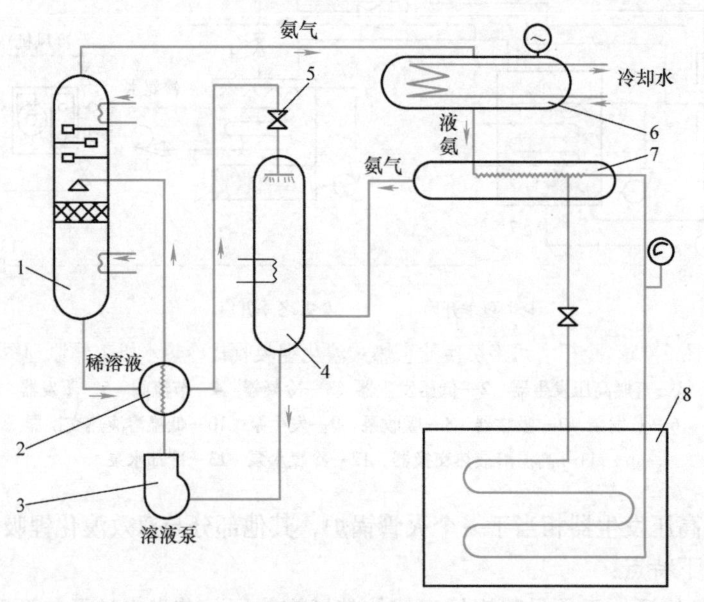

图6-26 单级氨-水吸收式制冷系统的流程

1—精馏塔 2—溶液热交换器 3—溶液泵 4—吸收器 5—节流阀 6—冷凝器 7—过冷器 8—蒸发器

按工作流程，氨－水吸收式制冷机有单级和多级之分。单级氨－水吸收式制冷机具有一级发生和一级吸收过程，当热源温度为150℃左右时，最低蒸发温度可达－30℃，最高热源温度一般不超过195℃。多级氨－水吸收式制冷机具有多级吸收或发生过程，一般三级以上并不经济，因此，常采用两级，包括双级氨－水吸收式制冷机以及双级发生和双级吸收式氨－水制冷机，统称为双级氨－水吸收式制冷机。双级氨－水吸收式制冷机的热力系数比单级吸收式可提高25%左右，双级发生和双级吸收式氨－水制冷机可降低对热源温度的要求，当然热力系数也相应降低。

氨－水吸收式制冷与溴化锂－水系统相比：两个系统的热力系数相当；氨－水系统可以达到低于0℃的蒸发温度，而工业溴化锂－水装置能达到的温度不低于3℃；氨－水系统虽然设备较多，但是可以在高于大气压的条件下运行，而溴化锂－水系统要在低于大气压的条件下运行，不可避免地会有空气漏入系统，须定期排放；溴化锂系统中必须加入特别的防蚀剂，以延缓腐蚀。

五、复合型吸收式制冷装置

蒸气压缩式与吸收式制冷系统各具特点，在某些条件下，将蒸气压缩式和吸收式相结合组成复合型制冷装置会得到综合收益，图6-27即为一例。高压蒸气首先经汽轮机膨胀，为蒸气压缩装置中的压缩机提供压缩功。汽轮机排出的低压蒸气流入吸收系统的发生器中。被冷冻的水串联通过两个制冷装置的蒸发器。这种组合采用热电厂的一部分高压蒸气的能量来产生动力，蒸气冷凝产生的热量则作为热源或供加工过程用。除这种类型的复合系统外，还可以有吸收式与蒸气喷射式组合而成的复合型制冷系统。

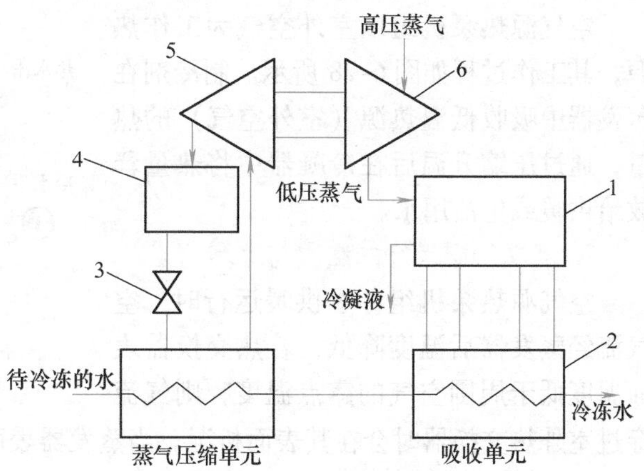

图6-27 吸收式与蒸发压缩式组合的复合型制冷系统

1—发生器 2—蒸发器 3—节流阀 4—冷凝器 5—压缩机 6—汽轮机

第六节 热泵技术及其应用

热泵实质上是一种热量提升装置，它把处于低温区的热能输送至高温区，它是一台“泵”，这个泵所搬运的介质不是水、气或油，而是“热”，通过消耗一部分高品位能量，将低温区低品位的热量移送到高温区成为有用的或用途更大的热量。由于热泵装置本身所消耗的功仅为供热量的1/3或更低，使其成为名副其实的节能技术。随着近年来人们对节能环保技术的重视，热泵技术得到了迅速的发展和应用，本节将对空气源热泵和地源热泵技术做一概述。

一、热泵分类

热泵的分类有多种方法，按照工作原理的不同，有蒸气压缩式、吸收式、蒸气喷射式等按热力循环运行的热泵；有利用帕尔帖效应工作的半导体热泵；有利用兰克－赫尔胥效应工作的涡流管热泵以及利用化学反应热工作的化学热泵等。在建筑供热上，热泵种类通常是按热源种类（放在首位）和热媒种类（放在第二位）来划分。例如，水－水热泵是指以水为热源、温水为热媒的热泵；土壤－空气热泵是指以土壤为热源、空气为热媒的热泵。

在吸收式热泵装置中又分为两种类型：一种为低温型吸收式热泵，又称“第一类吸收式热泵”，是指供热温度低于工作热源温度的“吸收式热泵”，其输出的热量大于工作热源所提供的热量，热力系数大于1，一般为1.5～2.5；另一种为高温型吸收式热泵，又称“第二类吸收式热泵”，是指供热温度高于工作热源温度的“吸收式热泵”，其输出的热量（供热量）小于中等温度热源所提供的热量，热力系数小于1，一般不超过0.5。

二、空气源热泵系统

空气源热泵在我国长江以南地区应用较广泛，近年来其应用范围也在逐渐向北方扩展。按冷凝器放出热量时进行热交换的介质不同，分为空气－水热泵、空气－空气热泵。

1. 空气源热泵的工作过程

空气源热泵机组以室外空气为工作热源，其工作过程如图6-28所示。制冷剂在蒸发器中吸收低温热源（室外空气）的热量，通过压缩升温后在冷凝器中将热量释放给供暖或生活用水。

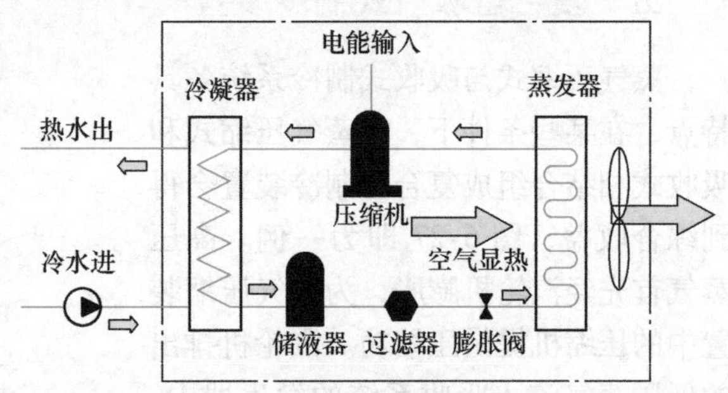

图6-28　压缩式空气源热泵的工作过程

2. 冬季供暖运行的结霜与除霜

空气源热泵机组冬季供暖运行时，空气流经蒸发器后温度降低，若热交换器表面温度低于周围空气的露点温度，则气流穿过室外热交换器时会在其表面析湿。当蒸发器表面温度低于0℃时，就会结霜。

中小型空气源热泵主要采用换向除霜、电加热除霜、热水除霜等方法。对于换向除霜，在除霜时，通过四通换向阀将制热运行状态转换为制冷运行状态，压缩机排出的高温气体通过四通阀切换至室外热交换器中，使得室外盘管温度升高，达到化霜目的。当室外盘管温度上升到某一温度值时，结束除霜。研究表明除霜过程的能耗占总能耗的10%左右，而由于控制不当造成的误除霜情况下则可高达27%。通过减少致霜因素来降低化霜次数，以及优化除霜控制是降低除霜能耗的最有效的措施。

3. 供暖季气温区域性的影响

制热季节能源消耗效率HSPF（Heating Seasonal Performance Factor，依据GB/T 7725—2004）是指一个热泵装置在供热季节总的供热量与所消耗的总电量之比。由于热泵机组在寒冷地区使用时，冬季的能耗构成并不单一，这一指标综合反映了热泵机组在整个采暖季运行的热力经济性，其定义式为

$$\mathrm{HSPF}=\frac{\text{供暖季总的供热量}}{\text{热泵机组耗电量}+\text{辅助热源耗电量}}$$

按我国划分的七个供热区域，针对某一热泵计算所得的HSPF值见表6-6。由表6-6中数据可知，从北到南（相应于表中分区Ⅰ至Ⅶ）HSPF值整体呈上升趋势。由

此可见，空气源热泵的运行效果除受机组本身性能的影响外，与气候环境也有密切关系。

我国幅员辽阔，南北气候差异大，研究适用于北方寒冷地区使用的空气源热泵系统，必须考虑该地区气候的特点。如京津地区（表中Ⅲ类区）冬季室外气温较低，供暖期内部分时段气温参数处于致霜气象范围内。如果仅用空气源热泵进行供暖，而不附加辅助能源，就必须保证热泵系统在 -15℃左右的气温水平下也能稳定运行。但这种低温天气持续时间很短，例如，天津地区气温在 -4℃以下的时间仅占供暖时数的26%，而 -10℃以下的情况所占比例不到3%，而且天津、北京地区空气相对湿度较低，这对于空气源热泵供暖运行而言，不是绝对不利的。因此，需要综合考量，合理设计空气热泵机组，并设置合适的辅助热源。

表 6-6 各供暖区热泵的 HSPF 值

分区	Ⅰ	Ⅱ	Ⅲ	Ⅳ	Ⅴ	Ⅵ	Ⅶ
HSPF	1.5	1.56	1.7	1.91	2.01	2.04	2.22

三、地源热泵系统

根据《地源热泵系统工程技术规范（2009 版）》（GB 50366—2005）定义，地源热泵系统指以岩土体、地下水或地表水为低温热源，由水源热泵机组、地热能交换系统、建筑物内系统组成的供热空调系统。根据地热能交换系统形式的不同，地源热泵系统分为地埋管地源热泵系统、地下水地源热泵系统和地表水地源热泵系统。对于地源热泵系统来说，它实际上强调的是利用地表浅层地热能的热泵空调系统，而且作为一个广义的术语，它包括了诸多的低温热源，如土壤、地下水、地表水（江、河、湖、海）、污水以及工业废水等。

1. 地源热泵系统分类

根据是否采用中间介质水以及循环水是否为密闭系统，地源热泵系统可分为闭环系统、开环系统和直接膨胀式系统。

（1）闭环系统 闭环系统指的是通过水或防冻液在预埋于地下的塑料管中进行循环流动来传递热量的地下换热系统。闭环系统的具体形式有：垂直环路、水平环路、螺旋盘管环路与池塘环路，还有一种与建筑地桩相结合的桩埋管换热式。

（2）开环系统 开环系统通常指利用传统的地下水井传递地下水中或地下土壤中热量的地源热泵系统，此外直接利用池塘或湖水的热泵系统也属于开环系统。开环系统要考虑许多特殊因素，如水质、水量以及回灌或排放问题。

（3）直接膨胀式系统 该系统直接采用装有制冷剂的蒸发器埋入地下取热。蒸发器可以垂直埋，也可以水平埋，前者每千瓦制冷量需要 2.6 ~ 4.0m^2 土地面积，通常埋深为 2.7 ~ 3.7m；后者为 11.9 ~ 14.5m^2/kW，埋深为 1.5 ~ 3.0m。在沙质、黏质或较干土壤中不宜用垂直埋的方式。由于地下埋管是金属管，容易受腐蚀。系统供热/制冷量在 7.0 ~ 17.6kW。

根据应用的建筑物对象不同，地源热泵可分为家（住宅）用和商（公共建筑）用

两大类；根据输送冷热量的方式可分为集中式、分散式。对于集中式系统，热泵布置在机房内，冷热量集中通过风道或水路分配系统送到各房间。对于分散式系统，则用中央水泵，采用水环路方式将水送到各用户作为冷热源，用户单独使用自己的热泵机组调节空气。

此外，按照热源系统的组成方式，地源热泵系统可以分为纯地源系统与混合式系统。混合式系统是将地源与冷却塔或加热锅炉联合使用的系统。地源与太阳能、工业余热等热源联合使用的系统，也是混合式地源热泵系统的一种类型。混合式系统可以减少地源的容量和尺寸，节省投资。

在南方地区，冷负荷大，热负荷低，适合夏季联合使用地源和冷却塔，冬季只使用地源。而在北方地区，热负荷大，冷负荷低，冬季适合联合使用地源和锅炉，夏季只使用地源。

2. 地源热泵的工作原理

在冬季，如图6-29所示，地源热泵系统通过埋在地下或沉浸在池塘、湖泊中的封闭管路，或者直接利用地下水，从大地中收集自然界中的热量，利用装在室内机房或室内各房间区域中的水源热泵装置，通过电驱动的压缩机和热交换器把大地的能量集中，并以较高的温度释放到室内。

在夏季，如图6-30所示，与冬季工况相反，地源热泵系统将室内的多余热量不断地排出而为大地所吸收，使建筑物室内保持适当的温湿度。其过程类似于电冰箱的制冷过程。

从图6-29、图6-30中可以看出，不管是冬季工况，还是夏季工况，除了供暖或制冷空调外，都可以产生生活热水，满足用户常年的需要。

3. 地源热泵系统应用的优势

地源热泵系统已成为国内外近年来日益关注的供热、制冷空调技术，其在建筑领域中应用的优势主要体现在：

（1）较低的能量消耗　地源热泵的最大优势是，与常规供热或制冷空调系统相比少消耗电能：在适宜的热源条件下，比空气源热泵节省能源40%以上，比电采暖节省能源70%以上。

（2）免费或低费用地提供生活热水　与任何其他的供热和制冷系统不同，地源热泵在夏季可以免费提供热水，在冬季提供热水的费用可节省一半。

（3）改善了建筑外观　地源热泵系统通常没有室外压缩机或冷却水塔，有利于保持建筑美观。

（4）较低的环境影响　与燃煤锅炉相比，用相同燃料产生的电驱动地源热泵所排放的CO_2量可减少30%，在一些场合甚至可减少50%。同时，它需要的制冷剂比空调机组减少50%。

（5）较低的维护费用　根据美国地源热泵协会的研究，平均维护费用约为传统系统的1/3。

（6）运行灵活、经久耐用　系统的运行自动化控制水平很高，系统的变负荷能力强；大多数部件都安置在建筑物室内，系统可靠性强；地下管路可以正常运行25~50年，地源热泵本身通常寿命在20年以上。

（7）全年满足温、湿度要求　由于机组及系统可以实现高度自动化控制，且不受外管

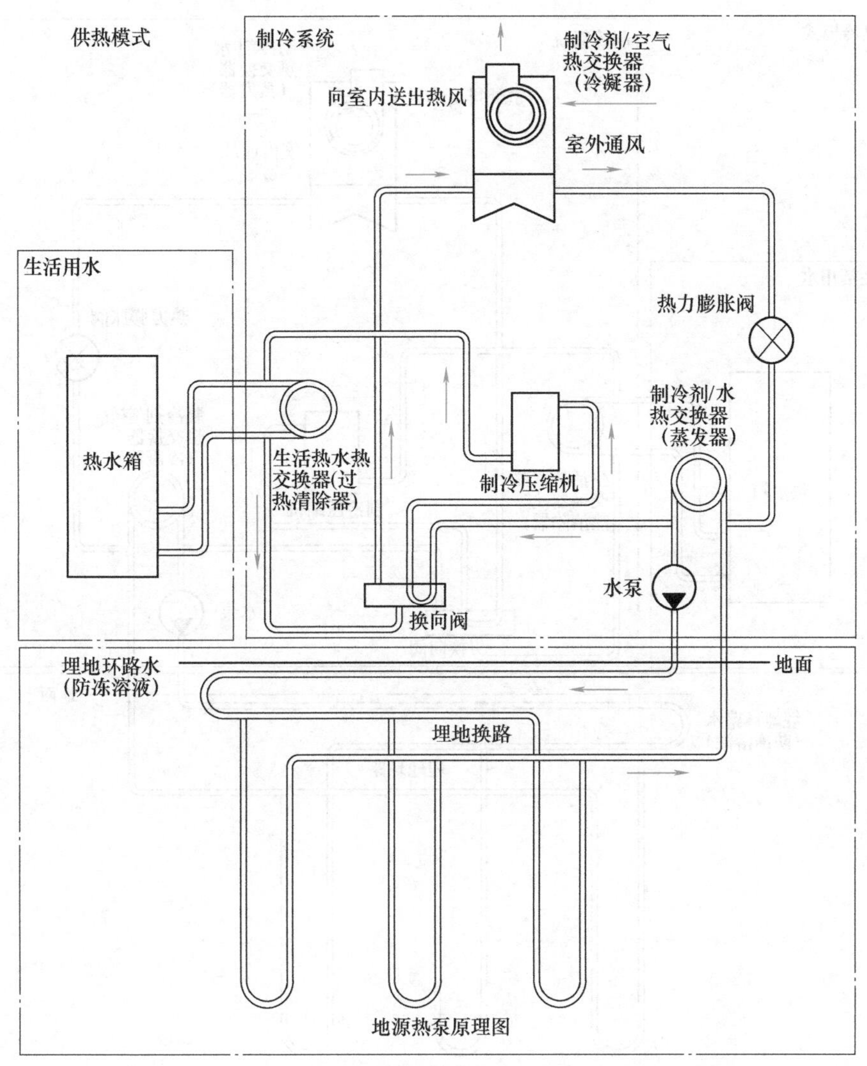

图 6-29 地源热泵冬季供热模式原理

网的影响，可自主决定供热、制冷空调的时间。这对于一些特殊要求的建筑物（如医院）是非常有利的。

（8）分区供热和制冷 对于分散式水环路地源热泵系统，可以实现不同区域同时供热或制冷，或者某些区域单独实现供热或制冷，这为灵活使用提供了方便。

（9）设计特性明显 地源热泵系统设计上具有很大的灵活性，可以安装在新建筑中，也可以用于既有建筑的改造；可以利用单一的地源系统，也可以利用混合型热源系统。

影响地源热泵系统有效使用的最大障碍是不适当的设计和安装，以致以上的优点不能充分发挥，甚至会导致技术经济性能不佳、事故频发。因此，在实际设计和安装中应严格遵守国家和地方的相关标准和规范，以科学的态度，认真做好各环节的工作。

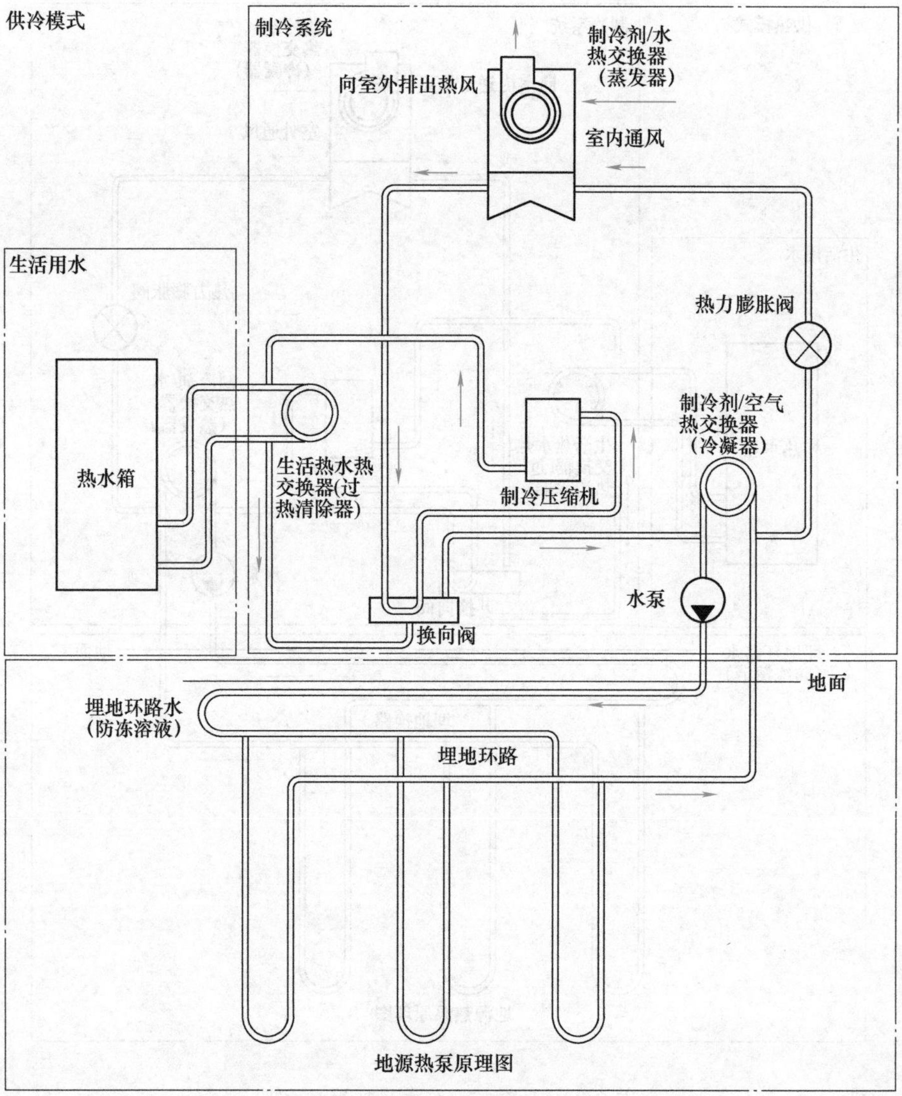

图6-30　地源热泵夏季供热模式原理

第七节　空调系统

空调是维持室内的空气温度、相对湿度、气流速度和洁净度在一定范围内变化的技术。空调技术包括制冷、供暖、通风和防尘等诸多领域，其中制冷降温是空气调节的一项关键技术。人们常把具有制冷设备作为空调系统的一项最基本的要求，也经常不太严密地把制冷降温作为空调系统的主要功能。

一、概述

1. 空调的分类

（1）按使用目的分类

1）舒适性空调。指为满足居住者舒适感要求的空调。通常应具备以下条件：工作温度，20～26℃；空气的相对湿度，40%～60%；空气的平均流速，0.25m/s左右。

2）工业性空调（也称生产性空调）。指为了满足生产中某些工艺过程或设备运行要求同时兼顾人体舒适感的空调。

（2）按空调精度分类

1）恒温空调。恒温精度 $\Delta t \geqslant 1℃$ 时的空调系统称为一般性空调；恒温精度 $\Delta t \leqslant 1℃$ 时的空调系统称为高精度空调。

2）恒湿空调。按照恒湿精度的不同分为：$\Delta\varphi \geqslant 10\%$、$5\% \leqslant \Delta\varphi < 10\%$、$2\% \leqslant \Delta\varphi < 5\%$、$\Delta\varphi < 2\%$ 等几种等级范围。

也可按洁净度大小，如按每升空气中直径≥0.5μm 的尘埃颗粒数的平均值不超过 3 粒、30 粒、300 粒等，而把空调系统分为 3 级、30 级、300 级洁净等类别。

2. 空气调节系统的组成

空调系统一般由冷热源部分、空气处理部分和电气控制部分构成。

空调系统的冷源分为天然冷源和人工冷源两种。前者主要指地下水，而后者是由一套完整的制冷装置来实现的。

空调系统的热源也有自然和人工两种。自然热源指太阳能和地热能，人工热源指利用煤等作为燃料的锅炉产生的蒸汽和热水。

空气处理部分由进风系统、空气过滤、空气热湿处理、空气输送等几部分组成。

3. 空调系统的应用

在现实生活中，空调系统的应用相当广泛而多样，主要有大、中型建筑物的空调，工业性空调，住宅空调，车辆空调等。

工业发达国家的空调所耗电能，包括供暖通风在内，占全国耗电量的30%左右，有的甚至达到总耗电量的45%（如瑞典）。我国的空调耗能也有日益增加的趋势。因此，我们不仅要掌握空调系统及装置的用能，而且要研究空调系统的节能措施。

二、湿空气的焓湿图

湿空气是指干空气与水蒸气的混合物，它的物理性质是用温度、压力、湿度及焓值等状态参数来衡量的。与一般气体混合物不同的是，湿空气中的水蒸气，在一定条件下将发生集态的变化。

湿空气中的水蒸气含量虽小，但其变化会引起湿空气干、湿程度的改变，进而对人体感觉、产品质量、工艺过程和设备维护等产生直接影响。同时，空气中水蒸气含量的变化，又会使湿空气的物理性质发生变化。

空气的主要状态参数有温度 t、相对湿度 φ、含湿量 d 和比焓 h。在工程实际中，通常利用湿空气的焓湿图（简称为 h-d 图）进行空调系统的计算，图 6-31 为焓湿图的部分图线。

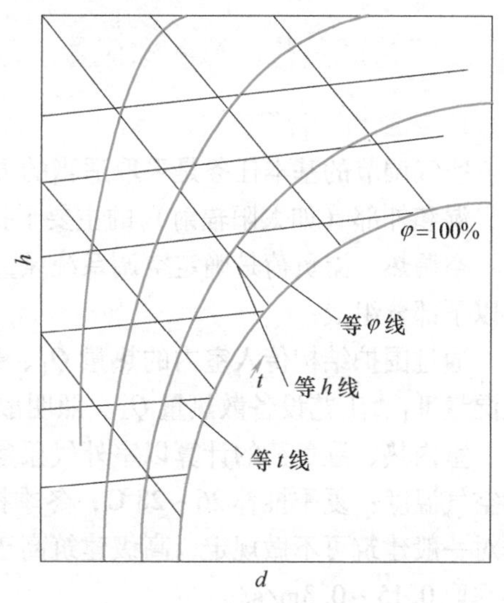

图 6-31　焓湿图

h-d 图主要由 h、d、t、φ 四组定值线组成，纵坐标为比焓 h（kJ/kg），横坐标为含湿量 d（g/kg 干空气），两坐标轴间的夹角一般等于135°。应注意的是，h 及 d 单位中的分母都是指1kg 干空气，含湿量 d 即表示 1kg 干空气体积中含有的水蒸气质量，单位为 g/kg 干空气；比焓 h 表示 1kg 干空气的比焓和 d/1000kg 水蒸气的比焓的总和，单位为 kJ/kg 干空气。

利用 h-d 图可以很容易地确定空气状态及状态参数，如湿球温度、露点温度，而且可用热湿比 ε 值（$\varepsilon=1000\Delta h/\Delta d$）在 h-d 图上显示空气状态的变化过程。以下以空调工程中经常遇到的不同状态空气相混合的过程为例，来说明 h-d 图的一个典型应用。

图 6-32 表示两股分别处于状态 1 和 2、空气流量分别为 $q_{m,1}$ 和 $q_{m,2}$ 的空气流，在管内绝热混合。混合后的空气流状态用 3 表示，其空气流量为 $q_{m,3}$。按照质量守恒原理、能量守恒原理，则有

$$q_{m,1}+q_{m,2}=q_{m,3} \tag{6-31}$$

$$q_{m,1}d_1+q_{m,2}d_2=q_{m,3}d_3 \tag{6-32}$$

$$q_{m,1}h_1+q_{m,2}h_2=q_{m,3}h_3 \tag{6-33}$$

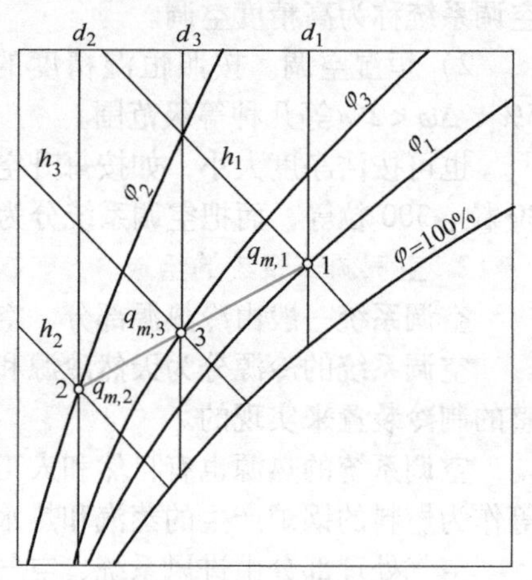

图 6-32　绝热混合

如果已经知道混合前各股气流的状态和流量，按照上述三个方程式就可以解出混合后空气的流量以及含湿量和比焓。此外，也可以很方便地利用 h-d 图来确定混合后空气的状态。

将上述三式整理可得下列关联式，即

$$\frac{q_{m,1}}{q_{m,2}}=\frac{d_3-d_2}{d_1-d_3}=\frac{h_3-h_2}{h_1-h_3} \tag{6-34}$$

式（6-34）表明，混合后空气的状态点 3 落在混合前两股空气的状态点 1 和 2 的连接直线上，而且点 3 到点 1 的距离和点 3 到点 2 的距离与 $q_{m,1}$ 和 $q_{m,2}$ 成反比。这样，就可以在焓湿图上用图解法确定混合后空气的状态点 3，从而确定其余的状态参数。

三、热湿负荷计算和送风量、新风量的确定

1. 热湿负荷计算

空气调节的基本任务是采取适当的方法和手段，消除来自内部如生产过程、人员产生的热、湿和外部（如太阳辐射）的主要干扰量（主要指热、湿负荷），从而控制空气环境。

空调热、湿负荷是确定空调系统风量、空气处理方法和空调装置容量的原始依据。通常由以下部分组成：

通过围护结构传入室内的热量 Q_1、通过玻璃窗传入室内的热量 Q_2、人体散热量 Q_3 和散湿量 W_1、工艺设备散热量 Q_4、照明散热量 Q_5 以及潮湿地面的散湿量 W_2 等。

室内热、湿负荷的计算以室外气象参数和室内要求的空气环境条件为依据。如我国的室内空气温度：夏季推荐 26 ~28℃，冬季推荐 18 ~22℃；相对湿度：夏季取 40% ~60%，冬季对一般建筑可不做规定，高级建筑高于 35% 即可；空气平均流速：夏季取 0.2 ~0.5m/s，冬季取 0.15 ~0.3m/s。

工业性空调室内温、湿度基数及其允许波动范围，应根据工艺需要并考虑必要的卫生条件确定。工艺性空调可分为一般降温性空调、恒温恒湿空调和净化空调等。

降温性空调对温、湿度的要求是夏季工人操作时手不出汗，不使产品受潮。因此，一般只规定温度或湿度的上限，不再注明空调精度。如电子工业的某些车间，规定夏季室温不大于28℃，相对湿度不大于60%。

恒温恒湿空调室内空气的温、湿度基数和精度都有严格的要求，如某些计量室，室温要求全年保持（20±0.1）℃，相对湿度保持（50±5）%。

净化空调不仅对空气温、湿度提出了一定要求，而且对空气中所含尘粒的大小和数量都有严格要求。

必须指出，确定工艺性空调室内计算参数时，一定要了解实际工艺生产过程对温、湿度的要求。

2. 送风量的确定

在已知空调热（冷）、湿负荷的基础上，讨论如何利用不同的送风和排风状态来消除室内余热余湿，以维持空调房间所要求的空气参数。

（1）夏季送风状态及送风量　图6-33所示为一个空调房间送风示意图。室内余热量（即室内冷负荷）为 Q（W），余湿量为 W（kg/s）。为了消除余热、余湿，保持室内空气状态为 N，送入 G（kg/s）的空气，其状态为 O。当送入空气吸收余热 Q 和余湿 W 后，由状态 O（h_O、d_O）变为状态 N（h_N、d_N）而排出，从而保证了室内空气状态的 h_N、d_N。

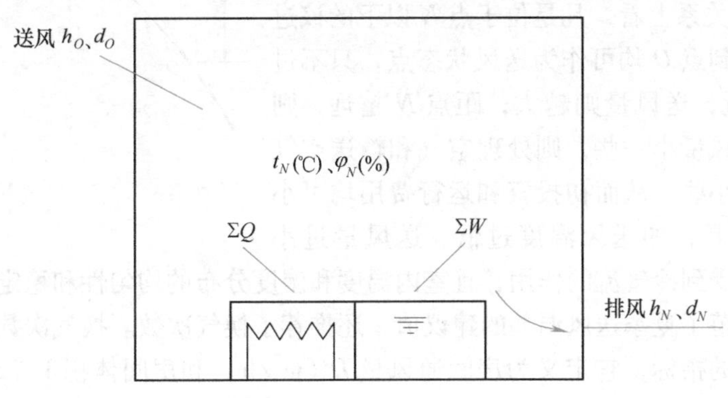

图6-33　空调房间送风

根据热平衡可得

$$\left.\begin{aligned} Gh_O + Q &= Gh_N \\ h_N - h_O &= \frac{Q}{G} \end{aligned}\right\} \tag{6-35}$$

根据湿平衡可得

$$\left.\begin{aligned} G\frac{d_O}{1000} + W &= G\frac{d_N}{1000} \\ d_N - d_O &= \frac{W}{G} \end{aligned}\right\} \tag{6-36}$$

式（6-36）中除以1000是将g/kg的单位化为kg/kg，该式说明1kg送入空气量吸入了 W/G 的湿量后，送风含湿量由 d_O 变为 d_N。

显然将式（6-35）和式（6-36）相除，即得送入空气由点 O 变为点 N（图6-34）时的

状态变化过程（或方向）的热湿比（或角系数）ε

$$\varepsilon = \frac{Q}{W} = \frac{h_N - h_O}{\dfrac{d_N - d_O}{1000}}$$

这样，在 h-d 图上就可利用热湿比的过程线（方向线）来表示送入空气状态变化过程的方向（图 6-34）。这就是说，只要送风状态点 O 位于通过室内空气状态点 N 的热湿比线上，那么将一定数量的这种状态的空气送入室内，就能同时吸收余热 Q 和余湿 W，从而保证室内要求的状态 N。

既然送入的空气同时吸收余热、余湿，则送风量必定符合等式

$$G = \frac{Q}{h_N - h_O} = \frac{W}{d_N - d_O} \times 1000 \qquad (6\text{-}37)$$

Q 和 W 都是已知的，室内状态点 N 在 h-d 图上的位置也已确定，因而只要经点 N 作出 $\varepsilon = Q/W$ 的过程线，即可在该过程线上确定点 O，从而算出空气量 G。从式（6-37）的关系上看，凡是位于点 N 以下的该过程线上的诸点直到点 O 均可作为送风状态点，只不过点 O 距点 N 越近，送风量则越大；距点 N 越远，则送风量越小。送风量小一些，则处理空气和输送空气所需设备可相应小些，从而初投资和运行费用均可小些。但要注意的是，如送风温度过低、送风量过小时，可能使人感受到冷气流的作用，且室内温度和湿度分布的均匀性和稳定性将受到影响。

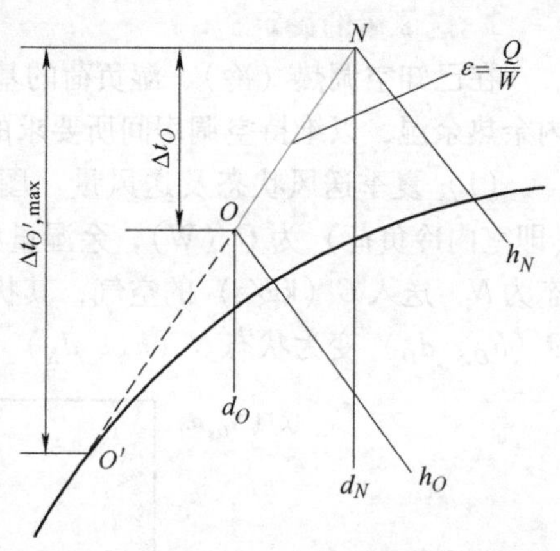

图 6-34 送入空气状态变化过程线

暖通空调规范了夏季送风温差的建议值，还推荐了换气次数。换气次数是空调工程中常用的衡量送风量的指标，它定义为房间通风量 L（m^3/h）和房间体积 V（m^3）的比值，即换气次数 $n = L/V$（次/h）。

选定送风温差之后，即可按以下步骤确定送风状态和计算送风量：

1）在 h-d 图上找出室内空气状态点 N。

2）根据算出的 Q 和 W 求出热湿比 ε，再通过 N 点画出过程线 ε。

3）根据所取定的送风温差 Δt_O 求出送风温度 t_O，等温线 t_O 与过程线 ε 的交点 O 即为送风状态点。

4）按式（6-37）计算送风量。

（2）冬季送风状态与送风量的确定　在冬季，通过围护结构的温差传热往往是由内向外传递，只有室内热源向室内散热，因此冬季室内余热量往往比夏季少得多，有时甚至为负值。而余湿量则冬夏季一般相同。这样，冬季房间的热湿比值常小于夏季，也可能是负值。所以空调送风温度 t_0' 往往接近或高于室温 t_N。由于送热风时送风温差值可比送冷风时的送风温差值大，所以冬季送风量可比夏季小，故空调送风量一般是先确定夏季送风量，在冬季可采取与夏季相同的风量，也可少于夏季。全年采取固定送风量是比较方便的，因为只调送风参数即可。而冬季用提高送风温度减少送风量的做法，可以节约电能，尤其对较大的空调

系统，减少风量的经济意义更为突出。当然，减少风量也是有所限制的，它必须满足最少换气次数的要求，同时送风温度也不宜过高，一般以不超过45℃为宜。

3. 新风量的确定

一般规定，空调系统的新风量占送风量的比例不应低于10%，而且不应小于下列三项风量中的最大值。

1）为保证空调房间满足卫生条件需要的新风量，在工作人员长期停留的房间，每人所需新风量为30~40m^3/h；对工作人员比较拥挤的短期停留的房间，每人所需新风量为10~15m^3/h。

2）如果空调房间有局部排风设备，为了不使房间产生负压，至少应补充与局部排风量相等的新风量。

3）为了防止外界未经处理的空气渗入室内，干扰室内空调参数，需要使房间内部保持一定正压值，空调房间正压值按规范规定不应大于50Pa，一般情况下取5~10Pa即可。

四、空气处理方法

为了满足空调房间的送风要求，在空调系统中必须对空气进行热、湿处理。图6-35中点1表示空气的初状态，由点1空气能以多种方法进行处理。以下简述几种典型过程。

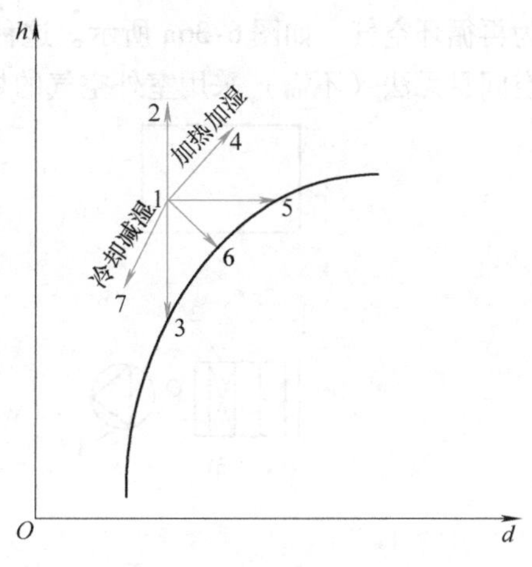

图6-35　空气调节过程

1. 加热或冷却过程

对湿空气单纯地加热或冷却的过程，其特征是过程中含湿量保持不变，加热时朝焓增加方向变化，如图中1—2过程，随着热量的加入，湿空气温度升高，相对湿度降低；冷却过程与此相反，如1—3过程。对于单位质量的干空气而言，过程中加入的热量为

$$q = h_2 - h_1$$

2. 加湿过程

空气通过一个供水平均温度高于空气干球温度的加湿器时，空气的温度和含湿量均增加，此时发生的过程为加热加湿过程（即增焓加湿过程），如图6-35中1-4所示。此外，随着喷水室喷水温度的不同，还有等温加湿过程、绝热加湿过程或减焓加湿过程。

绝热加湿过程可近似地看成是湿空气焓值不变的过程，因此也称为等焓加湿过程。如图6-35中1—6过程，该过程沿定h线向d和φ增大、t降低的方向进行。

图中1—5为等温加湿过程。在空气中喷入有限量的大气压力下的饱和蒸汽，只要保持湿空气处于未饱和状态，这样的过程可视为等温加湿。

3. 减湿过程

如果空气通过冷却盘管和喷水室，并且盘管表面温度或喷水温度低于空气的露点温度，空气中的水蒸气就会发生凝结现象，如图中1—7所示为冷却减湿过程。

五、空气调节系统

空气调节系统一般均由空气处理设备和空气输送管道以及空气分配装置所组成，根据需要，它能组成许多形式的系统。下列各种分类的系统，可按需要和具体的条件来使用。

1. 按空气处理方式分类

空调系统按空气处理方式分类，有集中式空调系统、局部式空调系统及半集中式空调系统三种。

2. 按负担室内负荷所用的介质种类分类

空调系统按负担室内负荷所用的介质分类，有全空气系统、全水系统、空气-水系统及制冷剂系统四种。

3. 按空调系统使用的空气来源分类

（1）封闭式系统　它所处理的空气全部来自空调房间本身，没有室外空气补充，全部为再循环空气，如图6-36a所示。这种系统冷、热消耗量最省，但卫生效果差，适用于密闭空间且无法（不需）采用室外空气的场合。

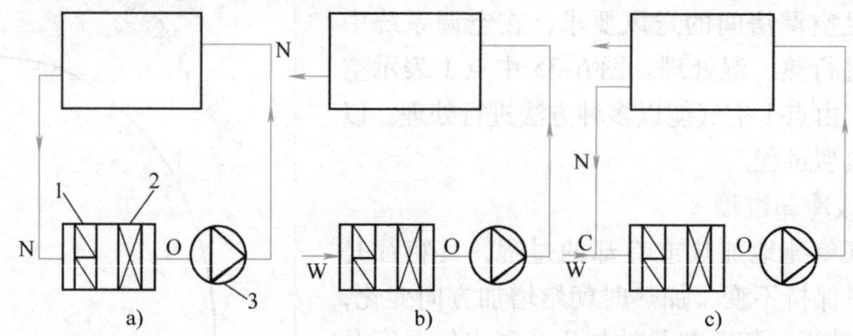

图6-36　按处理空气的来源不同对空调系统分类示意图

a）封闭式　b）直流式　c）混合式

1—过滤器　2—冷却器　3—风机

N—室内空气　W—室外空气　C—混合空气　O—冷却器后空气状态

（2）直流式系统　它所处理的空气全部来自室外，室外空气经处理后送入室内，然后全部排出室外，如图6-36b所示。这种系统适用于不允许采用回风的场合，如放射性实验室以及散发大量有害物的车间等。

（3）混合式系统（也称为回风式系统）　混合式系统使用的空气，一部分为室外的新风，另一部分为室内的回风。所以，它兼有直流式系统和封闭式系统的特点，具有既经济又符合卫生要求的优点，使用比较广泛，如图6-36c所示。

思考题和习题

6-1　制冷系统的冷凝温度低则效率高，试评价用另外一个制冷系统来冷却该制冷系统冷凝器的冷却水的可能性。两个系统组合后的性能是比单个系统好、相同或者差？为什么？

6-2　制冷系统中的热交换器的传热系数与哪些因素有关？如何提高运行中热交换设备的传热效果？

6-3　为什么要规定压缩机的运行工况？空调工况和标准工况中冷凝温度和蒸发温度各为多少？

6-4　试分析由蒸发器出来的低压蒸气过热程度即过热度大小对制冷系统的影响。

6-5　试用 p-h 图和有关公式分析，当一台制冷压缩机运行时的冷凝温度 t_k 降低（此时蒸发温度 t_0 不变）和蒸发温度 t_0 升高（此时冷凝温度 t_k 不变）时，制冷压缩机的制冷量 ϕ_0 和理论制冷循环的制冷系数 ε_0 将如何变化？

6-6　已知某制冷装置以 R22 为制冷剂，制冷压缩机为 2F10 型，制冷量 $\phi_0 = 15\text{kW}$，其工况是：蒸发温度 $t_0 = -15℃$，冷凝温度 $t_k = 30℃$，过热温度为 $-5℃$，过冷温度为 25℃，试求：

1）将该循环画在 p-h 图上。

2）确定各状态下的有关参数值（v，h，s，T，p 等）。

3）进行理论循环的热力计算（q_v，$q_{m,R}$，$q_{V,R}$，ϕ_k，P_0，ε_0）。

6-7　某制冷系统的制冷剂为 R22，产冷量为 80kW。采用蒸气压缩式理论循环，蒸发温度为 $-8℃$，冷凝温度为 42℃，取过热度为 10℃，过冷度为 5℃。求：

1）压缩机进口处的制冷剂体积流量（m^3/s）。

2）压缩机的功率。

6-8　吸收式制冷系统与压缩式制冷系统相比具有哪些特点？

6-9　选择制冷剂应考虑哪些因素？

6-10　一台 R22 制冷压缩机，现改用 R134a 制冷剂，至少应考虑哪些问题？

6-11　为什么必须防止制冷剂和水混合？

6-12　中央空调系统的冷水机组主要有哪几种类型？它们压缩制冷剂的原理是什么？它们在使用和维修方面有什么优缺点？

6-13　针对我国不同气候区域、季节变化以及用户需求的不同特点，设计地源热泵时应如何考虑？

参考文献

[1] W F 斯托克，J W 琼斯．制冷与空调［M］．陈国邦，胡熊飞，译．北京：机械工业出版社，1985.

[2] 吴业正，韩宝琦，等．制冷原理及设备［M］．西安：西安交通大学出版社，1987.

[3] 张祉祜．制冷原理与设备［M］．北京：机械工业出版社，1987.

[4] R D 希晋．热泵［M］．张在明，译．北京：化学工业出版社，1984.

[5] 岳孝方，陈汝东．制冷技术与应用［M］．上海：同济大学出版社，1992.

[6] 彦启森．空调用制冷技术［M］．北京：中国建筑工业出版社，1985.

[7] 戚长政．制冷原理及设备［M］．北京：中国轻工业出版社，1999.

[8] 赵荣义，范存养，薛殿华，等．空气调节［M］．北京：中国建筑工业出版社，1994.

第七章 新能源与可再生能源利用

提高能源效率和发展可再生能源已经成为全球可持续发展能源的两个重要方向。国际上将可再生能源分为传统的可再生能源和新的可再生能源。传统的可再生能源主要包括大水电和用传统技术利用的生物质能，新的可再生能源主要指利用现代技术的小水电、太阳能、风能、生物质能、地热能、海洋能和固体废弃物等，随着我国国民经济的不断向前发展，我国的能源问题日益突出，了解、开发和有效利用新能源与可再生能源已成为人类义不容辞的任务。在此需求的形势下，结合我国现况，本章将主要阐述太阳能、风能、地热能的工作原理及应用系统，同时对生物质能、水能、氢能与燃料电池做一概括性的综述。

第一节 太阳能

一、概述

从广义上说，地球上除了地热能、核能和潮汐能以外的所有能源都来源于太阳能。像水能、风能、海洋能、生物质能以及石油、煤等常规能源都可以称为间接的太阳能资源或者“广义太阳能”。而本节所涉及的内容，则仅指直接投射到地球表面上的太阳辐射能，即“狭义太阳能（以下简称太阳能）”。

1. 太阳能的特点

(1) 数量巨大但却非常分散　每年到达地球表面的太阳辐射能约为130万亿t标准煤，约为目前全世界所消费的各种能量总和的2万倍。但由于非常分散，能量密度很低，平均说来，北回归线附近夏季晴天中午的太阳辐射强度最大，约为1.1～1.2kW/m^2；冬季太阳辐射强度大致只有夏季的一半，而阴天则往往只有晴天的1/5左右。因此，要大量而又低成本的聚集太阳能是有难度的。

(2) 时间长久但却不连续不稳定　太阳能是可再生的，可以认为是“取之不尽，用之不竭”的，但太阳辐射既是间断的又是不稳定的，其辐射强度受各种因素（季节、地点、气候等）的影响不能维持常量。为了解决好此问题，就必须具备有效的储能装置。就目前而论，储能问题仍是太阳能利用中较为薄弱的环节之一。

(3) 清洁安全、免费使用，但初投资高　作为清洁安全的可再生能源——太阳能，既不需要开采和挖掘，也不需要运输，可以说是“免费送货上门”。但不低的初投资也在一定程度上影响着太阳能的经济竞争力。

2. 太阳能利用的方式

(1) 太阳能转换为热能　光热转换是目前最广泛采用的一种太阳能利用方式，其基本原理是将太阳辐射能收集起来，使之加热物体而获得热能，从而可用于供暖、制冷、洗浴、发电、烹饪等。目前应用的太阳能热利用设备有：太阳能热水器、太阳能干燥器、太阳能蒸馏器、太阳能制冷和空调装置、太阳池、太阳灶、太阳能热机（提供动力）以及高温太阳炉（可冶炼金属）等。

(2) 太阳能转换为电能　目前太阳辐射能转换为电能的方式主要有两种，一种是光-热-电转换方式，即太阳能热发电；另一种是光-电直接转换方式，即利用光伏效应的太阳能电池（简称太阳电池），可作为驱动水泵、汽车及照明等的电源。

(3) 太阳能转换为化学能　最常见的就是植物的光合作用，即二氧化碳和水在阳光照射下，借助植物的叶绿素，吸收光能转化为碳水化合物之类的生物质的化学能，而储存于植物或其果实中。地球陆地上的植物通过光合作用利用太阳能约为到达地球上太阳能的千分之四到五。此外，利用太阳辐射能直接分解水制氢，也是光-化学转换的方式之一。

鉴于篇幅，本节仅涉及太阳辐射能、集热器原理、太阳能热发电、太阳电池以及太阳能供暖与制冷等内容。

二、太阳辐射能的基本特性与集热器原理

1. 太阳辐射能的基本特性

(1) 太阳常数　地球除自转以外，还在一椭圆形轨道上绕太阳公转。地球自转轴与其公转轨道平面法线成23°27′的夹角，由于地球的自转轴在公转时在空间的方向始终不变，这就使得太阳光线有时直射赤道，有时偏北，有时偏南，形成地球上的季节变化。

地球公转的运行轨道是一偏心率很小的椭圆，太阳位于椭圆轨道两个焦点中的一个焦点上，所以太阳与地球间的距离，在一年中随着季节的变化而变化。所谓太阳常数，是指在日地平均距离时，地球大气层外，垂直于太阳光线的单位面积上，在单位时间内所接收到的太阳辐照度。太阳常数是一个非常重要的常数，一切有关研究太阳辐射的问题，都要以它为参数。早在20世纪初，人们就已经通过各种观测手段估计太阳常数的大小，认为大约在$1350\sim1400\mathrm{W/m^2}$。太阳常数虽经多年观测，但由于观测设备、技术以及理论校正方法不同，所测数值常不一致。据研究，太阳常数的变化具有周期性，这可能与太阳黑子的活动周期有关。1981年，世界气象组织推荐太阳常数值$E_{sc}=(1367\pm7)\mathrm{W/m^2}$，通常采用$1367\mathrm{W/m^2}$。实际上，因地球公转轨道是椭圆，日地距离在一年内的变化范围为$\pm1.7\%$，致使太阳辐射照度在$\pm3\%$范围内变化。大气层外太阳辐照度随季节变化按下式计算：

$$E_{on}=E_{sc}[1+0.033\cos(360n/365)] \tag{7-1}$$

式中，E_{on}为一年中第n天大气层外垂直辐射方向上的太阳辐照度，n为一年中从元旦日算起的天数。

(2) 太阳辐射光谱　当太阳辐射尚未进入地球大气层时，能量较集中的波段主要是$0.15\sim4\mu\mathrm{m}$，它占太阳辐射总能量的99%以上，且主要分布在可见光区和红外区，前者约

占太阳辐射总能量的50%，后者约占43%，紫外区的太阳辐射能很少，约只占总量的7%。一般说来，约有43%的太阳辐射因反射和散射而折回宇宙空间；仅有57%左右进入地表和大气，而这57%中又有14%为大气层所吸收；在剩下的43%中，以直射辐射占27%和漫射辐射占16%的比例到达地面，而且它主要是波长0.29～2.5μm的太阳辐射能。

（3）太阳高度角和日照时间　太阳高度角的定义为：太阳光线与地平面之间的夹角，也简称为太阳高度。太阳高度在一天中是时刻变化的，日出时太阳高度为零，到正午时最大，日落时又为零。太阳高度也随季节而不断变化，夏季大，冬季小（对一天中的同一时刻而言）。

日照时间就是从日出到日落的时间。由于地球的自转和公转，不同纬度地区的日照时间不同。夏季北半球纬度越高则日照时间越长，冬季北半球纬度越高则日照时间越短。在太阳能利用过程中，日照时间的长短是必须考虑的一个重要因素。

（4）地球表面的太阳辐射与大气质量　到达地面的太阳辐射实际上由两部分组成：一部分是由太阳直接辐射而来的，称为直射辐射；另一部分由分子、灰尘、水滴等散射而来的，称为漫射辐射。太阳能直射辐射透过地球大气层时，要受到大气层中的氧、臭氧、水汽和二氧化碳等各种气体分子的吸收，与此同时还会被云层中的尘埃、冰晶等反射或折射，从而形成漫射辐射。这其中的一部分辐射能将返回宇宙空间，另一部分到达地球表面。直射辐射与漫射辐射之和称为总辐射。

太阳光线穿过大气层的路程直接影响到达地面的太阳辐射。经过大气层的路程越长，大气的吸收、反射和散射越严重，到达地面的太阳辐射衰减越厉害。太阳辐射经历大气的路程常用大气质量来表示。把太阳直射光线通过大气层时的实际光学厚度与大气层法向厚度之比定义为大气质量，常用符号 m 表示，并设在海平面上空垂直方向的 m 为1，如图7-1中 OP 所示。在任意高度角 θ 时，相应的大气质量 m 可近似为

$$m = 1/\sin\theta \tag{7-2}$$

如上所述，到达地面的太阳辐射主要受大气状况和大气质量两方面因素的影响，并涉及地理纬度、季节、气候、海拔等具体因素，因此，要准确计算是很困难的。在工程实践中大多采用实测确定。

2. 太阳能集热器原理

太阳能光热转换在太阳能工程中占有重要地位。其基本原理是通过特制的太阳能采光面，将投射到该表面上的太阳辐射能做最大限度地采集和吸收，并转换为热能，加热水或空气，为各种生产过程或人们生活提供所需要的热能。通常将完成这一任务的光热转换部件或设备称为太阳能集热器。

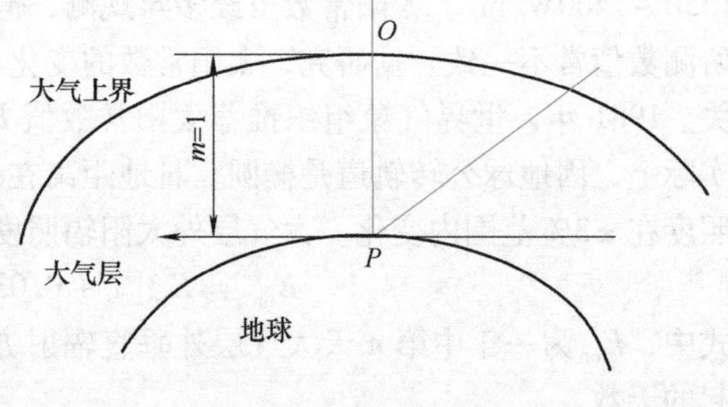

图7-1　大气质量示意图

典型集热器的形式有平板型、聚焦型和真空管型。平板集热器不聚光，构造简单，其集热温度一般在100℃以下。聚焦集热器通常用特殊的镜反射器或折射器把太阳光聚集向特定位置的吸收器表面上，可以获得高温，且热损失少。真空管集热器由于在圆柱形玻璃套管内抽成真空，极大地消除了热损失，尤其在较高温度下提高了集热器效率。以下

仅以平板集热器为例，说明太阳能集热器的集热原理。

(1) 平板集热器的基本结构　如图 7-2 所示，平板集热器通常由三部分组成：

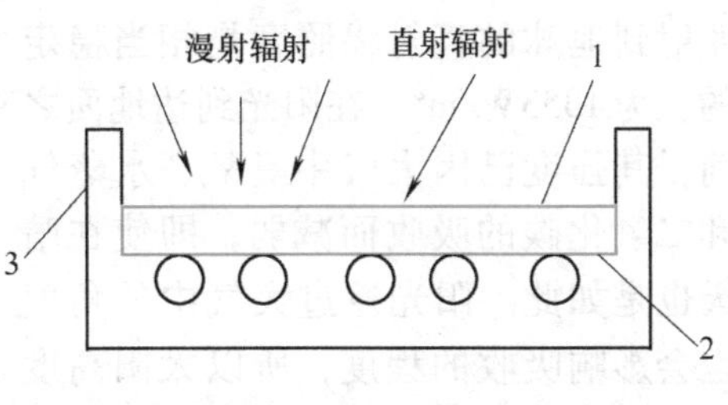

图 7-2　平板集热器

1—透明盖板　2—吸热板　3—绝热框体

1) 透明盖板。它的作用是让太阳辐射透过而防止吸热板热能辐射的透过及对流损失。太阳辐射主要集中在波长小于 3μm 的区段上，而吸热板的温度较低（400K 以下），其热辐射多是波长大于 3μm 的长波。用低铁玻璃作为盖板，可以很好地完成这一功能。

2) 吸热板。它的作用是吸收透过盖板的太阳辐射并转变为热能，传给其中流过的工质，如水、空气等。吸热板是集热器的重要部件，它应是对太阳辐射吸收率高、对红外线辐射发射率低的选择性表面。吸收体材料可用铜、铝、镀锌铁或塑料等制成，并常在金属材料表面涂以选择性涂层。

3) 绝热框体。它的作用是支撑固定盖板、吸热板，并防止侧面、底部散热。

(2) 平板集热器的基本能量平衡方程　平板集热器的热性能可用一个能量平衡方程来描述，该方程表示投射在集热器上的太阳能转变为有用的能量和各种能量损失之间的关系。对于采光面积为 A_c(m^2) 的平板集热器，其能量平衡方程为

$$EA_c(\tau\alpha) = \phi_u + \phi_L + \phi_S \tag{7-3}$$

式中，E 为集热器单位表面积上的总太阳辐照度（W/m^2）；($\tau\alpha$) 为盖层系统对于太阳直射或散射辐射的透射比 τ 与吸收比 α 之积；ϕ_u 为单位时间内由集热器传热流体带走的有用能量（W）；ϕ_L 为单位时间内由集热器散到环境的能量损失（W）；ϕ_S 为单位时间内集热器储存的能量（W）。

集热器效率 η_c 是衡量集热器性能的一个重要参数，其定义为在任何一段时间内，有用能量与投射在集热器面积上的太阳辐射能之比，即

$$\eta_c = \phi_u/(EA_c) \tag{7-4}$$

(3) 平板集热器太阳辐照度的工程计算　无论是设计太阳能集热器，还是分析评价其热性能，计算投射在太阳能集热器表面的总太阳辐照度 E 是非常重要的一项内容。进行该项计算的方程为

$$E = E_b\cos i + E_d + E_r \tag{7-5}$$

式中，E_b 为太阳直射辐照度（W/m^2）；i 为太阳入射角；E_d 为太阳散射辐照度（W/m^2），E_r 为其他表面反射的短波辐照度（W/m^2）。

晴天，式中 $E_b\cos i$ 可达总量的 85%，但散射 E_d 和反射 E_r 也不应忽略。因为对于平板集热器，即使在阴天，它们也仍然发挥作用。

1) 入射角的计算　太阳入射角 i 是指被太阳照射表面的法线和太阳射线间的夹角。为了计算入射角，必须知道太阳高度角（h，即水平面与太阳射线的夹角）、太阳方位角（γ_s，即太阳射线和正南方之间的夹角）、倾斜面的方位角（ϕ，即倾斜面的法向平面与正南方之间的夹角）以及倾斜面的倾角（α），如图 7-3 所示。

由此，任意取向的表面太阳射线入射角 i 的普遍式为

$$\cos i = \cos\alpha\sin h + \sin\alpha\cos h\cos(\gamma_s - \phi) \tag{7-6}$$

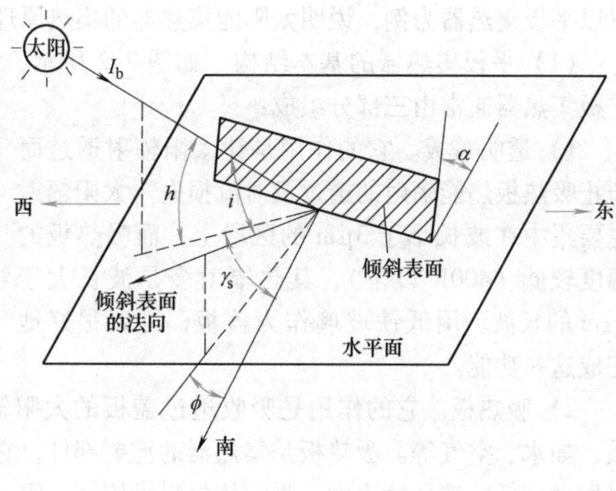

图 7-3　太阳入射角等示意图

2）太阳的直射辐照度 E_b。太阳光照射到地球的直射辐照度是相当稳定的，为 1353W/m^2。在阳光到达地面之前，其强度已因大气中臭氧、水蒸气和二氧化碳的吸收而减弱，即使在晴天也是如此。阳光通过大气中的角度也会影响吸收的程度，所以太阳高度角会影响 E_b。E_b 的计算公式为

$$E_b = E_A/\exp(B/\sin h) \tag{7-7}$$

式中，E_A 为表观太阳辐照度（W/m^2）；B 为大气衰减系数，量纲为一。

E_A 和 B 的值与月份有关，可查参考文献［4］。如在 12 月和 1 月，E_A 值约为 1230W/m^2，而在仲夏时为 1080W/m^2。B 值在冬天为 0.14，夏天为 0.21。地球表面的最大法向直射辐照度约为 970W/m^2。

（4）平板集热器效率的计算　平板集热器中工作流体的温度范围为 30～90℃，随集热器的形式和用途而异。其集热效率随着取向、日期、一天内的时间和工作流体温度的不同而变化。集热器收集到的有用能量除与太阳辐照度、地区、取向和集热器的倾角有关外，还受光学特性（透射比和反射比）、吸热板的特性（吸收比和发射率）以及传导、对流和再辐射损耗的影响。

对于具有双层盖板的平板集热器，其集热器效率按式（7-4）可以表达为

$$\eta_c = F_R[\tau_1\tau_2\alpha - K(t_i - t_a)/E] \tag{7-8}$$

式中，F_R 为平板集热器的热转移因子；τ_1、τ_2 分别为第一盖板玻璃、第二盖板玻璃的透射比；α 为吸热板的吸收比；K 为综合辐射、对流和传导损失的总传热系数［W/(m^2·K)］；t_i 为流入集热器流体的温度；t_a 为环境温度。

使用液体作为载热剂的集热器，其 F_R 值约为 0.9。K 值可由试验确定，工程上估算：对于无盖板的，最大约 15W/(m^2·K)；单层盖板，6～7W/(m^2·K)；双层盖板，3～4W/(m^2·K)。

例 7-1　太阳能供热用的 1m×2m 双层盖板平板式集热器，每层盖板的透射比是 0.87，铝吸热板的 $\alpha=0.9$。$E=800$W/m^2，$t_a=10$℃，$t_i=50$℃。试求集热器的效率。

解　取 K 值为 3.5W/（m^2·K），取 $F_R=0.9$，由式（7-8）得

$$\eta_c = 0.9\times[0.87\times0.87\times0.9 - 3.5\times(50-10)/800] = 0.456$$

在设计时经常使用如图 7-4 所示的集热器效率图来选择集热器。图中曲线所示的趋势可用式（7-8）来解释。集热器的效率是盖板和吸收器的光学及热性能的函数。当吸热板温度 t_i 升高时，热损失增大，效率降低。同样，环境温度较低时，由于热损失较大，效率也低。当盖板上的太阳辐照度增加时，效率升高。因为对给定的吸热板及环境温度，集热器的热损失 $K(t_i - t_a)$ 基本上是不变的，所以热损失的相对量就随着 E 的增加而减小。此外，图 7-4 中的直线截距表示集热器可能得到的最大瞬时效率；直线的斜率表示集热器在实际运行过程中的热损程度。

从图 7-4 可以看出盖板的作用。在 $T_i - T_a$ 较小时，因为对流损失小，没有或只有单层盖板的集热器的效率较高；在较大时，则以双层盖板集热器的效率为高，因这时对流热损失大大超过了通过第二盖板时的透射损失。

表面的吸收比和发射率是随着入射波长的不同而变化的。吸热板表面涂层应对太阳辐射的短波部分吸收较强（$\alpha \approx 0.9$），但在 100～200℃下表面辐射的发射率（在该温度下的表面辐射波比较长）却很小（$\varepsilon \approx 0.5$），这样的表面称为选择性表面。使用有选择性的吸热板表面，再加上双层盖板，可以大大提高集热器的效能，如图7-4中集热器 D 的曲线所示。

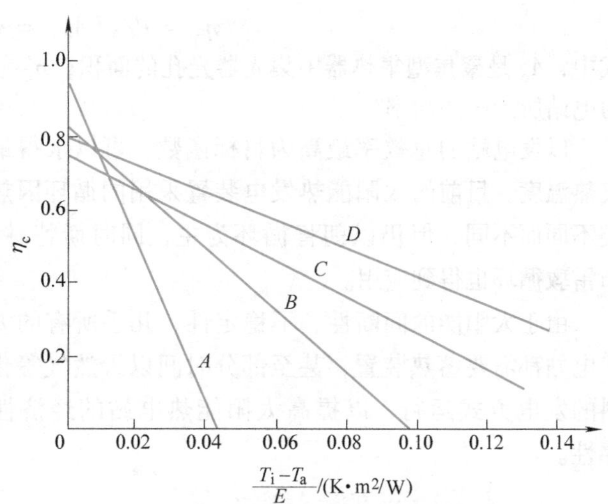

图 7-4　典型平板式集热器的效率

A—无盖板　B—单层盖板，无选择性涂层　C—双层盖板，无选择性涂层　D—双层盖板，选择性涂层

例 7-2　1m×2m 的双层平板式集热器，其吸热板无选择性，用水作为冷却剂，水的比定压热容 c_p 为 4186.8J/（kg·℃）。如果冷却剂流量 q_m 为 0.03kg/s，入口温度为 50℃，太阳辐照度为 800W/m²。试求：

1）集热速率。

2）当环境温度为 10℃时，水的出口温度。

解　1）$(t_i - t_a)/E = (50 - 10)/800℃ \cdot m^2/W = 0.05℃ \cdot m^2/W$

由图 7-4 中曲线 C 得 $\eta_c = 0.5$，于是

集热速率　　$\phi = EA\eta_c = 800 \times 2 \times 0.5W = 800W$

2）由 $\phi = q_m c_p (t_o - t_i)$，则出口温度为

$$t_o = (50 + 800/0.03/4186.8)℃ = 56.37℃$$

三、太阳能热发电

尽管利用光电直接转换的太阳电池已成功地在航天等领域应用很多年了，但太阳能热发电仍然被视为人类未来大规模利用太阳能的重要途径之一而得到不断的探索和发展。

1. 太阳能热发电的基本原理

太阳能热发电系统是根据热力学热力循环的原理，由太阳能集热器、热机和冷却器组成，如图 7-5 所示。在集热器输出的最高流体温度 T_1 与冷却器的最低放热温度 T_2（通常为环境温度）之间工作的太阳能热电站的最高效率是卡诺热机效率，即卡诺效率 η_E 有

$$\eta_E = W/Q_1 = (T_1 - T_2)/T_1 \tag{7-9}$$

而在集热器中工作流体吸热量为 Q_u，对外做出的功为 W，则电站的最高效率为 $\eta_E' = W/Q_u = P/\phi_u$。如果集热器输出的流体温度越高，则电站的循环热效率也越高，但是集热器的性能却下降。因此，定义一个太阳能热电站的总效率 η_S 是必要的，即

$$\eta_S = P/(EA_c) = \eta'_E \eta_c \tag{7-10}$$

式中，A_c 是聚焦型集热器中集光器光孔的面积；η'_E为不考虑集热器效率时该电站的效率；P为电站所产生的功率。

以发电站的总效率最高为目标函数，可以求得最佳的集热温度。目前的太阳能热发电装置采用的循环因热机种类不同而不同，但仍以朗肯循环为主，同时斯特林循环、布雷敦循环也得到应用。

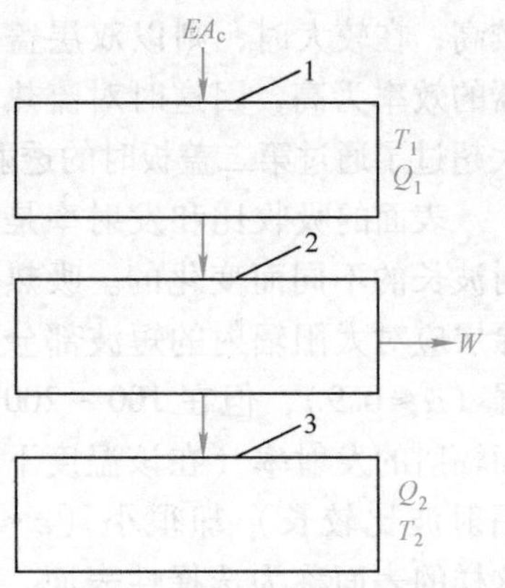

图 7-5　太阳能热电站热力学原理

1—集热器　2—热机　3—冷却器

由于太阳能的间断性、不稳定性，几乎所有的太阳能热电站都需要蓄热装置，甚至部分时间以天然气等化石燃料的发电方式运行，以提高太阳能热电站的经济性和可靠性。

2. 太阳能热发电分类及系统组成

按照集热温度的不同，太阳能热发电可以分为低温热发电和中高温热发电，集热介质多为水、空气或油。前者多采用平板集热器或平板 - 圆柱抛物面集热器，集热温度在 100 ~ 150℃范围；后者一般采用可以得到较高温度的聚焦型集热器。

对于高温太阳能热发电系统，按照接收太阳能的不同形式，太阳能热发电可以分为集中式和分散式；按太阳能聚集方式，且在技术上和经济上可行的三种太阳能热发电形式是：线聚焦抛物面槽式系统（简称槽式）、点聚焦中央接收式系统（简称塔式）和点聚焦抛物面碟式系统（简称碟式）。槽式系统和碟式系统属于分散式太阳能热发电，塔式系统属于集中式太阳能热发电。

槽式电站属“线”聚焦，几何聚光比在 10 ~ 100 之间，温度可达 400℃左右，可实现中温太阳能热发电；而塔式和碟式电站同属“点”聚焦；塔式太阳能热发电系统通常可达到的聚光比为 300 ~ 1500，运行温度可达 1000 ~ 1500℃；碟式太阳能系统聚光点的温度一般在 500 ~ 1000℃；两者均可实现高温太阳能热发电。

典型的太阳能发电系统一般由太阳能聚光集热子系统、吸热与输送热量子系统、蓄热子系统、蒸汽发生系统、动力子系统和发电子系统组成，如图 7-6 所示。图 7-7 ~ 图 7-9 分别示出三种发电形式所用的集热器。

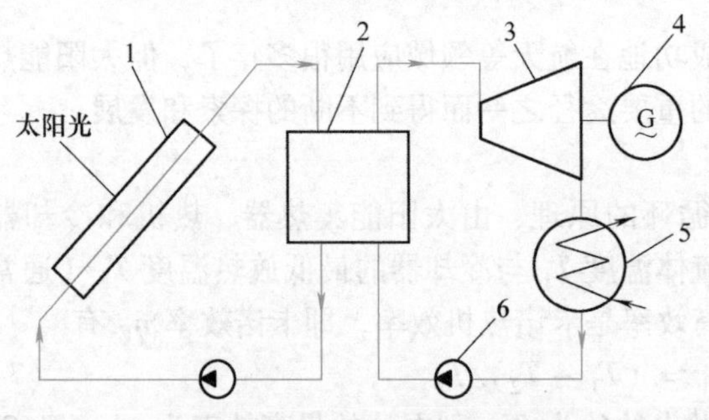

图 7-6　太阳能热发电系统示意图

1—集热器　2—热交换器　3—汽轮机

4—发电机　5—冷凝器　6—泵

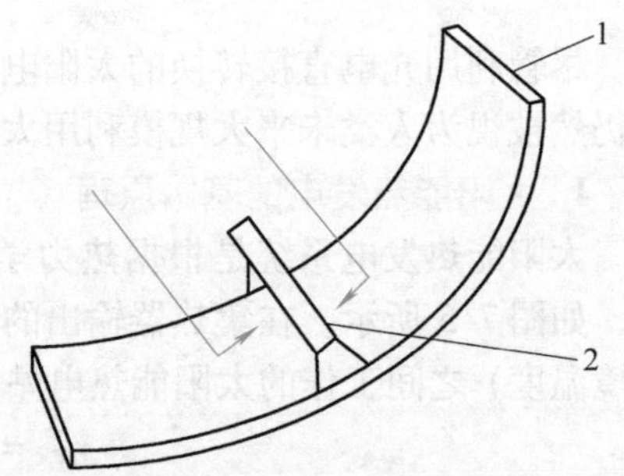

图 7-7　槽形抛物面集热器

1—抛物面聚焦器　2—接收器

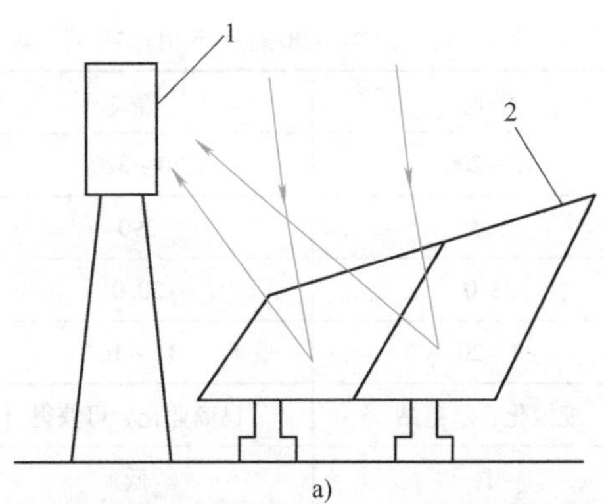

a)

b)

图 7-8　塔式太阳能系统

a）塔式集热器　b）塔式太阳能发电

1—接收器　2—定日镜

分散式系统可采用热能传输的方式，如布置许多槽形抛物面集热器，它们生产的热水或蒸汽通过管道输送到集中地点供动力装置使用；而盘式发电系统是指由许多盘状反射板组成的抛物形阵列把太阳光聚焦到位于焦点的接收器上，接收器上的流体被加热到 750℃，利用与接收器相连的热机按斯特林循环或布雷顿循环产生电能。

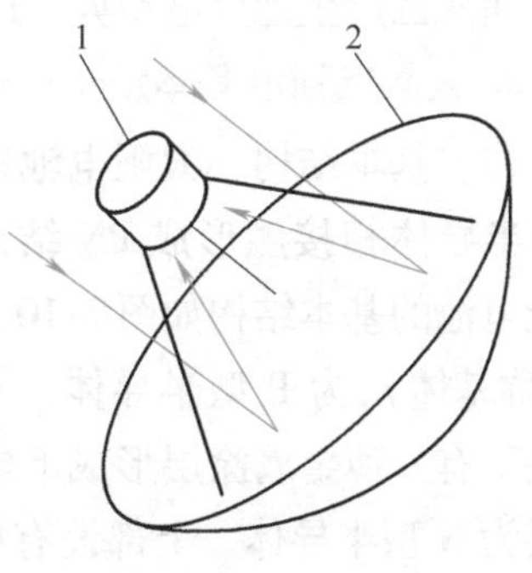

图 7-9　盘（或碟）式抛物面集热器

1—接收器　2—抛物形阵列

集中式发电系统，如塔式是由许多平面镜将太阳光反射到塔顶上的接收器，由接收器将光能转换为热能，省去了槽式系统的热能传输系统。

表 7- 1 列出了三种聚光型太阳能热发电系统的性能比较：

表 7-1 三种典型聚光型太阳能热发电系统的性能比较

	塔式	槽式	碟式
装机容量/MW	10~200	30~320	5~25
工作温度/℃	565	390	750
最高效率（%）	23.0	20.0	29.4
年平均效率（%）	7~20	11~16	12~25
商业化程度	规模化、示范站	已商业化、可获得	原理机、示范样机
技术开发风险	中	低	高
蓄热条件	可以	有限	电池蓄热
混合循环设计潜力	具有	具有	具有

四、太阳电池

借助于光电效应使太阳能直接转变为电能，其转换器件称为太阳电池。太阳电池 1954 年诞生于美国贝尔实验室。最早问世的太阳电池是单晶硅太阳电池。目前已进行研究和试制的太阳电池，除硅系列外，还有硫化镉、砷化镓、铜铟硒等许多类型的太阳电池。常用太阳电池按其材料不同可以分为：晶体硅电池、硫化镉电池、硫化锑电池、砷化镓电池、非晶硅电池、铜铟硒电池等。其中晶体硅电池应用最广，发展较为成熟。

1. 光电转换的基本原理

太阳能的光电转换是指太阳的辐射能光子通过半导体物质转变为电能的过程，在物理学上叫“光生伏打效应”。太阳电池就是根据这种效应制成的，所以也称光伏电池。其实它与平常的干电池、蓄电池完全不同，它不是化学过程产生的电流，而是一种物理过程产生的电池。

当 P 型和 N 型结合在一起的半导体受到阳光照射时，会使 PN 结附近的空穴-电子对分开，N 型半导体的空穴向 P 型区移动，而 P 型区中的电子向 N 型区移动，从而形成与结电场相反的光生电场。这个电场除了一部分抵消结电场外，还使 P 型区带正电，N 型区带负电，使两区产生光生电动势。这就是光电转换的基本原理。

2. 太阳电池的基本结构和形式

（1）基本结构 太阳电池都是由 P 型与 N 型半导体相接触形成 PN 结而成的。硅太阳能电池的基本结构如图 7-10 所示，其底层（或称基体）为 P 型半导体，不受光照，基体底下有一薄金属涂层形成下电极（正极）；上层为 N 型半导体，上部设有栅格形金属网形成上电极（负极），N 型半导体顶部镀了一层透明的、极薄的减反射膜，它比裸硅有更好的光传输性能，能最大限度地减少光

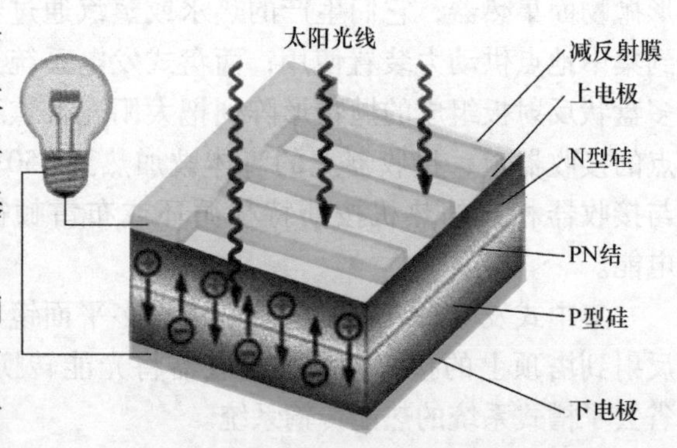

图 7-10 硅太阳能电池的基本结构

反射。

（2）形式　到目前为止，大多数太阳电池由极纯的单晶硅和多晶硅制备，而目前主要的，也是效率最高的商业化太阳电池仍是由单晶硅制成的，它发展较为成熟，其光电转换效率在实验室已达24.2%，规模化生产的效率也在12%以上。

3. 太阳电池的应用

以往太阳电池主要在航天上应用较多，近年来在地面上的应用增幅较大，随着太阳电池的制造水平提高，成本下降，其应用会越来越广泛。以下举几个民用实例。

（1）野外及边远无电地区农牧民用太阳能发电简易供电系统　如10W简易型太阳能发电照明系统，包括305mm×457mm太阳能电池板两块，12V7AH免维护蓄电池一块，12V9W节能灯2盏，晚上可工作4~5h。

（2）野外及户用太阳能供电小系统　如图7-11所示的太阳能独立供电系统，可为电视机、收音机、电冰箱及照明等供电。

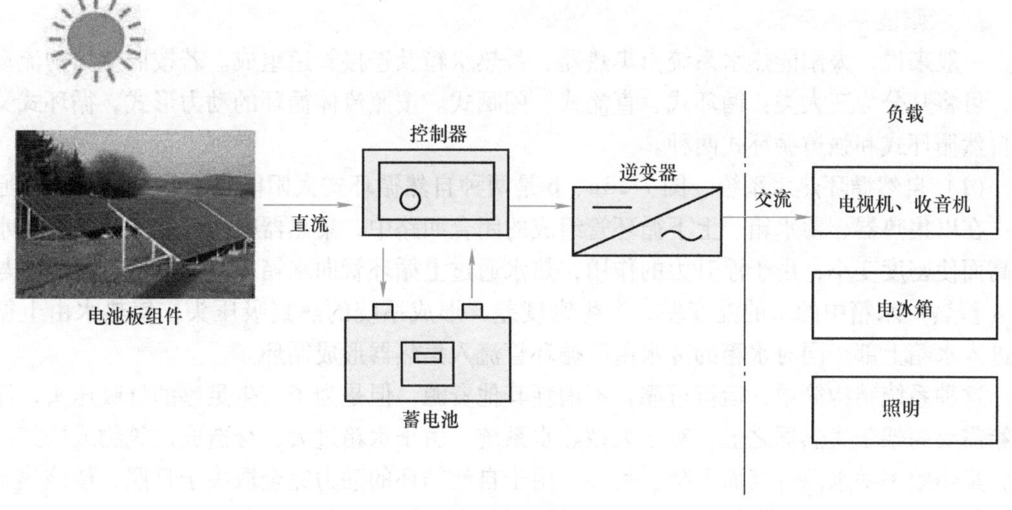

图7-11　太阳能独立供电系统

（3）太阳电池并网发电系统（3kW）　太阳能并网发电系统一般由太阳电池板、并网逆变器、户内配电箱和并网控制计量器组成，如图7-12所示。美国、德国、日本等国的屋顶计划多按3kW太阳电池系统设计，对于我国大中城市目前的生活水平，基本可以满足一家一户用电需求。如果当地电力管理部门允许，可以将3kW太阳电池系统并入当地电网中。

五、太阳能建筑

太阳能建筑是指用太阳能代替部分常规能源，为建筑物提供采暖、热水、空调、照明、通风、动力等一系列功能，以满足人们的生活和生产的需要。利用太阳能满足建筑物供能需求的能源综合利用系统，越来越受到广泛的关注。

太阳能建筑的发展大体可分为三个阶段：第一阶段为被动式太阳房，它是一种完全通过

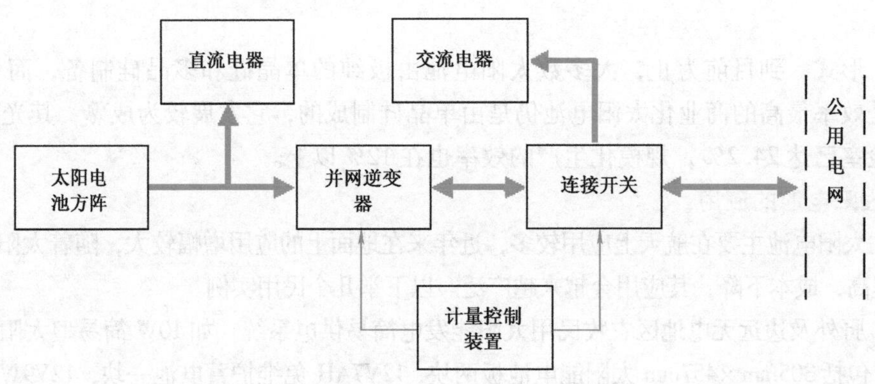

图 7-12 太阳电池并网发电系统（3kW）

建筑物结构、朝向、布置以及相关材料的应用进行集取、储存和分配太阳能的建筑。第二阶段为主动式太阳房，它是一种以太阳能集热器来主动采集太阳能并提供用热的建筑。第三阶段是再加上太阳电池应用，为建筑物提供采暖、空调和照明用电。

1. 太阳能热水系统

一般来说，太阳能热水系统由集热器、蓄热水箱及连接管道组成。若按照流体的流动方式，可将其分为三大类：循环式、直流式、闷晒式。按照流体循环的动力形式，循环式又分为自然循环式和强迫循环式两种。

（1）自然循环热水系统　图 7-13a、b 是两种自然循环式太阳能热水系统。其工作原理是：在以集热器、蓄水箱、上下循环管组成的闭合回路中，集热器吸收太阳能，其中的水温升高而使密度变小，由于浮升力的作用，热水通过上循环管向水箱中移动。由于集热器与循环（蓄热）水箱中的水的温度差，产生密度差，形成系统的热虹吸压头，使热水由上循环管进入水箱上部。同时水箱的冷水由下循环管流入集热器形成循环。

这种系统结构简单，运行可靠，不消耗其他资源，但是为了产生足够的虹吸压头，循环水箱需要高架于集热器之上，对于大型热水系统，由于水箱过大，会造成建筑物或构架的负重，集热效率随水温升高而下降。另外，由于自然循环的动力完全取决于日照，使该热水系统的使用具有一定的局限性，一般适用于小型热水系统。

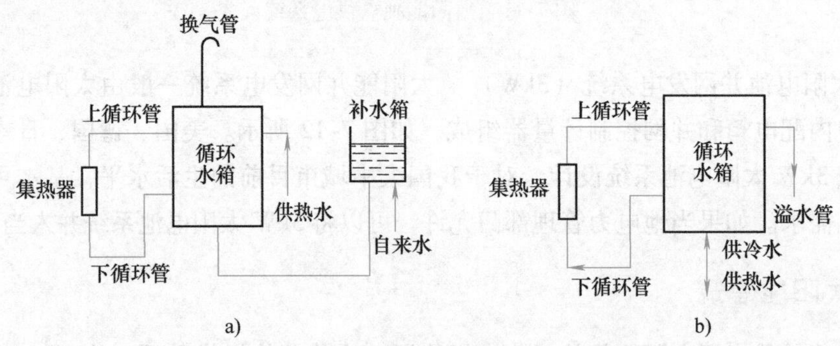

图 7-13 自然循环式太阳能热水系统

（2）强迫循环热水系统　因自然循环式对集热器的蓄热水箱的相对位置、连接管的管径即配置方式均有一定的要求和限制，所以，对于大型供热水系统，应采用强迫循环热水系统。它是利用水泵迫使水不断循环，水泵的起停由集热器顶部的预定温差控制。止回阀用以防止水泵停转时水倒流。这种系统的优点是：蓄热水箱可以设置在任意地方，但需要消耗电力驱动水泵及控制系统，若停电，系统则不能工作。

2. 太阳能供暖

太阳能供暖系统可以分为被动式和主动式两大类。被动式太阳能供暖，简称为太阳房，是太阳能供暖中最简单的一种形式，它仅靠建筑物本身的构造和建筑材料的热工特性来实现吸热、蓄热和放热。由于其构造简单，投资回收期短，因此在太阳能热利用中发展很迅速。主动式太阳能供暖系统包括收集太阳能的集热设备、储存热量用的储热设备、供暖房间的配热设备、辅助热源以及输送热媒的动力设备和管道等。根据输送热量的热媒载热流体的不同，又可分为空气式或热水式两种供暖系统。图 7-14 所示为一种以空气为热媒的主动式太阳能供暖系统。

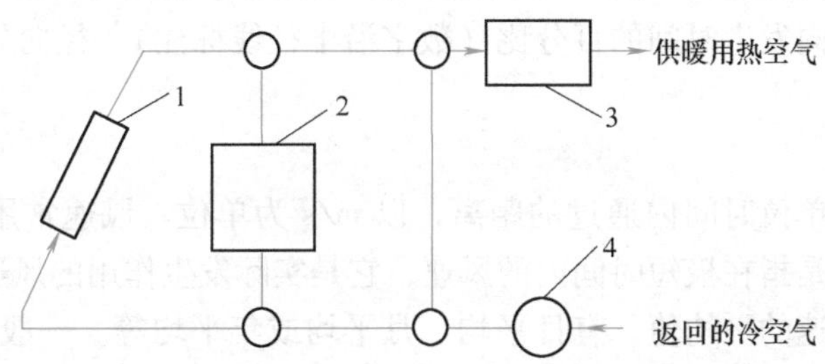

图 7-14　以空气为热媒的主动式太阳能供暖系统
1—集热器　2—蓄热装置　3—辅助加热装置　4—风机

3. 太阳能制冷

太阳能制冷的一个明显优点是，在太阳辐射特别强的夏日，正是需要制冷的日子。因此，供求比较一致，储能的要求不像太阳能采暖那样突出。

用太阳能制冷的方法有三种：使用光电池产生电流，通过温差制冷器直接制冷，即“光—电—冷”；使用太阳能热机带动发电机发电，然后再带动普通的制冷机制冷，或用太阳能热机直接带动普通的压缩式制冷机制冷，即“光—热—电—冷”；用太阳能直接开动吸收式或喷射式制冷机制冷，即“光—热—冷”。

第二节　风　　能

风能是地球表面大量空气运动的动能。太阳辐射能是风能的源泉，风能是太阳能在地球大气中的一种转换形式。在太阳辐射总量中，大约有 2% 转变为风能和波浪能。地球表面每年可以利用的风能，约为 13 亿～300 亿 kW · h，属于丰富且清洁的可再生能源之一。

一、概述

1. 风的产生

概括地说，风就是大气的运动。一般把垂直方向的大气运动称为气流，水平方向的大气运动称为风。风产生的影响因素有很多。大气压差是风形成的主要因素。那么大气压差是怎么形成的呢？由于地球上不同地点与太阳的相对位置不同，接收到的太阳热能也不同，南北极接收的太阳热量少，所以温度低，气压高；赤道接受的热量多，温度高，气压低，空气上升，这样，在地球表面就形成气压梯度。另外，地球在自转，使空气水平运动发生偏向的力，称为地转偏向力。大气真实运动主要是气压梯度力和地转偏向力这两个力综合影响的结果。实际上，地面风不仅受这两个力的支配，而且在很大程度上受海洋、地形的影响。

2. 风向

理论上风从高压区吹向低压区，但在中纬度和高纬度地区，风向还受地球自转的影响，结果风向与等压线平行而不是垂直。在北半球，风以逆时针方向环绕气旋（低压）区，而以顺时针方向环绕反气旋（高压）区。在南半球则方向相反。

风向，即风吹来的方向，可由风向标（一种围绕立轴旋转的金属片）指示出来，从风向与固定主方位指示杆之间的相对位置就可以很容易测出风向。

观测资料表明风向总是沿一条中间轴线波动，利用各个地方每日的记录，可画出一幅极线图，显示出各种风向发生时间的百分比（数字沿半径线标注）。径向矢量的长度要与该方向平均风速成正比。

3. 风速

风速表示空气在单位时间内通过的距离，以 m/s 为单位。风速常用瞬时风速和平均风速来描述。瞬时风速是指在极短时间内的风速，它是实际发生作用的风速。平均风速是指在一段时间内各瞬时风速的平均值。有日平均、月平均或年平均等。一般说来，离地面越高，风速越大。专门测量风速的仪器，有旋转式风速计、散热式风速计和声学风速计等。

风速随高度变化。测量结果表明，从地球表面到1000m的高空层内，空气的流动受到涡流、黏性和地面摩擦等因素的影响，靠近地面的风速较低，离地面越高，风速越大。风速沿高度的变化，可用指数公式或对数公式计算。工程上通常使用指数法，其公式为

$$V = V_1\left(\frac{h}{h_1}\right)^n \tag{7-11}$$

式中，h、h_1 为离地面的高度；V_1 为已知的离地面高度为 h_1 处的风速；V 为离地面高度为 h 处的风速；n 为指数，与地面的平整程度（粗糙度）、大气的稳定度等因素有关，其值为1/8～1/2，在开阔、平坦、稳定度正常的地区为1/7，中国气象部门通过在全国各地测量各种高度下的风速得出的平均值约为0.16～0.20，一般情况下可用此值估算出各种高度下的风速。

风速是一个随机性很大的量，必须通过一定长时间的观测才能计算出平均风功率密度。对于风能转换装置而言，可利用的风能是在“启动风速”到“停机风速”之间的风速段，这个范围的风能即“有效风能”，该风速范围内的平均风功率密度称为“有效风功率密度”。

风速的变幅就是风速变化的幅度。例如，平均风速为10m/s，它可以由瞬时风速15.5m/s和4.5m/s得到，也可以是由瞬时风速9.0m/s和11.0m/s得到。后者的变化幅度较前者为小，即后者的风速变幅小，风速较为稳定，这对于风能的利用是有利的。

4. 风级

风级是根据风对地面或海面物体影响而引起的各种现象，按风力的强度等级来估计风力的大小。表7-2为风级表现。早在1805年，英国人蒲福（Beaufort）就拟定了风速的等级，国际上称为“蒲福风力等级（Beaufort Scale）”。自1946年以来风力等级又做了一些修订，由13个等级改为18个等级，13～17级风力是当风速可以用仪器测定时才使用。实际上应用的还是0～12级的风速，所以最大的风速人们常说刮12级台风。

表 7-2　风级表现

风级	名称	相应风速/(m/s)	表现
0	无风	0~0.2	零级无风炊烟上
1	软风	0.3~1.5	一级软风烟稍斜
2	轻风	1.6~3.3	二级轻风树叶响
3	微风	3.4~5.4	三级微风树枝晃
4	和风	5.5~7.9	四级和风灰尘起
5	清劲风	8~10.7	五级劲风水起波
6	强风	10.8~13.8	六级强风大树摇
7	疾风	13.9~17.1	七级疾风步难行
8	大风	17.2~20.7	八级大风树枝折
9	烈风	20.8~24.4	九级烈风烟囱毁
10	狂风	24.5~28.4	十级狂风树根拔
11	暴风	28.5~32.6	十一级暴风陆罕见
12	飓风	32.7~36.9	十二级飓风浪滔天

13~17 级分别对应的是台风的风级。13 级为 37.0~41.4m/s；14 级为 41.5~46.1m/s；15 级为 46.2~50.9m/s；16 级为 51.0~56.0m/s；17 级为 56.1~61.2m/s。琼海 30 年前那场台风，中心附近最大风力为 73m/s，已超过 17 级的最高标准，称之为 18 级，这也是国际航海界关于特大台风的普遍说法。

除了查表外，还可以用以下风速与风级间的数字关系计算风速，即

$$V_N = 0.1 + 0.824N^{1.505} \tag{7-12}$$

式中，V_N 为 N 级风的平均风速；N 为风的级数。

N 级风的最大风速为

$$V_{N\max} = 0.2 + 0.824N^{1.505} + 0.5N^{0.56} \tag{7-13}$$

5. 风速频率与风玫瑰图

风速频率是指某地一年（或一个月）之内具有相同风速的总时数的百分比。风速频率是勘测风能资源和确定风能利用装置全年可能工作时数的基本数据之一。显然，某一地区风速频率越大，说明该地区风速比较稳定，风能的利用条件比较好。风玫瑰图是以“玫瑰花”形式表示各方向上气流状况重复率的统计图形。

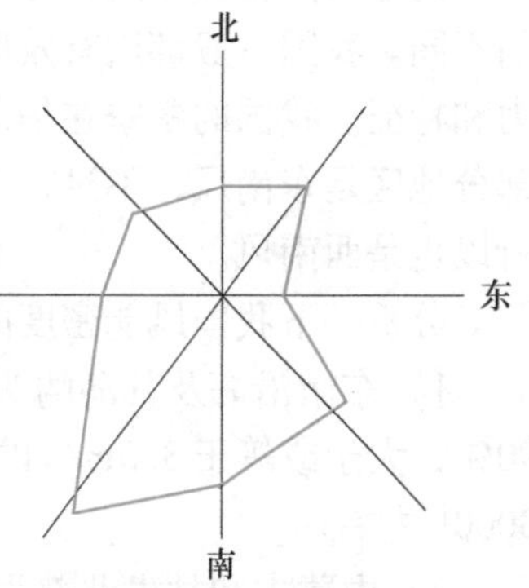

图 7-15　风能玫瑰图

用各方向上平均风速频率和平均风速立方值的乘积，绘制成风玫瑰图，可显示风能资源情况及能量集中的方向，如图 7-15 所示。通过风玫瑰图，可以准确地描绘出一个地区的风频和风量分布，从而确定风电场风力发电机组的总体排布，做出风电场的微观选址，在风电场建设初期设计中起到很大作用。

6. 风能密度

风能密度是风能的能量密度的简称，它是指迎风面上每平方米面积上把运动着的空气动

能全部利用起来可以得到的最大功率。

风能实质上就是流动着的空气的动能，而 $1m^3$ 以流速为 v 流动着的空气动能（J/m^3）为

$$E = \frac{1}{2}\rho v^2 \tag{7-14}$$

式中，ρ 为空气的密度（kg/m^3）。

因为与空气流动方向相垂直的 $1m^2$ 面积上所流过的空气流速为 v，所以风能密度（W/m^2）为

$$W = Ev = \frac{1}{2}\rho v^3 \tag{7-15}$$

表7-3为在不同风速情况下的一个总体的风能资源评价表。

表7-3　风功率密度等级表（GB/T 18710—2002）

风功率密度等级	10m 高度		30m 高度		50m 高度		应用于并网风力发电	风能区域等级
	风功率密度/（W/m^2）	年平均风速参考值/（m/s）	风功率密度/（W/m^2）	年平均风速参考值/（m/s）	风功率密度/（W/m^2）	年平均风速参考值/（m/s）		
1	<100	4.4	<160	5.1	<200	5.6		贫乏区
2	100～150	5.1	160～240	5.9	200～300	6.4		可利用区
3	150～200	5.6	240～320	6.5	300～400	7.0	较好	次丰富区
4	200～250	6.0	320～400	7.0	400～500	7.5	好	丰富区
5	250～300	6.4	400～480	7.4	500～600	8.0	很好	丰富区
6	300～400	7.0	480～640	8.2	600～800	8.8	很好	丰富区
7	400～1000	9.4	640～1600	11.0	800～2000	11.9	很好	丰富区

二、我国风能资源的分布

由于我国幅员辽阔，地形复杂，风能的地区差异很大，即使在同一地区，风能也有较大的不同。我国一般都用有效风能密度和年累积有效风速小时数两个指标来表示风能资源的潜力和特征。我国的冬季在华北大致是西北风，华中与华南为东北风。夏季风的方向在我国大部分地区是东南风，不过，云南与南海沿岸一般仍为西南季风。东北因是位于高压脊北面，所以也是西南风。

分析一下我国风能密度的分布情况，可以看出以下几个特点：

1）东南沿海及其岛屿为我国最大风能资源区。有效风力出现时间的百分率达80%～90%，大于或等于3.5m/s 的风速全年出现6000～7000h，大于或等于8m/s 的风速全年也有3000h 左右。

2）内蒙古和甘肃北部为风能资源次大区。风能密度在200～300W/m^2 之间，有效风力出现时间的百分率为70%左右，大于或等于3.5m/s 的风速全年有4000h 以上，大于或等于8m/s 的风速全年在1000h 以上，由北向南逐渐减小。

3）黑龙江和吉林东部及辽东半岛沿海风能也较大，风能密度在200W/m^2 以上，大于或等于3.5m/s 的风速全年也有4000h，大于或等于8m/s 的风速全年在750h 左右。

4）青藏高原北部、三北地区的北部和沿海是风能较大地区。这三个地区（除去前述范

围)，风能密度在 150 ~ 200W/m^2 之间，大于或等于 3. 5m/s 的风速全年有 4000h，大于或等于 8m/s 的风速全年可达 1000h 以上。

5）云贵川、甘肃、陕西南部，河南、湖南西部，福建、广东、广西的山区以及塔里木盆地为我国最小风能区，有效风能密度仅在 50W/m^2 以下，可利用风力仅有 20% 左右，大于或等于 3. 5m/s 的风速全年在 2000h 以下，大于或等于 8m/s 的风速全年在 50h 以下。

我国的风能资源总储量约 16 亿 kW，其中近期可开发利用的约为 1. 6 亿 kW。如我国的西北牧区，平均风速达 4m/s 以上，这一带地广人稀，居民点分散，燃料奇缺，迫切需要电能。西南地区一些山口、风口，风速大，风向稳定，有着发展风力发电的优良条件。

三、风力发动机的工作原理

风力发动机是实现风能利用的主体设备，利用风力发动机可以直接推动风磨或进行提水等，也可转换成电能后加以利用，后者又称为风力发电机。

风力发动机具体形式虽有不同，但原理上都是让空气流经风轮，流速下降，把一部分动能转变为机械能。风轮由两个或多个叶片组成，叶片呈机翼形，当空气绕流过叶片时产生升力，这就是风轮回转的原动力。

风力机的第一个气动理论是由德国的贝兹（Betz）于 1926 年建立的。贝兹假定风轮是理想的，即它没有轮毂，具有无限多的叶片，气流通过风轮时也没有阻力；此外，假定气流经过整个扫风面时是均匀的；并且，气流通过风轮前后的速度方向为轴线方向。

研究一个理想风轮在流动的大气中的情况（图 7-16），并规定：v_1 为距离风力机一定距离的上游风速，v 为通过风轮时的实际风速；v_2 为在风轮远处的下游风速。

假设通过风轮的气流其上游截面面积为 S_1，下游截面面积为 S_2。由于风轮所获得的机械能仅由空气的动能降低所致，因而 v_2 必然小于 v_1，所以通过风轮的气流截面面积从上游至下游是增加的，即 S_2 大于 S_1。

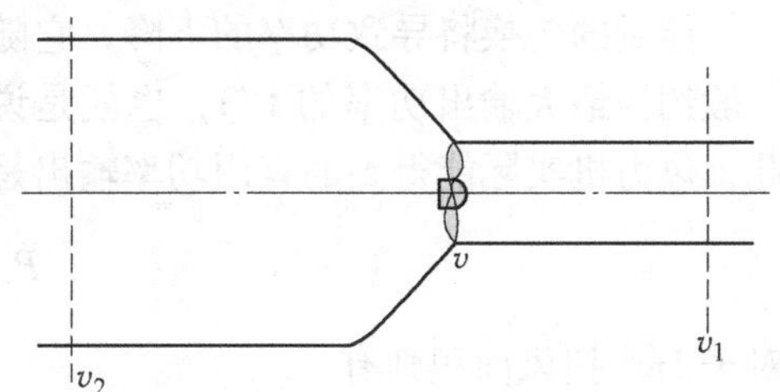

图 7-16　理想风轮在大气中的情况

如果假定空气是不可压缩的，由连续条件可得

$$S_1 v_1 = S v = S_2 v_2 \tag{7-16}$$

风作用在风轮上的力可由欧拉理论写出，即

$$F = \rho S v (v_1 - v_2) \tag{7-17}$$

故风轮吸收的功率为

$$P = F v = \rho S v^2 (v_1 - v_2) \tag{7-18}$$

此功率是由动能转换而来的。从上游至下游动能的变化为

$$\frac{1}{2}\rho S v (v_1^2 - v_2^2) \tag{7-19}$$

上述两式相等可以得到

$$v = \frac{v_1 + v_2}{2} \tag{7-20}$$

作用在风轮上的力和提供的功率可写为

$$F = \frac{1}{2}\rho S(v_1^2 - v_2^2) \tag{7-21}$$

$$P = \frac{1}{4}\rho S(v_1^2 - v_2^2)(v_1 + v_2) \tag{7-22}$$

对于给定的上游速度 v_1，可写出以 v_2 为函数的功率变化关系，将上式微分得

$$\frac{dP}{dv_2} = \frac{1}{4}\rho S(v_1^2 - 2v_1v_2 - 3v_2^2) \tag{7-23}$$

等式 $\frac{dP}{dv_2} = 0$ 有两个解：

$v_2 = -v_1$，没有物理意义；

$v_2 = v_1/3$，对应于最大功率。

以 $v_2 = \frac{v_1}{3}$ 代入 P 的表达式，得到最大功率为

$$P_{\max} = \frac{8}{27}S\rho v_1^3 \tag{7-24}$$

将式（7-24）除以气流通过扫风面 S 时风具有的动能，可推得风力机的理论最大效率，即

$$\eta_{\max} = \frac{P_{\max}}{\frac{1}{2}\rho v_1^3 S} = \frac{16}{27} \approx 0.593 \tag{7-25}$$

式（7-25）即为有名的贝兹理论的极限值。它说明，风力机从自然风中所能索取的能量是有限的，其功率损失部分可以解释为留在尾流中的旋转动能。

能量的转换将导致功率的下降，它随所采用的风力机和发电机的形式而异，其能量损失一般约为最大输出功率的1/3，也就是说，实际风力机的功率利用系数 C_P 小于0.593。因此，风力机实际能得到的有用功率输出是

$$P_s = \frac{1}{2}\rho v_1^3 S C_P \tag{7-26}$$

对于$1m^2$ 扫风面积则有

$$P = \frac{1}{2}\rho v_1^3 C_P \tag{7-27}$$

四、风力发动机的形式和构造

1. 分类

风力发动机按结构形式分类如图7-17a 所示。按转轴方向分类可以分为水平轴风力发动机和垂直轴风力发动机；按驱动原理分类可以分为升力型风力发动机和阻力型风力发动机。

垂直轴风力发动机的转动轴与风向垂直。此型的优点为设计较简单，因为其不必随风向改变而调整方向，但此系统无法大量利用风能。一种典型的垂直轴风力发动机如图7-18 所示，它的叶片被弯曲成类似正弦曲线的形状，而叶片断面为机翼形。图7-19 所示为垂直轴风力发动机的各种形式。

2. 构造

以水平轴风力发动机为例，介绍常见风力机组的基本组成和各部件的功能。如图7-20

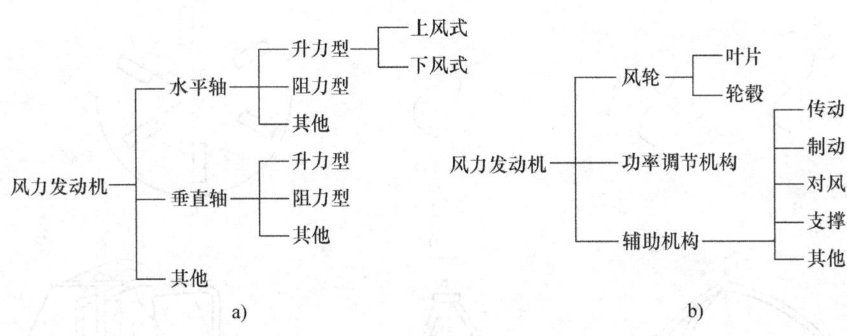

图 7-17 风力发动机的组成与分类

a）按结构形式分类 b）风力发动机的组成

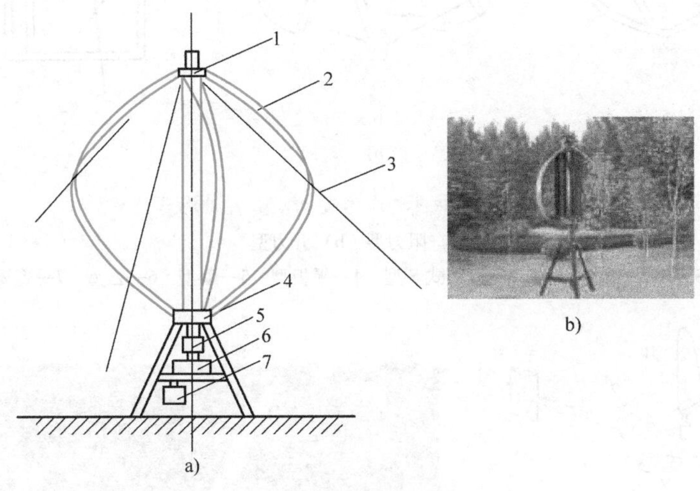

图 7-18 戴瑞斯垂直轴风力发动机

a）结构示意图 b）实物图

1—上轴承 2—叶片 3—拉绳 4—下轴承

5—联轴器 6—齿轮箱 7—发电机

所示，风力发动机由风轮叶片、机头、尾舵等组成，而整个机组则一般由风轮、传动装置、做功装置、蓄能装置、控制装置、塔架、附属部件等组成。

水平轴风力发动机的风轮轴基本上平行于地面。这种形式还可以分为若干类，按叶片数不同可分为单叶片型、双叶片型、三叶片型或多叶片型；按风向不同，则有迎风型和背风型，迎风型转子即叶片正对着风向。大部分水平轴式风力叶轮会随风向变化而调整位置。图 7-21 所示为水平轴风力发动机的各种形式。从经济上来看，目前水平轴式仍优于垂直轴风力发动机，也是研究和发展较为成熟的一种风力发动机。

3. 组成

风力发电系统通常由风轮、对风装置、调速（限速）机构、传动装置、发电装置、储能装置、逆变装置、控制装置、塔架及附属部件组成，如图 7-17b 所示。

（1）风轮 风轮是集风装置，它的作用是把流动空气具有的动能转变为风轮旋转的机械能。风轮一般由叶片、叶柄、轮毂及风轮轴组成。叶片横截面有三种：平板型、弧板型和

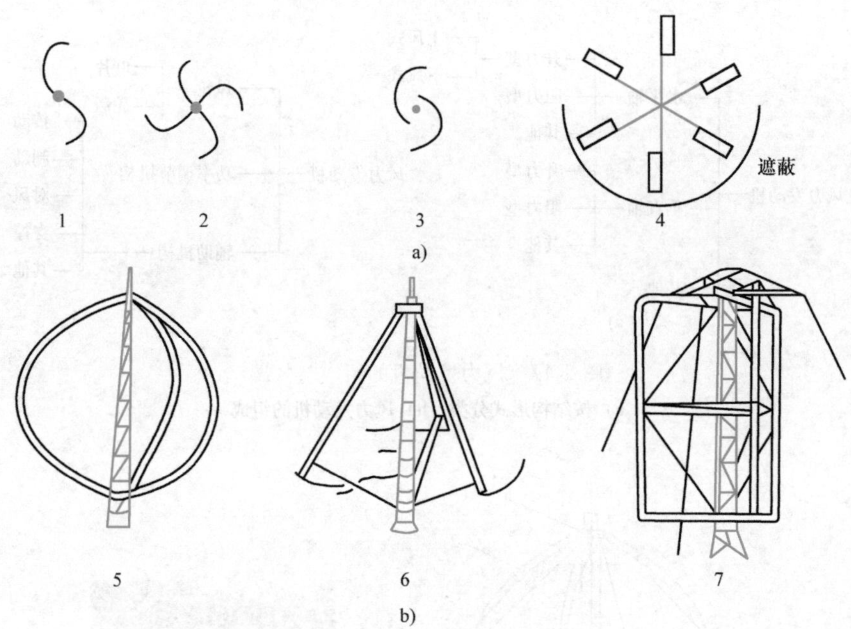

图7-19 垂直轴风力发动机的各种形式

a）阻力型 b）升力型

1—S型 2—多叶片型 3—开裂式S型 4—平板型 5—Φ型 6—△型 7—旋翼型

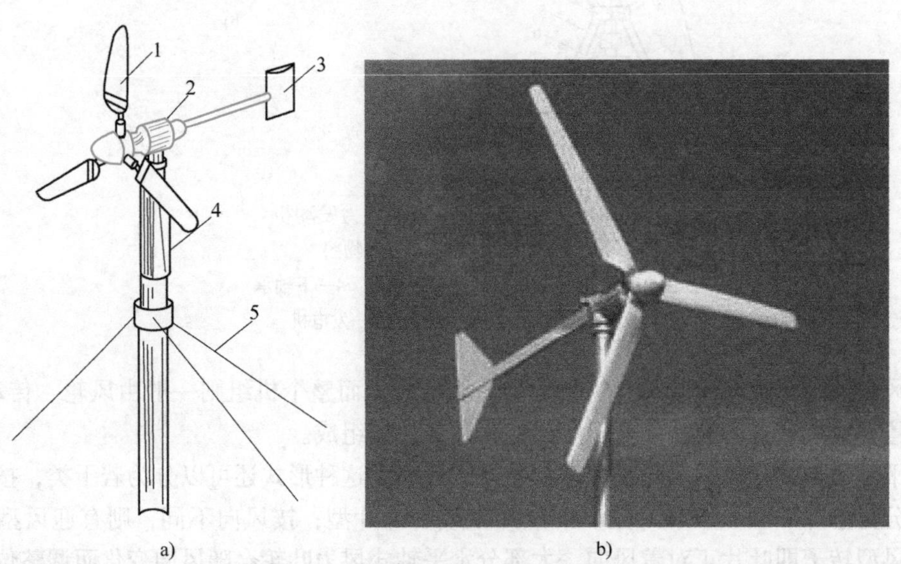

图7-20 水平轴风力发动机

a）结构示意图 b）实物图

1—风轮叶片 2—机头 3—尾舵 4—回转体 5—拉绳

流线型。风力发电机叶片横截面的形状，接近于流线型；而风力提水机的叶片多采用弧板型，也有采用平板型的。

（2）对风装置 垂直轴风力发动机可接受任何方向吹来的风，所以不需要对风。而水平轴风力发动机为了获得较高的效率，应使它的风轮经常对准风向，大多数水平轴风力发动

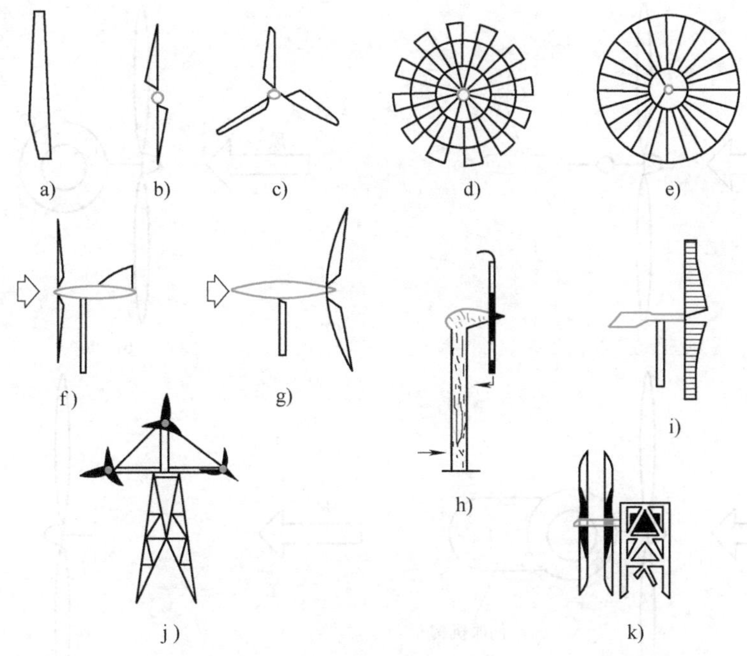

图 7-21　水平轴风力发动机的多种形式

a) 单叶片　b) 双叶片　c) 三叶片　d) 美国农场式多叶片　e) 车轮式多叶片　f) 迎风式　g) 背风式　h) 空心压差式　i) 帆翼式　j) 多转子　k) 反转叶片式

机都有对风装置。常用的风力发动机的对风装置有尾舵、舵轮、电动机构和自动对风四种，图 7-22a 中的尾舵便是调向机构中常见的一种。

(3) 调速（限速）机构　风轮的转速随风速的增大而变快，而转速超过了设计允许值后，将导致机组的毁坏或寿命的降低。调速（限速）机构将使风轮转速维持在一个较稳定的范围之内，防止超速乃至飞车的发生。

(4) 传动装置　将风轮轴的机械能送至做功装置的机构，称为传动装置。对于风力发电机，其传动装置为增速机构。风力机的传动装置为齿轮、传动带、曲轴连杆等机械传动。

(5) 做功装置　由传动装置送来的机械能，供给工作机械按既定意图做功。与此相应的机械，如发电机、水泵、粉碎机、铡草机等，即为风力机的做功装置。

(6) 蓄能装置　它将有风或大风时获得的能量用剩余部分储存起来，供无风或小风时使用。风力发电机的蓄电池和风力提水机的蓄水罐，就是蓄能装置。

(7) 塔架　风轮、控制系统和机舱（内有传动机构）等组成了风力机的机头，用塔架将其支撑到设计的高空。

(8) 附属装置　风力机还有一些附属装置，如机舱，它们配合主要部件工作，以保证风力机的正常运行。

4. 运行方式

风力发电的运行方式可分为独立运行、并网运行、集群式风力发电站、风力－柴油发电系统等。

(1) 独立运行　风力发电机输出的电能经蓄电池蓄能，再供用户使用。3～5kW 以下的风力发电机都采用这种运行方式。根据用户需求，可以进行直流供电和交流供电。

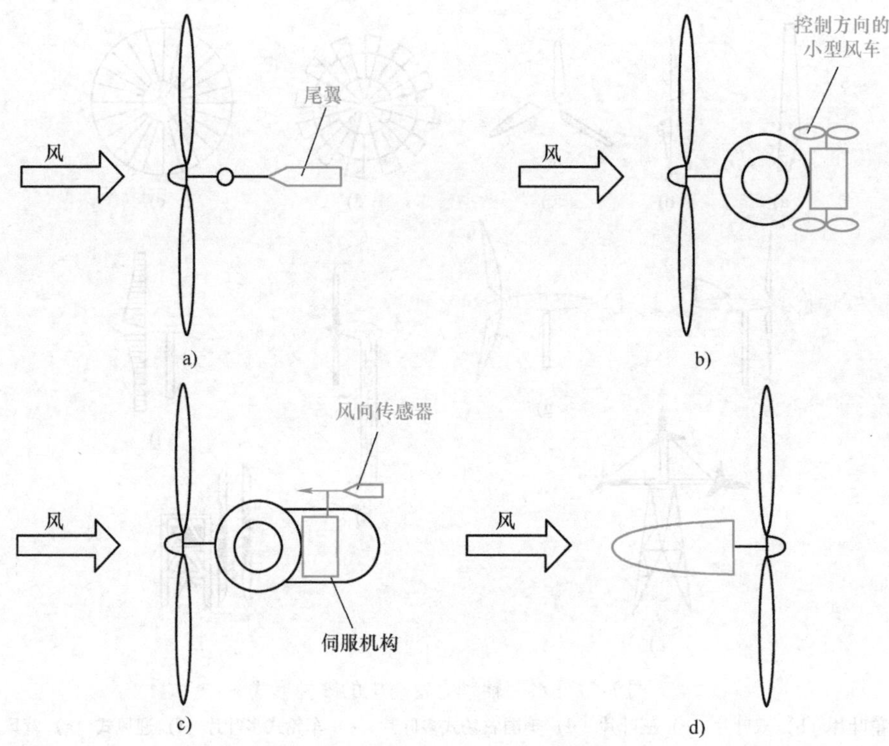

图 7-22 几种典型的风车转向机构

a）尾舵转向机构 b）舵轮转向机构 c）电动机构 d）自动对风

（2）并网运行 风力发电机组的并网运行，是将发电机组发出的电送入电网，用电时再从电网把电取出来，这就解决了发电不连续及电压和频率不稳定等问题。风力发电机组一般采用两种方式向网上送电：一是将机组发出的交流电直接输入网上；二是将机组发出的交流电先整流成直流，然后再由逆变器变换成与电力系统同压、同频的交流电输入网上。

（3）集群式风力发电站 在风能资源丰富的地区按一定的排列方式成群安装风力发电机组，组成集群。风力发电机集群是在大面积范围内大规模开发利用风能的有效形式，弥补了风能能量密度低的弱点。

（4）风力－柴油互补发电 采用风力－柴油发电系统可以实现稳定持续地供电。这种系统有两种不同的运行方式：一是风力发电机与柴油发电机交替（切换）运行；二是风力发电机与柴油发电机并联运行，风力发电机与柴油发电机在电路上并联后向负荷供电。

五、风力发电技术的发展趋势

1. 单机容量大

涡轮风机的典型装机容量已逐渐从 500W 增加到 750W。10MW 的巨型风力发电机已在研制中。

2. 风发电机桨叶的变化

单机容量不断增大，桨叶的长度也不断变长，2MW 风机叶轮扫风直径已达 72m。目前最长的叶片已做到 50m。现有的大部分涡轮风机大都具有 3 个叶片。涡轮风机技术现已足够成熟，机器的可靠性极高，可利用率通常在 98% ~99% 之间。桨叶材料由玻璃纤维增强树脂发展为强度高、质量小的碳纤维。桨叶也向柔性方向发展。同时特殊叶片的开发和研制日益引起重视。对巨型风电机而言，运输和安装的难度使得容量进一步增大受到限制，分段式叶片技术是很好的选择，能较好地解决运输和安装的问题，如德国 Enercon 公司的 E－126 型世界上功率最大的风电机组，风轮直径 126m，塔高 135m，采用了两段式叶片技术。

美国国家可再生能源实验室开发了一种新型叶片，比早期的一些风机桨叶捕捉风能的能力要高 20%。在丹麦、美国、德国等风电技术发达的国家，都在致力于新叶型从理论到应用的开发研究。

3. 塔架高度上升

在中、小型风电机的设计中，采用了更高的塔架，以捕获更多的风能。在地处平坦地带的风机，在 50m 高度捕捉风能要比在 30m 高处多 20%。

4. 控制技术的发展

近几年来发展了一种变速风发电机，由于它被设计成在几乎所有的风况下都能获得较大的空气动力效率，从而大大提高了捕捉风能的效率。实验表明，在平均风速为 6.7m/s 时，变速风发电机要比恒速风发电机多捕获 15% 的风能。

5. 海上风力发电

相对于陆上风力发电，海上风力发电优势更为明显：发展空间几乎没有限制，可节约大量的土地资源；海上的风能资源远比陆上丰富，风速更高，发电量将显著提升；风切度小，可有效降低机组塔架高度；海平面摩擦力小，作用在机组上的载荷小，使用寿命长。

海上风电场的发展也促使新的大型风力机应用领域的拓展。由于海上风速较陆上大且稳定，一般陆上风电场平均设备利用小时数为 2000h，好的为 2600h，在海上则可达 3000h 以上。同容量装机，海上比陆上成本增加 60%，电量增加 50% 左右。

6. 新方案和新技术不断采用

在功率调节方式上，变速恒频技术和变桨距调节技术将得到更多的应用；在发电机类型上，控制灵活的无刷双馈型感应发电机和设计简单的永磁发电机将成为风力发电的新宠；在励磁电源上，随着电力电子技术的发展，新型变换器不断出现，变换器性能得到不断完善；在控制技术上，计算机分布式控制技术和新的控制理论将进一步得到应用；在驱动方式上，免齿轮箱的直接驱动技术更加吸引人们的注意。

第三节　生 物 质 能

一、概述

生物质是指通过光合作用而产生的各种有机体。生物质能是太阳能以化学能形式储存在生物中的一种能量形式，一种以生物质为载体的能量。它直接或间接地来源于植物的光合作用。在各种可再生能源中，生物质能是独特的，它是储存的太阳能，更是一种唯一可再生的碳源，可转化成常规的固态、液态和气态燃料。

1. 生物质的分类

从生物学的角度，生物质可分为植物性和非植物性两类。植物性生物质指的是植物以及人类利用植物体过程中产生的植物废弃物；非植物性生物质指的是动物及其排泄物，微生物体及其代谢物，人类在利用动物、微生物过程中产生的废弃物，包括废水和垃圾中的生机成分。

从生物质能开发、利用的角度来观察，生物质可分为传统生物质和现代生物质两类。传统生物质有薪柴、稻草、稻谷、粪便及其他植物性废弃物。现代生物质着眼于可进行规模化利用的生物质，如林业或其他工业的木质废弃物、制糖工业与食品工业的作物残渣、城市有机垃圾、大规模种植的能源作物和薪炭林等。

2. 生物质资源的特点

生物质作为一种能源物质，与化石资源相比，主要具有以下几个重要特点：

1）时空无限性。

2）可再生性与减少二氧化碳排放的特性。

3）洁净性。

4）低能源品位性。

5）分散性。

3. 生物质资源与分布

根据生物学家估算，地球上每年生长的生物质能总量约1400亿~1800亿t（干重），相当于目前世界总能耗的10倍。我国的生物质能也极其丰富，如目前每年的秸秆量约6.5亿t；薪柴和林业废弃物数量也很大，林业废弃物（不包括薪炭林），每年约达$3700m^3$，相当于2000万t标准煤。如果考虑日益增多的城市垃圾和生活污水、禽畜粪便等其他生物质资源，我国每年的生物质资源达6亿t标准煤以上，扣除了一部分做饲料和其他原料，可开发为能源的生物质资源达3亿多t标准煤。而随着农业和林业的发展，特别是随着速生炭薪林的开发推广，我国的生物质资源将越来越多，有非常大的开发和利用潜力。

4. 转换的能源形式

现代意义的生物质能利用，主要是将其加工转化为固体燃料、液体燃料、气体燃料、电能以及热能等能源形式。

5. 发展障碍与前景

与其他形式的可再生能源相比，生物质资源存在分散，不易收集，能量密度低和生物质资源含水量大，收集、干燥所需费用较高等缺点。由于生物质的多样性和复杂性，其利用技术远比化石燃料复杂，如对于含水极高或以污水为载体（如污泥和养殖污水等）的生物质，生物质利用技术除了像采用化石燃料相似的燃烧技术和物化转换技术之外，还需要独特的生化转换技术，如厌氧消化技术和堆肥等。制约生物质能发展的经济因素主要有：原料上的竞争，外部环境不如常规能源优越，缺乏有效的鼓励政策，此外，土地的原始投资也比较大。

虽然各国的自然条件和技术水平差别很大，对生物质能今后的利用情况将千差万别，但总的来说，生物质能今后的发展将不再像最近200多年来一样日渐萎缩，而是会重新发挥重要作用，并在能源利用中占据越来越显著的地位。

二、生物质能转化技术

生物质能转化技术多种多样，但它都有不同的主要目标和满足特殊的需要，在分析采用这些技术时要根据所利用生物质的特点和用户的要求来做不同的选择。生物质能转化技术可分为四大类，各类技术又包含了不同的子技术，各种技术的分类和子技术如图7-23所示。

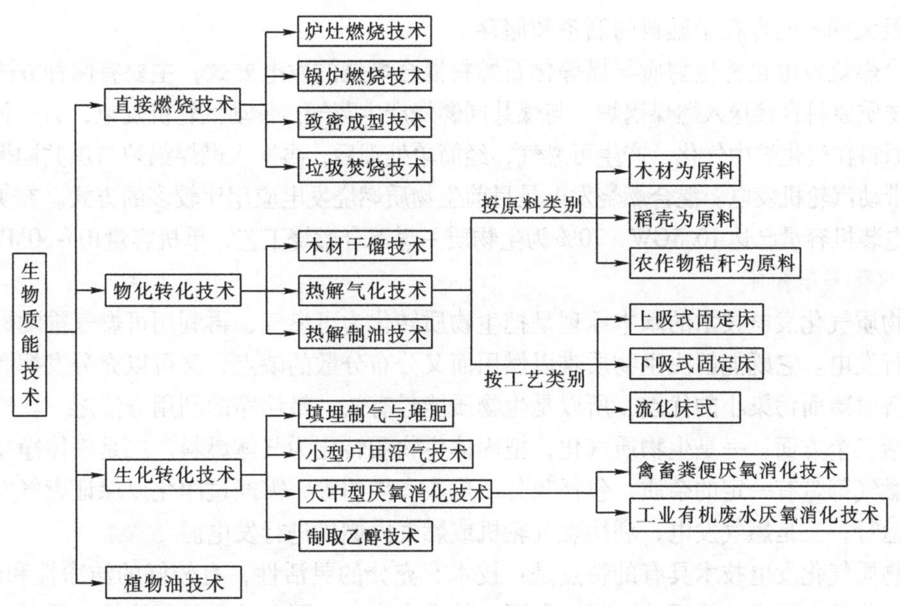

图7-23 生物质能转化技术的分类和子技术

1. 直接燃烧技术

直接燃烧大致可分为炉灶燃烧、锅炉燃烧、垃圾焚烧和固型燃料燃烧四种情况。其中，固型燃料燃烧是把生物质固化成型后再采用传统的燃煤设备燃用。

2. 物化转化技术

物化转化技术包括三方面，干馏技术、热解汽化技术及热解制油技术。干馏技术的主要目的是同时生产生物质炭和燃气，它可以把能量密度低的生物质转化为热值较高的固定炭或燃气。生物质热解气化是把生物质转化为可燃气的技术，根据技术路线的不同，可以是低热值气，也可以是中热值气。热解制油是通过热化学方法把生物质转化为液体燃料的技术。

3. 生化转化技术

生化转化技术主要是以厌氧消化和特种酶技术为主。厌氧消化即沼气发酵是有机物质（为碳水化合物、脂肪、蛋白质等）在一定温度、湿度、酸碱度和厌氧条件下，经过沼气菌群发酵（消化）生成沼气、消化液和消化污泥（沉渣）。生物技术（包括酶技术）是把生物质转化为乙醇以制取液体燃料。

4. 植物油技术

植物油技术是通过能源油料植物油的提取加工后，生产出的一种可以替代化石能源的燃性油料物质，即能源植物油。

三、生物质能发电技术分类

生物质能发电技术主要有直接燃烧发电、混合燃烧发电、气化发电以及生物质 IGCC 技术等几种。

1. 直接燃烧发电与混合燃烧发电

直接燃烧发电就是将生物质直接送入锅炉燃烧后，产生蒸气带动发电机发电。以秸秆发电为例来进行说明。秸秆直接燃烧发电与常规的火力发电类似，但又与常规的火力发电有所不同，最大的不同点在于燃料的制备和储存。

混合燃烧发电是将生物质与煤等化石燃料混合燃烧的发电方式，主要有两种方式：一种是将生物质原料直接送入燃煤锅炉，与煤共同燃烧产生蒸气，带动汽轮机发电；另一种是先将生物质原料在气化炉中气化，产生可燃气，经简单处理后，再通入燃煤锅炉与煤共同燃烧产生蒸气，带动汽轮机发电。混合燃烧发电是目前生物质燃烧发电应用比较多的方式。在美国，生物质发电装机容量已达 10.5GW，70% 为生物质 - 煤混合燃烧工艺，单机容量10 ~ 30MW。

2. 气化发电技术

生物质气化发电技术的基本原理是把生物质转化为可燃气，再利用可燃气推动燃气发电设备进行发电。它既能解决生物质难以燃用而又分布分散的缺点，又可以充分发挥燃气发电技术设备紧凑而污染小的优点，所以是生物质能最有效、最洁净的利用方法之一。气化发电过程包括三个方面：一是生物质气化，把固体生物质转化为气体燃料；二是气体净化，气化出来的燃气都带有一定的杂质，包括灰分、焦炭和焦油等，需经过净化以保证燃气发电设备的正常运行；三是燃气发电，利用燃气轮机或燃气内燃机进行发电。

生物质气化发电技术具有的特点是：技术有充分的灵活性，有较好的洁净性和经济性。生物质气化发电技术的灵活性，可以保证该技术在小规模下有较好的经济性，同时燃气发电过程简单，设备紧凑，也使生物质气化发电技术比其他可再生能源发电技术投资更小。所以总的来说，生物质气化发电技术是所有可再生能源技术中最经济的发电技术。综合的发电成本已接近小型常规能源的发电水平，典型的生物质气化发电系统流程如图 7-24 所示。生物质经过处理后送进气化装置中，生物质生成可燃气体，经过一系列的除灰以及净化装置，可燃气体被送到锅炉里进行燃烧，并发电。

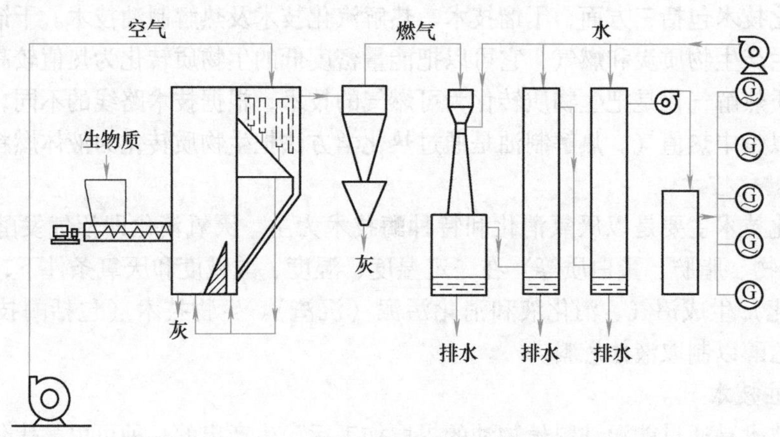

图 7-24 生物质气化发电系统流程

3. 生物质 IGCC 技术

IGCC 即气化联合循环发电系统，适合于大规模处理农业或森林生物质。其典型流程如图 7-25 所示，生物质在气化炉中经气化成为中低热值气，经过净化，除去其中的硫化物、氮化物、粉尘等污染物，变为清洁的气体燃料，然后送入燃气轮机的燃烧室燃烧，加热气体工质以驱动燃气轮机做功，燃气轮机排气进入余热锅炉加热给水，产生过热蒸汽驱动汽轮机做功。该系统具有处理量大、自动化程度高、系统效率高等优点，较适合工业化生产。常压的 IGCC 系统，系统效率可达 35% ~ 45%。

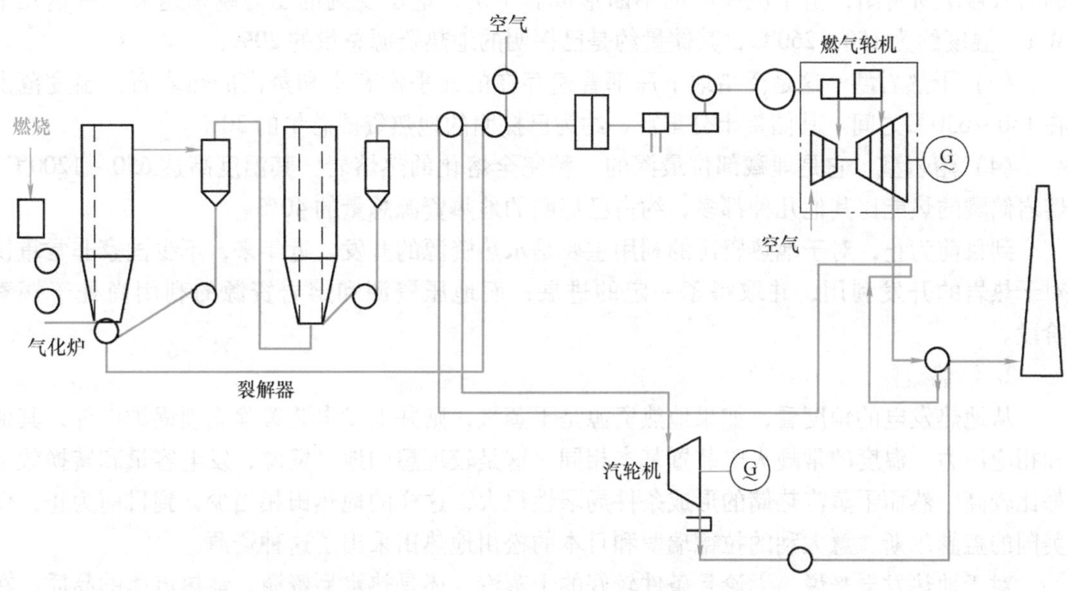

图 7-25　生物质 IGCC 发电系统流程图

第四节　地　热　能

地热能是地球内部蕴藏的各类热能的总称，它来自于原始地球残存在地核中的热量，来自于地球外壳中大陆板块之间互相摩擦、碰撞产生的热量，来自于地球内部放射性元素衰变而产生的热量，也来自于太阳辐射。通常所说的地热能是指离地表面 5km 以内的热能。地热能数量相当巨大，据 Stefansson 统计，世界用于发电的地热总储量（温度超过 150℃）是 11 000 ~ 13 000TW · h/a（年发电量太瓦时），直接利用的潜在地热（温度低于 150℃）390 000TW · h/a。我国地热资源潜力接近全球的 8%，已查明的地热资源相当于 2000 多亿 t 标准煤。根据温度的不同我国将地热区分为低温（25 ~ 90℃）、中温（90 ~ 150℃）和高温（>150℃）三类。高温地热资源通常用于地热发电，而中、低温地热资源供非发电利用，也称直接利用，将地热流体（主要是地下热水）用于建筑物供暖、洗浴和医疗、温室种植、水产养殖等方面。近些年来，随着地源热泵技术的日趋完善，使得我国浅层地热能利用发展迅猛，成为最有希望实现大规模应用的一种可再生能源。

一、地热资源

1. 地热资源的类型

（1）水热型　它是储存在地下蓄水层（从几百到大约 3000m）的大量地热资源，包括地热蒸汽和地热水。地热蒸汽容易开发利用，但储量很少，仅占已探明的地热资源总量的 0.5%；而地热水的储量较大，约占已探明的地热资源总量的 10%，其温度范围从接近室温到高达 390℃。

（2）地压型　它是处于地层深处 2 ~ 3km 沉积岩中的含有甲烷的高盐分热水，被不透水

的岩石盖层所封闭，由于沉积物的不断形成和下沉，地层受到的压力越来越大，可达几十MPa，温度约为150～260℃，其储量约是已探明的地热资源总量的20%。

（3）干热岩型 这是泛指地下深部普遍存在的几乎没有水和蒸汽的热岩石，温度范围在150～650℃之间。其储量十分丰富，约为已探明的地热资源总量的30%。

（4）熔岩型 它是埋藏部位最深的一种完全熔化的热熔岩，其温度高达650～1200℃。熔岩储藏的热能比其他几种都多，约占已探明的地热资源总量的40%。

到目前为止，对于地热资源的利用主要是水热资源的开发。近年来，不少国家非常重视对干热岩的开发利用，并取得了一定的进展；而地压资源和熔岩资源的利用尚处于探索阶段。

2. 地热流体

从地热发电的角度看，如果地热资源是干蒸汽，则井上发电装置除无须锅炉以外，其他和相应压力、温度的常规火电装置基本相同。这是较理想的地热资源，发电容量和转换效率都比较高。然而干蒸汽热储的形成条件局限性很大，这样的地热田相当少，到目前为止，仅美国的盖瑟尔斯、意大利的拉德瑞罗和日本的松川地热田采出了这种资源。

对于地热发电来说，无论是条件较好的干蒸汽，还是热水型资源，地热流体的品质，在发电系统和设备的选择和设计上都需要认真考虑。地热流体中除蒸汽和热水外，一般都含有CO_2、H_2S等不凝性气体，在液相中还有数量不等的$NaCl$、KCl、$CaCl_2$、H_2SiO_3等物质。从热转换系统和设备设计上看，不凝性气体的存在，对冷凝器的构造有特殊要求；随着热水温度下降和蒸汽闪蒸，$CaCO_3$、SiO_2等结垢物质将附着在管子表面，并逐渐堵塞流路；此外，地热流体中的H_2S会造成环境污染。随着地热发电的发展，开发深度将越来越大，地热流体杂质的含量也加大，所以必须根据地热流体的特性和成分采用相应的处理装置和系统。

二、地热发电系统

地热发电成本多数情况下比水电、火电、核电要低，设备的利用时间长，建厂投资一般都低于水电站，且不受降雨和季节变化的影响，发电稳定，可以大大减少环境污染。对于具有高温地热资源的地域，地热发电是地热利用的首选方式。目前地热电站利用的载热体主要是地下的天然蒸汽和热水。

地热发电方式按照载热体类型、温度、压力和其他特性的不同，可划分为蒸汽型地热发电、热水型地热发电和干热岩型地热发电三大类型。其中热水型地热发电技术又包括干蒸汽式、闪蒸、双循环和总流式。其分类方式见表7-4。

表7-4 地热发电类型

按载热体类型	按技术类型
蒸汽型（干蒸汽）	干蒸汽式系统
热水型（湿蒸汽）	闪蒸系统
	双循环系统
	总流式
干热岩型	增强型地热系统（EGS）

1. 干蒸汽系统

干蒸汽系统是把蒸汽田中的干蒸汽直接引入汽轮发电机组发电，但在引入发电机组前应把蒸汽屑和水滴分离出去。这种发电方式最为简单，但干蒸汽地热资源十分有限，且多存在于较深的地层，开采技术难度大，故发展受到限制。主要有背压式和凝汽式两种发电系统。

2. 闪蒸系统地热发电

闪蒸发电系统是将热水或汽－水混合物，由井口首先引入分离器，分离出来的蒸汽送入汽轮机的高压级，而热水则引入闪蒸器。由于热水在闪蒸器中压力下降，部分热水自行蒸发（闪蒸）成蒸汽，再引入汽轮机的低压级做功。当地热流体中含有较多的 CO_2 和 H_2S 时，汽轮机排汽的冷凝方式采用蒸汽和冷却水直接接触的喷水式冷凝系统，只有当不凝性气体含量很少时，才使用表面式冷凝器。冷凝器内聚集的不凝性气体，要设置抽气泵或引射器进行排气。图 7-26a 所示为一种（可称为两级）闪蒸系统。

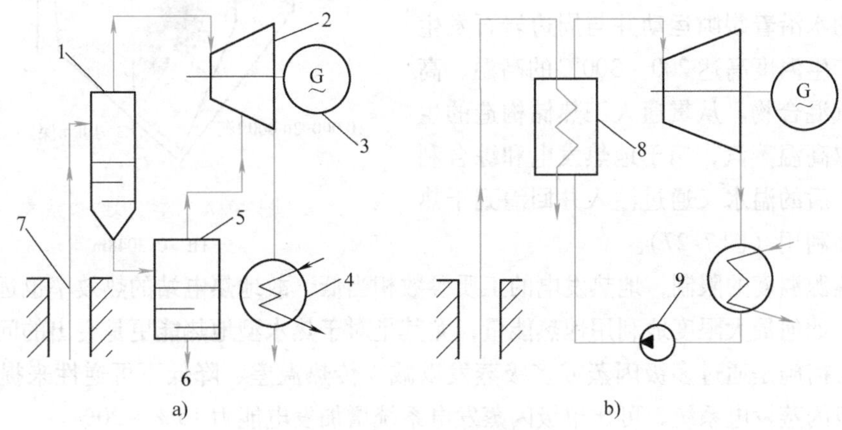

图 7-26　地热发电系统

a）闪蒸系统　b）双循环系统

1—汽水分离器　2—汽轮机　3—发电机　4—冷凝器　5—闪蒸器　6—去回灌井　7—生产井　8—热交换器　9—泵

3. 双循环系统

双循环系统也称为低沸点工质地热发电。如图 7-26b 所示，地下热水用深井泵打到地面，并流过热交换器把热量传给低沸点工质后，带着溶解在水中的气体和固体物质被注入回灌井。而低沸点工质在热交换器中被加热、蒸发和过热后，进入汽轮机膨胀做功，排气在冷凝器中被冷凝成液体，由工质泵打入热交换器重复循环。常用的低沸点工质有氯乙烷、正丁烷、异丁烷、R11、R12 等。

这种发电方式的主要优点是：在相同的温度下，低沸点工质的蒸汽比热容比闪蒸系统的比热容小很多，因此，管道和汽轮机的尺寸可以缩小，造价相应降低；地热水不直接参与汽轮机循环，所以汽轮机避免了地热水中杂质的腐蚀；地热水中的各种气体，仍保留在热水中回灌到地下，避免了有害气体对大气的污染。这种系统的缺点是工质价格高，有的工质有毒或易燃易爆；热交换器增加了由传热温差带来的不可逆热损失等。

4. 总流式

总流式地热发电是将来自地热井口的两相混合物，不经分离和闪蒸，就直接全部引进汽轮机膨胀做功。总流系统抛弃了会造成较大不可逆损失的闪蒸器，使两相流推动叶轮做功，故效率较高。总流系统造价低廉且系统十分简单。这种装置的难点是研制高效率的总流膨胀机。

5. 增强型地热系统

增强型地热系统是国际上最为关注的地热发电发展趋势之一，主要是针对有高热流却没有足够的蒸汽或热水，或孔隙率低、孔隙不连通的区域。全世界任何 5 ~ 10km 深度的岩石中都可以发现大量的热，甚至在没有水的地方，开发潜力也巨大。工作原理如下：首先从地表往干热岩中打一眼井（注入井），封闭井孔后向井中高压注入温度较低的水，产生高压。在岩体致密无裂隙的情况下，高压水会使岩体大致垂直最小地应力的方向产生许多裂缝。注入的水沿着裂隙运动并与周边岩石发生热交换，产生温度高达 200 ~ 300℃的高温、高压水或水汽混合物。从贯通人工热储构造的生产井中提取高温蒸汽，用于地热发电和综合利用，利用之后的温水又通过注入井回灌到干热岩中，循环利用（图 7-27）。

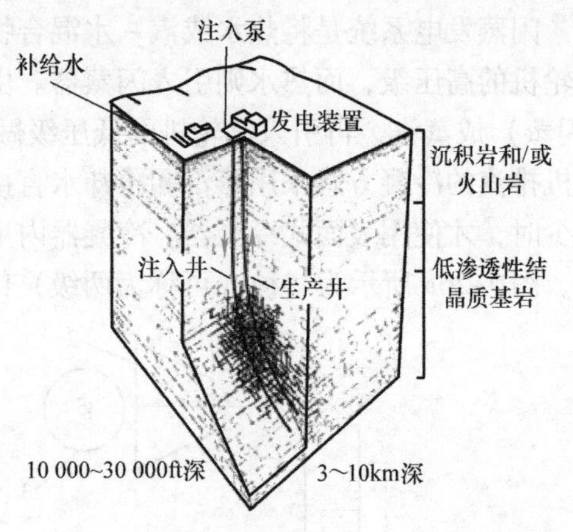

图 7-27　增强型地热系统

1ft = 0.3048m

受地热源温度的限制，地热发电的工质参数相当低，故地热电站的热效率也远低于火电站，因此，如何最大限度地利用地热能量，尤其是对于热水型地热能更是突出的问题。目前采取的主要措施是通过多级闪蒸或多级蒸发以减少传热温差、降低不可逆性来提高转换效率。如两级闪蒸发电系统，可比单级闪蒸发电系统增加发电能力 15% ~ 20%。

三、地热能的直接利用

目前，储量大、分布广的热水型地热资源，特别是中低温（小于150℃）的地热流体的直接利用仍然是地热能利用的一个主要方面。尤其是在采暖、生产过程用热和生活用热水，甚至在空调制冷等领域，都可以通过利用中低温地热能提供热源，从热力学原理上看，这是最合理不过的；而利用中低温的地热能进行发电，热效率较低，一般只有 6.4% ~ 18.6%，当然，地热能的直接利用也有其局限性。一般来说，热源不宜离热用户过远。

如图 7-28 所示，典型的地热能直接利用系统可由三部分组成：生产井及地热水的供应系统、热交换及输送给热用户的系统、回灌井或储水池的废水排放系统。

不同的热用户对热水温度有不同的要求。对于温度较高（ >150℃）的地热水，可首先考虑用于发电，并应注意综合利用；而对于温度较低尤其是 100℃以下的地热水，应首先着眼于直接利用。如 100 ~ 150℃的地热水，可以用于公用建筑和民用房屋的采暖通风、工业过程干燥等；50 ~ 100℃的地热水，可用于温室供暖、家庭用热水、工业过程干燥等；对于更低温度的地热水，可用于水产养殖、洗浴等。而对于地热水温度水平较低，热用户要求又较高的情况，可选用地源热泵的方案。此外，利用 80 ~ 180℃之间的地热水作为驱动吸收式制冷循环的热源，用于房屋建筑空调等，也是地热能直接利用的一种典型方案。

四、地源热泵技术

地源热泵是一种利用地表以下百米范围浅层地热资源（包括地下水、土壤或地表水等）的既可供热又可制冷的高效节能空调系统。浅层地热能分别在冬季作为热泵供暖的热源和夏季空调的冷源。

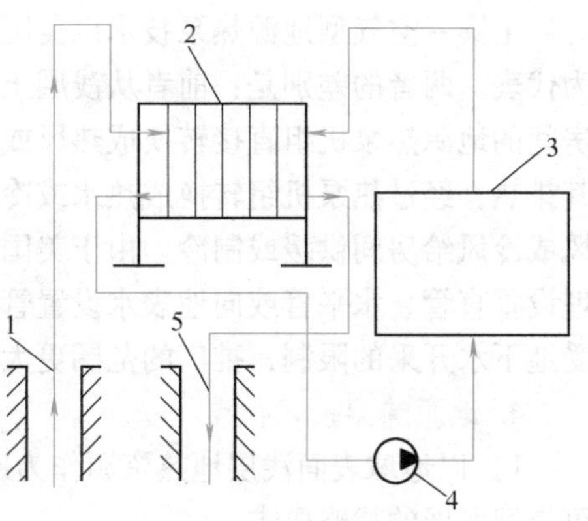

图 7-28　地热能直接利用系统

1—热水井　2—板式热交换器　3—热用户　4—泵　5—回灌井

1. 地源热泵的分类

地源热泵在国内也被称为地热泵。根据利用地热源的种类和方式不同可分为以下三类：土壤源热泵或称土壤耦合热泵、地下水热泵和地表水热泵。

（1）土壤源热泵（Ground Source Heat Pump，GSHP）或称土壤耦合热泵（Ground-Coupled Heat Pump，GCHP）　土壤源热泵以大地作为热源和热汇，热泵的热交换器埋于地下，与大地进行冷热交换。土壤源热泵系统主机通常采用水-水热泵机组或水-气热泵机组。根据地下热交换器的布置形式不同，主要分为垂直埋管、水平埋管和蛇行埋管三类。

（2）地下水热泵（Ground Water Heat Pump，GWHP）　最常用的地下水热泵系统形式是采用水-水式板式热交换器，一侧走地下水，一侧走热泵机组冷却水。早期的地下水系统采用的是单井系统，即将地下水经过板式热交换器后直接排放。现在大多是双井系统，一个井抽水，一个井回灌。地下水热泵系统的造价要比土壤源热泵系统低，另外水井很紧凑，不占什么场地，技术也相对比较成熟，但可供的地下水有限，要注意水处理。

（3）地表水热泵（Surface-Water Heat Pump，SWHP）　地表水热泵系统主要有开路和闭路系统。在寒冷地区，开路系统并不适用，只能采用闭路系统。总的来说，地表水热泵系统具有相对造价低廉、泵耗能低、维修率低以及运行费用少等优点。但是，在公共用的河中、管道或水中的其他设备容易受到损害。

2. 地源热泵工作系统

如图 7-29 所示，地源热泵供暖空调系统主要可分三部分：室外地下换热系统、水源热泵机组和室内采暖空调末端系统。其中水源热泵机组主要有两种形式：水-水式或水-空气式。三个系统之间靠水或空气换热介质进行热量的传递，水源热泵与地下换热系统之间换热介质为水，建筑物采暖空调末端换热介质可以是水或空气。

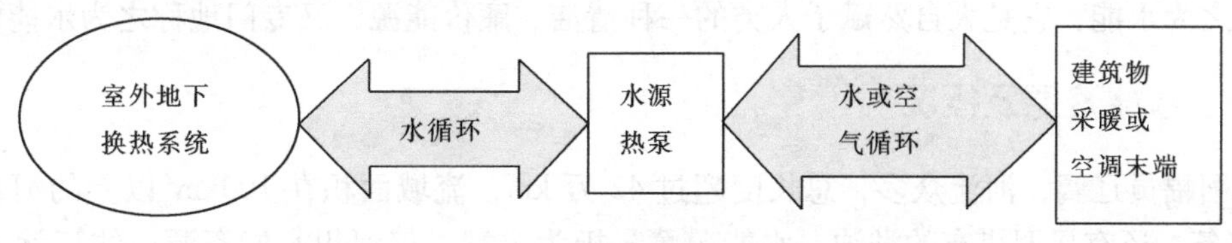

图 7-29　地源热泵工作系统

3. 地源热泵应用方式

地源热泵应用方式主要有两种：土壤-空气型地源热泵技术和水-水型地源热泵技术。

土壤－空气型地源热泵技术以美国的技术为代表，水－水型地源热泵技术以北欧的技术为代表。两者的差别是：前者从浅层土壤或地下水中取热或向其排热，通过分散布置于各个房间的地源热泵机组直接转换成热风或冷风为房间供暖或制冷。后者是从地下水中取热或向其排热，经过热泵机组转换成热水或冷水，然后再经过布置在各个房间的风机盘管转换成热风或冷风给房间供暖或制冷。由于美国的土壤－空气型地源热泵技术可以不用地下水，采用埋设垂直管、水平管或向地表水设置管路等多种方式，直接从浅层土壤取热或向其排热，不受地下水开采的限制，推广的范围更大、更灵活。

4. 地源热泵技术特点

1）以地球表面浅层地热资源作为冷热源，利用清洁的、近乎无限可再生的能源，符合可持续发展的战略要求。

2）系统简单，一机多用，节约设备用房，应用范围广。地源热泵可供暖、空调，还可用于生活热水的热能供应系统，一套系统可替代锅炉加空调的两套系统，节省了建筑空间及设备的初投资，机组紧凑，节省设备用房空间。

3）环境效益高。地源热泵装置没有燃烧，没有排烟，没有余热、余湿等废弃物，对环境无污染。

5. 地源热泵的应用前景

目前地源热泵已进入快速发展阶段。根据国家能源局、财政部、国土部和住建部联合发布的《促进地热能开发利用的指导意见》，到2015年，全国地源热泵供暖面积达到5亿m^2，地热发电装机容量达到10万kW，地热能年利用量达到2000万t标准煤。

从地源热泵应用情况来看，北欧国家主要偏重于冬季采暖，而美国则注重冬夏联供。由于美国的气候条件与中国很相似，因此，研究美国的地源热泵应用情况对我国地源热泵的发展有着借鉴意义。

目前我国的地下水热泵系统工程虽然仍在数量上占优，而土壤源热泵系统尤其在部分地区呈现着快速发展的势头，在北京、天津、南京、沈阳等地建立了一系列土壤源热泵系统的示范工程，许多城市已经制定了具体的鼓励政策，建设部、财政部也通过可再生能源示范项目予以推动，因此，利用浅层地热能的地源热泵技术必将具有很好的发展前景。

第五节 水 能

水是自然界万物赖以生存的基本物质之一，而水文循环所形成的地表、地下水，称为水资源，它是人类最宝贵的自然资源。其中，河川水流、海浪、潮汐等蕴藏着巨大的动能和势能，称之为水能，它是大自然赋予人类的一种清洁、廉价能源，又专门地称之为水能资源。

一、水能资源及概况

我国幅员辽阔，河流众多，总长度超过42万km，流域面积在100km^2以上的河流就有5000多条，还有星罗棋布的湖泊。水能蕴藏量极为丰富，仅河川水能资源，估算就为6.94亿kW，居世界首位。可能开发利用的容量约为5.42亿kW，年发电量约为2.5万亿kW·h（参见表7-5）。

表 7-5　我国水能资源概况

主要指标	2005 年全国复查	1980 年普查
理论蕴藏装机量/亿 kW	6.94	6.76
理论蕴藏电量/万亿 kW·h	6.08	5.92
技术可开发装机/亿 kW	5.42	3.78
技术可开发电量/万亿 kW·h	2.47	1.92
经济可开发装机/亿 kW	4.02	—
经济可开发电量/万亿 kW·h	1.75	—

中国海洋能理论蕴藏量为 6.3 亿 kW，其中可开发的约达 3.85×10^7kW，相当于年发电量 870×10^8kW·h。

我国陆上水能资源具有以下特点：

1）资源丰富，但分布不均。我国的水能资源分布极不均匀，西多东少，大部分集中于西南、中南地区。但分布不均的情况与其他能源配合开发却极为有利，例如，西南地区缺煤而水能资源丰富；华北内蒙古地区水能资源较少，但煤炭丰富，这是我国采取因地制宜开发利用能源方针的重要条件。

2）可建水电站中大中型的比较多，位置集中。全国可开发的单站装机 10 000kW 以上的水电站有近 2000 座，其装机容量和年发电量占总数的 80% 左右。这些电站多分布在西南地区。此区域人烟稀少，水库淹没损失小，适合建设高坝大库。但由于地处高山峡谷，交通不便，自然条件差，工程往往十分艰巨。

3）气候受季风影响，降水和径流在年内分配不均匀。水电站的季节性电能较多，在水电规划中，应考虑共建水库调节径流。

4）人口多，耕地少，建水库往往受到淹没损失的限制。

5）大部分河流，特别是河流中下游多有综合利用要求。因此，在水能开发中，要特别注意整体规划，以取得最大的综合经济效益和社会效益。

目前全世界已开发了大约 1/4 的水力资源，在全世界电力生产中，约 20% 来自于水电。我国目前已经开发的水力资源占可开发资源量不到 10%。从全球来看，美国和加拿大的水电占世界水电总量的 13% 左右，苏联占 10%，巴西占 9%，中国占 5%。

二、小型水电站

尽管大中型水电站为国民经济提供了巨大的动力来源，并且不消耗传统能源，减少了温室气体排放，但人们也逐渐意识到大中型水电站对环境有很多负面影响。而小水电站作为同样一种经济而可再生的能源，对生态环境的影响则要小得多，因而日益受到人们的重视。

1. 水力发电小型水电站资源

水力发电实际上就是水流通过水轮机把水的能量转化为机械能，再由水轮机带动发电机把机械能转化为电能。水工建筑物和机电设备的总和，称为水力发电站（简称水电站）。

水电站的功率理论值为每秒钟通过水轮机水的重量与水轮的工作水头的乘积。实际功率还要考虑一系列的能量损失，如水轮机叶轮的转动损失、发电机的转动损失、传动装置的损失等。一般小型水电站的效率为 60% ~80%。

通常将装机容量小于 25MW 的水电站称为小水电站。我国水力资源丰富，其中小水电资源占1/5。目前，全国已建成的小水电站有5万多座，截止到2010年，总装机容量已达到5840万kW，约占可开发容量的48.6%，约占全国水电总装机容量的27%。其中有1/3以上的县主要依靠小水电站供电。我国中小水电资源可分为南、北两大资源带：一是南方地区的云、贵、川、湘、鄂、粤、桂、琼、闽、浙、赣，以及藏、新、青14个省（区），占全国中小水电资源的85%，已开发程度为13%左右。这些地区多属水量充沛、河床陡峻的多山地区，是中小水电发展的重点地区；二是北方地区，占全国中小水电资源的15%，目前开发程度为15%。

2. 小型水电站类型

小型水电站按落差集中的方式，分成三种类型，即堤坝式、引水式和混合式。三种方式各适合于不同的河道地形、地质、水文等自然条件。

（1）堤坝式水电站　在河道上修建拦河坝（或闸），抬高上游水位以集中落差，并形成水库调节流量。用输水管或隧洞把水库里的水引至厂房，通过水轮发电机组发电，这种水电站称为堤坝式水电站。根据水电站厂房的位置，又分为河床式与坝后式两种，如图7-30、图7-31所示。河床式水电站一般修建在河流中下游坡度平缓的河段上，其适用的水头范围在10m以下，但其引用的流量一般较大。

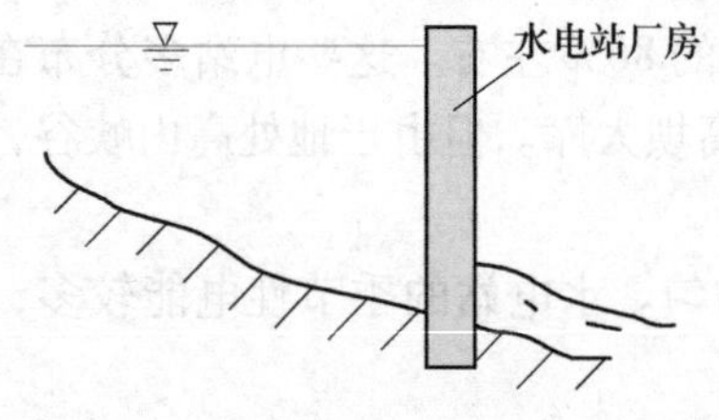

图7-30　河床式水电站

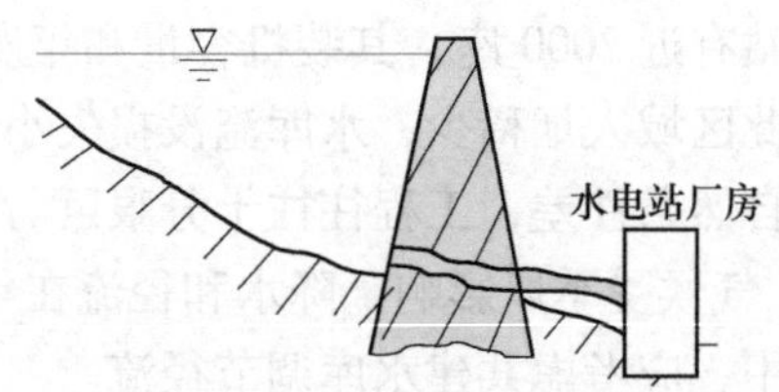

图7-31　坝后式水电站

坝后式水电站一般修建在河流的中上游，适用于水头较大。

（2）引水式水电站　在山区河道上修建水电站时，由于河流陡峻，水流急湍，有些地方还有较大的跌水和河湾，一般在河道上建引水低坝或闸，采用引水渠道来集中落差，形成水头，这样修建的水电站称为引水式水电站，如图7-32所示。

在小型水电站中，引水式水电站比堤坝式水电站更为普遍，它与堤坝式水电站相比，由于不存在淹没和筑坝技术的限制，故水头可达到很高的数值，但发电引用的流量都比较小。

（3）混合式水电站　混合式水电站的落差由拦河坝抬高水头和引水集中落差两方面获得，因而具有堤坝式水电站和引水式水电站的特点。当上游河段地形平缓，下游河岸坡降较陡时，宜在上游筑坝，形成水库，调节水量，在下游修建引水渠道，以集中较大落差，如图7-33所示。

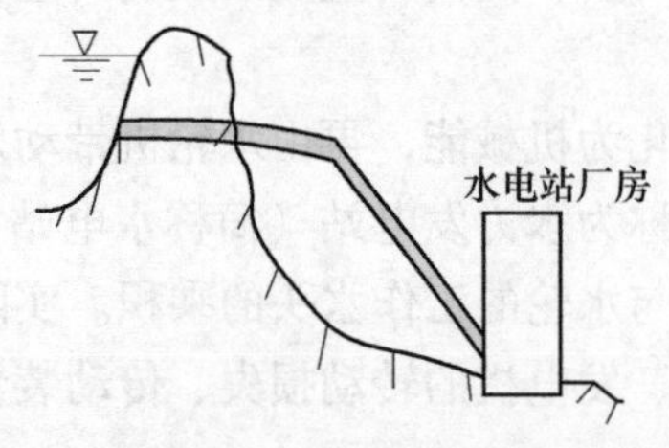

图7-32　引水式水电站

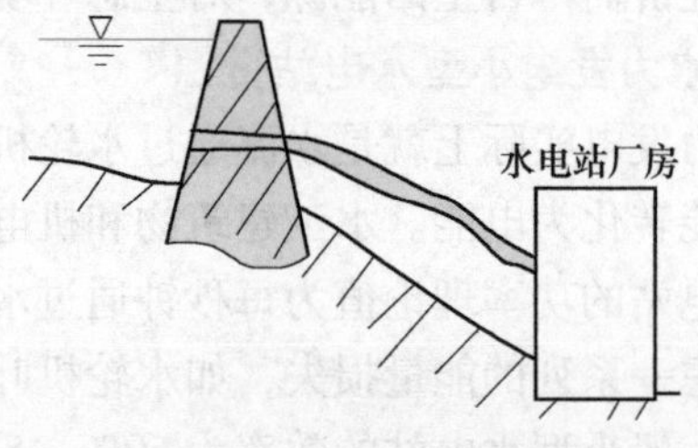

图7-33　混合式水电站

混合式水电站和引水式水电站之间没有明显的界线。在实际工程中，常将具有一定长度引水渠道的水电站统称为引水式水电站，而较少采用混合式水电站这个名称。多数水电站与防洪、灌溉相结合，以发挥其综合效益。

3. 常见的几种建站形式

1）利用天然瀑布。一般在瀑布上游筑坝引水，在较短距离内即可获得较大水头。

2）利用灌溉渠道上下游水位的落差修建电站。

3）利用河流急滩或天然跌水修建电站。

4）利用河流的弯道修建电站。

5）跨河引水发电。

6）利用高山湖泊发电。

三、海洋能利用

海洋占地球表面积3/4左右，蕴藏着丰富的无污染的可再生能源，其可开发利用部分估计远远超出全球能源的总消耗量。海洋能包括：潮汐能、波浪能、海洋温差能、海流能（潮流能）和海水盐差能等。我国海洋能理论蕴藏量为63×10^{8}kW，当前开发利用较有成效的是潮汐能和波浪能。

1. 潮汐能利用

海水潮汐是一种自然现象。它是在月球和太阳引潮力作用下所发生的海水周期性涨落运动。一般情况下，每昼夜有两次涨落，一次在白天，一次在晚上，人们把白天的海水涨落称“潮”，晚上的海水涨落称“汐”，合起来称为“潮汐”。

潮汐能同波浪能、海洋热能一样，都属于海洋能。但潮汐能主要源于地球与月球、太阳之间的相互作用，不像其他海洋能主要来源于太阳能，而且其开发技术相对比较成熟，在有条件的地区，是近期可以发挥作用的一种可再生的新能源。所谓潮汐能就是指海水在涨落潮运动中包含着的大量的动能和势能的总和。

如以ρ表示海水密度，A表示潮差，d表示水深，b表示潮波通过的断面宽度，v表示潮汐运动速度，则单位长度潮汐所具有的势能E_{s}和动能E_{d}分别表示为

$$E_{\mathrm{s}}=\frac{1}{8}\rho gbA^{2} \tag{7-28}$$

$$E_{\mathrm{d}}=\frac{1}{2}\rho b\left(d+\frac{A}{2}\right)v^{2} \tag{7-29}$$

可以证明，势能和动能是相等的，即

$$E_{\mathrm{s}}=E_{\mathrm{d}}=\frac{1}{8}\rho gbA^{2} \tag{7-30}$$

因此，单位长度潮汐所具有的总能量为

$$E_{\mathrm{z}}=\frac{1}{4}\rho gbA^{2} \tag{7-31}$$

潮汐能利用，既可以利用潮汐动能，直接由涨落潮水流的流速，冲击水轮机或水车、水泵来发电和扬水，也可以利用潮汐的势能，在河口或海湾口门处筑坝，利用堤坝上下游涨落潮期间的水位差进行发电。一般所说的潮汐能利用多指后者。

全世界海洋蕴藏的潮汐能约有 27 亿 kW。我国海岸线长达 2 万 km，潮汐能至少约有

1.9 亿 kW。目前世界上已建成并运行发电的潮汐发电站总装机容量为 26.6 万 kW，年发电量达 6.125 亿 kW·h，主要包括法国朗斯潮汐电站、美国阿拉斯加库克湾、加拿大芬地湾、英国赛文河口、阿根廷圣约瑟湾、澳大利亚达尔文范迪湾、印度坎贝河口等，其中以法国的朗斯潮汐电站最大，它的总机容量达 24 万 kW（最大潮差为 13.5m，装有 24 台单机容量为 1 万 kW 的双向贯流机组）。我国也先后在广东、上海、福建、浙江、山东和江苏等地建设了数十座小型潮汐发电站。如浙江温岭县江厦潮汐电站，其装机总容量为 3200kW。

潮汐能是一种清洁、相对稳定的可靠能源。建设潮汐电站不需大量构筑水库，运行费用低。

由于潮汐电站有其特殊性，所以，潮汐电站的布置形式也多种多样。主要有以下三种：

（1）单库单向电站　这是最早出现的一种类型。如图 7-34 所示，该类型电站只建一个水库，涨潮时把进水闸打开，将潮水引蓄在水库内；退潮时，将排水闸打开，使库内蓄积的海水通过水轮机流出，冲击水轮机叶片，从而带动水轮机组发电。这类电站的优点是，建筑物和发电设备的结构均较简单，投资也较少；其缺点是，由于只能在落潮（或在涨潮）时发电，发电时间较短，每天只能发电 10～12h，发电量少而且不连续，不能充分利用潮汐能。

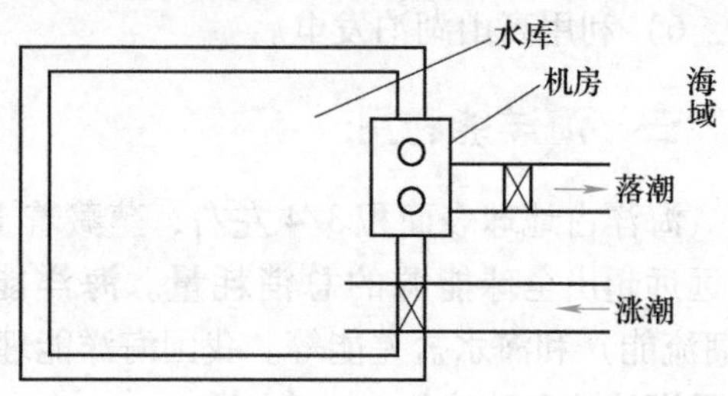

图 7-34　单库单向电站的平面示意图

（2）单库双向电站　这种电站虽然也只有一个水库，但涨、落潮时都可以发电。如图 7-35所示，它是在入海河口或海湾处建坝，围堵海水，并将水轮发电机与大坝横向安置。由于这种电站使用了一种新型水轮发电机组（水轮机既可顺转，也可以倒转，并配有可正反转的发电机），所以它在正反向运行时都能发电。涨潮时，把电站闸门和水闸闸门关闭，保持水库水位不动，而海水的水面却因潮水的水涨而上升，形成了外高内低的局势。这时打开电站闸门，让海水推动水轮发电机发电后再流进水库。水轮发电机在这种情况下是反向发电。随着潮水不断进入水库，水库水位不断上升，当水库水位将与海水位相平时，将电站闸门关闭，同时打开水闸闸门，让海水继续进入水库，以储存更多的海水。待平潮时，立即关闭水闸闸门；落潮时，打开电站闸门，让水库里的水推动水轮发电机以后流回大海。这时的水轮发电机是正向发电。这种电站在海潮的一次涨落过程中可以发电两次。它比单库单向电站的效益要高得多，每天可发电达 16～20h。但其水工结构比单库单向电站复杂，投资也相应大一些。

我国的江厦潮汐电站就是采用的单库双向式，其年发电量和装机容量可采用经验公式进行估算，即

$$E = 0.55 \times 10^6 A^2 S \tag{7-32}$$

$$N_y = 200 A^2 S \tag{7-33}$$

式中，E 为年发电量（kW·h/a）；N_y 为装机容量（kW）；A 为平均潮差；S 为水库面积（km^2）。

平均潮差 A 取一个月以上的潮位资料，分别求高、低潮位的平均值，求其差。

（3）双库单向电站　图 7-36 是这种电站的平面示意图。它有两个水库，一个总是保持着较高的水位，称为高库；一个总是维持着较低的水位，称为低库。在高库的堤坝上建有进

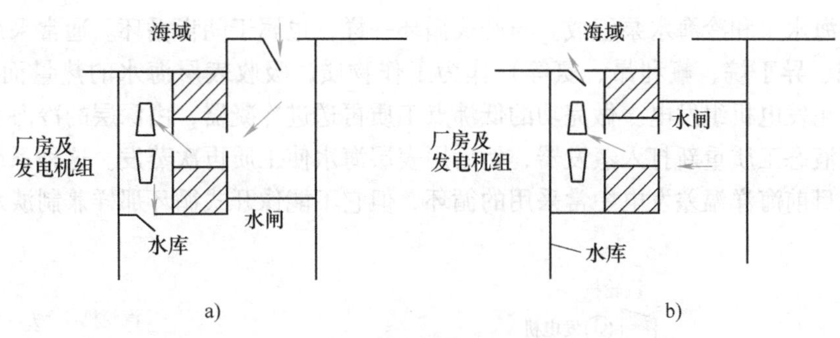

图 7-35　单库双向电站示意图
a）涨潮时发电　b）落潮时发电

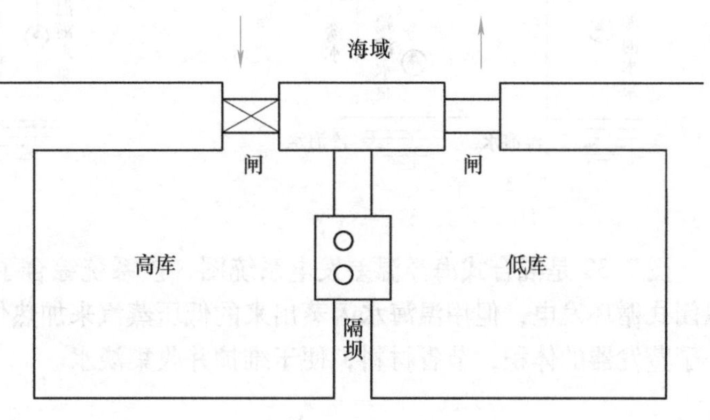

图 7-36　双库单向电站的平面示意图

水闸，高库仅在涨潮时开闸进水；而在低库的堤坝上建有泄水闸，低库只在落潮时开闸放水。这样，高库中的水位始终高于低库中的水位。水轮发电机组安装在两水库之间的隔坝内，单向运行。由于两水库之间始终有水位差，因而可以24h连续发电。但是，这类电站因需要两座水库，水工建筑物多，工程量和投资大。此外，把原来一个水库与外海的交换水量变成由一个水库分成两个基本对称的水库之间的水量交换，相应减少了利用水量，可利用的水位差较上两种形式小得多，故发电量较小。而投资却几乎增加一倍。

目前，国内外的研究认为，双库造价昂贵，不合算；单库退潮发电较好。但使用何种发电方式为最佳，则需根据当地具体情况而定。

2. 海洋温差发电

海洋是地球上一个巨大的太阳能集热和蓄热器。由太阳投射到地球表面的太阳能大部分被海水吸收，使海洋表层水温升高。赤道附近太阳直射多，其海域的表层温度可达 25 ~ 28℃，波斯湾和红海由于被炎热的陆地包围，其海面水温可达 35℃。而在海洋深处 500 ~ 1000m 处海水温度却只有 3 ~ 6℃。这个垂直的温差就是一个可供利用的巨大能源。据估计，全世界海洋温差能的储量估计为 200 亿 kW，在各种海洋能中，其储量是最大的。

海洋温差发电系统一般可分为开式循环、闭式循环及混合循环，目前接近实用的是闭式循环方式。图 7-37 所示为开式循环系统。系统由闪蒸器、汽轮机、发电机、冷凝器、温海水泵和冷海水泵组成。由温海水泵抽出的温海水在闪蒸器内低压沸腾成蒸汽，进入汽轮机并推动汽轮机做功，汽轮机带动发电机发电，从汽轮机排出的蒸汽在冷凝器内被深层冷海水冷凝。这种系统简单，还可兼制淡水；但设备和管道体积庞大，真空泵及抽水水泵耗功较多，影响发电效率。闭式循环系统如图 7-38 所示，系统由蒸发器、汽轮机、发电机、冷凝器、工质泵、温海水泵和冷海水泵组成。与开式循环一样，也属于朗肯循环。通常采用低沸点工质（如丙烷、异丁烷、氟利昂、氨等）作为工作物质，吸收表层海水的热量而成为蒸汽，用来推动汽轮发电机组发电。做完功的低沸点工质再送进冷凝器，由深层的冷海水冷凝，通过工质泵把液态工质重新打入蒸发器，然后用表层海水使工质再次蒸发。这种系统因不需要真空泵，是目前海洋温差发电中常采用的循环，但它不能像开式循环那样兼制淡水，经济性比较低。

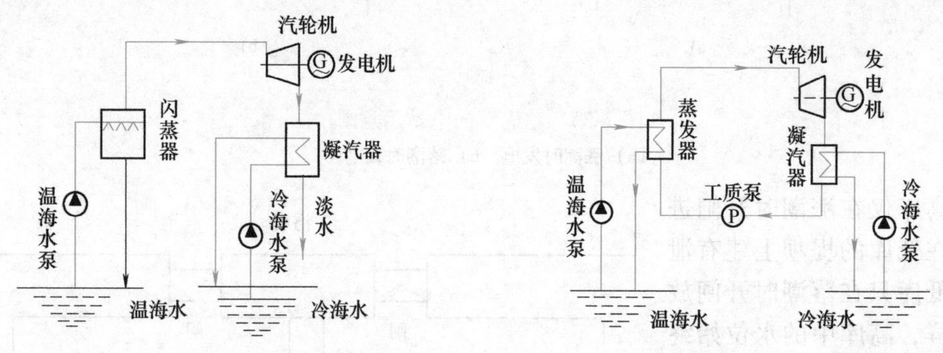

图 7-37　开式循环系统　　图 7-38　闭式循环系统

图 7-39 是混合式海洋温差发电系统图，该系统综合了开式和闭式循环系统的优点，它以闭式循环发电，但用温海水闪蒸出来的低压蒸汽来加热低沸点工质。这样做的好处在于减小了蒸发器的体积，节省材料，便于维护并收集淡水。

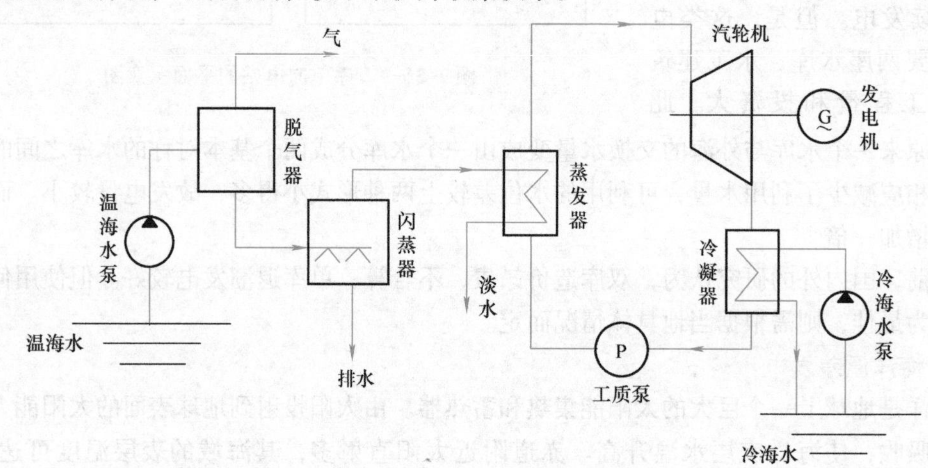

图 7-39　混合式海洋温差发电系统图

海洋温差发电由于温差很小，效率远低于普通火电厂，仅为 3% 左右；换热面积大，建设费用高；海水腐蚀等不利因素制约着海洋温差发电的发展。但是海洋辽阔，储能丰富，且除了发电以外，还可以同时进行水产品及作物养殖、海水淡化等附属开发项目，这将大大提高海洋能综合利用的经济效益。

3. 波浪能发电

波浪能是以动能形态出现的海洋能。波浪是由风引起的海水起伏现象，它实质上是吸收了风能而形成的。通常一个典型的海洋中部在 8s 的周期内会涌起 1.5m 高的波浪。波浪能的大小可以用海水起伏势能的变化来进行估算，即

$$P = 0.5TH^2 \tag{7-34}$$

式中，P 为单位波前宽度上的波浪功率（kW/m）；T 为波浪周期（s）；H 为波高（m）。

根据式（7-34），当有效波高为 1m，波浪周期为 9s 时，在 1m 的波前宽度上，波浪的功率为 4.5kW。实际上波浪功率的大小还与风速、风向、连续吹风的时间、流速等诸多因素有关。据估计全世界可开发利用的波浪能达 2.5TW。我国沿海有效波高约为 2～3m，周期为 9s 的波列，波浪功率可达 17～39kW/m，渤海湾更高达 42kW/m，利用前景诱人。

海洋波浪属于低品位能源，在自然状态下，由于大部分波浪运动没有周期性，故很难经济地开发利用。

利用波浪能发电的装置多种多样，用得最广泛的是浮标式波浪发电。放置在海面上的浮标由于波浪的作用而上下浮动，中央管道中的水位却维持不动，于是随着浮标的上下浮动，空气活塞室中的空气反复地经历压缩和膨胀过程，从而驱动空气涡轮机运转并带动发电机发电。这种浮标式波浪发电装置已广泛用于航标和灯塔的照明。

固定式的波浪发电装置不用浮标，而是将空气室固定建在海边，利用海浪使空气活塞室内的空气反复压缩、膨胀，从而推动涡轮机发电。这种固定式的波浪发电装置对小岛渔村和边防哨所很有实用意义。

海洋能的利用除上述潮汐能、海水温差、波浪能利用外，还有其他如海流能的利用。它是利用海水的水平运动，即大量的海水从一个海域长距离地流向另一个海域所具有的动能。海流能的能量与流速的平方和流量成正比。海流能的利用方式主要是发电，其原理和风力发电相似，我国的海流发电研究也已经有样机进入中间试验阶段。

第六节　氢能与燃料电池

氢能是一种新的二次能源，常用的电能、汽油、柴油、酒精等都属于传统的二次能源。氢能是人类所期待的清洁的二次能源。氢能可以输送、储存、大规模生产和可再生利用，基本上没有环境污染。当前，氢能源正处于技术开发阶段。本节将对氢能源的特性、制备方法以及氢能的主要应用对象——燃料电池进行分析和讨论。

一、氢能

1. 概况

氢元素是周期表中的第一号元素，以符号 H 表示。氢的相对原子质量是 1.008，是已知元素中最轻的元素。氢气在常温下为无色无味的气体，难溶于水，密度是空气的 1/14，沸点是 −252.87℃，凝固点为 −259.14℃。氢气的导热性很强，固态氢具有金属性和超导性。

氢是自然界最普遍存在的元素，大约占整个宇宙物质质量的 75%。在地球上与地球大气范围内，氢除了以气体形态少量存在于空气中外，绝大部分以化合物的形态存在于水中。

氢能是由氢气燃烧或发生其他化学反应时所释放出的一种能量，主要以热能或化学能形式出现。氢气燃烧有以下特点：

1）发热量高，约为 143.5MJ/kg，是化石燃料的 3 倍以上。

2）点燃快，燃点高，燃烧性能好。与空气混合时，氢气的体积分数在 4%～74% 的范围内都能稳定地燃烧。

3）氢气在空气中燃烧时，与空气中的氧化合成水蒸气以及少量氧化氮，不产生其他对环境有害的物质，是一种清洁燃料。

氢能的利用形式有很多种，除了可以通过燃烧变成热能以外，还可以在燃料电池反应中直接由化学能变成电能。此外，氢还可以形成固态的金属氧化物，可作为结构材料使用。

2. 氢的制备

通常人们所指的氢能，是指游离的氢分子 H_2 所具有的能量。虽然地球上的氢元素含量十分丰富，但是游离的分子氢却十分稀少，为了实现氢能的大规模应用，最关键的是要找到一种廉价的低能耗的制氢方法。

制备氢的基本方法如下：

（1）化石燃料转化制氢　该制氢的方法是，采用煤、石油或天然气等化石燃料，在高温与水蒸气发生催化反应，对于不同物料其反应方程有：

甲烷催化水蒸气重整反应　$CH_4 + 2H_2O \rightarrow 4H_2 + CO_2$　（7-35）

煤气化制氢反应　$C + 2H_2O \rightarrow CO_2 + 2H_2$　（7-36）

甲醇催化裂解反应　$CH_3OH + H_2O \rightarrow CO_2 + 3H_2$　（7-37）

由于制氢反应都是吸热反应，所需要的热量从部分燃料煤气或天然气获得，可以利用外部热源，如核能等。

（2）电解水制氢　利用外加电能对水进行电解来产生氢气的方法已有很长的历史了，水电解过程就是使直流电通过导电水溶液（通常加 H_2SO_4 或 KOH）使水分解成 H_2 和 O_2，电解的反应式为

$$H_2O + \Delta Q \Leftrightarrow H_2 + \frac{1}{2}O_2 \tag{7-38}$$

式中，使水电解的能量 ΔQ 约为 242kJ/mol，这大大超过碳氢化合物制氢的理论能耗。

为了提高制氢效率，水的电解通常在 3.0～5.0MPa 的压力下进行。

近年来，采用煤辅助水电解的方法，可以使电解的能耗比常规方法下降100%。

（3）热化学制氢　从水中制氢也可以通过高温化学反应的方法进行。按照反应中所涉及的中间载体物料，可以分成氧化物体系、卤化物体系、含硫体系和杂化体系四种反应体系。如氧化物体系，有

$$3MeO + H_2O \rightarrow Me_3O_4 + H_2 \tag{7-39}$$

$$Me_3O_4 \rightarrow 3MeO + \frac{1}{2}O_2 \tag{7-40}$$

其中，Me 为金属 Mn、Fe、Co 等。

对于四种体系的反应过程都可以写成一种通用形式，即

$$H_2O + X \rightarrow XO + H_2 \tag{7-41}$$

$$XO \rightarrow X + \frac{1}{2}O_2 \tag{7-42}$$

总反应为

$$H_2O \rightarrow H_2 + \frac{1}{2}O_2 \tag{7-43}$$

反应式中 X 是反应的中间媒体（如氧化物、卤化物），它在反应中并不消耗，仅参与反应。整个过程仅仅消耗水和一定的热量，热化学反应的温度约为 1073～1273K。

（4）生物质制氢　固态生物质也是一种可再生能源，固态生物质制氢是它的一个重要

的应用领域。固态生物质制氢的基本工艺为将生物质生成合成气，合成气中的碳氢化合物再与水蒸气发生催化重整反应，生成 H_2 和 CO_2。整个反应式为

$$C_xH_y + 2xH_2O \rightarrow xCO_2 + \left(2x + \frac{1}{2}y\right)H_2 \tag{7-44}$$

另一种正在研究的生物质制氢新方法是利用生物质中的碳素材料，与溴和水在250℃的温度下发生化学反应，生成氢溴酸和二氧化碳，然后将氢溴酸和水溶液电解成氢和溴，生成的溴再循环利用。

3. 规模化制氢技术

上述四种制氢方法，在产量、成本和能耗方面都无法达到规模化制氢的要求。为了真正意义上的大规模利用氢能，目前各国正在探索研究核能和太阳能规模化制氢。

（1）核能热利用制氢　核能热利用制氢实际上就是利用核反应堆生成的热能或电能作为能源来制氢。具体制备氢的方法仍然是上述的几种方法。

（2）太阳能热分解水制氢　利用太阳能聚焦后的高温，将水直接加热到3000K以上，使水中的氢和氧离解。加热温度越高，工作压力越低，水中氢的离解度越大。这种太阳能制氢的效率很高，但太阳能高温聚焦成本太高是制约该制氢技术的关键所在。

（3）太阳能电解水制氢　太阳能通过热发电或光伏发电转换成电能，然后电解水制氢。太阳能电解水制氢的关键是降低太阳能发电的成本。

（4）风能电解水制氢　风通过风力发电机转换成电能，然后电解铝、电解水制氢。风电制氢主要是为了解决风电质量差、并网难的问题。

（5）太阳能直接光解水制氢　太阳光中的光子在一定的环境下可以被水吸收，当吸收光子达到一定水平，在光解催化剂的作用下可以将氢分解出来，但光解过程的效率很低。

（6）人工光合成作用制氢　人工光合成作用是模拟植物的光合作用，利用太阳光制氢。人工光合作用过程和水电解相似，只不过用太阳能代替了电能。目前还只能在实验室中制备出微量的氢气，光能的利用率也只有15%～16%。

（7）光合作用制氢　光合作用制氢目前尚处于探索阶段。其原理是利用某些微生物（光合作用细菌）转换太阳能，产生特定物质氮化酶和氢化酶，然后再利用这两种特定物质分解水产生氢气。该技术的主要障碍是：微生物产生氮化酶和氢化酶的效率不高，氮化酶和氢化酶的热稳定性不好和寿命短等。

（8）生物制氢　江河湖海中的某些藻类、细菌能够像一个生物反应器一样，在太阳光的照射下用水作为原料连续地释放出氢气。生物制氢的前景很好，但离实用化还远。当前需要弄清其物理机理，并培育出高效的制氢微生物。

4. 氢的储存

大规模利用氢能的另一个关键问题是氢的储存。由于氢的密度小，常温下是气态，其单位体积的含能量要比常规能源小得多，因此氢的储存难度很大。目前可以采用的储氢方法有下列三种：

（1）高压储存　将氢气压缩成高压（15～20MPa），装入钢瓶中储存和运输。但由于氢气密度很小，不能解决大量氢的储存问题。要大规模储存氢气可以用地下储存的方法，特别是当有现成的地下储存空间可供利用时。但人工开挖地洞或地穴，不仅费用很大，而且要涉及封口问题。

为了提高储氢量，目前科技工作者正在研究一种微孔结构的储氢装置，它是一种微型球床。微型球的球壁非常薄，最薄的只有1μm。微型球充满了非常小的小孔，最小的小孔只有10μm左右，氢气就储存在这些小孔中。微型球可用塑料、玻璃、陶瓷或金属制造。

（2）液态储存　将氢气冷却到20K，氢气将被液化，体积大大缩小，然后储存在绝热的低温容器中。液态氢的体积含量很高，已在宇航中作为燃料获得应用。高度绝热的储氢容器是液态储氢的技术关键。目前填充绝热性能最好的镀铝空心玻璃微珠绝热容器已获得广泛应用。

（3）金属氢化物储存　由于氢和某些金属之间可以进行可逆反应，当氢和金属形成氢化物时，氢就以固态的形式储存于氢化物中。当需要用氢时，通过加热，氢化物就可以放出氢气。目前已经发展的氢化物有Li、Mg和Ti的合金，如Mg_2NiH_4和$FeTiH_{19}$等。

金属氢化物储存使用方便，运输简单，是氢气储存中最方便且有发展前景的一种储氢方法。

（4）碳材料储存　碳材料储氢也是储氢的一种重要途径。做储氢介质的碳材料主要有高比表面积的活性炭、石墨纳米纤维和碳纳米管。活性炭储氢面临最大的技术难点是氢气需先预冷，吸氢量才有明显的增长，且由于活性炭孔径分布较为杂乱，氢的解吸速度和可利用容积比例均受影响。碳纳米材料是一种新型储氢材料，如果选用合适催化剂，优化调整工艺过程参数，可使其结构更适宜氢的吸收和脱附，用它做氢动力系统的储氢介质有很好的前景。

研究发现，纳米碳管的储氢能力优于金属氢化物。纳米碳管储氢已成为当前研究热点。

5. 氢能的利用

氢能作为一种高效清洁能源，有着重要而广泛的应用前景。氢能的主要应用领域有：

（1）航空航天　由于液氢的优良燃料特性和很高的能量密度，目前广泛地用于卫星和航天器的火箭发动机中。海军舰艇用氢作为燃料也正在设计实验中。

（2）交通运输　国际上许多国家都已研制出以氢为燃料的汽车，运行实践表明，液氢汽车在安全性和运行特性方面都能满足市场要求。目前存在的问题是制氢和储存成本较高，一旦这两个问题的研究取得突破，人类将全面进入氢燃料汽车时代。

（3）工业　在石油冶炼、煤气化、合成氨、合成塑料和铁矿石还原中，都需要用到氢。在电力工业中，目前正在研究以氢作为燃料的峰值负荷发电厂，其热效率可达47%～49%。而更有市场前景的还是直接以氢为原料的燃料电池。

二、燃料电池

燃料电池与干电池、蓄电池都不同。它的化学燃料不是装在电池的内部，而是储存在电池的外部，它的电极不像普通电池那样会被消耗。它可以按电池的需要，源源不断地提供化学燃料，就像往炉膛里添加煤和油一样，所以人们将它称为燃料电池。近年来，能输出11MW的燃料电池发电厂试验已获得成功。

燃料电池所用的燃料来自氢及含氢量高又易分解的物质，如天然气、煤化气、石油、甲醇、乙醇、甲烷等。由于燃料电池是继水电、火电和核电之后能持续产生电力的第四种持续发电方式，而且是清洁的发电方式，因此，备受人们的关注。

1. 燃料电池的工作原理

燃料电池的结构与蓄电池相似，也由阳极、阴极两个电极（可分别称为燃料极、空气极）和电解质组成；但燃料电池的反应剂（燃料和氧化剂）并不储存在电池中，而由外界不断地输入，生成物则不断地引出，工作处于稳定流动状态，故只要有反应剂供给，就能稳定地产生电能。

由于燃料电池中能量转换方式与热机无关，故不受卡诺定理的限制。现以燃料电池中最简单的氢－氧燃料电池为例说明其工作原理。

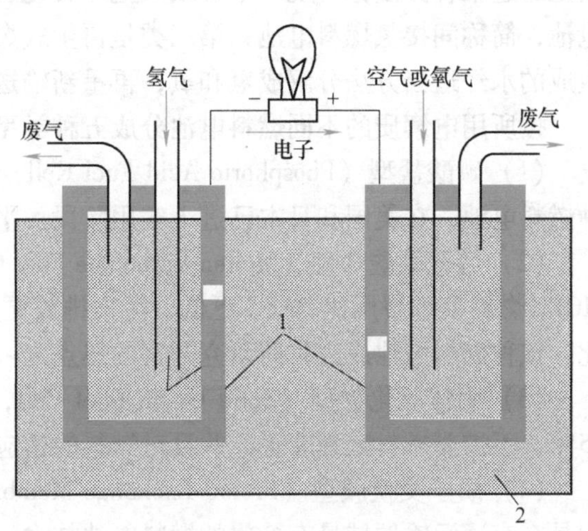

图7-40　氢－氧燃料电池的工作原理示意图
1—多孔的碳极　2—电解液（氢氧化钾）

图7-40为氢－氧燃料电池的工作原理示意图。其中，两个多孔催化电极由一种电解液（或一种导离子膜）使它们彼此分开。氢和氧气体在压力作用下分别送到阳极和阴极，在阳极－电解液分界面，氢分子根据下面的表达式离解为氢离子和电子，即

$$2H_2(g) \rightarrow 4H^+ + 4e^- \quad (7\text{-}45)$$

这些电子通过外电路流动，并且在那里做电功，然后回到电池的阴极。其间，氢离子通过电解液扩散到电解液－阴极分界面，并依照下述表达式，它们在分层面处与回来的电子和氧气结合形成液态水，

$$O_2(g) + 4H^+ + 4e^- \rightarrow 2H_2O\ (l) \quad (7\text{-}46)$$

因此，全部的化学反应是

$$2H_2(g) + O_2\ (g) \rightarrow 2H_2O\ (l) \quad (7\text{-}47)$$

上述方程所表示的反应的结果是：代表反应焓 ΔH_R 的能量被释放出来，该能量的一部分可以转换为电能，其余的能量则作为热量传走。由于在这个反应过程中，每个氧分子（或每两个氢分子）有四个电子通过外电路。那么，每摩尔氧（或每两摩尔氢）所输出的电能是

$$W_e = 4N_A eE \quad (7\text{-}48)$$

式中，N_A是阿伏伽德罗常数；e 是电子电荷；E 是所产生的端电压。

由热力学第一、二定律，每摩尔氧（或每两摩尔氢）所发出的电能 W_e 为

$$W_e \leqslant -\Delta G \quad (7\text{-}49)$$

式中，ΔG 为化学反应过程中吉布斯自由能的变化。

由式（7-49）可以看出，在可逆变化或准静态过程中，吉布斯自由能的降低转换成电能，这时得到的最大有用功是燃料电池可以输出的最大电能。而实际过程，由于存在种种不可逆因素，所得到的电能要小于工作过程中的吉布斯自由能的降低。

2. 燃料电池的分类

氢燃料电池因供氢原料不同、材质不同、原理不同而存在多种形式。通常燃料电池可以依据其工作温度、燃料种类、电解质类型以及工作原理进行分类。

按工作温度的不同燃料电池可分为：常温（室温~100℃）、中温（100~300℃）和高温（300℃以上）三种类型。

按照燃料来源不同，燃料电池也可分为三类：第一类是直接式燃料电池，即其燃料直接使用氢气，简称为直接氢燃料电池；第二类是间接式燃料电池，其燃料不是直接使用氢气，而是通过某种方法把甲烷、甲醇或其他烃类化合物转变成氢或富含氢的混合气后再供给燃料电池，简称间接氢燃料电池；第三类是再生式燃料电池，简称再生燃料电池，指把燃料电池生成的水经适当方法分解成氢和氧，再重新输送给燃料电池使用。

按所用电解质的不同燃料电池分成五种类型，其特点见表7-6及以下所述。

（1）磷酸盐型（Phosphoric Acid Fuel Cell，PAFC）　PAFC是目前市场上最富活力的一种燃料电池，在美国和日本已进入实用阶段。平均电能转换效率可达40%。

（2）熔融碳酸盐型（Molten Carbonate Fuel Cell，MCFC）　MCFC已进入工业试验阶段。MCFC燃料处理费用比PAFC更低、污染排放更少，且具有50%~57%的电能转换效率，因此，该种燃料电池成为目前研究开发的热点之一。

（3）固体氧化物型（Solid Oxide Fuel Cell，SOFC）　SOFC电能转换效率可达50%~55%，不需要燃料处理装置，并且对燃料的适应性比MCFC更好。

（4）质子交换膜型（Proton Exchange Membrane Fuel Cell，PEMFC）　PEMFC通常被认为是在交通运输领域最有希望的燃料电池技术。该技术具有快速起动和适应变工况等特点。

（5）碱性电解质型（Alkaline Fuel Cell，AFC）　电能转换效率可达70%，但因对输入燃料非常敏感，故目前民用尚不成熟。

表7-6　各种燃料电池的特点及应用

名　称	磷酸盐型（PAFC）	熔融碳酸盐型（MCFC）	固体氧化物型（SOFC）	质子交换膜型（PEMFC）	碱性电解质型（AFC）
电解质	磷酸	熔融碳酸盐	固体氧化物	离子交换膜	KOH溶液
阳极催化剂	Pt/C	Ni（含Cr，Al）	金属（Ni，Zr）	Pt/C	Ni或Pt/C
阴极催化剂	Pt/C	NiO	掺锶的$LaMnO_4$	Pt/C、铂黑	Ag或者Pt/C
导电离子	H^+	CO_3^{2-}	O^{2-}	H^+	OH^-
工作温度/℃	180~200	600~700	500~1000	80~100	65~220
操作压力/MPa	<0.8	<1.0	常压	<0.5	<0.5
燃料	天然气、甲醇、轻油	天然气、甲醇、石油、煤	天然气、甲醇、石油、煤	氢气	精炼氢气、电解氢气
极板材料	石墨	镍、不锈钢	陶瓷	石墨、金属	镍
电解质的腐蚀性	强	强	弱	无	强
系统电效率（%）	40	60	60	60	50~60
已达到的规模和水平	100~200kW 已达商品化	2~10MW 已达商品化	可达kW级 正在研制中	30~100kW 接近商品化	≤10kW 目前很少研究
应用前景	小型电站	中小型电站	小型电站	电动车等	

3. 燃料电池的性能评价

从理论上说，燃料电池是把吉布斯自由能变化直接转换成电能，故其效率比受卡诺循环效率限制的火力发电高。但是，一般由于种种原因引起电压下降，热效率降低，目前只有

40%～60%。如果对发电过程中的热能加以回收利用，其综合效率可达85%～90%，这使得燃料电池极具吸引力。

燃料电池的工作性能可通过理论热效率ε_T、吉布斯自由能效率ε_G和热效率ε_H等指标来评价。

$$\varepsilon_T=\Delta G^0/\Delta H^0 \tag{7-50}$$

$$\varepsilon_G=W/\Delta G^0 \tag{7-51}$$

$$\varepsilon_H=\varepsilon_T\varepsilon_G=W/\Delta H^0 \tag{7-52}$$

式中，ΔG^0、ΔH^0分别为在1atm（1atm=101.325kPa）、25℃下化学反应过程中吉布斯自由能、焓的变化（$\Delta H^0=Q^0$，Q^0为标准热效应）；W为实际得到的电能。

表7-7列出了在25℃时使用各种燃料的理论热效率ε_T。

表7-7　燃料电池的理论热效率

总　反　应	ΔG^0/(kJ/mol)	ΔH^0/(kJ/mol)	ε_T
$H_2(g)+1/2O_2(g)\rightarrow H_2O(l)$	-237.35	-286.04	0.83
$CH_4(g)+2O_2(g)\rightarrow CO_2(g)+2H_2O(l)$	-818.52	-890.95	0.92
$C_3H_8(g)+5O_2(g)\rightarrow 3CO_2(g)+4H_2O(l)$	-2109.73	-2221.56	0.95
$N_2H_4(l)+O_2(g)\rightarrow N_2(g)+2H_2O(l)$	-640.79	-685.97	0.93

表7-8列出了几种燃料电池的性能评价结果。

表7-8　燃料电池的性能评价结果

种类	输出特性	理论端电压	ε_T	ε_G	ε_H
10kW KOH型	0.8V,65℃	1.22V	0.82	0.66	0.54
KOH型(阿波罗计划)	0.9V,200℃	1.13V	0.76	0.80	0.61
H_3PO_4型	0.7V,120℃	1.16V	0.78	0.60	0.44
熔融碳酸盐型	0.6V,650℃	1.01V	0.68	0.59	0.40
固体电解质	0.7V,1050℃	0.90V	0.61	0.78	0.48

从表7-8中可以看出，理论热效率ε_T随温度上升而下降。用碱性电解质的燃料电池的热效率ε_H高，但因上述缺点，目前很少供作地面应用。另外，高温型燃料电池应考虑供热和废热的回收利用，以提高其综合效率。

4. 展望燃料电池的未来

燃料电池的工作特点是省掉了常规化学能转换成电能经过的热能阶段，实现了由化学能向电能的直接转换。与目前应用相当广泛的火力发电厂相比，燃料电池具有几方面的优点：

1）能量转换效率不受卡诺循环的限制，能量转换效率高达60%～80%，如果将反应中放出的余热加以利用，其总效率将超过80%。

2）工作可靠，燃料多样化，排气干净，噪声低。

3）占地面积小，使用方便，电损耗低。

燃料电池可在1s之内迅速提供满负荷动力，并可承受短时过负荷（几秒钟）。其特性很适合作为备用电源或安全保证电源。为实现这些动态特性，在供电侧必须有独立的氢气来源。除了将PEMFC用于空间飞行、移动式和固定式设备外，开发小型化的PEMFC系统的工作也正在开展，作为便携式电源系统用于笔记本计算机和摄像机等装置。

在美国，许多厂家都有采用 PEMFC（<10kW）的示范项目。更广泛的应用只有当电池组成本大大下降之后才有可能。因为它将直接与常规的锅炉在产生热量方面进行竞争。

开发可用于车辆的移动式 PEMFC 是发展这项技术的主要驱动力。通过在汽车工业大量使用 PEMFC 而带来预期的成本下降，将使固定式发电受益匪浅，反之亦然。

当然，由于燃料电池的成本仍然较高，供作大型电站承担基本负荷发电的前景并不光明。燃料电池用于大型电站的峰值发电或者用于遥远地区的小容量发电（小于 1MW）是很有前景的。此外，燃料电池还将大量用于交通工具的动力装置。对于不同燃料电池的应用前景可参考表 7-9。

表 7-9 不同燃料电池的应用前景

应用目标	应用形式	应用场所	质子交换膜燃料电池（PEMFC）	直接甲醇燃料电池（DMFC①）	碱性燃料电池（AFC）	碳酸燃料电池（PAFC）	熔融碳酸盐燃料电池（MCFC）	固体氧化物燃料电池（SOFC）
固定式电站	基于电网电站	集中	☆	☆	☆	☆	★	★
		分布	☆	☆	☆	☆	★	★
		补充动力	☆	☆	☆	★	★	★
	基于用户的热电联产电站	住宅区	★	☆	□	★	★	★
		商业区	★	☆	□	★	★	★
		轻工业	□	☆	□	★	★	★
		重工业	☆	☆	☆	★	★	★
交通运输	发动机	重型	★	☆	☆	★	★	★
		轻型	★	☆	☆	☆	☆	☆
	辅助功率单元（kW 级）	轻型和重型	★	★	☆	☆	☆	★
便携电源	小型（百瓦级）	娱乐、自行车	★	★	☆	☆	☆	★
	微型（瓦级）	电子、微电器	★	★	☆	☆	☆	☆

注：★有可能，□待定，☆不可能。

① DMFC——Direct Methanol Fuel Cell。

思考题和习题

7-1 简述太阳能的特点。为有效地利用太阳能，需解决的关键问题是什么？

7-2 真空管太阳能集热器在图 7-4 中的曲线会是怎样的？原因是什么？

7-3 热管式太阳能集热器有哪些优点？在气象条件、集热器结构和水箱参数都同样的情况下，热管式太阳能热水器的日效率会比常规的太阳能热水器高吗？为什么？

7-4 请设计一种太阳能热水器，使其能在全年为一个三口之家提供生活用热水。

7-5 太阳能供热用的 1m×2m 双层盖板平板式集热器，每层盖板的透射比是 0.87，铝吸热板的吸收比

$\alpha=0.9$。环境温度为10℃，假设集热器所接收的太阳辐照度为750W/m²，输入流体温度分别为50℃和100℃时，试确定集热效率。

7-6 一个1m×2m的平板式集热器，接收到900W/m²的太阳辐照度，单层盖板的透射比为0.9，吸热板的吸收比为0.9，实验测得 $F_R=0.9$，$K=6.5$W/（m²·K），冷却流体是水。假定环境温度为32℃，进入吸热板的流体温度为60℃，试求：

1）集热器效率。

2）质量流量为25kg/h时，流体的出口温度。

7-7 天津静海某地打出一口地热井，水流量最高可接近20t/h，出水温度达92℃，请做出利用该地热资源的设计方案。

7-8 化学能转换为电能的方式有哪些？燃料电池的工作特点是什么？

7-9 试阐述您所知道的氢能的某种利用。

7-10 试调研你的家乡或学习所在地的太阳能、地热能、风能、潮汐能资源状况，并构思其利用方案。

参考文献

[1] 黄素逸．能源科学导论［M］．北京：中国电力出版社，1999.

[2] 施玉川，李新德．太阳能应用［M］．西安：陕西科学技术出版社，2001.

[3] 李安定．太阳能光伏发电系统工程［M］．北京：北京工业大学出版社，2001.

[4] 林景尧，王汀江，祁和生．风能设备使用手册［M］．北京：机械工业出版社，1992.

[5] 吴创之，马隆龙．生物质能现代化利用技术［M］．北京：化学工业出版社，2003.

[6] 陈墨香，汪集旸．中国地热资源——形成特点和潜力评估［M］．北京：科学出版社，1994.

[7] 施熙灿．水能规划和综合利用［M］．北京：中国水利水电出版社，1993.

[8] 陈丹之．氢能［M］．西安：西安交通大学出版社，1990.

第八章

换热与蓄热装置

换热与蓄热装置是热能利用系统中的两个重要组成部分，它们分别承担热能的传递和储存、调节任务。那么热交换器有哪些类型？每种热交换器的构造有什么特点及对热量的传递有什么影响？换热设计计算方法及蓄热原理、蓄热技术的应用、蓄热器的热设计都是本章要讨论的问题。以下几点是本章学习的重点：

1）了解热交换器、蓄热器的类型及结构特点、用途和适用范围。

2）用流动、传热的基本原理，分析热交换器、蓄热器设计计算过程与方法。了解热交换器强化传热的基本思路和主要措施。

第一节　热交换器的结构与传热计算

一、热交换器分类

在各种工业领域内，由于工艺流程的需要或为了能量回收，要求将热量从温度较高的热流体传递给温度较低的冷流体。工业上用来满足并实现这种要求的装置称为热交换器。随冷、热流体接触的方式不同，热交换器可分为间壁式（也称表面式）、直接接触式和蓄热式三种。火力发电厂中常用的双曲线壳体型循环水冷却塔就是直接接触式热交换器，如图8-1所示。循环水自塔顶喷淋而下，在形状复杂的填充床中与自塔底进入向上的冷空气直接接触，通过热交换，循环水将热量传递给空气，使本身的温度降低到汽轮机装置中冷凝器对冷却水所规定的要求。但是在绝大多数情况下，工艺流程不允许冷热流体直接接触，因而不能采用直接接触式热交换器，此时必须使用间壁式热交换器。其工作原理是热流体将热量传递给冷流体要通过一层固体壁，如锅炉中的省煤器、管式空气预热器、蒸汽过热器、各种废热锅炉以及油冷却器等，都属于这种热交换器。在蓄热式（或称再生式、回热

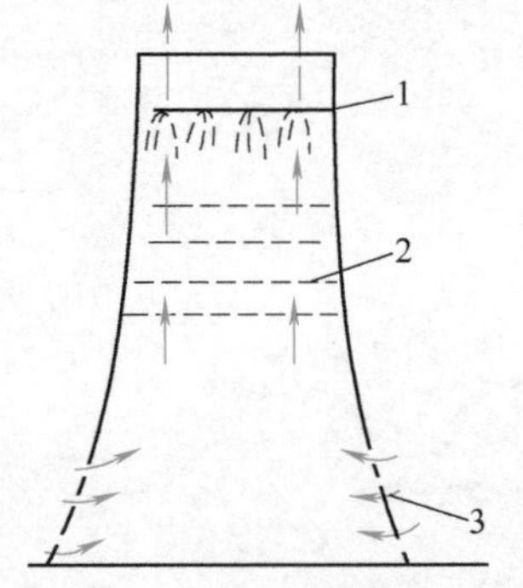

图8-1　双曲线壳体型循环水冷却塔

1—冷却水喷淋装置　2—填料　3—冷却风

式）热交换器中，是利用固体壁面的蓄热作用，先让热流体流过固体壁面，此时热量由热流体传给固体壁面，使固体壁面温度升高，热流体则温度下降；然后，冷流体流过固体壁面，热的固体壁面将热量传给冷流体，使冷流体温度上升。如此周而复始，冷热流体交替地流过壁面，使之周期地被加热和冷却，达到热量传递的目的。蓄热式热交换器适用流量大的气－气换热场合，如动力、化工等中的余热利用和废热回收。蓄热式热交换器还可分为回转型、阀门切换型和蓄热体颗粒移动型三种形式，图 2-44 所示的空气预热器就属于回转型。

二、间壁式热交换器的形式和基本构造

间壁式热交换器是应用最广泛的一类热交换器，按其工艺过程中所起的作用可分为加热器、冷却器、冷凝器、蒸发器等；按工作介质的种类和它们的聚集状态，可分为汽－液热交换器、液－液热交换器、气－液热交换器和气－气热交换器；按工作流体间的相对流动方向可分为顺流（或并流）、逆流、错流和混流多种方式，如图 8-2 所示；按流程数量可分为单程和多程热交换器，图 8-3a 为管、壳侧均为单程的（1—1 型）管壳式热交换器，而图 8-3b 则是壳侧为单程，管侧为 2 程的（1—2 型）管壳式热交换器；按传热表面几何形状可分为管壳式、板壳式、盘管式、螺旋板式、板式、板翅式、翅片管式、热管式、针翅式和蜂窝形等，如图 8-4 所示。按照热交换器材料不同，除金属热交换器外，还有非金属材料的热交换器，如陶瓷热交换器。

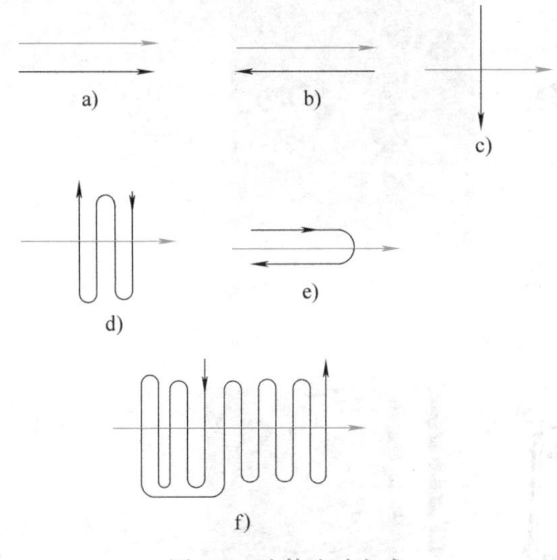

图 8-2　流体流动方式

a）顺流　b）逆流　c）错流　d）总趋势为逆流的四次错流　e）先顺后逆的平行混流　f）先逆后顺的串联混流

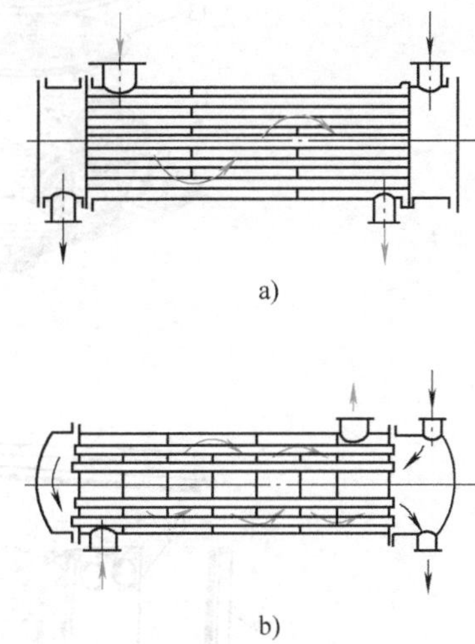

图 8-3　单程和多程热交换器

a）（1—1 型）单程热交换器　b）（1—2 型）多程热交换器

管壳式热交换器是最常用的一种结构形式，它虽然在换热效率、紧凑性和金属消耗量等方面不及其他热交换器，但是它具有结构坚固、可靠性高、适应性广等优点。最常见的管壳式热交换器有固定管板式（列管式）、浮头式、U 形管式和双套管式几种，如图 8-5 所示。管壳式热交换器的基本构造是壳程大多数有折流板（折流板有平直板型和螺旋板型，见图 8-5e），使壳程流体流动的湍动度加大，并增大壳程流体的流速，从而增大壳程的传热系数。板壳式热交换器与管壳式热交换器的差别在于板壳式热交换器的换热组件是由板片组成的板束，如图 8-4i 所示。

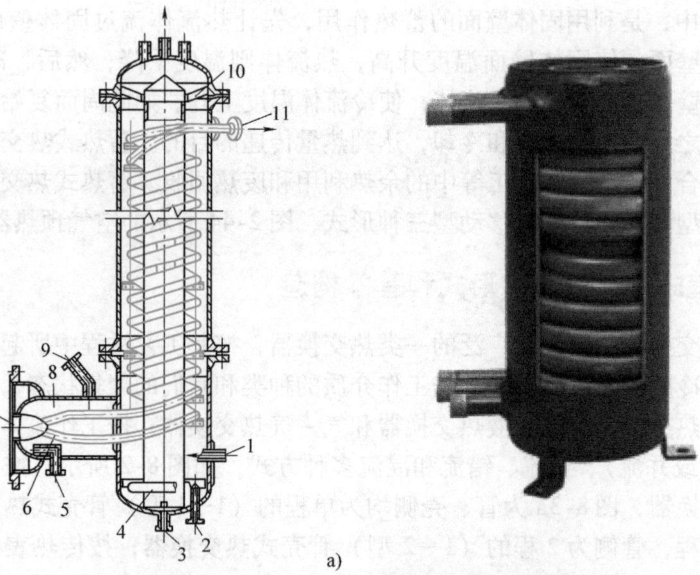

a)

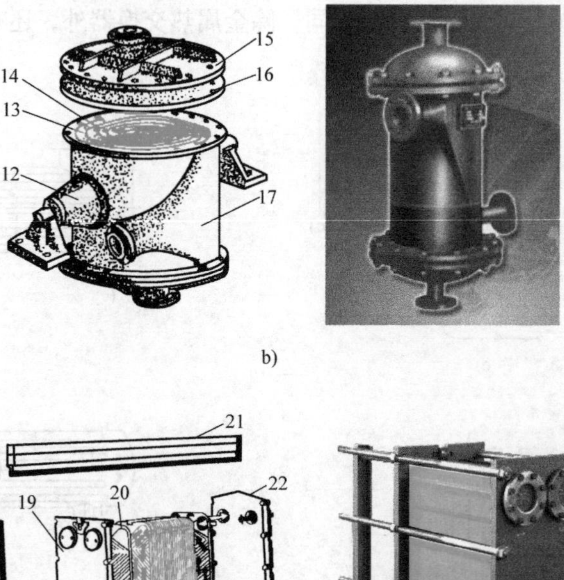

b)

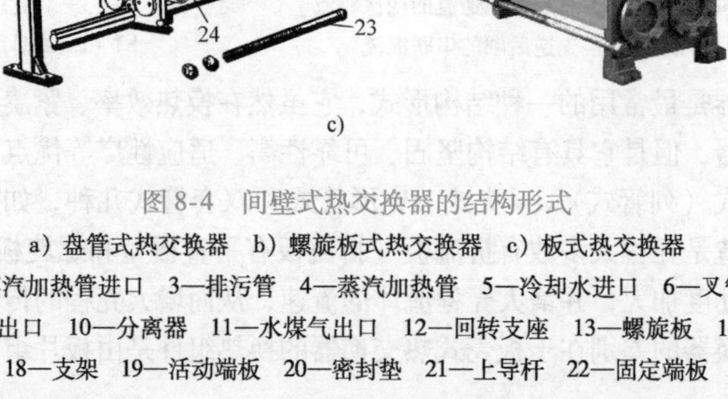

c)

图 8-4 间壁式热交换器的结构形式

a）盘管式热交换器 b）螺旋板式热交换器 c）板式热交换器

1—冷水入口 2—蒸汽加热管进口 3—排污管 4—蒸汽加热管 5—冷却水进口 6—叉管 7—水煤气进口 8—冷却室 9—冷却水出口 10—分离器 11—水煤气出口 12—回转支座 13—螺旋板 14—定距柱 15—头盖 16—垫片 17—切向接管 18—支架 19—活动端板 20—密封垫 21—上导杆 22—固定端板 23—压紧螺杆 24—板片

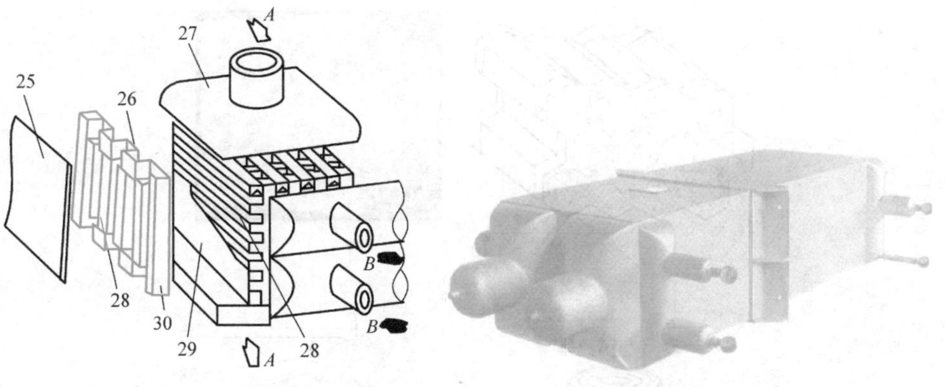

d）

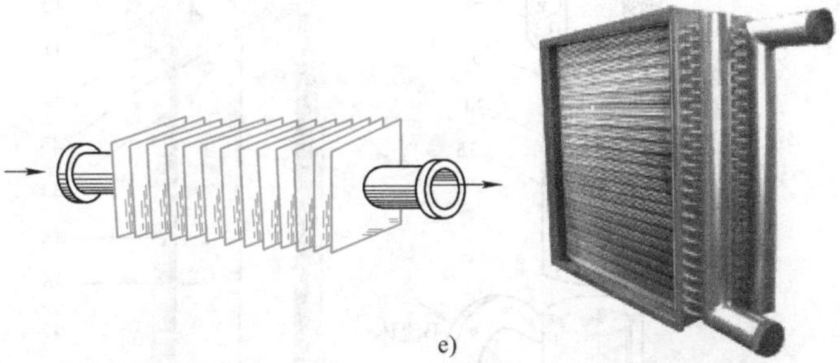

e）

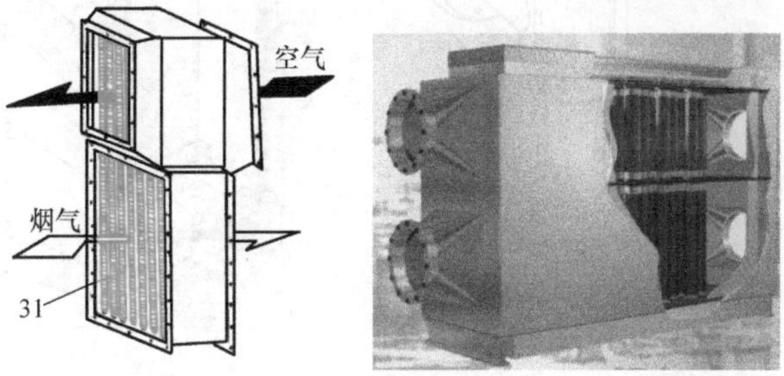

f）

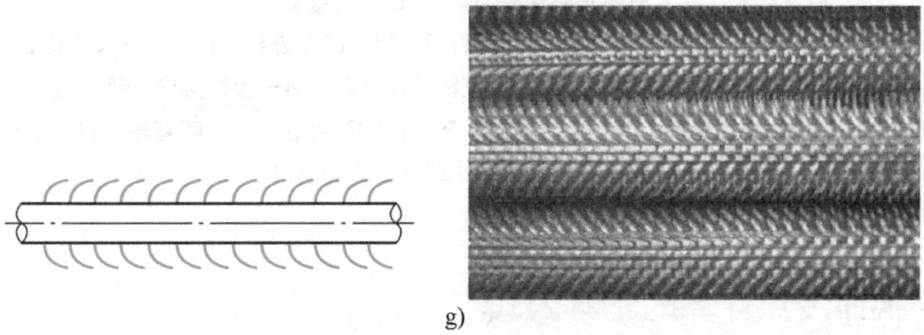

g）

图 8-4　间壁式热交换器的结构形式（续）

d）板翅式热交换器　e）翅片管式热交换器　f）热管式热交换器　g）针翅式热交换器

25—盖板　26—导流片　27—封头　28—翅片　29—隔板　30—封条　31—热管

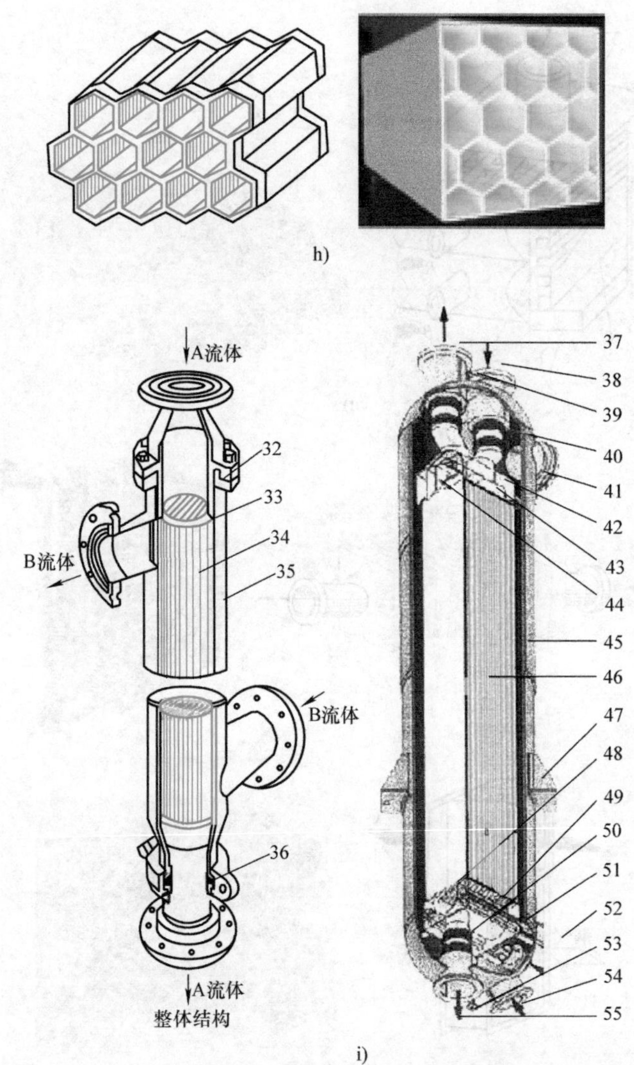

图8-4　间壁式热交换器的结构形式（续）

h）蜂窝形热交换器　i）板壳式热交换器

32—法兰　33—管板　34—板管束　35—壳体　36—填料函　37—混合进料出口　38—反应物进口　39—放空口　40—热端波纹管　41—人孔　42—进料出口管箱　43—反应物进口管箱　44—板束支撑　45—压力壳体　46—焊接板束　47—支座（裙座）　48—反应物出口管箱　49—文丘里管　50—冷端波纹管　51—喷雾棒　52—液相进口　53—排污口　54—循环氢入口　55—反应物出口

三、热交换器传热计算的基本公式

热交换器传热计算的基本公式为传热方程和热平衡方程，即

传热方程
$$\phi = KS\Delta t \tag{8-1}$$

热平衡方程
$$\phi = C_1(t_1' - t_1'')\eta = C_2(t_2'' - t_2') \tag{8-2}$$

式中，ϕ 为冷热流体间的传热量（W）；K 为传热系数 [W/(m^2·K)]；S 为传热面积（m^2）；Δt 为冷热流体的平均温差（℃）；t_2'、t_2''、t_1'和 t_1''分别为冷热流体进出口温度（℃）；

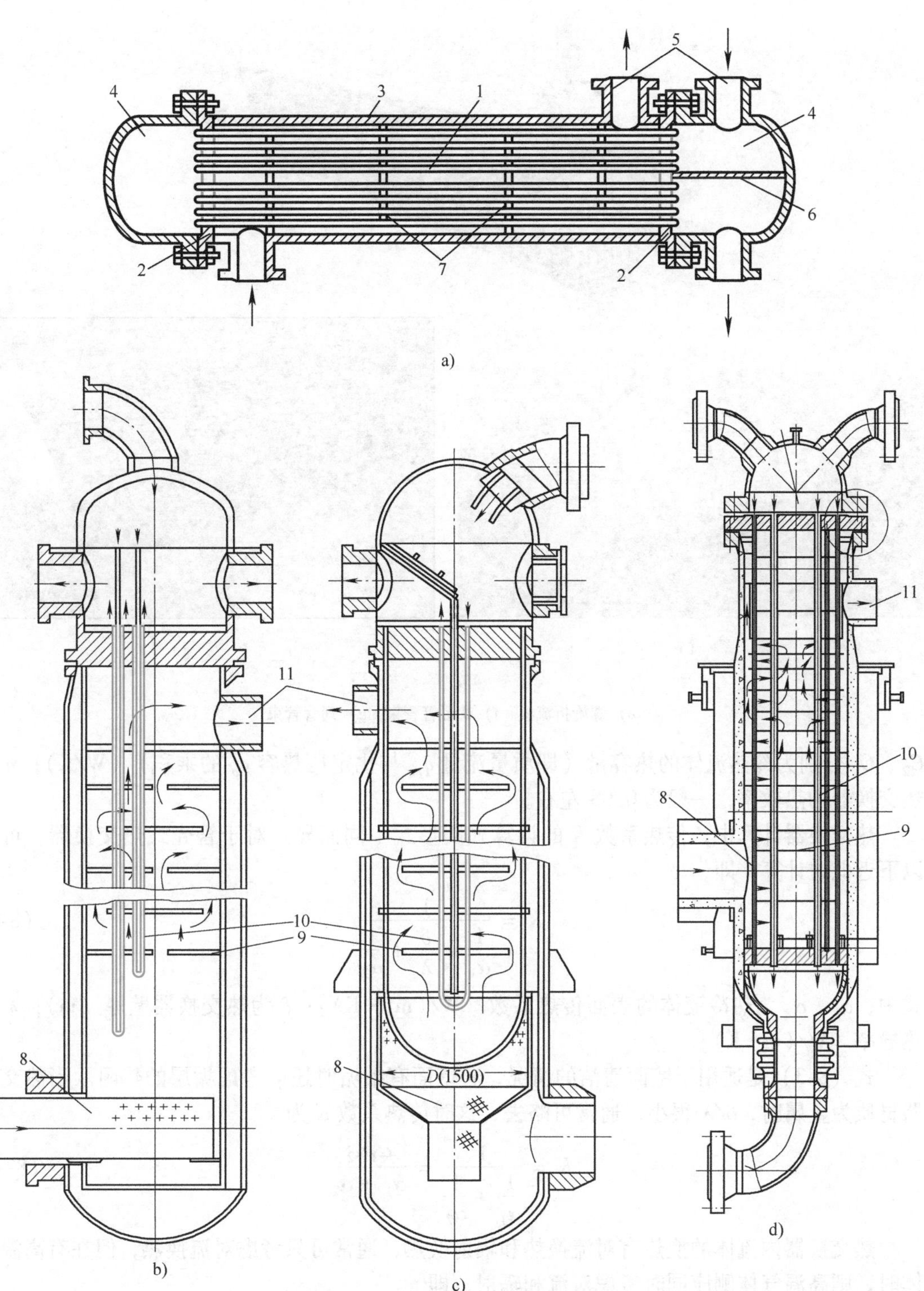

图 8-5　管壳式热交换器结构形式

a）固定管板式　b）双套管式　c）U 形管式　d）浮头式

1—管束　2—管板　3—壳体　4—管箱　5—接管　6—分程隔板　7、9—折流板

8—气体分配器　10—换热管　11—气体出口

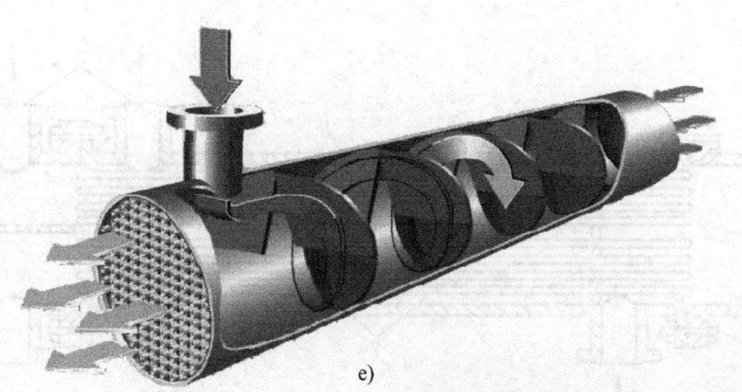

e)

f) g)

图 8-5 管壳式热交换器结构形式（续）

e）螺旋折流板 f）U 形管管束 g）列管管束

C_2、C_1 分别为冷热流体的热容量（即质量流量 q_m 与比定压热容 c_p 的乘积）(W/K)；η 为热交换器的热效率，一般为 0.98 左右。

热交换器计算中，传热系数 K 的计算式因形式不同而异。对于管壳式热交换器，可按以下近似式计算，即

$$K = \frac{1}{\frac{1}{\alpha_1} + \frac{\delta}{\lambda} + \frac{1}{\alpha_2}} \tag{8-3}$$

式中，α_1、α_2 为热冷流体的表面传热系数 [W/(m^2 · K)]；δ 为热交换器壁厚 (m)；λ 为热导率 [W/(m · K)]。

式 (8-3) 是适用于壁面清洁的情况，若壁面有结垢时还应考虑垢层的热阻。当热交换器材质为金属时，δ/λ 很小，通常可略去，这时传热系数 K 为

$$K = \frac{1}{\frac{1}{\alpha_1} + \frac{1}{\alpha_2}} = \frac{\alpha_1 \alpha_2}{\alpha_1 + \alpha_2} \tag{8-4}$$

热交换器内流体的换热有对流换热和辐射换热，通常可只考虑对流换热，但在有高温气体时，则高温气体侧应同时考虑对流和辐射，即

$$\alpha_1 = \alpha_d + \alpha_f \tag{8-5}$$

式中，α_d 为表面传热系数 [W/(m^2 · K)]；α_f 为辐射传热系数 [W/(m^2 · K)]。

1. 表面传热系数

(1) 流体在管内流动时

1）层流。

$$Nu = 1.86(Re\,Pr)^{1/3}\left(\frac{d}{l}\right)^{1/3}\left(\frac{\mu_f}{\mu_w}\right)^{0.14} \tag{8-6}$$

式中，Nu 为努塞尔数，$Nu = \alpha d/\lambda$；α 为管内表面传热系数[W/(m^2·K)]；d 为管子内径（m）；λ 为管内流体热导率[W/(m·K)]；Re 为雷诺数，$Re = vd/\nu$；v 为管内流速（m/s）；ν 为流体的运动黏度（m^2/s）；Pr 为普朗特数，$Pr = \rho\nu c_p/\lambda$；ρ 为流体密度（kg/m^3）；c_p 为流体比定压热容[J/(kg·K)]；μ_f、μ_w 分别为管内流体在平均流体温度下和平均壁温下的黏度（Pa·s）；l 为管长（m）。

适用范围为，$Re = vd/\nu < 2200$，$0.48 < Pr < 16700$，$0.004 < \mu_f < \mu_w < 9.75$，$Re\,Pr\,d/l > 10$。

2）湍流。

$$Nu = 0.023Re^{0.8}Pr^n \tag{8-7}$$

式中，流体被加热时，$n = 0.4$；流体被冷却时，$n = 0.3$。

适用范围为，$Re = 1\times10^4 \sim 1.2\times10^5$，$l/d_e \geqslant 60$，$Pr = 0.7 \sim 120$，光滑管道，$|\Delta t| = |t_w - t_f|$ 不大。

（2）流体在非圆管内时　流体在非圆管内（如方形、锯齿形、波纹形等流道）及在具有折流板的流道内（为管壳式热交换器中壳侧流道）流动时，因流道的几何形状不同而使流动和传热有很大差异，每一种流道都有它各自的计算表面传热系数的关系式，读者可查阅专门书籍。

（3）流体定向冲刷管束时　流体定向冲刷管束分为流体纵向冲刷管束或横向冲刷管束，管子可以是光管或翅片管，横向冲刷时管束有顺列或错列等多种情况，不同情况下其计算式也就不同。

今举一例为气流横向冲刷顺列管束，此时的表面传热系数为

$$\alpha_d = 0.2C_s C_n \frac{\lambda}{d} Re^{0.65} Pr^{0.33} \tag{8-8}$$

式中，λ 为平均温压下的热导率［W/(m·K)］；d 为管子外径（m）；C_s 为考虑管束相对节距影响的修正系数，其计算式为

$$C_s = 0.2\left[1 + (2\sigma_1 - 3)\left(1 - \frac{\sigma_2}{2}\right)^3\right]^{-2} \tag{8-9}$$

式中，σ_1 为横向相对节距，$\sigma_1 = s_1/d$；σ_2 为纵向相对节距，$\sigma_2 = s_2/d$。

当 $\sigma_2 \geqslant 2$ 或 $\sigma_1 \leqslant 1.5$ 时，$C_s = 0.2$。

式（8-8）中，C_n 为烟气行程方向上管排数的修正系数，当排数 $n_2 < 10$ 时，有

$$C_n = 0.91 + 0.0125(n_2 - 2) \tag{8-10}$$

当 $n_2 \geqslant 10$ 时，$C_n = 1$。

α_d、C_s、C_n 也可按线算图 8-6 查取和确定。

2. 辐射传热系数

计算辐射传热的过程很复杂，为简化计算，取管壁黑度 $a_b = 0.8$，然后用管束黑度 $a_{gs} = (1 + a_b)/2 > a_b$ 代替管壁黑度 a_b 来考虑烟气与管壁之间的多次反射和吸收。计算烟气黑度时，对于气体和液体燃料，只考虑三原子气体，对于固体燃料，则应同时考虑三原子气体和气流中的灰粒辐射，得出

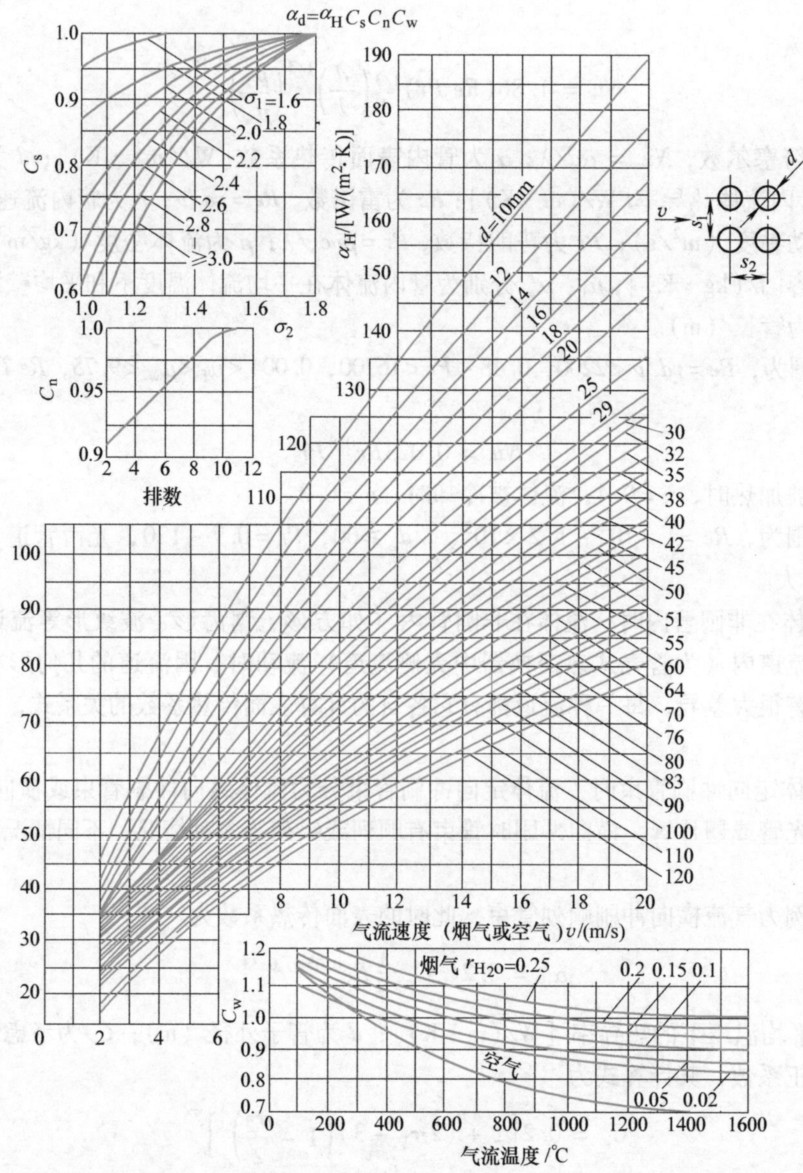

图 8-6　气流横向冲刷顺列光管管束的表面传热系数

α_H—基准表面传热系数

对含灰气流

$$\alpha_f = 5.1 \times 10^{-8} a T^3 \frac{1-\left(\frac{T_b}{T}\right)^4}{1-\frac{T_b}{T}} \tag{8-11}$$

对不含灰气流

$$\alpha_f = 5.1 \times 10^{-8} a T^3 \frac{1-\left(\frac{T_b}{T}\right)^{3.6}}{1-\frac{T_b}{T}} \tag{8-12}$$

上两式中，α_f 为辐射传热系数 [W/(m²·K)]；T 为烟气的平均温度（K）；T_b 为管壁灰污层温度（K）；a 为烟气黑度。

1）烟气黑度 a 的计算按下式进行，即

$$a = 1 - e^{-kps} \tag{8-13}$$

式中，kps 为烟气的辐射吸收比，其值用下式计算

$$kps = (k_q\varphi_q + k_{fh}\mu_{fh})ps \tag{8-14}$$

式中，p 为烟气的绝对压力（MPa）；s 为烟气在受热面中的有效辐射层厚度（m）；k_q 为烟气的辐射减弱系数（MPa · m）$^{-1}$；φ_q 为烟气中三原子气体的体积分数；k_{fh}为烟气中飞灰的辐射减弱系数（MPa · m）$^{-1}$；μ_{fh}为烟气中飞灰的量纲一的含量（kg/kg）。

① 烟气中三原子气体辐射减弱系数的计算式为

$$k_q\varphi_q = 10.2\left(\frac{0.78 + 1.6\varphi_{H_2O}}{\sqrt{10.2p_q s}} - 0.1\right)\left(1 - 0.37\frac{T}{1000}\right)r_q \tag{8-15}$$

式中，φ_{H_2O}为烟气中水蒸气的体积分数；p_q 为三原子气体分压力（MPa）；其余同前。

② 飞灰的辐射减弱系数的计算式为

$$k_{fh}\mu_{fh} = \frac{55\,900\mu_{fh}}{\sqrt[3]{T^2 d_{fh}^2}} \tag{8-16}$$

式中，d_{fh} 为飞灰颗粒的直径（μm）；其余同前。

③ 有效辐射层厚度根据具体情况用以下几个公式计算：

对对流管束受热面

$$s = 0.9d\left(\frac{4}{\pi}\frac{s_1 s_2}{d^2} - 1\right) \tag{8-17}$$

式中，d 为管子直径（m）；s_1 和 s_2 为管子横向、纵向节距（m）。

对转弯室空间

$$s = 3.6\frac{V}{S} \tag{8-18}$$

式中，V 为转弯室容积（m^3）；S 为转弯室墙壁面积（m^2）。

对管式空气预热器

$$s = 0.9d \tag{8-19}$$

2）管壁灰污温度。

$$t_b = t + \Delta t \tag{8-20}$$

式中，t 为工质平均温度（℃）；Δt 为温度附加值，烟温大于400℃时，取 $\Delta t = 60$℃，烟温小于或等于400℃时，$\Delta t = 25$℃，燃用气体燃料时，$\Delta t = 25$℃。

图 8-7 是辐射传热系数的线算图，根据所求 a 值和图中所查 α_H 值便可得到辐射传热系数 α_f。

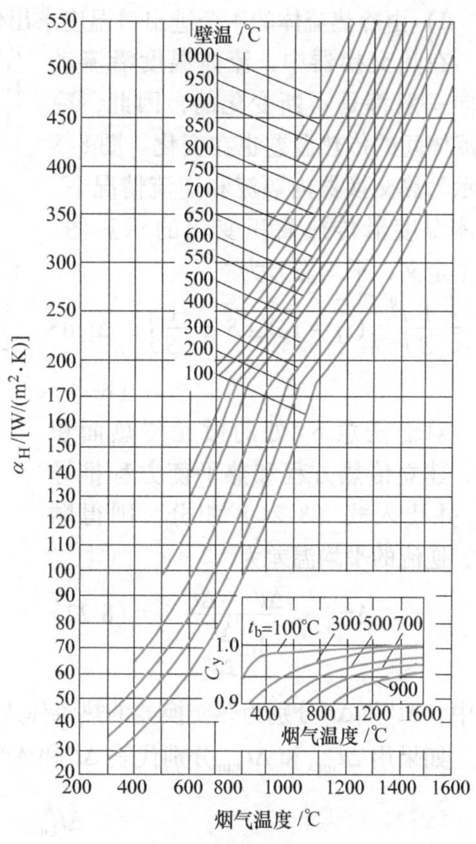

图 8-7　辐射传热系数

对含灰气流 $\alpha_f = \alpha_H a$；对不含灰气流 $\alpha_f = \alpha_H a C_y$

α_H—基准表面传热系数

C_y—不含灰的气流辐射修正系数

第二节 热交换器设计计算基本方法

一、设计计算与平均温差法

热交换器设计中，无论采用何种方法，均基于两个基本方程，即

传热方程 $$\phi = KS\Delta t$$

热平衡方程 $$\phi = C_1(t_1' - t_1'')\eta = C_2(t_2'' - t_2')$$

只要知道冷热流体的进出口温度 t_2'、t_2''、t_1'和 t_1''，就可以算出传热方程中的平均温度 Δt。这样，在上述关系式的 8 个变量 K、S、C_1、C_2、t_2'、t_2''、t_1'、t_1''和 ϕ 中，必须给出 5 个量，才能进行热交换器的传热计算。在设计计算中给出的是 C_1、C_2 以及 4 个进出口温度中的任意 3 个，求解一个温度和传热系数 K 以及所需的换热面积 S。热交换器设计中，不论是设计计算还是校核计算，从原理上可归结为两种方法：平均温差法和效能－传热单元数法（ε-NTU 法）。为应用简便，通常将平均温差法用于设计计算，将效能－传热单元数法用于校核计算。

平均温差法用于设计计算，其具体步骤如下：

1）根据已知条件，由热平衡方程式求出冷热流体中另一个未知温度和传热量 ϕ。

2）由冷热流体的 4 个进出口温度求出传热的平均温差 Δt。

在热交换器中，流体温度沿流动方向一般都是不断变化的，因此，冷热流体间的传热温差也在变化。图 8-8 所示为热交换器内顺流和逆流情况下，流体温度沿传热面积变化的示意图。根据定义，平均温差为

$$\Delta t = \frac{1}{S}\int_0^S (t_1 - t_2)_x \mathrm{d}S = \frac{1}{S}\int_0^S \Delta t_x \mathrm{d}S \tag{8-21}$$

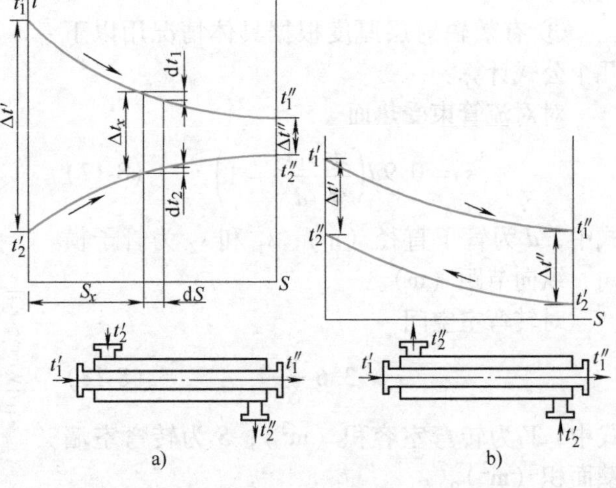

图 8-8 流体温度沿传热面积变化的示意图

a) 顺流 b) 逆流

对于任意 S_x 处的微元传热面积 $\mathrm{d}S$，建立传热方程和热平衡方程推导 Δt_x 并代入式（8-21）积分，则得顺流、逆流的平均温差为

$$\Delta t_{\mathrm{lm}} = \frac{\Delta t' - \Delta t''}{\ln\dfrac{\Delta t'}{\Delta t''}} \tag{8-22}$$

式中，$\Delta t'$和 $\Delta t''$分别为热交换器的热流体入口端和出口端的当地温差。

如果用 $\Delta t_{\max}$和 $\Delta t_{\min}$分别代表 $\Delta t'$和 $\Delta t''$中数值较大和较小者，则平均温差可表达成

$$\Delta t_{\mathrm{lm}} = \frac{\Delta t_{\max} - \Delta t_{\min}}{\ln\dfrac{\Delta t_{\max}}{\Delta t_{\min}}} \tag{8-23}$$

当$\dfrac{\Delta t_{\max}}{\Delta t_{\min}}<2$ 时，可以用算术平均温差 $\Delta t = 0.5(\Delta t_{\max} + \Delta t_{\min})$ 进行传热计算。当流动

不是纯顺流或纯逆流时，平均温差用逆流的对数平均温差 $\Delta t_{\mathrm{lm,c}}$ 乘以修正系数 $\varPsi$，即

$$\Delta t = \varPsi \Delta t_{\mathrm{lm,c}} \tag{8-24}$$

式中，$\Delta t_{\mathrm{lm,c}}$ 可用式（8-23）按逆流情况下求得，$\varPsi$ 值可用表 8-1 和图 8-9～图 8-11 求得。

表 8-1　温差修正系数的确定

总方案	具体流动方式简图	计算参数	使用图线
串联混流	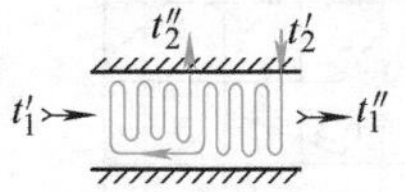 （工质先逆流后顺流）	$\tau_1 = t_1' - t_1''$　$\tau_2 = t_2'' - t_2'$ $p = \frac{\tau_2}{t_1' - t_2'}$　$R = \frac{\tau_1}{\tau_2}$	图 8-9 $A = \frac{S_{\mathrm{SL}}}{S}$[①]
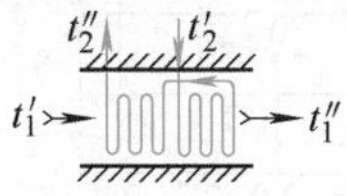	（工质先顺流后逆流）	$\tau_1 = t_2'' - t_2'$　$\tau_2 = t_1' - t_1''$ $p = \frac{\tau_2}{t_1' - t_2'}$　$R = \frac{\tau_1}{\tau_2}$	图 8-9 $A = \frac{S_{\mathrm{SL}}}{S}$
并联混流	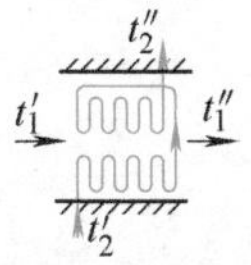 （两个流程均为顺流）	$t_1' - t_1''$ 与 $t_2'' - t_2'$ 中数值较大者为 τ_{d}，较小者为 τ_{x} $p = \frac{\tau_{\mathrm{x}}}{t_1' - t_2'}$ $R = \frac{\tau_{\mathrm{d}}}{\tau_{\mathrm{x}}}$	图 8-10 曲线 1
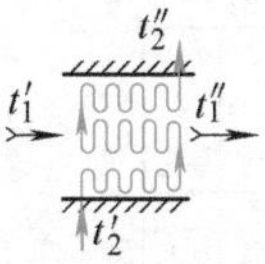	（三个流程中，两个为顺流，一个为逆流）		图 8-10 曲线 2
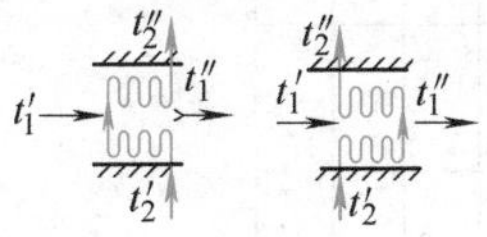	（偶数流程，顺逆流各为一半）		图 8-10 曲线 3
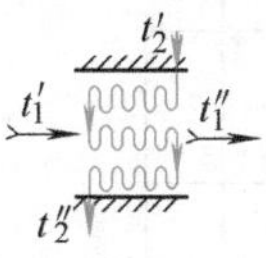	（三个流程中，两个为逆流，一个为顺流）		图 8-10 曲线 4
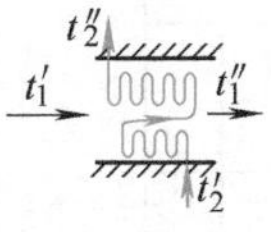	（两个流程均为逆流）		图 8-10 曲线 5
交叉流	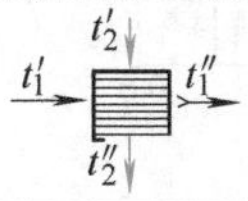 （单交叉流）	$t_1' - t_1''$ 与 $t_2'' - t_2'$ 中较大者为 τ_{d}，较小者为 τ_{x} $p = \frac{\tau_{\mathrm{d}}}{t_1' - t_2'}$ $R = \frac{\tau_{\mathrm{d}}}{\tau_{\mathrm{x}}}$	图 8-11 曲线 1
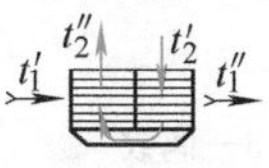	（双流程）		图 8-11 曲线 2
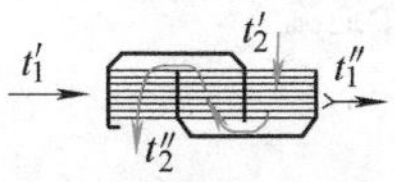	（三流程）		图 8-11 曲线 3
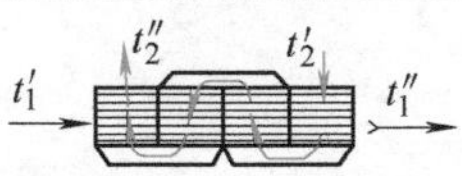	（四流程）		图 8-11 曲线 4

① S_{SL} 为蛇形管顺流的面积，S 为蛇形管总面积。

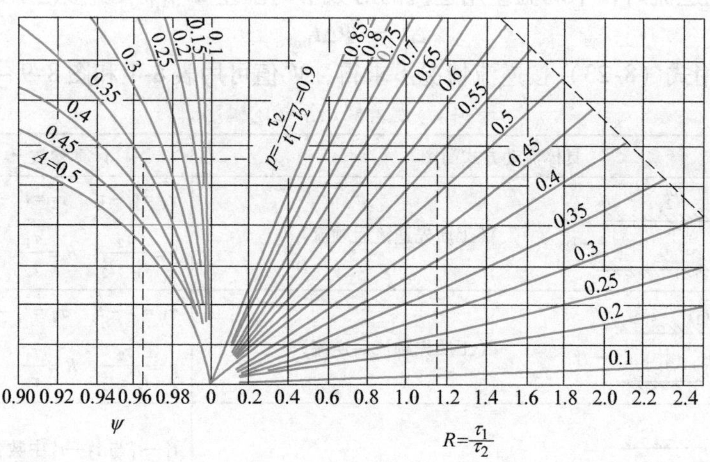

图 8-9 串联混流的温差修正系数 Ψ

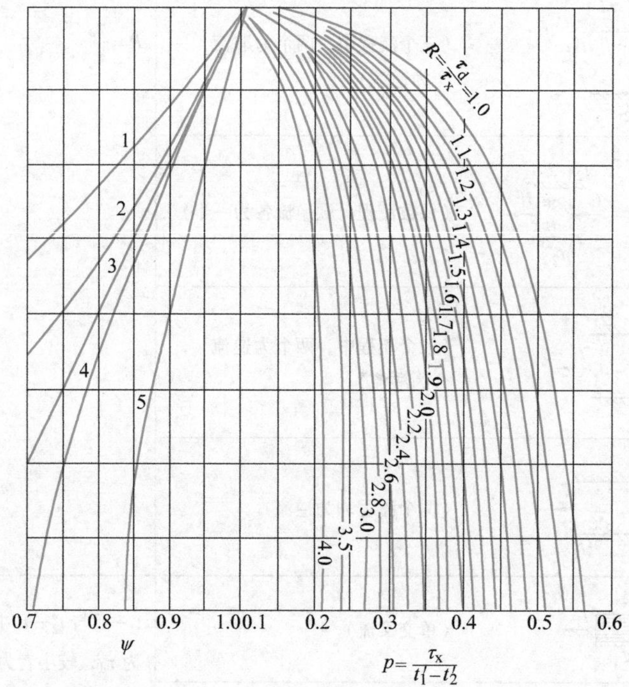

图 8-10 并联混流的温差修正系数 Ψ

1—两个流程均顺流 2—三个流程中，两个顺流，一个逆流 3—偶数流程，顺逆流各半 4—三个流程中，一个顺流，两个逆流 5—两个流程均为逆流（参阅表 8-1）

3）求出传热系数 K，用传热方程求出 S，即

$$S = \frac{\phi}{\Delta t K}$$

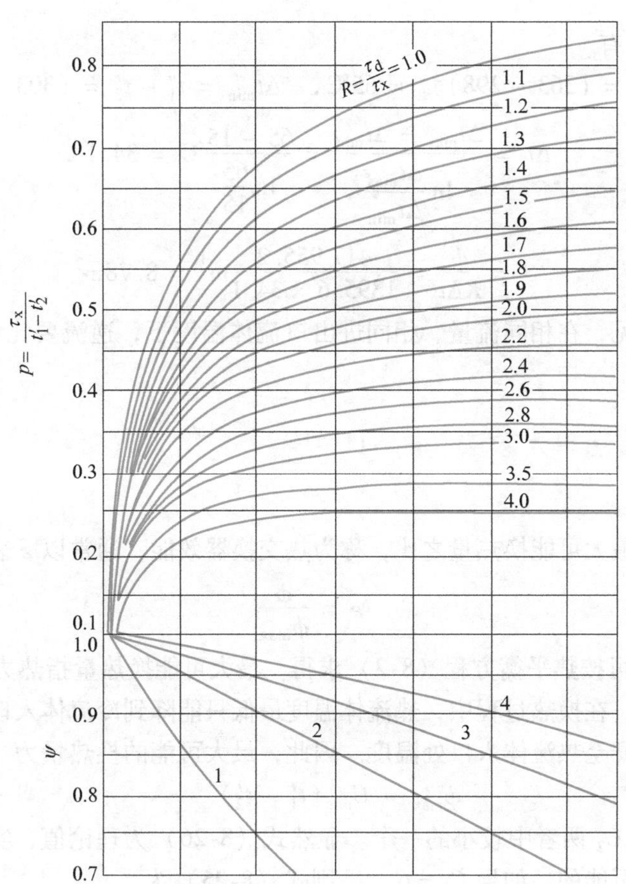

图 8-11 错流温差修正系数 Ψ

1—一次错流 2—二次错流 3—三次错流 4—四次错流（参阅表 8-1）

例 8-1 用流量 $q_{m2}=10\text{kg/s}$、比热容 $c_2=4186.8\text{J/(kg}\cdot℃)$、入口温度 $t_2'=288℃$、出口温度 $t''_2=298℃$的水，将比热容 $c_1=3349\text{J/(kg}\cdot℃)$ 的产品（流量为$q_{m1}=2.08\text{kg/s}$）从 $t'_1=363℃$冷却到 $t''_1=303℃$。计算顺流和逆流时热交换器的对数平均温差及所需的冷却面积，传热系数 $K=1395.6\text{W/(m}^2\cdot℃)$。

解 1）顺流时，有

$$t_1'=363℃,\quad t_1''=303℃,\quad \Delta t_{\min}=t_1''-t_2''=5℃$$

所以

$$t_2''=(303-5)℃=298℃,\quad t_2'=288℃$$

$$\Delta t_{\max}=t_1'-t_2'=75℃$$

$$\Delta t=\frac{\Delta t_{\max}-\Delta t_{\min}}{\ln\frac{\Delta t_{\max}}{\Delta t_{\min}}}=\frac{75-5}{\ln\frac{75}{5}}℃=25.8℃$$

热负荷 $$\phi=q_{m1}c_1(t_1'-t_1'')=2.08\times3349\times(363-303)\text{W}=417\,955.2\text{W}$$

传热面积 $$S=\frac{\phi}{K\Delta t}=\frac{417\,955.2}{1395.6\times25.8}\text{m}^2=11.6\text{m}^2$$

2）逆流时，有

$$\Delta t_{max} = t_1' - t_2'' = (363 - 298)℃ = 65℃, \quad \Delta t_{min} = t_1'' - t_2' = (303 - 288)℃ = 15℃$$

$$\Delta t = \frac{\Delta t_{max} - \Delta t_{min}}{\ln \frac{\Delta t_{max}}{\Delta t_{min}}} = \frac{65 - 15}{\ln \frac{65}{15}}℃ = 34.1℃$$

$$S = \frac{\phi}{K\Delta t} = \frac{417\ 955.2}{1395.6 \times 34.1}m^2 = 8.78m^2$$

由例8-1可见，在相同流量、相同进出口流体温度下，逆流要比顺流所需的传热面积小。

二、效能－传热单元数法（ε-NTU法）

1. 热交换器效能

实际换热量与最大可能换热量之比，称为热交换器效能，通常以ε表示，即

$$\varepsilon = \frac{\phi}{\phi_{max}} \tag{8-25}$$

实际换热量ϕ可按热平衡方程（8-2）求得，最大可能换热量指热力学上的极限值。根据热力学第二定律，在换热过程中，热流体温度最低只能降到冷流体入口处的温度，而冷流体温度最高也只能升至热流体入口处温度。因此，最大可能的换热量为

$$\phi_{max} = C_{min}(t_1' - t_2') \tag{8-26}$$

式中，C_{min}为C_1和C_2两者中较小的一个。显然式（8-26）为理论值，实际上除非换热面积无穷大，否则是不可能的。如果$C_1 = C_{min}$，则式（8-25）为

$$\varepsilon_1 = \frac{C_1(t_1' - t_1'')}{C_1(t_1' - t_2')} = \frac{t_1' - t_1''}{t_1' - t_2'} \tag{8-27}$$

如果$C_2 = C_{min}$，则ε为

$$\varepsilon_2 = \frac{C_2(t_2'' - t_2')}{C_2(t_1' - t_2')} = \frac{t_2'' - t_2'}{t_1' - t_2'} \tag{8-28}$$

由式（8-27）及式（8-28）看出，热交换器效能也可以表示为小热容量流体进、出口处温度的变化与热冷流体进口处温度差之比。

2. 传热单元数

在传热系数K为定值，不考虑热损失的情况下，根据热平衡及传热方程有

$$KS\Delta t = C_1(t_1' - t_1'') = C_2(t_2'' - t_2') \tag{8-29}$$

由式（8-29）可写出

$$\frac{KS}{C_1} = \frac{t_1' - t_1''}{\Delta t} \tag{8-30}$$

及

$$\frac{KS}{C_2} = \frac{t_2'' - t_2'}{\Delta t} \tag{8-31}$$

把式（8-30）和式（8-31）中的数群$\frac{KS}{C_{min}}$定义为传热单元数（其中，C_1或C_2为C_{min}），常以“NTU”（Number of Transfer Units）表示，即

$$\mathrm{NTU}=\frac{KS}{C_{\min}} \tag{8-32}$$

3. 效能与传热单元数之间的关系

根据对数平均温差的表达式和热平衡方程式，可推导出顺流型效能与传热单元数之间的关系式为

$$\varepsilon=\frac{1-\exp[-\mathrm{NTU}(1+R_c)]}{1+R_c} \tag{8-33}$$

式中

$$R_c=\frac{C_{\min}}{C_{\max}}$$

逆流时则 ε 为

$$\varepsilon=\frac{1-\exp[-\mathrm{NTU}(1-R_c)]}{1-R_c\exp[-\mathrm{NTU}(1-R_c)]} \tag{8-34}$$

对于各种流动组合方式的热交换器，都可推导出 ε、NTU 和 R_c 之间的函数关系，并整理成线算图，如图 8-12、图 8-13 所示。

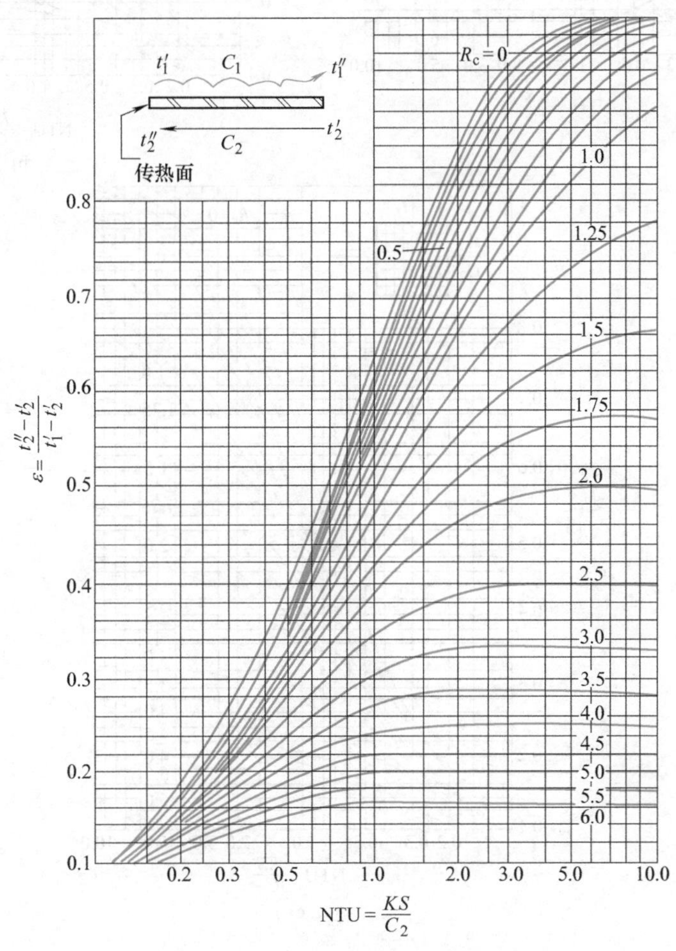

图 8-12　纯逆流型效能线算图

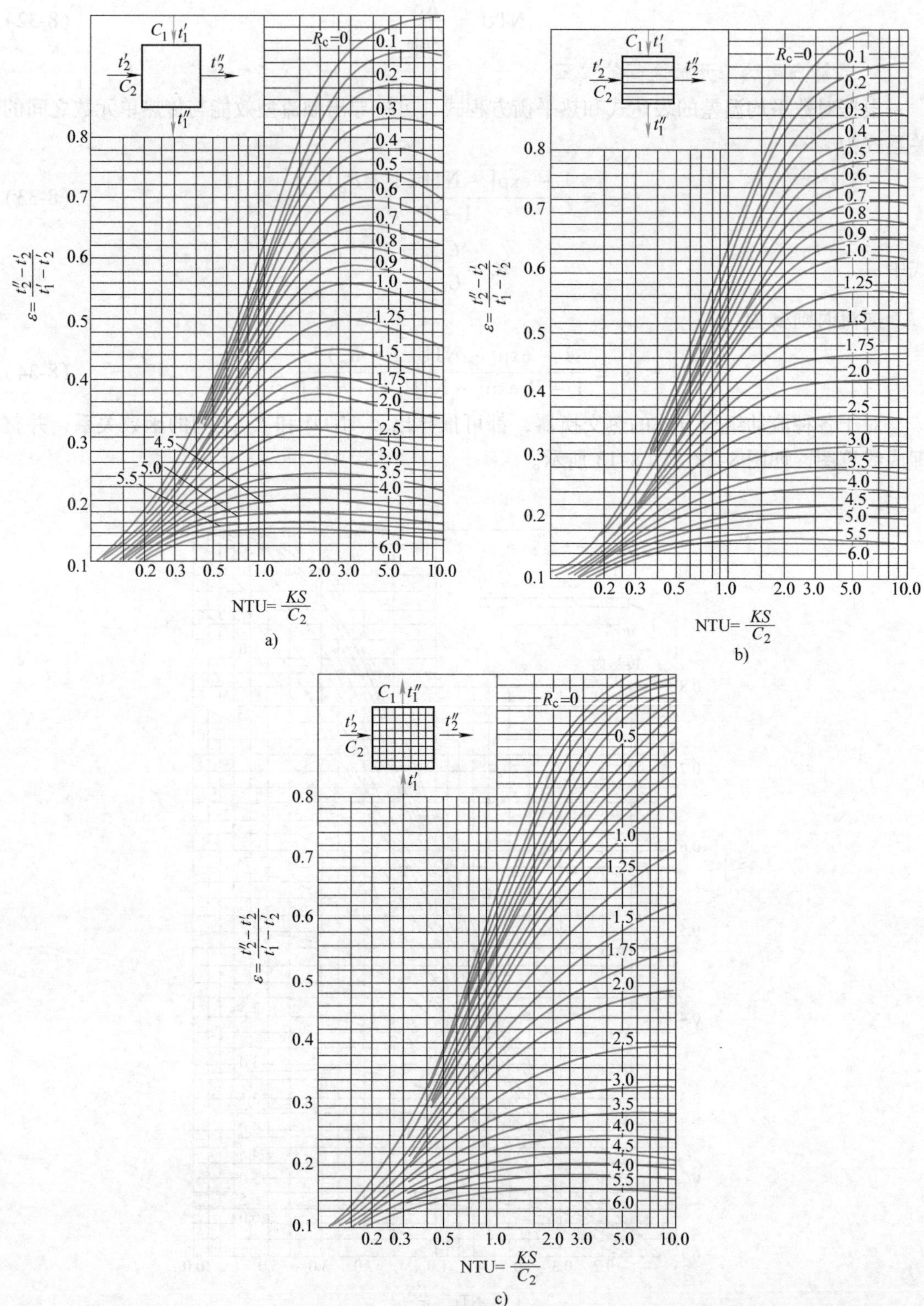

图 8-13 错流型效能线算图

a）两流体各自均有横向混合 b）一流体有横向混合，另一流体无横向混合 c）两流体各自均无横向混合

例 8-2 有一管式空气预热器，烟气在管内流动，并在管程间有横向混合，如图 8-14 所示。已知换热面积 $S=1353\text{m}^2$，传热系数 $K=14\text{W}/(\text{m}^2\cdot\text{K})$，烟气热容量 $C_1=14\ 460\text{W/K}$，入口温度 $t_1'=738℃$，空气热容量 $C_2=10\ 540\text{W/K}$，入口温度 $t_2'=408℃$。求烟气及空气的出口温度。

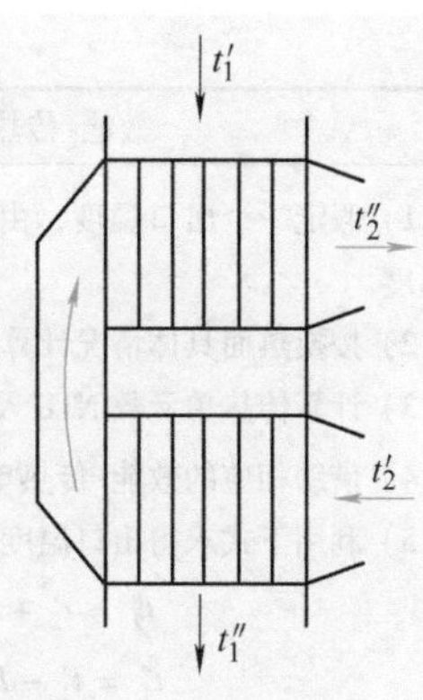

图 8-14 管式空气预热器

解 总传热单元数 $\text{NTU}=\dfrac{KS}{C_{\min}}=\dfrac{14\times1353}{10\ 540}=1.8$

热容量比 $R_c=\dfrac{C_{\min}}{C_{\max}}=\dfrac{10\ 540}{14\ 460}=0.729$

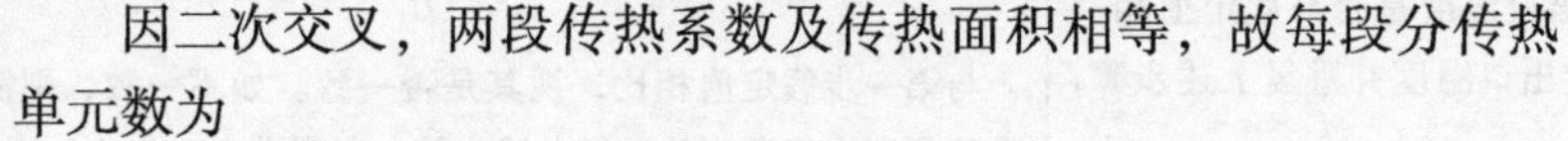

因二次交叉，两段传热系数及传热面积相等，故每段分传热单元数为

$$(\text{NTU})_i=\frac{1}{2}(\text{NTU})=0.5\times1.8=0.9$$

查与本题相应的一次交叉流型的线算图 8-13b，得每段的效能数 $\varepsilon_i=0.485$。

由参考文献［1］知，对于本例所示的两次错流情况，效能为

$$\varepsilon=\frac{2\varepsilon_i-\varepsilon_i^2(1+R_c)}{1-\varepsilon_i^2R_c}=\frac{2\times0.485-0.485^2(1+0.729)}{1-0.485^2\times0.729}=0.680$$

根据效能定义，可得空气出口温度为

$$t_2''=t_2'+\varepsilon(t_1'-t_2')=[408+0.68\times(738-408)]℃=632.4℃$$

根据热平衡方程式，则有

$$C_1(t_1'-t_1'')=C_2(t_2''-t_2')$$

$$t_1''=t_1'-R_c(t_2''-t_2')=[738-0.729\times(632.4-408)]℃=574.4℃$$

三、热交换器热力设计计算的方法与步骤

设计计算给定的量通常为：C_1、C_2 及 4 个进口温度中的 3 个，求所需换热面积 S。

校核计算给定的量通常为：S、C_1、C_2 及 t_1' 和 t_2'，求出口温度 t_1'' 和 t_2'' 或者能传递的热量 ϕ。

平均温差法和效能－传热单元数法的设计计算与校核计算步骤见表 8-2 和表 8-3。

表 8-2 热交换器设计计算步骤

效能－传热单元数法	平均温差法
1）由给定的三个端部温度，利用热平衡方程式求出另一个未知端部温度 2）确定热交换器形式，由端温计算效能 ε 及热容量比 R_c 3）利用相应的效能-传热单元数关系求出传热单元数 NTU 4）取经验传热系数，估算传热面积，初步布置传热面，计算相应的传热系数 K（应略大于经验值） 5）利用下式求出换热面积（设 $C_2=C_{\min}$） $S=\dfrac{\text{NTU}}{K}C_2$	1）由给定的三个端部温度，利用热平衡方程式求出另一个未知端部温度 2）由热平衡方程式计算传热量 ϕ 3）选定热交换器形式，计算平均温差 Δt 4）取经验传热系数，估算传热面积，初步布置传热面积，计算相应的传热系数 K 5）由传热方程式计算换热面积 $S=\dfrac{\phi}{K\Delta t}$

表 8-3 热交换器校核计算步骤

效能-传热单元数法	平均温差法
1）假定一个出口温度，由热平衡方程式求另一个出口温度 2）按换热面具体情况计算相应的传热系数 K 3）计算传热单元数 NTU 及热容量比 R_c 4）借助相应的效能-传热单元数关系式求效能 ε 5）利用下式求得出口温度（设 $C_2 = C_{min}$） $t_2'' = t_2' + \varepsilon(t_1' - t_2')$ $t_1'' = t_1' - R_c(t_2'' - t_2')$ 与第一步相比，视求得的出口温度是否与假定值相一致。如不一致，则需重新假定出口温度并重复上述步骤，直到满意时为止	1）假定一个出口温度，由热平衡方程式求另一个出口温度 2）按换热面具体情况计算相应的传热系数 K 3）借助辅助参量 p 及 R 计算平均温差 Δt 4）由传热方程式计算传热量 ϕ 5）用下式计算出口温度 $t_2'' = t_2' + \dfrac{\phi}{C_2}$ $t_1'' = t_1' - \dfrac{\phi}{C_1}$ 与第一步假定值相比，视其是否一致。如不一致，则需重新假定出口温度并重复上述步骤，直到满意时为止

第三节 热能储存原理

一、储能的作用、方法与要求

储能，又称蓄能。储能就是应用某种技术将能量储存在特殊的装置中，并在需要时释放和提供给用能方。储能过程是一个充能或放能过程，其间要发生物理或化学反应。储能（系统）的基本任务是克服能量的供应和需求之间在数量上、形态上和时间上的差别。储能（系统）可起如下作用：

1）满足用能的需要，提供所需求的能量。

2）防止能量品质的自动恶化。某些不够稳定的能源易发生能量的变质和耗散，如水自动由高处流向低处，它的做功能力在消失，通过蓄水就能使其能量不贬值。

3）适应负荷的变化，改善能源转换过程的性能。如大型火电站宜在额定负荷下运行，以维持较高的能源转换效率和良好的供电品质。但用电量却总随时间而变，呈现负荷的高峰和低谷，这就需要利用电能储存技术对电力系统进行调峰。

4）有利于方便、经济地使用能量。如利用汽车在正常运行时向蓄电池充电，为发动机起动时供能。

5）有利于新能源的利用，减少污染，保护环境。如氢能是一种清洁的新能源，而氢又具有良好的储存性能。储能技术的运用为氢能的制备和应用带来了便利。又如，太阳能是一种不稳定的能源，必须要依靠储能装置才可能用于发电、供热等。

由上所述可见，储能是合理、高效、清洁利用能源所必不可少的手段。

储能的方法如按被储存的能量形式的不同来分，则有：

1）热能。显热储存、潜热储存、热化学法储存。

2）电能。有以势能形式储存的水力储能和压缩空气储能及以动能形式储存的飞轮储能；电容器储能；对蓄电池充电的化学储能等。

3）化学能。它本身就是一种仅以储存能的形式存在的能量，如合成燃料、化石燃料。

4）电磁能。超导线圈储能。

目前储能技术的研究开发与应用主要是以储存热能、电能为主，广泛应用于太阳能的利用、电力的调峰移谷、废热和余热的回收以及建筑的空调节能等方面。

一个良好的储能系统应具有如下特性：

1）单位容积所储存的能量（容积储能密度）要高，即系统尽可能储存多的能量。

2）良好的负荷调节性能，以随时满足用能方的需要。

3）高的能源储存效率。即储能系统应不需要过大的驱动力，而能以最大的速率接收和释放能量，并在能量储存过程中泄漏、蒸发、摩擦等损耗少。

4）系统成本低，长期运行可靠。

二、热能储存原理

热能储存又称蓄热。根据储存热能的温度范围，可分为低温蓄热（温度 <100℃），中温蓄热（100～250℃）和高温蓄热（250℃以上）。低于环境温度时的热能储存，称为蓄冷（如冰蓄冷）。热能储存方法有物理的方法——显热储存、潜热储存和化学的方法——热化学法储存。由于热能在总的用能中占很大比例，而热能中太阳能、废热等都为不稳定的、间断性的、能量密度低的能源，所以，热能储存尤为重要，并得到了广泛的应用。

1. 显热储存

显热储存就是在无相变的条件下，利用物质因温度变化而发生吸热（或放热）来进行储热。设储能物质的质量为 m，比热容为 c，温度变化为（T_2-T_1），则显热为

$$Q = mc(T_2 - T_1) \tag{8-35}$$

显热储存是热能储存中最简单、最成熟，材料来源最丰富，成本最低廉的一种，应用最为普遍，如水箱储热。根据所用材料的不同可分为液体显热储存和固体显热储存。为了有较高的容积储热密度，储热物质应有高的比热容和密度，且易大量获取和价格便宜。目前，常用的显热储存物质是水、土壤、岩石和熔盐等。选用储热物质时还应考虑使用的温度范围，如当需要储存温度较高的热能时，水就不合适了，因高压容器的费用很高。可视温度的高低，选用岩石或无机氧化物（氧化镁、氧化铝）等材料作为储热物质。部分显热蓄热物质的热性能参数可参见表 8-4 及表 8-5。

表 8-4　显热蓄热物质

物质	密度/(kg/m³)	比热容/[kJ/(kg·K)]	体积热容/[kJ/(m³·K)]	热导率/[W/(m·K)]	热扩散率①/(m²/s)
水	1000	4.2	4600	0.58	1.4
花岗岩	2700	0.80	2200	2.7	1.27
岩石	1900～2600	0.8～0.9		1.5～5.0	
氧化铝	4000	0.84	3400	2.5	7.5
氧化镁(90%)	3000	1.0		4.5～6	
土壤	1600～1800	1.68(平均)			

① 过去曾称导温系数。

图 8-15 所示的以水箱为储热器的太阳能系统就是显热储存的典型实例。设集热器的进、出口水温分别为 T_{ci}、T_{co}，集热器的水量为 m_c，由水箱提供给用户的热负荷为 Q_L，环境温

度为 T_a，水箱与环境的传热系数为 K，水箱内的水量为 m_s，水箱的表面积为 S。如果水箱内水温均匀一致为 T_s，则水箱的热平衡方程为

$$m_s c_{p,s} \frac{dT}{d\tau} = m_c c_{p,c}(T_{co} - T_s) - Q_L - KS(T_s - T_a)$$

表 8-5 液体显热蓄热物质的使用温度范围

物质	类型	温度范围/℃	比热容/[kJ/(kg·K)]	备 注
Caloria HT 43	油	-9~310	2.50	需要无氧化气氛，高温时有和非溶解聚合体聚合的可能，Therminol 55 在大于288℃时，由于过度挥发会使质量减少
Therminol 55	油	-18~316	2.50	
Therminol 66	油	-9~343		
Hitec	熔融岩	205~540	1.56	550℃以上长时间的稳定性尚不清楚，450℃以上需要 SUS 容器，需要惰性气体
Draw Salt	熔融岩	260~550	1.56	
Na	液体金属	125~760	1.30	需要 SUS 等容器，密闭系统与水、氧等有激烈反应
NaK	液体金属	49~760	1.05	

该式表明，水箱内热量的增量等于集热器中水传给水箱的热量与热负荷和水箱热损失之差。式中仅水箱水温为未知数，用数值解法即可求得水箱水温随时间 τ 变化的关系。

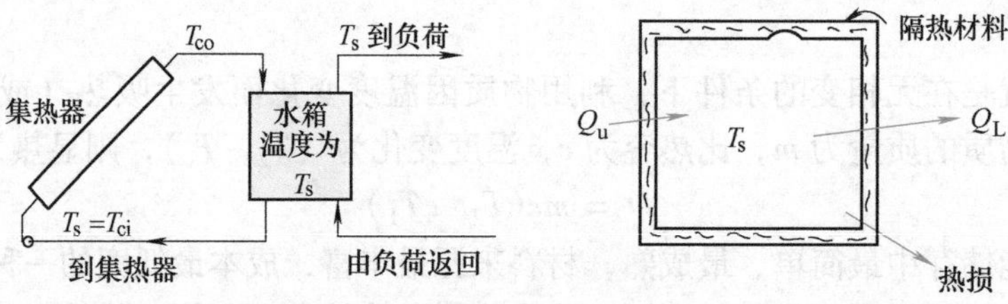

图 8-15 以水箱为储热器的太阳能系统

2. 潜热储存

潜热储存是利用物质发生相变时需要吸收（或放出）热量的特性来进行储热。这种相变有以下四种情况：

1）固体物质的晶体结构发生变化。如六方晶格的锆，在 871℃的温度下，晶格变成体心立方，此时相当于吸收了 53kJ/kg 的热量。

2）固、液相间的相变，即熔化、凝固（相应的熔化热、凝固热）。如冰的熔化，水的结冰。表 8-6 列出了部分蓄热物质的熔化热数据。

表 8-6 蓄热物质的熔化热

蓄热物质	迁移点/℃	熔化热/(kJ/kg)	蓄热物质	迁移点/℃	熔化热/(kJ/kg)
NaF	992	702	KCl	776	343
NaCl	803	514	NaOH	318	167
LiOH	462	431			

3）液、气相的相变即汽化、凝结（相应的汽化热、凝结热）。如水的蒸发和蒸汽的凝结。

4）固相直接变成气相即升华。升华热量大体等于熔化热和汽化热的和。如萘和碘等物质具有这种现象。据试验，固体碘在室温下，以 41.3Pa（0.31mmHg）的压力升华时吸收的热量为 245kJ/kg。

目前，有实际应用价值的是固－液相变储热，即利用熔化热。因为上述第一种的潜热小；第三、四种在相变时物质的体积变化很大，很难用于实际工程。与显热储存相比，潜热储存具有容积储热密度大的优点，因为物质相变时的潜热显著大于比热容，如冰的熔化热为335kJ/kg，而水的比热容为4.2kJ/(kg·℃)。这可使储热设备的容积小，设备投资少。此外，因相变过程是在一定的温度下进行的，储热设备的温度波动小，可使储热设备能保持基本恒定的热力效率和供热能力。设物质的熔化热为λ，则质量为m的物质在熔化相变时所吸收（或凝固时放出）的热量为

$$Q = m\lambda \tag{8-36}$$

对于固－液相变储热，储热物质在热力学和化学方面应主要具有下列性质：

1）具有合适的熔点温度。如供建筑物用时，用于相变储热的物质，其熔点最好为20～35℃；用于相变储冷，则其熔点应为5～15℃。

2）有较大的熔化热。

3）密度大。

4）稳定性好。一些有机物、无机水合盐等，经过反复温度升降，会导致物质分解及潜热量减少。

5）腐蚀性没有或很小。

从储热的温度范围可将储热物质分为高温（120～850℃）和中低温（0～120℃）两种。高温用的物质主要是高温熔化盐类（氟化盐、氯化物、硝酸盐、碳酸盐、硫酸盐等）、混合盐类、金属和合金等，可用于热机太阳能电站、人造卫星等。低温用的物质主要是无机水合盐类（硫酸盐、磷酸盐、碳酸盐等）和石蜡及脂肪酸等有机物。目前，使用最多的是无机水合盐类和石蜡等有机物。

3. 热化学法储存

热化学法储存可分为三种：化学反应蓄热、浓度差蓄热及化学结构变化蓄热。浓度差蓄热是利用酸碱盐溶液在浓度发生变化时会产生热量的原理来储热的，而化学结构变化蓄热则是利用物质化学结构的变化来储热。这两种方法应用少，故不再阐述。

化学反应蓄热是指利用可逆化学反应的结合热储存热能。在正向反应时，将热能吸收转换为化学能，储存于生成物中；在需用时，可使反应逆向进行，将储存能量放出，使化学能转换为热能。这些反应有气相催化反应、气固反应、气液反应、液液反应等。用于蓄热的化学反应必须满足下列条件：在放热温度附近的反应热大，反应系数对温度敏感，反应速度快，反应剂稳定，对容器的腐蚀性小等。

化学反应热是储存在物质内部的化学能，通过化学反应以热的形式释放出的能量。化学反应热通常在恒压下测定，则反应热就等于反应焓，即

$$\text{反应热 } \Delta H = \text{生成物焓之和} - \text{反应物焓之和}$$

可见，如果ΔH是正值，则为吸热反应。反之，为放热反应。例如，甲醇（CH_3OH）的热分解储存热能反应为气/气的催化反应（温度420K），即

$$CH_3OH(g) \longleftrightarrow 2H_2(g) + CO(g), \quad \Delta H = 92.1\text{kJ/mol}$$

CH_3OH储存和利用热能的过程为：气态CH_3OH在吸热反应器中，在高温和催化剂的作用下生成气态的H_2和CO，经冷凝器后，CO被冷凝成液态储存起来，而H_2则可经过压缩后加以储存。如需要利用该系统储存的热能，可用管道输送到负荷所在地的放热反应器，在放热

催化反应器中，气态的 H_2 和 CO 重新化合成气态 CH_3OH 并放出热量，产生的高温蒸气可用于发电或直接用于工业供热。

上述三种热能储存方法，以显热储存在技术上最为简单和最成熟，应用也最广。潜热储存最具有实际发展前途，也是目前研究和应用最多、最重要的储能方法。与显热或潜热储存相比，热化学法储存具有储能密度高的优点，据计算表明，它的储能密度要比显热或潜热储存高出 2～10 倍。但它的缺点是系统很复杂，价格也高，目前仅在太阳能领域受到重视（如上述的催化反应），整体上还处于实验室研究阶段。

第四节　蓄热技术的应用及蓄热器热设计

一、蓄热技术的应用

蓄热技术即热能储存技术的应用已十分广泛，主要有以下几方面：

1）工业热能储存。工业上有大量的余热、废热，需要通过使用蓄热技术来回收。如在钢铁工业，以蓄热技术来回收储存碱性氧气转炉或电炉的烟气余热以及干法熄焦中的废热，既节约了能源，又减少了空气污染及冷却淬火过程中水的消耗量。

2）太阳能热储存。太阳能是一个丰富的能源资源，清洁、无污染、取用方便。但太阳辐射到达地球表面的能量密度却很低，而且受其昼夜和季节等规律性变化的影响，以及阴晴云雨等随机因素的制约，使辐射强度不断地变化，呈现显著的稀薄性、间断性和不稳定性。所以，对于太阳能供热、制冷、供电等系统，必须要储能。

3）电力调峰及电热余热储存。用电负荷总是在波动的，使用蓄热及冰蓄冷可以经济地解决高峰负荷，填平需求低谷，使调节机组负荷更方便。此外，蓄热技术仍是目前回收未并网的小水电、风力发电的一个重要手段。

4）交通及武器装备等许多特殊场合。如以气态或液态形式储存氢能直接供发动机做燃料的氢气汽车，由储能装置为汽车加速时提供所需功率，利用高压水蒸气蓄热原理制造的供航空母舰上飞机起飞用的蒸汽弹射器等。

5）在太空中的应用。如人造卫星内的温度应保持在特定温度下（通常为 15～35℃），在所应用的控制温度装置中，有一种就是利用相变蓄热材料在特定温度下的吸热与放热来控制温度变化，使卫星正常工作。又如，空间太阳能热动力发电系统，其中的聚能器就是用于截取太阳能，并将其聚集到吸热/蓄热器的圆柱形腔内，被吸收转换成热能。

现以蒸汽蓄热系统为例做一说明。不论是生产或生活需要，蒸汽的需求量常发生变化。对于提供蒸汽的锅炉，因它的热惰性大，加热速度跟不上蒸汽需求量的变化。在利用余热锅炉供汽时，由于它的产汽量是随主体热设备的负荷变化而变化的，所以供汽量也不稳定。为了使蒸汽的供求关系能基本保持平衡，对负荷较大的系统，应设置（蒸汽）蓄热器，建立蒸汽蓄热系统。

蒸汽蓄热器是蓄积热量的压力容器。它的工作原理是在压力容器中储存水，将蒸汽通入水使水加热，容器中水的温度和压力升高，形成具有一定压力的饱和水。当容器内压力下降时，具有原有压力的饱和水因降压而闪蒸，产生蒸汽。可见，这是以水为载热体间接储蓄蒸汽的蓄热装置。容器中的水既是蒸汽和水进行热交换的传热介质，又是储蓄热能的载热体。

由于饱和水的密度要比同压力下饱和蒸汽的密度大很多，所以同体积下饱和水的蓄热量要比蒸汽大数十倍。

图 8-16 所示为常见的卧式蒸汽蓄热器的结构，在该图中它与锅炉并联。开始起动时，蓄热器本体内约有 50% 的水。在蓄积热量时，多余的蒸汽通过喷嘴 9 进入容器。由于汽温高于水温，蒸汽迅速凝结而放热，使水温提高，同时水位升高，水位面上的蒸汽空间减小，压力也相应有所增加。直至蓄热器内的压力达到设定的压力时，充汽蓄热过程才算结束。这时蓄热器内的压力称为充气压力，即蓄热器变压范围的上限。当低压侧热用户的用汽量大于锅炉的蒸发量时，蓄热器排汽管内的压力下降，使蓄热器内的压力高于排汽管内的压力，蒸汽空间中的蒸汽就会立即冲开排汽止回阀而流向低压分汽缸供汽。这时蓄热器内的压力开始下降，水将自行沸腾，蒸发成低压蒸汽，继续流向低压分汽缸供汽，补充该时锅炉供汽量的不足，直到设定的放热压力为止。设定的终止放热压力称为放热压力，即蓄热器变压范围的下限。可见这是一种压力并非恒定的蓄热器，称为变压式蓄热器。蓄热器的最高压力和最低压力之差决定了蓄热器的蓄热容量。由上可见，蓄热器的使用能使锅炉的产汽量与使用侧的负荷变化无关，锅炉能按平均负荷运行，燃烧稳定，实现经济运行。

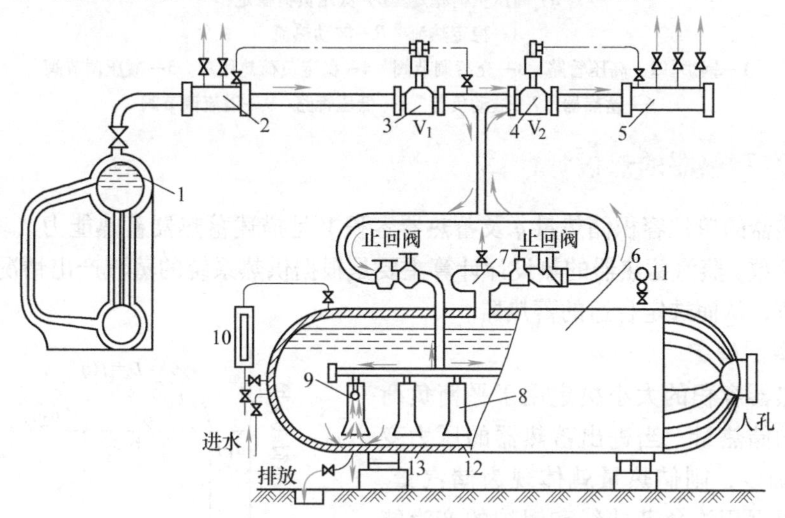

图 8-16 卧式蒸汽蓄热器结构

1—锅炉 2—高压分汽缸 3—高压侧自动控制阀 4—低压侧控制阀 5—低压分汽缸 6—蓄热本体 7—汽水分离器 8—炉水循环套管 9—喷嘴 10—水位计 11—压力计 12—保温层罩壳 13—保温层

图 8-17 是两种实用的蓄热器供汽系统。它的特点是有高、低压蒸汽两类用户。蓄热器连接在高、低压蒸汽母管之间。其中图 8-17a 是高压蒸汽负荷稳定，而低压蒸汽负荷有变动的系统。当低压蒸汽负荷波动低于平均值时，把多余的蒸汽热量储存起来；当低压蒸汽负荷波动高于平均值时，蓄热器的热储备就发挥作用，以满足负荷增长的要求。图 8-17a 是根据充蓄状态来控制进入蓄热器的蒸汽量的。由蓄热器中的压力变化来自动控制充蓄调节阀 3。当蓄热器中蓄存的蒸汽量较少时，就会使调节阀开大。图 8-17b 是高压蒸汽负荷有波动，而低压蒸汽负荷无变化的系统。它利用溢流调节阀来维持高压管路的压力不变。当高压蒸汽负荷下降时，使阀门开大，把多余的高压蒸汽通过溢流调节阀 9 进入蓄热器内储存起来；当高压蒸汽负荷高于平均值时，尽管进入蓄热器的蒸汽量要减少，蓄热器将会有足够的蒸汽量来

满足低压蒸汽负荷的需要。可见，不论哪个系统，蓄热器依靠热量的储存和释放起到调节负荷平衡的作用。

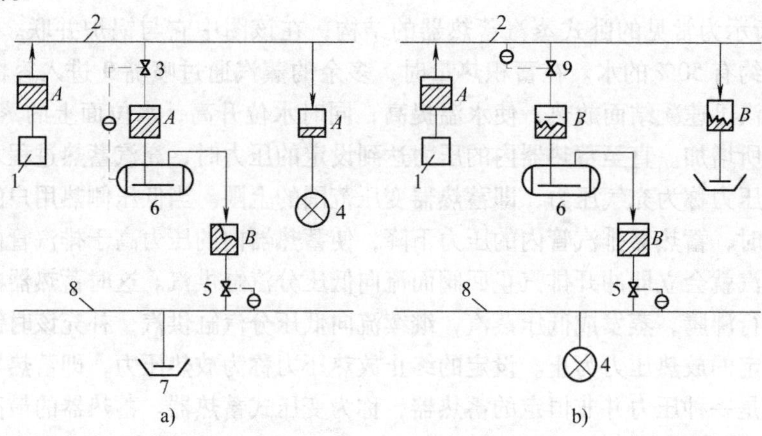

图 8-17 蓄热器供汽系统

a）高压负荷稳定 b）低压负荷稳定

A—稳定热流 B—波动热流

1—锅炉 2—高压管路 3—充蓄调节阀 4—稳定负荷热用户 5—减压调节阀 6—蓄热器 7—被动负荷 8—低压管路 9—溢流调节阀

二、蒸汽蓄热器的热设计计算

蒸汽蓄热器的单位容积储热量 q 及蓄热器容积 V 是描述蓄热器蓄热能力（蒸汽发生量）的两个重要参数，蒸汽蓄热器的热设计计算主要是根据供热系统的蒸汽产出情况，正确计算这两个参数值，从而选定合适的蓄热器。

1. 储热量的确定

蒸汽蓄热器容积的大小决定用于平衡负荷波动所必需的储热量，当进出蓄热器的压力变化范围一旦确定，则储热量就体现为储汽量。储汽量可以根据用汽负荷曲线和锅炉的产汽能力分析计算确定。储热量的确定（即储汽量的计算）因不同的使用场合和负荷变化特性而有相应的下列三种方法。

（1）近似全日积分曲线法 当蒸汽蓄热器用于平衡锅炉蒸发量和连续的波动负荷时，可用积分曲线法来确定储汽量。此法是根据已知热负荷状况作出以平均负荷为基准的负荷曲线，然后根据负荷曲线与平均负荷线间的差值进行积分，得到积分曲线。积分曲线上的最高点和最低点间的绝对差值就是蓄热器的储汽量。

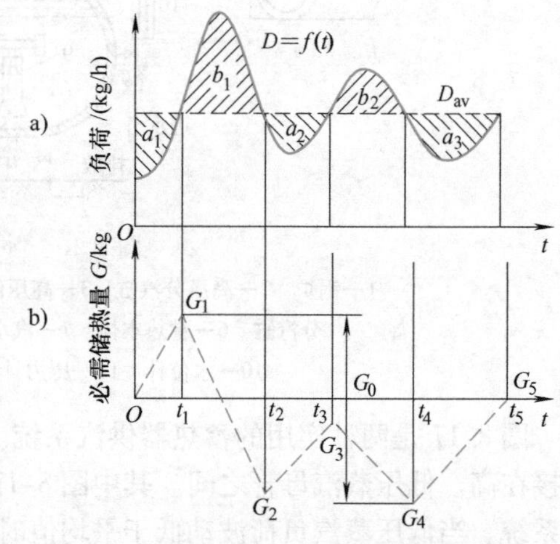

图 8-18 负荷曲线和积分曲线

a）负荷曲线 b）积分曲线

图 8-18a 是以一昼夜为一个周期的平均负荷 D_{av}（kg/h）为基准的全日负荷曲线，对此负荷曲线与平均负荷线间的差值进行近似积分即得到图 8-18b 中以虚折线表示的近似全日积

分曲线。在负荷曲线图中的平均负荷线实际上代表了在所取的［0，t］时间周期内锅炉的稳定蒸发量。平均负荷线把波动的负荷曲线分成波峰和波谷两部分，波峰面积表示了锅炉出力不能满足所需要的蒸汽量，要由蓄热器释放所蓄相应的蒸汽量即波谷面积来补给，以波谷面积平衡波峰面积。由图8-18b即可求得在［0，t］一昼夜时间周期内蓄热器应有的储汽量（即储热量）G_0(kg)，它为曲线上的最高点和最低点间的绝对差值，即

$$G_0 = G_1 - G_4 \tag{8-37}$$

（2）分段积分曲线法　对于在一昼夜内一些时段之间的平均用汽量相差较大的情况，如仍以一昼夜为周期来计算储汽量，则会使蓄热器的容积过大，投资较多。所以，可将一昼夜的负荷曲线以峰值相近的部分为一段而划分为数段，或按运行班次分为数段，用积分曲线法分别求出各分段所需的储汽量，以其中最大的储汽量为确定蓄热器容积的依据。

（3）高峰负荷计算法　该法是按用汽设备在高峰时间内的用汽量D_{max}减去同一时间内锅炉的供汽量D_0作为蓄热器的储汽量，即

$$G_0 = (D_{max} - D_0)\frac{t}{60} \tag{8-38}$$

式中，D_{max}为用汽设备的最大用汽量（kg/h）；D_0为锅炉的供汽量（kg/h）；t为高峰用汽时间（min）。

在采用蓄热器与锅炉并联的系统中，这种计算方法适用于蒸汽蓄热器主要作为保存大量蒸汽供短时间内使用的场合。

2. 单位容积储热量（即单位容积储汽量）及蓄热器容积的确定

蒸汽蓄热器的单位容积储热量是指蓄热器内1m^{3}饱和水从完全充热到完全放热两种状态之间所储存的热量（或蒸汽量）。在一定的供热系统中，单位容积储热量q与充热压力和放热压力的压差成正比。压差值越大，则蓄热器单位体积所产生的蒸汽就越多，使用蓄热器的经济价值就越高。但充热压力受到锅炉压力的限制，放热压力受到用汽设备的入口最低蒸汽压力和蒸汽管道阻力的制约。单位容积储热量q与压力之间的关系已被制成线算图，其值可直接由图8-19查取。

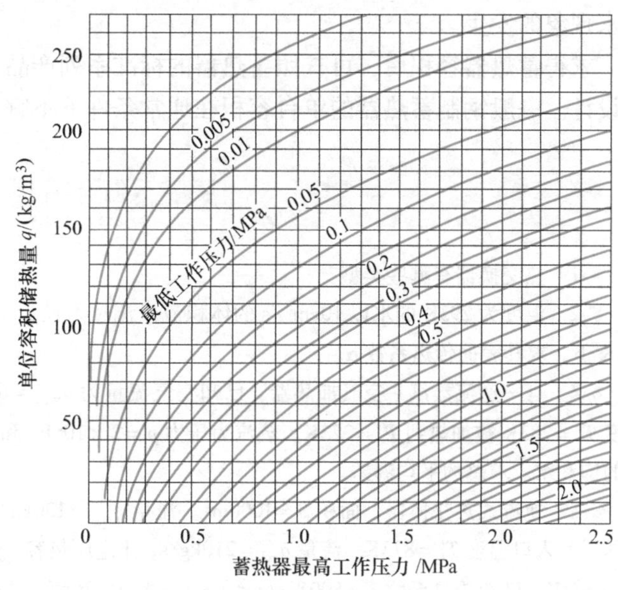

图8-19　蓄热器单位容积储热量线算图

蓄热器的容积V可由下式计算，即

$$V = \frac{G_0}{q\eta\phi} \tag{8-39}$$

式中，η为蓄热器的热效率，0.98～0.99；ϕ为蓄热器的充水系数，是水的容积与几何总容

积的比值，0.85~0.9。

选定充水系数时，需对蓄热器的蒸发容积强度和蒸发质量强度进行核定，步骤如下：

1）设定一个充水系数值，按式（8-39）计算蓄热器容积，再按式 $V''_s = V(1-\phi)$ 求出蒸汽空间容积。

2）由图 8-18a 中的负荷曲线计算蓄热器的最大放汽量（kg/h）。

$$D_{max2} = D_{max} - D_{av} \tag{8-40}$$

3）根据蓄热器的放热压力，查图 8-20 得允许蒸发容积强度 $[R_v]$ 和允许蒸发质量强度 $[R_w]$。

4）由水蒸气表查取充热压力下的蒸汽比体积 v''，按以下两式求得蒸发容积强度 $m^3/(m^3 \cdot h)$ 和蒸发质量强度 $kg/(m^3 \cdot h)$，并要求小于允许值，即

$$R_v = \frac{D_{max2}v''}{V''_s} < [R_v] \tag{8-41}$$

$$R_w = \frac{D_{max2}}{V''_s} < [R_w] \tag{8-42}$$

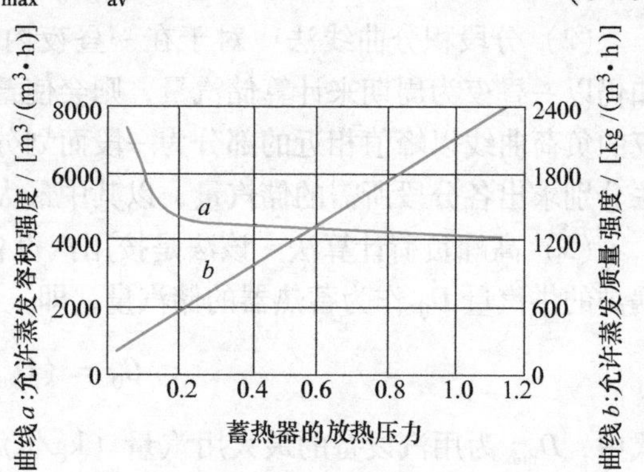

图 8-20　允许蒸发容积强度和允许蒸发质量强度

如果不满足要求，则应重设充水系数，并重复上述计算，直至满足为止。通常应小于由图查得的允许值的 50%，以防止瞬时尖峰负荷带水现象的发生。

求得蓄热器容积后，可查照蓄热器的标准系列产品表来确定其规格型号，或做非标准产品设计。一般钢制蓄热器的单台容积在通常条件下不宜大于 $150m^3$。

思考题和习题

8-1　热交换器有哪些类型？

8-2　温度为 293K 的水以 $10cm^3/s$ 的体积流量流过内径为 15mm 长为 5m 的圆管，管内壁温度维持在 313K 下，求其表面传热系数 α。

8-3　有一逆流蒸汽－空气加热器。已知空气流量为 $q_{m,k} = 6kg/s$，比热容为 $c_p = 10.2kJ/(kg \cdot K)$，由温度 $T'_k = 283K$ 被加热到 $T''_k = 323K$。蒸汽为压力 $p = 2 \times 10^5 Pa$ 和 $T'_{gq} = 413K$ 的过热蒸汽，被冷却为该压力下的饱和水。求总的平均温差。

8-4　逆流式热交换器，面积 $S = 1000m^2$。流量 $q_{m1} = 130kg/s$，比定压热容 $c_{p1} = 4.2kJ/(kg \cdot K)$ 的 A 流体，其入口温度 $T'_1 = 873K$。流量 $q_{m2} = 210kg/s$，比定压热容 $c_{p2} = 1.3kJ/(kg \cdot K)$ 的 B 流体，其入口温度 $T'_2 = 573K$。已知传热系数 $K = 500W/(m^2 \cdot K)$，求 A、B 两流体的出口温度 T''_1 及 T''_2。

8-5　为什么要储能？热能储存有哪几种方法？试举出你所知道的一些实例。

8-6　蒸汽蓄热器实际是蓄蒸汽还是蓄热水？它的单位容积储热量与什么有关？为什么？

8-7　已知某造纸厂用汽设备是蒸球、漂白槽和造纸机等，其用汽情况如下：蒸球用汽为周期性波动负荷，最大用汽量为 2.2t/h，用汽压力为 0.6MPa，持续时间为 0.5h；漂白为间断负荷，最大负荷为 1.5t/h，用汽压力为 0.2~0.3MPa；造纸机为连续负荷，常用汽量为 3.5t/h，用汽压力为 0.2~0.3MPa；生产平均用汽量为 5.3t/h。试按高峰负荷计算法求其所需蓄热器容积。设锅炉的产汽量为 5.6t/h，额定压力为

1.3MPa，实际的出口压力为 $p = 1.0\text{MPa}$。

参 考 文 献

[1] 卓宁，孙家庆．工程对流换热［M］．北京：机械工业出版社，1982.

[2] 戴维·阿泽贝尔．工程过程传热应用［M］．王子康，王力健，徐东军，译．北京：中国石化出版社，1992.

[3] 卿定彬．工业炉用热交换装置［M］．北京：冶金工业出版社，1986.

[4] 史美中，王中铮．热交换器原理与设计［M］.5 版．南京：东南大学出版社，2014.

[5] 樊栓狮，梁得青，杨向阳，等．储能材料与技术［M］．北京：化学工业出版社，2004.

[6] 崔海亭，杨锋．蓄热技术及其应用［M］．北京：化学工业出版社，2004.

[7] 郭茶秀，魏新利．热能储存技术与应用［M］．北京：化学工业出版社，2005.

[8] 汤学忠．热能转换与利用［M］.2 版．北京：冶金工业出版社，2002.

第九章 热能与动力系统辅助机械

在动力机械和热能利用装置中，为了实现连续的能量传递与转换，必须有一套辅助装置来输送工作流体、燃料、冷却水、润滑油等，如内燃机中的输油泵、机油泵、水泵，汽轮机装置中的凝结水泵，锅炉机组中的引风机等。此外，动力机械输出的机械能在不同场合要转变为流体的动能或压力势能，以方便各种机械做功。在辅助装置中，泵与风机是最常用、最主要的设备。泵与风机是用来抽汲、输送和提高流体能量的机械，广泛应用于国民经济的各个领域，属于通用机械范畴。本章将着重阐述泵与风机的基本知识和特点。

第一节 概　　述

一、泵与风机的分类

泵与风机的种类繁多，根据工作机理可分为下列三类：

（1）叶片式　这是利用旋转叶轮产生离心力或升力来输送流体并提高其压力的一种机械。按其能量的获得方式，又可分为离心式、轴流式和旋涡式几种。

（2）容积式　按其结构和机理又分为活塞式和回转式两种。活塞式是利用活塞在缸体内做往复运动，使缸内容积变化，从而吸入或排出流体，并能提高其能量。回转式是利用一对或几个特殊形状的回转体（如齿轮、螺杆、刮板等）在壳内做旋转运动而完成流体的输送，并能提高其压力。

（3）喷射式　此类机械利用工作流体的能量使被输送的流体增加能量，达到输送流体的目的。

二、泵与风机的主要参数

泵与风机的性能是用其特性参数表示的，这些参数包括额定工况下的流量 q_V 和 q_m、扬程 H 或风压 p、转速 n、功率 P 和效率 η。

（1）流量　泵或风机在单位时间内所输送的流体体积称为体积流量 q_V（m^3/h、m^3/s 或 L/s），简称流量。泵或风机在单位时间内所输送的流体质量称为质量流量 q_m（t/h、t/s 或

kg/s)。体积流量与质量流量之间的关系为

$$q_m = \rho q_V \tag{9-1}$$

式中，ρ 为流体的密度（kg/m^3 或 t/m^3）。

通风机的流量，是指标准工况（温度 $t = 20℃$，压力 $p = 101.3kPa$，相对湿度 $\varphi = 50\%$）下单位时间内流过风机入口的气体体积流量 q_V。若实测的流量和密度为 q_{V1} 和 ρ_1，则标准工况下的流量为

$$q_V = q_{V1}\rho_1/1.2 \tag{9-2}$$

（2）扬程（风压）　流体在泵或风机内所增加的能量，即单位质量的流体经过泵所获得的能量增加值除以重力加速度（或单位体积的流体经过风机所获得的能量增加值），称为泵的扬程 H(m)［或风机的风压 p(Pa)］。

（3）转速　泵或风机的转速 n(r/min)。

（4）功率与效率　原动机传给泵或风机的功率称为轴功率 P_B(kW)，单位时间内流体经过泵或风机所获得的能量称为有效功率 P_e(kW)，即

对于泵

$$P_e = \rho g q_V H/1000 \tag{9-3}$$

或对于风机

$$P_e = p q_V/1000$$

式中，q_V 为泵或风机的流量（m^3/s）；H 为泵的扬程（m）；p 为风机的风压（Pa）；ρ 为流体密度（kg/m^3）。

有效功率与轴功率之比称为泵或风机的效率，即

$$\eta = P_e/P_B \tag{9-4}$$

η 是泵与风机的重要性能指标，效率越高，技术经济性越好。

第二节　泵

泵是将原动机的机械能转变成液体的动能和压力势能的机械，是输送液体的机械。泵的种类很多，有离心泵、轴流泵、齿轮泵、往复式活塞泵、喷射泵等。工程上应用最多的是离心泵。

一、离心泵的工作原理

离心泵的主要过流部件有吸入室、叶轮、泵壳和扩压管，如图 9-1 所示。

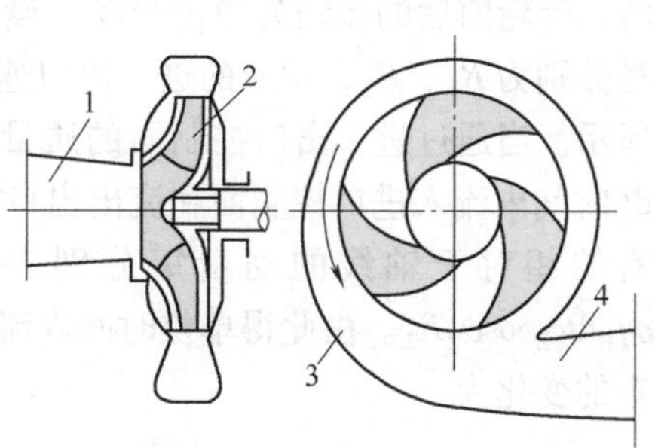

图 9-1　离心泵过流部件简图

1—吸入室　2—叶轮　3—泵壳　4—扩压管

离心泵在起动前，其吸入室、叶轮和泵壳中都必须充满液体。当原动机带动泵的叶轮高速旋转时，叶轮中的液体受到离心力的作用被甩向叶轮四周，经螺旋形泵壳流向扩压管。叶轮中的液体向外流，必使叶轮中心处产生真空，吸入室的液体就会连续地流入旋转的叶轮并被叶轮甩出去。叶轮的叶片对液体做功，使其获得动能。液体经过螺旋形泵壳和渐扩形扩压管时，把液体的

大部分动能变成压力势能。由于此类泵是靠离心力原理工作的，所以叫离心泵。

当叶轮以角速度 ω 旋转时，某一流体质点一方面和叶轮一起做旋转运动，另一方面在离心力的作用下将产生相对于叶轮的运动。设叶轮的旋转运动速度为 u，流体质点相对叶轮运动的速度为 w，则流体的绝对速度 c 应为两者的矢量和，即

$$\boldsymbol{c}=\boldsymbol{w}+\boldsymbol{u} \tag{9-5}$$

这三个速度矢量组成一个速度三角形，如图 9-2a 所示，也可将其单独画在平面上，如图 9-2b 所示。为了计算方便，可将其分解为与圆周速度平行的分速度 c_u 和与圆周速度垂直的分速度 c_r。β 表示相对速度与圆周速度的夹角，即相对速度的方向；α 表示绝对速度与圆周速度的夹角，即绝对速度的方向。

二、离心泵的能量方程

流体流经旋转叶轮的流道时，从叶轮获得能量。这种能量传递过程可以用流体力学中的动量矩定理来表示：在稳定流动中，单位时间内流体质量的动量矩变化，等于作用在该流体上的外力矩，即

$$\frac{\mathrm{d}L}{\mathrm{d}t}=M \tag{9-6}$$

式中，L 为动量矩；M 为外力矩。

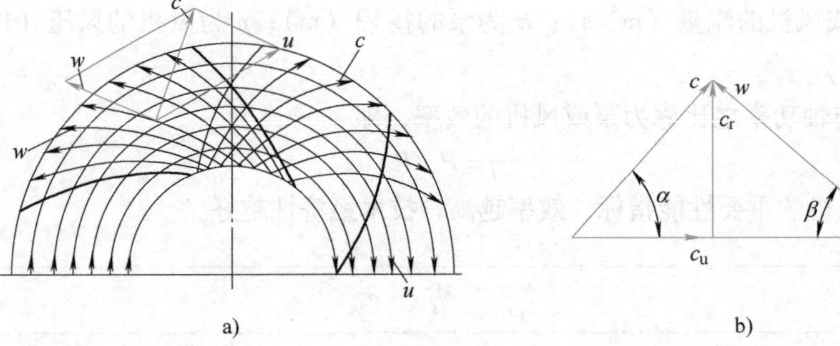

图 9-2 旋转叶轮内的流体运动

为了研究方便，假定叶轮具有无限多叶片，不考虑流体惯性的影响；假定所研究的流体为理想流体，不考虑黏性对流体运动的影响。在叶轮的进口和出口处取控制面，当流量、转速不随时间变化时，叶轮前后的流动为稳定流动。设叶轮进、出口处半径分别为 R_1、R_2，相应的进、出口速度三角形如图 9-3 所示。当通过进、出口控制面的质量流量为 ρq_V 时，在 $\mathrm{d}t$ 时间内流入进口控制面和流出出口控制面的流量所具有的相对于轴线的动量矩分别为 $\rho q_V \mathrm{d}t c_1 \cos\alpha_1 R_1$ 和 $\rho q_V \mathrm{d}t c_2 \cos\alpha_2 R_2$。由此得单位时间内流体经过叶轮后动量矩的变化为

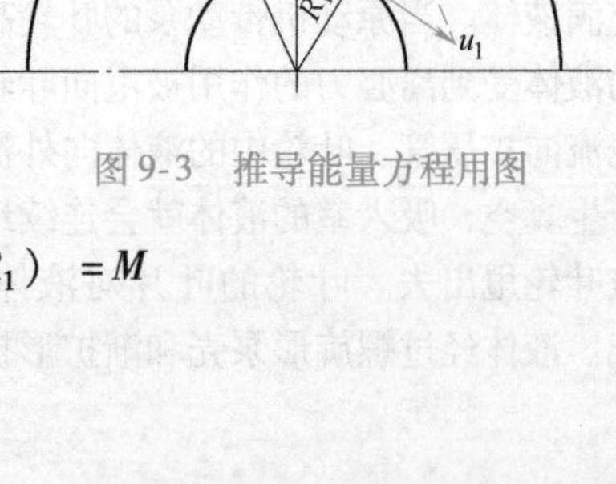

图 9-3 推导能量方程用图

$$\frac{\mathrm{d}L}{\mathrm{d}t}=\rho q_V\ (c_2\cos\alpha_2 R_2-c_1\cos\alpha_1 R_1)\ =M$$

作用于流体上的外力矩只有叶片对流体的作用力矩，当叶片以角速度 ω 旋转时，该力矩对流体所做的功率为 $M\omega$，即

$$P = M\omega = \rho q_V(\omega R_2 c_2 \cos\alpha_2 - \omega R_1 c_1 \cos\alpha_1)$$

或

$$P = M\omega = \rho q_V(u_2 c_{2u} - u_1 c_{1u})$$

若单位质量的流体通过无限多叶片的叶轮时所获得的能量除以重力加速度为 H，则单位时间内流体经过叶轮所获得的总能量为

$$P = \rho g q_V H$$

于是可得

$$\rho g q_V H = \rho q_V(u_2 c_{2u} - u_1 c_{1u})$$

可得能量方程

$$H = \frac{1}{g}(u_2 c_{2u} - u_1 c_{1u}) \tag{9-7}$$

式中，H 为无限多叶片时的理论扬程（m）。

由能量方程（9-7）可知，理论扬程与流体的种类无关。例如，输送水时是某水柱高，输送气体时是某气柱高。但由于介质密度不同，其产生的压力和功率是不同的。

三、离心泵的特性曲线

泵的特性曲线是指在一定转速下，泵的扬程与流量（H-q_V）、效率与流量（η-q_V）、功率与流量（P-q_V）这三条关系曲线。对水泵还有一条汽蚀余量与流量（NPSH-q_V）曲线。图 9-4 为某型号水泵的性能曲线。

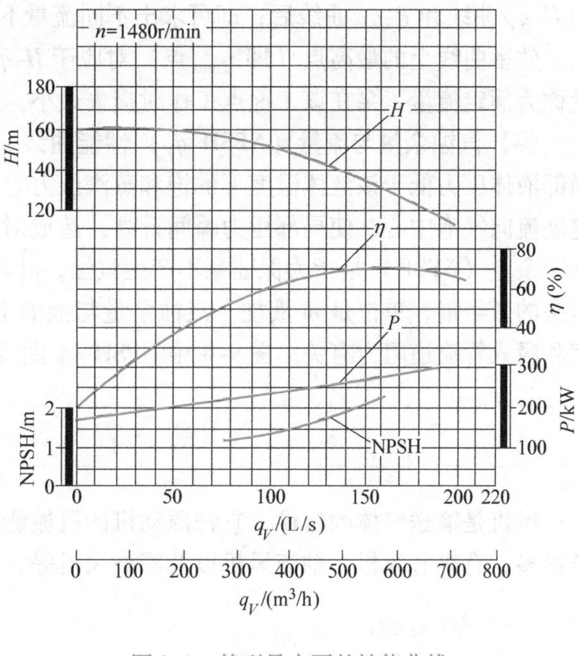

图 9-4　某型号水泵的性能曲线

（1）扬程与流量（H-q_V）性能曲线　由叶轮出口的速度三角形知

$$c_{2u} = u_2 - c_{2r}\cot\beta_2$$

当进口处于无旋流的条件下，即 $\alpha_1 = 0$，$c_{1u} = 0$，则

$$H = \frac{u_2 c_{2u}}{g} = \frac{u_2}{g}(u_2 - c_{2r}\cot\beta_2)$$

$$H = \frac{u_2^2}{g} - \frac{u_2 c_{2r}}{g}\cot\beta_2 \tag{9-8}$$

式中，c_{2r} 为流体的径向分速度，其值与流量和叶轮出口过流截面面积 A_2 有关。当叶轮尺寸已定时，则有

$$c_{2r} = \frac{q_V}{A_2}$$

将上式代入式（9-8）得

$$H = \frac{u_2^2}{g} - \frac{q_V u_2}{A_2 g}\cot\beta_2 = A - Bq_V \tag{9-9}$$

式中
$$A=\frac{u_2^2}{g},\quad B=\frac{u_2}{A_2 g}\cot\beta_2$$

在叶轮几何尺寸和转速一定的情况下，理论 $H\text{-}q_V$ 曲线将是一条直线。当采用后弯叶片（$\beta_2<90°$）时，H 随 q_V 的增大而减小。

实际叶片数都是有限的，输送的流体都是有黏性的，即都有能量损失。因此，在理论 $H\text{-}q_V$ 曲线的基础上，形成图 9-4 中实际 $H\text{-}q_V$ 曲线的形状。

（2）功率与流量（$P\text{-}q_V$）性能曲线　功率与流量性能曲线是指在一定转速下泵与风机的轴功率与流量的关系曲线。轴功率 P_B 等于有效功率 P_e 与机械损失功率 P_m 之和。由式（9-3）和式（9-9）得

$$P_e=\frac{\rho g}{1000}(Aq_V-Bq_V^2)$$

对于常用的后弯叶片，$B>0$，这时 P_e 与 q_V 的关系为抛物线。由于机械损失功率与转速有关，在转速一定时不随流量变化，所以理论的 $P\text{-}q_V$ 曲线仍为一抛物线。实际 $P\text{-}q_V$ 曲线受到液体泄漏的影响，趋向直线。

（3）效率与流量（$\eta\text{-}q_V$）性能曲线　泵与风机的效率为有效功率与轴功率之比。当已知 $H\text{-}q_V$ 曲线和 $P\text{-}q_V$ 曲线后，即可求出不同流量下的 $\eta\text{-}q_V$ 曲线。

效率曲线上的最高点（即 η_{max}点）对应于 $H\text{-}q_V$ 曲线上的设计工况点。与该点相应的流量称为额定流量，泵在该工况点工作时损失最小，效率最高。

（4）汽蚀余量与流量（NPSH-q_V）性能曲线　汽蚀是泵特有的一种现象。当泵的流道局部液体压力低于该液体温度下的饱和蒸汽压力时，液体就会汽化。而旁边的液流会以极高速度流向气泡中心，使局部压力瞬间升高，造成对流道材料的冲击，甚至产生穴蚀而破坏。汽蚀余量（NPSH）是指为保证泵不产生汽蚀，叶轮进口处液体所必须具有的超过饱和蒸汽压头的富裕量，单位是 m 液柱。汽蚀余量与液面上的压力、液体的汽化压力、几何安装高度和吸入管流道阻力有关。图 9-4 中 NPSH-q_V 曲线表示汽蚀余量与流量的关系。

第三节　风　　机

风机是输送气体的机械，它把原动机的机械能转变成气体的动能和压力势能。风机的种类很多，有离心风机、轴流风机以及罗茨风机等。

一、离心风机

离心风机具有运转安全可靠、效率较高、噪声小、调节性能好的特点，应用广泛。离心风机按其风压的高低可分为三类：风压在 14.7kPa（1500mmH_2O）以下的称为离心通风机，风压在 14.7～34.3kPa 之间的称为离心鼓风机，风压在 343kPa（35 000mmH_2O）以上的称为离心压缩机。

离心风机的工作原理与离心泵相似，气体在叶轮中的运动速度和能量可参考图 9-2 和图 9-3，此处不再重复。图 9-5 是离心风机简图。叶轮 3 安装在蜗壳 4 中，原动机的转矩通过轴 5 使叶轮旋转，气体由进气室经过进气口 2 轴向进入，然后气体折转 90°流入叶轮叶片构成的流道内。叶轮对气体做功，气体在离心力作用下被甩向叶轮四周，蜗壳 4 把叶轮甩出的

气体集中起来导向流动，从出气口7经扩压器6排出。获得能量的气体克服流动损失，被输送到高处或远处做功。单位体积气体通过风机后所获得的能量就是风机出口的全风压，单位为Pa。

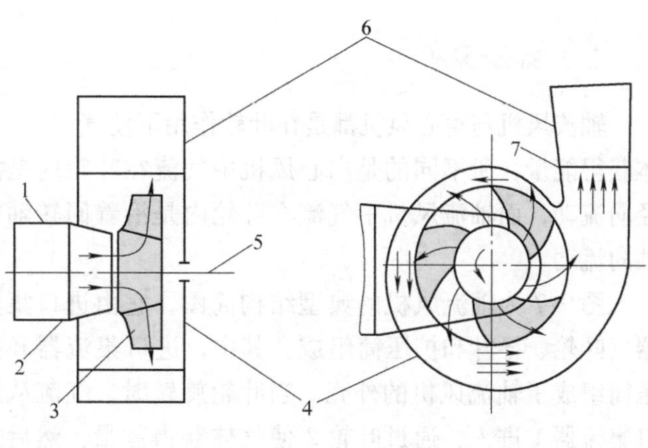

图9-5　离心风机简图

1—进气室　2—进气口　3—叶轮　4—蜗壳　5—轴　6—扩压器　7—出气口

(1) 风机的能量损失　风机在工作中不可避免地会发生流体的摩擦、撞击和泄漏，风机本身的传动部分也有摩擦损失。风机的能量损失可分机械损失、容积损失和流动损失三部分。

1）机械损失。轴承、联轴器和带轮等机械摩擦以及叶轮圆周盘摩擦所消耗的功率称为机械损失。这里所讲的叶轮圆周盘摩擦损失，是指在叶轮前、后盘外侧的摩擦损失，至于气体在叶轮前、后盘内侧（即叶轮流道内）的摩擦损失，则属于流动损失的范畴。所有消耗于这些损失中的能量，都将转化为热能，并耗散于气体中。

2）容积损失。风机静、动部件之间有一定的间隙，造成气体泄漏，使风机的流量减少和能量损失增多。这种通过间隙泄漏造成的损失，称为容积损失。对于流量小的风机，气体的相对泄漏量增大，故容积损失对流量小、风压高的风机性能的影响较流量大、风压低的风机为大。

3）流动损失。气体流动过程中，由于黏性会产生摩擦损失，由于流速的方向和大小变化会引起旋涡和脱离而产生能量损失，统称为流动损失。其中流道内出现旋涡和脱离带来的损失占较大比例，其损失量取决于叶轮入口处气流的冲角。

(2) 风机的实际性能曲线　离心风机的风压、功率和效率对应于风量的变化规律，可用曲线来表示，而形成风机的性能曲线主要有：

1）全风压与风量之间的关系曲线，即p（或H）-q_V性能曲线。

2）轴功率与风量之间的关系曲线，即P-q_V性能曲线。

3）总效率与风量之间的关系曲线，即η-q_V性能曲线。

4）静压与风量之间的关系曲线，即p_{st}（或H_{st}）-q_V性能曲线。

5）静压效率与风量之间的关系曲线，即η_{st}-q_V性能曲线。

图9-6为试验测得的前弯式叶轮（蓝线）和后弯式叶轮（黑线）的离心风机性能曲线。

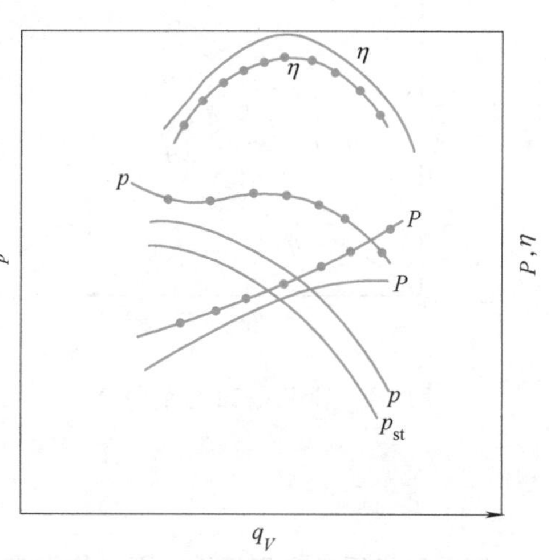

图9-6　离心风机性能曲线

二、轴流风机

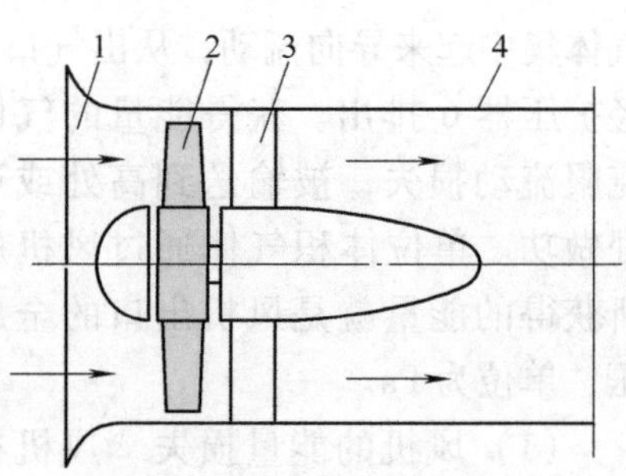

图 9-7 轴流风机的典型结构简图
1—进口集流器 2—叶轮
3—导叶 4—扩压筒

轴流风机与离心风机都是在叶轮作用下使气体获得能量，所不同的是离心风机中气流在叶轮内是沿径向流动，而轴流风机中气流在叶轮内是沿着回转轴做轴向流动。

图 9-7 为轴流风机的典型结构简图，它由进口集流器、叶轮、导叶和扩压筒组成。其中，进口集流器和扩压筒组成了轴流风机的外壳。当叶轮旋转时，气流从进口集流器 1 进入，通过叶轮 2 使气体获得能量，然后进入导叶 3，导叶把气体旋转部分的动能转化为静压，气体最后通过扩压筒 4 时将一部分轴向流动动能也转化为静压，从扩压筒流入管路。轴流风机是一种大流量、低风压的风机，风压一般在 4.9kPa（500mmH_2O）以下。

轴流风机是在最高效率点进行设计和计算的，而使用中风机的工作点经常发生变化，因此就有必要研究风机的性能曲线。图 9-8 是轴流风机的性能曲线，它具有以下几个特点：

1）风压性能曲线 H-q_V 的右侧相当陡峭，而左侧呈马鞍形，c 点的左侧称为不稳定工况区。

2）当风量减小时，功率 P 反而增大；在 $q_V=0$ 时，功率达到最大值。

3）最高效率点的位置相当接近不稳定工况区的起始点 c。

轴流风机存在不稳定工况区现象的原因是“脱离”现象的存在。气流的相对速度与叶片叶弦之间的夹角（即冲角，见图 9-9）越大，叶片背面气流的分离点 A 越靠近进口。当冲角达到临界冲角后，叶片背面出现脱离现象，风机的风压迅速下降，甚至出现气流阻塞现象。严重的脱离会引起风量、风压和电流的大幅度波动，噪声增加，即产生喘振现象。

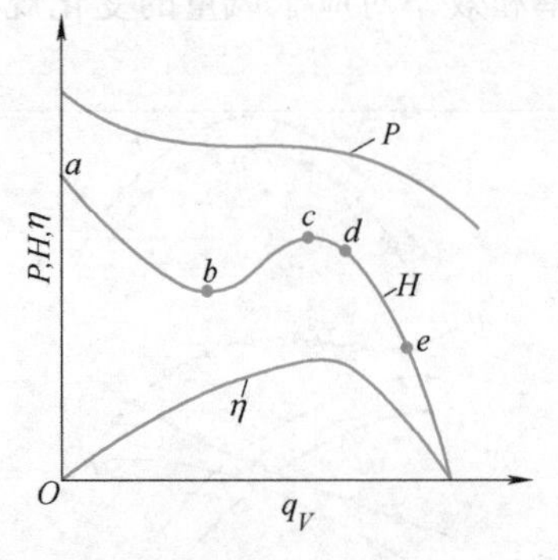

图 9-8 轴流风机的性能曲线

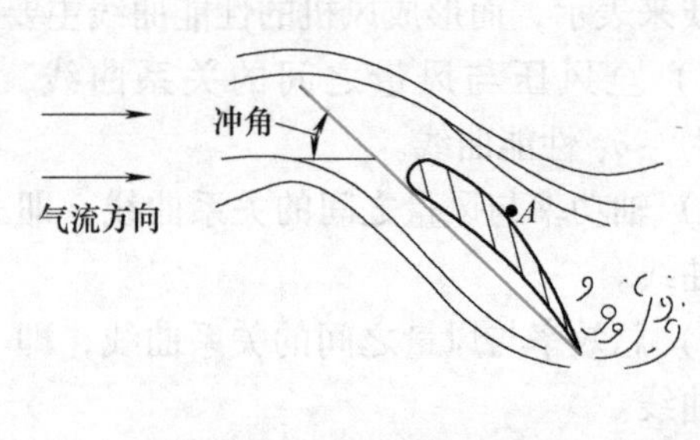

图 9-9 叶片的脱离工况

三、罗茨风机

罗茨风机属于容积风机，它是依靠壳内两个外形为渐开线的“8”字形转子所产生的工作室容积变化来输送气体的（图9-10）。两个转子将机壳分为 A、B、C 三室，随着转子的转动，与进风管相通的 A 室扩大而吸入气体，同时上边的转子将 B 室逐渐缩小而将压缩的气体由右侧的排气口排出，同样，C 室中的气体也被下边的转子所驱赶由排气口排出。可见，上下两个转子等速反向旋转一周，风机有 4 个吸气和排气过程。两个转子间以及转子与机壳间均应保持一定间隙，以免相对运动中发生摩擦。同时，为减少泄漏量，间隙要尽量小一些，一般间隙在 0.25 ~0.4mm 之间。

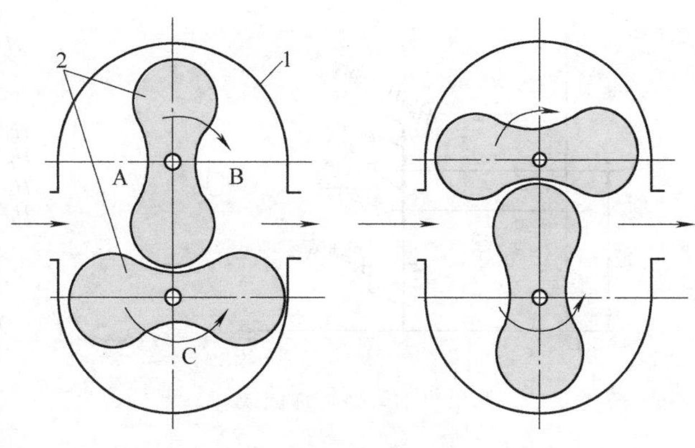

图 9-10　罗茨风机简图

1—机壳　2—转子

罗茨风机的最大特点是随着管路阻力的变化，风压能升高或降低，而流量基本保持不变，因此适用于要求风量稳定的场合。罗茨风机结构紧凑，重量轻，使用方便。但当风压高时泄漏损失大，磨损严重，噪声大，加工制造工艺要求高，流量较低。

第四节　泵与风机的运行

当泵与风机装置在一定的管路系统中工作时，实际工作状况不仅取决于泵与风机本身的特性，还取决于整个装置的管路特性。

一、管路特性曲线

所谓管路特性曲线，就是指管路中通过的流量与所需要消耗的能头之间的关系曲线。泵与风机的管路特性曲线方程为

$$H_c = H_{st} + \phi q_V^2 \tag{9-10}$$

式中，H_c 为泵与风机在运行状态下的总能头（m）；H_{st} 为泵与风机运行状态下的静能头（m）；ϕ 为管路中的综合阻力系数（s^2/m^5）；q_V 为管路中流体的流量（m^3/s）。

对于风机而言，其静能头可认为等于零，故风机的管路特性曲线方程可写为

$$H_c = \phi q_V^2$$

图 9-11 为泵与风机的管路特性曲线，图中 H_t 为泵的静压出水头（从吸水池表面至排水池表面的高度差），p_B、p_A 分别为管路出口、进口的流体压力，ρ 为流体密度，g 为重力加速度。

二、泵与风机的工作点

将泵或风机的性能曲线与管路的特性曲线用同样的比例尺绘在同一张图上，则两条曲线相交于 M 点，M 点即是泵或风机在管路中的工作点（图 9-12）。该点泵或风机的扬程（或压头）等于管路装置所需克服的阻力，从而达到能量平衡、工作稳定。

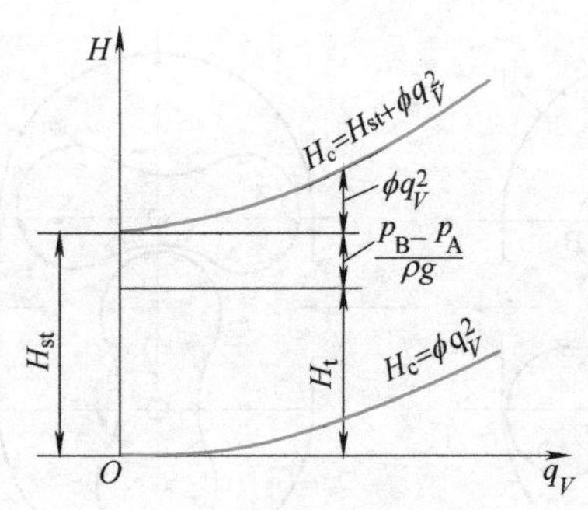

图 9-11　泵与风机的管路特性曲线

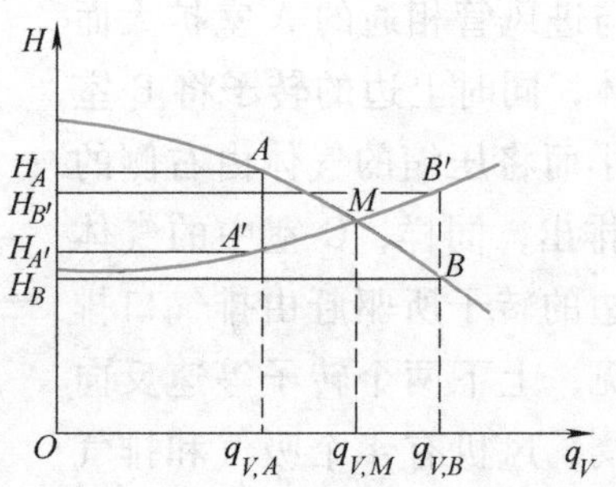

图 9-12　泵与风机的工作点

如果泵或风机不在 M 点工作，而在 A 点工作，则泵或风机产生的扬程（或压头）是 H_A，由图可知，在 $q_{V,A}$ 流量下通过管路装置所需克服的阻力为 $H_{A'}$，而 $H_A>H_{A'}$，说明流体的扬程（或压头）有富裕，将使流体加速，流量由 $q_{V,A}$ 增加到 $q_{V,M}$，在 M 点又重新达到平衡。同样，如果泵或风机在 B 点工作，由于产生的扬程（或压头）不足，致使流体减速，流量由 $q_{V,B}$ 减少至 $q_{V,M}$，工作点只有移到 M 点才能平衡。因此，只有 M 点才是稳定工作点。

三、泵或风机的联合运行

在实际工作中，有时为了满足大流量的需要，可把两台或两台以上泵（或风机）在管路中并联使用；或为了满足大扬程（或风压）的需要，可把两台或两台以上泵（或风机）串联使用。并联、串联都属于联合运行。

并联运行的特点：并联的泵或风机的出口和入口压力彼此相同。因此，泵或风机并联运行的性能曲线，可由并联运行的几个泵或风机的单级性能曲线中压力相同的对应点的流量相加而得，如图 9-13 曲线 GA 所示。GA 与管路特性曲线 CA 的交点 A 就是并联运行的工作点。A 点的流量 $q_{V,A}$、压头 H_A 代表管路系统的流量和压头（扬程）。通过 A 点作水平线，水平线与单机性能曲线 F_1A_1、F_2A_2 的交点 D_1、D_2 代表单机的压头（扬程）H_A 和流量 $q_{V,D1}$、$q_{V,D2}$。由图可以看出，并联运行的泵或风机的单机流量分别小于以单机运行时每台泵或风机的流量，而扬程（压头）则高于单机运行时的扬程（压头）。

应当注意的是，泵或风机并联运行时的最高扬程（压头）H_G，不能超过并联机组中任何一个机组的最高运行压头（图9-13中 1 号泵或风机的最高扬程 H_{F1}），否则该机将出现倒灌现象。此外，并联后的新工作点可能离开泵或风机的最高效率区，如图 9-13 中 1 号泵或风机在关小调节阀之后，管路特性曲线变为 CE'，工作点变为 M_1，已在该机最高效率区间包括的范围之外，其效率大大降低。

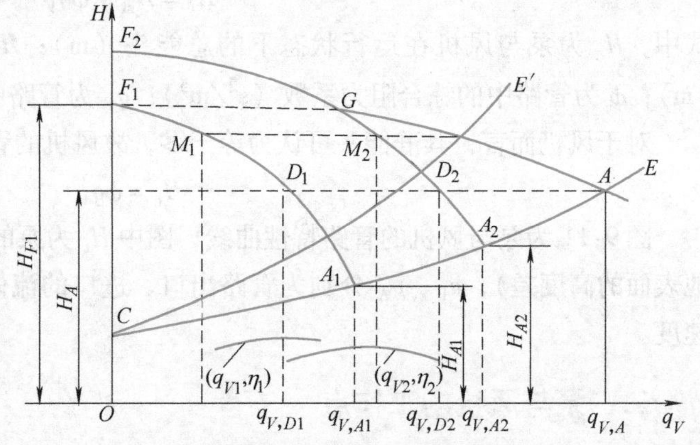

图 9-13　两台泵或风机并联运行工况分析

串联运行的特点是：几台串联运行的泵或风机的流量相等。串联运行泵或风机的特性曲

线 FA 可由单机特性曲线在流量相同的条件下，将扬程（压头）叠加得到，如图 9-14 所示。FA 与管路特性曲线 CA 的交点 A 就是串联运行的工作点。通过 A 点作垂线与单机性能曲线 F_1D_1、F_2D_2 的交点 D_1、D_2，就是泵或风机在串联运行时的工作点。同样，也应考虑串联运行后是否离开了泵或风机的最高效率区。

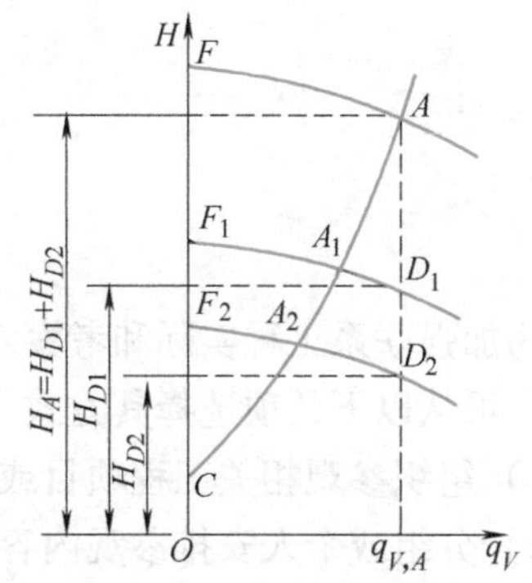

图 9-14　两台泵或风机串联运行工况分析

一般来讲，联合运行比单机运行效果差，运行工况复杂，调节困难。联合运行台数最好不要超过两台，并且两台机的性能曲线相同为最佳。

思考题和习题

9-1　离心泵与风机是按什么原理抽送流体的？

9-2　离心泵与风机有哪些主要部件？各起什么作用？

9-3　轴流泵与风机是按什么原理抽送流体的？

9-4　轴流泵与风机有哪些主要部件？各起什么作用？

9-5　流体在叶轮中运动时，有哪几种速度？这些速度之间有什么关系？速度三角形是怎样得到的？

9-6　风机的损失有哪几种？如何减小这些损失？

9-7　什么是轴功率？什么是有效功率？它们之间有何关系？

9-8　泵或风机运转时，工作点如何确定？

9-9　泵或风机并联工作的目的是什么？并联后扬程、流量如何变化？

9-10　泵或风机串联工作的目的是什么？串联后扬程、流量如何变化？

参考文献

[1] 机械工程手册电机工程手册编辑委员会. 机械工程手册［M］. 北京：机械工业出版社，1982.

[2] 于荣宪. 工厂动力机械［M］. 南京：东南大学出版社，1991.

[3] 杨惠安，等. 泵与风机［M］. 上海：上海交通大学出版社，1992.

教学实践

为加强联系工程实际和考察对教学内容的了解，除进行课堂教学外，建议安排教学实践活动，可从以下几项选择其方式与内容：

1）组织参观相关工程项目或实验室。

2）分组或个人安排参观内容。

3）文献资料的选读。

4）邀请相关专家进行专题报告。

5）进行有针对性的深入调研。

6）其他。

在以上工作基础上，由学生撰写教学实践活动报告，并在课堂上由小组代表或个人用PPT做汇报和小班讨论、评议，教师做小结和阅后评分。